此书由重庆大学教材建设基金资助出版

化工工艺学

（第五版）

魏顺安　谭陆西　主　编

U0279970

重庆大学出版社

内容提要

本书是为适应高等院校化工类专业教学改革、拓宽专业面需要编写的一本新教材。其内容为合成氨、化学肥料、硫酸与硝酸、纯碱与烧碱、基本有机化工的主要产品、天然气化工、石油加工、煤的化学加工共 8 章。重点讲述基本原理和主要生产方法、工艺流程、主要设备及工艺计算。本书重点突出,具有一定深度,还注意引入了新技术和新资料。可帮助学生了解现代化工的全貌,并掌握一般过程和方法,有助于增强学生的业务发展和适应能力。

本书可作为高等院校化学工程与工艺专业教材,也可供化学和相关专业的化工工艺课程选用,还可供从事化工生产和设计的工程技术人员参考。

图书在版编目(CIP)数据

化工工艺学/魏顺安,谭陆西主编.-- 5 版.--重
庆:重庆大学出版社,2021.5(2023.9 重印)
ISBN 978-7-5689-2395-8

Ⅰ.①化… Ⅱ.①魏…②谭… Ⅲ.①化工过程—工
艺学—高等学校—教材 Ⅳ.①TQ02

中国版本图书馆 CIP 数据核字(2021)第 011704 号

化工工艺学
(第五版)

魏顺安 谭陆西 主 编

责任编辑:何 明 版式设计:何 明
责任校对:王 倩 责任印制:赵 晟

*

重庆大学出版社出版发行
出版人:陈晓阳
社址:重庆市沙坪坝区大学城西路 21 号
邮编:401331
电话:(023) 88617190 88617185(中小学)
传真:(023) 88617186 88617166
网址:http://www.cqup.com.cn
邮箱:fxk@ cqup.com.cn(营销中心)
全国新华书店经销
重庆巍承印务有限公司印刷

*

开本:787mm×1092mm 1/16 印张:27 字数:727千
1998 年 3 月第 1 版 2021 年 5 月第 5 版 2023 年 9 月第 21 次印刷
印数:48 084—51 083
ISBN 978-7-5689-2395-8 定价:68.00 元

第五版前言

在新时代中国特色社会主义的建设中,绿水青山就是金山银山的理念,为化学工业提出了"本质安全、本质环保"的工艺设计和优化生产要求。中国的化学工业已经从引进工艺走向创新研发的阶段,急需一代代创新型、应用型的工程技术人才。近年来,全国大学生化工设计竞赛的规模已经覆盖全国所有包含化工专业的本科院校,设计题目既有对新型工业过程的创新设计,也有对现有工业装置的节能减排设计,这些都对化工工艺学的教学提出了更高的要求。

本书于1998年3月出版第一版,至今已经过3次修订完善,销售4万余册。根据本书在使用中反馈回来的意见和建议,以及编者在教学过程的学习和总结,为了更好地适应化工设备与工艺的进步发展和各院校执行卓越工程师计划的教学改革,在保持本书原有的专业内容丰富、突出典型工艺特色的基础上,对其进行修订再版。本版中,主要对部分工艺流程图中表达不准确、不清晰的地方予以修正和补画,并补充部分对理解工艺有重要作用的数据和反应原理,以期在教学中对相关工艺的正确理解。

本书由重庆大学化学化工学院化工系老师们集体编写和修订,各章执笔人分别为:魏顺安(第1章、第2章)、陈红梅(第3章、第4章)、张红晶(第5章)、谭陆西(第6章)、王丹(第7章)、周志明(第8章)。魏顺安和谭陆西任本次改版的主编,担任主要修订工作。

梁仁杰 教授作为本书第一版的主编,为本书的定型和出版做出了巨大贡献; 谭世语 教授对本书前四版的内容设计、人员组织、内容编写和出版发行都予以倾心支持,在此表示深深的怀念和敬意! 薛荣书教授为本书前三版的编写和出版尽心尽力,在此也表示由衷的谢意!

由于编者水平有限,再版中亦难免有不当之处,恳望广大读者批评指正。

编　者

2021 年 1 月

第四版前言

随着社会进步和经济发展,社会将更需要的是应用型教育,经济建设也更需要的是应用型人才,因此,应用型的本科教育需要更加注重对传授知识的应用和实际工作能力的培养。化工工艺学是化工类专业极为重要的专业课程之一,在学习理论基础课和专业基础课后,通过对化工工艺学的学习来认识、理解化工过程,解释、分析化工工艺,学习、培养化工技能。

本书于1998年3月编出第一版,至今已经过2次修订完善,发行了2万余册。根据本书在使用中反馈回来的意见和建议,为了更好地适应化工设备与工艺的进步发展和各院校执行卓越工程师计划的教学改革,在保持本书原有的专业内容丰富、突出典型工艺特色的基础上,对其进行修订再版。本版中,对快速发展的煤化工在近几年出现的新工艺、新设备进行了补充;为了便于学生对主要内容的学习和掌握,为每章增加了10~20道思考题;并对天然气化工和石油加工中的部分内容进行删减;同时,对书中的表述、图表、公式进行了核查和修正,力求严谨。

本书由重庆大学化学化工学院化工系集体编写和修订,各章执笔人分别为:魏顺安(第1章、第2章)、陈红梅(第3章、第4章)、张红晶(第5章)、谭世语(第6章)、王丹(第7章)、周志明(第8章)。魏顺安和谭世语任本次改版的主编,在各章节初稿完成后,进行通读、补充和修改定稿。

梁仁杰教授作为本书第一版的主编,为本书的定型和出版做出了巨大贡献,在此表示深深的怀念和敬意! 薛荣书教授为本书前三版的编写和出版尽心尽力,在此也表示由衷的谢意!

由于编者水平有限,再版中也难免存留诸多错误和不当之处,恳望广大读者批评指正。

编 者
2014 年 10 月

第三版前言

基于"拓宽专业面,改善学生知识结构"的本科人才培养要求,本书在1998年编写之初版就确定了宽专业覆盖面的基本原则,让化学工程与工艺专业的学生尽可能多地了解本专业不同工艺领域的典型化工工艺过程与特点,扩展学生的专业知识面。

本书在使用多年的基础上,根据化学工程学科和化学工业的技术发展,以及使用中反馈回来的情况,于2004年修订再版。第二版剔除了第一版中明显落后的工艺,补充一些新技术新工艺,增加了基本有机化工一章,由此明显改进了书中的工艺结构体系,拓展了专业覆盖面,适应了更多读者的需要。

本版仍然延续第一、二版以化工主要产品为线索的编写特点,着重讲述生产方法与化学原理、工艺条件与典型流程、关键设备与结构特征,并保留了原教材体系。为适应化学工程学科和化学工业的技术发展与进步,本版对一些新的工艺原理、工艺过程和技术参数进行了更新和补充,增加了一些重要设备的详细介绍,使工艺学的内容进一步得到完善;并根据第二版使用的反馈信息,对所引用的原理、公式和图表都进行了认真清理、核查和修正,力求以更加科学与准确的方法来加以表达。

本书由重庆大学化学化工学院化学工程系集体编写和修订完成。各章执笔人为:魏顺安(第1章,第2章)、张红晶(第5章,第1章,第3章部分内容)、陈红梅(第3章,第4章)、周志明(第9章,第4章部分内容)、谭世语(第6章,第9章部分内容)、薛荣书(第7章,第8章以及第2章部分内容)。各章初稿完成后,由谭世语和薛荣书通读和修改定稿。

梁仁杰 教授作为本书第一版的主编,为本书的定型和出版做了巨大贡献,在此表示深深的谢意。

由于编者水平有限,尽管对本书进行了第三次修订,但其中仍可能存在错误和不当之处,恳切希望广大读者批评指正。

编 者

2009 年 4 月

第二版前言

本书第一版自 1998 年出版以来,化学工程学科和化学工业都发生了很大的变化,出现了很多新技术新工艺,原教材有些工艺技术已落后。为了适应这种变化和发展的需要,我们对化工工艺学第一版进行了修订,以满足更多读者的需求。

本书第二版仍然保留了第一版以化工主要产品为线索的编写特点,着重讲述生产方法与化学原理、工艺条件与典型流程、关键设备与结构特征。为了适应更多化学工程与工艺专业方向的需要,我们增加了基本有机化工的主要产品一章,在原硫酸一章中增加了硝酸的内容,其余章节在内容上也有较大调整。对于传统的无机工业生产,采用了简述方式并增加了新工艺新方法。对于天然气化工、石油化工和煤化工,重新组织内容,新增了大量先进技术和新工艺,并结合现代工业发展趋势,加强了工艺改进和技术革新的讨论。

第二版章节安排更兼顾了学科的逻辑联系性,按合成氨、化学肥料、硫酸与硝酸、纯碱与烧碱、基本有机化工的主要产品、天然气化工、石油炼制、石油产品加工、煤的化学加工的顺序安排。在内容上强调了全书的统一连贯性,避免了不必要的重复;注意了资料的新颖性,凡工业中已经或正准备淘汰的方法和工艺都从书中删除,增加了有突出节能和经济效益以及环境效益的新工艺和新方法;强调了化工工艺与环境保护结合和清洁生产工艺的开发。

第二版力求以更精练的语言来描述化工生产过程,留下较广阔的思维空间以培养学生的自学能力和启发学生处理现代化工生产问题的思想。第二版的理论叙述更注意与国家标准和学科标准结合,经验公式也选用了最常用最可靠的公式。

本书是由重庆大学化学化工学院化学工程教研室集体编写和修订完成的。各章执笔人为:魏顺安(第 1,2 章)、张红晶(第 5 章,第 1,3 章部分内容)、陈红梅(第 3,4 章)、周志明(第 9 章,第 4 章部分内容)、谭世语(第 6 章,第 9 章部分内容)、薛荣书(第 7,8 章以及第 2 章部分内容)。各章初稿完成后,由薛荣书和谭世语通读全书,统一公式和变量表达并修改定稿。

本书由张胜涛教授和陶长元教授审稿,两位教授对本书初稿提出了许多宝贵意见和建议,编者对此深表谢意。

梁仁杰教授作为本书第一版的主编为本书的定型和出版做了巨大贡献,在此表示深深的谢意。

由于编者水平有限,书中错误和不当之处在所难免,恳切希望广大读者批评指正。

编 者

2004 年 5 月

第一版前言

编写本书旨在适应高校化工工艺类专业"拓宽专业面,改善学生的知识结构"教学改革的需要。本书内容包括合成氨、硫酸、纯碱与烧碱、化学肥料、天然气化工、石油化学与炼制、石油化工基本原料合成和煤化学加工等。在取材上重点选择在国民经济中具有重要意义的典型化工产品的生产过程,按化工工艺学的体系,着重讲述生产方法与化学原理、工艺条件与典型流程、关键设备的结构与材质,并将不同工艺进行了对比分析,使学生通过本课程的学习,了解现代化工产品生产的全貌,掌握化工生产的一般过程与方法,为进一步开发新工艺、新技术、新产品和新设备提供较多、较为完整的实例,有助于增强学生的业务发展能力和从事各种工作的适应能力。

本书的主要特点是专业覆盖面宽,可满足高校本科化工工艺专业课的教学需要;其次是在精选内容的基础上突出了重点,使本书在拓宽专业覆盖面的情况下仍保持了一定的深度,可达到高校化工工艺专业教学基本要求;第三是本书注意引入新资料和新技术,具有一定的新颖性;此外,本书全面贯彻了我国的法定计量单位,并注意了与基础课的衔接,具有较强的可读性。

参加本书编写的有梁仁杰(第六、七章)、谭世语(第五章)、张红晶(第一、二章)、周志明(第三、八章)、薛荣书(第四章)。梁仁杰和谭世语任主编,负责统稿。全书由曾政权教授审稿。

由于编者的水平有限,书中的错误和缺点在所难免,敬请读者指正。

编　者
1997 年 3 月

目　　录

第1章　合成氨 ·· 1

1.1　概述 ··· 1

　　1.1.1　氨在国民经济中的作用和发展概况 ·· 1

　　1.1.2　生产方法简介 ·· 1

1.2　原料气的制取 ··· 3

　　1.2.1　甲烷蒸汽转化反应的热力学分析 ·· 3

　　1.2.2　甲烷蒸汽转化反应的动力学分析 ·· 5

　　1.2.3　过程析碳及处理 ·· 6

　　1.2.4　气态烃类蒸汽转化催化剂 ·· 7

　　1.2.5　甲烷蒸汽转化的生产方式 ·· 7

1.3　原料气的净化 ··· 13

　　1.3.1　原料气的脱硫 ·· 13

　　1.3.2　一氧化碳变换 ·· 18

　　1.3.3　二氧化碳的脱除 ·· 24

　　1.3.4　少量一氧化碳的脱除 ··· 29

1.4　氨的合成 ·· 32

　　1.4.1　氨合成反应的热力学基础 ·· 33

　　1.4.2　氨合成反应的动力学基础 ·· 36

　　1.4.3　氨的合成工艺与设备 ··· 41

　　思考题 ··· 52

第2章　化学肥料 ·· 54

2.1　氮肥 ··· 54

　　2.1.1　尿素 ·· 54

　　2.1.2　硝酸铵 ·· 70

2.2　磷酸和磷肥 ·· 74

　　2.2.1　磷酸 ·· 74

　　2.2.2　酸法磷肥 ·· 80

2.3　钾肥 ··· 84

　　2.3.1　氯化钾的生产 ·· 84

　　2.3.2　硫酸钾的生产 ·· 86

2.4　复合肥 ·· 87

　　2.4.1　磷酸铵 ·· 88

　　2.4.2　硝酸钾 ·· 88

2.4.3　复混肥料 ·· 89

2.4.4　微量元素肥料 ··· 90

思考题 ·· 90

第3章　硫酸与硝酸 ·· 92

3.1　硫酸 ·· 92

3.1.1　概述 ·· 92

3.1.2　从硫铁矿制二氧化硫炉气 ·· 94

3.1.3　炉气的净化与干燥 ·· 100

3.1.4　二氧化硫的催化氧化 ··· 107

3.1.5　三氧化硫的吸收 ··· 117

3.1.6　废热利用 ··· 121

3.1.7　三废治理与综合利用 ··· 122

3.2　硝酸 ·· 125

3.2.1　概述 ·· 125

3.2.2　稀硝酸生产过程 ··· 126

3.2.3　浓硝酸的生产简介 ·· 141

3.2.4　尾气的治理和能量利用 ··· 144

3.2.5　硝酸的毒性、安全和贮运 ·· 145

思考题 ·· 145

第4章　纯碱与烧碱 ·· 147

4.1　纯碱 ·· 147

4.1.1　概述 ·· 147

4.1.2　氨碱法制纯碱 ··· 147

4.1.3　联合制碱法生产纯碱和氯化铵 ·································· 167

4.2　烧碱 ·· 175

4.2.1　概述 ·· 175

4.2.2　电解制碱原理 ··· 176

4.2.3　隔膜法电解 ··· 179

4.2.4　离子交换膜法电解 ·· 183

4.2.5　产物的分离和精制 ·· 185

4.2.6　电解法制碱生产安全 ··· 189

4.2.7　我国烧碱生产技术进展 ··· 190

思考题 ·· 191

第5章　基本有机化工的主要产品 ··· 193

5.1　概述 ·· 193

5.1.1　基本有机化学工业在国民经济中的作用 ··················· 193

5.1.2 基本有机化学工业的原料 ……………………………………………… 194

5.1.3 基本有机化学工业的主要产品 …………………………………………… 194

5.2 乙烯系列主要产品 …………………………………………………………… 198

5.2.1 聚乙烯 …………………………………………………………………… 198

5.2.2 环氧乙烷 ………………………………………………………………… 204

5.2.3 乙醛 ……………………………………………………………………… 210

5.3 丙烯系列主要产品 …………………………………………………………… 214

5.3.1 聚丙烯 …………………………………………………………………… 214

5.3.2 丙烯腈 …………………………………………………………………… 220

5.4 碳四系列主要产品——丁二烯 ……………………………………………… 224

5.4.1 丁烯氧化脱氢制丁二烯的生产原理 ……………………………………… 225

5.4.2 丁烯氧化脱氢制丁二烯的生产工艺条件 ………………………………… 226

5.4.3 丁烯氧化脱氢制丁二烯的工艺流程 ……………………………………… 228

5.5 芳烃系列主要产品 …………………………………………………………… 229

5.5.1 苯乙烯 …………………………………………………………………… 229

5.5.2 对苯二甲酸 ……………………………………………………………… 236

5.6 涤纶 …………………………………………………………………………… 240

5.6.1 聚酯纤维的生产方法 …………………………………………………… 241

5.6.2 聚酯纤维生产的工艺条件 ……………………………………………… 242

5.6.3 聚酯纤维生产的工艺流程 ……………………………………………… 243

思考题 …………………………………………………………………………… 245

第6章 天然气化工 ………………………………………………………………… 247

6.1 天然气的组成与加工利用 …………………………………………………… 247

6.1.1 天然气的组成与分类 …………………………………………………… 247

6.1.2 天然气的物理化学性质 ………………………………………………… 248

6.1.3 天然气的加工利用途径 ………………………………………………… 249

6.2 天然气的分离与净化 ………………………………………………………… 250

6.2.1 采出气的分离 …………………………………………………………… 251

6.2.2 天然气的脱水 …………………………………………………………… 257

6.2.3 天然气脱硫及硫磺回收 ………………………………………………… 271

6.3 天然气转化合成甲醇 ………………………………………………………… 277

6.3.1 甲醇性质及制备原理 …………………………………………………… 278

6.3.2 合成甲醇生产工艺 ……………………………………………………… 279

6.4 天然气制乙炔 ………………………………………………………………… 281

6.4.1 乙炔的性质、用途及生产方法 …………………………………………… 281

6.4.2 部分氧化法 ……………………………………………………………… 282

6.4.3 电弧法 …………………………………………………………………… 284

6.5 天然气的氯化加工 …………………………………………………………… 285

6.5.1 甲烷氯化物的性质和用途 ……………………………………………… 285

6.5.2 甲烷的氯化反应 ·· 287

6.5.3 甲烷氯化生产工艺 ·· 289

6.6 天然气的其他直接化学加工 ·· 291

6.6.1 天然气合成氢氰酸 ·· 291

6.6.2 天然气硝化制硝基甲烷 ·· 293

6.6.3 天然气制二硫化碳 ·· 294

6.6.4 天然气直接氧化制甲醛 ·· 295

思考题 ·· 297

第7章 石油加工 ·· 298

7.1 原油及其产品的组成与一般性质 ·································· 298

7.1.1 原油的元素组成 ·· 298

7.1.2 原油及其产品的馏分和馏分组成 ····························· 299

7.1.3 原油的烃类组成 ·· 299

7.1.4 原油中的非烃化合物 ··· 301

7.1.5 原油中的胶状沥青状物质 ····································· 302

7.1.6 原油中的固体烃 ·· 303

7.2 原油的预处理和精馏 ·· 303

7.2.1 原油的预处理 ··· 303

7.2.2 原油的精馏 ··· 306

7.3 渣油热加工 ··· 310

7.3.1 基本原理和工艺简介 ··· 310

7.3.2 工艺流程 ·· 311

7.3.3 主要操作条件 ··· 311

7.3.4 焦化产品分布 ··· 312

7.4 催化裂化 ··· 312

7.4.1 催化裂化的化学反应 ··· 313

7.4.2 催化裂化催化剂 ·· 315

7.4.3 催化裂化操作因素分析 ··· 316

7.4.4 催化裂化工艺流程 ·· 318

7.4.5 催化裂化产品特点 ·· 320

7.5 加氢裂化 ··· 321

7.5.1 基本原理 ·· 321

7.5.2 加氢裂化工艺流程 ·· 322

7.6 加氢精制 ··· 323

7.7 催化重整 ··· 324

7.7.1 催化重整的基本原理 ··· 325

7.7.2 催化重整过程的主要影响因素 ································· 325

7.7.3 典型催化重整工艺流程 ··· 326

7.8　润滑油的生产 ··· 331

　　7.8.1　润滑油的分类和使用要求 ·· 331

　　7.8.2　润滑油的使用性能与化学组成的关系 ··· 332

　　7.8.3　润滑油的一般生产过程 ·· 333

　　7.8.4　丙烷脱沥青 ··· 334

　　7.8.5　溶剂精制 ·· 338

　　7.8.6　脱蜡 ·· 341

　　7.8.7　白土精制 ·· 343

　　思考题 ·· 345

第8章　煤的化学加工 ··· 346

8.1　煤及其转化利用 ··· 346

　　8.1.1　煤的组成及我国煤炭资源 ·· 346

　　8.1.2　煤的转化利用 ·· 347

8.2　煤的气化 ··· 348

　　8.2.1　概述 ·· 348

　　8.2.2　煤气化基本原理 ·· 350

　　8.2.3　煤气化炉原理和分类 ·· 352

　　8.2.4　固定床气化法 ·· 353

　　8.2.5　沸腾床气化法 ·· 359

　　8.2.6　气流床气化法 ·· 362

　　8.2.7　煤气化联合循环发电 ·· 367

　　8.2.8　煤气加工 ·· 368

　　8.2.9　多联产技术系统 ·· 368

8.3　煤的液化 ··· 369

　　8.3.1　煤的间接液化——F-T 合成液体燃料 ··· 369

　　8.3.2　煤的直接液化 ·· 377

　　8.3.3　甲醇转化制汽油 ·· 394

8.4　煤的焦化 ··· 394

　　8.4.1　炼焦概述 ·· 394

　　8.4.2　煤的成焦过程 ·· 395

　　8.4.3　配煤及焦炭质量 ·· 399

　　8.4.4　现代焦炉和炼焦新技术 ··· 402

　　8.4.5　煤气燃烧和焦炉热平衡 ··· 409

　　8.4.6　炼焦化学产品概述 ··· 411

　　思考题 ·· 415

参考文献 ··· 416

第1章　合成氨

人类使用化学肥料的历史并不长,大约在19世纪中叶,才出现生产过磷酸钙的工厂。氮肥工业的起步又要比磷肥晚半个世纪,最初为智利的天然硝石和煤焦工业的副产品——硫铵。由于化肥对人类赖以生存的农业有极其重要的作用,所以化肥工业的发展十分迅速。目前我国是世界化肥生产和消费第一大国,2017年,我国尿素年产量8 000万吨,占全球产量的1/3以上。但是化肥生产还存在生产能耗大、很多小厂工艺技术陈旧等问题。化学肥料的主要原料是氨,合成氨是化学工业的重要基础。

1.1　概　述

1.1.1　氨在国民经济中的作用和发展概况

氨是蛋白质的基本元素,没有氮就没有生命。空气中虽然有大量的氮(约79%),但呈游离状态,必须先将它转变为氮的化合物才能被动植物吸收。将空气中的氮转变为氮化合物的过程称为固定氮,20世纪初所提出的合成氨法,就是固定空气中氮的一种方法。

氨是生产硫酸铵、硝酸铵、碳酸氢铵、氯化铵、尿素等化学肥料的主要原料,也是生产硝酸、染料、炸药、医药、有机合成、塑料、合成纤维、石油化工等工业产品的重要原料。因此,合成氨是无机化工的代表,在国民经济中占有十分重要的地位。20世纪70年代以来我国相继引进建成了29套30 kt/a的大型合成氨装置,使我国的合成氨生产能力有很大提高。2016年,我国合成氨年产量已超过5 000万吨,迄今已形成原料兼有煤、油、气的近200家大、中型合成氨厂,产品以碳铵、尿素为主的特点。

1.1.2　生产方法简介

氨是由氮气和氢气在高温高压下催化反应合成的,因此合成氨首先必须制备合格的氢、氮原料气。氢气常用含有烃类的焦炭、无烟煤、天然气、重油等各种燃料与水蒸气作用的方法来制取。氮气可将空气液化分离而得,或使空气通过燃烧,除去氧及其燃烧生成物而制得。

合成氨的生产过程主要包括以下3个步骤:

(1)造气:制备含有氢、氮的原料气;

(2)净化:不论采用何种原料和何种方法造气,原料气中都含有对合成氨反应过程有害的

各种杂质,必须采取适当的方法除去这些杂质;

(3)压缩和合成:将合格的氮、氢混合气压缩到高压,在铁催化剂的存在下合成氨。

以焦炭或煤为原料合成氨的原则流程如图 1.1 所示。

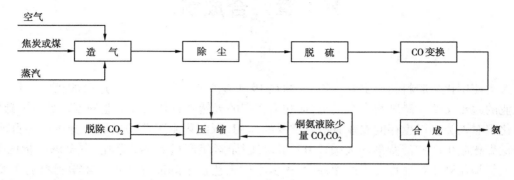

图 1.1　以焦炭或煤为原料合成氨的原则流程

以天然气为原料合成氨的原则流程如图 1.2 所示。

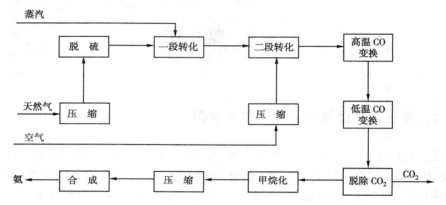

图 1.2　以天然气为原料合成氨的原则流程

以焦炭或煤为原料合成氨的流程是先将焦炭或煤直接气化为水煤气,再经过脱硫、变换、压缩、脱除一氧化碳和二氧化碳等净化后,获得合格的氮氢混合气,并在催化剂及适当的温度、压力下合成氨。我国有丰富的煤炭资源,是合成氨的好原料。

以天然气为原料的合成氨流程采用加压蒸汽转化法生产以 H_2,N_2,CO,CO_2 为主的半水煤气,经变换、脱除二氧化碳和甲烷化,以获得合格的氮氢混合气,然后在催化剂及适当的温度、压力下合成氨,这是我国目前大型合成氨厂普遍所用的流程。该流程热利用率和自动化程度高,生产成本较低。

除以上两种典型流程外,还有焦炉气深度冷冻法、以重油为原料加压部分氧化法、以轻油为原料等制氨流程。

本章重点介绍在我国广泛应用的以天然气及气态烃为原料的合成氨流程。

1.2　原料气的制取

气态烃原料以甲烷为主要成分,在蒸汽转化过程中,甲烷进行如下反应而制得氢气:

$$CH_4 + H_2O(g) \Longrightarrow CO + 3H_2 \tag{1}$$

$$CO + H_2O(g) \Longrightarrow CO_2 + H_2 \tag{2}$$

但气态原料烃一般是各种烃的混合物,除甲烷以外还有少量 C_2H_6、C_3H_8 等其他高级烷烃。在蒸汽转化过程中这些高级烷烃进行如下反应:

$$C_nH_{2n+2} + \frac{n-1}{2}H_2O(g) \Longrightarrow \frac{3n+1}{4}CH_4 + \frac{n-1}{4}CO_2 \tag{3}$$

生成甲烷后再与蒸汽发生反应。在高温条件下,这些高级烃类与水蒸气反应的平衡常数都非常大,可以认为高级烃的转化反应是完全的。有的原料还有微量烯烃,在有氢气的条件下先转化为烷烃,再进行上述反应。因此,气态烃的蒸汽转化过程可用甲烷蒸汽转化来代表。

此外,在一定条件下还可能发生如下副反应:

$$CH_4 \Longrightarrow 2H_2 + C \tag{4}$$

$$2CO \Longrightarrow CO_2 + C \tag{5}$$

$$CO + H_2 \Longrightarrow H_2O + C \tag{6}$$

主反应是过程所希望的,副反应则是需抑制的,这就要从热力学和动力学出发,寻求生产上所需的最佳工艺条件。

1.2.1　甲烷蒸汽转化反应的热力学分析

(1)反应平衡常数

甲烷蒸汽转化制氢的两个可逆反应式(1)和式(2),其平衡常数分别表示如下:

$$K_{p1}^{\ominus} = \frac{p(CO)p^3(H_2)}{p(CH_4)p(H_2O)(p^{\ominus})^2} \tag{1.2.1}$$

$$K_{p2}^{\ominus} = \frac{p(CO_2)p(H_2)}{p(CO)p(H_2O)} \tag{1.2.2}$$

式中,$p(CH_4)$,$p(H_2O)$,$p(CO)$,$p(CO_2)$,$p(H_2)$分别为系统处于反应平衡时甲烷、水蒸气、一氧化碳、二氧化碳和氢气等组分的分压,Pa;$p^{\ominus}$为标准大气压,101 325 Pa。

烃类蒸汽转化是在加压和高温下进行的,但压力不太高,3~4 MPa,可以只考虑温度对平衡的影响。$K_{p1}^{\ominus}$ 与 $K_{p2}^{\ominus}$ 与温度的关系可用下式分别计算:

$$\ln K_{p1}^{\ominus} = -\frac{23\,892.4}{T} + 3.306\,6\ln T - 2.210\,4 \times 10^{-3}T - 1.288\,1 \times 10^{-6}T^2 +$$

$$1.209\,9 \times 10^{-10}T^3 + 3.253\,8 \tag{1.2.3}$$

$$\ln K_{p2}^{\ominus} = \frac{4\,865.8}{T} - 1.118\,7\ln T + 3.657\,4 \times 10^{-3}T - 1.281\,7 \times 10^{-6}T^2 +$$

$$2.184\ 5 \times 10^{-10}T^3 + 0.568\ 61 \tag{1.2.4}$$

式中　T——热力学温度,K。

(2)平衡组成

根据反应平衡常数,可以计算出平衡条件下气体的组成。若进气中只含甲烷和水蒸气,设 n_m 和 n_w 分别为进气中甲烷和水蒸气的量,kmol;x 为甲烷蒸汽转化反应(1)中转化的甲烷量, kmol;y 为变换反应(2)转化的一氧化碳的量,kmol;则平衡常数与浓度的关系如下:

$$K_{p1}^{\ominus} = \frac{(x-y)(3x+y)^3\left(\dfrac{p}{p^{\ominus}}\right)^2}{(n_m-x)(n_w-x-y)(n_m+n_w+2x)} \tag{1.2.5}$$

$$K_{p2}^{\ominus} = \frac{y(3x+y)}{(x-y)(n_w-x-y)} \tag{1.2.6}$$

给定温度后,可计算出 $K_{p1}^{\ominus}$ 与 $K_{p2}^{\ominus}$,两个方程有 x,y 两个未知数,联立上述二式即可求得平衡条件下的组成。

表1.1为操作压力为3.0 MPa、水碳比为3.0条件下,计算出不同温度下的平衡常数和平衡气体组成。

表 1.1　不同温度下的平衡常数和平衡气体组成

温度 /℃	平衡常数		平衡气体组成/mol%				
	K_{p1}	K_{p2}	CH_4	H_2O	H_2	CO_2	CO
400	5.737×10^{-5}	11.70	20.85	74.42	3.78	0.94	0.00
500	9.433×10^{-3}	4.878	19.15	70.27	8.45	2.07	0.05
600	0.502 3	2.527	16.54	64.13	15.39	3.59	0.34
700	1.213×10^1	1.519	13.00	56.48	24.13	4.98	1.40
800	1.645×10^2	1.015	8.74	48.37	33.56	5.55	3.79
900	1.440×10^3	0.732 9	4.55	41.38	41.84	5.14	7.09
1 000	8.982×10^3	0.561 2	1.69	37.09	47.00	4.36	9.85
1 100	4.276×10^4	0.449 7	0.49	35.61	48.85	3.71	11.33

(3)影响甲烷蒸汽转化平衡组成的因素

影响甲烷蒸汽转化平衡组成的因素有温度、压力和水碳比(原料气中水蒸气对甲烷的摩尔比),影响关系如图1.3所示。温度对甲烷转化的影响最大,例如3 MPa压力下,当原料气中 $n(H_2O):n(CH_4)=3$ 时,在700 ℃,平衡时甲烷的体积分数为24%,在800 ℃时就达到7%。水碳比也是影响转化的重要因素。要得到较高的甲烷转化率,宜选用较高的水碳比,但过高的水碳比明显降低设备的生产能力,并增大能耗。加压对甲烷的转化不利,但因为转化反应是体积增大的反应,加压转化只需压缩甲烷,水蒸气从锅炉引出时本身具有压力,这样就比压缩转化后的气体节省了很多压缩功。

总之,从热力学角度分析,甲烷蒸汽转化反应尽可能在高温、高水碳比以及低压下进行。但是,即使在相当高的温度下,反应速率仍很缓慢,因此就需要催化剂来加快反应。

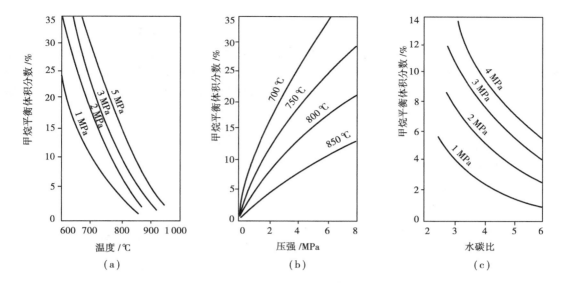

图 1.3　影响甲烷蒸汽转化平衡组成的因素

（a）温度的影响（水碳比 = 3）；（b）压强的影响（水碳比 = 3）；（c）水碳比的影响（800 ℃）

1.2.2　甲烷蒸汽转化反应的动力学分析

（1）动力学方程式

由于甲烷蒸汽转化过程比较复杂，迄今还没有一个公认的甲烷蒸汽转化反应的动力学方程式。但从已发表的几种表达式不同的动力学方程（表 1.2）来看，甲烷的反应级数为一级这点是一致的。

表 1.2　甲烷蒸汽转化反应的动力学方程

序　号	反应动力学方程	催化剂	压强/MPa	温度/℃
1	$r = k \dfrac{p(CH_4) \cdot p(H_2O)}{10p(H_2) + p(H_2O)}$	Ni-Al$_2$O$_3$	0.1	400 ~ 700
2	$r = kp(CH_4)$	Ni	0.1	340 ~ 640
3	$r = k \dfrac{p(CH_4)}{1 + a\dfrac{p(H_2O)}{p(H_2)} + bp(CO)}$	Ni	0.1	800 ~ 900
4	$r = k \dfrac{p(CH_4)}{p^{0.5}(H_2O)}$	Ni-Al$_2$O$_3$		
5	$r = kp(CH_4)$	Z-105	0.1 ~ 2.6	600 ~ 850
6	$r = kp(CH_4)p(H_2O)$	Z-105	3.0	650 ~ 800

（2）扩散作用对甲烷蒸汽转化反应的影响

对于甲烷蒸汽转化这种气固催化反应，气体的扩散速度对反应速率有显著的影响。经研究发现，在工业反应条件下，外扩散的影响较小，而内扩散有显著影响。图1.4表明，随着催化剂粒度增大，反应速率和催化剂内表面利用率明显降低，这也表明了内扩散所起的作用。因此，工业生产中采用较小的催化剂颗粒或将催化剂制成环状或带槽沟的圆柱状都将会提高转化反应的速率。

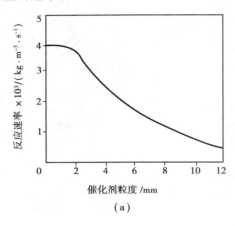
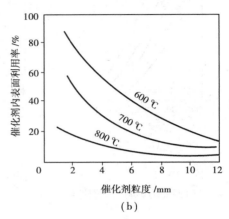

（a）　　　　　　　　　（b）

图1.4　甲烷蒸汽转化时催化剂粒度的影响
（a）催化剂粒度对反应速率的影响；（b）催化剂的表面利用率

1.2.3　过程析碳及处理

在工业生产中特别要注意，在转化反应的同时可能会有反应（4）、反应（5）和反应（6）的析碳反应发生。这些副反应生成碳黑，会覆盖在催化剂表面，堵塞微孔，使甲烷转化率下降，出口气体中残余甲烷增多，同时使局部反应区产生过热而缩短反应管使用寿命，甚至还会使催化剂粉碎而增大床层阻力。

从热力学分析可知，反应（4）为吸热、体积增加的可逆反应，反应（5）和反应（6）为放热、体积缩小的可逆反应，因此温度和压力对上述反应的析碳有不同影响。为控制析碳，主要通过增加水蒸气用量以调整气体组成和选择适当的温度、压力来解决。

动力学研究表明，上述3个反应都是可逆反应，在转化过程中是否有碳析出，还取决于碳的沉积（正反应）速率和脱除（逆反应）速率。从碳的沉积速率看，CO歧化反应（5）生碳速率最快；从碳的脱除速率看，对于高活性催化剂，碳与水蒸气的反应［即反应（6）的逆反应］速率最快，且碳与二氧化碳作用［即反应（5）的逆反应］的反应速率比其正反应速率快10倍左右。因此，从动力学分析可知，只有用低活性催化剂时才存在析碳问题。

防止析碳的主要措施是适当提高水蒸气用量，选择适宜的催化剂并保持活性良好，控制含烃原料的预热温度不要太高等。生产中出现析碳的部位常在距离反应管进口30%～40%的一段，这是由于该段甲烷浓度和温度都较高，析碳反应速率大于脱除碳速率，因而有碳析出。由于碳沉积在催化剂表面，有碍甲烷蒸汽转化反应进行，因而在管壁会出现高温区，称为"热带"。可通过观察管壁颜色，或由反应管阻力变化加以判断。若已有析碳，可采取提高水蒸气用量、降压、减量的办法将其除去。当析碳较重时,可停止送原料气,保留蒸汽,提高床层温度,利用反应(6)的逆反应除碳,也可采用空气与蒸汽的混合物"烧碳"。

1.2.4　气态烃类蒸汽转化催化剂

烃类蒸汽转化是吸热可逆反应,高温对反应有利。但即使在 1 000 ℃ 的温度下反应速率也很慢,必须用催化剂来加快反应。

烃类蒸汽转化催化剂要求耐高温性能好、活性高、强度好、抗析碳性能优。从技术经济上综合考虑,目前工业转化催化剂都采用镍催化剂,镍是其唯一的活性组分。在制备好的镍催化剂中,镍是以 NiO 状态存在,体积分数以 4% ~30% 为宜。一般镍含量高的催化剂活性也高。为使镍晶体尽量分散、达到较大的比表面积并阻止镍晶体的熔结,常用 Al_2O_3,MgO,CaO 等作为载体,这些组分同时还有助催化作用,可进一步改善催化剂的性能。

制备好的镍催化剂中镍通常以 NiO 的形式存在,没有催化活性,使用前必须进行还原。工业生产中,常用的还原剂有氢气加水蒸气或甲烷加水蒸气。加入水蒸气是为了提高还原气流的气速,促使气流分布均匀,同时抑制烃类的裂解。为保证还原彻底,还原温度以高一些为好,一般控制在高于转化的温度。已还原的活性镍催化剂在设备停车或开炉检查时,为防止被氧化剂(水蒸气或氧气)迅速氧化而放热熔结,应当有控制地让其缓慢降温和氧化。

还原的活性镍催化剂对硫、卤素和砷等毒物很敏感。硫对镍的中毒属于可逆的暂时性中毒,已中毒的催化剂,只要使原料中含硫量降到规定的标准以下,催化剂的活性就可以完全恢复。硫对镍催化剂的毒害作用如图 1.5 所示。卤素也是镍催化剂的有害毒物,其作用与硫相似,也是属于可逆性中毒。但砷中毒属不可逆的永久性中毒,在砷中毒严重时必须更换催化剂。通常要求原料气中硫、卤素和砷的质量分数必须小于 0.5×10^{-6}。

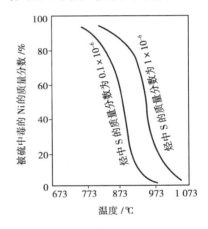

图 1.5　硫对镍催化剂的毒害作用

1.2.5　甲烷蒸汽转化的生产方式

1)甲烷蒸汽转化的二段转化

甲烷蒸汽转化常在加压下进行,一般要求转化气中甲烷少于 0.5%。要使甲烷有高的转化率,需采用较高的转化温度,通常在 1 000 ℃ 以上,而目前耐热合金钢管还只能达到 800 ~900 ℃。因此甲烷蒸汽转化时,生产上采用二段转化。一段转化炉温度在 600 ~800 ℃,二段转化炉温度在 1 000 ~1 200 ℃。从一段转化炉出来的转化气掺和一些加压空气后进入装有催化剂的二段转化炉,配入空气使带入的氮在最终转化气中达到 $n(CO + H_2) : n(N_2) = 3 \sim 3.1$ 的要求。在二段转化炉中发生的是部分氧化反应。由于氢与氧之间有极快的反应速度,首先发生的是氢气与氧气的燃烧反应,使氧气在催化剂床上的空间就差不多全部被氢气消耗,反应释放出的热量迅速提高炉内的转化温度,使温度高达 1 200 ℃ 以上。随即在催化剂床层进行甲烷和一氧化碳与蒸汽的转化反应。二段转化炉相当于绝热反应器,总过程是自热平衡的。二段转化炉内的温度、压力对转化气中残余甲烷含量的影响如图 1.6 所示。由于二段转化炉中反应温度超过 1 000 ℃,即使在稍高的转化压力下,甲烷也可转化得相当完全。

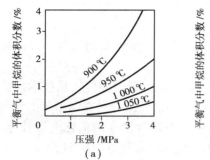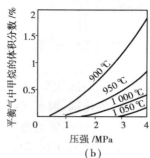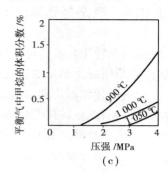

图 1.6　甲烷蒸汽转化时二段转化的影响因素
(a)水碳比 =2;(b)水碳比 =3;(c)水碳比 =4

2)甲烷蒸汽转化的工艺条件

工艺条件对转化反应及平衡组成有明显的影响。在原料一定的条件下,平衡组成主要由温度、压力和水碳比决定。反应速度还受催化剂的影响。此外,空间速度决定反应时间,从而影响转化气的实际组成。

(1)压力

升高压力对体积增加的甲烷转化反应不利,平衡转化率随压力的升高而降低。但工业生产上,转化反应一般都在 2 ~ 4 MPa 的加压条件下进行,其原因主要是:

①烃类蒸汽转化是体积增加的反应,而气体压缩功是与体积成正比的,因此压缩原料气要比压缩转化气更节省压缩功;

②由于转化是在过量水蒸气条件下进行,经 CO 变换冷却后,可回收原料气大量余热。其中水蒸气冷凝热占很大比重。压力越高,水蒸气分压也越高,其冷凝温度也越高,利用价值和热效率也较高;

③由于蒸汽转化加压后,变换、脱碳到氢氮混合气压缩机以前的全部设备的操作压力都随之提高,可减小设备体积,降低设备投资费用;

④加压情况下可提高转化反应和变换反应的速率,减少催化剂用量和反应器体积。

(2)温度

一般来说,升高温度能加快反应速度,有利于甲烷转化反应(吸热)。但工业生产上,操作温度还应考虑生产过程的要求、催化剂的特征和转化炉材料的耐热能力等。

提高一段转化炉的反应温度,可以降低一段转化气中的剩余甲烷体积分数。但因受转化反应管材料耐热性能的限制,一段转化炉出口温度不能过高,否则将大大缩短炉管的使用寿命。目前一般使用 HK-40 高镍铬离心浇铸合金钢管,使用温度限制在 700 ~ 800 ℃。

二段炉出口温度不受金属材料限制,主要依据转化气中的残余甲烷体积分数设计。如果要求二段炉出口气体中甲烷的体积分数小于 0.5% ,出口温度应在 1 000 ℃ 左右。

工业生产表明,一、二段转化炉出口温度都比出口气体组成相对应的平衡温度高,出口温度与平衡温度之差称为"平衡温距",即:

$$\Delta T = T - T_e$$

式中　T——实际出口温度;

　　　T_e——与出口气体组成相对应的平衡温度。

平衡温距与催化剂活性和操作条件有关,其值越低,实际温度越接近平衡温度,说明催化剂的活性越好。工业设计中,一、二段转化炉平衡温距通常分别为 10~15 ℃和 15~30 ℃。

(3)原料配料中的水碳比

增大原料气中的水碳比,对转化反应和变换反应均有利,且防止析碳副反应的发生。但蒸汽耗量加大,增大了气流总量和热负荷。过高的水碳比,不仅不经济,而且使炉管的工作条件(热流密度和流体阻力)恶化。工业上比较适宜的水碳比为 3~4,并视其他条件和转化条件而定。

(4)空间速度

气态烃类催化转化的空间速度有以下几种表示方式:

①原料气空速:以干气或湿气为基准,每立方米催化剂每小时通过的含烃原料的标准立方米数。

②碳空速:以碳数为基准,将含烃原料中所有烃类的碳数都折算为甲烷的碳数,即每立方米催化剂每小时通过甲烷的标准立方米数。

③理论氢空速:假设含烃原料全部转化为氢,理论氢空速是指每立方米催化剂每小时通过理论氢的标准立方米数。

空间速度表示催化剂处理原料气的能力。催化剂活性高,反应速度快,空速可以大些。在保证出口转化率达到要求的情况下,提高空速可以增大产量,但同时也会增大流体阻力和炉管的热负荷。因此,空速的确定应综合考虑各种因素。图 1.7、图 1.8 给出了一、二段转化炉空速与压力的关系。

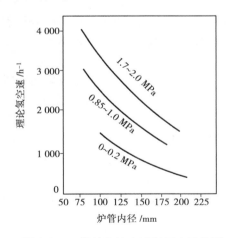

图 1.7　一段转化炉空速与压力的关系

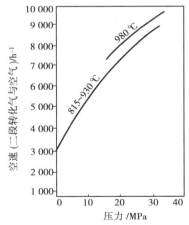

图 1.8　二段转化炉空速与压力的关系

一般说来,一段转化炉不同炉型采用的空速有很大差异。二段转化炉为保证转化气中残余甲烷含量在催化剂使用的后期仍能符合要求,空速应该选择低一些。

3)工艺流程

目前采用的甲烷蒸汽转化法有美国凯洛格法、英国帝国化学公司 ICI 法、丹麦托普索法,等等。除一段转化炉和烧嘴结构不同外,其余均大同小异,包括一、二段转化炉,原料预热和余热回收。现在以凯洛格法流程为例做介绍,其流程图如图1.9所示。

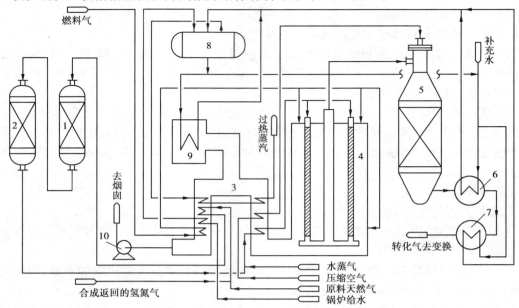

图1.9　天然气蒸汽转化工艺流程

1—钴钼加氢反应器;2—氧化锌脱硫罐;3—对流段;4—辐射段(一段炉);5—二段转化炉;
6—第一废热锅炉;7—第二废热锅炉;8—汽包;9—辅助锅炉;10—排风机

天然气经脱硫后,硫的质量分数小于0.5×10^{-6},然后在压力3.6 MPa、温度380℃左右配入中压蒸汽,达到一定的水碳比(约3.5),进入一段转化炉的对流段预热到500～520℃,然后送到一段转化炉的辐射段顶部,分配进入各反应管,从上而下流经催化剂层。转化管直径一般为80～150 mm,加热段长度为6～12 m。气体在转化管内进行蒸汽转化反应,从各转化管出来的气体由底部汇集到集气管,再沿集气管中间的上升管上升,温度升到850～860℃时,送去二段转化炉。

空气经过加压到3.3～3.5 MPa,配入少量水蒸气,并在一段转化炉的对流段预热到450℃左右,进入二段炉顶部与一段转化气汇合并燃烧,使温度升至1 200℃左右,再通过催化剂层,出二段炉的气体温度1 000℃,压力为3.0 MPa,残余甲烷体积分数在0.3%左右。

从二段炉出来的转化气依次送入2台串联的废热锅炉以回收热量,产生蒸汽。从第二废热锅炉出来的气体温度约为370℃送往变换工序。燃烧天然气从辐射段顶部喷嘴喷入并燃烧,烟道气的流动方向自上而下,与管内的气体流向一致。离开辐射段的烟道气温度在1 000℃以上。进入对流段后,依次流过混合原料气、空气、蒸汽、原料天然气、锅炉水和燃烧天然气各个盘管,温度降到250℃时,用排风机排往大气。

为了平衡全厂蒸汽用量而设置的一台辅助锅炉,也是以天然气为燃料,烟道气在一段炉对流段的中央位置加入,因此与一段炉共用一半对流段、一台排风机和一个烟囱。辅助锅炉和几台废热锅炉共用一个汽包,产生10.5 MPa的高压蒸汽。

4)主要设备

(1)一段转化炉

一段转化炉是烃类蒸汽转化的关键设备。其基本结构由包括有若干根反应管与烧嘴、炉膛的辐射段以及回收热量的对流段组成。由于反应管长期处于高温、高压和气体腐蚀的条件下,需采用耐热的合金钢管,因此造价昂贵。整个转化炉的投资约占全厂的 30% ,而反应管的投资则为转化炉的一半。

工业上使用的一段转化炉有多种形式,例如侧壁烧嘴一段转化炉(图 1.10)、顶部烧嘴方箱转化炉(图 1.11)、梯台炉和圆筒炉等。它们的结构形式不同,但工作原理基本一致,反应管竖排在炉膛内,管内装催化剂,含烃气体和水蒸气的混合物由炉顶进入自上而下进行反应。管外炉膛设有烧嘴,燃烧产生的热量以辐射方式传给管壁。

一台大型天然气转化炉具有多达 400 根以上的反应管,管子分列几排至 10 排,每排并联几十根,由总管、支管、分气管(又称猪尾管)和集气管把它们联结起来,形成一个整体。反应管很长,但直径较小,这样有利于传热。常见反应管的内径为 71 ~ 122 mm,总长 6 ~ 12 m。

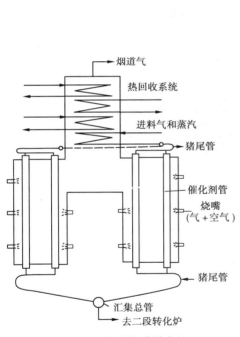

图 1.10　侧壁烧嘴转化炉

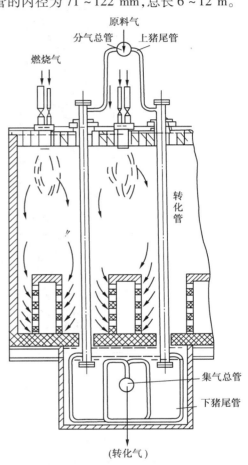

图 1.11　顶部烧嘴方箱转化炉

烧嘴的结构形式也多,根据炉子的形式和要求的不同,可以采用大容量烧嘴或小容量烧嘴。大烧嘴燃烧发热量大,需用个数少,一般 3 ~ 4 根反应管配一个烧嘴。小烧嘴能力小,需用个数多,一根反应管需配备 2 ~ 3 个烧嘴。大烧嘴一般带有较长火焰的火炬烧嘴,而小烧嘴多为无焰板式或碗式烧嘴。

在对流段,烟道内设有几组换热盘管。蒸汽与原料等被加热介质按照一定的顺序在各组盘管中被加热。各组换热器的排列次序取决于被加热物料的温度要求。如果安排合理,系统的有效能利用最好,热回收效果佳。

11

（2）二段转化炉

二段转化炉是在 1 000 ℃以上高温下把残余的甲烷进一步转化，它是合成氨生产中温度最高的催化反应过程。另外，在这一段里，因加入空气燃烧一部分转化气，可能会出现转化气和空气混合不均匀导致超温，温度有时高达 2 000 ℃，因此要求二段转化炉有相应结构，以免温度过高烧熔催化剂（镍熔点 1 455 ℃）和毁坏衬里。

二段转化炉为一立式圆筒，壳体材质是碳钢，内衬耐火材料，炉外有水夹套。图 1.12（a）为凯洛格型二段转化炉，（b）为空气分布器。

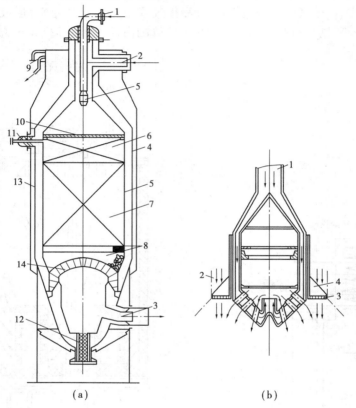

（a）　　　　　　　　　　　　（b）

图 1.12　甲烷二段转化炉结构示意图

（a）凯洛格型二段转化炉

1—空气入口；2—一段转化气；3—二段转化气；4—壳体；5—耐火材料衬里；
6—耐高温的铬基催化剂；7—转化催化剂；8—耐火球；9—夹套溢流水；
10—六角形砖；11—温度计套管；12—人孔；13—水夹套；14—拱形砌体

（b）夹层式空气分布器

1—空气蒸汽入口；2—一段转化气；3—多孔形环板；4—筋板

一段转化气从顶部的侧壁进入炉内，空气从炉顶直接进入空气分布器。空气分布器为夹层式［图 1.12（b）］，由不锈钢制成，外面喷镀有抗高温材料。空气先通过夹层，从内层底部的中心孔进到里层，再由喷头上的 3 排 50 个小管喷出，空气流过夹层对喷头表面和小管有冷却作用。空气从小管喷出后，立即与一段转化气混合燃烧，温度高达 1 200 ℃，然后高温气体自上而下经过催化剂床层，甲烷在此与水蒸气反应。为了避免燃烧区的火焰直接冲击催化剂，在床层之上铺上一层六角形耐火砖，其耐火温度可高达 1 870 ℃，中间的 37 块砖无孔，其余每块

砖上开有 ϕ9.5 mm 小孔 9 个。炉外的水夹套是为了防止外壳超温。除这种办法外,还可以在壳体外刷变色油漆,当耐火衬里被破坏时,温度升到一定程度,颜色发生相应改变,即说明炉内该处衬里已失效,以便及时采取相应的措施。

1.3 原料气的净化

无论用何种方法生产出的原料气,都含有一定数量的二氧化碳、一氧化碳、硫化物等对合成反应不利的成分,在进入合成塔之前都必须除去。

1.3.1 原料气的脱硫

原料气中的硫化物主要是硫化氢,其次是有机硫。它们的存在能够使各种催化剂中毒,且腐蚀管道设备,所以在进一步加工之前,必须先进行脱硫。在天然气为原料的合成氨工艺中,是先用干法脱硫除去天然气中的硫,再进行转化反应的。

随着科学技术的发展,脱硫的方法日益增多,但根据脱硫剂的物理形态,可分为干法脱硫和湿法脱硫两种,而干法脱硫和湿法脱硫又可分为若干类,如表 1.3 所示。

表 1.3 合成氨原料气脱硫的方法概况

方　法		脱硫剂(催化剂)	脱硫条件(硫容)	再生方法	脱硫程度
湿法	砷碱法	As_2O_3 和 Na_2CO_3 溶液	常压,38～42 ℃,$w(CO_2)$ 为 15% 以下,pH 为 7.5～8	鼓空气	约 100×10^{-6}(净制气)
	改良砷碱(GV)法	As_2O_3 和 As_2O_5 的 Na_2CO_3 的溶液	常温～150 ℃,常压～7.5 MPa,CO_2 高低均可(气体中 H_2S 为 4～5 kg/m³)	鼓空气	$< 2 \times 10^{-6}$
	蒽醌二磺酸钠(ADA)法	Na_2CO_3,ADA($NaVO_3$,酒石酸钾,钠)	常压～2 MPa,15～45 ℃气体中 H_2S 为 3～5 g/m³	鼓空气	10×10^{-6}～20×10^{-6}
	氨水催化法	氨水(对苯二酚)-乙醇胺(MEA)	常温常压,pH 为 8.8(气体中 H_2S 小于 0.5 kg/m³)常压～2 MPa,25～40 ℃	鼓空气	50×10^{-6}～100×10^{-6} 2×10^{-6}～10×10^{-6}
	萘醌法	Na_2CO_3(1,4-萘醌)	常温常压,pH 为 8.4(气体中 H_2S 小于 0.1 kg/m³)	鼓空气	约 30×10^{-6}
	乙醇胺法	二乙醇胺(DEA)的 15% 水溶液	适用于低 CO_2(1.6% 以下)高 H_2S 气体	加热到 105 ℃	
	二异丙醇胺法	二异丙醇胺(ADIP)15%～30%水溶液	40 ℃ 以下,常压～2.5 MPa	加热	$< 10 \times 10^{-6}$
	环丁砜法	环丁砜+乙醇胺	加压(约 4 MPa)常温	加热(127 ℃)	$< 5 \times 10^{-6}$

续表

方　法		脱硫剂(催化剂)	脱硫条件(硫容)	再生方法	脱硫程度
干法	分子筛法	分子筛	常压～4 MPa,20～90 ℃	蒸汽再生	0.4×10^{-6}
	锰矿法	锰矿还原成 MnO	常压 400 ℃(10%)可脱有机硫	不回收	$< 3 \times 10^{-6}$
	活性炭法	活性炭	20～50 ℃,常压～3 MPa,活性炭吸附 H_2S 并使其分解	多硫化铵液浸取	1×10^{-6}
	氧化锌法	ZnO	250～400 ℃,常压或加压常与钴-钼加氢配合,可脱有机硫(15%～30%)	不可回收	0.5×10^{-6}～1×10^{-6}
	氢氧化铁法	褐铁矿氧化铁屑	常压～2 MPa,常温(不再生时,0.50 kg/kg 活性氧化铁;再生时 2.5 kg),脱有机硫,用 400 ℃	加水,露于空气再生或不再生	1×10^{-6}～2×10^{-6}

1)干法脱硫

干法脱硫是用固体吸收剂吸收原料气中的硫化物,一般只有当原料气中硫化氢质量浓度不高,标准状态下在 3～5 g/m³ 才适用。常用的干法脱硫有氧化锌脱硫法、钴-钼加氢脱硫法等。

(1)氧化锌脱硫法

以氧化锌为脱硫剂的干法脱硫,是近代合成氨厂广泛采用的精细脱硫的方法,可脱除无机硫和有机硫,脱硫反应为:

$$ZnO + H_2S \Longleftrightarrow ZnS + H_2O$$

$$ZnO + C_2H_5SH \Longleftrightarrow ZnS + C_2H_5OH$$

$$ZnO + C_2H_5SH \Longleftrightarrow ZnS + C_2H_4 + H_2O$$

有氢存在时,有些有机硫化物先转化成硫化氢,再被氧化锌吸收,其反应为:

$$CS_2 + 4H_2 \Longleftrightarrow 2H_2S + CH_4$$

$$COS + H_2 \Longleftrightarrow H_2S + CO$$

但氧化锌对噻吩(C_4H_4S)的转化能力很差。

氧化锌与硫化氢反应的平衡常数 $K_p^{\ominus} = \dfrac{p(H_2O)}{p(H_2S)}$

不同温度下的平衡常数为:

温度/℃	200	300	400	500
$K_p^{\ominus}$	2×10^8	6.25×10^6	5.55×10^5	1.15×10^5

由平衡常数可知,在通常情况下脱硫相当完全。有机硫的脱除可认为是氧化锌对某些有机硫化合物的热分解有催化作用,使之分解为碳氢化合物和硫化氢,硫化氢再被吸收。多数有机硫化物在 400 ℃以下就发生热分解。氧化锌工业脱硫的温度在 200～450 ℃范围内选择,脱无机硫温度控制在 200 ℃左右,脱有机硫温度则在 350～450 ℃范围内。

工业上使用的氧化锌脱硫剂都做成与催化剂一样的多孔结构,脱硫的反应是在氧化锌的微孔内表面上进行的。除了温度、空速等操作条件影响脱硫效率外,氧化锌颗粒的大小、形状和内部孔结构,也影响脱硫效率。颗粒的孔容积越大,内表面越发达,脱硫的效果就越好。

氧化锌脱硫用硫容(每千克氧化锌脱硫剂能吸收 H_2S 的千克数)来表示其脱硫性能的好坏。硫容值越大,则氧化锌脱硫的本领就越强。通常氧化锌脱硫的硫容平均为 $0.15 \sim 0.20$ kg/kg,最高达 0.3 kg/kg。硫容与温度的关系如图 1.13 所示。氧化锌脱硫后,出口气体的含硫量小于 $1 \times$

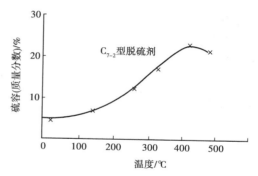

图 1.13　氧化锌脱硫剂的硫容量
(空速为 700 h^{-1},进口 H_2S 为 5×10^{-5},
出口 $H_2S < 1 \times 10^{-6}$)

10^{-6}。使用过的氧化锌不可再生,因此适用于脱微量硫。当原料气中硫含量较高时,氧化锌脱硫法常与湿法脱硫或其他干法脱硫(如活性炭脱硫)配合使用。

（2）钴-钼加氢脱硫法

钴-钼加氢脱硫法是脱除含氢原料中有机硫十分有效的预处理措施。钴-钼加氢催化剂几乎可使天然气、石脑油原料中的有机硫全部转化成硫化氢,再用氧化锌吸收可把总硫脱除到 2.00×10^{-8} 以下。在有机硫转化的同时,也能使烯烃加氢转变为饱和的烷烃,从而减少下一工序蒸汽转化催化剂析碳的可能性。

钴-钼加氢催化剂是以氧化铝为载体,由氧化钴和氧化钼所组成。钴-钼催化剂要经硫化后才能呈现活性。硫化后活性组分主要是 MoS_2,其次是 Co_9S_8。通常认为 MoS_2 提供催化活性,而 Co_9S_8 主要是保持 MoS_2 具有活性的微晶结构,以阻止产生 MoS_2 活性衰退的微晶集聚过程。使用过程中,当催化剂表面积累胶质或结炭而导致催化活性下降时,可以通蒸汽再生,或通入含少量空气的氮(氧的体积分数为 $1\% \sim 1.5\%$),在 $500 \sim 550$ ℃的温度下将积炭燃烧而再生。

钴-钼加氢催化剂上,有机硫发生加氢的分解反应为:
$$RCH_2SH + H_2 \rightleftharpoons RCH_3 + H_2S$$
$$RCH_2\!-\!S\!-\!CH_2R' + 2H_2 \rightleftharpoons RCH_3 + R'CH_3 + H_2S$$
$$RCH_2S\!-\!SCH_2R' + 3H_2 \rightleftharpoons RCH_3 + R'CH_3 + 2H_2S$$

有机硫加氢分解反应是放热反应,平衡常数值随温度的升高而降低。工业生产上,操作温度在 $340 \sim 400$ ℃范围内,平衡常数值还很大。在此条件下,有机硫的加氢分解实际上是完全的。

钴-钼加氢的工艺条件根据原料烃性质、净化度要求以及催化剂的型号来决定。操作温度为 $340 \sim 400$ ℃,操作压力则按不同型号催化剂而异。加氢所需的氢量一般维持反应后气体中有 $5\% \sim 6\%$ 的氢气;入口空间速度气态烃为 $500 \sim 1\,500$ h^{-1},液态烃为 $0.5 \sim 6$ h^{-1}。

2）湿法脱硫

干法脱硫的优点是既能脱除有机硫,又能脱除无机硫,而且可以把硫脱至极精细的程度(1×10^{-6} 以下)。其缺点是脱硫剂或不能再生,或再生非常困难;而且干法脱硫设备庞大,占地很多。因此不适用于脱除大量无机硫,只有天然气、油田气、炼厂气等含硫较低时才采用干法脱硫。

当需要脱除大量无机硫时,采用湿法脱硫有明显的优点。首先是脱硫剂是便于输送的液体物料;其次脱硫剂可以再生并能回收富有价值的化工原料硫磺,从而构成一个连续脱硫的循环系统。因此当原料气中含硫量较高时,根据工艺要求采用湿法一次脱硫,或湿法粗脱串联干法精脱,以达到工艺上和经济上都合理的目的。

湿法脱硫方法很多,根据脱硫过程的特点可分为化学吸收法、物理吸收法和化学-物理综合吸收法3类。化学吸收法是以弱碱性吸收剂吸收原料气中的硫化氢,吸收液(富液)在温度升高和压力降低时分解而释放出硫化氢,解吸后的吸收液(贫液)循环使用。这类方法有乙醇胺法、二异丙醇胺法等。物理吸收法是用熔剂选择性地溶解原料气中的硫化氢,吸收液在压力降低时释放出硫化氢,溶剂可再循环利用,如聚乙二醇二甲醚法等。化学-物理综合吸收法就是将化学物理两种吸收法结合起来,如环丁砜法等。

改良的蒽醌二磺酸钠(Anthraquinone Disulphonic Acid,简写 ADA)法为化学吸收,又称改良 ADA 法,在湿法脱硫中运用最为普遍。该法是在早期 ADA 法溶液中添加适量的偏钒酸钠作载氧剂、酒石酸钠及少量三氯化铁和乙二胺四乙酸(EDTA)作活化剂,脱硫效果和经济效益大大改善。

改良的 ADA 脱硫法,在脱硫塔中用 pH 为 8.5~9.2 的稀碱溶液吸收硫化氢并生成硫氢化物:

$$Na_2CO_3 + H_2S =\!=\!= NaHS + NaHCO_3$$

液相中的硫氢化物进一步与偏钒酸钠反应,生成还原性焦性偏钒酸盐,并析出元素硫。

$$2NaHS + 4NaVO_3 + H_2O =\!=\!= Na_2V_4O_9 + 4NaOH + 2S$$

还原性焦性偏钒酸钠接着与氧化态 ADA 反应,生成还原态的 ADA 和偏钒酸盐。

$$Na_2V_4O_9 + 2ADA(氧化态) + 2NaOH + H_2O =\!=\!= 4NaVO_3 + 2ADA(还原态)$$

还原态的 ADA 被空气中的氧氧化成氧化态的 ADA,其后溶液循环使用。

$$2ADA(还原态) + O_2 =\!=\!= 2ADA(氧化态) + H_2O$$

当气体中含有二氧化碳、氰化氢和氧时,还会与碱发生副反应,生成 NaCNS 和 Na_2SO_4 等,其反应如下:

$$2NaHS + 2O_2 =\!=\!= Na_2S_2O_3 + H_2O$$

$$Na_2CO_3 + CO_2 + H_2O =\!=\!= 2NaHCO_3$$

$$Na_2CO_3 + 2HCN =\!=\!= 2NaCN + H_2O + CO_2$$

$$NaCN + S =\!=\!= NaCNS$$

$$2NaCNS + 5O_2 =\!=\!= Na_2SO_4 + 2CO_2 + SO_2 + N_2$$

所以,一定要防止硫以氰化钠形式进入再生塔,以免影响 ADA 的再生。生成 NaCNS 和 Na_2SO_4 也消耗了碱,对循环脱硫过程不利。因此当溶液中 NaCNS 和 Na_2SO_4 积累到一定程度后,必须引出一部分溶液,补充相应数量的新鲜溶液,以保持正常生产。

改良 ADA 法的主要操作条件有:

①溶液的 pH 值:溶液的 pH 值对气体吸收程度有很大影响,如图 1.14 所示。提高溶液的碱度,气体中的硫化氢的吸收程度也提高。当 pH 达到 8.8 时,吸收已基本完全;pH 值再提高,吸收液中硫化合物转化成硫代硫酸钠的量增大。吸收液是循环利用的,硫代硫酸钠的积累,降低了碳酸钠和偏钒酸钠的溶解度,也影响硫的回收。通常 pH 值以 8.5~9.2 为宜。

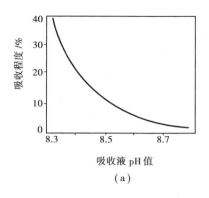 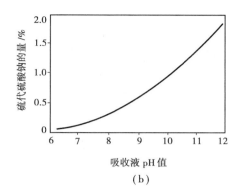

图 1.14　脱硫时 pH 值的影响

(a)pH 值对吸收程度的影响;(b)pH 值对生成硫代硫酸钠的影响

②钒酸盐含量的影响:溶液中偏钒酸钠与硫氰化物的反应是相当快的,一般 5 min 即可完成。为防止硫化氢局部过量生成"钒-氧-硫"的黑色沉淀,应使偏钒酸钠量比理论值稍大,且使溶液中 ADA 含量必须等于或大于偏钒酸含量的 1.69 倍,工业上实际采用 2 倍左右。

③温度:温度对脱硫的影响如图 1.15 所示。过高的温度促使大量的硫代硫酸钠副反应发生,低的吸收温度则使吸收和再生速度变慢,生成的单质硫粒径也只有 0.5~5 μm 而不易分离。生产中常维持溶液的吸收温度为 40~50 ℃。

④压力:用改良 ADA 法脱硫时,一般在加压和常压下进行。吸收压力的大小取决于原料气本身的压力或脱硫工序在合成氨流程中的部位。加压可提高设备的生产强度,减少设备容积,提高气体的净化度。但吸收压力过高,氧在溶液中的溶解度增大,会加快副反应的速度。

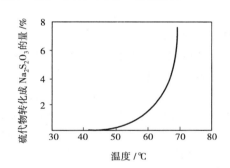

图 1.15　脱硫时温度的影响

⑤再生空气用量和再生时间:再生空气量除满足氧化还原态 ADA 的需要外,还应使硫呈泡沫状悬浮在溶液表面上,以便溢流回收。标准状态下一般再生塔空气量控制在 80~120 $m^3/(m^2 \cdot h)$ 为宜。溶液在再生塔中停留时间一般为 30~40 min,不宜太长,否则会大大增加再生器容积。

改良 ADA 法的工艺流程如图 1.16 所示。

含有硫化氢的原料气从脱硫塔底部进入,与塔顶喷淋下的溶液逆流接触,气体中的硫化氢被溶液吸收而脱除,从脱硫塔顶出来送往下一工序。吸收硫化氢后的溶液从脱硫塔底部引出,经循环槽用泵打入再生塔进行再生,空气由塔顶排出,析出的硫泡沫由塔顶的扩大部分上部溢流入硫泡沫槽,用真空过滤机分离出硫磺,滤液返回循环槽(图中未示出)。氧化后的溶液再由再生塔顶部扩大部分的下部出口引出,经液位调节器进入脱硫塔循环使用。

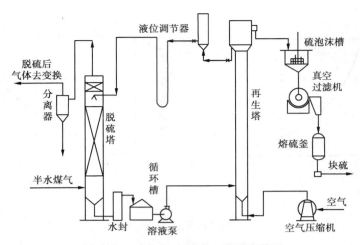

图 1.16　改良 ADA 法的工艺流程简图

1.3.2　一氧化碳变换

用不同燃料制得的合成气,均含有一定量的一氧化碳。一般固体燃料气化制得的水煤气中一氧化碳的体积分数为 35% ~37% ,半水煤气中一氧化碳的体积分数为 25% ~34% ,天然气蒸汽转化制得的转化气中一氧化碳的体积分数较低,一般为 12% ~14% 。一氧化碳是合成甲醇的直接原料,但不是合成氨生产所需要的直接原料,而且在一定条件下还会与合成氨的铁系催化剂发生反应,导致催化剂失活。因此,在原料气进入合成塔之前,必须将一氧化碳清除。清除一氧化碳分两步进行,首先进行变换反应:

$$CO + H_2O(g) \Longleftrightarrow CO_2 + H_2$$

这样,既能把大部分一氧化碳变为易于清除的二氧化碳,而且又制得了等摩尔量的氢,而所消耗的只是廉价的水蒸气。因此,一氧化碳变换既是原料气的净化过程,又是原料气制造的继续。少量残余的一氧化碳再通过其他净化法如甲烷化加以脱除。

工业中,一氧化碳变换均在有催化剂的条件下进行。20 世纪 60 年代以前,主要采用以 Fe_2O_3 为主体的催化剂,使用温度为 350 ~550 ℃ 。由于一氧化碳变换反应为可逆放热反应,受操作温度的限制,气体经变换后仍有 3% 左右的一氧化碳。20 世纪 60 年代以来,由于脱硫技术的发展,使得在更低温度下使用活性高而抗毒性差的 CuO 催化剂成为可能,CuO 催化剂的操作温度在 200 ~280 ℃ ,该温度下残余一氧化碳可降至 0.3% 左右。

为了区别上述两种温度范围的变换过程,将前者称为中温变换(或高温变换),而后者称为低温变换。所用催化剂分别称为中变(或高变)催化剂及低变催化剂。

1)变换反应热力学

一氧化碳和水蒸气的变换反应为放热反应,平衡常数随温度升高而降低。平衡常数可用式(1.2.4)计算。

现以 1 mol 原料气为基准,用 y_a, y_b, y_c 和 y_d 分别代表初始气体中的 CO,H_2O,CO_2 和 H_2 的摩尔分数,x 为变换反应的平衡转化率(或变换率)。

$$x = \frac{n_{co} - n'_{co}}{n_{co}}$$

式中 n_{co}——进口 CO 摩尔量;

n'_{co}——出口 CO 摩尔量。

通常生产中测量的是不含水蒸气的气体组成,称为干基组成。如果分析该变换前后 CO 的干基组分分别为 y 和 y',则 1 mol 干基气体变换后为 $(1 + y \cdot x)$ mol 的干基气体,则:

$$y = y \cdot x + (1 + y \cdot x) \cdot y', x = \frac{y - y'}{y(1 + y')}$$

当反应达到平衡时,各组分的平衡组成分别为 $y_a - y_a x$,$y_b - y_a x$,$y_c + y_a x$ 和 $y_d + y_a x$,所以变换反应平衡常数可表示为:

$$K_p^{\ominus} = \frac{p(CO_2)p(H_2)}{p(CO)p(H_2O)} = \frac{(y_c + y_a x)(y_d + y_a x)}{(y_a - y_a x)(y_b - y_a x)} \tag{1.3.1}$$

上述包含了水蒸气的气体组成,则称为湿基组成。在干基组成和湿基组成之间可通过汽气比,即 1 mol 干原料气体中水蒸气的摩尔数,进行换算。如测得原料气的干基含量并已知汽气比,即可求得一氧化碳变换率 x。温度越低,水碳比越大,平衡变换率越高。

因平衡变换率随温度升高而降低,但反应速度却随温度升高而增加,为了既保持较高的反应速度,又尽量提高平衡变换率,工业上常采用先较高温度(400 ~ 450 ℃)变换后较低温度(200 ~ 250 ℃)变换的两段变换工艺。前者称为中温变换或中变,后者称为低温变换或低变。

2)变换反应动力学

在有关一氧化碳变换反应动力学的研究工作中,由于使用催化剂的性能、型号的差异以及实验条件不同,整理出来的变换动力学方程式各异。在工艺计算中,较常用的动力学方程式有三类:

(1)一级反应

$$r(CO) = k_0(y_a - y_a^*) \tag{1.3.2}$$

式中 y_a,y_a^*——一氧化碳的瞬时含量与平衡含量,摩尔分数;

k_0——反应速率常数,$m^3/(m^3 \cdot h)$;

$r(CO)$——反应速率,以单位体积催化剂单位时间反应的 CO 在标态下的体积表示,$m^3/(m^3 \cdot h)$。

其等温积分式为:

$$k_0 = V_{sp} \ln \frac{1}{1 - x/x^*} \tag{1.3.3}$$

或

$$k_0 = V_{sp} \ln \frac{y_1 - y_1^*}{y_2 - y_2^*} \tag{1.3.4}$$

式中 V_{sp}——湿原料气空速,h^{-1};

x,x^*——一氧化碳的变换率和平衡变换率;

y_1,y_2——进、出口气体中一氧化碳含量,摩尔分数;

y_1^*,y_2^*——进、出口气体中一氧化碳的平衡含量,摩尔分数。

(2)二级反应

$$r(CO) = k\left[y_a y_b - \frac{y_c y_d}{K_p^{\ominus}} \right] \tag{1.3.5}$$

式中 y_a,y_b,y_c,y_d——CO,H_2O,CO_2 和 H_2 的瞬时含量,摩尔分数;

k——与温度有关的速率常数。

对国外 G-3A 型中变催化剂，$k = \exp(15.99 - 4\,900/T)$；国产中变催化剂，B104 型（即 $C_{4\sim2}$），$k = \exp(17.94 - 6\,300/T)$；B106 型（$C_6$）$k = \exp(17.88 - 5\,920/T)$；B109 型（$C_9$）$k = \exp(16.70 - 4\,940/T)$；对低变催化剂，G-66 型 $k = \exp(15.92 - 3\,917/T)$；G-66B 型 $k = \exp(12.88 - 1\,856/T)$。

对于变换反应，一般认为内扩散的影响不能忽略。内表面利用率不仅与催化剂的尺寸、结构以及反应活性有关，而且与操作温度和压力等因素有关。通过计算发现，对同一尺寸的催化剂，在相同压力下，提高操作温度，则一氧化碳扩散速度也相应增加，但在催化剂内表面上反应的速度常数增加更为迅速，总的结果是随温度升高，内表面利用率降低。在相同的温度和压力下，小颗粒的催化剂具有较高的内表面利用率，这主要是因为催化剂的尺寸越小，毛细孔的长度越短，内扩散阻力越小的缘故。对同一尺寸的中变催化剂，在温度相同时提高压力，反应速度会增大，而一氧化碳有效扩散系数又显著减小，故内表面利用率降低。

3）催化剂

（1）中变催化剂

只有在催化剂存在时，一氧化碳变换反应速度才能满足工业生产的要求。目前广泛应用的中变催化剂是以 Fe_2O_3 为主体，以 Cr_2O_3 为主要添加物的多成分铁铬系催化剂。

近年来，随着重油部分氧化法的发展，所制得的原料气含硫量高，又逐渐开始采用耐高硫的钴钼系变换催化剂。国产中变催化剂的性能如表 1.4 所示。

表 1.4 国产铁铬系中变催化剂的性能

型 号		B104	B106	B109	B110
旧型号		$C_{4\sim2}$	C_6	C_9	C_{10}
成 分		Fe_2O_3，MgO，Cr_2O_3 少量 K_2O	Fe_2O_3，Cr_2O_3，MgO $w(SO_3) < 0.7\%$	Fe_2O_3，Cr_2O_3，K_2O $w(SO_4^{2-}) \approx 0.18\%$	Fe_2O_3，Cr_2O_3，K_2O $w(S) < 0.06\%$
规 格		圆柱体，$\phi7 \times (5\sim15)$	圆柱体，$\phi9 \times (7\sim9)$	圆柱体，$\phi9 \times (7\sim9)$	片剂，$\phi5 \times 5$
堆积密度/$(kg \cdot L^{-1})$		1.0	1.4~1.5	1.5	1.6
400 ℃还原后比表面 /$(m^2 \cdot g^{-1})$		30~40	40~45	>70	55
400 ℃还原后孔隙率/%		40~50	约 50		
使用温度范围/℃ （最佳活性温度）		380~550 （450~500）	360~520 （375~450）	300~530 （350~450）	300~530 （350~450）
操作条件	进口气体温度/℃	≥380	≥360	300~350	350~380
	$n(H_2O)/n(CO)$ （摩尔比）	3~5	3~4	2.5~3.5	原料气中 CO 体积分数为 13% 时为 3.5~3.7
	常压下干气空速 /h^{-1}	300~400	300~500	300~500,800~1 500 （1 MPa 以上）	原料气中 CO 体积分数为 13% 时为 2 000~3 000（3~4 MPa）
	H_2S 允许量 /$(g \cdot m^{-3})$	<0.3	<0.1	<0.05	

铁铬系催化剂中 $w(Fe_2O_3)$ 一般为 80% ~ 90%，$w(Cr_2O_3)$ 为 7% ~ 11%，并含有 $K_2O(K_2CO_3)$，MgO 及 Al_2O_3 等成分。在催化剂的各种添加物中，以 Cr_2O_3 最为重要。它的主要作用是将活性组分 Fe_2O_3 分散，使之具有更细的微孔结构和较大的比表面积，防止 Fe_3O_4 的结晶成长，使催化剂耐热性能提高，延长使用寿命，提高催化剂的机械强度，抑制析碳副反应等。添加 K_2CO_3 也能提高催化剂的活性。单独添加极少量的 K_2CO_3 就有一定促进效果，如同时添加 Cr_2O_3 和 K_2CO_3，则效果更佳。添加 MgO 及 Al_2O_3 虽不能提高催化剂的活性，但可增加催化剂的耐热性，而且 MgO 还具有良好的抗硫化氢的能力。铁铬系催化剂中，Fe_2O_3 对一氧化碳变换反应无催化作用，需要还原成 Fe_3O_4 才具有活性。在生产中，通常用含氢或 CO 的气体进行还原，其反应如下：

$$3Fe_2O_3 + CO \Longrightarrow 2Fe_3O_4 + CO_2$$
$$3Fe_2O_3 + H_2 \Longrightarrow 2Fe_3O_4 + H_2O$$

近年来开发的中变钴钼催化剂，以氧化铝为载体，有效组分为氧化钴（3% ~ 3.5%）和三氧化钼（10% ~ 15%），并加入少量碱金属氧化物。在使用前，用含硫化氢的气体硫化，实际起催化剂作用的是硫化钴和硫化钼。钴钼催化剂不受硫化物的毒害。它的活性温度比铁铬催化剂低，在 250 ~ 400 ℃ 就可使用，机械强度大于铁铬催化剂，不会将硫化氢还原成单质硫，从而不至于粘附堵塞设备。使用方法比铁铬催化剂简单，铁铬催化剂在使用前要经过仔细还原，还原条件明显影响催化剂的活性、机械强度和使用寿命。

（2）低变催化剂

目前工业上应用的低变催化剂以氧化铜为主体，还原后的活性组分是细小的铜结晶，在操作温度下极易烧结，比表面积小，从而催化剂活性下降，寿命缩短。为此在催化剂中加入氧化锌和氧化铝，使微晶铜有效地被分隔开来不致长大，从而提高了催化剂的活性和热稳定性。低变催化剂中 $w(CuO)$ 为 15.3% ~ 31.2%，$w(ZnO)$ 为 32% ~ 62.2%，$w(Al_2O_3)$ 为 30% ~ 40.5%。

使用低变催化剂前，需用氢或一氧化碳将其还原成具有活性的微晶铜，其反应如下：

$$CuO + H_2 \Longrightarrow Cu + H_2O(g)$$
$$CuO + CO \Longrightarrow Cu + CO_2$$

氧化铜还原是强烈的放热反应，因此必须严格控制还原条件，将催化层温度控制在 230 ℃ 以下。硫化物和氯化物是低变催化剂的主要毒物，硫化物使低变催化剂永久性中毒。催化剂中硫的质量分数为 0.1% 时，变换率下降 10%；硫的质量分数为 1% 时，变换率下降 80%。硫化物除了来自原料气以外，还可能来自中变催化剂，所以在中变催化剂进行还原时，应注意"放硫"完全，以免低变催化剂中毒。在一些装置中，于低变催化剂上部装入 ZnO 作为防硫保护层。氯化物对低变催化剂的作用较硫化物大 5 ~ 10 倍，它能破坏催化剂结构造成永久性中毒。氯化物主要来源于水蒸气或变换炉冷激用的冷凝水。为了保护催化剂，要求蒸汽中氯的体积分数低于 3.0×10^{-8}。

4）变换过程工艺条件

（1）温度

变换反应是可逆的放热反应，因此存在最佳反应温度。在原始气体组成和催化剂一定的条件下，变换反应正逆两向的反应速度均随温度的升高而增加，而平衡常数则随温度的增高而减少。在低温阶段反应远离平衡时，增加温度使变换过程总速度增加；当温度增至某一值时，反应速度达到最大；超过这一温度后，由于平衡的限制和逆反应的影响，增加温度总的反应速

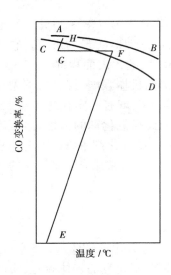

图 1.17　CO 变换过程的 T-x 图
AB—平衡温度线；CD—适宜温度线；
E—进入第一段催化剂层的状态；
F—离开第一段催化剂层的状态；
G—进入第二段催化剂层的状态；
H—离开第二段催化剂层的状态；
FG—中间冷却过程

度反而下降。对应的最大反应速度时的温度称为在该条件下的最佳反应温度。随着反应的进行，气体组成随时都在变化，每一瞬时组成都对应着一个最佳温度。过程之初，一氧化碳变换率低，最佳温度高；随着反应的进行，变换率逐渐增加，最佳温度逐渐下降，形成一定的最佳温度分布。把不同变换率下的各最佳点连接成曲线，称为最佳温度分布曲线。如果变换按最佳温度分布曲线进行，则整个过程的反应速度最大，在相同的生产力下所需催化剂用量最少。最佳温度 T_o 与平衡温度 T_e 的关系为：

$$T_o = \frac{T_e}{1 + \dfrac{RT_e}{E_2 - E_1}\ln\dfrac{E_2}{E_1}} \qquad (1.3.6)$$

式中　E_1, E_2——正逆反应的活化能，J/mol。

不同变换率 x 时的最佳温度 T_o 如图 1.17 所示。

图 1.17 是一个两段绝热反应、段间间接换热的 T-x 操作状况图。EF，GH 分别为一、二段绝热反应操作线，FG 为段间间接换热降温线，绝热操作线方程可由热量衡算导出。如采用平均温度时的反应热$(-\Delta H_R)$和平均热容 C_P 计算，可得出：

$$T - T_o = \frac{y_a(-\Delta H_R)}{100 C_P}(x - x_0) = \lambda(x - x_0) \qquad (1.3.7)$$

式中　λ——绝热温升。

显然，绝热反应分段越多，则操作越接近最佳反应温度曲线，但流程越复杂。根据原料气中的 CO 的体积分数，一般多将催化剂床层分为一段、二段或多段，段间进行冷却。冷却的方式有两种：一是间接换热式，用原料气或饱和蒸汽进行间接换热；二是直接冷激式，用原料气、水蒸气或冷凝水直接加入反应系统进行降温。

（2）压力

压力对变换反应的平衡几乎没有影响，但提高压力将使析碳等副反应易于发生，所以单就平衡而言，加压并无好处。但从动力学角度分析，加压可提高反应速度，因为变换催化剂在加压下比常压下活性更高（图 1.18）。加压变换设备体积小，布置紧凑。加压变换过程的湿变换气中水蒸气冷凝温度高，有利于热能回收。一般小型氨厂操作压力为 0.7～1.2 MPa，中型氨厂为 1.2～1.8 MPa，以煤为原料，纯氧气化的大型氨厂，压力可达 5.2 MPa，以烃类为原料的大型合成氨厂压力为 3.0 MPa。

（3）水蒸气比例

水蒸气比例是指水蒸气与原料气中一氧化碳的摩尔比或蒸汽与干原料气的摩尔比。增加水蒸气用量，一氧化碳平衡变换率提高，反应速度加快，可阻止催化剂还原，避免析碳及生成甲烷的副反应。同时可使原料气中一氧化碳体积分数下降，绝热温升 λ 减小，所以改变水蒸气用量是调节床层温度的重要手段。但是水蒸气用量也不宜过高，否则不仅蒸汽消耗量增加，而且床层压降太大,反应温度难以维持。中变水蒸气比例一般为 3～5。

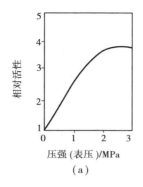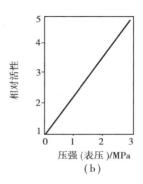

图 1.18　加压下催化剂的活性
(a)某中变催化剂;(b)某低变催化剂

5)变换反应的工艺流程

综上所述,一氧化碳变换工艺的流程安排应做如下考虑。若一氧化碳体积分数较高,则应采用中温变换,因为中变催化剂操作温度范围较宽,而且价廉、寿命长,大多数合成氨原料气中 CO 均高于 10%,故都可先通过中变除去大部分一氧化碳。对一氧化碳体积分数高于 15% 者,一般可考虑适当分段,段间进行冷却降温,尽量靠近最适宜温度操作。其次,根据原料气的温度与湿含量情况,考虑适当预热和增湿,合理利用余热。如允许变换气中残余 CO 的体积分数在 3% 左右,则只采用中变即可。如要求在 0.3% 左右,则将中变和低变串联使用。下面介绍两种典型的变换工艺流程。

(1)中变-低变串联流程

以烃类蒸汽转化制氢为例(图 1.19),CO 的体积分数为 13%～15% 的原料经废热锅炉(1)降温,在压力 3 MPa、温度 370 ℃下进入高变炉(2),因原料气中湿含量较高,一般不需添加水蒸气,反应后气体中一氧化碳降至 3% 左右,温度 425～440 ℃,通过高变废热锅炉(3)冷却到 330 ℃。高变气继续进入甲烷化炉进气预热器(4),温度降至 220 ℃后进入低变炉(5),出炉温度 240 ℃左右,残余一氧化碳的体积分数降至 0.3%～0.5%。低变气还可进一步回收余热,气体离开变换系统后进入二氧化碳吸收塔。

(2)多段变换流程

多段变换流程如图 1.20 所示。原料气进入饱和塔下部与水循环泵打来并经水加热器加热的热水逆流接触,气体被加热到 160～190 ℃,水被冷却至 135～150 ℃。然后气体由塔顶逸出,在管道内与外供的高压蒸汽混合后,经换热器和中间换热器加热至 400 ℃左右进入变换炉一段。这里,约有 80% 的一氧化碳被变换成氢,反应热使气体温度升至 520 ℃左右,引出到中间换热器降温至 420 ℃后,进入变换炉二段。此时,气体中一氧化碳体积分数降至 3.5% 以下,温度约 430 ℃,由炉底部逸出,依次经换热器、水加热器、热水塔降温至 160 ℃后,送下一工段处理。

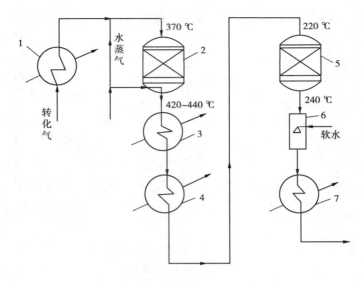

图 1.19　一氧化碳中变-低变串联流程

1—废热锅炉;2—高变炉;3—高变废热锅炉;4—甲烷化炉进气预热器;
5—低变炉;6—饱和器;7—釜液再沸器

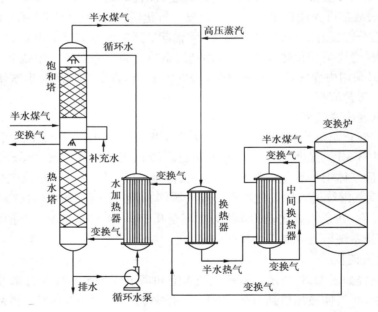

图 1.20　多段变换流程

1.3.3　二氧化碳的脱除

经变换后的气体中含有较多的二氧化碳,回收二氧化碳可作为制造尿素、纯碱、碳酸氢铵的重要原料,习惯上把脱除和回收二氧化碳的过程称为"脱碳"。

像脱硫一样,二氧化碳的脱除有多种方法,应根据原料气的组成、净制要求、前后工序关系、生产规模,环境安全等因素综合考虑,这些方法的概况列于表1.5。

表 1.5 变换气脱二氧化碳的方法

方　法	吸收剂	吸收条件	耗气量/$(kg \cdot m^{-3})$	吸收效率	备　注
加压水法	水	1.2 ~ 3 MPa 常温	—	出口 CO_2 为 1%	简单,但净化度不高,耗能多,回收率低
碳酸丙烯酯法	碳酸丙烯酯	1.2 ~ 3 MPa 常温	—	0.8% ~ 1% 或更高,可脱 H_2S	操作费用比水洗降低 40% ~ 50%,不需外热,设备少,CO_2 纯度高,脱部分有机硫
低温甲醇法	甲醇	2.8 MPa 约 40 ℃	—	10×10^{-6},并可脱 H_2S,HCN 等	能耗少,溶剂吸收能力强,但流程复杂,溶剂损耗大,设备多
聚乙二醇二甲醚法	聚乙二醇二甲醚二异丙醇胺	约2.8 MPa 约 40 ℃	—	0.1%	腐蚀性小,溶液稳定,溶剂成本高
甲基吡咯烷酮法	N,2-甲基吡咯烷酮	约 4 MPa 25 ℃	—	3.5×10^{-5} 脱 H_2S	无腐蚀,溶剂成本高
环丁砜法	环丁砜,一乙醇胺(二异丙醇胺),水	4 MPa 40 ℃	3.1	0.3%	吸收能力强,蒸汽耗量低,但乙醇胺会变质
乙醇胺法	一乙醇胺溶液(15% ~ 20%)	2.7 MPa 约 43 ℃	4.6	0.2%	乙醇胺会降解
氨水法	氨水(14% ~ 16%)	0.8 ~ 1.2 MPa 25 ~ 28 ℃	—	0.2%	设备大,有腐蚀,能利用 CO_2 生产固体肥料
含砷热钾碱(G-V)法	K_2O:180 ~ 200 kg/m^3 As_2O_3:120 kg/m^3 As_2O_5:20 kg/m^3	约 2.7 MPa 60 ~ 70 ℃ (上段)	2.1	0.3% ~ 0.6%	设备少,吸收率高,回收 CO_2 浓度高,但耗蒸汽,吸收液有毒
氨基乙酸法	K_2O:250 kg/m^3 氨基酸:50 kg/m^3 V_2O_5:2 ~ 3 kg/m^3	约 2.7 MPa 124 ℃			吸收效率较高,无毒
二乙醇胺热钾碱法	$w(K_2CO_3) = 25\%$,二乙醇胺的质量分数为 3% ~ 6% $w(V_2O_5)$ 为 0.2% ~ 0.6%	约 2.7 MPa 60 ~ 70 ℃ (上段)	1.7 ~ 2.1	0.2%	吸收容量略低于含砷热钾碱法,对碳钢有腐蚀
有机胺硼酸盐热钾碱法	$w(K_2CO_3) = 25\%$,有机硼酸盐的质量分数为 5%,$w(V_2O_5) = 0.5\%$	约 2.7 MPa 80 ℃(上段)	2	0.1%	二乙醇胺热钾碱法的改进
碱液吸收法	NaOH(约 50 kg/m^3)	对(1.00 ~ 2.00) $\times 10^{-4}$ CO_2 在加压下常温吸收	—	5×10^{-6}	中小厂和老厂对气体的最后净制

1)苯菲尔法脱碳

二乙醇胺催化热钾碱法脱除 CO_2 称为苯菲尔法脱碳。

碳酸钾水溶液呈强碱性,吸收 CO_2 的化学反应式为:

$$K_2CO_3 + H_2O + CO_2 \Longrightarrow 2KHCO_3$$

为了提高其反应速度以及增加 $KHCO_3$ 的溶解度,吸收在较高温度(105~130 ℃)下进行,故称热碳酸钾法。同时在此温度范围内,吸收温度与再生温度基本相同,可节省吸收液再生时所消耗的热量,但在此温度下吸收 CO_2 的速度仍然太慢,且吸收液对设备腐蚀也很严重。

脱碳后气体的净化度与 K_2CO_3 水溶液中 CO_2 的平衡分压有关。溶液 CO_2 的平衡分压越高,达到平衡后气体中残余的 CO_2 越高,气体的净化度就越低。此外,K_2CO_3 水溶液中 CO_2 的平衡分压还与 K_2CO_3 溶液的浓度、溶液中 K_2CO_3 转变成 $KHCO_3$ 的转化率以及吸收时的温度有关,温度升高,则 CO_2 的平衡分压增大。图 1.21 为 CO_2 在苯菲尔脱碳溶液上的平衡分压。

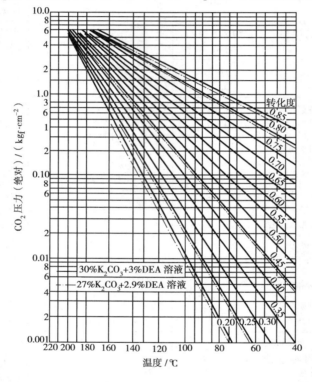

图 1.21 苯菲尔脱碳溶液上 CO_2 的平衡分压

在 K_2CO_3 的溶液中加入少量活化剂,如二乙醇胺[$CH_2CH(OH)_2NH_2$,简称 DEA]可以改变吸收反应历程,从而大大加快吸收 CO_2 的速度,同时还可降低液面上 CO_2 的平衡分压,使脱碳气的净化度提高。表 1.6 列出了 DEA 对碳酸钾溶液平衡分压和吸收系数的影响。

表 1.6 DEA 对碳酸钾溶液平衡分压和吸收系数的影响

DEA 的质量分数/%	0	1	2	3
相对吸收系数	0.413	—	0.692	1.00
相对二氧化碳分压	1.94	1.61	—	1.00

这种加入了 DEA 的碳酸钾溶液在吸收脱除 CO_2 的同时,还能除去原料气中的 H_2S 等酸性组分。

碳酸钾溶液吸收 CO_2 后,K_2CO_3 转变为 $KHCO_3$,溶液的 pH 值减小,吸收能力下降。需要将溶液再生,释放出 CO_2,使溶液恢复吸收能力。再生反应为:

$$2KHCO_3 \rightleftharpoons K_2CO_3 + H_2O + CO_2$$

加热有利于碳酸氢钾的分解。为了使 CO_2 从溶液中充分解吸出来,一般将溶液加热至沸点,使大量的水蒸气逸出,有利于降低气相中 CO_2 的分压,起到气提作用。再生时压力越低,对再生的效果越好。但为了简化流程和便于将解吸出的 CO_2 送到后序工段,其压力一般高于大气压约 0.015 MPa,而再生温度为该压力下溶液的沸点温度。再生温度和再生压力与溶液的组成有关。

在实际操作过程中,考虑到在高温下高浓度碳酸钾溶液对设备的腐蚀以及在低温下易析出结晶的特点,通常在吸收时,采用碳酸钾的质量分数为 25% ~30%,活化剂 DEA 的质量分数为 2.5% ~5%。溶液中一般还需加入偏钒酸钾(KVO_3)或 V_2O_5 为缓蚀剂,让其与铁作用,在设备表面形成一层氧化铁保护膜,使设备免受热钾碱溶液和 CO_2 的腐蚀。溶液中 KVO_3 的质量分数为 0.6% ~0.9%,并要求溶液中五价钒的质量分数为总钒的 20% 以上。此外溶液中还需加入微量的有机硅酮类、聚醚类以及高级醇类等有机化合物作为抑制发泡的消泡剂。

苯菲尔法脱除 CO_2 的工艺流程如图 1.22 所示。低变气用水淬冷到露点,进入低变气再沸器,放出大量冷凝热作为再生热源。喷水淬冷的目的是降低气体进再沸器的温度,减少壳侧热碱液的腐蚀,同时又能提高再沸器的传热效果。低变气体进分离罐分出冷凝水,然后入吸收塔底部,从下而上与热碱液逆流接触,CO_2 被吸收后,气体中还残余约 1.0×10^{-3} 的 CO_2。从塔顶出来的气体进入液滴分离罐,除去夹带溶液,溶液回到贮槽,由液滴分离罐出口的气体到下一工段甲烷化。

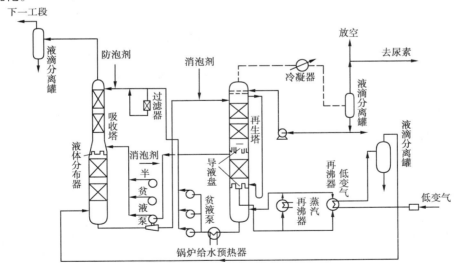

图 1.22 苯菲尔法的工艺流程图

目前大型氨厂苯菲尔脱碳工序普遍采用两段吸收、两段再生流程。吸收塔有两个进液口,从塔中部进入的是来自再生塔中部的半贫液,贫液由再生塔底部流出,经锅炉给水预热器,进入吸收塔顶部,自上而下再与半贫液汇合。一部分贫液进吸收塔前,先入过滤器除去杂质,以防止起泡。入过滤器的液量约占贫液总量的1/10。吸收塔底部的富液利用本身的压力到再生塔顶部,由于吸收塔压力很高,所以富液可以驱动一台水力透平回收能量。富液经水力透平减压,在再生塔顶就闪蒸出一些 CO_2。吸收液自上而下与热气体(水蒸气与 CO_2 的混合物)逆流接触,溶解的 CO_2 不断放出。半贫液从再生塔中抽出,入吸收塔中部。小部分溶液(约占总量1/4)再进一步再生,最后流入变换气再沸器和蒸汽再沸器,保持沸腾状态,使溶液中 CO_2 脱到规定范围,返回再生塔底部。贫液经锅炉给水预热器被锅炉给水冷却,送吸收塔顶。由再生塔出来的 CO_2 经洗涤后,入冷凝器冷却,并进液滴分离罐分出冷凝水后,送往氨加工车间。在吸收塔顶、中部和再生塔顶部,设有消泡剂注入口,根据需要加入。

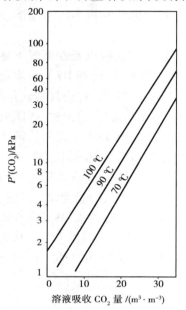

图1.23　As$_2$O$_3$的质量浓度为120 kg/m^3
的砷钾碱液吸收 CO_2 的平衡

2)含砷热钾碱法(G-V法)脱碳

含砷热钾碱法是往碳酸钾溶液中添加三氧化二砷作为助剂,并起催化作用。碳酸钾与三氧化二砷反应生成砷酸二氢钾:

$$K_2CO_3 + As_2O_3 + 2H_2O \Longleftrightarrow 2KH_2AsO_3 + CO_2$$

含砷钾碱溶液吸收 CO_2 时的反应为:

$$KH_2AsO_3 + CO_2 + H_2O \Longleftrightarrow KHCO_3 + H_3AsO_3$$
$$K_2CO_3 + CO_2 + H_2O \Longleftrightarrow 2KHCO_3$$

含砷热钾碱溶液吸收 CO_2 的平衡如图1.23所示,该体系的 CO_2 平衡分压比相应的普通碳酸钾溶液体系要低得多。

钾碱液中添加三氧化二砷后,不仅提高了钾碱液对 CO_2 的吸收量,也加快了吸收 CO_2 的速率,使净制气中 CO_2 下降。以 CO_2 的体积分数为25%的变换气在12 MPa和75 ℃下吸收为例,净制气中 CO_2 质量分数与碱液(碱液折算为 K_2O 的质量浓度为200 kg/m^3)中添加三氧化二砷的量间的关系如图1.24所示,图中转折点三氧化二砷质量浓度在30 kg/m^3 左右。添加三氧化二砷也提高了吸收富液再生的速率,可以节省蒸汽,再生时蒸汽消耗量与碱液中三氧化二砷质量浓度的关系如图1.25所示。

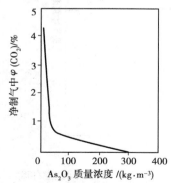

图1.24　As$_2$O$_3$ 质量浓度对净制程度的影响
[进气中 $\varphi(CO_2) = 25\%$,1.2 MPa]

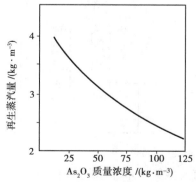

图1.25　As$_2$O$_3$ 质量浓度对再生用蒸汽量的影响
[进气中 $\varphi(CO_2) = 28\%$,出气中 $\varphi(CO_2) < 1\%$]

综合以上关系,常用的砷钾碱液的组成为:K_2O 的质量浓度为 200 kg/m³,As_2O_3 的质量浓度为 120 kg/m³,As_2O_5 的质量浓度为 20 kg/m³,1 m³ 碱液吸收 CO_2 的能力为 20~25 m³。

含砷热碱法提高了吸收和再生速率,使吸收塔和再生塔比普通热钾碱法小得多,并在 80~90 ℃或更低的条件下进行,净化气中 CO_2 质量分数小于 0.2%,含砷热钾碱溶液对碳钢腐蚀小,大多数设备可以用普通碳钢制作。

含砷热钾碱法的工艺流程如图 1.26 所示。变换气经过变换气煮沸器由吸收塔下部通入,与碱液冷却器来的温度为 100 ℃左右的碱液逆流相遇,气体中 CO_2 即被碱液吸收。碱洗后的气体由塔顶出来,经气体冷却器分出其中夹带的水分并适当冷却后,即为碱洗气,送去脱少量 CO 工段。

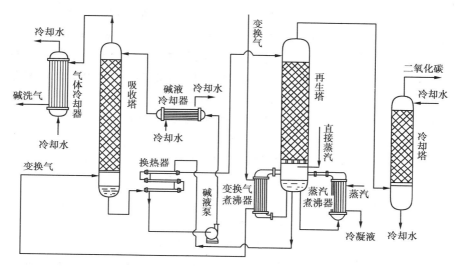

图 1.26　含砷热钾碱法的工艺流程

从吸收塔下部出来的碱液经换热器后进入再生塔上部,具有 105~110 ℃的待再生碱液,在再生塔中即释放出其中的 CO_2。

为了保证溶液再生完全和回收变换气的热量,采用变换气煮沸器和蒸汽煮沸器来加热塔底的碱液,以供给溶液再生时所需的热量,并有一部分蒸汽直接通入塔中,以补偿再生时水蒸气的消耗。

再生后的碱液用碱液泵升压,经碱液冷却器后,冷却到 100 ℃左右进入吸收塔循环使用。从再生塔顶出来的 CO_2 经冷却塔冷却到常温后,其体积分数在 98% 以上,可直接送往尿素车间做原料气用。

1.3.4　少量一氧化碳的脱除

经过变换和脱除二氧化碳,原料气中还含有少量的一氧化碳和二氧化碳。一氧化碳的存在会使合成氨催化剂暂时中毒,因此需在进入合成塔之前脱除,使一氧化碳的质量分数降到规定的 $1×10^{-5}$ 以下。脱除合成氨原料气中残余一氧化碳的方法有铜氨液洗涤法、甲烷化法和液氮洗涤法等。

铜氨液洗涤法是用亚铜盐的溶液在低温和加压下洗涤原料气以吸收一氧化碳,吸收液在减压升温下再生,再生的铜氨液循环使用,再生时释放出的一氧化碳作为再生气回收。通常把铜氨液吸收一氧化碳的操作称为"铜洗",净化后的气体称为"铜洗气"或"精炼气"。铜氨液洗涤适用于中温变换后一氧化碳含量相对较高的转化气。我国以无烟煤或焦炭为原料的合成氨厂多采用铜洗流程。

甲烷化法是 20 世纪 60 年代开发的新方法,它是在一定的温度和催化剂存在时,使原料气中的一氧化碳与氢作用而生成甲烷。这种方法流程简单,不消耗化学品,催化剂寿命达 2 ~ 5 年。但甲烷化法消耗原料气中的氢。生成的甲烷虽然对合成氨催化剂无害,可它在合成反应中是惰性气体,降低了反应气中有效组分的浓度。因此此法只适用于低温变换后残余一氧化碳少的转化气。

液氮洗涤法是用液氮在 1.8 ~ 2.5 MPa 和 - 190 ℃ 左右的条件下洗涤转化气。液氮洗涤时,一氧化碳和甲烷等冷凝入液氮中。吸收后的液氮经过分馏,一氧化碳馏分予以回收,液氮循环使用。液氮洗涤可以同时脱除一氧化碳和甲烷,气体净制程度较高,但需空气分离装置。此法主要用在焦炉气分离以及重油部分氧化、煤富氧气化的制氨流程中。通常把液氮洗涤一氧化碳称为氮洗。下面介绍甲烷化脱除一氧化碳的工艺。

甲烷化法脱一氧化碳是使一氧化碳加氢生成甲烷,其反应如下:

$$CO + 3H_2 \Longrightarrow CH_4 + H_2O$$

在脱除一氧化碳的同时,CO_2 也进行加氢,其反应如下:

$$CO_2 + 4H_2 \Longrightarrow CH_4 + 2H_2O$$

在某种条件下,还会有以下副反应发生:

$$2CO \Longrightarrow C + CO_2$$

$$Ni + 4CO \Longrightarrow Ni(CO)_4$$

反应 CO 与 CO_2 甲烷化的平衡常数如表 1.7 所示。由于甲烷化反应是强烈的放热反应,低温有利于正反应,平衡常数较高。在 200 ~ 400 ℃ 范围内,CO 和 CO_2 都趋向于生成甲烷,而在大于 600 ℃ 的范围,则逆反应易于进行。

表 1.7　甲烷化反应的平衡常数

温度/℃	$K_p = \dfrac{p(CH_4) \cdot p(H_2O)}{p(CO) \cdot p^3(H_2)}$	$K_p = \dfrac{p(CH_4) \cdot p^2(H_2O)}{p(CO_2) \cdot p^4(H_2)}$
200	2.05×10^{15}	9.06×10^{12}
250	1.07×10^{13}	1.27×10^{11}
300	1.46×10^{11}	3.70×10^{9}
350	3.80×10^{9}	1.85×10^{8}
400	1.66×10^{8}	1.36×10^{7}
500	9.65×10^{5}	2.05×10^{5}

工业反应温度为 300 ~ 400 ℃ 时,因 K_p 值极大和氢分压高,一氧化碳可认为是全部转化。

需要注意的是,甲烷化反应是强烈的放热反应,在绝热条件下造成反应物系温度的显著升高。在氢氮气中,每 1% CO_2 的绝热温升为 60 ℃,每 1% CO 的绝热温升为 72 ℃。原料气中 CO 和 CO_2 含量的波动会引起炉温大幅度的变化,应适当控制以免催化剂超温。

在实际生产中,甲烷化反应中一氧化碳分解和羰基镍生成反应是不会出现的。因为甲烷化工业反应温度在 300~400 ℃,在这个范围内,一氧化碳的分解速度很慢。而羰基镍的反应,温度越低、压力越高对其生成越有利。通过计算发现,在 300~400 ℃,羰基镍的平衡含量极少。

甲烷化反应的动力学研究得出,包括扩散在内的宏观反应速率常数 k 随温度上升而增大,但并不剧烈,以 280 ℃ 的 $k=1.0$ 计,360 ℃ 时为 2.50,420 ℃ 时为 4.34,可以推测扩散对过程起重要作用。此外,在催化剂上反应速率随操作压力的增大而提高,其关系如图 1.27 所示,但增长值并不大。

我国目前使用的甲烷化催化剂是镍催化剂。以镍为主要活性成分,以氧化铝为载体,镍以 NiO 形式存在。使用前先以氢气或脱碳后的原料气还原,其反应式如下:

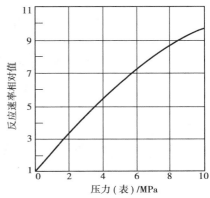

图 1.27　操作压力对甲烷化
催化剂活性的影响

$$NiO + H_2 \Longrightarrow Ni + H_2O$$

$$NiO + CO \Longrightarrow Ni + CO_2$$

虽然这些还原反应热效应不大,但催化剂一经还原就有活性。用原料气还原时,为了避免床层温升过高,必须尽可能控制碳氧化物体积分数在 1% 以下。还原后的镍催化剂会自燃,要防止与氧化性气体接触。当前面工序出现事故,有高浓度的碳氧化合物进入甲烷化反应器时,床层温度会迅速上升,这时应立即切断原料气。

还原后的催化剂不能用含有一氧化碳的气体升温,以防止低温时生成羰基镍。

除羰基为甲烷化催化剂的毒物以外,硫、砷和卤素也能使它中毒,即使这些元素微量也会大大降低催化剂的活性和寿命。硫对甲烷化催化剂的危害比对甲烷水蒸气转化催化剂大得多,因其操作温度较低,用无硫气体继续操作也不会使催化剂活性恢复,而对转化催化剂就不然。因此,硫对甲烷化催化剂的危害是累积的。气体含 0.1×10^{-6} 的硫可使催化剂的寿命从 5 年缩短到 1 年。催化剂吸收 0.5% 的硫,活性几乎全部丧失。硫吸附量与活性的关系如表 1.8 所示。

表 1.8　甲烷化催化剂中硫吸附量与活性的关系

催化剂吸附硫的质量分数/%	0.1	0.15~0.2	0.3~0.4	0.5
活性(新催化剂为 100%)/%	80	50	20~30	<10

对砷来讲,吸附量达到 0.1% 时,催化剂活性可丧失。在用低温变换的净化流程中,一般不会有硫进入甲烷化反应器,但脱碳系统采用砜胺法、砷碱法时,必须小心操作,以免把这些含有硫和砷的溶液带入。在采用这些方法脱除 CO_2 时,为了防止中毒,也可在催化剂床层前加氧化锌作保护剂。

由于前面工序对原料气严格的精制和进口气体中碳氧化物量的限制,在正常情况下不会发生甲烷化催化剂的中毒和烧结,而且本身强度较高,催化剂的寿命可达 3~5 年。取出或者

准备再用时,催化剂应该有控制地用预先氧化的方法钝化,其反应式如下:

$$Ni + \frac{1}{2}O_2 \Longrightarrow NiO$$

在甲烷化的反应过程中,因考虑到催化剂的升温活化和气体中 CO,CO_2 的含量变化,还需采用其他热源,所以甲烷化有两种流程。一种是基本上用甲烷化后的气体来预热甲烷化前的气体,不足量由高变气给出少量热量补充;另一种是完全利用外来热源(高变气或其他)。

现介绍后一种流程,如图 1.28 所示。

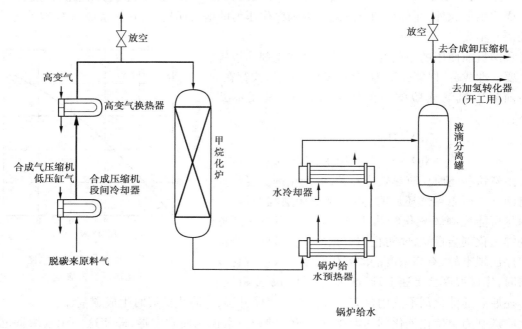

图 1.28　甲烷化法精制原料气流程

从 CO_2 吸收塔来的气体,进入合成压缩机低压缸出口换热器,并预热到所需温度,然后进入高变换热器,加热到反应所需的温度,进入甲烷化炉。反应后的气体温度升高后,首先进入锅炉给水预热器降温,然后进入水冷却器冷却。气体进入液滴分离罐,分出水分后送往合成气压缩机。

1.4　氨的合成

　　氨的合成是整个合成氨生产的核心部分。在较高的温度、压力和活性催化剂存在下,经过精制的氢、氮混合原料气直接反应生成氨。由于受化学平衡及操作条件的限制,反应后气体混合物中氨含量不高,一般只有 10% ~ 20%,必须将氨从混合物中分离出来,才能制得产品氨。未反应的气体除少数为排放惰性气体而放空或作一段燃料气之外,其余均循环使用。

1.4.1　氨合成反应的热力学基础

1）化学平衡

由氢气和氮气合成氨的反应如下：

$$\frac{3}{2}H_2 + \frac{1}{2}N_2 \Longrightarrow NH_3$$

此反应具有可逆、放热和体积缩小的特点。根据这些特点，可选择适当的操作条件，促使平衡向着合成氨的方向移动。高压下，反应平衡常数应以逸度表示：

$$K_f^{\ominus} = \frac{p(NH_3)\phi(NH_3)p^{\ominus}}{[p(N_2)\phi(N_2)]^{0.5}[p(H_2)\phi(H_2)]^{1.5}} = K_{\phi}K_p^{\ominus} \tag{1.4.1}$$

实验平衡常数 $K_p^{\ominus}$ 与温度、压力和组成都有关。在氢氮比为 3 时，$K_p^{\ominus}$ 与温度、压力的关系如表 1.9 所示。表中列出的数据表明，温度越高，平衡常数越低；而压力增大，平衡常数增加不明显。也就是说，平衡常数的大小虽与温度、压力（高压）都有关系。但在一定的压力范围内和确定的温度下，平衡常数随压力的变化不显著；而在压力相同的条件下，平衡常数随温度变化较显著。

表 1.9　实验测得氨合成反应的平衡常数 $K_p^{\ominus}$

压强/MPa	温度/℃		
	400	450	500
0.1	0.127	0.065 5	0.037 7
10.0	0.135	0.071 1	0.039 9
30.0	0.182	0.086 9	0.049 2
60.0		0.128	0.055 4
100.0		0.230	0.097 2

在 1.0～100 MPa 的范围内，氨合成反应的平衡常数随温度变化的经验关系式为：

$$\lg K_p^{\ominus} = \frac{2\ 074.8}{T} - 2.494\ 3\lg T - BT + 1.856\ 4 \times 10^{-7}T^2 + I \tag{1.4.2}$$

式中　T——温度，K；

　　　B,I——经验系数，与压力有关，如表 1.10 所示。

表 1.10　系数 B,I 与压力的关系

p/kPa	B	I	p/kPa	B	I
98.07×10	0	1.933	98.07×300	1.256×10^{-4}	2.206
98.07×30	3.4×10^{-5}	2.201	98.07×600	$1.085\ 6 \times 10^{-3}$	3.059
98.07×50	1.256×10^{-4}	2.090	98.07×1 000	$2.688\ 3 \times 10^{-3}$	4.473
98.07×100	1.256×10^{-4}	2.113			

在已知温度、压力条件下，可计算出平衡常数和平衡组成。

2）平衡氨摩尔分数

平衡氨摩尔分数是在一定的温度、压力和氢氮比等条件下,反应达到平衡时,氨在气体混合物中的摩尔分数。平衡氨摩尔分数即反应的理论最大产量,通过计算可以找出实际产量与理论产量的差距,为指导生产和选择最佳工艺条件,提供理论依据。

设混合气体中含有 N_2,H_2,NH_3 和惰性气体,其摩尔分数分别用 $x(N_2)$,$x(H_2)$,$x(NH_3)$,x_i 表示。当氢氮比 $r=3$ 时,可得出平衡转化率的关系为:

$$\frac{x(NH_3)}{[1-x(NH_3)-x_i]^2} = \frac{0.325K_p^{\ominus}p}{p^{\ominus}} \tag{1.4.3}$$

若体系中无惰性气体,并令 $0.325K_p^{\ominus}p/p^{\ominus}=L$,则可得:

$$x(NH_3) = \frac{(2L+1)-\sqrt{(2L+1)^2-4L^2}}{2L} \tag{1.4.4}$$

如果温度、压力已知,即可计算出平衡氨摩尔分数。

表 1.11 列出了不同温度、压力时平衡氨摩尔分数的数据。数据表明,压力一定时,平衡氨摩尔分数随着反应温度的升高而下降;温度一定时,平衡氨摩尔分数随着反应压力的增加而增大。所以,从热力学观点来看,合成氨的反应宜在高压、低温下进行。

表 1.11　$n(H_2):n(N_2)=3$ 的平衡氨摩尔分数

单位:%

温度/℃	压强/MPa							
	10.0	15.0	20.0	30.0	32.0	40.0	60.0	80.0
360	35.10	43.35	49.62	58.91	60.43	65.72	75.32	81.80
384	29.00	36.84	43.00	52.43	54.00	59.55	69.94	77.24
400	25.37	32.83	38.82	48.18	49.76	55.39	66.17	73.94
424	20.63	27.39	33.00	42.04	43.60	49.24	60.35	68.68
440	17.92	24.17	29.46	38.18	39.70	45.26	56.43	65.03
464	14.48	19.94	24.71	32.80	34.24	39.57	50.62	59.42
480	12.55	17.51	21.91	29.52	30.90	36.03	46.85	55.67
504	10.15	14.39	18.24	25.10	26.36	31.12	41.44	50.13
520	8.82	12.62	16.13	22.48	23.66	28.14	38.03	46.55
552	6.71	9.75	12.62	17.97	18.99	22.90	31.81	39.78
600	4.53	6.70	8.80	12.84	13.63	16.72	24.04	30.92

3）影响平衡氨摩尔分数的因素

当氢氮比为 r 时,式（1.4.3）可写为:

$$\frac{x(NH_3)}{[1-x(NH_3)-x_i]^2} = K_p^{\ominus}\frac{p}{p^{\ominus}}\frac{r^{1.5}}{(r+1)^2} \tag{1.4.5}$$

不难看出,影响平衡氨摩尔分数的因素有总压 P、平衡常数 $K_p^{\ominus}$（温度）、氢氮比 r 和惰性气体含量 x_i。其中,温度（平衡常数）和压力对平衡氨摩尔分数的影响已有讨论。下面主要讨论氢氮比和惰性气体体积分数对平衡氨摩尔分数的影响。

（1）氢氮比的影响

式（1.4.5）表明，平衡氨摩尔分数与 r 有关。当温度、压力一定时，$K_p^{\ominus}$ 为定值。若惰性气体的体积分数为已知，则式（1.4.5）为 r 的函数，在某一个 r 时，平衡氨摩尔分数有一个最大值。使平衡氨摩尔分数为最大值的条件为：

$$\frac{\mathrm{d}}{\mathrm{d}r}\frac{r^{1.5}}{(r+1)^2}=0$$

即

$$\frac{1.5r^{0.5}(r+1)-2r^{1.5}(r+1)}{(r+1)^4}=0$$

解此方程得，$r=3$。即当氢氮比等于反应计量比时，平衡氨摩尔分数最大。

但在实际生产中，压力比较高，应考虑与 r 有关的组分逸度系数，所以 $r=3$ 并不是高压下的正确结论。实践证明，平衡氨摩尔分数最大时的氢氮比为 $2.9\sim3.0$。

（2）惰性气体体积分数的影响

习惯上把不参与反应的气体（CH_4，Ar 等）称为惰性气体，它对平衡氨摩尔分数有明显影响。因为 x_i 相对很小，可以将式（1.4.3）近似转化为：

$$\frac{x(NH_3)}{[1-x(NH_3)-x_i]^2}\approx\frac{x(NH_3)}{[1-x(NH_3)-x_i+x(NH_3)x_i]^2}$$

$$=\frac{x(NH_3)}{\{[1-x(NH_3)](1-x_i)\}^2}=0.325\cdot K_p^{\ominus}\cdot p$$

得：

$$\frac{x(NH_3)}{[1-x(NH_3)]^2}=0.325K_p^{\ominus}\frac{p}{p^{\ominus}}(1-x_i)^2 \tag{1.4.6}$$

式（1.4.6）表明平衡氨摩尔分数随着惰性气体体积分数的增加而减少。在氨合成反应中，由于惰性气体不参与反应，在循环过程中越积越多，对提高平衡氨摩尔分数极为不利。因此，在生产中往往要被迫放空一部分循环气体，使惰性气体保持一稳定值。放空气量可从物料衡算中求出。在图 1.29 所示的循环操作中，设新鲜原料气的进料量为 N_F mol/h，放空气量为 N_P mol/h，原料气中惰性气的分率为 i_F，放空气中惰性气的分率为 i_P，则物料衡算式为 $N_F\times i_F=N_P\times i_P$。

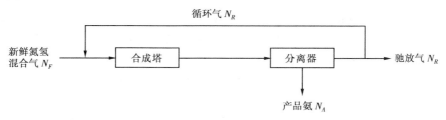

图 1.29 氨合成的循环操作流程

综上所述，提高平衡氨摩尔分数的途径为降低温度，提高压力，保持氢氮比为 $r=3$ 左右，并减少惰性气体含量。

4）反应热的计算

研究化学反应的热量问题，在化工设计和化工生产中具有重要的意义。如 CO 的变换反应，反应放出大量的热量。对小型合成氨厂来说，放出的热量可以用来生产 1/6 以上的合成氨。为此，首先要求准确地计算出变换反应放出的热量，然后根据放出热量的多少设计制造热交换设备。化学反应热效应数据是化工设计的重要依据。

对合成氨反应来说,由纯氢、氮完全转化为氨的反应热 ΔH 可用以下经验公式计算:

$$-\Delta H = 38\,338.9 + \left(23.270\,2 + \frac{35\,891.6}{T} + \frac{1.962\,81 \times 10^{10}}{T^3}\right) \cdot p +$$
$$22.386\,8T + 1.057\,17 \times 10^{-3} \cdot T^2 - 7.088\,25 \times 10^{-6}T^3$$

式中　T ——温度,K;

p ——压力(表),MPa;

ΔH ——反应热效应,J/mol。

1.4.2　氨合成反应的动力学基础

前面主要从热力学角度讨论了平衡氨摩尔分数的影响因素。然而在实际生产中,不仅要求有较高的产率或转化率,还要求有较高的速度,以提高单位时间内的产量。

对氨合成反应来说,若无催化剂存在,即使在几百个大气压和几百度的温度下进行反应,其速度也极其缓慢。在实际生产中,为了提高氨合成反应的速度,必须在催化剂存在的条件下进行反应。为此,应首先了解在有催化剂存在的条件下,氨合成反应的机理,进而研究其速度方程。

1)催化剂

长期以来,人们对氨合成反应的催化剂做了大量的研究工作,发现对氨合成反应具有活性的一系列金属中,以铁为主体,并添加有促进剂的催化剂,价廉易得,活性良好,使用寿命长,因而铁系催化剂获得广泛的应用。

(1)催化剂的化学成分和作用

目前,大多数铁系催化剂都是用经过精选的天然磁铁矿通过熔融法制得,其活性组分为金属铁。未还原前为 FeO 和 Fe_2O_3,其中 FeO 的质量分数为 24% ~38% ,$n(Fe^{2+})/n(Fe^{3+})$ 约为 0.5,一般在 0.47 ~0.57,成分可视为 Fe_3O_4,具有尖晶结构。作为促进剂的成分有 Al_2O_3,K_2O,CaO,MgO 和 SiO_2 等多种。

加入 Al_2O_3 的作用:它能与氧化铁生成 $FeAl_2O_4$(或 $FeO \cdot Al_2O_3$)晶体,其晶体结构与 $Fe_2O_3 \cdot FeO$ 相同。当催化剂被氢氮混合气还原时,氧化铁被还原为 α 型纯铁,而 Al_2O_3 不被还原,它环绕在 αFe 晶粒的周围,防止活性铁的微晶在还原及使用过程中进一步长大。这样 αFe 的晶粒间就出现了空隙,形成纵横交错的微型孔道结构,大大增加了催化剂的表面积,提高了活性。

加入 MgO 的作用:与 Al_2O_3 有相似之处。在还原过程中,MgO 也能防止活性铁的微晶进一步长大。但其主要作用是增强催化剂对硫化物的抗毒能力,并保护催化剂在高温下不致因晶体破坏而降低活性,故可延长催化剂寿命。

加入 CaO 的作用:降低熔融物的熔点和黏度,并使 Al_2O_3 易于分散在 $FeO \cdot Fe_2O_3$ 中,还可提高催化剂的热稳定性。

加入 K_2O 的作用:促使催化剂的金属电子逸出功的降低。因为氮被吸附在催化剂表面,形成偶极子时,电子偏向于氮。电子逸出功的降低有助于氮的活性吸附,从而使催化剂的活性提高。实践证明,只有在加入 Al_2O_3 的同时再加入 K_2O 才能提高催化剂的活性。

SiO_2 成分:一般是磁铁矿的杂质,具有中和 K_2O,CaO 等碱性组分的作用,此外还具有提高催化剂抗水毒害和耐烧结的作用。

通常制成的催化剂为黑色不规则颗粒,有金属光泽,堆积密度为 $2.5 \sim 3.0 kg/dm^3$,空隙率为 $40\% \sim 50\%$。

催化剂还原后,$FeO \cdot Fe_2O_3$ 晶体被还原成细小的 αFe 晶体,它们疏松地处在氧化铝的骨架上。还原前后表观容积并无显著改变,因此,除去氧后的催化剂便成为多孔的海绵状结构。催化剂的颗粒密度与纯铁的密度 $7.86 g/cm^3$ 相比要小得多,这说明孔隙率是很大的。一般孔呈不规则树枝状,还原态催化剂的内表面积为 $4 \sim 16 m^2/g$。国内外氨合成催化剂的一般性能如表 1.12 所示。

表 1.12　氨合成催化剂的一般性能

国别	型号	组　成	外　形	还原前堆积密度/$(kg \cdot L^{-1})$	推荐使用温度/℃	主要性能
中国	A_6	$FeO \cdot Fe_2O_3$,K_2O,Al_2O_3,CaO	黑色光泽,不规则颗粒	平均2.9	$400 \sim 520$	380 ℃还原已很明显,550 ℃耐热20 h,活性不变
	A_9	$FeO \cdot Fe_2O_3$,K_2O,Al_2O_3,CaO,MgO,SiO_2	同 A_6	$2.7 \sim 2.8$	$380 \sim 500$ 活性优于 A_6	还原温度比 A_6 型低20~30 ℃,350 ℃还原已很明显,525 ℃耐热20 h,活性不变
	A_{10}		同 A_6	$2.7 \sim 2.8$	$380 \sim 465$	易还原,低温下活性较高
丹麦	KMI	$FeO \cdot Fe_2O_3$,K_2O,Al_2O_3,CaO,MgO,SiO	黑色光泽,不规则颗粒	$2.35 \sim 2.80$	$380 \sim 550$	还原从390 ℃开始,耐热、耐毒性能较好,耐热温度550 ℃
	KMR	KM 型预还原催化剂	同 KMI	$1.83 \sim 2.18$	同 KMI	室温至100 ℃,在空气中稳定,其他性能同 KMI,寿命不变
英国	ICI 35-4	$FeO \cdot Fe_2O_3$,K_2O,Al_2O_3,CaO,MgO,SiO_2	黑色光泽,不规则颗粒	$2.65 \sim 2.85$	$350 \sim 530$	当温度超过530 ℃时,催化剂活性下降
美国	C73-1	$FeO \cdot Fe_2O_3$,K_2O,Al_2O_3,CaO,SiO_2	黑色光泽,不规则颗粒	2.88 ± 0.16	$370 \sim 540$	一般在570 ℃以下是稳定的,高于570 ℃很快丧失稳定性

(2)催化剂的还原与使用

合成氨催化剂的活性不仅与化学组成有关,在很大程度上还取决于制备方法和还原条件。催化剂还原的反应式为:

$$FeO \cdot Fe_2O_3 + 4H_2 \Longrightarrow 3Fe + 4H_2O(g)$$

确定还原条件的原则一方面是使 $FeO \cdot Fe_2O_3$ 充分还原为 αFe,另一方面是还原生成的铁结晶不因重结晶而长大,以保证有最大的比表面积和更多的活性中心。为此,宜选取合适的还原温度、压力、空速和还原气组成。

还原温度的控制对催化剂活性影响很大。只有达到一定温度,还原反应才开始进行。提高还原温度能加快还原反应的速度,缩短还原时间;但催化剂还原过程也是纯铁结晶组成的过程,要求 αFe 型铁晶体越细越好。还原温度过高会导致 αFe 型铁晶体的长大,从而减小催化剂表面积,使活性降低。实际还原温度一般不超过正常使用温度。

降低还原气体中的 $p(H_2O)/p(H_2)$ 有利于还原,为此还原气中氢含量宜尽可能高,水汽含量尽可能低。尤其是水汽含量的高低对催化剂活性影响很大,水蒸气的存在可以使已还原的催化剂反复氧化,造成晶粒变粗,活性下降。为此要及时除去还原生成的水分,同时尽量采用高空速以保持还原气中的低水汽含量。还原压力较低为宜,但仍要维持一定的还原空速($10\,000\ h^{-1}$ 以上)。

工业上还原过程多在氨合成塔内进行,还原温度借外热(如电加热器)维持,并严格按规定的温度-时间曲线进行。一般温度升至 300 ℃ 左右开始出水,以后升温与维持温度出水交替进行。最后还原温度在 500 ~ 520 ℃,视催化剂类型而定。

催化剂的还原也可在塔外进行,即催化剂的预还原。采用预还原催化剂不仅可以缩短合成塔的升温还原时间,而且也避免了在合成塔内不适宜的还原条件对催化剂活性的损害,使催化剂得以在最佳条件下进行还原,有利于提高催化剂的活性,为强化生产开辟了新的途径。还原后的活性铁,遇到空气后会发生强烈的氧化燃烧以致使催化剂烧结失去活性。为此,预还原后的催化剂必须进行"钝化"操作,即在 100 ~ 140 ℃ 下,用含少量氧的气体缓慢加以氧化,使催化剂表面形成氧化铁保护膜。使用预还原催化剂的氨合成塔,只需稍加还原即可投入生产操作。

在催化剂使用过程中,能使催化剂中毒的物质有氧及氧的化合物(O_2,CO_2,H_2O 等)、硫及硫的化合物(H_2S,SO_2 等)、磷及磷的化合物(PH_3)、砷及砷的化合物(AsH_3)以及润滑油、铜氨液等。硫、磷、砷及其化合物的中毒作用是不可逆的。氧及氧化合物是可逆毒物,中毒是暂时性的,一旦气体成分得以改善,催化剂的活性是可以恢复的。气体中夹带的油类或高级烃类在催化剂上裂解析炭,起到堵塞毛孔、遮盖活性中心的作用,后果介于可逆与不可逆中毒之间。另外,润滑油中的硫分同样可引起催化剂中毒。采用铜洗净化操作的合成氨系统,若将铜氨液带入合成塔中,则催化剂表面被覆盖也会造成催化剂活性降低,在生产中应予以十分注意。为此,原料气送往合成系统之前应充分清除各类毒物,以保证原料气的纯度。

此外,氨合成塔停车时降温速度不能太快,以免催化剂粉碎,卸出催化剂前一般进行钝化操作。

2)反应机理与动力学方程

对氨合成反应的机理,已经研究了几十年,提出过许多不同的观点。目前普遍采用的观点是,气相中氢和氮分子首先扩散到催化剂表面,并被催化剂的活性表面所吸附,氮分子离解为氮原子,氮原子与催化剂进行化学反应,生成某中间产物,然后逐步地生成 NH,NH_2,NH_3,最后氨分子从催化剂表面脱附,再扩散到气相中。

在这些步骤中,氮在催化剂表面上的活性吸附是氨合成反应中最慢的控制步骤。因为根据大量的实验结果,发现氮在铁催化剂上的吸附速度,在数值上很接近氨的合成速度,这可作为确定氮的活性吸附为控制步骤的一个依据。

根据这一观点,导出了氨合成反应的速度方程:

$$r(\mathrm{NH_3}) = k_1 p(\mathrm{N_2}) \left[\frac{p^3(\mathrm{H_2})}{p^2(\mathrm{NH_3})} \right]^{\alpha} - k_2 \left[\frac{p^2(\mathrm{NH_3})}{p^3(\mathrm{H_2})} \right]^{1-\alpha} \tag{1.4.7}$$

氨合成反应的净速度 $r(\mathrm{NH_3})$ 为正反应速度 $k_1 p(\mathrm{N_2}) \left[\dfrac{p^3(\mathrm{H_2})}{p^2(\mathrm{NH_3})} \right]$ 与逆反应速度

$k_2 \left[\dfrac{p^2(\mathrm{NH_3})}{p^3(\mathrm{H_2})} \right]^{1-\alpha}$ 之差。k_1, k_2 分别为正逆反应速度常数；α 为由实验测定的常数，与催化剂的性质及反应条件有关，通常 $0 < \alpha < 1$。对以铁为主的氨合成催化剂而言，$\alpha = 0.5$，此时式 (1.4.7) 可写成：

$$r(\mathrm{NH_3}) = k_1 p(\mathrm{N_2}) \frac{p^{1.5}(\mathrm{H_2})}{p(\mathrm{NH_3})} - k_2 \frac{p(\mathrm{NH_3})}{p^{1.5}(\mathrm{H_2})} \tag{1.4.8}$$

反应达到平衡时，$r(\mathrm{NH_3}) = 0$，整理后得：

$$k_1 p(\mathrm{N_2}) \frac{p^{1.5}(\mathrm{H_2})}{p(\mathrm{NH_3})} = k_2 \frac{p(\mathrm{NH_3})}{p^{1.5}(\mathrm{H_2})}$$

$$\frac{k_1}{k_2} = \left[\frac{p(\mathrm{NH_3})}{p^{0.5}(\mathrm{N_2}) p^{1.5}(\mathrm{H_2})} \right]^2 \tag{1.4.9}$$

式 (1.4.8) 只适用于常压或反应接近于平衡状态的情况。当反应远离平衡态时，则不适用。特别是当 $p(\mathrm{NH_3}) = 0$ 时，根据式 (1.4.8)，$r(\mathrm{NH_3}) \to \infty$，这是不合理的。

3) 影响反应速度的因素

(1) 空间速度

空间速度是单位时间、单位体积的催化剂上通过的气体体积（通常用标准状态下的气体体积表示）。单位一般用 $\mathrm{m^3/(m^3 \cdot h)}$ 或 $\mathrm{h^{-1}}$ 表示。

合成氨的原料气是循环使用的，当操作压力及进合成塔气体组成一定时，对于既定结构的氨合成塔，可采用增加空速，以提高合成塔单位时间的产量。

若已知空间速度和合成塔进、出口氨摩尔分数，则可由下面两个式子计算合成塔的产氨速度 α 和催化剂生产强度 G：

$$\alpha = n_2 Z_2 - n_1 Z_1 = \frac{n_0(Z_2 - Z_1)}{(1 + Z_1)(1 + Z_2)} = \frac{n_1(Z_2 - Z_1)}{(1 + Z_2)} = \frac{n_2(Z_2 - Z_1)}{(1 + Z_1)} \tag{1.4.10}$$

$$G = \frac{17 V_0(Z_2 - Z_1)}{22.4(1 + Z_1)(1 + Z_2)} = \frac{17 V_1(Z_2 - Z_1)}{22.4(1 + Z_2)} = \frac{17 V_2(Z_2 - Z_1)}{22.4(1 + Z_1)} \tag{1.4.11}$$

式中　n_1, n_2 ——进、出塔气体摩尔流量，$\mathrm{kmol/h}$；

　　　Z_1, Z_2 ——进、出塔气体的氨摩尔分数；

　　　V_1, V_2 ——进出塔的空间速度，$\mathrm{h^{-1}}$；

　　　n_0 ——氨分解基气体流量，$\mathrm{kmol/h}$；$n_0 = n_1/(1 + Z_1) = n_2/(1 + Z_2)$；

　　　V_0 ——氨分解基空间速度，$\mathrm{h^{-1}}$；

　　　α ——合成塔产氨速率，$\mathrm{kmol/h}$；

　　　G ——催化剂生产强度，$\mathrm{kg/(m^3 \cdot h)}$。

由式 (1.4.11) 可知，在其他条件一定时，增大空速能提高催化剂生产强度。但加大空速，系统阻力增大，循环功耗增加，氨分离所需的冷冻负荷也增大。同时，当单位循环气量的产氨量减少,所获得的反应热相应减少。当单位循环气的反应热降到一定程度时,合成塔就难以维持"自热"。

操作压力为 30 MPa 的中压法合成氨,一般空速在 20 000 ~ 30 000 h^{-1}。大型合成氨厂为了充分利用反应热,降低功耗并延长催化剂使用寿命,通常采用较低的空速。如操作压力15 MPa的轴向冷激式合成塔,空速为 10 000 h^{-1}。

(2)温度

合成氨是一个可逆的放热反应,反应速度并不是随温度的升高而单调地增大。实际情况是在较低的温度范围内,随着温度的升高,反应速度相应地增大,当温度继续升高到某一值时,反应速度达到最大值,再继续升高温度,反应速度逐渐变小。因此,要想得到最高的反应速度,并不是温度越高越好,而是有一个最适宜温度(T_o)。最适宜温度 T_o 与平衡温度 T_e 之间的关系,其理论原理和公式与变换反应相同,不再重复。

图1.30 为平衡温度曲线和某催化剂的最适宜温度曲线。在一定的压力下,氨摩尔分数 $x(NH_3)$ 提高,相应的平衡温度与最适宜温度下降。惰性气体体积分数增高,对应于一定氨摩尔分数的平衡温度下降。氮氢比对最适宜温度的变化规律与对平衡温度的影响相同。

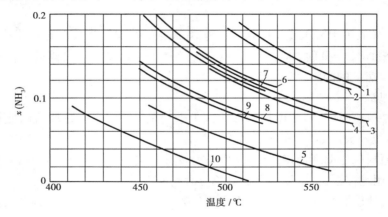

图 1.30 $n(H_2):n(N_2) = 3$ 条件下的平衡温度与最适宜温度

1,6—30 MPa,$x_i = 0.12$ 下平衡温度线和最佳温度线;

2,7—30 MPa,$x_i = 0.15$ 下平衡温度线和最佳温度线;

3,8—20 MPa,$x_i = 0.15$ 下平衡温度线和最佳温度线;

4,9—20 MPa,$x_i = 0.18$ 下平衡温度线和最佳温度线;

5,10—10 ~ 15 MPa,$x_i = 0.13$ 下平衡温度线和最佳温度线

压力改变时,最适宜温度也相应改变。气体组成越高,平衡温度与最适宜温度越高。

事实上,一定系统的平衡温度与最适宜温度有相应的变化关系,压力、气体组成都不影响 T_o 与 T_e 之间的相对关系,只要催化剂的活性不变,E_1 和 E_2 一定,则 T_e 与 T_o 之间的相对关系就不会改变。由式(1.3.8),催化剂活性高时(性能良好或使用初期),E_1 和 E_2 都较低,由于二者差值不变,E_2/E_1 比值增大,则 T_e 与 T_o 差值增大,最适宜温度下降;反之,活性差时(性能差、衰老或中毒)最适宜温度上升。

从理论上看,合成氨的反应按最适宜温度曲线进行时,催化剂用量最少,合成效率最高。

但在反应初期,合成氨反应速度很高,故实现最适宜温度不是主要问题,而实际上受种种条件的限制不可能做到这一点。例如,氨合成塔进气中氨含量为 4%($P=30$ MPa,$x_{a0}=0.12$),由图 1.30 可知,T_o 已超过 600 ℃,也就是说催化剂床层入口温度应高于 600 ℃,而后床层轴向温度逐渐下降。此外,温度分布递降的反应器在工艺实施上也不尽合理,它不能利用反应热使反应过程自然进行,需额外加高温热源预热反应气体以保证入口的温度。所以,在床层的前半段不可能按最适宜温度操作。在床层的后半段,氨含量已经比较高,反应温度依最适宜温度曲线操作是可能的。

氨合成反应温度一般控制在 400~500 ℃(依催化剂类型而定)。催化剂床层的进口温度比较低,大于或等于催化剂使用温度的下限,依靠反应热床层温度迅速提高,而后温度再逐渐降低。床层中温度最高点,称为"热点",不应超过催化剂的使用温度。到生产后期,催化剂活性已下降,操作温度应适度提高。

（3）压力

增大压力,氢氮气的分压也相应增加,这样也必然增加它们相互碰撞的机会,导致净反应速度大大增加,从合成氨的动力学方程式:

$$r(NH_3)=k_1p(N_2)\frac{p^{1.5}(H_2)}{p(NH_3)}-k_2\frac{p(NH_3)}{p^{1.5}(H_2)} \tag{1.4.12}$$

可以进一步理解压力对反应速度的影响。增大体系的压力时,对速度方程中的反应速度常数 k_1,k_2 一般影响不大。但从各组分的分压来考虑,提高压力,各组分的分压相应增大。从速度方程不难看出,提高压力将使正反应速度增大,而逆反应速度减小,其结果是净反应速度增大。例如,在 500 ℃、氢氮比为 3、空间速度为 30 000 h^{-1} 条件下,当压力从 20 MPa 增加到 60 MPa 时,氨体积分数将由 14% 增加到 28%,即提高了 1 倍。

（4）氢氮混合气体的组成

气体组成的选择也是影响反应速度的一个重要因素。从化学平衡的角度来看,氢氮比应为 3;但从动力学的角度来看,氨合成反应的机理为氮的活性吸附所控制。所以,在氨的体积分数远离平衡时,与氮的浓度有关,即在氨的浓度较低时,可以适当地提高氢氮混合气中氮的浓度(分压)。当氨体积分数接近平衡值时,最适宜的氢氮混合比趋近于 3,但生产实践中控制进合成塔的氢氮比略低于 3。

1.4.3　氨的合成工艺与设备

氨合成的主要任务是将脱硫、变换、净化后送来的合格的氢氮混合气,在高温、高压及有催化剂存在的条件下直接合成氨。

1）最佳工艺条件的选择

在前面我们已经讨论了氨合成反应的热力学和动力学条件。在此基础上,将综合选择合成氨的最佳工艺条件,主要包括压力、温度、空速、气体组成等。

（1）压力

工业上合成氨的各种工艺流程,一般都以压力的高低来分类。高压法压力为 70~100 MPa,温度为 550~650 ℃;中压法压力范围可达 40~60 MPa,一般采用 30 MPa 左右,温度为450~550℃;低压法压力为10~15 MPa,温度为400~450℃。我国中型合成氨厂一般采用中压法进行氨的合成,压力一般采用32 MPa左右。但从当前节省能源的观点出发,有向降低压力方向发展的趋势,如从国外引进的30万t大合成氨厂压力为15 MPa。

从化学平衡和化学反应速度两方面考虑,提高操作压力可以提高生产能力。而且压力高时,氨的分离流程可以简化。如高压下分离氨只需水冷却就足够,设备较为紧凑,占地面积也较小。但是压力高对设备材质、加工制造要求均高。同时,高压下反应温度一般较高,催化剂使用寿命缩短。

生产上选择压力的主要依据是能源消耗、原料费用、设备技术、技术投资在内的综合费用,也就是说主要取决于技术经济效果。

（2）温度

实际生产中,希望合成塔催化剂层中的温度分布尽可能接近最适宜温度曲线。由于催化剂只有在一定的温度条件下才具有较高的活性,还要使最适宜温度在催化剂的活性温度范围内。如果温度过高,会使催化剂过早地失去活性;而温度过低,达不到活性温度,催化剂起不到加速反应的作用。不同的催化剂有不同的活性温度。同一种催化剂在不同的使用时期,其活性温度也有所不同。对A6型催化剂而言,催化剂在使用初期活性较高,反应温度可以控制低一点(480℃),使用中期活性下降,温度控制在最适宜温度(500℃);使用后期,因活性较差,温度可以控制高一点(520℃)。

在生产中,控制最适宜温度是指控制"热点"温度,"热点"温度就是在反应过程中催化剂层中温度最高的那一"点"。下面以双套管并流式催化剂筐为例分析,如图1.31所示。

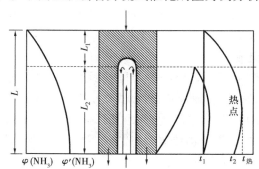

图1.31　催化剂层不同高度的温度分布和氨体积分数的变化

L_1—绝热层高度;L_2—冷却层高度;L—催化剂高度;$\varphi(NH_3)$—进口氨体积分数;

$\varphi'(NH_3)$—出口氨体积分数;t_1—催化剂层进口温度;t_2—出口温度;$t_{热}$—热点温度

设气体进入催化剂层时的温度和氨体积分数分别为t_1和$\varphi(NH_3)$。要求t_1大于或等于催化剂使用温度的下限。反应初期,因远离平衡态,氨合成反应速度较快,放热多,为使温度迅速升至最适宜温度,这一段不设冷却管冷却(即图中L_1那一段),故称绝热层。在L_1一段,氨的浓度也迅速增加。

随着温度升高到一定程度,温度上升的速度逐渐缓慢,而且反应后的气体与双套管内的冷气相遇,反应热开始逐步移走。当温度达到最高点后,由于移走的热量超过反应所放出的热量,温度就随催化剂床层深度的增加而降低。在催化剂层中温度最高的那一点即为"热点"。

从较理想的情况来看,希望从 t_1—$t_热$ 这一段进行得快一些,从 $t_热$—t_2(气体出催化剂层的温度)则尽可能沿着最适宜温度线进行。

(3)空间速度

空间速度的大小意味着处理量的大小,在一定的温度、压力下,增大气体空速,就加快了气体通过催化剂的速度,气体与催化剂接触时间缩短,在确定的条件下,出塔气体中氨体积分数要降低。每个空间速度有一个最适宜温度和氨体积分数,如表 1.13 所示。

表 1.13　空间速度和 NH_3 体积分数与温度的关系

空速/h^{-1}	氨体积分数/% 温度/℃ 425	450	475	500	525
15 000	14.5	19.6	21.6	23.0	19.3
30 000	11.7	14.6	17.7	18.2	16.7
45 000	9.4	12.7	15.2	16.5	15.7
60 000	8.0	11.2	13.3	14.6	14.6

压强为 30 MPa 的中压法合成氨,空间速度选择 20 000～30 000 h^{-1},氨净值(出塔与进塔氨体积分数之差)为 10%～15%。因合成氨是循环流程,空速可以提高。空速大,处理的气量大。虽然氨净值有所降低但能增加产量。但空速过大,氨分离不完全,增大设备负荷和动力消耗。

关于氢氮比和惰性气体体积分数对氨体积分数的影响在前面已讨论过。

实际生产控制进塔氢氮比略低于 3,循环气中惰性气体体积分数应根据操作压强、催化剂活性等条件而定。若以增产为主,惰性气体可控制低一点,为 10%～14%。若以降低原料成本为主时,可控制略高一点,为 16%～20%。

2)氨的分离及合成流程

(1)氨分离的方法

①冷凝法。冷凝法是冷却含氨混合气,使其中大部分氨冷凝与不凝气分开。加压下,气相中饱和氨含量随温度降低、压力增高而减少。若不计惰性组分对氨热力学性质的影响,不同温度、压力下气体中的饱和氨含量可由下式计算:

$$\lg y_a = 4.185\,6 + \frac{1.906\,0}{\sqrt{p}} - \frac{1\,099.5}{T} \tag{1.4.13}$$

式中　y_a——气相中平衡氨含量,%;

　　　p——混合气体压力,MPa;

　　　T——温度,K。

若考虑到其他气体组分对气相氨平衡含量的影响,其值可在有关手册中查取。

如操作压力在 45 MPa 以上,用水冷却即能使氨冷凝。操作压力在 20～30 MPa 时,水冷仅能分出部分氨,气相中尚含氨 7%～9%,需进一步以液氨为冷冻剂冷却到 0 ℃以下,才能使气相中氨体积分数降至 2%～4%。

含氨混合气的冷却是在水冷却器和氨冷却器中实现的。冷冻用的液氨由冷冻循环供给,或为液氨产品的一部分。液氨在氨分离器中与气体分开,减压送入贮槽。贮槽压力一般为

1.6～1.8 MPa。

液氨冷凝过程中,部分氮氢气及惰性气体溶解其中,溶解气大部分在液氨贮槽中减压释放出来,称之为"贮槽气"或"驰放气"。

气体在液氨中的溶解度,可按亨利定律近似计算。

②水吸收法。氨在水中有很大的溶解度,与溶液成平衡的气相氨分压很小。因而用水吸收法分离氨效果良好。但气相亦为水蒸气饱和,为防止催化剂中毒,循环气需严格脱除水分后进入合成塔。

水吸收法得到的产品是浓氨水。从浓氨水制取液氨须经过氨水蒸馏和气氨冷凝,消耗一定的能量,工业上采用此法者较少。近年来利用有机溶剂吸收氨的研究有所进展,它的优点是制取液氨时能耗少。

(2)合成氨流程

工业上氨的合成有多种流程,但总的包括以下基本步骤:

①净制的氢氮混合气由压缩机压缩到合成的压强;

②原料气经过最终净制;

③净化的原料气升温并合成;

④出口气体经冷冻系统分离出液氨,剩下的氢氮混合气用循环压缩机升压后重新导往合成;

⑤驰放部分循环气以维持气体中惰性气含量在规定值以下。

图1.32所示为凯洛格工艺合成氨流程。新鲜气在离心压缩机(15)的第一缸中压缩,经新鲜气甲烷化换热器(1)、水冷却器(2)及氨冷却器(3)逐步冷却到8 ℃。在4中分离除去水分后,新鲜气进入压缩机第二缸继续压缩并与循环气在缸内混合,压力升到15.5 MPa,温度为69 ℃,经过水冷却器(5),气体温度降至38 ℃。然后气体分为两路,一路约50%的气体经过两级串联的氨冷器(6)和(7),气体冷却至10 ℃。另一路气体与高压氨分离器(12)来的−23 ℃的气体在冷热交换器(9)内换热,降温至−9 ℃,而来自高压氨分离器的冷气体则升温到24 ℃。两路气体汇合后温度为−4 ℃。再经过氨冷器(8)将气体进一步冷却到−23 ℃,然后送往高压氨分离器(12)。分离液氨后含氨2%的循环气经冷热交换器(9)和热交换热器(10)预热到141 ℃进入轴向冷激式合成塔(13)。高压氨分离器(12)中的液氨经减压后进入低压氨分离器(11),液氨送去冷冻系统,从低压氨分离器内闪蒸出的驰放气与回收氨后的放空气一起送普里森氢回收系统。

该流程具有以下特点:采用离心式压缩机并回收合成氨的反应热预热锅炉给水;采用三级氨冷、三级闪蒸将3种不同压力的氨蒸汽分别返回离心式氨压缩机相应的压缩级中,这比全部氨气一次压缩至高压、冷凝后一次蒸发到同样压力的冷冻系数大,功耗少;放空管线位于压缩机循环段之前,此处惰性气体含量最高,但氨含量也最高,由于放空气经17、18可回收氨,故对氨损失影响不大;氨冷凝在压缩机循环段之后,能够进一步清除气体中夹带的密封油、二氧化碳等杂质,缺点是循环功耗较大。

图1.33是另一种合成氨的典型流程,称为托普索流程。与凯洛格流程比较,它在压缩机循环段前冷凝分离氨,循环功耗较低,但操作压力较高,仅采用二级氨冷。采用径向合成塔,系统压力减小,由于压力较高,对离心压缩机的要求提高。

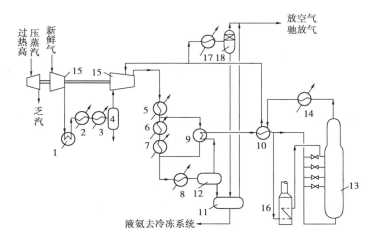

图1.32　凯洛格氨合成工艺

1—新鲜气甲烷化气换热器;2,5—水冷却器;3,6,7,8—氨冷却器;4—冷凝液分离器;

9—冷热换热器;10—热热换热器;11—低压氨分离器;12—高压氨分离器;13—氨合成塔;

14—锅炉给水预热器;15—离心压缩机;16—开工加热炉;17—放空气氨冷器;18—放空气分离器

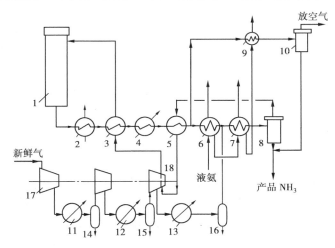

图1.33　托普索氨合成工艺流程

1—氨合成塔;2—锅炉给水预热器;3—热热交换器;4,11,12,13—水冷却器;

5—冷热换热器;6—第一氨冷器;7—第二氨冷器;8,10—氨分离器;

9—放空气氨冷;14,15,16—分离器;17—离心式压缩机;18—压缩机循环段

新鲜气经过三缸式离心机加压,每缸后均有水冷却器及分离器,以冷却加压后的气体并分出冷凝水,然后新鲜气与经过第一氨冷器的循环气混合通过第二氨冷器(7),温度降低到0 ℃左右进入氨分离器(8)分出液氨,从氨分离器出来的气体中氨的体积分数约为3.6%,通过冷热交换器(5)升温至30 ℃,进入离心压缩机第三缸所带循环段补充压力,而后经预热进入径向冷激式合成塔(1)。出塔气体通过锅炉给水预热器(2)及各种换热器(3,4,5,6 等)温度降至10 ℃左右与新鲜气混合,从而完成循环。

3)氨合成塔

(1)结构特点及基本要求

合成塔是氨合成过程的关键设备。随着技术的发展,合成塔的结构尺寸逐步大型化(表1.14)。并且对合成塔的性能,特别是运转的可靠性,提出了更严格的要求。总的说来,合成塔应满足以下要求:

①在正常操作条件下,反应维持自热;塔的结构要有利于升温、还原,保证催化剂有较大的生产强度。

②催化剂床层温度分布合理,充分利用催化剂的活性。

③气流在催化剂床层内分布均匀,塔的压降小。

④换热器传热强度大,体积小,高压容器空间利用率(催化剂体积/合成塔总容积)高。

⑤生产稳定,调节灵活,具有较大的操作弹性。

⑥结构简单可靠,各部件的连接与保温合理,内件在塔内有自由伸缩的余地以减少热应力。

表1.14 合成塔结构尺寸的发展

年 代	产量/(t·d^{-1})	设计压强/MPa	内径/mm	壁厚/mm	塔高/m	空塔重/t
1913	4.9	20	300			3.5
1915	85	30	800			50~60
1960	120	30	900	120	17	70
1965	500	30	1 700	190	17	190
1968	910	15	3 200	150	20	270
1972	1 360	33	3 400	300	32.5	353

在实施上述要求时,有时是矛盾的。合成塔设计就在于分清主次妥善解决这些矛盾。

为了结构合理,便于加工和检修方便等因素,合成塔分为筒体(外筒)和内件两部分。内件置入外筒之内,包括催化剂筐(触媒筐)、热交换器和电加热器3部分构成。大型氨合成塔的内件一般不设电加热器,而由塔外加热炉供热。进入合成塔的气体先经过内件与外筒之间的环隙,内件外面设有保温层,以减少向外筒的散热。因而外筒承受高压(操作压力与大气压力之差),但不承受高温,可用普通低合金钢或优质低碳钢制成,在正常情况下,寿命可达四五十年以上。内件虽在500 ℃左右的高温下操作,但只承受环隙气流与内件气流的压差,一般仅1.0~2.0 MPa,从而可降低对材质的要求,一般内件可用合金钢制作。某些外筒内径在500 mm左右的合成塔,采用含碳量在0.015%以下的微碳纯铁内件材料,也可满足生产上的要求。内件寿命比外件短,一般为6~10年。

合成塔大致分为连续换热式、多段间接换热式和多段冷激式3种塔型。目前常用的主要有冷管式和冷激式。前者属于连续换热式,后者属于多段冷激式。近年来将传统的塔内气流轴向流动改为径向流动以减小压力降,降低循环功耗而普遍受到了重视。

(2)冷管式合成塔

这一类型合成塔是在催化剂床层中设置换热管(冷管),管外是催化剂层,管内流过的是合成原料气。原料气吸收催化剂层中的反应热,使催化剂层维持在要求的温度,原料气体则被预热。冷管有单管、套管、U 形管、并流和逆流等形式。我国常用的是并流三套管和并流单管式。

　　并流双套管合成塔的结构如图 1.34 所示。塔内部分分成两个区域,上半区是催化剂筐,下半部是热交换器。原料气分两路进入塔内,主路从合成塔的上侧进入,沿合成塔外筒内壁(1)与催化剂筐(2)之间的环隙顺流而下,保持合成塔筒体不致过热,筒体内壁上温度一般在40 ℃左右。之后气体进入下部换热器(3)的管间,与走管内的气体换热,换热后的净制气温度

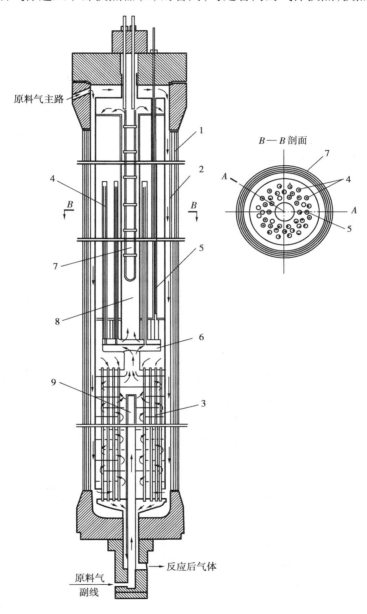

图 1.34　合成塔

1—外筒;2—催化剂;3—热交换器;4—冷却套管;5—热电偶管;
6—分气盒;7—电加热器;8—中心管;9—冷气管

约为350 ℃,经分气盒(6)下室流入催化剂筐内的冷却套管(4)的内管上升到顶部,再由内套管与外套管之间的空隙折流而下,进入分气盒(6)上室。在此过程中,混合气体与催化剂层气体并流换热(并流双套管由此得名),一方面降低催化剂层的温度,另一方面使本身进一步预热到400 ℃左右。气体经分气盒(6)上室汇合后进入中心管(8),中心管内设电加热器(7)以备催化剂升温还原时补加热量。氢氮混合气在催化剂层中,在高温高压下进行合成,反应后的气体进入下部换热器(3)的管内,将热量传给管外的进塔气体,然后从塔底导出。

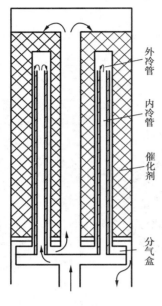

图1.35 并流三套管示意图

有少部分原料气作为副线,从合成塔下部进入,通过热交换器中央的冷气管直接与换热原料气汇合。必要时调节副线冷气量,可调节合成的温度。

并流三套管是由并流双套管演变而来,除催化剂筐的换热套管略有不同外,其他结构基本相同。三套管换热器(图1.35)的每支换热管由3根套管组成,内冷管与内衬管的末端焊住,使内冷管与内衬间形成一层不流动的滞气层。气体通过内管时并不显著换热,直到气体从内冷管与外冷管的缝隙下流时才通过外冷管壁与催化剂层换热,其流向与气体通过催化剂层的方向相同。之后气体由中心管上升后分散与催化剂床层接触。催化剂层上端是一绝热反应层(此处无冷却套管),反应物升温很快,而后才与套管内的冷气换热。这时反应距平衡远,反应速度快,释放能量多;而换热器套管中的冷气温度较低,传热温差大,换热量多,使催化剂层温度不致过高。在催化剂床层下端,已有相当数量的氨生成,反应速率变慢,释出热量少,而冷气温度又已升高,传热温差减小,使传热与反应释放热量相适应。出催化剂床层的合成气再进入塔下部的热交换器,换热后送去冷却分氨。

并流三套管合成塔的催化剂床层的温度和氨体积分数的变化如图1.36所示,其温度变化比双套管更趋近最适宜温度,虽然因套管体积稍大而使催化剂装填量减少,但氨产量还是提高了5% ~ 10%。另外,并流三套管还具有操作稳定、适应性强、结构可靠等优点;其缺点是结构复杂,冷管与分气盒占据较多的空间,催化剂还原时床层下部受冷管传热的影响升温困难,还原不易彻底。

(3)冷激式合成塔

日产千吨以上的大型合成塔均采用冷激式设计。日产千吨的凯洛格四层轴向冷激式合成塔如图1.37所示。该塔外筒形状为上小下大的瓶式,在缩口部位密封,以便解决大塔径造成的密封困难。内件包括四层催化剂、层间气体混合装置(冷激管和挡板)以及列管式换热器。

气体由塔底封头接管进入塔内,向上流经内外筒之环隙以冷却外筒。气体穿过催化剂筐缩口部分向上流过换热器(11)与上筒体(12)的环形空间,折流向下穿过换热器(11)的管间,被加热到400 ℃左右入第一层催化剂,经反应后温度升至500 ℃左右,在第一、二层间反应气与来自接管(5)的冷激气混合降温,而后进第二层催化剂。依此类推,最后气体由第四层催化剂层底部流出,而后折流向上穿过中心管(9)与换热器(11)的管内,换热后经波纹连接管(13)流出塔外。

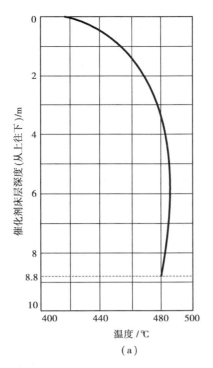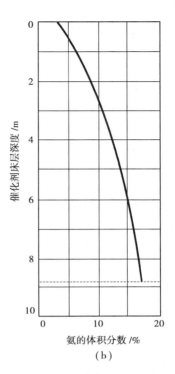

图 1.36　三套管合成塔催化剂床层的温度变化和产物分布

（压力 30 MPa，空速 25 700 h^{-1}，冷管 32 根）

（a）床层的温度；（b）气体通过床层时氨体积分数的变化

在冷激式合成塔内，催化剂是多床层填放的，第一层因反应速率快而填放量较少，最末层最多。第一层催化剂保持在较高温度以争取反应速度，后几层在较低温度有利于氨达到较高体积分数。催化剂床层的温度和氨体积分数分布如图 1.38 所示。控制冷激气量可调节合成在最适宜温度附近进行。

虽然床层越多，各床层的温度调节可以越灵敏，过程可以在越接近最适宜温度下进行，但床层到一定程度后有利因素并不多，例如 13 层比 4 层增产的氨量不到 1%，但结构变得极为复杂。工业冷激塔的催化剂层数，在操作压强为 15 ~ 17.5 MPa 时，常设计为 4 层；17.5 ~ 22 MPa 时，为 3 层；20 MPa 以上，为 2 ~ 3 层。

与冷管式合成塔相比，冷激式合成塔的主要优缺点如表 1.15 所示。

表 1.15　冷激式合成塔的主要优缺点

优　点	缺　点
①结构简单，没有复杂的内冷装置，安装检修方便，也不需高大厂房和吊车 ②催化剂均匀填放（有冷管时造成不匀），温度和气体分布均匀，并可选用多种活性温度范围的催化剂 ③用冷激气量控制温度，调节灵活，操作平稳，可接近最适宜温度生产 ④床层通气截面大，气流阻力小	①冷激气在汇合前未参与反应，起稀释作用，同样产量时，比冷管塔用催化剂多，生产强度较低 ②换热器要求较大换热面积 ③冷激气要求纯度高

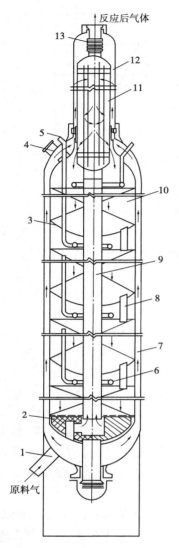

图 1.37　轴向冷激式氨合成塔
1—塔底封头接管；2—氧化铝球；
3—筛板；4—人孔；5—冷激气接管；
6—冷激管；7—下筒体；8—卸料管；
9—中心管；10—催化剂筐；11—换热器；
12—上筒体；13—波纹连接管

上述各种塔中的气流方向是轴向的（自下而上或自上而下）。塔中的催化剂层有相当高度，如小型的 $\phi25$ 内径的塔中，催化剂筐的内径和填充高度分别为 $\phi375$ mm 和 2 180 mm，高径比约为 10，气流阻力很大。强化氨合成塔生产能力主要从两方面考虑：增大空间速度和提高净氨值。增大空间速度的同时还要求床层气流阻力不过大；提高净氨值则应使床层温度分布均匀并接近最适宜值，并且希望采用小粒度催化剂，而小粒度催化剂又会增大气流阻力。因此，轴向合成塔产量的提高受到一定限制。

径向催化剂筐合成塔如图 1.39 所示。原料气经换热后径向地由内向外（或从外向内）从中心管经催化剂床层向筒体与催化剂筐的缝隙处流动。径向合成塔主要有以下特点：

①气体通过催化剂床层的路径很短，通气截面积大，气流速度慢，气流阻力只有轴向的 10% ~30%，从而可以提高空速，增大塔的生产能力。

②可采用小粒度（如 1.6 ~2.6 mm）催化剂，减少内扩散的影响，提高内表面利用率，从而提高净氨值。

③有利于催化剂的均匀还原，得到活性良好的催化剂（当催化剂在塔中）。

④降低了压强降，可适应离心压缩机使用的要求，降低动力消耗。

在径向塔内，气体通过催化剂层时的流速是变化的，催化剂并不能被充分利用。由于气体流动的通道短，要求气流分布设计得均匀，因此，径向塔不适用于小型塔。

随着生产规模的扩大，合成氨厂自 20 世纪 60 年代中期以来，开始采用卧式氨合成塔，它不再需要高大厂房框架和大型起重安装设备，对基础没有特殊要求，并且像径向塔那样，有阻力降小的优点。卧式塔适用于大型厂，尤其是日产 1 500 t 以上的氨合成厂。

4）氨合成过程的热能回收

氨合成反应的热效应 $\Delta H_{298}^{\ominus} = -46.22$ kJ/mol，如产品为液氨，还有氨的冷凝热则生成液氨的热效应为 -66.06 kJ/mol。实际上，上述能量并不能全部利用。为了回收热能，通常采用以下两种方法：一是用来加热锅炉给水，一是直接利用余热副产蒸汽。目前大型氨厂多采用前者，而一些中型氨厂多采用后者。如用于副产蒸汽，按废热锅炉安装的位置，又可分为两类：塔内副产蒸汽合成塔（内置式）和塔外副产蒸汽合成塔（外置式）。

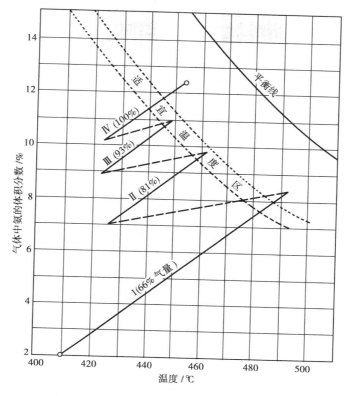

图 1.38　冷激式合成塔催化剂床层的温度分布

（凯洛格型,4 层,14 MPa,入口惰气为 13.6% ,旧催化剂）

内置式副产蒸汽合成塔,是在塔内几层催化剂层间设冷却盘管,高压循环水作载热体在锅炉与盘管间自然环流,高压循环水的压力与塔出口气体压力相等。此类塔型直接从催化剂床层取出热量,能产生较高压力的蒸汽,热能利用好,催化剂床层调温方便、稳定。但塔的结构复杂,冷却盘管易损坏,易漏水使催化剂而失效,所以目前已很少采用。

外置式副产蒸汽合成塔,根据反应气抽出位置的不同分为:前置式副产蒸汽合成塔,抽气位置在换热器之前,反应气出催化剂床层即入废热锅炉换热,然后回换热器,如图 1.40(a) 所示,此法可产生 25 ~ 40 MPa 的蒸汽。图 1.40(b) 是中置式副产蒸汽合成塔,抽气位置在 Ⅰ,Ⅱ换热器之间,由于气体温度较前置式低,可产生 1.3 ~ 1.5 MPa 的蒸汽。图 1.40(c) 是后置式副产蒸汽合成塔,抽气位置在换热器之后,可产生 0.4 MPa 左右的低压蒸汽。

外置式与内置式比较,具有结构简单,附属设备少,制造检修方便等优点。但外置式塔直接从塔内移出一部分热量,为了维持自热,塔内换热器传热面积大(后置式除外),空速不能提高,因而催化剂生产强度较低,此外对材质的耐高温、耐腐蚀性能的要求也较高。大型合成氨厂一般采用预热锅炉给水的方法回收热能。此法与后置式废热锅炉相似,优点是锅炉给水预热后再由天然气蒸汽转化系统的高温废热产生 10 MPa 的蒸汽,高压蒸汽使用价值高,这比合成系统自设废热锅炉生产低压蒸汽合理,并且设备简单,对材质要求较低,操作管理也容易。

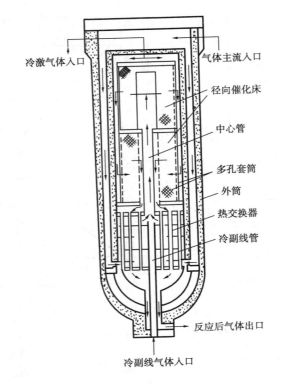

图 1.39　径向合成塔简图

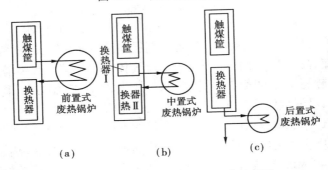

图 1.40　外置式副产蒸汽合成塔示意图

思考题

1. 以天然气为原料合成氨的生产过程主要分为哪几个工序？

2. 天然气水蒸气转化制合成气的主要反应有哪些？各反应的相态、反应热、转化率等有什么特点？如何用甲烷的转化率表示反应过程的组分组成？

3. 天然气水蒸气转化制合成气的主要副反应有哪些？其危害是什么？抑制策略如何？

4. 水蒸气转化过程的水碳比指的是什么？水碳比的选择需考虑哪些因素？

5. 为什么采用两段转化？两段转化的供热方式各有什么不同？如何确定和控制二段转化的温度？

6. 天然气中的硫成分有哪些？干法脱硫和湿法脱硫的主要方法有哪些？其适用范围有何区别？

7. 氧化锌脱硫的工作原理是什么？其工艺流程和工艺条件如何？

8. 改良 ADA 法脱硫的主要化学反应和脱硫原理是什么？吸收和再生的工艺流程和工艺条件如何？

9. CO 变换工序的反应原理和主要任务是什么？为什么要分中温变换和低温变换？

10. 说明中温变换和低温变换的温度、催化剂、出口 CO 含量。

11. 气相色谱分析得变换前后合成气中 CO 的体积分率分别为 y_1 和 y_2，则变换率 x 如何表示？

12. 苯菲尔脱碳的主要化学反应和脱碳原理是什么？再生指数(碳化度)的定义是什么？

13. 苯菲尔脱碳流程中，吸收过程和再生过程的设备、温度、压力、再生指数各有什么特点？

14. 甲烷化反应是水蒸气转化的逆反应，它们的反应条件和催化剂有什么不同？

15. 高压氨合成反应式如下：

$$\frac{3}{2}H_2 + \frac{1}{2}N_2 =\!=\!= NH_3 + 46.22 \ kJ/mol$$

从上述催化平衡反应判断氨合成反应器的类型特点。

16. 氨合成反应中，进口 H_2/N_2 比为 r，如何用平衡 NH_3 组成表示反应平衡常数？并从中分析温度、压力、r 对反应平衡 NH_3 含量的影响。

17. 什么是氨分解基流量，如何表示单程氨产率？

18. 一氧化碳与水的变换反应为：

$$CO + H_2O =\!=\!= CO_2 + H_2 + 41.2 \ kJ/mol$$

混合原料气中 H_2O/CO 的摩尔比为 2，在 500 ℃ 下的反应平衡常数为 4.88，反应后 CO 的转化率为多少？各组分的干基组成是多少？压力升高和降低温度对 CO 的转化率有什么影响？

19. 某厂变换工段，变换前工艺气中 CO 体积分数为 13.56%，高温变换出口 CO 体积分数为 0.80%，低温变换出口 CO 体积分数为 0.26%，求高、低温变换率和总变换率？气体组成均为干基体积分率。

20. 已知氨合成塔进口气量 22 000 h^{-1}(空速)，装填催化剂 2.8 m³。进出塔气体中的氨体积分数分别为 2.7% 和 20%，进塔惰性气体体积分数为 5%，氢氮比为 3。试计算：(1)催化剂的生产强度和合成塔年产量(8 000 h 计)；(2)出塔气体组成和气量。

第 2 章　化学肥料

2.1　氮　肥

氮是农作物生长必需的第一大要素,因而氮肥也是化肥工业中产量最大的肥料品种。氮肥品种主要有尿素、硝酸铵、硫酸铵、碳酸氢铵、氯化铵等,其中尿素为最主要的氮肥,碳酸氢铵是我国绝大多数小氮肥厂的生产品种。

2.1.1　尿素

2.1.1.1　主要性质和用途

1)物理性质

尿素(Urea),化学名称为脲或碳酸酰,分子式为 $CO(NH_2)_2$,分子量为60.057,纯尿素中氮的质量分数为46.65%。

纯尿素为白色、无臭的针状或棱柱状结晶体。尿素的熔点为132.7 ℃,密度为 1.330 g/cm^3,导热系数为79.91 $W/(m \cdot K)$。尿素易溶于水和液氨,也能溶于醇类,稍溶于乙醚和酯,其溶解度随温度的升高而增加。温度大于30 ℃时,尿素在液氨中的溶解度比在水中的溶解度大。20,40,60 ℃时尿素在水中的溶解度(摩尔分数)分别为 0.241,0.325,0.429;饱和溶液的密度分别为 1.147,1.167,1.184 g/cm^3;饱和溶液的蒸汽压分别为 1 733,5 333,11 999 Pa。尿素具有吸湿性,当空气的相对湿度大于尿素的吸湿点时,尿素吸收空气中的水分而潮解。

2)化学性质

尿素在强酸溶液中呈弱碱性,能与酸作用生成盐类。例如,尿素与硝酸作用生成能微溶于水的硝酸尿素[$CO(NH_2)_2 \cdot HNO_3$],尿素与磷酸作用生成易溶于水的磷酸尿素[$CO(NH_2)_2 \cdot H_3PO_4$]。尿素与盐类相互作用可生成络合物,如 $Ca(NO_3)_2 \cdot 4CO(NH_2)_2$,$NH_4Cl \cdot CO(NH_2)_2$ 等。尿素与磷酸钙作用可生成磷酸尿素 $CO(NH_2)_2 \cdot H_3PO_4$ 和磷酸氢钙 $CaHPO_4$。尿素在水中会进行水解,最后成为氨和二氧化碳,但常温下水解速度很慢。

尿素在常压下加热到接近熔点时开始异构化,形成氰酸铵,接着分解成氰酸和氨。尿素在高温下可以进行缩合反应,生成缩二脲、缩三脲,甚至三聚氰酸和三聚酰胺。

熔融态尿素在高温下会缓慢放出氨而缩合成多种化合物,最主要的是缩二脲(biuret);高浓度的尿素水溶液也可以生成缩二脲。

$$2NH_2CONH_2 \rightleftharpoons NH_2CONHCONH_2 + NH_3$$

减低压力、升高温度和延长加热时间都会加速缩二脲的生成。

尿素与直链有机化合物作用生成络合物。在盐酸作用下尿素同甲醛反应生成甲基尿素;在中性溶液中与甲醛作用生成二甲基尿素。尿素与甲醛进行缩合反应能生成脲醛树脂;与醇类作用生成尿烷;与丙烯酸作用生成二氢尿嘧啶;与丙二酸作用生成巴比妥酸等。

3)用途

尿素的最主要用途是作肥料,世界上 80% ~90% 的尿素都用作肥料。尿素是高效优质氮肥,既可作底肥又可作根外追肥。尿素中氮的质量分数在 46% 以上,是硝酸铵的 1.3 倍、氯化铵的 1.8 倍、硫酸铵的 2.2 倍、碳酸氢铵的 2.6 倍。尿素在土壤中的水分和微生物作用下,转变成碳酸铵,进一步水解及硝化供作物吸收。在此过程中分解出的二氧化碳也可被农作物吸收利用。在土壤中尿素能增进磷、钾、镁、钙等元素的有效性。施用尿素后土壤中无残留物,适量使用一般不会使土壤板结。

尿素在工业上的用途也很广泛,尿素产量的 10% 用作工业原料,主要作为高聚物的合成材料。如作为尿素甲醛树脂和三聚氰胺-甲醛树脂的原料,用作塑料、喷漆、黏合剂;它还作为多种用途的添加剂,如油墨颜料、炸药、纺织等;尿素还用于医药(如苯巴比妥、镇静剂、止痛剂、洁齿剂等)。

2.1.1.2 尿素生产基本原理

1)尿素合成反应的化学平衡

尿素工业生产的方法是由氨和二氧化碳在液相中反应合成,两种原料均可来自合成氨厂,所以尿素装置一般与合成氨装置相配套。在工业生产条件下,氨与二氧化碳在液相中合成尿素的反应通常认为是两步完成的:

$$2NH_3(1) + CO_2(1) \Longleftrightarrow NH_4COONH_2(1) \tag{1}$$

$$NH_4COONH_2(1) \Longleftrightarrow CO(NH_2)_2(1) + H_2O(1) \tag{2}$$

反应(1)生成氨基甲酸铵(ammonium carbamate,简称甲铵,AC),是强烈的放热反应。在常压、温度 165 ~195 ℃ 范围内,液氨与液态二氧化碳反应生成液态甲铵的反应焓 $\Delta H = -86.93$ kJ/mol。反应(2)生成尿素是吸热反应,在常压、温度 298 K 下的 $\Delta H = 28.45$ kJ/mol。甲铵生成反应是快速反应,易达化学平衡且二氧化碳的平衡转化率很高。甲铵脱水生成尿素的反应速度缓慢,而且须在液相中进行,达到平衡时二氧化碳只有 55% ~75% 转化为尿素,它是尿素合成的控制阶段。

尿素合成反应是氨、二氧化碳、尿素、甲铵、水等多组分组成的气液两相共存的复杂反应体系。除了上述两个液相反应平衡外,还存在氨、二氧化碳、水 3 个组分的汽液平衡关系。体系偏离理想溶液的程度很大,要严格计算化学反应平衡组成非常困难。

合成尿素的条件一般为液相氨碳(摩尔)比为 2.5 ~4.5,水碳(摩尔)比为 0.2 ~1.0,温度 160 ~220 ℃。在此范围内有许多计算液相化学反应二氧化碳平衡转化率的半经验公式,下面介绍其中几个。

1969 年苏联人 Kucheryavyi(库切里亚维)提出一个计算液相化学反应 CO_2 平衡转化率的半经验公式:

$$x = 34.28a - 1.77a^2 - 29.3b + 3.7ab + 0.913t - 0.074\,8at - 5.4 \times 10^{-6}t^3 + 0.002\,293p - 112.1$$

$$\tag{2.1.1}$$

上海化工研究院也根据实验数据整理出了一系列尿素生产过程中应用的经验公式,其中

计算 CO_2 平衡转化率的公式为：

$$x = 14.87a - 1.322a^2 + 20.7ab - 1.83a^2b + 167.6b - 1.217bt + 5.908t - 0.013\,75t^2 - 591.1$$

$$(2.1.2)$$

式中　a——初始反应物中的氨与二氧化碳的摩尔比,简称氨碳比;

　　　b——初始反应物中的水与二氧化碳的摩尔比,简称水碳比;

　　　t——反应温度,℃;

　　　p——反应压力(绝),0.1 MPa。

式(2.1.1)和式(2.1.2)所计算的平衡转化率以百分数表示。

不同研究者提出的计算公式计算的数据略有不同,上述二式的计算结果与生产数据均较接近。但工业中使用方便且更为常用的二氧化碳转化率简化算法为 Mavrovic(马洛维克)算图,如图 2.1 所示。

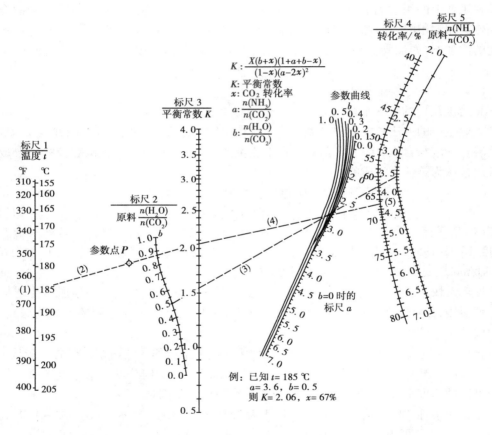

图 2.1　Mavrovic 平衡转化率算图

该图有 5 根标尺线、1 组参考线和 1 个参考点 P。其用法是:在标尺 1 找到温度点,与参考点 P 相连,延长与标尺线 3 相交,交点即为反应式(1)在该温度下的化学平衡常数值;再在标尺 2 和标尺 5 上分别找到水碳比和氨碳比,连接这二点成一直线,此直线与参考线 b 上相应的水碳比处有一交点;将此交点与标尺线 3 上已得到的平衡常数点相连,再延长至与标尺线 4 相交,即为所求的平衡转化率。

2）影响尿素合成反应化学平衡的因素

影响尿素合成反应化学平衡的因素主要有温度、压力、氨碳比和水碳比。

（1）温度的影响

实验和计算表明，平衡转化率一般在低于 200 ℃时随温度升高而增大，195 ～ 200 ℃时出现最大值。温度继续升高，平衡转化率逐渐下降，一些数据如图 2.2 所示。

工业生产中，尿素合成最佳操作温度除考虑获得最高平衡转化率之外，还受合成所用材料的腐蚀许可极限温度的限制。若采用 316L 不锈钢及钛材的合成塔，规定的操作温度一般为 180 ～ 200 ℃。

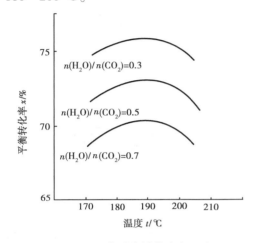

图 2.2 尿素平衡转化率与温度的关系（氨碳比为 4.0）

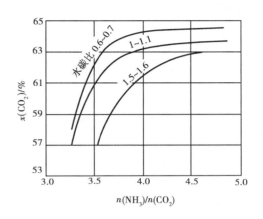

图 2.3 不同氨碳比和水碳比时的二氧化碳转化率（实测数据）

（2）组成的影响

实验证明，CO_2 过量对转化率的影响极微，而氨过量却能提高合成转化率。氨碳比增加，平衡转化率提高。氨碳比对平衡转化率的影响如图 2.3 所示。在水溶液全循环法尿素生产中，氨碳比一般选 4.0 左右。而在用 CO_2 气提法生产尿素的流程中，因合成系统操作压力较低，氨碳比取 2.9 ～ 3.0。

按照平衡移动原理，初始反应物中的水会降低平衡转化率。一般来说，水碳比每增加 0.1，CO_2 的转化率约下降 1%。工业生产中总是力求使水碳比降低到最低限度以提高转化率。在水溶液全循环法流程中，水碳比一般为 0.60 ～ 0.80；在 CO_2 气提法流程中，气提分解气在高压下冷凝，返回合成系统的水量较少，合成反应水碳比较低，一般为 0.5 ～ 0.6。水碳比对平衡转化率的影响如图 2.3 所示。

从合成氨来的 CO_2 原料气中通常含少量的 N_2，H_2 等气体，这些被称为惰性气体。惰性气体可降低反应体系中氨和二氧化碳的分压，在给定操作压力下，会降低反应温度，导致 CO_2 转化率下降。此外，H_2 还可能使尾气发生燃烧爆炸，影响生产安全。在工业生产中，原料 CO_2 气的摩尔分数要求大于 98%，H_2 越少越好。

（3）压力的影响

对于液相反应来说，压力对平衡转化率的影响很小。但尿素合成反应中存在气液相平衡，故实际生产中压力对平衡转化率也有影响，且操作压力不能小于平衡压力。在多组分体系相平衡中,平衡压力不仅与温度有关,还与体系的组成有关。组成一定时,温度升高平衡压力增大,如图 2.4 所示。

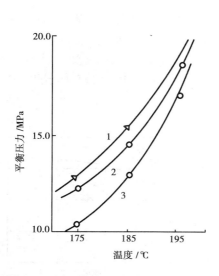

图 2.4　平衡压力与温度关系(水碳比 = 0.6)
1—氨碳比 = 4.5;2—氨碳比 = 4.0;
3—氨碳比 = 3.0

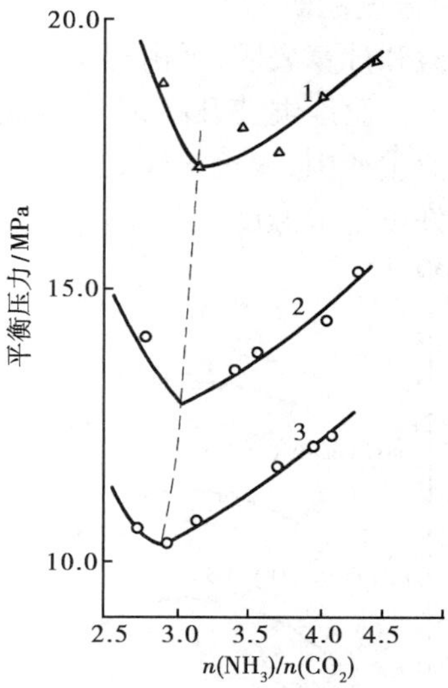

图 2.5　平衡压力与氨碳比的关系(水碳比 = 0.6)
1—165 ℃;2—185 ℃;3—175 ℃

组成对平衡压力的影响十分复杂,一般通过实验得出图表或经验公式来求。固定温度和水碳比时,平衡压力与氨碳比的关系如图 2.5 所示。从图中可看出,对应于每一温度有一最低压力,其对应的氨碳比并不等于理论最佳配料比 2∶1。最低平衡压力下的氨碳比可由下式计算:

$$a_{min} = 0.015\ 19t + 0.005\ 626tb - 0.728\ 7b - 1.78 \times 10^{-3} \qquad (2.1.3)$$

式中　a_{min}——最低平衡压力时的氨碳比;

　　　b——原始液相中的水碳比;

　　　t——温度,℃。

固定氨碳比时,当温度处于 175 ~ 195 ℃范围内,水碳比增加,平衡压力不变或趋于下降;当温度高于 200 ℃时,则水碳比增加,平衡压力增加。

在水溶液全循环法流程中,一般合成塔顶部液相平衡压力为 16.5 MPa,实际操作压力选 19.5 MPa 左右。在 CO_2 气提法流程中,因尿素合成反应温度较低(182 ~ 185 ℃),进料氨碳比也较低(2.9 ~ 3.1),合成塔顶部液相平衡压力约 12 MPa,实际操作压力取 13.5 ~ 14.5 MPa。

3)尿素合成过程的相平衡

前面已经指出,尿素合成体系是多组分多相平衡体系,要严格计算其相平衡关系,包括计算系统平衡压力和平衡气相组成都比较困难。但由于尿素生产对农业关系重大,仍然有不少学者对此体系的相平衡进行了研究。

上海化工研究院整理出了平衡压力 p 与气相氨碳比 G 的经验关联式:

$$p = 54.75a - 10.10ab - 90.25b - 0.150\ 2at +$$

$$2.059 \times 10^4 \frac{b}{t} - 3.581t + 2.099 \times 10^{-2}t^2 \qquad (2.1.4)$$

$$(0.004\ 768t + 0.543\ 3b - 0.001\ 667bt - 0.807\ 8)\lg G$$
$$= \lg a - 0.001\ 1t - 0.197\ 8 \tag{2.1.5}$$

公式适用温度范围 $175 \sim 195$ ℃,水碳比 $0.2 \sim 1.0$,氨碳比在最低平衡压力所对应的氨碳比值增加的一侧(图 2.7 中虚线右边一侧)。

库切里亚维在提出 CO_2 平衡转化率的同时,还提出计算平衡压力的经验式:

$$p = -2.012\ 6t + 6.345\ 4 \times 10^{-3}t^2 + 1.752a +$$
$$1.523 \times 10^{-3}a^2 + 2.095b - 1.604b^2 + 163.10 \tag{2.1.6}$$

式中　a——原始反应物液相氨碳比;

　　　b——原始反应物液相水碳比;

　　　t——温度,℃;

　　　G——反应体系气相氨碳比;

　　　p——平衡压力,0.1 MPa。

阿根廷 Irazoqui(伊拉佐施,1993 年)等人对尿素合成体系建立了严格的热力学模型,用活度代替浓度,逸度代替分压,并考虑了溶液中实际存在的离子平衡,该模型归纳如下。

Irazoqui 尿素合成体系热力学模型:

相平衡　　　　　　　　　　$NH_3(g) \Longrightarrow NH_3(l)$

　　　　　　　　　　　　　$CO_2(g) \Longrightarrow CO_2(l)$

　　　　　　　　　　　　　$H_2O(g) \Longrightarrow H_2O(l)$

化学平衡　　　　　$2NH_3(l) + CO_2(l) \Longrightarrow COONH_2^-(l) + NH_4^+(l)$

　　　　　$NH_3(l) + CO_2l + H_2O(l) \Longrightarrow HCO_3^-(l) + NH_4^+(l)$

　　　　　$NH_4^+(l) + COONH_2^-(l) \Longrightarrow NH_2CONH_2(l) + H_2O(l)$

方程组(y_i—气相组分 i 摩尔分数;x_i—液相组分 i 摩尔分数;Am^-—$COONH_2^-$;Ur—NH_2CONH_2):

物料平衡　1. 氨碳比　$a = \dfrac{x(NH_3) + x(NH_4^+) + 2x(Am^-) + 2x(Ur)}{x(CO_2) + x(Am^-) + x(HCO_3^-) + x(Ur)}$

　　　　　2. 水碳比　$b = \dfrac{x(H_2O) - x(Ur) + x(HCO_3^-)}{x(CO_2) + x(Am^-) + x(HCO_3^-) + x(Ur)}$

相平衡　　3. $py(NH_3)\phi(NH_3) = x(NH_3)\gamma(NH_3)p^\ominus(NH_3)$

　　　　　4. $py(CO_2)\phi(CO_2) = x(CO_2)\gamma(CO_2)H^\ominus(CO_2)$

　　　　　5. $py(H_2O)\phi(H_2O) = x(H_2O)\gamma(H_2O)p^\ominus(H_2O)$

化学平衡　6. $K_1 = \dfrac{x(Am^-)x(NH_4^+)}{x^2(NH_3)x(CO_2)} \cdot \dfrac{\gamma(Am^-)\gamma(NH_4^+)}{\gamma^2(NH_3)\gamma(CO_2)}$

　　　　　7. $K_2 = \dfrac{x(HCO_3^-)x(NH_4^+)}{x(NH_3)x(CO_2)x(H_2O)} \cdot \dfrac{\gamma(HCO_3^-)\gamma(NH_4^+)}{\gamma(NH_3)\gamma(CO_2)\gamma(H_2O)}$

　　　　　8. $K_3 = \dfrac{x(Ur)x(H_2O)}{x(NH_4^+)x(Am^-)} \cdot \dfrac{\gamma(Ur)\gamma(H_2O)}{\gamma(NH_4^+)\gamma(Am^-)}$

电荷平衡　9. $x(NH_4^+) = x(Am^-) + x(HCO_3^-)$

归一方程　10. $y(NH_3) + y(CO_2) + y(H_2O) = 1$

　　　　　11. $x(NH_3) + x(CO_2) + x(H_2O) + x(NH_4^+) + x(HCO_3^-) + x(Am^-) + x(Ur) = 1$

已知 a,b,t 由 11 个方程解 11 个变量：

$y(NH_3),y(CO_2),y(H_2O),x(NH_3),x(CO_2),x(H_2O),x(Ur),x(NH_4^+),x(HCO_3^-),x(Am^-),p$。

CO_2 平衡转化率：$x = \dfrac{x(Ur)}{x(CO_2) + x(Am^-) + x(HCO_3^-) + x(Ur)}$

相平衡式中，$p^\ominus(NH_3)$，$H^\ominus(CO_2)$ 和化学平衡常数 K_1,K_2,K_3 是温度的函数，其形式是：

$$p_i^\ominus, H_i^\ominus \text{ 或 } K_i = \exp\left(\frac{a}{T} + b\ln T + cT + d\right)$$

	$10^{-3}a$	$10^{-2}b$	$10^{-3}c$	d
$p^\ominus(NH_3)$	-2.5141	0.28417	-2.5759	14.6460
$H^\ominus(CO_2)$	-2.6560	-3.5050	6.3216	18.1575
K_1	9.9068	7.4296	-5.3985	-20.2220
K_2	8.8226	0.8404	1.8736	-21.6135
K_3	-1.7352	-4.7506	9.3576	5.6601

$p^\ominus(H_2O)$ 由 H_2O 的饱和蒸汽压公式计算，气相组分逸度系数 ϕ_i 按 Nakamura 方程计算，液相组分活度系数 γ_i 按扩展的 UNIQUAC 模型计算。

对相平衡过程的简单分析，可用下面的似三元体系：

在尿素合成反应过程中，1 mol 液态甲铵反应生成 1 mol 尿素，尿素的蒸汽压很小，水的蒸汽压与氨和 CO_2 相比也可忽略不计，因此可将（尿素 + 水）看成一个固定的组分。整个尿素合成反应从而可以近似地视为 NH_3-CO_2-$CO(NH_2)_2\cdot H_2O$ 的似三元体系。

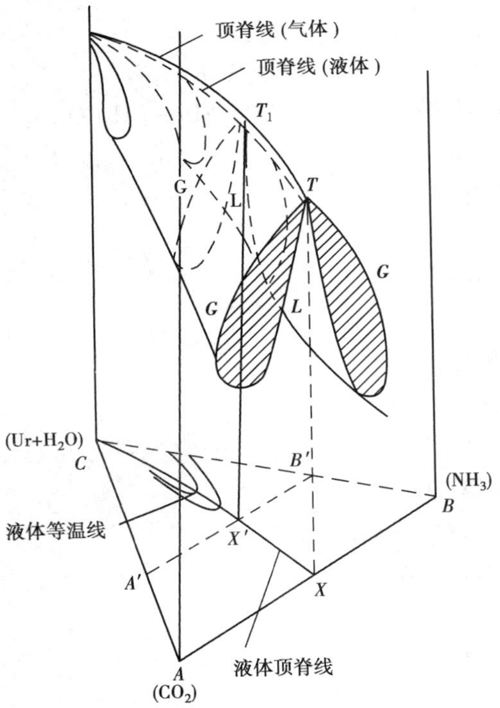

三组分体系的立体相图如图 2.6 所示。图中 $T,T_1,T_2,\cdots,T_n$ 为气-液混合的液相最高温度点。尿素 + 水的含量越高，其最高温度也越高。将很多 T 点联成一线，就可得到液体"顶脊线"，线上各点的 $n(NH_3)/n(CO_2)$（摩尔比）并不相等。如将此顶脊线投影到 ABC 面上，就可以清楚地看出溶液中不同尿素含量下气-液平衡的液体顶脊线的各点组分。必须指出，体系在有水和尿素存在时，虽有液体的最高温度点，但是沸点和露点并不重合，也就是说 NH_3-CO_2 二元体系的共沸点消失了。由于合成尿素是在液相中生成的，故液体顶脊线对生产很有用。如果在三棱柱内作等温平面，则可与很多气液平衡的液相线相交，得到各个温度下的气液平衡等温线。将沸点线和各等温线投影到 ABC 面上，就可得出如图 2.7 所示的具有液体顶脊线和气液平衡等温线的相图。

图 2.6　压力固定 NH_3-CO_2-$Ur\cdot H_2O$
体系与温度关系图

从图 2.7 可以看出：

①当压力和温度维持不变时,体系吸收或散发热量,溶液组成必定沿等温线移动。

②在压力一定的条件下,化学平衡等压线与顶脊线交点的平衡温度为最高。这时尿素含量也最高,即转化率最高能耗最省。与之相应的原始物料比可由图确定。

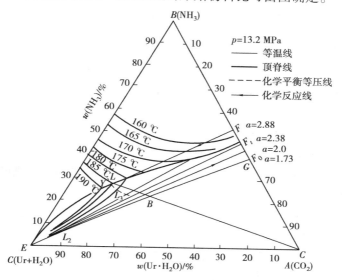

图 2.7　在固定压力 p 下 NH_3-CO_2-Ur + H_2O 三元系统等沸点线图

图 2.7 中的 Y 点表示一适宜操作点。它是化学平衡等压线与顶脊线的交点,因此该点的物料温度最高,尿素 + 水的含量也最高,有利于甲铵转化反应,也可降低气提的热能消耗。Y 点压力最低,因此可节省动力。

如选择更高的压力,则与之相应的平衡温度比上述 Y 点温度要高。虽有利于尿素合成反应,但合成塔必须用更能耐腐蚀的材料。如选择较低压力,则平衡温度会较低,CO_2 转化率下降。

对二氧化碳汽提法,合成液以位于顶脊线上最为适当。由图 2.7 读得,在 13.2 MPa 下,化学平衡等压线与液相顶脊线交点在 185 ℃的等温线上。设备材料可承受此温度、压力条件,故选用该操作点,考虑反应不能完全达到平衡,取温度 183 ℃,即图中的 L 点,并读得该点的组成为 NH_3 29%,CO_2 16%,(H_2O + Ur)55%,此数据与工业生产实测值非常吻合。

4)尿素合成反应的动力学

尿素合成反应速率取决于液相中甲铵脱水这一控制步骤的速率。甲铵脱水生成尿素的反应为可逆反应,设正、逆反应速率常数分别为 k_1,k_2。若以 1 mol CO_2 为基准,在 t 时间内生成 a mol 甲铵,而以 x,x^* 分别表示甲铵转化为尿素的转化率和平衡转化率,由反应物浓度表示的尿素合成反应动力学方程式为：

$$\frac{-\,\mathrm{d}\left[\dfrac{a(1-x)}{V_1}\right]}{\mathrm{d}t} = \frac{k_1 a(1-x)}{V_1} - \frac{k_2 ax(ax+w)}{V_1^2} \tag{2.1.7}$$

式中　t——反应时间,h;

　　　w——反应物水碳物质的量之比;

V_1——反应液相体积，10^{-3} m^3（设反应液相体积保持不变）。

当反应达平衡时，

$$k_2 = \frac{k_1(1-x^*)V_1}{x^*(x^*+w)} \tag{2.1.8}$$

静态下尿素合成反应动力学方程式有如下形式：

$$\frac{x^*}{2-x^*}\ln\frac{(xx^*-x-x^*)}{x-x^*} = k_1t \tag{2.1.9}$$

该动力学方程仅适合于平推流反应器的计算。根据反应物的密度和反应器的结构尺寸，可以确定物料在反应器中的位置和时间的关系，再应用式（2.1.9）积分可完成平推流型反应器的计算。

根据工业生产的实践和实验测定，通常尿素合成反应需 30～50 min。

尿素合成塔内一般装有筛板或其他内件。对装有较多筛板的塔，可以把它看成是由若干个串联的、混合的小室组成。虽每个小室接近理想混合型，但就整个合成塔来说，其流动状况却接近理想置换型。

5）未反应物的回收及副反应

（1）未反应物的回收

尿素合成反应得到的产物实际上是尿素、甲铵、水以及过剩氨等所组成的混合物，生产中必须把它们分离出来。分离甲铵可利用它的不稳定性和 CO_2 及氨的易挥发性，在减压和加热的条件下将甲铵分解并气化，使其与尿素溶液分离开来。另一方法是不降低压力，加热时采用气提剂来减小体系中氨和 CO_2 的分压，从而改变气液平衡促使甲铵的分解及氨与 CO_2 的气化。

甲铵分解是吸热反应，按照平衡移动原理，减压和加热有利于甲铵的分解。纯固体甲铵的离解压力与温度的关系可用下式计算：

$$\lg p = -\frac{2\,748}{T} + 8.275\,3 \tag{2.1.10}$$

式中　p——甲铵分解压力，0.1 MPa；

　　　T——温度，K。

当采用减压加热分解方法时，分解温度过高会发生尿素缩合、尿素水解等副反应。若分解压力过低，会使冷凝吸收效率下降，并增加循环动力的消耗。因此，工业生产上常采用多段减压分解分离的方法。

水溶液全循环法尿素生产工艺甲铵分解率 a、总氨蒸出率 $a(NH_3)$、分解气中含水量 $G(H_2O)$ 与分解温度 t 的经验关联式如下。

中压分解段（分解压力 1.67～1.96 MPa）：

$$a = -8.81 + 0.115\,625t - 0.000\,46t^2 \tag{2.1.11}$$

$$a(NH_3) = 0.038\,37t^{0.616} \tag{2.1.12}$$

$$G(H_2O) = 1.216 \times 10^{-10}t^{4.123} \tag{2.1.13}$$

低压分解段（分解压力 0.29 MPa）：

$$a = 0.510\,1 + 0.019\,03t - 6.09 \times 10^{-5}t^2 \tag{2.1.14}$$

$$a(NH_3) = 0.271 + 0.009\,4t - 3.1 \times 10^5t^2 \tag{2.1.15}$$

$$G(H_2O) = 1.11 \times 10^{-11}t^{4.906} \tag{2.1.16}$$

分解气的冷凝吸收操作点可由定压下 NH_3-CO_2-H_2O 三元系的气液平衡相图来选择。如图 2.8 所示。

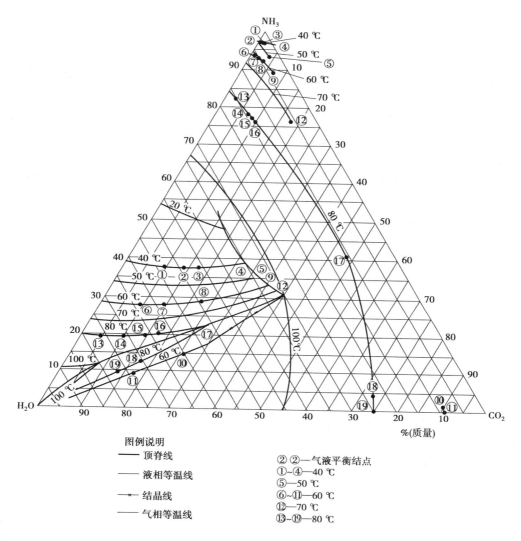

图 2.8　压力在 3 kgf/cm²（0.3 MPa）下 NH_3-CO_2-H_2O 三元相图

用气提法分解甲铵时，甲铵的分解压力或系统的理论操作压力 p 为

$$p = \frac{0.53p_s}{[y^2(NH_3)\,y(CO_2)]^{1/3}} \tag{2.1.17}$$

式中　p_s——纯甲铵的分解压力；

　　　$y(NH_3)$——平衡时气相氨摩尔分数；

　　　$y(CO_2)$——平衡时气相二氧化碳摩尔分数。

当温度一定时，p_s 为定值。从式（2.1.17）可知，用纯 CO_2 或氨气气提，理论上在任何温度和操作压力下，甲铵都可完全分解。

工业上常采用与合成压力相等的压力来气提，气提剂采用氨或 CO_2，气提温度一般低于合成温度 10 ℃ 左右。

（2）尿素合成的副反应

在尿素生产过程中，主要有两类副反应，即尿素缩合反应和尿素水解反应。

尿素缩合生成缩二脲，缩二脲会影响产品尿素的质量。缩二脲的生成速度取决于温度、尿液浓度、停留时间及氨分压等因素。温度越高，缩二脲生成率越大。同一温度下，尿素浓度高、氨碳比低，缩二脲生成率越大。停留时间长，缩二脲的生成量显著增加。提高氨分压能抑制缩二脲的生成。

在水溶液全循环法生产流程中，尿液蒸发阶段温度高，游离氨很少，是缩二脲生成的主要阶段，生成量约占全过程的 50%。在尿素合成塔内，尽管温度更高，但有大量过剩氨存在，抑制了缩二脲的生成，生成量约占 30%。分解循环阶段缩二脲的生成量约占 20%。用结晶法加工尿液时，可利用缩二脲在尿素溶液中具有一定溶解度来控制适宜的结晶温度和尿液浓度，尽可能使缩二脲保留在溶液中，获得含缩二脲很低的结晶尿素。含缩二脲的母液可送合成塔使其中缩二脲部分分解，缩二脲不致在系统中积累。

尿素生产过程的另一副反应是尿素水解反应，即尿素合成的逆反应，水解的产物为氨和 CO_2。当温度在 60 ℃ 以下时，尿素水解缓慢；温度达 100 ℃ 时，尿素水解速度明显加快；温度在 145 ℃ 以上时，水解速度剧增。尿素浓度低时，水解率大。氨也有抑制尿素水解的作用，氨含量高的尿素溶液的水解率低。

2.1.1.3 尿素生产工艺流程

常见尿素生产工艺有传统水溶液全循环法、荷兰 Stamicarbon（斯塔米卡邦）CO_2 气提法、意大利 Snamprogetti（斯纳姆普罗盖蒂）NH_3 气提法、日本改良 C 法和 ACES 法等。这里介绍在我国应用最多的前 3 种工艺。

1）传统水溶液全循环法工艺流程

水溶液全循环法是将未反应的氨和 CO_2 加热减压蒸出后用水吸收生成甲铵或碳酸铵水溶液循环返回合成系统的生成尿素的方法，该法主要用于中小型（年产 20 万 t 以下）尿素装置。典型的工艺流程为如图 2.9 所示。

压缩后的 CO_2 气体和加压预热后的液氨以及从一段吸收塔来的甲铵液一起经混合器进入合成塔。合成压力为 19.5 ~ 21.5 MPa，温度 185 ~ 190 ℃，氨碳比 4 ~ 4.5，水碳比 0.6 ~ 0.7，CO_2 平衡转化率约为 62%。合成反应液经两段分解及真空闪蒸，使未反应物与尿液分离。一段分解压力 1.67 MPa，二段为 0.29 MPa，均用蒸汽加热。闪蒸压力 44 kPa 绝压。一段分解气先送至一段蒸发加热尿液，然后进一段吸收塔，所得甲铵液用高压甲铵泵送合成塔。出一段吸收塔含氨的气体经氨冷凝器将其中大部分氨冷凝成液氨，部分回流，部分经高压液氨泵送回合成。出氨冷凝器的气体依次经中压惰性气体洗涤器及常压尾气吸收塔进一步回收氨后放空。闪蒸后的质量分数为 75% 的尿液经两段真空蒸发浓缩至 99.7% 后送造粒塔造粒。

此流程的未转化物需两段分解，三段吸收，流程较长且分解压力不高，分解气的冷凝热除小部分被利用外，须用冷却水移走，能耗较高。此外，循环甲铵液量大时可能结晶堵塞管道，操作维修麻烦。此流程已逐渐失去优势。

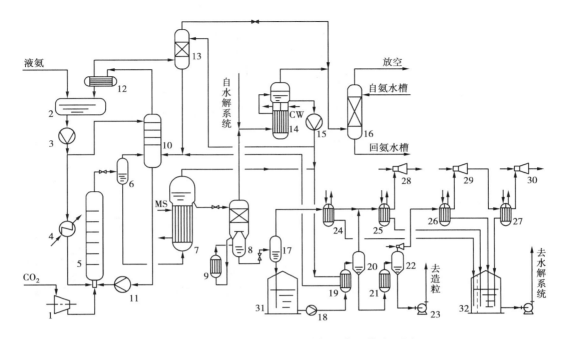

图 2.9 传统水溶液全循环法造粒尿素工艺流程图

1—CO$_2$ 压缩机;2—液氨缓冲罐;3—高压氨泵;4—液氨预热器;5—尿素合成塔;6—预分离器;

7——段分解器;8—二段分解器;9—二段分解加热器;10——段吸收塔;11——段甲铵泵;12—氨冷凝器;

13—惰性气体洗涤器;14—二段吸收塔;15—二段甲胺泵;16—尾气吸收塔;17—闪蒸槽;18—尿液泵;

19——段蒸发加热器;20——段蒸发分离器;21—二段蒸发加热器;22—二段蒸发分离器;23—熔融尿素泵;

24—闪蒸气冷凝器;25——段蒸发冷凝器;26—二段蒸发第一冷凝器;27—二段蒸发第二冷凝器;

28——段蒸发喷射器;29—二段蒸发第一喷射器;30—二段蒸发第二喷射器;31—尿液槽;32—氨水槽

2)气提法尿素生产工艺流程

(1)气提原理

气提法是对全循环法的发展,在简化流程、热能回收、延长运转周期和减少生产成本等方面比全循环法优越。在气提过程中合成反应液中的甲铵分解为氨和 CO$_2$,这是一个吸热、体积增大的可逆反应,其平衡受反应产物气相分压影响。只要供给热量,降低气相中氨和 CO$_2$ 中某一组分的分压,都可促使甲铵分解。

用 CO$_2$ 气提时,由合成塔来的合成反应液与气提塔中底部通入的大量纯 CO$_2$ 逆流接触,并用蒸汽间壁加热提供分解热量。在加热和气提双重作用下,能促使合成反应液中的甲铵分解,并使氨从液相中逸出。气体在管内上升,氨碳比虽然不断增加,但仍低于平衡时气相的氨碳比。所以,气液相一直保持不平衡状态,合成反应液中的氨逐渐被逐出。随着液相中氨浓度的降低,液相中甲铵将不断分解,因而气提法还可同时逐出 CO$_2$。

气提法主要由 CO$_2$ 气提法和氨气提法,下面简单介绍其流程及主要特点。

(2)Stamicarbon 二氧化碳气提法流程

此法是荷兰 Stamicarbon 公司发明的,现已成为世界上建厂最多、生产能力最大的生产尿素的方法。其流程见图 2.10。

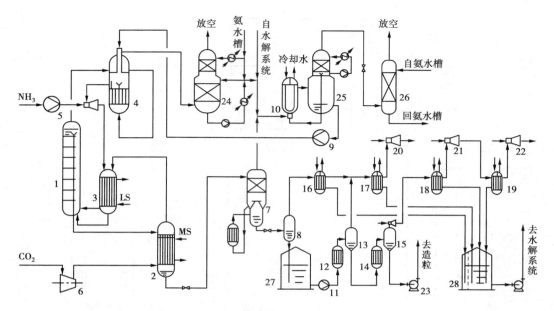

图 2.10　Stamicarbon CO₂气提法尿素工艺流程图

1—合成塔;2—气提塔;3—高压甲铵冷凝器;4—高压洗涤器;5—氨泵;6—CO₂压缩机;7—精馏塔;
8—闪蒸罐;9—高压甲铵泵;10—低压甲铵冷凝器;11—尿液泵;12——段蒸发加热器;
13——段蒸发分离器;14—二段蒸发加热器;15—二段蒸发分离器;16—闪蒸气冷凝器;
17——段蒸发冷凝器;18—二段蒸发第一冷凝器;19—二段蒸发第二冷凝器;20——段蒸发喷射器;
21—二段蒸发第一喷射器;22—二段蒸发第二喷射器;23—熔融尿素泵;24—中压吸收塔;25—低压吸收塔;
26—尾气吸收塔;27—尿液槽;28—氨水槽

该法的合成温度为 182～185 ℃,压力为 13.5～14.5 MPa,氨碳比为 2.9～3.1,水碳比为
0.4～0.6,转化率 58%～60%。用原料 CO₂作气提剂,在合成压力下将合成塔出料在气提塔内
进行加热气提,使未转化的大部分甲铵分解,并蒸出 CO₂和氨。分解及气化所需热量由
2.3 MPa蒸汽供给。气提效率为 78%～81%。气提塔出气在高压冷凝器内冷凝生成甲铵溶
液,冷凝吸收所放出的热量副产低压蒸汽(0.4 MPa),供低压分解、尿液蒸发等使用。气提塔
出液减压至 0.25 MPa 后进入尿素精馏塔,将残余的甲铵和氨进一步加热分解并蒸出。离开精
馏塔的尿液经真空闪蒸、两段真空蒸发浓缩至 99.7% 后送造粒塔造粒。尿素精馏塔蒸出的气
体在低压甲铵冷凝器中冷凝后,用甲铵泵送回高压合成。

流程的主要特点:

①用原料 CO₂气提,使未转化物大部分分解,残余部分只需再一次低压加热分解即可,省
去了中压分解回收系统,简化了流程。

②高压冷凝器在与合成等压条件下冷凝气提气,冷凝温度较高,返回合成塔的水量较少,
有利于 CO₂转化为尿素;冷凝过程所放出热量用来副产蒸汽,热回收好;出高压冷凝器的甲铵
液及来自高压洗涤器的甲铵溶液靠液位差自流返回合成系统,可节省设备和动力。

③合成塔操作压力较低,可节省压缩机和泵的动力消耗。其不足之处是设备布置上采用
高层框架,给安装和生产维修带来不便。生产中还潜在尾气燃爆问题,如操作不当会引起高压
洗涤器尾气的燃爆,酿成事故。对此,该公司已经做了一些改进。如降低合成塔高度,增设原

料二氧化碳气的脱氢系统,解决尾气燃爆问题;增设水解设备,回收工艺废液中的尿素;增加尿素晶种造粒,提高尿素成品的机械强度及低位热能的利用等。

（3）斯纳姆普罗盖蒂氨汽提法流程

意大利斯纳姆普罗盖蒂(Snamprogetti)公司创立于 1956 年。1966 年第一个以氨作为汽提气的日产 70 t 的尿素厂已建成投产。氨汽提法是我国近年来引进最多的尿素工艺装置,这里做较为详细的介绍。

氨汽提法工艺主要包括:尿素的合成和高压回收,尿素的提纯和中、低压回收,尿素的浓缩与造粒,水解和解吸以及辅助设施等,如图 2.11 所示。

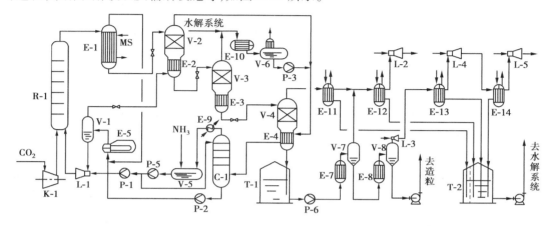

图 2.11　氨汽提法尿素工艺流程图

R-1—合成塔;K-1—CO₂ 压缩机;P-1—高压氨泵;P-2—高压甲铵泵;P-3—中压甲铵泵;P-5—低压氨泵;
E-1—氨气提塔;E-2|V-2—中压分解器;E-3|V-3—低压分解器;E-4|V-4—预浓缩器;
E-5—高压甲铵冷凝器;E-7|V-7——段蒸发浓缩器;E-8|V-8—二段蒸发浓缩器;E-9—氨冷凝器;
E-10—低压甲铵冷凝器;E-11—预浓缩冷凝器;E-12——段蒸发冷凝器;E-13—二段蒸发第一冷凝器;
E-14—二段蒸发第二冷凝器;C-1—中压吸收塔;T-1—尿液槽;T-2—氨水槽;V-1—甲铵分离器;
V-5—液氨储罐;V-6—甲铵液储罐;L-1—氨喷射器;L-2——段蒸发喷射器;L-3—二段蒸发第一喷射器;
L-4—二段蒸发第二喷射器;L-5—二段蒸发第三喷射器

①尿素的合成和高压回收:CO₂ 加入少量空气后进入离心式 CO₂ 压缩机 K-1,加压到 16 MPa(绝对压力,以下简称绝)送入尿素合成塔 R-1。液氨分两路送出:一路到中压吸收塔 C-1;另一路液氨加压到 22 MPa(绝),送往高压液氨预热器 E-7,用低压蒸汽冷凝液预热。预热后的液氨作为甲铵喷射泵 L-1 的驱动流体,利用其过量压头,将甲铵分离器 V-1 压力稍低的甲铵液,升压到尿素合成塔压力,氨与甲铵的混合液进入尿素合成塔与进塔的 CO₂ 进行反应。

合成条件为:温度 = 188 ℃;压力 = 15.6 MPa(绝);氨碳比 = 3.6;水碳比 = 0.6 ~ 0.7。

出合成塔的反应物到汽提塔 E-1。汽提塔是一个降膜式加热器,所需热量由 2.4 MPa(绝)的饱和蒸汽供给。合成塔的反应产物在汽提管呈膜状向下流动时被加热。由于氨自溶液中沸腾逸出所起的汽提作用,使溶液中的 CO₂ 体积分数降低。汽提塔顶部的馏出气和来自中压吸收塔的并经过高压甲铵预热器 E-6 预热过的甲铵液,全部进入高压甲铵冷凝器 E-5。在高压甲铵冷凝器中,除少量惰性气体外,全部混合物均被冷凝。气液混合物在甲铵分离器 V-1 中分离。甲铵液由喷射泵送往合成塔。从甲铵分离器顶部出来的不凝气体,其中主要组分是惰性气体。但也含有少量在冷凝器内未反应的氨和 CO_2。把这些不凝气减压后,送往中压分解器 E-2 的底部。在高压甲铵冷凝器 E-5 内,高压高温的气体冷凝时,可产生 0.45 MPa(绝)的蒸汽。

②尿素提纯和中低压回收:尿素提纯分 3 个阶段以减压方式进行。第一阶段压力为 1.8 MPa(绝);第二阶段压力为 0.45 MPa(绝);第三阶段压力为 0.035 MPa(绝)。

尿素提纯用的换热器一般称为分解器,因剩余甲铵要在其中进行分解。

a.1.8 MPa(绝)下的一级提纯和回收:

由汽提塔 E-1 底部排除的残余 CO_2 含量较低的溶液,减压膨胀到 1.8 MPa(绝),进入降膜式中压分解器 E-2。在此,溶液中尚未分解的甲铵进一步分解,并增加底部溶液的尿素浓度。

中压分解器分为两部分:顶部为分离器 V-2,在溶液进入管束之前,在分离器中先释放出闪蒸汽,然后进入管束;下部管束为分解段,残余甲铵在此进行分解。该反应所需热量在分解段下部壳程由来自汽提塔(表)的 2.2 MPa 冷凝液提供,在分解段的上部壳程由 0.6 MPa(绝),158 ℃的蒸汽提供。底部排出液温度为 156 ℃,压力 1.8 MPa(绝),氨的质量分数为 6%~7%,CO_2 的质量分数为 1.0%~2.0%。

从顶部分离器 V-2 排出的含富氨和 CO_2 的气体,送往真空浓缩器 E-4 壳程。在那里被由碳氨液贮槽 V-6 来的碳氨液部分地吸收冷凝。这些吸收和冷凝的热量,被用来蒸发尿素溶液的水分,以节省蒸汽。真空浓缩器壳侧的汽-液混合物,在中压冷凝器 E-10 中最终冷凝。这部分低位的吸收和冷凝用冷却水移走。在这个冷凝器中,CO_2 几乎全部被吸收。从中压冷凝器来的汽-液混合物,进入中压吸收塔 C-1 的下部。从溶液中分离出来的气相,进入上部精馏段。在此,残余的 CO_2 被吸收,氨被精馏。用纯净的液氨作塔盘的回流液,以清除惰性气中的 CO_2 和水。回流氨是用液氨升压泵从液氨贮槽 V-5 抽出送到中压吸收塔的。塔底的甲铵液经高压甲铵泵加压,再经高压甲铵预热器 E-6 预热后,返回到合成部分的高压甲铵冷凝器 E-5。

带有 $20\sim100\times10^{-6}CO_2$ 和惰性气体的气体氨,由中压吸收塔 C-1 精馏段顶出来,在氨冷凝器 E-9 中冷凝。被冷凝的液氨和含有的氨的惰性气体,送往液氨贮槽 V-5;含有饱和氨的惰性气体,被送往降膜式的中压氨吸收塔 E-11。在这里与冷凝液逆流接触,将气氨回收,吸收热被冷却水移走。塔底的氨水溶液,经氨水泵返回到中压吸收塔精馏段,惰性气体放空。

b.0.45 MPa(绝)的第二级提纯和回收:

离开中压分解器 E-2 底部的溶液被减压到 0.45 MPa(绝),并进入降膜式低压分解器 E-3。此设备分为两部分:顶部为分离器 V-3,释放出的闪蒸汽,在溶液进入管束之前,在此被分离;而后溶液进入下部管束。残留的甲铵在此被分解。底部出液中氨的质量分数为 1.0%~2.0%,CO_2 的质量分数为 0.3%~1.1%。所需热量由 0.45 MPa(绝)的饱和蒸汽供给。底部排出液的温度为 138 ℃。

离开分离器 V-3 顶部的气体与经解吸塔回流泵送来的解吸冷凝液汇合,首先被送往高压甲铵预热器 E-6 部分地吸收和冷凝,然后进入低压甲铵冷凝器 E-8。剩余的吸收热和冷凝热被冷却水带走,冷凝液送入碳铵液贮槽 V-6。惰性气体在低压氨吸收器 E-12 中被洗涤后排放,此气体实际已不含氨。用中压碳铵液泵 P-3 从碳铵贮槽将碳铵液与中压分解气汇合,送到真空浓缩器 E-4 壳侧。

c.0.035 MPa(绝)的第三级提纯与回收:

由低压分解器底部来的溶液,减压到 0.035 MPa(绝)进入降膜式真空浓缩器 E-4,在此进一步提高送往蒸发部分的尿液浓度。此设备分为两部分:顶部分离器 V-4,释放出的闪蒸汽在溶液进入管束之前,在此被分离并送往真空系统冷凝;下部列管式真空浓缩器 E-4,溶液进入真空浓缩器 E-4,最后残留的甲铵在此被分解。底部尿液浓度由 70% 上升到 85% ,所需热量由来自中压分解分离器顶部的气体与中压碳铵液泵送来的碳铵液在此汇合进行吸收冷凝的冷凝热供给,以节省蒸汽。底部尿液通过尿素溶液泵送往真空部分。

③水解和解吸:来自真空系统的含有氨和 CO_2 的水,用工艺冷凝液泵经解吸塔废水换热器 E-18 预热后,送往解吸塔,此塔的操作压力为 0.45 MPa(绝)。解吸塔分为两个部分,下塔由 35 块塔板组成,上塔由 20 块塔板组成。上下塔之间安装有一块升气管塔盘。工艺冷凝液经解吸塔排水换热器被塔底流出的净化水预热后,从第 45 块塔板进料。含有水、尿素、少量氨和 CO_2 的工艺冷凝液,在上塔初步汽提后,从升气管盘引出,用水解器给料泵,经水解器预热器,被水解器出来的溶液预热后,送到水解器。在水解器用 2.3 MPa(绝)以上的蒸汽,使尿素全部水解成氨和 CO_2。由水解器出来的气体减压后进入解吸塔上部,与解吸塔出气汇合,进入解吸塔顶冷凝器冷凝。冷凝液到回流槽,用解吸塔回流泵一路送解吸塔顶作回流液,另一路去高压甲铵预热器与低压分离器分离出的气体混合,在此冷凝以预热高压甲铵液。水解后的液体,经水解器预热器换热后,进入解吸塔下塔顶部。下塔利用通入低压饱和蒸汽的再沸器,进一步解吸出氨和 CO_2。由解吸塔下塔底部出来的净化废水,与进解吸塔的工艺冷凝液换热后,送出尿素界区可作锅炉给水。

此外,还有改良 C 法、ACES 法等流程,在此不一一列举。各种方法都有其特色,但也都有一些不足。一些尿素生产流程的操作指标和消耗定额的比较如表 2.1 所示,一些方法的投资、成本和总能耗如表 2.2 所示。

表 2.1　一些尿素生产流程的操作指标和消耗定额

	水溶液全循环法	改良 C 法	氨气提法	二氧化碳气提法
氨碳比	4.0~4.1	约4.0	3.6	2.8~3.0
反应压力/MPa	20	约25	15.1	14~15
反应温度/ ℃	185~190	200	185	180~190
二氧化碳转化率/%	62	72	60	58
出合成塔尿素质量分数/%	27.9	36.0	32.5	34.8
氨质量/t	0.580	0.570	0.575	0.580
二氧化碳质量/t	0.785	0.750	0.750	0.770
电能/MJ	576	396	82.8	72
蒸汽质量/t	1.90	1.00	1.173	1.530
冷却水质量/t	144	160	120	88

表 2.2　4 种尿素生产方法的投资、成本及总能耗比较[1]

	CO_2 气提法[2]	改良 C 法[3]	溶液全循环法	氨气提法
投资	100	87.1	95.4	103.7
成本	100	100.2	112.1	101.5
总能耗 GJ/t 尿素[4]	4.50	5.08	6.73	4.64

注:①装置规模均为日产粒状尿素 100 t。

②Stamicarbon CO_2 气提法投资为 241 万英镑,生产成本为 14.34 英镑/t。

③ CO_2 压缩机为电机驱动。

④按压缩机为电机驱动的消耗定额计算。

2.1.1.4 尿素的结晶与造粒

1)结晶尿素的生产

在常压下将尿素溶液蒸浓至 80% ~ 85%,然后送到结晶器中冷却到 50 ~ 65 ℃使尿素结晶析出。尿液浓度越高,冷却温度越低,析出的结晶就越多,母液中固液比越大。实际生产中,为防止浆液黏度过高、晶簇增多而造成结晶过细,结晶温度一般控制在 60 ~ 65 ℃,且缓慢搅拌。浆液经离心机分离,结晶尿素水中水的质量分数小于 2.5%,再进行干燥,最终成品中水的质量分数小于 1%。

另一类方法是蒸发和结晶过程同时在真空结晶器中进行。真空结晶不需加热,而是采用降压的办法利用尿素结晶热使尿素溶液的水分蒸发。真空结晶的操作温度约 60 ℃,压力约 90 kPa 时,尿液的平衡质量分数约 72%。一般母液初始质量分数为 73%,结晶操作压力约 10 kPa。结晶过程中产生的水蒸气由真空喷射器抽到真空冷凝器内冷凝。结晶后的尿液再经离心分离和干燥后便可得到成品尿素。

2)粒状尿素的生产

粒状尿素流动性能好,不易吸湿和结块,便于散装运输和贮存,施用也方便,是目前尿素产品的主要形式。

现在大、中型尿素工厂一般都用造粒塔造粒。造粒塔造粒生产能力大、操作简单、生产费用低。产品呈球形,表面光洁圆滑,能满足农用,也适合家畜饲料及其他方面的利用。入塔的尿液质量分数大于 99.5%,温度为 140 ℃。熔融尿素通过喷淋装置均匀喷洒在塔内,从塔顶自上而下被塔内上升的冷空气冷却而固化成粒。出塔的粒状尿素温度约 60 ℃。影响造粒塔运行的主要因素有:处理量、熔融液的浓度、温度、空气的温度和通风量等。如熔融液的质量分数低于 99.5%,就可能结块或产品含水量超标。一般 1 t 尿素的通风量为 8 000 ~ 10 000 m³/t,增大通风量可以延长颗粒下落的时间,强化颗粒的冷却,从而可降低塔高。但是,通风量过大,也会使塔顶逸出的空气中夹带尿素粉尘增多。

在塔底设置一个沸腾床冷却段可强化冷却。因为沸腾床中空气对颗粒的给热系数比颗粒在空气流中自然降落时的给热系数大得多,使颗粒继续冷却的效果好。但因采用强制通风,尿素粉尘损失较大,需在塔顶设粉尘洗涤回收装置,用稀尿液洗涤回收粉尘。回收粉尘可采用水喷淋式或水喷淋和过滤相结合的方式。前者效果较差,后者排风阻力较大。

采用晶种造粒,可以改进产品质量,提高尿素颗粒的粒度、均匀度和冲击强度,还使尿素中水的质量分数降低 0.03% ~ 0.05%。晶种加入量约为 15 kg/h,晶种粒子要求小于 2 μm。为防止造粒过程结块,可往尿液中加甲醛,甲醛在蒸发工序前或后加入均可,其数量要保证最终产品中质量分数不大于 0.2%。

2.1.2 硝酸铵

2.1.2.1 硝酸铵的主要性质和用途

1)硝酸铵的主要性质

硝酸铵(ammonium nitrate)简称硝铵,分子式 NH_4NO_3,分子量 80.04。铵态氮和硝态氮的总质量分数为 35%。熔点为 169.6 ℃，熔融热为 67.8 kJ/kg，在 20～28 ℃ 时的比热为 1.760 kJ/(kg·K)。硝铵易溶于水，溶液的沸点和相对密度随质量分数的增加而增大。固态硝铵具有 5 种晶型，每种晶型仅在一定的温度范围内稳定存在。从一种晶型转变为另一种晶型时，不仅有热量变化，而且有体积变化。缓慢加热时，晶型连续地从晶型 V 到晶型 I 变化。但若将 125 ℃ 的固态硝铵迅速冷却到 32.2 ℃，则可从晶型 II 直接转化成晶型 IV。温度低于 32.2 ℃ 的菱形晶型和正方晶型最稳定。一般将 32.3 ℃ 左右的菱形晶型作为产品贮存。

硝铵在水中的溶解度和 5 种晶形如表 2.3 和表 2.4 所示。

表 2.3　硝铵在水中的溶解度

温度/ ℃	溶解度(质量分数)/%	温度/ ℃	溶解度(质量分数)/%
−16.7	42.8	50	77.0
−10	47.7	60	80.7
−5	51.2	70	83.5
0	54.23	80	86.4
5	57.23	90	89.0
10	60.05	100	91.4
15	62.76	110	93.4
20	65.24	120	95.0
25	67.63	130	96.5
30	69.90	140	97.5
35	71.60	150	98.5
40	73.7	169.6	100

表 2.4　硝铵的晶型

晶型代号	稳定存在的温度范围/ ℃	晶型名称	密度/(g·cm⁻³)	晶格体积/(10⁻³⁰m³)
I	169.6～125.2	立方晶型	—	85.2
II	125.2～84.2	正方晶型	1.69	163.7
III	84.2～32.3	菱形晶型	1.66	313.7
IV	32.3～−17	菱形、八面晶体	1.726	155.4
V	−17～−50	正方晶型	1.725	633.8

在润湿或晶型转变时，硝铵有结块现象，给工业生产特别是农业应用带来了不少困难。

硝铵在常温下是稳定的，受热后，开始分解。在 110 ℃ 时加热纯硝铵，将分解为硝酸和氨：

$$NH_4NO_3 = HNO_3 + NH_3$$

分解过程需吸收热量，温度需在 150 ℃ 以上才明显进行。

在 185～200 ℃ 下分解时，生成氧化亚氮和水，同时放出微量热：

$$NH_4NO_3 = N_2O + 2H_2O$$

当迅速加热到 130 ℃ 以上，发生剧烈分解，并伴有微弱的火花发生：

$$2NH_4NO_3 = 2N_2 + O_2 + 4H_2O(g)$$

当温度高于 400 ℃ 时，反应极为迅猛以致发生爆炸：

$$4NH_4NO_3 = 3N_2 + 2NO_2 + 8H_2O(g)$$

总的来说,以上各反应在硝铵热分解时都可能发生,但由于条件的不同,可能某一个反应是主要的。此外,H^+、Cl^-、铬、钴、铜等金属对硝铵有催化分解作用,硝酸对硝铵的分解也有很大的影响。为了保证生产、贮存、运输及使用过程中的安全,必须严格控制原料、半成品和成品中的杂质和温度条件。实际经验表明,只要遵守规定的安全条例,生产和使用硝铵是没有危险的。

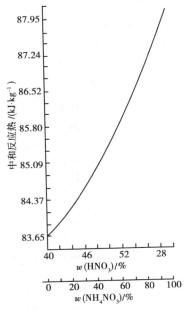

图 2.12 硝酸与氨中和反应的热效应

2)硝铵的主要用途

硝铵是一种重要的氮肥,在气温较低地区的旱田作物上,它比硫酸铵和尿素等铵态氮肥的肥效快、效果好,既可以单独施用,也可与磷钾肥混合制造出各种复合肥料。

硝铵是常规炸药的主要原料,在军事、采矿和筑路等方面均有应用。

用硝铵还可制造一氧化二氮(笑气),用作麻醉剂。

2.1.2.2 硝酸铵的生产方法

1)中和法

(1)中和过程

氨与硝酸进行中和反应,是工业上生产硝铵的主要方法,反应方程式如下:

$$NH_3 + HNO_3 \Longrightarrow NH_4NO_3$$

反应的热效应取决于硝酸的浓度和反应温度,实际放出的热量要减去水稀释硝酸的稀释热和硝铵的溶解热。常压下硝酸与氨中和的热效应与质量分数的关系见图 2.12。

充分利用中和反应热以制取高浓度硝酸铵溶液或硝铵熔融液,是生产过程的关键。若能合理地利用放出的中和热来蒸发水,则可得到硝铵浓溶液或熔融液而不需补充热量。利用中和热的过程分为常压法和加压法两种。操作压力在0.15 MPa以下为常压法,压力大于0.15 MPa为加压法。加压法可利用质量分数为50%以上的硝酸为原料,热利用率高,所得硝铵液的质量分数也高。

在现代化的装置中,充分利用反应热来蒸发硝铵液的水分,若使用50%浓度的硝酸并用真空蒸发技术,可得到95%~97%硝铵溶液而不需补充热量。若将硝酸浓度提高到60%,除可得到95%~97%的硝铵溶液外,尚有多余热量。德国 Didier Engineering's 公司开发的新工艺,可使硝铵溶液浓缩到99.7%。

直接利用中和热会引起化合态氮的损失。当硝酸质量分数大于58%时,中和反应的热使中和器内的温度迅速升高至140~160 ℃。此温度远远高于恒沸硝酸的最高沸点(68%,121.9 ℃),使硝酸气化,从而增加化合态氮的损失。

氨与硝酸的中和是一快速化学反应。当采用气氨为原料时,中和过程取决于氨在溶液中的扩散速度。由于氨与硝酸的气相反应是很不完全的,会导致大量的氮损失,所以应尽量使中和反应在液相中进行。为此,气氨应先进入中和器的循环溶液中。

减少氮损失是中和过程的重要问题。影响氮损失的主要因素有以下几方面:

①温度高,氨和硝酸的挥发和分解加快,氮损失增加。

②硝酸质量分数高,中和反应放出热量多,因而会提高反应器内温度,使硝酸分解加快。并且蒸出的水分也多,被它夹带的含氮组分也就多。一般不采用高于60%的硝酸来操作。

③氨气纯度低,惰气含量多,排放的尾气也多,排放损失也会增大。

④氨与硝酸的比例。实践表明,在碱性介质下,氨和硝铵的损失比在酸性介质下要多,故多数厂都采用酸性介质条件中和。但为了减少硝酸的损失并减轻再中和过程的负担,因此中和器内溶液中游离硝酸的含量要求严格控制在 $0 \sim 1.0$ g/dm^3 以内。

⑤中和器设计不当,气-液两相接触不良,或者局部反应区有氨或硝酸积累,这些都会加剧氮的损失。

(2)蒸发过程

为了制取硝铵熔融液,需将硝铵溶液蒸发。蒸发可在常压、加压或减压下进行。对于沸点高的溶液,需要用高温载热体加热;为了避免热敏性物质蒸发热分解,一般采用真空蒸发;现在工业上膜式蒸发器用得最多,因为溶液在其中停留的时间很短,可减少硝铵的分解,且蒸发效率也高。

蒸发工艺一般用两段蒸发,第一段蒸发采用(外膜或降)膜式蒸发器。在升膜蒸发器中,稀硝铵溶液从蒸发器底部进入列管向上流动,管间用 $0.12 \sim 0.13$ MPa 的低压蒸汽加热。蒸发出的水蒸气从蒸发器的顶部逸出,进入冷凝器和真空泵。这种膜式蒸发器,汽-液混合物泡沫的流速通常高达20 m/s以上,设备的总传热系数高达 $361 \sim 472$ W/(m^2·K)。由于物料停留时间很短,硝铵不易热分解。第一段蒸发的真空度常为 $66.7 \sim 73.3$ kPa。

经一段蒸发后,硝铵溶液黏度增大,故第二段蒸发宜用卧式蒸发器。硝铵溶液从管内流过,管间用 $0.8 \sim 1$ MPa 的蒸汽加热,并在 80 kPa 的真空度下操作。蒸发负荷较大时,也可用2个或3个卧式膜式蒸发器串联操作,也有一些采用三段蒸发的流程,三段蒸发比两段蒸发可节省一些蒸汽。近来的新工艺普遍采用一、二段降膜蒸发器,该蒸发器具有停留时间短($2 \sim 5$ s)、传热系数较大 [$400 \sim 600$ W/(m^2·K)] 等优点。

2)转化法

硝酸分解磷矿石制取氮磷复合肥料的生产过程中,副产 $Ca(NO_3)_2 \cdot 4H_2O$,可以加工成含氮15.5%的硝酸钙肥料,由于含氮量低,运输上不经济。现在工业生产多将硝酸钙用转化法加工成硝酸铵。其方法有二:用气氨和二氧化碳处理(气态转化)或与碳酸铵溶液作用(液态转化)。气态转化的反应为:

$$Ca(NO_3)_2 + CO_2 + 2NH_3 + H_2O === 2NH_4NO_3 + CaCO_3(s)$$

液态转化的反应为:

$$Ca(NO_3)_2 + (NH_4)_2CO_3 === 2NH_4NO_3 + CaCO_3(s)$$

析出的碳酸钙沉淀经过滤分离可作为生产水泥的原料。滤液是硝酸铵溶液,可用通常方法加工为商品硝铵。

硝酸钙溶液中常含有硝酸镁,因此加入的碳酸铵要适当过量。若碳酸铵大量过剩,则会生成二元盐 $MgCO_3 \cdot (NH_4)_2CO_3 \cdot 4H_2O$ 的沉淀,同时氮损失增多,残渣中碳酸铵含量也多。一般碳酸铵过量25% ~30% 比较适宜。

转化反应的温度一般保持在 $45 \sim 55$ ℃。此时即使被转化的溶液中硝酸镁含量大时,转化过程也能在 30 min 内完成,并生成容易过滤的碳酸钙和碳酸镁沉淀物。当温度较低时,则需要更多时间来生成上述沉淀。

转化过程通常由两个阶段来实现。碳酸铵溶液和硝酸盐溶液连续地进入第一段反应器。第二阶段添加碳酸铵溶液对反应过程进行调整。转化后悬浮液中过剩碳酸铵保持在 8 ~

12 g/dm³范围内。

2.1.2.3 硝酸铵生产的典型工艺流程

图2.13为加压中和生产硝铵溶液的流程示意图。本流程简单,中和压力为0.4~0.5 MPa。采用硝酸质量分数50%~58%,中和器出口的硝铵溶液质量分数为80%~85%。中和反应区温度为180 ℃,利用反应热在一段蒸发器内使溶液浓缩到90%~95%,再经二段蒸发器浓缩至98.5%以上,去造粒。

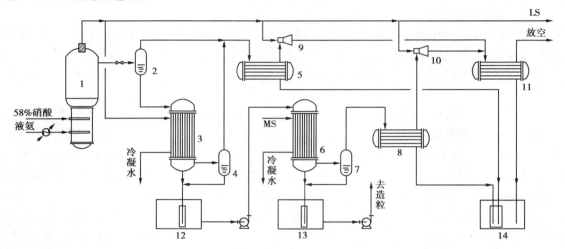

图2.13 加压法硝酸铵流程图

1—中和反应器;2,4,7—气液分离器;3——段蒸发浓缩器;5——段蒸发气体冷凝器;
6—二段蒸发浓缩器;8—二段蒸发气体冷凝器;9——段喷射器;10—二段喷射器;
11—尾气冷凝器;12—95%硝铵液缓冲罐;13—98%硝铵液缓冲罐;14—冷凝水储罐

2.2 磷酸和磷肥

磷酸盐是磷在土壤中存在的主要形式。磷酸是生产磷酸铵、重过磷酸钙及其他复合肥料的中间产品,也是多种磷酸盐的中间产品。因此,本节首先讨论磷酸,然后再讨论磷肥。

2.2.1 磷酸

生产磷酸的方法分为湿法磷酸和热法磷酸。从广义上说用酸分解磷矿制磷酸的方法称为湿法磷酸。生产中所用的酸是酸性较强的无机酸,如硫酸、硝酸、盐酸、氟硅酸等。磷元素通过氧化、水化而制成磷酸的方法称为热法磷酸。这里主要介绍湿法磷酸的原理与工艺。

2.2.1.1 湿法磷酸生产的基本原理

磷酸通常指正磷酸(Phosphoric Acid),分子式 H_3PO_4,分子量为97.995。

1)湿法磷酸生产的主要化学反应

磷矿的结构与成分非常复杂,并随产地不同而异。通常,用硫酸分解磷矿的化学反应可以下述一步或两步完成的反应来描述。一步完成的反应为：

$$Ca_5F(PO_4)_3 + nH_3PO_4 + 5H_2SO_4 \Longrightarrow (n+3)H_3PO_4 + 5CaSO_4 \cdot H_2O + HF$$

两步完成的反应为：

$$Ca_5F(PO_4)_3 + nH_3PO_4 \Longrightarrow (n-7)H_3PO_4 + 5Ca(H_2PO_4)_2 + HF$$

$$5Ca(H_2PO_4)_2 + 5H_2SO_4 \Longrightarrow 10H_3PO_4 + 5CaSO_4 \cdot H_2O$$

由于磷酸一钙对磷酸离解有缓冲作用，第一步反应进行到一定程度后就会变慢。当有硫酸存在时，第二步反应生成的硫酸钙沉淀可使第一步反应继续进行。

反应中生成的 HF 与磷矿中的 SiO_2 或硅酸盐作用形成 H_2SiF_6：

$$6HF + SiO_2 \Longrightarrow H_2SiF_6 + 2H_2O$$

通常少量的 H_2SiF_6 将分解为 SiF_4 和 HF 逸出：

$$H_2SiF_6 \Longrightarrow SiF_4(g) + 2HF(g)$$

当有 SiO_2 存在时，分解反应如下：

$$2H_2SiF_6 + SiO_2 \Longrightarrow 3SiF_4(g) + 2H_2O$$

气相中的氟主要以 SiF_4 的形式存在，在吸收装置中用水吸收时生成氟硅酸水溶液和硅胶：

$$3SiF_4 + nH_2O \Longrightarrow 2H_2SiF_6 + SiO_2 \cdot mH_2O$$

若溶液中有碱金属离子，则氟硅酸将与之结合成难溶的氟硅酸钾等，很易堵塞滤网。

磷矿中的碳酸盐在生产磷酸的过程中，首先被硫酸分解：

$$CaCO_3 + H_2SO_4 \Longrightarrow CaSO_4 + H_2O + CO_2$$

$$CaCO_3 \cdot MgCO_3 + 2H_2SO_4 \Longrightarrow CaSO_4 + MgSO_4 + 2H_2O + 2CO_2$$

生成的镁盐对磷酸生产不利。

磷矿中的三价金属氧化物要与磷酸反应：

$$Fe_2O_3 + 2H_3PO_4 \Longrightarrow 2FePO_4 + 3H_2O$$

$$Al_2O_3 + 2H_3PO_4 \Longrightarrow 2AlPO_4 + 3H_2O$$

反应中生成的磷酸盐将造成磷的损失，对磷酸生产过程有很大的危害。

在湿法磷酸反应过程中，磷矿的分解与硫酸钙的结晶是同时进行的。因此，固体结晶很可能沉积在磷矿颗粒表面，形成一层固体膜，包裹磷矿颗粒并减慢生成磷酸的反应过程，这种现象称为磷矿的"钝化现象"。所以对硫酸钙的结晶过程进行详细研究对磷酸生产有着重要的意义。

2）硫酸钙的结晶过程

在磷酸溶液中，硫酸钙结晶可以下列 3 种水合物的形式存在：二水物 $CaSO_4 \cdot 2H_2O$、半水物 $CaSO_4 \cdot 0.5H_2O$ 及无水物 $CaSO_4$。半水物有 α 半水物和 β 半水物两种晶型。无水物又有 3 种变体形式：无水物 I、无水物 II 和无水物 III。$CaSO_4$-P_2O_5-H_2O 体系的平衡图如图 2.14 所示。

从图 2.14 中可以看出，硫酸钙仅有两种稳定的变体：二水物和无水物 II。二水物在区域 I 是稳定的，在区域 II 是介稳的，在区域 III 是不稳定的。无水物 II 在区域 II 和区域 III 是稳定的，在区域 I 是介稳的。状态处于平衡曲线上的溶液，可与平衡的两个固相共存，但最终必将转化为稳定固相。根据这一相图，当采用二水物流程时，工艺条件必须选在区域 II 内，降低反应温度可提高产品磷酸的质量分数。当采用半水物流程时，工艺条件则应选在区域 III 内，此时或磷酸浓度较高或温度较高才能保证反应正常进行。

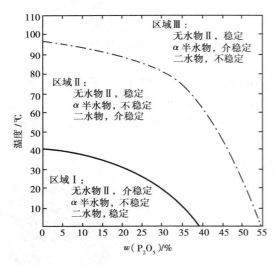

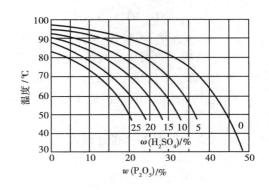

图 2.14　$CaSO_4$-P_2O_5-H_2O 体系平衡图

实线——$CaSO_4 \cdot 2H_2O \rightleftharpoons CaSO_4 \text{ II} + 2H_2O$

热力学平衡曲线

点画线——$CaSO_4 \cdot 2H_2O \rightleftharpoons \alpha\text{-}CaSO_4 \cdot 0.5H_2O +$

$1.5H_2O$ 介稳平衡曲线

图 2.15　在磷酸与硫酸的混合溶液中二水物
与 α 半水物的介稳平衡

在含有硫酸的磷酸溶液中,二水物和 α 半水物的介稳平衡如图 2.15 所示。从图中可以看出,当 H_2SO_4 质量分数增加时,二水物与 α 半水物的介稳平衡曲线向温度和 P_2O_5 质量分数降低的方向移动。此图也可作选择工艺条件的参考。

在湿法生产磷酸的过程中,得到粗大稳定的硫酸钙晶体以利于过滤和洗涤是一个很重要的问题。硫酸钙晶体的形成是磷酸溶液中钙离子和硫酸根离子不断碰撞的结果,但同时硫酸钙分子又不断地分解成离子。在溶液浓度达到某一临界过饱和度之前,晶核实际上不能形成。溶液浓度超过这一临界值,晶核生成速度急剧增加。

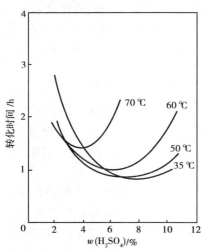

图 2.16　温度及 $w(H_2SO_4)$ 对半水物
吸水转化过程速率的影响

研究表明,溶液中剩余硫酸的质量分数是半水物转化成二水物的重要因素。半水物吸水转化是一个溶解-再结晶的相变过程。首先是半水物溶解为饱和溶液,对二水物来说这又是过饱和溶液,从而有二水物结晶析出。定温下,硫酸质量分数对半水物吸水转化速率的影响如图 2.16 所示。从图中可以看出,每一温度都有一使转化速率最快的硫酸质量分数。温度升高,这一最快值向硫酸质量分数降低的方向移动,转化速率也相应减慢。

3)酸分解磷矿动力学

酸分解磷矿的化学反应属于多相反应,反应是在磷矿颗粒表面进行的。反应物必须扩散通过颗粒表面的一个不流动界面(液膜),才能与颗粒接触反应。当扩散速度与化学反应速度基本相当时,可以得到反应速度的关系为:

$$-\frac{\mathrm{d}m}{\mathrm{d}t} = K'Ac \qquad (2.2.1)$$

式中 m——矿物质量；

t——时间；

K'——速率常数；

A——反应表面积；

c——反应物的浓度。

反应表面积 A 一般很难准确测量，所以实际生产中往往将动力学方程表示为磷矿分解分率的关系。设磷矿颗粒近似为球形，初始颗粒平均半径为 r_0，时间 t 后颗粒平均半径为 r。则时间 t 后，磷矿的分解分率 α 为：

$$\alpha = \frac{m_0 - m}{m_0} = 1 - \frac{r^3}{r_0^3}$$

式中 m_0——初始磷矿质量；

m——时间 t 后残余磷矿质量。

因为反应物面积 $A = 4\pi r^2$，反应物质量 $m = \frac{4}{3}\pi r^3 \rho$。将 A 和 m 代入速度方程可得：

$$-\frac{4\pi\rho r^2 \mathrm{d}r}{\mathrm{d}t} = 4\pi r^2 K'c$$

$$-\int_{r_0}^{r} \mathrm{d}r = \frac{K'}{\rho}\int_{0}^{r} c\mathrm{d}t$$

当反应过程中酸浓度基本不变时，c 可视为常数，整理后可得：

$$1 - (1 - \alpha)^{1/3} = \frac{K'ct}{\rho r_0} = Kt \tag{2.2.2}$$

这就是有液膜存在，且化学反应速度与扩散速度基本相当时的动力学方程。

若磷矿颗粒表面形成的固体产物膜是疏松可透性膜时，也可近似用上述方程。

当形成的固体产物膜是致密膜时，这种多相反应一般属于扩散控制型，同样可以得到下述方程：

$$1 - \frac{2\alpha}{3} - (1 - \alpha)^{2/3} = K_1 t \tag{2.2.3}$$

其中 $K_1 = 2MDC/\beta \rho r_0^2$。这里 M, ρ 分别为反应物分子量和密度；D 为扩散系数；β 是一比例常数。式(2.2.4)表明反应速度与颗粒初始平均半径的平方成反比，可见颗粒半径对反应速度影响极大。对于已形成的固体膜，用一般搅拌方式不能降低固体膜的厚度，但充分搅拌可以减少固体产物在固体膜上的附着。

2.2.1.2 湿法磷酸的工艺流程

1）二水物流程

典型的二水物湿法磷酸流程如图 2.17 所示。

反应槽是一单槽，由两个直径不同的同心圆组成。内外圆之间的环形部分装有 6 只搅拌桨，按搅拌方向的顺序称为第 1 到第 6 反应区。在第 1 到第 6 区之间设有隔墙，隔墙上方外侧有一缺口，称为"回浆口"。搅拌桨将大量浆料从第 6 区通过回浆口送入第 1 区，再从第 1 区顺环形部分流回第 6 区，如此循环。反应槽料浆用鼓入空气的办法进行冷却，鼓入空气量根据反应温度确定。

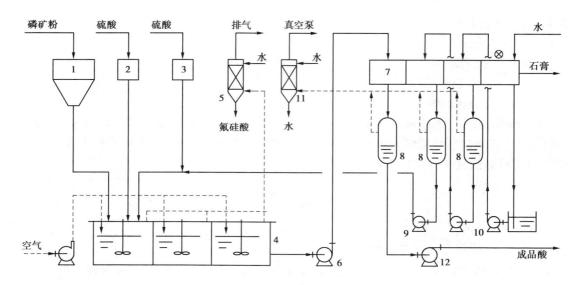

图 2.17　典型二水物流程制湿法磷酸流程图

1—矿粉仓；2—硫酸高位槽；3—磷酸高位槽；4—反应单槽；5—废气洗涤器；6—反应物料泵；

7—盘式过滤机；8—气液分离罐；9—稀磷酸泵；10—洗涤液泵；11—水气冷凝器；12—成品酸泵

从反应槽逸出的含氟废气被送入气体洗涤器洗涤，洗涤后通过排风机放空。从反应槽流出的磷酸料浆用泵送至盘式过滤机过滤和洗涤。

硫酸的质量分数是影响结晶的重要因素，其质量分数过大可能形成硫酸钙针状结晶缔合体，即由许多针状结晶围绕一中心晶核缔合在一起形成"聚合晶体"。硫酸质量分数偏低时，易形成薄片状晶体，其比表面积大，孔隙率小，难以过滤。

磷酸质量分数和反应温度是二水物流程的决定条件。虽然理论上磷酸质量分数越高越好，但生产上应根据实际操作条件来选择。

反应物料在反应槽内停留的时间越长，得到的硫酸钙晶体越粗大。但过长的反应时间在经济上并不合理，因此现在的反应时间一般为 4 ~ 6 h。缩短反应时间后，必须注意反应料浆的冷却问题。

生产中大量的回浆对分解过程起着稳定的作用，同时可防止硫酸钙结晶过程生成过多的晶核和控制晶核形成和晶体生长速度。

料浆中的液相量增大将有利于分解和结晶过程，但也会使过滤机负荷增大，反应槽的生产能力下降。料浆中的液固比很大程度上取决于料浆的输送情况，一般为 2.2:1 ~ 2.5:1。

磷矿与硫酸反应时要放出大量的热，除了一部分用来维持指定的温度和有些散热损失外，大部分热量必须及时地从反应槽移走。工业生产中一般有稀释硫酸、鼓气和利用真空等冷却方式。

气体洗涤器内吸收 SiF_4 反应生成的硅胶很容易堵塞设备和管道，要定期清理。

2）半水-二水再结晶流程

半水-二水工艺是日本开发的，有分离半水物和不分离半水物两种。不分离半水物的工艺流程如图 2.18 所示，分离半水物的工艺流程如图 2.19 所示。

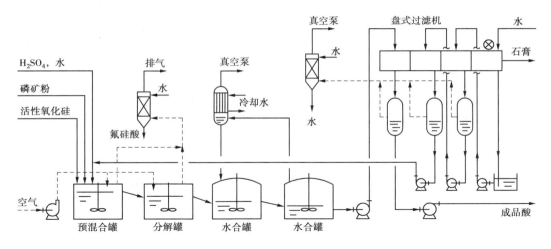

图 2.18　半水-二水法(不分离)工艺流程图

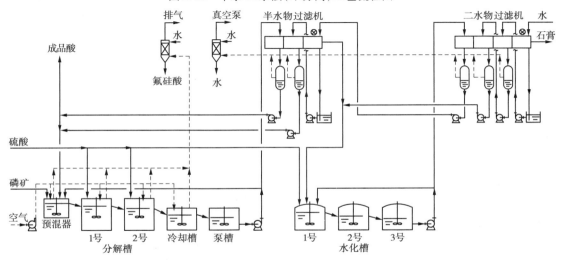

图 2.19　半水-二水法新工艺流程图

　　不分离半水物流程中,预混合分解反应是在半水物条件下操作的,水化槽是在有利于半水物再水化的条件下操作的。磷矿粉与活性氧化硅一起加入预混槽,硫酸与返回稀磷酸混合后加入预混槽。料浆经充分混合后溢流入分解槽,在槽内停留 2 h,反应温度维持在 90 ～ 100 ℃。反应后的料浆进入水化槽与经闪蒸冷却的二水物料浆混合,温度下降到 50 ～ 60 ℃并使半水物溶解、再结晶为粗大的二水物。此法制得的磷酸的质量分数与二水法相同,但可得到较纯的石膏。

　　在分离半水物流程中,半水物水化再结晶前先经过滤直接获得 $w(P_2O_5)$ 为 40% ～ 45% 的产品磷酸。过滤后的半水物硫酸钙经水化、酸洗涤后再送到水化槽。硫酸大部分加到水化槽,小部分加入反应槽。水化槽温度为 60 ℃,所得 $w(P_2O_5)$ 为 10% ～ 15% 的水化酸经洗涤半水物滤饼后循环回半水物反应槽。半水物硫酸钙在水化槽的操作条件下(60 ℃), $w(SO_4^{2-})$ 为 10% ～ 15% , $w(P_2O_5)$ 为 10% ～ 15% ,迅速水化并形成粗大的二水物晶体。

2.2.1.3　湿法磷酸的浓缩

目前,世界上绝大部分湿法磷酸是以二水物法制得的,二水物流程生产的湿法磷酸的质量分数一般为 28% ~30%,需要浓缩到 40% 以上用以制造重过磷酸钙,或 52% ~54% 作为商品磷酸。

湿法磷酸中通常含有 2% ~4% 游离硫酸和含氟约 2% 的氟硅酸,腐蚀性非常强。在蒸发浓缩的高温条件下,对管道和设备的腐蚀性更强。因此湿法磷酸的浓缩设备常用非金属材料,闪蒸室和管道也用橡胶衬里。

磷酸溶液中含多种处于饱和或过饱和状态的离子和化合物,它们在磷酸的质量分数提高时会析出,析出的沉淀有钙盐、氟盐等。沉淀物可在器壁上结垢,增大阻力,特别是在传热表面结垢后会降低传热效率,要及时清除它们。

在浓缩过程中,磷酸中的氟硅酸将分解成四氟化硅和氟化氢与水蒸气一起逸出。同时,逸出气相也可发生逆反应生成硅胶。所以要及时清洗沉积在气体管道内的硅胶,以减少阻力损失。

磷酸浓缩方法有直接传热蒸发和间接传热蒸发两种。直接传热蒸发中,有 Prayon 器外燃烧喷淋塔式磷酸浓缩装置、Chemico 器外燃烧鼓泡浓缩装置、Nordac 浸没燃烧装置等;间接传热蒸发中,有列管式强制循环真空蒸发装置等。

2.2.2　酸法磷肥

2.2.2.1　普通过磷酸钙的生产

普通过磷酸钙(Single Superphosphate,SSP)简称普钙,其分子式为 $Ca(H_2PO_4)_2 \cdot H_2O$,分子量为 252.05。

普钙成品为疏松多孔的粉状或粒状物。主要含水溶性一水磷酸二氢钙和无水磷石膏,另外还含少量水和游离磷酸。

普钙加热时不稳定,加热到 120 ℃时一水磷酸二氢钙失去结晶水变为无水磷酸二氢钙,水溶性 P_2O_5 逐渐减少;加热到 150 ℃时,无水磷酸二氢钙又失去结合水转化为焦磷酸氢钙而不具肥效;温度再高则焦磷酸氢钙转变为偏磷酸钙。

1)普钙的生产原理

生产普钙的主要化学反应是硫酸与矿粉中的氟磷灰石的作用。首先生成磷酸和半水硫酸钙,然后磷酸再与矿粉反应生成磷酸二氢钙。

$$7Ca_5F(PO_4)_3 + 35H_2SO_4 + 17.5H_2O \Longrightarrow 21H_3PO_4 + 35CaSO_4 \cdot 0.5H_2O + 7HF$$
$$3Ca_5F(PO_4)_3 + 21H_3PO_4 + 15H_2O \Longrightarrow 15Ca(H_2PO_4)_2 \cdot H_2O + 3HF$$

第二阶段还有硫酸钙脱水的反应:

$$2CaSO_4 \cdot 0.5H_2O \Longrightarrow 2CaSO_4 + H_2O$$

第一阶段还存在许多副反应,如:

$$Fe_2O_3 + 3H_2SO_4 \Longrightarrow Fe_2(SO_4)_3 + 3H_2O$$
$$Al_2O_3 + 3H_2SO_4 \Longrightarrow Al_2(SO_4)_3 + 3H_2O$$
$$\cdots\cdots$$

反应中生成的 HF 与矿粉中的 SiO_2 作用生成 SiF_4。SiF_4 在化成室上部和气体管道内温度较低的地方可与 HF 作用生成氟硅酸。有关反应如下：

$$4HF + SiO_2 \rightleftharpoons SiF_4 + 2H_2O$$

$$SiF_4 + 2HF \rightleftharpoons H_2SiF_6$$

$$2SiF_4 + 2H_2O \rightleftharpoons SiO_2 + 2H_2SiF_6$$

硫酸与矿粉的反应非常激烈,生成的硫酸钙使料浆很快变稠并逐渐固化。如果固化正常,最后所得产品应内含液相,疏松多孔又表面干燥。物料的固化结构主要是半水硫酸钙交叉堆积形成的骨架,其次是少量硅酸从液相中析出形成的凝胶质点,还有气体逸出形成的许多空隙。这些骨架、质点和空隙都包涵和吸附大量液相,硫酸钙也结合了半个水分子。第一阶段生成的半水硫酸钙介稳态,随着反应的进行,将转变为无水硫酸钙。温度的升高和磷酸质量分数的提高,将加快半水硫酸钙的相转变。半水物晶粒大,可以形成良好骨架。无水物晶粒细小,难以形成良好骨架结构。因此,要有足够时间来稳定半水物结构,使硫酸钙水合结晶释放水分时其骨架仍能稳定不变。

第一阶段的反应十分迅速,转化率大于 70%。第二阶段反应速度很慢,需数天数周才能达到 95% 左右。第二阶段反应慢主要有下列因素：

①第一阶段反应生成的晶体分布在矿粉周围,甚至形成细小无水硫酸钙薄膜,使磷酸与矿粉的接触困难。

②由于磷酸二氢钙的生成大大降低了氢离子的浓度使液相反应推动力下降。

③细颗粒矿粉先与硫酸作用,第二阶段反应剩余的较粗矿粉与酸的接触表面减少。

磷酸二氢钙在第二阶段反应时,开始是溶解于液相的,温度越高溶解度越大,当溶液过饱和时就结晶出来,因此物料自 110 ℃ 左右的化成室卸出后,要定期翻堆以加速物料的冷却。这样可减少磷酸二氢钙的溶解度,增加磷酸的活性,加速分解反应。

2）普钙的生产方法及工艺流程

普钙的生产方法可分为稀酸矿粉法和浓酸矿浆法两类,现分述如下。

（1）稀酸矿粉法

以锥形混合器链板化成室流程为例,这种流程如图 2.20 所示。

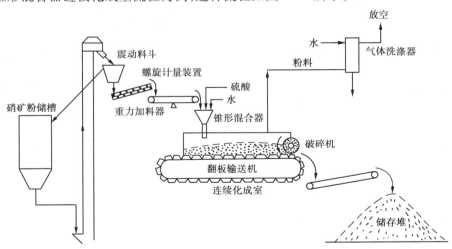

图 2.20　锥形混合器链板化成室流程

矿粉由锥形混合器中央加料管进入,冲击倒置的圆锥体,使矿粉均匀分布。酸由紧贴锥壁的几根导管喷入,导管与锥壁成一定角度,使硫酸沿切线方向流动。稀释水从喷嘴加入,使酸、矿粉呈漩涡状均匀混合,混合时间 2 s 左右。化成室为链板化成室,过磷酸钙在运动的钢质翻板运输机上化成,物料在化成室中停留时间通常为 0.5 ~ 1 h。通过改变链板输送机的速度可调节停留时间。

锥形混合器没有机械搅拌装置,不消耗动力,占地少,造价和维修费用低,生产能力大。硫酸稀释用水从混合器加入,可省一套配酸设备。但硫酸、磷矿混合反应时间短,适合于容易分解的磷矿。该流程也适用于制造重钙和富钙。

（2）浓酸矿浆法

该法是先将水和磷矿石加球磨机研磨,研磨后的矿浆过筛后流入矿浆池,然后用泵加入混合器与 93% ~ 98% 的浓硫酸混合。一典型流程如图 2.21 所示。

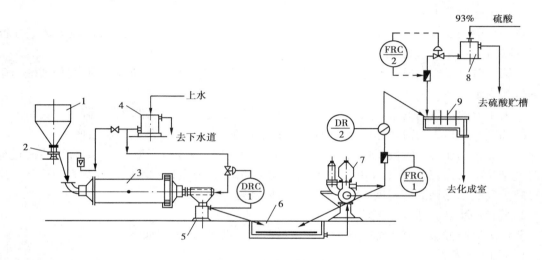

图 2.21　浓酸矿浆法流程

1—矿贮斗;2—圆盘给料器;3—球磨机;4—水高位槽;5—矿浆密度测量槽;

6—矿浆贮槽;7—隔膜泵;8—硫酸高位槽;9—混合器

磷矿经两级破碎,控制粒度在 30 mm 以下送至贮料斗,由喂料机按一定的速度送进球磨机加水湿磨后入矿浆密度测量槽,根据所测密度大小自动调节从磨尾加入球磨机的水量,以保证矿浆浓度的稳定。从矿浆密度测量槽溢流出来的矿浆流入矿浆池,然后由隔膜泵泵入混合器。加入混合器的浓硫酸由高位槽、电磁流量计、气动隔膜等组成的自动调节装置实现自动控制。

与稀酸矿粉法比较,浓酸矿浆法的特点是流程短,设备少,磷矿无须干燥,可以露天堆放,不用仓库和干燥设备,也省去了硫酸稀释冷却的配酸设备。稀酸矿粉法的建筑费比浓酸矿浆法要高 42% 左右。生产每吨普钙浓酸法比稀酸法可节电约 42.86%,节煤约 20 kg。但湿磨的球耗较高,是通常干磨的 4 ~ 6 倍,矿浆的水分因不同的矿种而异,不易控制。同时,浓酸矿浆法对磷矿的适应性有一定限制,适用于亲水性差的、矿浆水分低而流动性好的磷矿。

2.2.2.2　重过磷酸钙的生产及工艺流程

重过磷酸钙简称重钙(Triple Superphosphate,TSP),比普钙含磷量高 2 ~ 3 倍。

1)重钙的生产原理

重钙生产的主要反应相当于普通过磷酸钙生产的第二阶段反应,即磷酸二氢钙从磷酸溶液中不断结晶的过程。磷酸用量的计算法与所用的是热法磷酸或湿法磷酸是不同的。对湿法磷酸,因部分 P_2O_5 被阳离子杂质化合而失去活性,故不能按磷酸中的全部 P_2O_5 来计算磷酸用量。计算时以磷酸中的氢离子浓度为基础,按下列方程式计算:

$$CaO + 2H_3PO_4 \Longrightarrow Ca(H_2PO_4)_2 \cdot H_2O$$
$$Fe_2O_3 + 2H_3PO_4 \Longrightarrow 2FePO_4 \cdot 2H_2O$$
$$Al_2O_3 + 2H_3PO_4 \Longrightarrow 2AlPO_4 \cdot 2H_2O$$

理论磷酸用量的份数(1 份重量磷矿所需 100% 磷酸的份数)为:

$$n = \frac{\dfrac{a}{28} + \dfrac{b}{80} + \dfrac{c}{51} - \dfrac{d}{71}}{e}$$

式中　a,b,c,d——磷矿中 CaO,Fe_2O_3,Al_2O_3 和 P_2O_5 的质量分数;

e——磷酸中氢离子的质量分数,实际用量约为理论用量的 105%。

磷酸分解磷矿主要受扩散控制,磷矿分解率与酸矿混合时的酸浓度、矿粉细度、反应温度、混合强度和液相组成等条件有关。反应过程分为两个阶段:第一阶段受钙离子的扩散控制,磷矿在钙离子未饱和的磷酸中分解,磷矿的溶解速度主要取决于钙离子从磷矿表面扩散到液相中的速度;第二阶段受氢离子的扩散控制。第一阶段末期,磷矿表面和液相的钙离子浓度已十分接近,磷酸二氢钙结晶不断析出,这时磷矿的继续分解主要靠液相中氢离子向矿粒表面渗透。磷酸二氢钙以很小的晶体密集在未分解的矿粒表面,造成了很大的扩散阻力,因此生产上需更长的熟化时间或加热干燥促使磷矿加速分解。

2)重钙生产的工艺条件及生产方法

磷酸浓度是重钙生产的关键工艺条件。一般来说提高磷酸浓度有利于反应进行,可缩短熟化时间,提高产品质量。但也有影响酸矿均匀混合,黏度增加阻碍反应进行等不利因素。生产的最佳酸浓度要根据酸矿性质通过试验决定。

重钙的生产方法主要有浓酸熟化法(或化成室法)和稀酸返料法(或无化成室法)。浓酸熟化法采用 $w(P_2O_5)$ 为 45% ~54% 的湿法磷酸。浓酸堆置熟化流程与普通过磷酸钙生产相似,不同的是混合化成时间较短,但熟化时间则较长。浓酸法的典型生产流程有美国的可用热法磷酸或湿法磷酸的 TVA 流程、法国的 Kuhlman 法等。产品分为堆置熟化后不再加工的粉状重钙和加工成形的粒状重钙。浓酸熟化法工艺流程和生产设备简单,磷矿的分解率高,不需要繁杂的返料系统,适用于普通过磷酸钙厂的改建。缺点是磷酸须浓缩,同时要庞大的半成品熟化仓库,对磷矿的质量要求也较高。

稀酸法主要有返料造粒流程,用 $w(P_2O_5)$ 为 25% ~39% 的磷酸分解磷矿制得料浆,然后将稀酸带入的大量水分蒸发掉,同时提高磷矿的分解率以取代浓酸法的堆置熟化过程。但造粒干燥过程必须用大量的返料,降低了设备的生产能力,增加了能量消耗。稀酸法可以直接用二水物或半水物流程制得的磷酸,无须浓缩,生产过程是连续的,整个装置适应性广,具有适应多种工艺过程的特点。生产厂可根据季节变化和市场需求,稍加调整即可改变生产品种。稀酸法不需庞大的熟化仓库,改善了操作环境。正是由于它的这些优点,现在多用稀酸法生产重钙。

2.3 钾 肥

钾肥的主要品种有氯化钾、硫酸钾、碳酸钾等,下面分别简述其生产方法。

2.3.1 氯化钾的生产

2.3.1.1 用钾石盐生产氯化钾

钾石盐是自然界中最重要的钾矿,一般为氯化钾和氯化钠的混合物。用钾石盐生产氯化钾的主要方法有溶解结晶法、浮选法和重介质选矿法等。

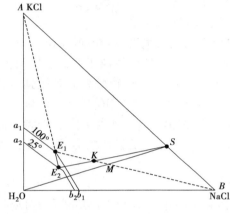

图 2.22 溶液结晶法分离钾石盐过程在相图上的表示

1)溶解结晶法

溶解结晶法是根据氯化钠和氯化钾在水中的溶解度随温度变化差异的原理将两者分离来制取氯化钾的方法。25 ℃和 100 ℃时它们和水的三元相图如图 2.22 所示。

用 100 ℃的热水(O 点)部分溶解钾石盐矿(S 点),把加水后的组成控制在 M 点(图2.22),理论上 KCl 已经全部溶解。留下的固体物只有 NaCl 和水不溶物杂质。在第一个分离工序把 NaCl 和不溶性杂质滤去,此时液相组成为 E_1 点。而此点位于 25 ℃下 KCl 的结晶区。在冷却工序把母液 E_1 的温度调至 25 ℃,KCl 将析出结晶。然后把固液混合物送至分离工序从中取出 KCl 结晶,余下母液 E_2,这是原始开车的第一个全过程。再次溶矿即可使用母液 E_2,其与钾石盐配料的最适操作点为 K 点。于 K 点 KCl 已全部溶解,可进行分离取出 NaCl。比较 K,M 两点可看出,此次 NaCl 的取出量减少了,这是因为在母液中已经溶解一定量的 NaCl,KCl 所致,其溶矿量比用水溶解要低。其余的控制点均无变化。由上述工序构成了封闭的循环过程。其理想的操作点在 K,E_1 和 E_2 三点间依次转换,周而复始。

溶解结晶法的工艺流程如图 2.23 所示。将破碎的钾石盐送入溶解槽 3,4,在这里用结晶后的热母液浸取。浸取后的料浆经沉降后再用离心机脱水,滤液和沉降槽的溢流液被送入第二沉降槽进一步澄清。将澄清液送至真空结晶器结晶即可得到氯化钾。一般要用多个结晶器串联操作,溶液逐个流过各结晶器,在喷射器中借蒸汽喷射使蒸发罐处于真空。真空度按流程顺序逐级增加,在最后一级结晶罐中,溶液已接近常温。氯化钾晶浆再经离心机脱水并用干燥机干燥后就可得到成品。

溶解结晶法的优点是钾的收率较高,废渣带走的氯化钾少;成品结晶颗粒大而均匀,纯度也较高。缺点是要消耗燃料,浸溶温度较高,设备腐蚀严重。

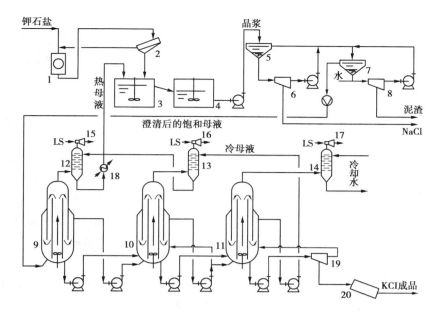

图 2.23　溶解结晶法从钾石盐制取氯化钾流程图

1—破碎机;2—振动筛;3,4—溶解槽;5,7—沉降槽;6,8,19—离心机;9,10,11—真空结晶器;
12,13,14—冷凝器;15,16,17—蒸气喷射器;18—加热器;20—干燥机

2)浮选法

浮选过程的基本行为是矿粒有选择性地附着于空气小气泡上。从热力学原理可知,只有系统中自由能减少时才能使过程自发地进行。用浮选法加工钾石盐时,由于其中氯化钾和氯化钠晶体表面与水的润湿程度不同,当加入某种表面活性剂后能扩大表面润湿性的差异。当加入某种脂肪胺(捕收剂)时,能选择性地仅吸附在氯化钾晶体表面,增加其疏水性。当这种晶粒与矿浆中小空气泡(用起泡剂产生)相遇时,能附于小气泡随其上升到矿浆表面。然后在浮选槽中将它括出(称为精矿),再经过滤、洗涤、干燥即得氯化钾产品。氯化钠有亲水性,留在矿浆中作为尾矿排出。尾矿中含有少量氯化钾及一些被吸附的脂肪胺。由于高级脂肪胺有毒,因此尾矿用作工业用盐要进一步加工。

与溶解结晶法相比,浮选法的燃料消耗大大下降,这是它被广泛采用的原因。

2.3.1.2　用光卤石生产氯化钾

光卤石(carnallite),分子式 $KClMgCl_2 \cdot 6H_2O$,分子量 277.87,是制钾肥和提取金属镁的矿物原料。在我国柴达木盆地盐层和云南钾石盐矿床中含有丰富的光卤石。

用光卤石生产氯化钾的主要方法有完全溶解法、冷分解法等,现简要叙述如下。

1)完全溶解法

完全溶解法是先将光卤石全部溶解,再结晶出氯化钾的方法。现在已用来大规模加工天然光卤石矿生产氯化钾。虽然能量消耗较高,但却能得到比冷分解法粒度大的产品。下面结合 $KCl,MgCl_2$ 在实际操作条件下的溶解度图(图 2.24)来简要说明生产过程,图中浓度以 1 000 mol H_2O 溶解物质的 mol 数来表示。

用返回溶解液 C 加热溶解光卤石矿,得到 105 ℃成分为 A 的溶液,光卤石中全部 KCl 和 $MgCl_2$ 进入溶液。分离去石盐、不溶物等粗粒沉淀并澄清后,冷却热溶液到 25 ℃,这时溶液组

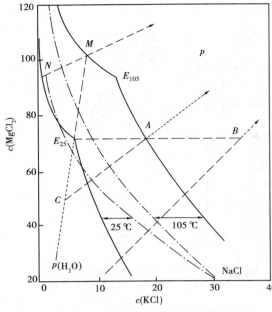

图 2.24　全溶法加工光卤石工艺路线

成沿 AE_{25} 线变化,并析出相应量的氯化钾和少量氯化钠。生成的 E_{25} 卤液大部分加水制成返回液 C,其余蒸发至 M 点,以光卤石形式回收卤液中的大部分钾。

2)冷分解法

在常温下分解光卤石制取氯化钾的方法称为冷分解法。用水或含氯化镁卤液与光卤石按图 2.24 上 B 点组分配成混合物,平衡后得溶液 E_{25} 和相当 BE_{25} 线段量的 KCl。生成的氯化钾非常细小,可利用重力或惯性离心力与原矿带入的粗粒石盐分离。再用少量水洗涤除去所含细粒氯化钠和黏土,可得到 90% 以上的氯化钾产品。

此法操作简单,能耗低,常温下操作时设备腐蚀较轻,设备材料可用普通碳钢;缺点是产品纯度和钾的收率都较低,且产品颗粒细小。

2.3.2　硫酸钾的生产

1)用硫酸盐复分解生产硫酸钾

自然界的含钾复盐一般可直接作为肥料使用,但为了减少运输,多半将其与氯化钾进行复分解生产硫酸钾作肥料。

无水钾镁矾($K_2SO_4 \cdot 2MgSO_4$)常与氯化钠混合存在,先利用两者溶解度的差异用水洗涤除去大部分氯化钠,然后与氯化钾进行复分解反应:

$$K_2SO_4 \cdot 2MgSO_4 + 4KCl \Longrightarrow 3K_2SO_4 + 2MgCl_2$$

其生产条件可用图 2.25 的相图来讨论。图中 L,S,K 分别为无水钾镁矾、钾镁矾($K_2SO_4 \cdot MgSO_4 \cdot 4H_2O$)及软钾镁矾($K_2SO_4 \cdot MgSO_4 \cdot 6H_2O$)、钾盐镁矾(KCl $\cdot$ MgSO$_4 \cdot 3H_2O$)的组成点。如果将无水钾镁矾 L 和氯化钾 B 混合成溶液 a,而其水含量也正合适,则由于落在 K_2SO_4 结晶区内,就可析出 K_2SO_4 而得溶液 P,将过滤了 K_2SO_4 固体的溶液 P 在高温下蒸发,液相组成就沿着 PE 共饱和线向 E 移动,先后析出钾镁矾、钾盐镁矾和氯化钾结晶,分离出固体返回复分解而将母液 E 排弃之。

2)用明矾石生产硫酸钾

用明矾石生产硫酸钾先要将明矾石焙烧脱除结晶水,然后再用钾明矾法、还原热解法、氨碱法等生产硫酸钾产品。这里仅对钾明矾石法加以简要说明。

脱水明矾石与稀硫酸反应生成硫酸钾和硫酸铝溶液:

$$K_2SO_4 \cdot Al_2(SO_4)_3 \cdot 2Al_2O_3 + 6H_2SO_4 \Longrightarrow K_2SO_4 + 3Al_2(SO_4)_3 + 6H_2O$$

由此溶液可结晶出明矾。明矾在水中的溶解度随温度增高而迅速增大,到 92 ℃时即可溶于自身的结晶水中。加热加压下可水解明矾溶液生成不溶性盐基性明矾:

$$3[K_2SO_4 \cdot Al_2(SO_4)_3 \cdot 24H_2O](aq) \Longrightarrow K_2SO_4 \cdot 3Al_2O_3 \cdot 4SO_3 \cdot 9H_2O(s) + 2K_2SO_4 + 5H_2SO_4 + 58H_2O$$

盐基性明矾在高温下可分解：

$$K_2SO_4 \cdot 3Al_2O_3 \cdot 4SO_3 \cdot 9H_2O(s) = K_2SO_4 + 3Al_2O_3 + 2SO_2 + O_2 + 9H_2O$$

生产的工艺过程是先将明矾石在 600 ℃下焙烧脱水,然后用流程中得到的含硫酸钾的稀硫酸逆流浸取,冷却澄清明矾石溶液到 20 ℃时约有 80% 结晶析出。难于过滤时可连泥浆一起结晶,再将分离去母液的带泥结晶溶解,加压过滤得澄清明矾溶液。在耐酸压煮器内,高于 150 ℃下加压水解明矾使 Al_2O_3 成盐基性明矾沉降出来,同时生成稀硫酸供溶浸脱水明矾石用。再在约 1 000 ℃的高温下煅烧盐基性明矾,使生成不吸水的 Al_2O_3。降温后可从溶液中结晶出硫酸钾。此方法可同时得到氧化铝产品,是综合利用明矾石的一种重要方法。

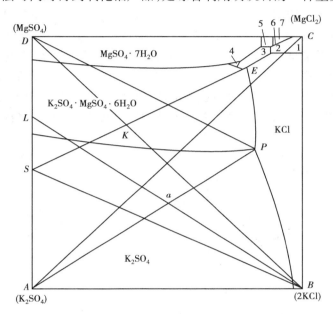

图 2.25　$K^+, Mg^{2+} \parallel Cl^-, SO_4^{2-} \cdot H_2O$ 系统相图

1—$MgCl_2 \cdot 6H_2O$ 结晶区;2—$KCl \cdot MgCl_2 \cdot 6H_2O$ 结晶区;3—$KCl \cdot MgSO_4 \cdot 3H_2O$ 结晶区;
4—$K_2SO_4 \cdot MgSO_4 \cdot 4H_2O$ 结晶区;5—$MgSO_4 \cdot 6H_2O$ 结晶区;6—$MgSO_4 \cdot 5H_2O$ 结晶区;
7—$MgSO_4 \cdot 4H_2O$ 结晶区

2.4　复合肥

复合肥料是指用化学加工方法制得的含有氮、磷、钾三大营养元素中任意两种或两种以上的肥料。复合肥料一般用 $N\text{-}P_2O_5\text{-}K_2O$ 的含量来表示其中营养元素含量。复合肥料肥效很高,包装和运输成本低,加上制造时原料利用率高和施肥方便等,所以现在复合肥料增长十分迅速。

2.4.1 磷酸铵

用氨中和磷酸的化学反应如下：

$$H_3PO_4(1) + NH_3(g) \Longrightarrow NH_4H_2PO_4(s)$$
$$H_3PO_4(1) + 2NH_3(g) \Longrightarrow (NH_4)_2HPO_4(s)$$

当用湿法磷酸生产磷酸铵时，由于湿法磷酸中的杂质会发生许多副反应，所以要选择适当条件尽可能控制副反应。特别是其中的铁、铝、镁等杂质将影响产品质量，使水溶性 P_2O_5 "退化"。但目前磷酸铵大都用湿法磷酸生产，这是由湿法磷酸生产成本低等特点决定的。

美国 Dorr-Oliver 公司流程如图 2.26 所示。磷酸或磷酸与硫酸的混合酸和氨计量后连续加入反应器中，形成料浆与后面回来的返料或其他干配料一起送入特殊设计的卧式双轴混合器内造粒，然后干燥并筛出 $-6+12$ 目颗粒作为成品。大粒物料经破碎后与细小的粉料返回，循环于造粒过程之中，制得的产品为坚硬、光滑的颗粒肥料。中和反应的反应热可使料浆中的部分水分蒸发。造粒过程是借混合器中叶片的转动使料浆与干料粉粒多次接触而形成圆润光滑的颗粒。

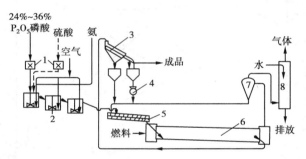

图 2.26　生产磷酸铵的 Dorr-Oliver 公司流程

1—给料器；2—反应器；3—筛子；

4—粉碎机；5—双轴混合器；6—回转干燥机；

7—除尘器；8—洗涤塔

造粒过程的成粒作用取决于料浆的性质和造粒物料的液相量。对大多数造粒过程，当料浆的水分质量分数在 20% 左右时，造粒物料允许的水分质量分数为 2% ~3% , 相应的返料倍数为 6 ~10 倍。含有较多水分的造粒物料一般在回转干燥机内以并流的方式用 280 ℃左右的烟道气干燥，使物料中水分降低至 1% 以下。干燥机排出的气体经旋风除尘器组、排风机和用磷酸循环洗涤的冲击式洗涤器回收细粉尘和少量的氨，洗涤液返回反应系统循环利用。该工艺在生产规模和产品品种方面适应性很广，同一装置可生产多种磷酸铵产品。

2.4.2 硝酸钾

硝酸钾可用氯化钾和硝酸做原料生产，也可用氯化钾或硫酸钾与硝酸铵等硝酸盐的复分解法、离子交换法等生产。下面仅以硝酸钠与氯化钾复分解法为例。

根据硝酸钠和氯化钾在不同温度下溶解度的差别，可将水溶液中的硝酸钾和氯化钠分离出来。如图 2.27 所示,等摩尔比的硝酸钠和氯化钾与一定量的循环液 c 混合至 b 点,使得到组分为 E_2^{100} 的饱和溶液,同时析出氯化钠,冷却已分离氯化钠的 E_2^{100} 溶液到 25 ℃ 左右的 d 点就可析出硝酸钾,母液循环使用,该操作循环可获得最大产率的 KNO_3。

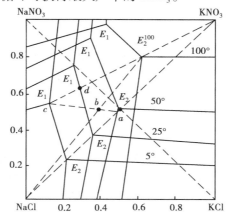

图 2.27　$K^+, Na^+, \| Cl^-, NO_3^- \cdot H_2O$
体系多温相图

实际生产中把含有氯化钠和硝酸钠的母液加入反应器,加热并在空气的强烈搅拌下将等摩尔比的氯化钾和硝酸钠溶解。温度逐渐升高到约 120 ℃ 热过滤,除去氯化钠后与洗液一起在结晶器内冷却到 25 ~ 30 ℃ 析出硝酸钾,分离得纯度 94% ~ 96% 的产品。要得到 99.8% 的硝酸钾需二次结晶。

2.4.3　复混肥料

将尿素、磷铵、氯化钾等含有氮、磷、钾的基础肥料经混合、造粒而制成的化学肥料称为复混肥料。生产复混肥料时会发生各种化学反应,一些可产生良好的效果,另一些则可能损失营养元素。例如磷酸一钙与碳酸钙、铵盐与硝石灰、尿素与硝酸铵等不宜相混。这里仅以尿素、磷铵与氯化钾的混配为例。

尿素、磷铵与氯化钾混配时,加入的氯化钾与磷酸一铵反应生成磷酸二氢钾与氯化铵:

$$KCl + NH_4H_2PO_4 \Longrightarrow KH_2PO_4 + NH_4Cl$$

此反应在低温下进行缓慢,KH_2PO_4 生成较少,升高温度会加速反应。在有尿素存在时由于氯化铵与尿素生成复盐:

$$NH_4Cl + CO(NH_3)_2 \Longrightarrow CO(NH_2)_2 \cdot NH_4Cl$$

因而会促进磷酸二氢钾的生成反应。

混配时物料中往往含有硫酸铵,它可与氯化钾反应:

$$(NH_4)_2SO_4 + 2KCl \Longrightarrow K_2SO_4 + 2NH_4Cl$$

反应生成物中,氯化铵与氯化钾可形成氯化铵钾固溶体,硫酸钾可与硫酸铵形成硫酸铵钾固溶体,磷酸二氢钾可与磷酸一铵形成磷酸铵钾固溶体。

上述反应及复盐、固溶体的生成均在有一定水分的条件下才进行。若混配成品中还含较多水分,则可能发生上述反应而使产品结块。为了避免这种情况,应保证复混肥料产品的水分小于2%。

2.4.4 微量元素肥料

某些微量元素如锌、硼、钼、铁、铜、锰等在植物体内含量虽微,但对作物生长作用却很大,是植物生长必不可少的营养物质。常用的微量元素肥料有硼肥、锌肥、锰肥等。

1)硼肥

硼对农作物的主要作用是促进植物的正常发育,显著提高花的授粉率,促进根系发育,增加固氮能力,提高植物对病害的抵抗力等。硼肥的主要品种有天然硼酸盐、含硼化合物、硼泥和含硼无机盐等。目前最广泛的硼肥为硼砂和硼酸,这是因为它们是速效性可溶性肥料,具有用量少、见效快、施用方便等优点。将生产硼酸的废液蒸发,用石灰石中和至弱碱性,然后在喷雾干燥器中干燥,可得到细而轻的 $w(H_3BO_3)$ 为6% ~ 8%,$w(MgSO_4)$ 为65% ~ 75% 的硼镁肥。此法耗能较大,后来经改进用工业氧化镁处理废液制取沉淀硼酸镁。方法是将废液和一定量的氧化镁加入反应器,在95 ℃下混合2 h并连续送到过滤器过滤,用水洗涤沉淀并干燥后粉碎制成产品肥料。此法成本低,工艺简单。

2)锌肥

锌能促进植物光合作用和呼吸作用,缺锌会使作物生长停滞,引起缺绿病等。各种无机锌盐都可作锌肥。目前我国农用锌肥几乎全部是工业硫酸锌。用工业废物也可制造硫酸锌肥。现在已有许多国家利用石油、化工、冶金等工业的副产品或废弃物生产微量锌肥。这不仅可减少环境污染,还可降低微量锌肥的成本。此外,还有螯合锌及有机络合锌微量锌肥,虽有不解离,可防止金属离子与土壤之间的不利反应,用量少、肥效高等特点,但因价格昂贵,推广及使用受到限制。

3)钼肥

钼能促进根瘤菌和其他固氮微生物的固氮作用,提高固氮能力几十倍甚至几百倍;能促使硝态氮还原,促进植物体内糖类的形成和转化,提高作物抗病能力,促使作物早发芽、早成熟等。常用的钼肥有钼酸钠、仲钼酸铵、三氧化钼、钼玻璃等。通常将它们与常量肥一起制成混合肥,如加钼普钙、加钼尿素等。

仲钼酸铵主要用钼精矿和工业钼酸铵的尾渣经氧化焙烧后将其进行碱浸,碱浸液再经高温除钠、氨溶、结晶、离心分离成产品。除此之外,还有锰肥、铁肥、铜肥等,它们对作物都有重要的作用。应根据当地土壤及肥料施用情况,选择施用以进一步提高作物产量质量。在此不一一叙述,可参考有关资料。

思考题

1.描述由 NH_3 和 CO_2 合成尿素的化学反应过程与反应相态。

2.在合成尿素的化学平衡计算中,如果 $a=3.0,b=0.6,x=0.6$,如何表示反应液中各组分的质量百分比?

3.尿素合成反应过程的主要副反应有哪些？可采取哪些抑制措施？

4.尿素生产的氨汽提法工艺流程中,合成塔出来的尿素溶液主要经过了哪些设备才能进入尿素造粒塔？各设备出口溶液的温度、压力、组成如何？

5.水解系统用于处理含有尿素的稀氨水溶液,该过程的主要设备有哪两个？其主要作用和操作条件是什么？

6.硝酸铵的主要用途是什么？

7.中和法生产硝酸铵的化学反应是什么？反应条件和反应物相态如何？

8.硝酸铵溶液需要经过两段蒸发(95%、98%)浓缩后造粒,如何利用硝酸和氨的中和反应热,来减少蒸发过程对蒸汽的消耗？

9.湿法磷酸是用磷酸为催化剂,用硫酸溶液来分解磷矿生产磷酸的过程。试分析反应过程的主反应、副反应及其产物,并说明它们对反应过程的影响。

10.硫酸萃取磷矿的反应溶液中,硫酸钙可能有无水、半水、二水物结晶,随温度、酸浓度不同可相互转化。工业生产中先形成半水硫酸钙,再转化为二水硫酸钙。试说明温度、酸浓度对转化过程的影响规律。

11.简述湿法磷酸二水物流程的工艺过程。

12.普通过磷酸钙(普钙)的反应过程和湿法磷酸有何相似和不同之处？其工艺过程的两个阶段有何特点？

13.重过磷酸钙的反应过程和普通过磷酸钙有何相似和不同之处？

14.钾石盐的主要成分有哪些？简述溶解结晶法生产氯化钾的工艺过程。

15.什么是复合肥料？复合肥料和复混肥料有什么区别？

16.在尿素合成反应中,已知尿素合成塔操作条件为温度 183 ℃,压力 14.5 MPa,氨碳比3.1,水碳比0.7,请用下式计算:(1)合成塔内二氧化碳转化为尿素的转化率;(2)合成塔出液的氨、二氧化碳、尿素、水的质量百分数。

$$x = 14.87a - 1.322a^2 + 20.7a \cdot b - 1.83a^2 \cdot b + 167.6b -$$
$$1.217b \cdot t + 5.908t - 0.01375 \cdot t^2 - 591.1$$

其中 x 为转化率%,a 为氨碳比,b 为水碳比,t 为温度/℃。

第 3 章 硫酸与硝酸

3.1 硫 酸

3.1.1 概 述

3.1.1.1 硫酸的用途

硫酸工业是重要的基本化学工业之一,硫酸是多种工业生产的基本原料,广泛地应用于国民经济的很多重要部门。硫酸最主要的用途是生产化学肥料,用于生产磷铵、过磷酸钙、硫铵等,每生产 1 t 过磷酸钙(以 18% P_2O_5 计)消耗 350~360 kg 的硫酸(100% 硫酸)。另外,硫酸可以用于生产硫酸盐、塑料、人造纤维、染料、油漆、药物、农药、杀草剂、杀鼠剂等;可用作除去石油产品中的不饱和烃和硫化物等杂质的洗涤剂;在冶金工业中用作酸洗液,电解法精炼铜、锌、镉、镍时的电解液和精炼某些贵重金属时的溶解液;在国防工业中与硝酸一起用于制取硝化纤维、三硝基甲苯等。

3.1.1.2 硫酸的性质和规格

硫酸的分子式为 H_2SO_4,相对分子质量为 98.078,外观为无色透明油状液体,密度(20 ℃)为 1 831 kg/m³,常压下沸点为 279.6 ℃。硫酸是重要的强酸,有很强的吸水性和氧化性。硫酸在溶于水时放出大量的热,溶解热为 92 kJ·mol⁻¹。含 $H_2SO_4$98.4% 的浓硫酸是硫酸-水体系的最高恒沸点组成,在硫酸生产的吸收工序中吸收能力强,不生成酸雾。但 98% 的硫酸结晶温度(3 ℃)高,不适宜于冬季或寒冷地区使用。在寒冷条件下可生产 92% 硫酸(结晶温度为 −34 ℃)或 93% 硫酸(结晶温度为 −32 ℃)。发烟硫酸是 SO_3 的 H_2SO_4 溶液,SO_3 与 H_2O 的摩尔比大于 1,为无色油状液体,因其暴露于空气中逸出的 SO_3 与空气中的水分结合形成白色酸雾,故称为发烟硫酸。发烟硫酸主要是为有机化学工业的多种需要生产的。

生产中,可以根据硫酸的密度和当时硫酸的温度来确定硫酸的浓度,其关系如表 3.1 所示。大致来说,硫酸水溶液的密度随温度的降低和硫酸含量的增加而提高。

常用的硫酸有质量分数为 75%,92%,98% 硫酸和 $w(SO_3)$ 为 20% 的发烟硫酸。75% 硫酸原是塔式法生产的,主要用于磷肥生产,现由一些接触法硫酸厂副产。接触法硫酸厂主要生产 98% 或 93% 的硫酸。98% 的硫酸密度最大,20 ℃ 为 1 836 kg/m³;无水硫酸的密度反而稍降。对发烟硫酸来说,含游离三氧化硫 62% 时密度最大,20 ℃ 为 2 003 kg/m³。

表 3.1　各种工业硫酸的组成

名　称	$w(H_2SO_4)/\%$	$n(SO_3)/n(H_2O)$	$w(SO_3)/\%$	$w(H_2O)/\%$	$x(SO_3)/\%$	$x(H_2O)/\%$	结晶温度/℃
92% 硫酸	92	0.628	75.1	24.9	40.4	59.6	-34
98% 硫酸	98.0	0.90	80.0	20.0	47.4	52.6	3
无水硫酸	100	1.00	81.6	18.4	50.0	50.0	10.5
20% 发烟硫酸	(104.5)	1.28	85.3	14.7	56.1	43.9	-11.0
65% 发烟硫酸	(114.6)	3.29	93.6	6.4	76.7	23.3	-0.4

3.1.1.3　硫酸的生产方法和原料

目前广泛使用接触法生产硫酸,生产过程通常包括以下几个基本步骤:

含硫原料→原料气的生产→含二氧化硫的炉气→炉气净制→净化炉气→二氧化硫催化转化→含三氧化硫气体→成酸→硫酸

制酸原料来源较广,硫化物矿、硫磺、硫酸盐、含硫化氢的工业废气,以及冶炼烟气等都可作为硫酸生产的原料。其中以硫铁矿和硫磺为主要原料。

（1）硫铁矿

硫铁矿是硫元素在地壳中存在的主要形态之一,是硫化铁矿的总称。硫铁矿分为普通硫铁矿和磁硫铁矿两类。普通硫铁矿的主要成分是 FeS_2,纯净的 FeS_2 多为正方晶系,呈金黄色,称为黄铁矿;另一种斜方晶系的 FeS_2,称为白铁矿。还有一种比较复杂的含铁硫化物,一般可用 Fe_nS_{n+1} 表示（$5 \leqslant n \leqslant 16$）,最常见的是 Fe_7S_8,称为磁硫铁矿或磁黄铁矿。

同种矿石,含硫量越高,焙烧时放热量越大;在相同含硫量时,磁铁矿比普通硫铁矿放热量大 30% 左右。

自然界开采的硫铁矿都是不纯的,矿石中除 FeS_2 以外,还含有铜、锌、铅、砷、镍、钴、硒、碲等元素的硫化物和氟、钙、镁的碳酸盐和硫酸盐以及少量银、金等杂质,而呈现灰色、褐绿色、浅黄铜色等不同颜色。最常见的普通硫铁矿是黄铁矿,质量分数一般为 30% ~ 50%。含硫量在25% 以下,称为贫矿。根据来源不同,硫铁矿又可分为:块状硫铁矿、浮选硫铁矿和含煤硫铁矿3 种。

块状硫铁矿是为生产硫酸专门开采的,或在开采硫化铜矿时取得的,主要成分为 FeS_2,另外还含有铜、铅、锌、锰、砷、硒等杂质。块状硫铁矿入焙烧炉前,应先进行破碎、筛分等预处理。

与铅、锌、铜等有色金属硫化物共生的硫铁矿经浮选富集了有色金属硫化物后,称为精矿或精砂,余下的以硫铁矿为主的部分,称为尾砂。由于矿石经过研磨和浮选,尾砂粒度很小,含水较多且易燃。尾砂再经浮选,把废石分出,所得含硫量较高的硫铁矿称为硫精砂或称浮选硫铁矿。

含煤硫铁矿也称黑矿,与煤共生,在采煤时同时采出。这种硫铁矿中含少量煤,一般不单独使用,常和其他原料配合使用。

（2）硫磺

硫磺是制造硫酸使用最早而又最好的原料。硫磺的来源有天然硫磺、从石油和天然气副产的回收硫磺以及用硫铁矿生产的硫磺。

天然硫磺是用高压热水熔融地下硫磺矿的方法开采的。回收硫磺是从石油和天然气中的硫化氢转化回收的。由于石油和天然气开采量急剧增长,对环境污染的控制和生产工艺的进步,以及高效加氢脱硫方法的发展,回收硫磺的产量逐年增加。

天然硫磺和回收硫磺的纯度很高,可达99.8%以上,有害杂质的含量很少。作为生产硫酸的原料,不需要复杂的炉气净制工序,还可以省掉排渣设备,工艺流程短,生产费用低,生产中热能可合理利用,对环境污染少。

3.1.2　从硫铁矿制二氧化硫炉气

3.1.2.1　硫铁矿的焙烧

(1)硫铁矿的焙烧反应

硫铁矿的焙烧反应过程可分为两步进行:

首先,在大约900 ℃的高温下,硫铁矿受热分解为硫化亚铁(FeS)和单质硫:

$$2FeS_2 \Longrightarrow 2FeS + S_2 \tag{1}$$

在FeS_2-FeS-S_2系统中,可用硫磺的蒸气压表示反应的平衡状况,它的平衡蒸气压与温度的关系见表3.2。

表3.2　FeS_2-FeS-S_2系统中硫的平衡蒸气压与温度的关系

温度/℃	580	600	620	650	680	700
p/Pa	166.67	733.33	2 879.97	15 133.19	66 799.33	261 331.7

温度增高则对FeS_2的分解反应有利,实际上高于400 ℃就开始分解,500 ℃时则较为显著。

其次,分解产物中的硫燃烧,生成二氧化硫;硫化亚铁氧化为三氧化二铁和二氧化硫:

$$S_2 + 2O_2 \Longrightarrow 2SO_2 \tag{2}$$

$$4FeS + 7O_2 \Longrightarrow 2Fe_2O_3 + 4SO_3 + 2\ 472\ kJ \tag{3}$$

综合反应式(1),(2),(3),硫铁矿焙烧过程的总反应方程式为:

$$4FeS_2 + 11O_2 \Longrightarrow 2Fe_2O_3 + 8SO_2 + 3\ 411\ kJ \tag{4}$$

在硫铁矿焙烧过程中,除上述反应外,当空气量不足,氧浓度低时,还有生成Fe_3O_4的反应:

$$3FeS_2 + 8O_2 \Longrightarrow Fe_3O_4 + 6O_2 + 2\ 435\ kJ \tag{5}$$

此外,在Fe_2O_3的催化作用下还有下述反应:少量SO_2氧化为SO_3,硫铁矿中钙、镁碳酸盐分解生成的氧化物再与SO_3反应生成相应的硫酸盐,砷、硒氧化成气态氧化物,氟生成氟化物。

硫铁矿焙烧反应放热较多,当矿石中杂质较少,炉气中二氧化硫浓度较高时,热量有过剩,需设法(一般在炉膛内安装水箱)移走多余热量,以保证反应在正常温度下进行。

(2)硫铁矿焙烧的焙烧速度

硫铁矿的焙烧是气-固相非催化反应,反应在两相的接触表面上进行。焙烧炉的生产能力由硫铁矿的焙烧速度决定。焙烧速度不仅和化学反应速率有关,还与传热和传质过程有关。

硫铁矿的焙烧反应过程由一系列依次进行和并列进行的步骤所组成。首先是FeS_2的分解;氧向硫铁矿表面的扩散;氧与一硫化铁的反应,生成二氧化硫由表面向气流中扩散。表面上除了 FeS 与 O_2 的反应外,还进行着硫磺蒸汽向外扩散和氧与硫的反应等。

硫铁矿的氧化焙烧过程确认由下面 3 个依次进行的反应组成:

$$2FeS_2 \Longrightarrow 2FeS + S_2 \tag{6}$$
$$S_2 + 2O_2 \Longrightarrow 2SO_2 \tag{7}$$
$$4FeS + 7O_2 \Longrightarrow 2Fe_2O_3 + 4SO_2 \tag{8}$$

由实验数据描绘硫铁矿焙烧的 $\lg k\text{-}1/T$ 曲线如图 3.1 所示。从图上看,曲线分为三段:第一段为 $485 \sim 560 \ ℃$,斜率很大,活化能很大,在 $500 \ ℃$ 时与二硫化亚铁分解反应的活化能一致,属 FeS_2 分解动力学控制;第三段为 $720 \sim 1\ 155 \ ℃$,斜率较小,活化能较小,与 FeS 和氧反应时的活化能只有 $12.56 \ kJ/mol$ 一致,符合扩散规律,属于氧的内扩散控制;第二段为 $560 \sim 720$ ℃,由一氧化铁燃烧和氧扩散联合控制。

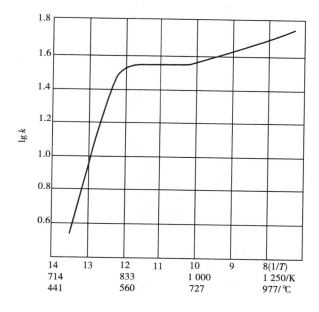

图 3.1　硫铁矿焙烧的 $\lg k—1/T$ 曲线

在实际生产中,反应温度高于 $700 \ ℃$,硫铁矿焙烧属氧扩散控制。提高氧的浓度,能加快焙烧过程的总速度,在整个硫铁矿焙烧过程中,是氧的扩散控制了总反应速度。此时反应总速率主要由反应温度、颗粒粒度、气固相相对运动速度、气固相接触面积等决定。

综上所述,提高焙烧速率的主要途径为:

①提高焙烧温度。可以加快扩散速率,但温度过高,矿料熔融会结块成疤,影响正常操作。在沸腾焙烧炉中,一般将焙烧温度控制在 $850 \sim 950 \ ℃$ 为宜。

②减小粒度。矿石粒度小,可以增加空气与矿石的接触面并减少内扩散阻力。这一措施对氧扩散控制总焙烧速率的情况最为有效。

③增加空气与矿粒的相对运动。由于空气与矿粒间的相对运动增强,矿料颗粒表面氧化铁层得到更新,能减小对气体的扩散阻力。所以,沸腾焙烧优于固定床焙烧。

④提高入炉空气氧体积分数。提高氧气浓度有利于提高焙烧速度,但富氧空气焙烧硫铁矿并不经济,通常只用空气焙烧即可。

3.1.2.2　沸腾焙烧

随着流态化技术在硫酸工业中的应用,焙烧炉的发展经历了由固定型块矿炉、机械炉,到现在全部使用沸腾炉。

(1)沸腾焙烧炉的构造

焙烧硫铁矿的沸腾炉有多种形式:直筒型、扩散型和锥床型等,我国主要采用扩散型。扩散型沸腾炉的基本结构如图3.2所示。

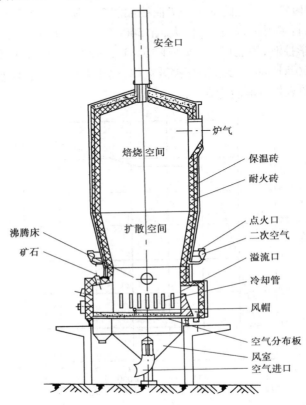

图3.2　沸腾焙烧炉体结构

沸腾炉炉体一般为钢壳内衬保温砖再衬耐火砖结构。为防止外漏炉气产生冷凝酸腐蚀炉体,钢壳外面设有保温层。由下往上,炉体可分为4部分:风室、分布板、沸腾层、沸腾层上部燃烧空间。炉子下部的风室设有空气进口管。风室上部为气体分布板,分布板上装有许多侧向开口的风帽,风帽间铺耐火泥。空气由鼓风机送入空气室,经风帽向炉膛内均匀喷出。炉膛中部为向上扩大截头圆锥形,上部燃烧层空间的截面积较沸腾层截面积大。

加料口设在炉身下段,在加料口对面设有矿渣溢流口。此外,还设有炉气出口、二次空气进口、点火口等接管。顶部设有安全口。

焙烧过程中,为避免温度过高炉料熔结,需从沸腾层移走焙烧释放的多余热量。通常采用在炉壁周围安装水箱(小型炉),或用插入沸腾层的冷却管束冷却,后者作为废热锅炉换热元件移热,以产生蒸汽。

由于扩散型沸腾炉的沸腾层和上部燃烧空间尺寸不一致,使沸腾层和上部燃烧层气速不同,沸腾层气速高,可焙烧矿料的颗粒较大(可达6 mm),细小颗粒被气流带到扩大段,部分气速下降的颗粒又返回沸腾层,避免过多矿尘进入炉气。这种炉型对原料品种和粒度适应性强,烧渣含硫量低,不易结疤。扩散型炉的扩大角一般为 15°~20°,目前国内大多数厂家都采用这种炉型。

（2）余热的回收

硫铁矿焙烧时放出大量热量,炉气温度高达 850~950 ℃。按硫的质量分数为 35% 的标准矿计算,每千克矿石焙烧时约放出热量 4 500 kJ。利用其中的 60%,每吨矿可得约 100 kg 标准煤的发热量,即副产 0.9~1.1 t 蒸汽。沸腾焙烧炉配置废热锅炉是回收余热的有效措施。

硫铁矿沸腾炉的废热锅炉基本结构与普通的废热锅炉在原则上相似,其特点如下:

①炉气中含大量炉尘,直接冲刷锅炉管会造成严重磨损。同时,炉尘容易粘连,附着在受热表面。沸腾焙烧的废热锅炉要适当安排辐射和对流区,注意好炉管排列方式,加大管间距离以避免积灰,安装清灰装置等。

②含硫炉气有强烈的腐蚀性,当锅炉管温低于 SO_3 的露点时,炉气中的 SO_3 与水分在炉管上冷凝成酸,产生的腐蚀尤为严重。SO_3 形成酸雾或冷凝成酸的露点与炉气中的 SO_3 和 H_2O 质量分数成正比。当 $w(SO_3)$ 为 0.1%~0.4% 时,露点在 160~250 ℃。为避免硫酸凝结,锅炉中的饱和蒸汽温度应高于炉气的露点。饱和蒸汽压强大于 1.96 MPa 时,温度高于 SO_3 的露点,锅炉可正常地长期运转。

③要求炉体有良好的气密性,防止空气漏入和炉气漏出。一般多在砖砌炉体外加层钢板,钢板与砖层间填充较厚的石棉板。

硫铁矿的沸腾焙烧和废热回收流程如图 3.3 所示。硫铁矿由胶带输送机送入贮料斗,经圆盘加料机均匀地送入沸腾焙烧炉。沸腾层的温度由设在沸腾层中的冷却水箱来控制,维持在 850 ℃ 左右。带有大量炉尘的 900 ℃ 高温炉气出沸腾炉后进入废热锅炉,产生饱和蒸汽。出废热锅炉的炉气温度约为 450 ℃,经旋风除尘后引往净制系统。

（3）沸腾焙烧炉的特点

沸腾焙烧炉是流态化技术在硫酸工业中的应用。在沸腾炉中,空气使矿粒流态化,焙烧反应进行剧烈。沸腾炉具有以下优点:

①生产强度大:沸腾炉内焙烧温度高并且均匀,炉内空气与矿粒密切接触,相对运动剧烈;矿粒较细,比表面大,可达 $3 \times 10^3 \sim 5 \times 10^5 \ m^2/m^3$（矿）,矿粒表面因磨损而不断更新,因而焙烧强度大。

②硫的烧出率高:沸腾炉内焙烧比较完全,矿渣的残硫可小于 0.5%,硫的烧出率可达 99%。

③传热系数高:沸腾炉焙烧用冷却水夹套时,总传热系数达 175~250 W/(m²·K),用蒸发管束（废热锅炉的炉管）时,达 280~350 W/(m²·K),而一般废热锅炉的总传热系数只有 25~35 W/(m²·K)。因此,沸腾炉中容易将热量移走,保持炉床正常操作。因炉温较高,热能利用价值高。

④能得到较高浓度的二氧化硫炉气:沸腾炉中焙烧速率快,用较少的过量空气,就可以防止升华硫发生和控制矿渣低残硫量,得到二氧化硫的体积分数高达 10%~13% 的炉气。

⑤适用的原料范围广:可以使用较高品位的矿石,也可以使用硫的质量分数为 15%~20% 的低品位矿。可以使用含硫尾砂,也可以使用含水稍高的料浆,有利于充分利用当地资源。

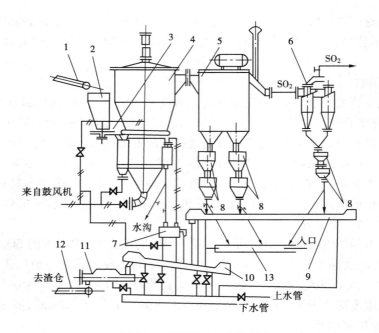

图 3.3　沸腾焙烧和废热回收

1—皮带输送机;2—矿贮斗;3—圆盘加料器;4—沸腾炉;5—废热锅炉;6—旋风除尘器;

7—矿渣沸腾冷却箱;8—闪动阀;9,10—埋刮板机;11—增湿器;12—胶带输送器;13—事故排灰

⑥结构简单,材料省,维修工作量较小,甚至可以露天放置,不需要厂房,同时操作管理方便,易于机械化操作。

沸腾焙烧的不足之处为:炉气带出炉尘量大,达 200 ~ 300 g/m³;炉尘占总烧渣的 60% ~ 70%,使炉气净制系统的负荷加重,加剧了设备的磨损;要增加粉碎系统和高压鼓风机,动力消耗多。

3.1.2.3　几种焙烧方法

(1)氧化焙烧

氧化焙烧即常规焙烧,是目前硫酸厂中广泛采用的焙烧方法。在氧过量的情况下,使硫铁矿完全氧化,烧渣主要为 Fe_2O_3,少部分为 Fe_3O_4。主要工艺条件:炉床温度为 800 ~ 850 ℃,炉顶温度为 900 ~ 950 ℃,炉气中 SO_2 的体积分数为 13% ~ 13.5%,炉底压力为 10 ~ 15 kPa,空气过剩系数为 1.1。

(2)磁性焙烧

磁性焙烧的目的是使烧渣中的铁绝大部分成为具有磁性的 Fe_3O_4,通过磁选后得到含铁大于 55% 的高品位精矿作为炼铁的原料。磁性焙烧时控制焙烧炉内呈弱氧化性气氛,过量氧很少。磁性焙烧技术的应用改善了渣尘与炉气的性质,如炉气中 SO_2 浓度较高,SO_3 浓度低,矿尘流动性好等。更重要的是,为低品位硫铁矿烧渣的利用创造了磁选炼铁的条件。因此,要使贫矿烧渣中的铁也能得到利用,磁性焙烧技术是一种简便有效的方法。

焙烧时温度为 900 ℃,空气用量为理论用量的 105%,烧渣中的铁几乎全部成为磁性的四氧化三铁,炉气中二氧化硫的体积分数为 12% ~ 14%,氧的体积分数为 0.3% ~ 0.5%。

（3）硫酸化焙烧

硫酸化焙烧是为综合利用某些硫铁矿中伴生的钴、铜、镍等有色金属而采用的焙烧方法。焙烧时控制较低的焙烧温度，一般 600 ~ 700 ℃ 为宜，保持大量过剩的氧，使炉气含较高浓度的三氧化硫，造成选择性的硫酸化条件，使有色金属形成硫酸盐，铁生成铁氧化物。用水浸取烧渣时，有色金属的硫酸盐溶解而与氧化铁等不溶渣料分离，随后可以用湿法冶金提取有色金属。焙烧时，有色金属硫化物 MS 所发生的反应为：

$$2MS + 3O_2 \xrightarrow{} 2MO + 2SO_2 \tag{9}$$

$$2SO_2 + O_2 \xrightarrow{} 2SO_3 \tag{10}$$

$$MO + SO_3 \xrightarrow{} MSO_4 \tag{11}$$

焙烧时用的空气量比理论空气量多 150% ~ 200%。空气多时，炉气中二氧化硫的体积分数只有氧化焙烧的 1/2 左右；焙烧炉的焙烧强度只有氧化焙烧的 1/4 ~ 1/5。

为了进一步提高有色金属钴、铜、镍硫酸盐的转化率，还可在焙烧矿料中加入适当的促进剂如 Na_2SO_4，或用双层沸腾炉焙烧。即在 Fe_2O_3 存在下，促使 SO_2 氧化成 SO_3 的反应进行，提高有色金属的硫化程度。

（4）脱砷焙烧

脱砷焙烧是指焙烧含砷硫铁矿时，使矿料中砷全部脱出的一种方法。脱砷焙烧有多种工艺路线，两段焙烧法是其中之一。第一段焙烧先使含砷硫铁矿在低的氧分压、高的 SO_2 分压条件下焙烧，发生的主要反应为：

$$FeS_2 + O_2 \xrightarrow{} FeS + SO_2 \tag{12}$$

同时也发生含砷硫铁矿的热分解：

$$4FeAsS \xrightarrow{} 4FeS + As_4 \tag{13}$$

$$4FeAsS + 4FeS_2 \xrightarrow{} 8FeS + As_4S_4 \tag{14}$$

$$2FeS_2 \xrightarrow{} 2FeS + S_2 \tag{15}$$

及少量的其他氧化反应：

$$As_4 + 3O_2 \xrightarrow{} 2As_2O_3 \tag{16}$$

$$S_2 + 2O_2 \xrightarrow{} 2SO_2 \tag{17}$$

$$3FeS + 5O_2 \xrightarrow{} Fe_3O_4 + 3SO_2 \tag{18}$$

若炉气中氧含量过多，会使 As_2O_3 氧化成 As_2O_5，Fe_3O_4 氧化成 Fe_2O_3，Fe_2O_3 与 As_2O_5 反应生成 $FeAsO_4$，使砷在炉渣中固定下来。因此，焙烧条件要求低氧高二氧化硫。第二段焙烧主要发生以下反应：

$$4FeS + 7O_2 \xrightarrow{} 2Fe_2O_3 + 4SO_2 \tag{19}$$

两段焙烧的工艺常采用德国 BASF 公司的两段焙烧流程，如图 3.4 所示。第一段焙烧温度控制在 900 ℃ 左右，炉气中 $\varphi(SO_2)$，固体产物为 FeS，此时砷、锑、铅大部分以硫化物、部分以氧化物形式与二氧化硫一起挥发，焙烧气中夹带的尘粒（≤50%）由旋风分离器除去，与一段炉渣同时入第二段焙烧炉焙烧。第二段是在 800 ℃ 和压降 6.86 kPa 下焙烧 FeS，生成体积分数为 10% 的 SO_2。

一、二两焙烧段间应避免气体互换，否则会将挥发的砷再固定。第一段炉气中含有升华硫磺将其送入废热锅炉并补充一段燃烧空气量 15% 的空气。第二段焙烧炉气不必经过特殊处理即可进净化工段，砷在后续净化工段的洗涤塔内除去。

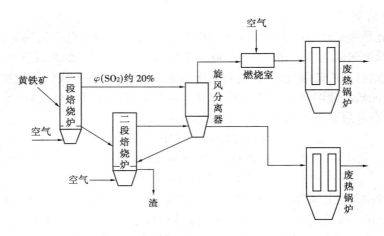

图 3.4　BASF 二段法生产流程

3.1.2.4　焙烧前矿石原料的预处理和炉气除尘

（1）矿石原料的预处理

对原料进行预处理的目的是使原料的硫质量分数、粒度和水分分别达到一定的要求。不同的原料,需进行的预处理不同。硫精砂的粒度很细,只需干燥后便可送去焙烧,硫铁矿一般为块矿,焙烧前需要破碎和磨细。预处理一般有将硫铁矿粉碎到要求粒度的筛分、将不同品质矿料混合搭配的配矿和脱除硫铁矿中水分等过程。

（2）炉气除尘

沸腾焙烧制得的炉气夹带矿尘最多,其数量与所用原料的品位、粒度、风速和焙烧强度有关,一般为 $150\sim300$ g/m^3。炉气中的矿尘不仅会堵塞设备,增大流体阻力,降低传热效果,而且还会堵塞多孔催化剂颗粒的微孔,降低其活性。因此,需要首先尽量除去炉气中的矿尘。要求矿尘标准状态下的质量浓度降低到 0.2 g/m^3 以下。

工业上的除尘通常采用机械除尘和电除尘。机械除尘又分为集尘器除尘和旋风除尘两类。一般是按照矿尘的大小,从大到小逐级采用适当方法进行分离的。

3.1.3　炉气的净化与干燥

焙烧硫铁矿制得的炉气中含有因升华而进入炉气的气态氧化物 As_2O_3,SeO_2 和 HF。砷的存在会使 SO_2 转化的钒催化剂中毒,硒的存在会使成品酸着色。氟的存在不仅对硅质设备及塔填料具有腐蚀性,而且会侵蚀催化剂,引起粉化,使催化床层的阻力上涨。此外,随同炉气带入净化系统的还有水蒸气及少量 SO_3 等,它们本身并非毒物,但在一定条件下两者结合可形成酸雾。酸雾在洗涤设备中较难吸收,带入转化系统会降低 SO_2 的转化率,腐蚀系统的设备和管道。因此,必须对炉气进行进一步的净化和干燥,方可进行二氧化硫的催化转化。

3.1.3.1　炉气的净化

炉气的净化可以采用干法和湿法两种。湿法净化又分为水洗和酸洗,目前普遍采用湿法。

1）砷和硒的清除

三氧化二砷和二氧化硒的饱和蒸汽质量分数随着温度下降而显著降低（表3.3）。炉气冷却到 30 ~ 50 ℃ 后,三氧化二砷和二氧化硒几乎全部凝结。用水或酸洗涤炉气时,一部分砷、硒氧化物被液体带走,大部分凝成固态颗粒悬浮在气相中,成为硫酸冷凝成酸雾的凝聚中心,随后在电除雾器中与酸雾一起清除。气相中的 HF 被水或稀酸洗涤吸收并溶解。

表 3.3　不同温度下 As_2O_3 和 SeO_2 在气体中饱和时(标准状态下)的质量浓度

温度/℃	As_2O_3 的质量浓度 /(g·m^{-3})	SeO_2 的质量浓度 /(g·m^{-3})	温度/℃	As_2O_3 的质量浓度 /(g·m^{-3})	SeO_2 的质量浓度 /(g·m^{-3})
50	1.6×10^{-5}	4.4×10^{-5}	150	0.28	0.53
70	3.1×10^{-4}	8.8×10^{-4}	200	7.90	13
100	4.2×10^{-3}	1.0×10^{-3}	250	124	175
125	3.7×10^{-2}	8.2×10^{-2}			

2)酸雾的形成和清除

(1)酸雾的形成

炉气含少量的三氧化硫,也含矿料和空气带入的水分。用水或稀硫酸洗涤时,还有大量水分进入炉气。水分与三氧化硫作用生成硫酸,其反应为:

$$SO_3 + H_2O \rightleftharpoons H_2SO_4$$

反应平衡常数 K_p 可表示为:

$$K_p = \frac{p(H_2SO_4)}{p(H_2O) \cdot p(SO_3)}$$

式中　$p(H_2SO_4)$, $p(H_2O)$, $p(SO_3)$——气相中 H_2SO_4, H_2O 和 SO_3 的平衡分压。

不同温度下的 K_p 值见表 3.4。

表 3.4　不同温度下 SO_3 与水蒸气反应的 K_p 值

温度/℃	100	200	300	400
K_p	1.7×10^3	1.89	2.2×10^{-2}	1.7×10^{-4}

可见,炉气冷却到 100 ~ 150 ℃ 时,炉气中的绝大多数三氧化硫转变成硫酸蒸气。当气相中硫酸蒸气的分压大于当时洗涤用硫酸的饱和蒸气压时,硫酸蒸气会冷凝。若炉气温度下降很快,硫酸蒸气的冷凝速度跟不上气温的下降速度,或周围没有可供硫酸蒸气冷凝的表面,气相中硫酸蒸气就处于过饱和状态。过饱和程度随温度降低而变得显著。过饱和程度达到某一临界限度时,硫酸蒸气分子凝聚成为数量众多的细小液滴,硫酸蒸气再在这些液滴上冷凝,成为气溶胶酸雾,气相中硫酸蒸气的过饱和程度逐步下降至饱和为止。硫酸蒸气的过饱和程度 S 可用以下比值表示:

$$S = \frac{气相中硫酸蒸气的分压}{当时温度下硫酸饱和蒸气压}$$

生成酸雾的最低过饱和度称为临界过饱和度,与温度和物质条件有关,与温度的关系如图 3.5 所示。当物系中存在悬浮的微粒或细滴时,它们成为冷凝的凝聚核心,硫酸蒸气只要较小的过饱和度就会形成酸雾。

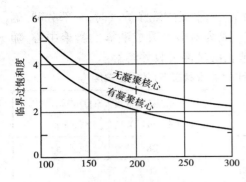

图 3.5 硫酸蒸气冷凝的临界过饱和度

在上述空间冷凝时,若炉气温度骤然降低,硫酸蒸气的过饱和度剧增,形成的是细微而高度分散的酸雾气溶胶。反之,炉气温度缓慢下降,易形成颗粒较大的雾粒。

若硫酸蒸气在有冷凝表面(如壁面或液膜)存在下冷凝,并适当控制炉气冷却速度和炉气与冷凝表面间的温度差,可以减少酸雾生成,甚至抑制酸雾。

（2）酸雾的清除

湿法净制时,用水或稀硫酸洗涤炉气,炉气的温度骤降,形成酸雾是不可避免的。酸雾的雾滴直径很小,是很难捕集的物质,洗涤时只有少部分(30%～50%或更少)被酸吸收,大部分要用湿式电除雾器清除。

电除雾器是使雾滴在静电场中沉降,由电晕电极放电,气体中的酸雾液滴带上电荷后趋向沉淀极,在沉淀极上电荷传递后沉析在电极上,凝聚后因自身重力下流。

增大雾滴直径是提高效率的有效方法。增大雾滴直径的主要措施是使炉气增湿。当炉气湿度增大并冷却时,水汽在酸雾表面冷凝而使雾滴增大。酸洗流程中常用增湿塔喷淋 5% 硫酸使炉气增湿。用文丘里洗涤器时,既除去一些酸雾,也使酸雾液滴增大。清除酸雾时,组成雾滴凝聚核心的砷、硒氧化物等微粒也同时被消除。

3.1.3.2 炉气净制的湿法工艺流程和设备

湿法洗涤有水洗和酸洗两类,但水洗工艺因排污量大,污水处理困难,在越来越高的环保要求条件下已逐渐被淘汰。酸洗流程是用稀硫酸洗涤炉气,除去其中的矿尘和有害杂质,降低炉气温度。大中型硫酸厂多采用酸洗流程。经典的酸洗流程是三塔二电流程,基本工序如图3.6 所示。

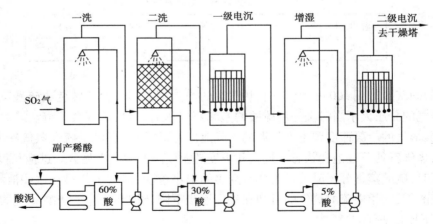

图 3.6 三塔二电酸洗流程

温度为 327 ℃ 左右的热炉气,由下而上通过第一洗涤塔,被温度为 40～50 ℃、质量分数为 60%～70% 的硫酸洗涤。除去了炉气中大部分矿尘及杂质后,温度降至 57～67 ℃,进入第二洗涤塔,被质量分数为 20%～30% 的硫酸进一步洗涤冷却到 37～47 ℃。这时炉气中气态的砷硒氧化物已基本被冷凝,大部分被洗涤酸带走,其余呈细小的固体微粒悬浮于气相中,成为酸雾的凝聚中心并溶解其中,在电除雾器中除去。

炉气在第一段电除雾器中分离掉大部分酸雾后,剩余的酸雾粒径较细。为提高第二段电除雾效率,炉气先经增湿塔,用 5% 的稀硫酸喷淋,进一步冷却和增湿,同时酸雾粒径增大,再进入第二段电除雾器,进一步除掉酸雾和杂质。炉气离开第二段电除雾器时,温度为 30 ~ 35 ℃,所含的水分在干燥塔中除去。

从第一洗涤塔底流出的洗涤酸,其温度和浓度均有提高,且夹带了大量矿尘杂质,为了继续循环使用,先经澄清槽沉降分离杂质酸泥,上部清液经冷却后继续循环喷淋第一塔。进入第一洗涤塔的炉气含尘较多,宜采用空塔以防堵塞。第二洗涤塔通过的炉气和循环酸含尘少,可以采用填料塔。循环酸可不设沉降槽,只经冷却器冷却后,再循环喷淋第二塔。

增湿塔和电除雾器流出的稀酸送入第二洗涤塔循环槽,第二塔循环槽多余的酸串入第一洗涤塔循环槽。这样,炉气带入净化系统的三氧化硫最终都转入循环酸里,并从第一洗涤塔循环泵出口引出作为稀酸副产品,但由于其中含较多的有害物质,用途受到很大限制。

该流程的特点是排污少,二氧化硫和三氧化硫损失少,净制程度较好,缺点是流程复杂,金属材料耗用多,投资费用高。

随着科学技术的发展,这种 20 世纪 50 年代的先进工艺在某些方面已显得落后。比如净化系统的除热。原三塔两电流程中,炉气带入系统的显热主要靠喷淋酸带出塔外,然后用水冷却酸。这种方法设备多,体积大,传热效率低。现在的塔式稀酸洗涤流程中,第一洗涤塔广泛采用了绝热蒸发,炉气的显热以潜热的形式转入后续设备,这样既提高了炉气除砷的效果,又简化了流程。此外,目前已出现了一系列高效、耐腐蚀的新型设备和材料。

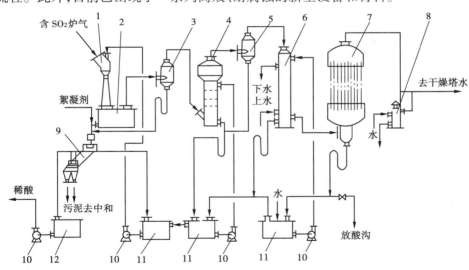

图 3.7　文—泡—冷—电酸洗流程

1—文氏管;2—文氏管受槽;3,5—复挡除沫器;4—泡沫塔;6—间接冷却器;
7—电除雾器;8—安全水封;9—斜板沉降槽;10—泵;11—循环槽;12—稀酸槽

文—泡—冷—电酸洗流程(图 3.7)是为了适应环境保护的需要,在水洗流程的基础上改革开发了以文氏管为主要洗涤冷却设备的酸洗净化流程。该流程具有以下特点:

①炉气采用两级洗涤。第一级为喷射洗涤器,洗涤酸 H_2SO_4 的质量分数为 15% ~ 20%,第二级为泡沫塔,用质量分数为 1% ~ 3% 的稀硫酸洗涤,洗涤酸循环使用。

②文氏管及泡沫塔均用绝热蒸发冷却炉气,故循环系统不设冷却装置,系统的热量主要由间冷器冷却水带走。

③流程对炉尘含量适应性强。本流程中,炉气进入净化系统前未经电除尘,含尘量在 4 ~ 5 g/m³,文氏管的除尘率达 90% 以上。经净化后的炉气,水分和杂质含量均达到指标。

④进入系统的矿尘杂质,大部分转入洗涤酸中。含尘洗涤酸从文氏管下部流入斜板沉降槽时,加入聚丙烯酰胺絮凝剂,以加速污泥的沉降,经沉降后的清液循环使用,从而大大减少了净化系统的排污量,大约每吨酸的排污为 25 L,达到了封闭循环的要求。

两塔一器两电稀酸洗涤净化流程(图 3.8)在大型厂中获得广泛应用。该流程具有以下特点:

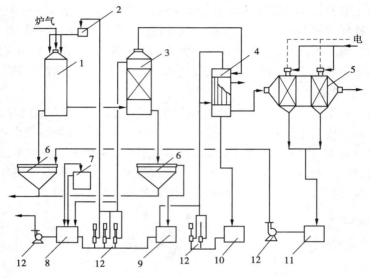

图 3.8　两塔一器两电酸洗流程

1—喷淋洗涤塔;2—高位槽;3—洗涤塔;4—冷却器;5—电除雾器;6—沉降槽;
7—硅反应槽;8,9—循环槽;10—冷却排液槽;11—洗涤水槽;12—泵

①用温度较高的稀酸喷淋洗涤高温烟气。洗涤酸由于受热而绝热蒸发,酸浓度提高而温度基本不变,省去了出塔酸冷却设备,简化了流程。洗涤酸较高的温度提高了三氧化二砷在酸中的溶解度,减少因砷析出而对管道的堵塞。第一洗涤塔内气相和液相温度较高,降低了硫酸蒸汽的过饱和度,酸雾生成量相对减少。

②第一塔采用质量分数为 10% ~15% 的稀酸洗涤,第二塔洗涤酸 H_2SO_4 质量分数仅 1%,有利于气相中砷、氟的清除。

③稀酸循环系统设置硅石反应槽,使溶解在稀酸中的氟化氢与硅石反应,形成溶解度低的氟硅酸而分离,这样可避免稀酸中的氟化氢再次逸入气相。

④第一洗涤塔采取气-液并流方式,避免烟尘堵塞进口气道。且塔系操作气速比常见的高,尤其是第一洗涤塔,比一般塔式酸洗流程中的操作气速大 2 ~3 倍,从而强化了设备处理能力。

⑤用列管式石墨冷凝器作为净化系统的除热装置。在气体冷却过程中,由于水蒸气在雾粒表面的冷凝,使雾粒直径增大。为改善传热,采用管内带有翅片的挤压铅管。

⑥采用具有导电和防腐蚀性能的 FRP(以聚醋酸纤维和乙基脂作内层的玻璃钢)作电除

雾器。除雾器为卧式,电压 80 kV,电流 300 mA。除雾设备小,效率高。

⑦在材质上大量采用非金属材料和耐腐蚀材料,塔的主体及槽管采用耐氟的 FRP,塔内的填料改用聚丙烯鲍尔环,以抗氟害。既节省了铅材,施工也方便。

3.1.3.3　炉气的干燥

炉气除去矿尘、杂质和酸雾之后,需经干燥除去炉气中的水分。

1)干燥的原理和工艺条件

因浓硫酸具有吸湿性,常用它来干燥炉气。干燥过程所用的设备,目前广泛采用的是填料塔。为了强化干燥的速率,在接触表面一定时,必须合理选择气流速度、吸收酸浓度、温度以及喷淋密度等。

(1)吸收酸的浓度

在一定温度下,硫酸溶液上的水蒸气压随 H_2SO_4 质量分数的增加而减少,在 H_2SO_4 质量分数为98.3%时,具有最低值。各种温度下不同浓度硫酸溶液的水蒸气分压如图3.9所示。

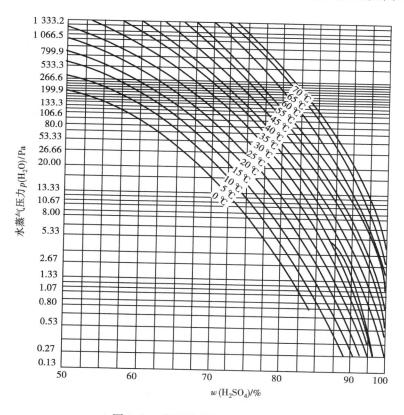

图 3.9　硫酸溶液的水蒸气分压

由图3.9可看出,同一温度下硫酸浓度越高,其水蒸气平衡分压越小。如在 40 ℃时,质量分数为92%的 H_2SO_4 液面上水蒸气的平衡分压为2.67 Pa 左右,此值与同一温度下纯水的饱和蒸汽压7.89 kPa 相比约小3 000倍。从脱水指标看,干燥炉气所用的硫酸浓度越高越好。但是,硫酸浓度越高,三氧化硫分压越大,三氧化硫易与炉气中的水蒸气形成酸雾。温度越高,生成的酸雾越多,表3.5中列出了不同温度下干燥后炉气中酸雾质量浓度与干燥塔喷淋酸质量分数的关系。

表3.5　干燥后气相中酸雾质量浓度与喷淋酸质量分数的关系

喷淋酸质量分数 $w(H_2SO_4)/\%$	酸雾质量浓度/$(mg \cdot m^{-3})$			
	40 ℃	60 ℃	80 ℃	100 ℃
90	0.6	2	6	23
95	3	11	33	115
98	9	19	56	204

硫酸的浓度大于80%之后,二氧化硫的溶解度随酸浓度的提高而增大。当干燥酸作为产品酸引出或串入吸收工序的循环酸槽时,酸中溶解的二氧化硫就随产品酸带走,引起二氧化硫的损失。

表3.6列出了二氧化硫损失与干燥塔喷淋酸质量分数与温度的关系。

表3.6　二氧化硫损失与干燥塔喷淋酸质量分数、温度的关系

喷淋酸质量分数 $w(H_2SO_4)/\%$	二氧化硫的损失(以产品%计)		
	60 ℃	70 ℃	80 ℃
93	0.55	0.51	0.37
95	1.00	0.92	0.64
97	3.30	2.92	2.22

从表3.6可以看出,硫酸的质量分数越高,温度越低,二氧化硫的溶解损失越大。

综上所述,干燥酸质量分数以93%～95%较为适宜,这种酸还具有结晶温度较低的优点,可避免冬季低温下,因硫酸结晶而带来操作和贮运上的麻烦。

(2)气流速度

提高气流速度能增大气膜传质系数,有利于干燥过程的进行。但气速过高,通过塔的压降迅速增加,其关系可用下式表示:

$$\frac{\Delta p_2}{\Delta p_1} = \left(\frac{u_2}{u_1}\right)^2$$

式中　Δp_1,Δp_2——填料塔内气流速度为 u_1 和 u_2 时的流体压力降。

气速过大,炉气带出的酸沫量多,甚至可造成液泛。目前干燥塔的空塔气速大多为0.7～0.9 m/s。

(3)吸收酸的温度

降低干燥塔内吸收酸的温度,有利于减少吸收酸液面上水蒸气分压和酸雾的生成,有助于干燥过程的进行。但吸收酸温度过低,二氧化硫溶解损失增加。为此,某些制酸装置在干燥流程中设置一个吹出塔,以回收溶解在浓硫酸中的二氧化硫,这样又使流程变得复杂。此外,干燥塔酸温规定得过低,必然会增加酸循环过程中冷却系统的负荷。实际生产中,干燥塔进口酸温取决于水温及循环酸冷却效率,通常酸温为30～45 ℃。

(4)喷淋密度

由于炉气干燥是气膜控制的吸收过程,在理论上,喷淋酸量只要保证塔内填料表面的全部润湿即可。但硫酸在吸收水分的同时,产生大量的稀释热,使酸温升高。因此,若喷淋量过少,

会使硫酸浓度降低和酸温升高过多,降低干燥效果,加剧酸雾的形成。

通常的喷淋密度是 $10 \sim 15 \ \mathrm{m^3/(m^2 \cdot h)}$。喷淋密度过大,不仅增加气体通过干燥塔的阻力损失,也增加了循环酸量,这两项均导致动力消耗增加。

2)炉气干燥的工艺流程

炉气干燥的工艺流程如图 3.10 所示。经过净化除去杂质的湿炉气,从干燥塔的底部进入,与塔顶喷淋的浓硫酸逆流接触,气相中的水分被硫酸吸收后,经捕沫器以除去气体夹带的酸沫,然后进入转化工序。

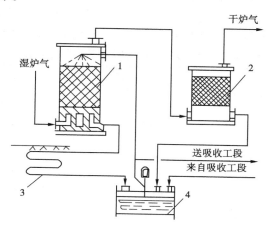

图 3.10　炉气干燥工艺流程
1—干燥塔;2—捕沫器;3—酸冷却器;4—干燥酸贮槽

吸收了水分后的干燥酸,温度升高,由塔底流入淋洒式酸冷却器,温度降低后流入酸贮槽,再由泵送到塔顶喷淋。

为维持干燥酸浓度,必须由吸收工序引来质量分数为 98% $\mathrm{H_2SO_4}$,在酸贮槽中混合。贮槽中多余的酸由循环酸泵送回吸收塔酸循环槽中,或把干燥塔出口质量分数为 92.5% ~93% 的硫酸直接作为产品酸送入酸库。

3.1.4　二氧化硫的催化氧化

二氧化硫炉气经过净化和干燥,消除了有害杂质,余下主要是 $\mathrm{SO_2}$、$\mathrm{O_2}$ 和惰性气体 $\mathrm{N_2}$。$\mathrm{SO_2}$ 和 $\mathrm{O_2}$ 在钒催化剂作用下发生氧化反应,生成 $\mathrm{SO_3}$。这是硫酸生产中的重要一步。

3.1.4.1　化学平衡和平衡转化率

二氧化硫的催化氧化反应如下:

$$SO_2 + \frac{1}{2}O_2 \Longrightarrow SO_3 + Q \tag{20}$$

反应释放出大量的热,该反应的平衡常数可表示为:

$$K_p^{\ominus} = \frac{p(SO_3)(p^{\ominus})^{0.5}}{p(SO_2) \cdot p^{1/2}(O_2)} \tag{3.1.1}$$

在 400 ~700 ℃ 范围内,反应热、平衡常数与温度的关系可用下列简化经验式:

$$-\Delta H^{\ominus} = 101\,342 - 9.25T \quad (J/mol) \tag{3.1.2}$$

107

$$\lg K_p^{\ominus} = \frac{4\ 905.5}{T} - 4.645\ 5 \tag{3.1.3}$$

根据平均常数可得二氧化硫平衡转化率 x_e 的计算式如下:

$$x_e = \frac{K_p^{\ominus}}{K_p^{\ominus} + \sqrt{\dfrac{100 - 0.5ax_e}{p(b - 0.5ax_e)}}} \tag{3.1.4}$$

式中　a,b——分别为 SO_2 和 O_2 的初始体积百分数。

当压强 p 和炉气的原始组成一定时,平衡转化率 x_e 随温度的升高而降低,温度越高,平衡转化率下降的幅度越大。不同炉气原始组成时的平衡转化率与温度的关系如表 3.7 所示。

表 3.7　0.1 MPa 下不同炉气组成的平衡转化率 x_e 与温度的关系

体积 $\varphi(SO_2)/\%$		5	6	7	7.5	9
体积 $\varphi(O_2)/\%$		13.9	12.4	11.0	10.5	8.1
温度/℃	400	99.3	99.3	99.2	99.1	98.8
	440	98.3	98.2	97.9	97.8	97.1
	480	96.2	95.8	95.4	95.2	93.7
	520	92.2	91.5	90.7	90.3	87.7
	560	85.7	84.7	83.4	82.8	79.0
	600	76.6	75.1	73.4	72.6	68.1

炉气原始组成为 $\varphi(SO_2) = 7\%$, $\varphi(O_2) = 11\%$, $\varphi(N_2) = 82\%$ 时,不同温度、压强下的平衡转化率如表 3.8 所示。由表 3.8 可以看出,当压强增大时,平衡转化率也随着增大,平衡向生成 SO_3 的方向移动。但是,由于常压下转化率已经很高(97.5%),所以工业生产上多用常压转化。

表 3.8　平衡转化率与压强、温度的关系

转化率 $x_e/\%$　压强/MPa　温度/℃	0.1	0.5	1.0	5.0
450	97.5	98.9	99.2	99.6
500	93.5	96.9	97.8	99.0
550	85.6	92.9	94.9	97.7

3.1.4.2　二氧化硫催化氧化的动力学

1)催化剂

目前硫酸工业中二氧化硫催化氧化反应所用的催化剂仍然是钒催化剂,它是以五氧化二钒(V_2O_5 的质量分数为 6% ~12%)为活性组分,氧化钾为助催化剂,以硅藻土或硅胶为载体制成的。有时还配少量的 Al_2O_3、BaO、Fe_2O_3 等,以增强催化剂某一方面的性能。

钒催化剂一般要求具有活性温度低、活性温度范围大、活性高、耐高温、抗毒性强、寿命长、比表面积大、流体阻力小、机械强度大等性能。

国产的钒催化剂型号有 S101,S102 和 S105。S101 是国内广泛使用的中温催化剂,S102 是环状催化剂,S105 是低温催化剂。S101 钒催化剂用优质硅藻土为载体,操作温度 425 ~ 600 ℃,适用于催化剂床层的各段,其催化活性已达国际先进水平。

对钒催化剂有害的物质有砷、硒氧化物、氟化物、矿尘等。砷氧化物对钒催化剂的危害表现在两个方面:一是对 As_2O_3 很敏感,会将 As_2O_3 吸附,造成催化剂孔隙堵塞,活性下降;二是在较高温下,特别是 500 ℃ 以上,能和 As_2O_3 生成一种 $V_2O_5 \cdot As_2O_5$ 的挥发性物质,把 V_2O_5 带走,使催化剂活性降低。温度越高,As_2O_3 浓度越高,则挥发的 V_2O_5 越多。

硒在温度低于 400 ℃ 时对钒催化剂有毒害,在 400 ~ 500 ℃ 加热后能恢复活性。

氟在炉气中以 HF 的形态存在,它能和硅的氧化物作用生成 SiF_4,从而破坏催化剂载体,使催化剂粉碎。氟还能与钒反应生成 VF_5(沸点 111.2 ℃),使 V_2O_5 挥发,催化剂活性降低。

水蒸气在大于 400 ℃ 的温度下对催化剂无毒害作用。低于此温度时,水蒸气与三氧化硫形成酸雾;在一定条件下会损坏催化剂,使机械强度和活性降低。

矿尘能覆盖在催化剂的表面,因而使其活性降低,并增加催化床层的阻力。

2)二氧化硫催化氧化反应速度

在工业生产条件下,作为气-固催化反应的二氧化硫催化氧化,其气流速度已足够大,不会出现外扩散控制。关于二氧化硫催化氧化反应机理,目前尚无定论。

我国钒催化剂上常用的反应速率方程为:

$$r = \frac{dc(SO_3)}{dt} = k_1 \frac{c(SO_2)}{c(SO_2) + 0.8c(SO_3)} \left[1 - \frac{c^2(SO_3)}{(K_p^\ominus)^2 c^2(SO_2) c(O_2)} \right] \quad (3.1.5)$$

式中　k_1——二氧化硫催化氧化的正反应速率常数;

　　　k_2——二氧化硫催化氧化的逆反应速率常数;

　　　$K_p^\ominus = \dfrac{k_1}{k_2}$——二氧化硫催化氧化的总反应速率常数。

以二氧化硫和氧的初始浓度 a, b 代入,式(3.1.5)变为:

$$r = \frac{dx}{dt} = \frac{k_1}{a} \frac{1-x}{1-0.2x} (b - 0.5ax) \left[1 - \frac{x^2}{(K_p^\ominus)^2 (1-x)^2 (b - 0.5ax)} \right] \quad (3.1.6)$$

钒催化剂有大量孔隙,孔隙率为 50% ~ 60%,有相当数量的孔隙直径为 0.1 ~ 1 μm,内表面积为 2 ~ 10 m^2/g。二氧化硫和氧分子扩散到孔深处和生成的三氧化硫分子从微孔深处向外扩散都有很大的阻力。当传质速率低于化学反应速率时,催化剂的内表面不能充分利用。圆柱形钒催化剂的内表面利用率如图 3.11 所示。

当内表面利用率接近于 1,过程为动力学控制;若远小于 1,则过程中内扩散有显著影响。从图中可见,催化剂颗粒越小,内表面利用率越高;当颗粒增大,微孔深度增加,内表面利用率就降低。此外,在催化剂的活性温度范围内,温度提高,反应速度加快,反应物还来不及扩散到颗粒深孔,反应已经完成,深处的内表面未能及时起作用使内表面利用率降低。同理,低转化率时,过程有较快反应速度,也使内表面利用率降低。只有在转化率高,反应温度较低和催化剂小颗粒的情况下,内表面才能较好利用。从宏观动力学来说,二氧化硫催化氧化的开始和中间阶段,内扩散起着显著的作用,仅在反应末期才属动力学控制。不同控制步骤的反应物浓度分布如图 3.12 所示。

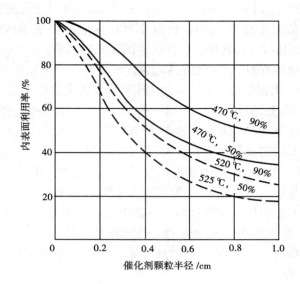

图 3.11　不同温度和二氧化硫转化率时，
圆柱形钒催化剂的内表面利用率

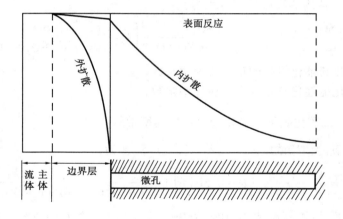

图 3.12　不同控制步骤的反应物浓度分布

3.1.4.3　二氧化硫催化氧化的工艺条件

根据平衡转化率和反应速度综合分析，二氧化硫催化氧化的工艺条件主要涉及反应温度、起始浓度和最终转化率 3 个方面。这些工艺条件怎样才是最适宜，则应根据技术经济原则进行判断。这些原则是：提高转化率和原料利用率，提高劳动生产率和生产操作强度，降低生产费用和设备投资等。

1）最适宜温度

温度对 SO_2 氧化反应的平衡转化率 x_e 和催化氧化反应速度 r 均有很大影响。从平衡角度来看，温度越低，平衡转化率高；从动力学角度来看，温度越高，反应速度快。催化剂有一个活性温度范围，为了确定最适宜温度，我们先来看 T-x_e-r 之间的变化规律（图 3.13）。

从图 3.13 可以看出，在各种转化率下，都有一个反应速度的最大值，与此值相应的温度称为最适宜温度；随着转化率的升高，最适宜温度逐渐降低。

　　由热力学原理知,增加压力,平衡温度提高;提高转化率,平衡温度下降;原始气体组成中,降低 SO_2 体积分数,提高 O_2 体积分数,将使平衡温度增大,最佳温度将相应地变化。

　　2)二氧化硫的起始浓度

　　进入转化器的最适宜 SO_2 体积分数是根据硫酸生产的总费用最小来确定的。若增加炉气中 SO_2 的体积分数度,就相应地降低了炉气中 O_2 的体积分数。由式(3.1.6)可知,若 O_2 的体积分数(b)减小,SO_2 体积分数(a)则增大,反应速度 dx/dt 随之降低,为达到一定的最终转化率所需要的催化剂量也随之增加。因此,从减小催化剂量的角度来看,采用 SO_2 体积分数低的炉气进入转化器是有利的。但是,降低炉气中 SO_2 体积分数会使生产所需要处理的炉气量增大。在其他条件一定时就要求增大干燥塔、吸收塔、转化器和输

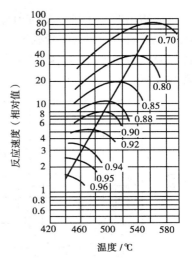

图 3.13　反应速度与温度的关系

送,SO_2 的鼓风机等设备的尺寸,或者使系统中各个设备的生产能力降低,从而使设备折旧费用增加。因此,必须经过经济核算来确定在硫酸生产总费用最低时的 SO_2 体积分数。SO_2 体积分数与生产成本的关系如图 3.14 所示。

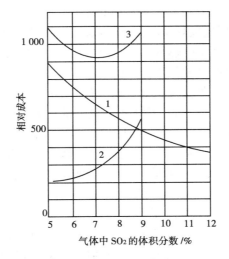

图 3.14　SO_2 体积分数对生产成本的影响

1—设备折旧费与 SO_2 的初始体积分数的关系;

2—最终转化率 97.5% 时催化剂用量与 SO_2 的初始体积分数的关系;

3—系统生产总费用与 SO_2 的初始体积分数的关系

　　图 3.14 中曲线 1 表明,随着 SO_2 体积分数的增加,设备生产能力增加,相应设备折旧费减少。曲线 2 表明,随着 SO_2 体积分数的增加,达到一定最终转化率所需催化剂量增加。曲线 3 表示系统生产总费用与 SO_2 体积分数的关系。a 的值为 7% ~ 7.5% 时,总费用最小。如果炉气中的 SO_2 体积分数超过最佳体积分数,可在干燥塔前补加空气来维持最佳体积分数。

应指出的是,图中数据是在焙烧普通硫铁矿,采用一转一吸流程,最终转化率为 97.5% 的情况下取得的。当原料改变或生产条件改变时,最佳浓度也将改变。例如,以硫磺为原料,SO_2 最佳体积分数为 8.5% 左右;以含煤硫铁矿为原料,SO_2 最佳体积分数小于 7%;以硫铁矿为原料的两转两吸流程,SO_2 最佳体积分数可提高到 9.0% ~10%,最终转化率仍能达到 99.5%。

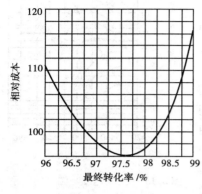

图 3.15　最终转化率与成本的关系

3）最终转化率

最终转化率是接触法生产硫酸的重要指标之一。提高最终转化率,可使放空尾气中二氧化硫含量减少,提高原料中硫的利用率,减少环境污染。提高最终转化率需要增加催化剂的用量,并增大流体阻力。因此在实际生产中,主要考虑硫酸生产总成本最低的最终转化率。

最终转化率的最佳值与所采用的工艺流程、设备和操作条件有关。一次转化一次吸收流程,在尾气不回收的情况下,最终转化率与生产成本的关系如图 3.15 所示。

由图可知,当最终转化率为 97.5% ~98% 时,硫酸的生产成本最低。如有 SO_2 回收装置,最终转化率可以取得低些。如采用两次转化两次吸收流程,最终转化率则应控制在 99.5% 以上。

3.1.4.4　二氧化硫催化氧化的工艺流程及设备

二氧化硫的催化氧化是可逆放热反应,最适宜温度随转化率的升高而降低。随着催化氧化反应的进行,物系不断放出大量的热量,必然使物系温度不断上升,因此适时、适量地移出反应热,以保持物系的最适宜温度是转化流程和反应器设计的基本原则。

按热量的移出方式不同,转化反应器的型式也有所不同。大致可分为内部换热式和段间换热式(或称多段换热式)两类。前者在转化器内设置催化剂管或冷管(为内部换热式 SO_2 转化器),冷却介质在 SO_2 转化过程中带走热量,以保持最适宜温度。这种转化器结构复杂,操作不便,后来逐渐由段间换热式 SO_2 转化器所代替。它将转化分为几段,每一段基本上进行绝热反应,温度升高后停止反应,在段间冷却降温,温度降低到设计要求后再进行下一段反应。段数越多,反应过程越接近最适宜温度分布的要求。

1）段间换热式转化器的中间冷却方式

段间换热式转化器的中间冷却方式可分为两类,间接换热式和冷激式两种。

间接换热式是将部分转化的热气体与未反应的冷气体在间壁换热器中进行换热,达到降温的目的。换热器放在转化反应器内,称为内部间接换热式,放在转化反应器外,为外部间接换热式。

内部间接换热式转化器结构紧凑,系统阻力小,热损失也小。其缺点是转化器本体庞大,结构复杂,检修不便。特别是由于受管板的机械强度限制,难以制作大直径的转化器,故这种转化器只适用于生产能力较小的转化系统。外部间接换热式转化器,由于换热器设在体外,转化器和换热器的连接管线长,系统阻力和热损失相应增加,占地面积也增多。其优点是转化器结构简单,易于大型化。

图 3.16 是多段间接换热式转化器内 SO_2 氧化的 T-x 图。图中的冷却线是水平的,因为冷却过程中混合气体的组成没有变化,所以转化率不变。从这个图可以看出,各段绝热操作线斜

跨最适宜温度曲线的两侧,段数越多,跨出最适宜曲线的范围越短,也即是越接近最适宜操作。但是,转化器段数的增多必然导致设备和管路庞杂,阻力增加,操作复杂。实际生产中,一般采用 4~5 段的间接换热式转化器。

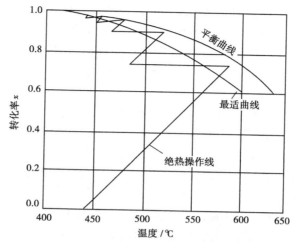

图 3.16 多段间接换热式转化器内的 T-x 图

冷激式转化器采用绝热操作。但冷激式采用冷的气体通入绝热反应后的热气中,让其迅速混合,降低反应气温度。冷激介质可以是冷炉气,也可以是空气,分别称为炉气冷激和空气冷激。

炉气冷激式只有部分新鲜炉气进入第一段催化床,其余的炉气作冷激用。图 3.17 系四段炉气冷激过程的 T-x 图,与图 3.16 不同之处在于换热过程的冷却线不是水平线而是一条温度和 SO_2 转化率都降低的直线。这是由于加入了冷炉气,气体混合物中二氧化硫含量增多,三氧化硫含量虽然不变,但二氧化硫和三氧化硫总含量增加,由此计算而得的转化率降低。

空气冷激式转化器是在段间补充干燥的冷空气,使混合气体的温度降低,尽量满足最适宜温度的要求。图 3.18 表示四段空气冷激过程的 T-x 关系。添加冷空气后,气体混合物中 SO_2 和 SO_3 含量比值没有变化,冷却线仍为水平线;加入空气后,进入下一段催化床的原料气的原始组成发生变化,初始 SO_2 体积分数降低,O_2 的体积分数增加,平衡曲线、最适宜温度线将向同一温度下 SO_2 转化率增高的方向移动,各段绝热操作线斜率发生改变,彼此不平行。

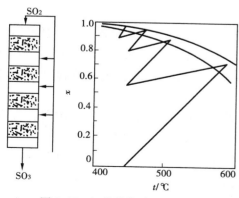

图 3.17 四段炉气冷激 T-x 图

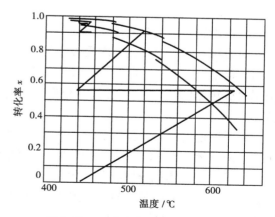

图 3.18 四段空气冷激式的 T-x 图

空气冷激因省略了中间换热器,流程也随着简化。但必须指出,采用空气冷激必须满足两个条件:第一,送入转化器的新鲜混合气体不需预热,便能达到最佳进气温度。第二,进气中的SO_2体积分数比较高,否则由于冷空气的稀释,使混合气体体积分数过低,体积流量过大。

根据这些特点,当用硫磺或硫化氢为原料时,炉气中的SO_2体积分数较高,炉气比较纯净,无须湿法净化,适当降低温度即可进入转化器,适宜于采用多段空气冷激。而用普通硫铁矿为原料时,炉气中SO_2体积分数变化不大,湿法净化后的气体又需升温预热,所以宜采用多段间接换热式或多段间接换热式与少数段炉气冷激相结合部分冷激式。

2) 一次转化流程

一次转化是将炉气一次通过多段转化器转化,段与段间进行换热,转化气送去吸收。一次转化按段间的换热方式可分为间接换热式一次转化、冷激式一次转化和冷激-间接换热式一次转化 3 种方式。下面以炉气冷激-间接换热式一次转化流程为例。

炉气冷激-间接换热一次转化流程如图 3.19 所示。大部分炉气(约85%)经各换热器加热到 430 ℃后进入转化器。其余炉气从Ⅰ-Ⅱ段间进入,与Ⅰ段的反应气汇合,使转化气温度从 600 ℃左右降到 490 ℃左右,以混合气为基准的二氧化硫转化率从Ⅰ段反应气的 65% ~ 75%降到混合气的 50% ~55%。为获得较高的最终转化率,炉气冷激只用于Ⅰ-Ⅱ段间,其他各段间仍用换热器换热,换热器采用外部换热式。这一流程省去了Ⅰ-Ⅱ段间的热交换器,Ⅳ-Ⅴ段间只用两排列管放在转化器内换热,简化了转化器结构,也便于检修。

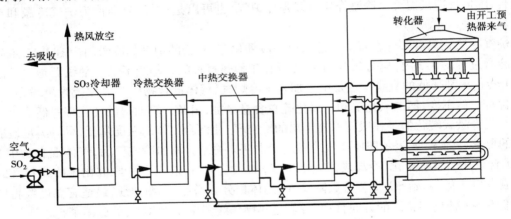

图 3.19   一段炉气冷激四段换热转化流程

3) 两次转化两次吸收流程

前面讨论的一次转化一次吸收工艺,最佳的最终转化率是 97.5% ~98%。如果要得到更高的转化率,转化段数要增加很多,这是不经济的。如将尾气直接排入大气,将造成严重污染,采用两次转化两次吸收工艺就能很好地解决上述问题。两次转化两次吸收流程有以下的特点:

①反应速度快,最终转化率高。一次转化后SO_3被吸收,再次转化时,减少了逆反应,提高了总反应速率,同时剩余气中 $n(O_2)$ 与 $n(SO_2)$ 比值增大,提高了平衡转化率。

②采用较高体积分数的SO_2炉气。中间吸收除去了反应产物SO_3,使两次转化可以采用较高体积分数的SO_2炉气。对硫铁矿炉气来说,一次转化常用 7.5% ~8.0%,两次转化常用 9.0% ~9.5%。但体积分数更高时,炉气中氧含量降低,限制了最终转化率,如炉气含

$w(SO_2) = 10\%$ 时,最终转化率最高可达 99.5%。

③减轻尾气污染。两次转化的尾气中 SO_2 体积分数小于 500×10^{-6},操作正常时只有 $100 \times 10^{-6} \sim 200 \times 10^{-6}$,可用高烟囱排空。两次转化流程虽然投资比一次转化稍高,但若考虑尾气处理在内,成本与一次转化是相近的。

④热量平衡。两次转化两次吸收流程的关键是保持热量平衡。由于增加了中间吸收过程,气体要再一次从 100 ℃ 左右升到 420 ℃ 左右,要用较多的换热面积才能满足热平衡的要求。SO_2 体积分数为 7.5% 的炉气一次转化所需的换热面积为 1,对于两次转化两次吸收流程,SO_2 体积分数为 7.5% 时的换热面积为 2.76,SO_2 体积分数为 9.0% 时的换热面积为 1.95,SO_2 体积分数为 11.0% 时的换热面积为 1.24。

⑤两次转化两次吸收因增加中间吸收和换热器,气流阻力增加,鼓风机压力增大,动力消耗也增加。

两次转化有 10 多种流程,用得较多的是四段转化,分为 (2+2) 和 (3+1) 流程。(2+2) 是指炉气经二段转化后进行中间吸收,再经二段转化后第二次吸收。(2+2) 流程的转化率在相同条件下比 (3+1) 流程的稍高一些,因为 SO_3 较早被吸收掉,有利于反应平衡和加快反应速率。(3+1) 流程则在换热方面较易配置。我国用得较多的一种 (3+1) 两次转化两次吸收流程如图 3.20 所示。炉气依次经过Ⅲ段出口的热交换器和Ⅰ段出口的热交换器后送去转化,经中间吸收,气体再顺序经过Ⅳ段和Ⅱ段换热器后送去第二次转化。二次转化气经Ⅳ段换热器冷却后送去最终吸收。

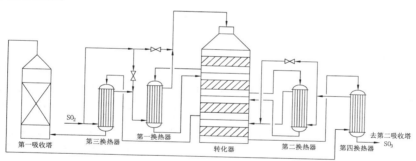

图 3.20　四段两次转化两次吸收流程

(3+1) 流程有多种换热配置方式,如图 3.21 所示,可以根据催化剂性能和操作要求来选择,目的是用较少的换热面积,充分利用热能,使过程自然进行。由于Ⅰ段出口气的温度较高,换热量较大,用Ⅰ段换热器预热炉气对开车平稳操作和调节控制是有利的。ⅢⅠ/ⅣⅡ式是我国用得较多的流程。

4)二氧化硫转化器

一般设计转化器时,需要考虑下列几个方面:能使转化接近于最适宜温度下进行,以提高催化剂的利用率;转化器的生产能力应尽可能大,以节约材料、投资和用地;气体在转化器内能均匀分布,阻力小,动力消耗低;转化器-换热器组应有足够的换热面,以保证净化后气体能靠反应热而预热到规定温度;转化器内催化剂的装填系数应尽可能大,以提高生产强度;转化器的结构要便于制造、安装、检修和更换催化剂。转化器使用条件如表 3.9 所示。

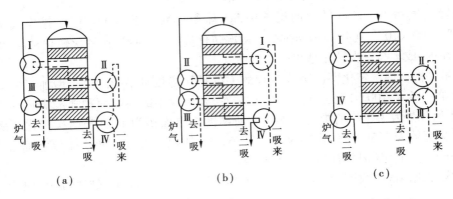

图 3.21　（3＋1）四段两次转化两次吸收流程的换热配置方式
(a) ⅢⅠ/ⅣⅡ式；(b) ⅢⅡ/ⅣⅠ式；(c) ⅣⅠ/ⅢⅡ式

表 3.9　转化器使用条件

催化剂量/(t·d⁻¹)	气体流量/(m³·s⁻¹)	压力损失/Pa	处理催化剂/(次·年⁻¹)	转化率/%
180~250	0.3~0.5	3 000~15 000	1~7	一次转化率 95~98 两次转化率 99.5~99.8

转化器的形式很多,下面举例说明。

图 3.22 是四段内部间接换热式转化器。转化器壳体由钢板卷焊而成,内衬耐火砖,催化剂分段堆放在钢制的箅子板上,为了防止催化剂漏下,在箅子板上装有铁丝网,铁丝网与催化剂之间放上一层鹅卵石。在第一、二段和第三、四段催化床之间设有换热列管,炉气走管外,与管内的转化气进行换热。第三、四之间因换热量少,所需换热面积也少,换热器为螺旋式。为了测定各段出入口的温度和压力,在各段催化床上下部均装有热电偶,在各段设有测压口。为了使进入转化器的炉气能均匀地分布在催化床的整个截面上,在气体进口处设有气体分布板。为了更换催化剂和检修方便,在各段催化床上方均开有人孔。这种转化器结构紧凑,阻力小,占地面积小,广泛用在日产 15~120 t 硫酸的中小型硫酸生产中。由于受管板的机械强度所限,制作大直径转化器较困难,故限制了单台转化器生产能力的提高。

为了克服这一缺点,苏联将转化器内换热列管改为卧式双程管,如图 3.23 所示。该转化器有五段催化床,第一、二段间用炉气冷激,第四、五段间用螺旋式换热器间接换热,其余各段均采用卧式双程列管换热。这种转化器结构很复杂,对于大型硫酸生产装置,还是采用多段外部中间换热式转化器较好。

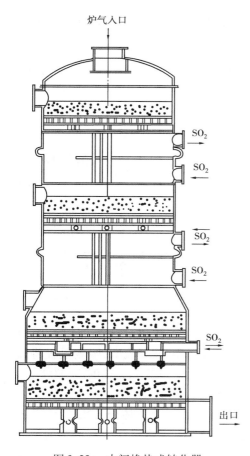

图 3.22　中间换热式转化器

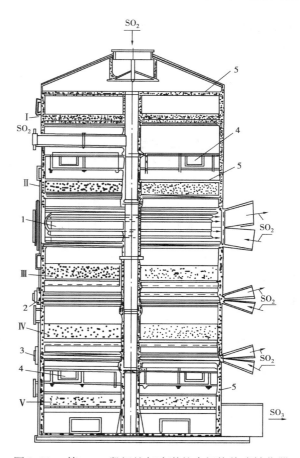

图 3.23　第一、二段间炉气冷激的中间换热式转化器

Ⅰ ~ Ⅴ—催化床;1 ~ 3—中间换热器;4—混合器;5—石英层

3.1.5　三氧化硫的吸收

在硫酸的生产中,SO_3是用浓硫酸来吸收的,使SO_3溶于硫酸溶液,并与其中的水生成硫酸;或者用含有游离态SO_3的发烟硫酸吸收,生成发烟硫酸。这一过程可用下列方程式表示:

$$nSO_3 + H_2O \rule[0.5ex]{1.2em}{0.4pt}\rule[0.3ex]{1.2em}{0.4pt} H_2SO_4 + (n-1)SO_3 \tag{21}$$

当式中的$n>1$时,制得发烟硫酸;当$n=1$时,制得无水硫酸;当$n<1$时,制得含水硫酸,即硫酸和水的溶液。

接触法生产的商品硫酸通常有 92.5% ~ 93% 、98% 的浓硫酸;含游离SO_3体积分数为 18.5% ~ 20% 的标准发烟硫酸;含游离SO_3体积分数为 65% 的高浓度发烟硫酸,这种高浓度发烟硫酸,近年来在化学工业等部门已得到广泛的应用。

3.1.5.1　发烟硫酸吸收过程的原理和影响因素

吸收系统生产发烟硫酸时,含有SO_3的转化气首先送往发烟硫酸吸收塔,用与产品浓度相近的发烟硫酸喷淋吸收SO_3。

用发烟硫酸吸收SO_3的过程是一个物理吸收过程。在其他条件一定时,吸收速度快慢主要取决于推动力,即气相中 SO_3 的分压与吸收液液面上 SO_3 的平衡分压之差。在气液相进行逆流接触的情况下,吸收过程平均推动力可用下式表示:

$$\Delta p_{m} = \frac{(p_1' - p_2'') - (p_2' - p_1'')}{\ln \dfrac{p_1' - p_2''}{p_2' - p_1''}} \qquad (3.1.7)$$

式中　　p_1', p_2'——进出口气体中 SO_3 的分压,Pa;

　　　　p_1'', p_2''——进出口发烟硫酸液面上 SO_3 的平衡分压,Pa。

当气相中 SO_3 的体积分数和吸收用发烟硫酸浓度一定时,吸收推动力与吸收酸的温度有关。酸温度越高,酸液面上 SO_3 的平衡分压越高,使吸收推动力下降,吸收速率减慢;当吸收酸升高到一定温度时,推动力接近于零,吸收过程无法正常进行。

当气体中 SO_3 体积分数为 7% 时,不同酸温下所得发烟硫酸的最大浓度如表 3.10 所示。

表 3.10　不同吸收酸温度下,产品发烟硫酸的最大浓度

吸收酸温度/℃	20	30	40	50	60	70	80	90	100
产品发烟硫酸浓度 $\varphi(SO_3)$/%	50	45	42	38	33	27	21	14	7

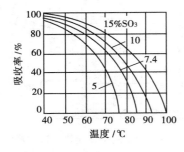

图 3.24　用发烟硫酸吸收 SO_3 的吸收率与温度的关系

由表 3.10 可见,当气体中 SO_3 体积分数为 7% 时,吸收酸温度超过 80 ℃,将不会获得标准发烟硫酸,吸收过程将停止进行。随着气相中 SO_3 体积分数的提高,在同样条件下,所产生发烟硫酸的浓度也可相应地得到提高。

在一定的吸收酸温度下,气相中 SO_3 体积分数越高,发烟硫酸对 SO_3 的吸收率越高。用 SO_3 的体积分数为 20% 的发烟硫酸吸收 SO_3 时,气相中三氧化硫的体积分数及吸收酸温度对吸收率的影响可用图 3.24 的曲线表示。

由图 3.24 可见,在通常的条件下,用发烟硫酸来吸收 SO_3 时,吸收率是不高的。气相中其余的 SO_3 必须再用浓硫酸吸收。因此,生产发烟硫酸时一般采用两个塔吸收。如果不生产发烟硫酸,全部产品为浓硫酸,则 SO_3 的吸收只需在浓硫酸吸收塔中完成。这是一个伴有化学反应的气液相吸收过程。

3.1.5.2　浓硫酸吸收过程的基本原理和影响因素

在生产中,多采用 98.3% 的浓硫酸来吸收 SO_3,SO_3 与其中的水生成硫酸。在吸收操作中,一般用浓硫酸循环。在循环过程中,由于硫酸浓度不断提高,需要低于 98.3% 的硫酸和水来稀释,以保持吸收酸的浓度。同时,随着吸收酸量的增加,可不断排出多余部分作为成品酸。

提高 SO_3 的吸收率不但可以提高硫酸产量和硫的利用率,而且吸收后的尾气中 SO_3 减少,对大气污染也小。要提高 SO_3 吸收率,必须选择最适宜的操作条件,其中最重要的是吸收酸的浓度和温度。

（1）吸收酸的浓度

当用浓硫酸吸收 SO_3 时,有下列两种过程同时进行:气相中的 SO_3 被硫酸水溶液吸收后与酸液中的水分结合而生成硫酸;SO_3 在气相中与硫酸液面上的水蒸气结合生成硫酸蒸气,使酸液面上的硫酸蒸气分压增大而超过平衡分压,气相中的硫酸分子便不断进入酸中。

98.3% 的浓硫酸是常压下 $H_2O-H_2SO_4$ 体系中的最高恒沸液,具有最低的蒸气压,它的水汽分压比浓度低的硫酸低,它的 SO_3 和硫酸分压比浓度高的硫酸低。因此,用 98.3% 的浓硫酸吸收 SO_3 时有较大的推动力,吸收率在逆流操作的情况下可以达到很高。

当吸收酸的浓度低于 98.3% 时,吸收酸液面上气相中水蒸气分压高,气相中的 SO_3 与水蒸气生成硫酸分子的速度很快,来不及进入液相中。由于酸液面上水蒸气的消耗,酸液中的水分不断蒸发而进入气相,与气相中的 SO_3 生成硫酸分子,结果使气相中硫酸急剧增多,硫酸蒸气在气相中冷凝成酸雾,而不易被吸收酸所吸收。吸收酸浓度越低,酸液面上水蒸气分压越大,酸雾越容易生成,对气相中的 SO_3 吸收越不完全,即吸收率越低。

当吸收酸浓度高于 98.3% 时,酸液面上硫酸和 SO_3 蒸气分压都增大,由于平衡蒸气分压增大,气相中硫酸和 SO_3 含量增多,SO_3 的吸收率也会大大降低。因为硫酸和 SO_3 分压高,减少了吸收推动力,使吸收速率降低。因此,用 98.3% 的硫酸吸收 SO_3 最为有利。

（2）吸收酸温度

吸收酸温度越高,吸收酸液面上总蒸气压越大,对 SO_3 的吸收越不利。当吸收酸浓度一定时,温度越高,SO_3 吸收率越低。硫酸生产中,一般将进入吸收塔的吸收酸温度控制在 50 ℃ 以下,出塔酸的温度则控制在 70 ℃ 以下。

（3）进塔气温

进塔气温对吸收操作过程也有影响。在一般的吸收操作中,气体温度较低有利于吸收。在吸收 SO_3 时,为了避免生成酸雾,气体温度不能太低,尤其在转化气中水含量较高时,提高吸收塔的进气温度,能有效减少酸雾的生成。表 3.11 是 SO_3 体积分数为 7% 的转化气、水蒸气与转化气露点的关系。

表 3.11　水蒸气质量浓度与转化气露点的关系

水蒸气质量浓度/$(g \cdot m^{-3})$	0.1	0.2	0.3	0.4	0.5	0.6	0.7
转化气的露点/℃	112	121	127	131	135	138	141

从表 3.11 中可看出,当炉气干燥到水蒸气含量只有 0.1 g/m^3 时,转化气进吸收塔温度必须高于 112 ℃。此外,在两次转化两次吸收工艺中,适当提高第一吸收塔的气体进出口温度,可以减少转化系统的换热面积。

近年来,由于广泛采用两次转化两次吸收工艺,以及节能工艺的需要,吸收工序有提高第一吸收塔进口气温和酸温的趋势,这种工艺对于维护转化系统的热平衡,减少换热面积,节约并回收能量等方面均是有利的。但在工艺条件、设备配置和材料的选择上,也需做一些相应的变更。

3.1.5.3　生产发烟硫酸的吸收流程

生产发烟硫酸采用两级吸收流程,如图 3.25 所示。经冷却的转化气先经过发烟硫酸吸收塔(一塔),再经过浓硫酸吸收塔(二塔),尾气送回收处理系统。发烟硫酸吸收塔喷淋的是含游离 SO_3 体积分数为 18.5% ~20% 的发烟硫酸,喷淋酸温度控制在 40 ~50 ℃,吸收 SO_3 后浓度和温度均有所升高,经稀释后用螺旋冷却器冷却,以维持循环酸和成品酸的浓度和温度。发烟硫酸的 SO_3 蒸汽压高,只能用 98.3% 的浓硫酸稀释以减少酸雾的生成。混合后的发烟硫酸一部分作为产品,大部分循环用于吸收。浓硫酸吸收塔用 98.3% 硫酸喷淋,吸收 SO_3 后用干燥塔来的 93% 的硫酸混合稀释并冷却,一部分送往发烟硫酸循环槽,一部分送往干燥系统,大部分循环用于吸收,另一部分作为产品抽出。

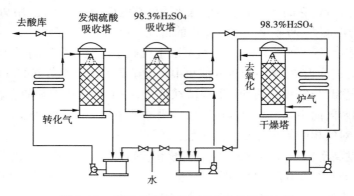

图 3.25　制造发烟硫酸和浓硫酸的吸收流程

为有利于发烟硫酸的吸收,进气温度控制较低为 70~120 ℃。虽有一些酸雾生成,因为连续经过两个塔的拦截,有部分酸雾被捕集。

3.1.5.4　生产浓硫酸的吸收流程

我国普遍采用的生产 98.3% 浓硫酸的吸收流程如图 3.26 所示。

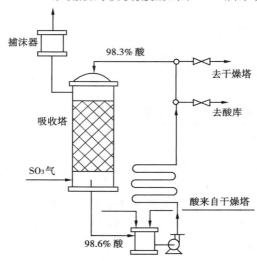

图 3.26　生产浓硫酸的泵前吸收流程

催化氧化后的转化气从吸收塔底部进入,98.3% 的浓硫酸从塔顶喷淋,气液两相逆流接触三氧化硫被吸收得很完全。进塔气体温度维持在 140~160 ℃,空塔气速为 0.5~0.9 m/s,吸收在常压下进行。喷淋酸温度控制在 50 ℃ 以下,出塔酸温度用喷淋量控制,使之小于 70 ℃。吸收塔流出的酸浓度比进塔酸提高 0.3%~0.5%,经排管冷却器冷却后送往循环槽,用干燥塔来的变稀硫混合,不足的水分由新鲜水补充,再用酸泵输送,除循环外,部分送往干燥塔,部分抽出作为产品。正常操作时,吸收率可达 99.95%。

此流程冷却器位于泵前,称为泵前流程。特点是输送过程中酸的压头小,操作比较安全。冷却器也可以放在泵后,成为泵后流程,酸由泵强制输送通过冷却器,传热效果好,但酸因受压而易泄漏。

3.1.6　废热利用

3.1.6.1　沸腾焙烧的废热

沸腾炉焙烧含硫原料过程中会放出大量的热。由热量衡算可知:每燃烧 1 kg 含硫 35% 的硫铁矿,可放出热量 4 521.7 kJ,这些热量约 40% 消耗于炉气、灰渣的加热,其余 60% 以上的热量即为余热。余热大致分为两部分:一是为维护炉温需导出的部分,约为 1.264 GJ/t 酸;二是导出炉气从 850 ℃ 降到 350～400 ℃ 放出的部分,约为 1.482 GJ/t 酸。也就是说,烧 1 t 矿可得到的余热相当于 100 kg 标准煤的发热量。如把它回收利用可得到 1.0～1.2 t 蒸气。如不把它们利用,须在炉内和炉气出口处设置专门的冷却器移热,这将消耗大量冷却水和电能。由于原料品位、水分和杂质含量不同,以及操作条件(炉温、出口炉气)的不同,在沸腾炉中能得到的余热量有较大差别。表 3.12 为不同情况下的余热量。

表 3.12　不同情况下 1 kg 矿的余热量

$w(S)/\%$	$w(H_2O)/\%$	炉温/℃	$\varphi(SO_2)/\%$	余热/$(kJ \cdot kg^{-1})$
30	8	850	12	2 093
35	5	850	12	2 721
40	4	850	13	2 931
20	7	850	12	1 256

从表 3.12 中可见,这些余热的回收利用具有很大经济意义。目前国内许多单位已在沸腾炉中配置了废热锅炉,用以回收余热。我国第一座废热铝炉于 20 世纪 60 年代初投产,一年利用废热发电达 800 万度,除满足本身生产需要外,还余 1/3 以上电力可供输出,装置投资在一年内即可收回。随着我国科学技术的进步,近些年废热利用已很普遍。

3.1.6.2　废热利用方法

为降低硫酸成本,有效回收余热,最有效的方法是利用废热锅炉,进而将余热产生的蒸气用于发电。

在废热锅炉推广之前,多数厂采用在沸腾炉上安装间接冷却装置生产热水。由于传热系数不高,冷却面积较大,同时由于冷却水进口温度为常温,排出温度不宜超过 60 ℃(温度高易引起冷却壁结垢),故水耗量及动力消耗均很大。也有厂采用直接喷水的方法控制炉温,此种方法很简便,调节亦十分灵敏,但水气化只把炉内显热转变为潜热,增加了炉气的湿含量,使炉气体积增大,后续净化负荷增大,余热量基本得不到利用。沸腾炉导出的高温炉气如直接进入除尘设备,将会使这些设备很快损坏,所以都采用炉气冷却设备来移热。曾采用过的冷却设备有水夹套、列管式冷却器、水膜冷却器、自然散热式冷却器等。但总的来讲,因炉气冷却器传热效率不高、易损坏,所以耗用钢材多,维修工作量大。

利用废热锅炉串联于工艺流程之中,它既可用来回收余热生产蒸汽,同时也可完成降温除尘的特定工艺作用。因此,这是最有效的余热利用方法。用于制酸的废热锅炉与普通工业锅炉的结构相近,亦是由汽包、炉管和联管 3 个基本部分组成,只是炉管作为受热元件所处的环境与普通工业锅炉不同。

炉气中硫腐蚀主要为 SO_3 对管件的腐蚀。炉气中 H_2SO_4 蒸气的露点为 190～230 ℃。一且受热面管壁温度低于气体露点,硫酸蒸气将凝成液体硫酸而腐蚀管壁金属。要防止低温腐蚀不外乎通过降低炉气露点或提高管壁温度这两种途径。降低炉气中水蒸气含量,尤其是提高焙烧炉出口的 SO_3 的浓度,严格控制焙烧炉气中的氧含量以抑制 SO_3 的生成,可以达到降低露点的目的。为了提高管壁温度,可采用提高锅炉的操作压力,即相应提高蒸气受热面管内介质的温度,从而使壁温高于炉气露点。经验表明,维持汽包操作压力等于或高于 2.45 MPa(对应的饱和温度为 225 ℃),基本上可以使蒸发受热面免受低温腐蚀。

目前,我国沸腾炉用的废热锅炉水汽循环方式有自然循环、强制循环和混合循环(即炉气受热管部分用强制循环,沸腾炉内用自然循环,受热管分别置于沸腾炉和炉气烟道内)。

我国到目前为止,各种汽水循环方式的锅炉已形成系列产品,较有代表性的有:DG 型自然循环锅炉,混合循环锅炉如 F101 型和 FR 型。20 世纪 80 年代以来,中国新建的现代化大型硫铁矿制酸装置都采用水平通道式废热锅炉。在国外,自然循环和强制循环都有采用,但以强制型为多,采用水平通道、炉气横向冲刷受热面较多。具有代表性的锅炉型号有奇鲁型废热锅炉。

3.1.7　三废治理与综合利用

随着工业生产的发展,人们越来越重视环境保护问题,我国于 1996 年制订了"硫酸排放标准"(见 GB 16297—1996)。

在硫酸生产中,有大量废渣、废水、废气产生,简称"三废"。硫铁矿焙烧的废渣主要是氧化铁和残余的硫化铁,以及少量铜、铅、锌、砷和微量元素钴、硒、镓、锗、银、金等的化合物。当矿石中硫的质量分数为 25% ~35% 时,每生产 1 t 硫酸一般要排出 0.7~1 t 的矿渣。大量矿渣不但占用耕地,而且堆放太久将在细菌作用下氧化成为水溶性硫酸铁而污染地层水系。水洗净化流程每生产 1 t 硫酸需排出 10~15 t 污水。污水中除含有硫酸外,还含砷、氟的化合物和其他贵重金属等。生产中的炉气虽然经过转化、吸收, SO_2 转化为 SO_3 被吸收成为硫酸,但吸收后的尾气中仍含有少量未转化的 SO_2 ,其含量随转化率高低而不同,一般在 0.3% ~0.8% 。当吸收率低和吸收塔除沫操作不良时,尾气中还会含有少量 SO_3 和酸雾。

因此,开展综合利用,充分回收原料中的有用成分,使有害物质资源化,是减少硫酸生产有害物排放的主要途径。

3.1.7.1　尾气中有害物的处理

硫酸厂尾气中的有害物主要是 SO_2 、少量的 SO_3 和酸雾。因此,减少尾气中有害物的排放,主要应提高 SO_2 的转化率和 SO_3 的吸收率。采用两次转化两次吸收,使 SO_2 的转化率达到99.75% ,就可达到排放标准,这是消除尾气污染的根本措施。

但是,在早期建成的硫酸装置中,绝大多数为一次转化一次吸收流程,其中多数装置目前已建有尾气处理系统。对尾气及含低浓度 SO_2 烟气的处理方法甚多,且各具特色,下面着重介绍应用最广的氨-酸法。

(1)氨-酸法的基本原理

氨-酸法包括吸收、分解、中和三个主要部分。

尾气通入回收塔,与含氨的碱性循环母液逆流接触,尾气中的 SO_2 与母液中的氨或亚硫酸铵作用而被吸收

$$SO_2 + 2NH_3 \cdot H_2O \Longrightarrow (NH_4)_2SO_3 + H_2O \tag{22}$$

$$(NH_4)_2SO_3 + SO_2 + H_2O \rule[0.5ex]{2em}{0.4pt} 2NH_4HSO_3 \tag{23}$$

同时,尾气中的 O_2、少量的 SO_3 以及酸雾,会使溶液发生如下副反应:

$$2(NH_4)_3SO_3 + SO_3 + H_2O \rule[0.5ex]{2em}{0.4pt} 2NH_4HSO_3 + (NH_4)_2SO_4 \tag{24}$$

$$2(NH_4)_2SO_3 + O_2 \rule[0.5ex]{2em}{0.4pt} 2(NH_4)_2SO_4 \tag{25}$$

$$2NH_3 \cdot H_2O + H_2SO_4 \rule[0.5ex]{2em}{0.4pt} (NH_4)_2SO_4 + 2H_2O \tag{26}$$

吸收 SO_2 的有效组分是氨和亚硫酸铵。为了保持操作稳定和节省后继工段硫酸用量,吸收液是循环使用的。随着吸收过程的进行,要补充氨气或氨水,使母液保持一定的碱度,使亚硫酸氢铵转化成亚硫酸铵,这一过程称为再生:

$$NH_3 + NH_4HSO_3 \rule[0.5ex]{2em}{0.4pt} (NH_4)_2SO_3 \tag{27}$$

为保持母液中 $n[(NH_4)_2SO_3]/n(NH_4HSO_3)$ 的比值稳定,需要不断移出部分母液送分解系统。

吸收后的母液需加浓硫酸分解出 SO_2 回收利用:

$$H_2SO_4 + (NH_4)_2SO_3 \rule[0.5ex]{2em}{0.4pt} (NH_4)_2SO_4 + SO_2 + H_2O \tag{28}$$

$$H_2SO_4 + 2NH_4HSO_3 \rule[0.5ex]{2em}{0.4pt} (NH_4)_2SO_4 + 2SO_2 + 2H_2O \tag{29}$$

分解生成的 SO_2 有较高纯度,可制造液体 SO_2 或送回制酸系统。硫酸加入量较理论量多 $30\% \sim 50\%$,以使分解完全。分解后的母液再吹入蒸气或空气,驱出溶于液相的 SO_2。用空气吹出的 SO_2 浓度较低,送回制酸系统。

分解液呈酸性,必须通入氨气或加入氨水将过量硫酸中和后才能排放,反应式如下:

$$2NH_3 + H_2SO_4 \rule[0.5ex]{2em}{0.4pt} (NH_4)_2SO_4 \tag{30}$$

(2)影响回收的因素

25 ℃ 用 SO_2 来饱和氨水时,溶液中 SO_2 的平衡质量浓度如表 3.13 所示。

表 3.13 25 ℃ 饱和氨水吸收 SO_2 平衡组成

进气中 SO_2 的体积分数/%	7	3	1	0.25
溶液中 SO_2 的质量浓度/($kg \cdot m^{-3}$)	630	625	615	610

从表 3.13 中数据表明,进气中 SO_2 浓度很低时,吸收液的 SO_2 质量浓度仍然很高,这是由于 SO_2 与氨反应属于酸碱中和,平衡常数很高的缘故。

用循环母液吸收尾气时,母液成分对吸收率的影响如图 3.27 所示。生产时控制母液中 $n(SO_2):n(NH_3) = 0.75 \sim 0.85$,即 $n[(NH_4)_2SO_3]:n(NH_4HSO_3)$ 约为 $1:3$,pH 值在 $5.5 \sim 6.0$。此时回收率达 90% 以上,排空尾气中氨损失 $0.05 \sim 0.2$ g/m^3。多数厂将一段吸收母液中总亚铵盐控制在 400 kg/m^3 左右。有些厂采用改进的两段吸收,先用含亚铵盐 550 kg/m^3 的母液吸收,再用含亚铵盐 $100 \sim 250$ kg/m^3 的母液处理残气,吸收率可从 90% 提高到 98%,排空尾气中 SO_2 降到 2.0×10^{-4} 以下。

分解温度的影响见表 3.14,温度超过 80 ℃,分

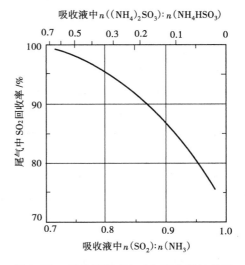

图 3.27 吸收液组成与 SO_2 回收率的关系

解率达99%以上。过高的温度使亚硫酸铵分解成硫酸铵和硫代硫酸铵,后者再分解生成元素硫,会堵塞设备。常用的分解温度为80~85 ℃。

表 3.14　饱和氨水吸收 SO_2 后分解温度与分解率的关系

分解温度/℃	70	74	80	85	90
分解率/%	99.0	98.5	99.2	99.4	99.3

(3)氨-酸法的工艺流程

氨-酸法的工艺流程如图 3.28 所示。尾气送入回收塔吸收其中的 SO_2,回收塔有两段,第一段有2~3块塔板使 SO_2 体积分数从 2.0×10^{-3}~4.0×10^{-3} 降到 5.00×10^{-4};第二段有 2 块塔板,SO_2 降到 1.00×10^{-4}~2.00×10^{-4},经过除沫层后排空。各段有单独的母液循环系统,系统中有补充氨的循环槽。

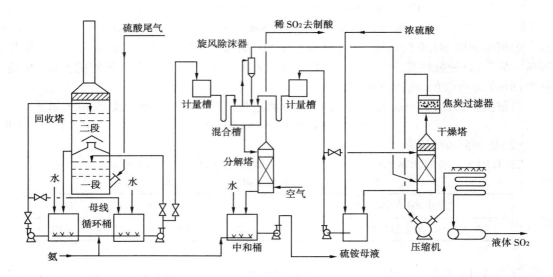

图 3.28　氨-酸法处理硫酸尾气流程

多出的浓母液送往高位槽,再流往混合槽,同时流往混合槽的有硫酸高位槽来的硫酸。在混合槽中反应并释放出高浓度的 SO_2,占总分解出 SO_2 量的 60%~80%,送去干燥和加压到 0.4~0.8 MPa 后液化成液体 SO_2,也可在常压下冷冻到 -10 ℃冷凝成液态。

混合槽中初步分解的母液流入填料分解塔。塔底通入空气将母液中的 SO_2 吹出并送回制酸系统。分解液在中和桶内用氨气中和,溶液含硫铵 550~580 kg/m^3,可直接作为产品。

3.1.7.2　烧渣的综合利用

硫铁矿或硫精矿焙烧后残余大量的烧渣。烧渣除含铁和少量残硫外,还含有一些有色金属和其他物质。沸腾焙烧时得到的烧渣分为两部分:一部分是从炉膛排渣口排出的烧渣,粒度较大,铁品位低,残硫较高,占总烧渣量的 30% 左右;另一部分是从除尘器卸下的矿尘,粒度细,铁品位较高,残硫较低,有色金属含量也稍高一些。

烧渣和矿灰宜分别利用。它们可用于以下几个主要方面:

①作为建筑材料的配料:代替铁矿石作助溶剂用于水泥生产以增强水泥强度;制矿渣水

泥;用硫酸处理并与石灰作用以生产绝热材料;用于生产碳化石灰矿渣砖。用于这些配料的量均不大,如 1 t 水泥约用含铁大于 30% 的矿渣 60 kg。

②作为炼铁的原料:1 个年产 40 万 t 硫酸厂的烧渣如能全部利用,可炼钢 10 ~ 20 万 t。就可利用性而言,烧渣含铁量低于 40% 时,几乎没有作为炼铁原料的利用价值。一般来说,在高炉炼铁时,入炉料的含铁品位提高 1% ,高炉焦比可降低 1.5% ~ 2.5% ,生铁产量增加 2.6% ~ 3% ,因为随入炉料含铁量的增加,脉石量减少,溶剂消耗量降低,燃烧消耗量减少。国外不少厂矿为提高硫铁矿对硫磺的竞争力,将硫铁矿精选到含硫 47% ~ 52% ,使烧渣达到炼铁精料的要求,降低硫酸成本。

③回收烧渣中的贵重金属:有些硫化矿来自黄金矿山的副产物,经过焙烧制取 SO_2 炉气后,烧渣中金、银等贵金属含量又有所提高,成为提取金银的宝贵原料。

④用来生产氧化铁颜料铁红,制硫酸亚铁,玻璃研磨料,钻探泥浆增重剂。

3.1.7.3　硫酸厂排放液的处理和回收

用硫铁矿焙烧制取 SO_2 原料气时,经常有污酸、污泥和污水的排出。污酸污泥主要来自炉气的酸洗净化系统。污水来自两个方面:一是炉气水洗净化系统排出的大量的洗涤水;二是厂区内冲洗被污染地面的出水。无论是污酸或污水,均含有数量不等的矿尘和有毒物质,其中还包括一些有色金属及稀有元素。必须在排放前进行处理并回收有用元素,使有害物质含量降低到国家规定的排放标准以下。

关于硫酸厂排放污酸污水的处理方法,可根据排出液的成分及当地条件而采用因地制宜的方法。目前常用的有两类:

(1)加入碱性物质的多段中和法

通过加入碱性物质使污酸污水中所含的砷、氟及硫酸根等形成难溶的物质,通过沉淀分离设备使固体矿尘及有毒物质从污酸污水中分离出来。常用的碱性物质有石灰石、石灰乳、电石渣以及其他废碱液。为加速污酸污水中固体物质的沉降,可添加适量凝聚剂,如氢氧化铁、碱式氯化铝、氯化物以及聚丙烯酰胺等。

(2)硫化-中和法

主要用于冶炼烟气制酸系统的污酸处理。冶炼烟气制酸装置排出的稀酸中,常溶有铜、铅、锌、铁以及砷和氟的成分,在中和处理前,先除铅,再经硫化除去铜和砷,然后中和处理,使清液达到排放标准。

3.2　硝　酸

3.2.1　概　述

纯硝酸(100% HNO_3)为无色液体,具有窒息性与刺激性,相对密度为 1.522,沸点为 83.4 ℃,熔点为 -41.5 ℃,常温下能分解:

$$4HNO_3 = 4NO_2 \uparrow + O_2 \uparrow + H_2O$$

释放出的 NO_2 溶于硝酸而呈黄色。

硝酸能以任意比例溶解于水,并放出稀释热。稀释热可用下式计算:

$$Q = m \cdot \frac{37.41n}{1.737 + n} \tag{3.2.1}$$

式中　Q——稀释热,J/mol;

　　　m——纯硝酸的物质的量,mol;

　　　n——水与纯硝酸的摩尔比。

工业硝酸分为浓硝酸(96%~98%)和稀硝酸(45%~70%)。浓硝酸的规格见表3.15。

表 3.15　浓硝酸标准(GB/T 337.1—2002)

指标名称	98 酸	97 酸
硝酸(HNO$_3$)质量分数/%	≥98.0	≥97.0
亚硝酸(HNO$_2$)质量分数/%	≤0.50	≤1.0
硫酸(H$_2$SO$_4$)质量分数/%	≤0.08	≤0.10
灼烧残渣质量分数/%	≤0.02	≤0.02

硝酸是氧化性很强的强酸。除金、铂及某些稀有金属外,各种金属皆能与稀硝酸作用生成硝酸盐。"王水"(浓硝酸与盐酸体积比为1∶3的混合液)能溶解金和铂。

硝酸也是重要的基本化学产品,产量在各类酸中仅次于硫酸。硝酸具有广泛的用途:制造化肥,大部分用于生产硝酸铵和硝酸磷肥;制造硝酸盐,如钠、镁、锂、铷等金属的硝酸盐,其中硝酸锂(熔点264 ℃,分解温度600 ℃)用作热交换载体,硝酸铷用作制造丁二烯的催化剂;作有机合成原料,浓硝酸可将苯、蒽、萘和其他芳香族化合物硝化制取有机原料;制造草酸,与农作物废料反应制取草酸,或与丙烯、乙烯、乙二醇作用制取草酸;用于军火工业,制取 TNT 炸药,或精制提取核原料;用于合成香料,硝酸与二甲苯反应制得的二甲苯麝香,广泛用于调配化妆品、皂用及室内用香料;硝酸还用于化学试剂及有色金属酸洗。

目前,工业硝酸皆采用氨氧化法生产。该工艺包括氨的接触氧化、一氧化氮的氧化和氮氧化物的吸收。此工艺可生产浓度为45%~60%的稀硝酸。

3.2.2　稀硝酸生产过程

3.2.2.1　氨的催化氧化制取一氧化氮

1)氨氧化反应

氨和氧可进行下面3个反应:

$$4NH_3 + 5O_2 =\!=\!= 4NO + 6H_2O \qquad \Delta H_1 = -907.28 \text{ kJ/mol}$$

$$4NH_3 + 4O_2 =\!=\!= 2N_2O + 6H_2O \qquad \Delta H_2 = -1\,104.9 \text{ kJ/mol}$$

$$4NH_3 + 3O_2 =\!=\!= 2N_2 + 6H_2O \qquad \Delta H_3 = -1\,269.02 \text{ kJ/mol}$$

另外,还能发生下列3个反应:

$$2NH_3 =\!=\!= N_2 + 3H_2 \qquad \Delta H_4 = 91.69 \text{ kJ/mol}$$

$$2NO =\!=\!= N_2 + O_2 \qquad \Delta H_5 = 180.6 \text{ kJ/mol}$$

$$4NH_3 + 6NO \Longrightarrow 5N_2 + 6H_2O \qquad \Delta H_6 = 1\ 810.8\ kJ/mol$$

不同温度下,氨氧化和氨分解反应的平衡常数见表 3.16。

表 3.16　不同温度下氨氧化和氨分解反应的平衡常数($p = 0.1$ MPa)

温度/K	反应平衡常数			
	k_1	k_2	k_3	k_4
300	6.4×10^{41}	7.3×10^{47}	7.3×10^{56}	1.7×10^{-3}
500	1.1×10^{26}	4.4×10^{28}	7.1×10^{34}	3.3
700	2.1×10^{19}	2.7×10^{20}	2.6×10^{25}	1.1×10^2
900	3.8×10^{15}	7.4×10^{15}	1.5×10^{20}	8.5×10^2
1 100	3.4×10^{11}	9.1×10^{12}	6.7×10^{16}	3.2×10^3
1 300	1.5×10^{11}	8.9×10^{10}	3.2×10^{14}	8.1×10^3
1 500	2.0×10^{10}	3.0×10^9	6.2×10^{12}	1.6×10^4

由表 3.16 可看出,在一定温度下,反应的平衡常数皆很大,可视为不可逆反应。比较平衡常数可得,如果对反应不加控制,氨和氧反应的最终产物必然是氮气。欲得到 NO,不能从热力学去改变化学平衡来达到目的,只能从反应动力学方面去着手。即寻找一种选择性催化剂,抑制不希望的反应。目前最好的选择性催化剂是铂。

2)氨氧化催化剂

氨氧化催化剂有两大类:一类是铂系催化剂;另一类是非铂系催化剂。

(1)铂系催化剂

铂系催化剂以金属铂为主体,价格昂贵,催化活性最好,机械性能和化学稳定性良好,易再生,容易点燃,操作方便,在硝酸生产中得到广泛应用。常用的铂系催化剂是铂、铑、钯合金(质量分数分别为铂 93%、铑 3%、钯 4%)。

因铂难以回收,铂系催化剂不用载体。工业上将其做成丝网状。新铂网表面光滑、有弹性,但活性不好,在使用前需要进行"活化"处理,即用氢火焰进行烘烤,使之疏松、粗糙,以增大接触面积。

与其他催化剂一样,铂里的许多杂质都会使其活性降低。空气中的灰尘和氨气中夹带的油污等会覆盖铂的活性表面,造成暂时中毒;硫化氢也会使铂网暂时中毒,尤其是 PH$_3$,气体中即使仅含有 0.002%,也足以使铂催化剂永久中毒。为保护铂催化剂,预先须对反应气体进行净化处理。即使如此,铂网还是会随着时间的增长而逐渐失活。因此,一般在使用 3 ~ 6 个月后就进行再生处理。再生的方法是将铂网从氧化炉中取出,先浸入质量分数为 10% ~ 15% 盐酸溶液中,加热到 60 ~ 70 ℃,在该温度下保持 1 ~ 2 h,然后将铂网取出用蒸馏水洗涤至水呈中性。再将其干燥并用氢火焰重新活化,活化后活性一般可恢复正常。

铂网在硝酸生产中受到高温及气流的冲刷,表面会发生物理变化,细粒极易被气流带走,造成铂的损失。损失量与温度、压力、网径、气流方向以及接触时间等因素有关。一般认为,温度超过 800 ~ 900 ℃,铂的损失会急剧增加。因此,常压下氨氧化时铂网温度一般为 800 ℃,加压时一般为 880 ℃。

铂价格昂贵,目前工业上用数层钯-金捕集网置于铂网之后来回收铂。在 750 ~ 850 ℃ 下被气流带出的铂微粒通过捕集网时,铂被钯置换。铂的回收率与捕集网数、氨氧化操作压力及生产负荷有关。常压下,用一张捕集网可回收 60% ~ 70% 的铂;加压氧化时,要回收 60% ~ 70% 的铂,需要两张甚至更多张捕集网。

(2)非铂系催化剂

为替代价格昂贵的铂,长期以来,对铁系及钴系催化剂进行了许多研究。因铁系催化剂氧化率不及铂网高,目前难以完全替代铂网,一般是将两者联合使用。国内外对铂网和铁铋相结合的两段催化氧化曾有工业规模的试验,以期达到用适当的非铂催化剂代替部分铂的目的。但实践表明,由于技术及经济上的原因,节省的铂费用往往抵消不了由于氧化率低造成的氨消耗,因此非铂催化剂未能在工业上大规模应用。

非铂催化剂价廉易得,新制备的非铂催化剂活性往往也较高,所以研制这类新催化剂仍是很有前景的。

3)氨催化氧化反应动力学

一般来讲,氨氧化过程与其他气-固催化反应过程一样,包括:反应物的分子从气相主体扩散到催化剂表面;在表面上被吸附并进行化学反应;反应产物从催化剂表面解吸并扩散到气相主体等步骤。有人认为反应机理是:

①铂吸附氧的能力极强,吸附的氧分子发生原子间的键断裂。

②铂催化剂表面从气体中吸附氨分子,随之氨分子中氮和氢原子分别与氧原子结合。

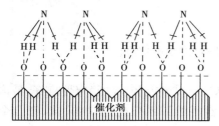

③在铂催化剂活性中心进行电子重排,生成一氧化氮和水蒸气。

④铂催化剂对一氧化氮和水蒸气吸附能力较弱,因此它们会离开铂催化剂表面进入气相。

在铂催化剂上氨氧化生成 NO 的机理如图3.29所示。

图 3.29　铂催化剂表面生成 NO 的图解

氨向铂催化剂表面扩散过程最慢,是整个氧化过程的控制步骤。诸多学者认为,氨氧化的反应速度受外扩散控制,对此,M. N. 捷姆金导出了 800 ~ 900 ℃ 在 Pt-Rh 网上氨氧化反应的动力学方程为:

$$\lg \frac{c_0}{c_1} = 0.951 \frac{Sm}{dV_0} [0.45 + 0.288(dV_0)^{0.56}] \tag{3.2.2}$$

式中　c_0——氨空气混合气中氨的体积分数,%;

　　　c_1——通过铂网后氮氧化物气体中氨的体积分数,%;

　　　S——铂网的比表面积,即活性表面积/铂网截面积;

　　　m——铂网层数;

　　　d——铂丝直径,cm;

　　　V_0——标准状态下的气体流量,L/(h·cm^2)。

4)氨氧化工艺条件的选择

选择氨氧化工艺条件时,考虑的主要因素有:氨氧化率、生产强度和铂损失。

(1)温度

温度越高,催化剂的活性也越高。生产实践证明,要达到96%以上的氨氧化率,温度不得低于 780 ℃。然而,温度太高(超过 920 ℃时),铂的损失剧增,且副反应加剧。常压下氨氧化温度取 780 ~ 840 ℃。压力增高时,操作温度可相应提高,但不应超过 900 ℃。

(2)压力

氨氧化反应实际上可视为不可逆反应,压力对于 NO 产率影响不大,但加压有助于反应速度的提高。尽管加压(如 0.8 ~ 1.0 MPa)导致氨氧化率有所降低,但反应速度的提高可使催化剂的生产强度增大,节省 NO 氧化和 NO_2 吸收所用的昂贵不锈钢设备。生产中究竟采用常压还是加压操作,应视具体条件而定。一般加压氧化采用 0.3 ~ 0.5 MPa,也有采用综合法流程,即氨氧化采用常压,NO_2 吸收采用加压,以兼顾两者之优点。

(3)接触时间

接触时间应适当。时间太短,氨来不及氧化,使氧化率降低;时间太长,氨在铂网前高温区停留过久,容易被分解为氮气,也会降低氨氧化率。

考虑到铂网的弯曲因素,接触时间可由下式计算:

$$\tau_0 = \frac{3fSdmp_k}{V_0 T_k} \tag{3.2.3}$$

式中　p_k——操作压力;

　　　T_k——操作温度;

　　　f——铂网自由空间体积分数。

其余符号意义同动力学方程。

铂网规格一定,接触时间与网数成正比,与气量成反比。

为避免氨过早氧化,常压下气体在接触网区内的流速不低于 0.3 m/s。加压操作时,由于反应温度较高,宜采用大于常压时的气速,但最佳接触时间一般不因压力而改变。故加压时增加网数的原因就在于此。

另外,催化剂的生产强度与接触时间有关,即

$$A = 1.97 \times 10^5 \times \frac{c_0 fdp_k}{S\tau_0 T_k} \tag{3.2.4}$$

在其他条件一定时,铂催化剂的生产强度与接触时间成反比(即与气流速度成正比)。从提高设备的生产能力考虑,宜采用较大的气速。此时氧化率比最佳气速时稍有减小,但总的经济效果是有利的。

在 900 ℃ 及 $n(O_2)/n(NH_3) = 2$ 的条件下,不同初始氨质量浓度 c_0 时,氨的氧化率与生产强度的关系见图 3.30。由图可看出,对应于某一个氨质量浓度 c_0,有一个氧化率最大时的催化剂生产强度 A。工业上选取的生产强度一般稍大些,多控制在 600 ~ 800 kg/(m² · d)。如果催化剂选用 Pt-Rh-Pd 三元合金,催化剂的生产强度可达 900 ~ 1 000 kg/(m² · d),氨氧化率可保证在 98.5% 左右。

(4)混合气体组成

氨氧化的混合气中,氧和氨比值 $[v = n(O_2)/n(NH_3)]$ 是影响氨氧化率的重要因素之一。增加混合

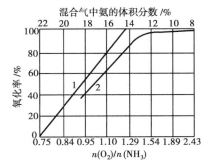

图 3.30　900 ℃时,氧化率与催化剂生产强度、混合气中氨的体积分数的关系

气中氧的体积分数,有利于增加氨氧化率;增加混合气中的氨的体积分数,则可提高铂催化剂的生产强度。硝酸制造过程除氨氧化需氧外,后工序 NO 氧化仍需要氧气。在选择 v 时,还要考虑 NO 氧化所需的氧量。为此,需考虑总反应式:

$$NH_3 + 2O_2 \rule[0.5ex]{3em}{0.4pt} HNO_3 + H_2O$$

当 $v = n(O_2)/n(NH_3) = 2$,配制 $v = 2$ 的氨空气混合气,假设氨为 1 mol,则氨的体积分数可由下式算出:

$$\varphi(NH_3) = \cfrac{1}{1 + 2 \times \cfrac{100}{21}} \times 100\% = 9.5\%$$

因此,氨氧化时,若氨的体积分数超过 9.5%,后工序 NO 氧化时必须补加二次空气。氧氨比在 1.7 ~ 2.0 时,对于保证较高的氨氧化率是适宜的。为提高生产能力,一般均采用比9.5%更高的氨的体积分数,通常加入纯氧配成氨—富氧空气混合物。必须注意,氨在混合气中的含量不得超过 12.5%,否则便有发生爆炸的危险。若加入一些水蒸气,可以降低爆炸的可能性,从而可适当提高 NH_3 和氧的体积分数。

(5)爆炸及其预防措施

氨-空气混合气中,一定浓度的氨一旦遇到火源便会引起爆炸,爆炸极限与混合气体的温度、压力、氧的体积分数、气体流向、容器的散热速度等因素有关。当气体的温度、压力及氧的体积分数增高,气体自下而上通过,容器散热速度减小时,爆炸极限变宽;反之,则不易发生爆炸。氨-空气混合气的爆炸极限如表 3.17 所示。

表 3.17 氨-空气混合物的爆炸极限

气体火焰方向	爆炸极限(以 NH_3 的体积分数计/%)				
	18 ℃	140 ℃	250 ℃	350 ℃	450 ℃
向上	16.1 ~ 26.6	15 ~ 28.7	14 ~ 30.4	31 ~ 32.2	12.3 ~ 33.9
水平	18.2 ~ 25.6	17 ~ 27.5	15.9 ~ 29.6	14.7 ~ 31.1	13.5 ~ 33.1
向下	不爆炸	19.9 ~ 26.3	17.8 ~ 28.2	16 ~ 30	13.4 ~ 32.0

氨-氧气-氮气混合气的爆炸极限参见表 3.18。

表 3.18 氨-氧气-氮气混合气的爆炸极限

氧气、氮气混合气中氧的体积分数/%		20	30	40	50	60	80	100
爆炸极限(以 NH_3 的体积分数计/%)	最低	22	17	18	19	19	18	13.5
	最高	31	46	57	64	69	77	82

为保证生产安全,防止爆炸,在设计和生产中要采取必要的措施,严格控制操作条件,使气流均匀通过铂网,合理设计接触氧化设备或添加水蒸气,并避免引爆物存在。

5)氨催化氧化工艺流程及反应器

常压下氨的催化氧化工艺流程如图 3.31 所示。

空气由净化器顶部进入,来自气冷器的水从净化器顶部向下喷淋,形成栅状水幕与空气逆流接触,除去空气中部分机械杂质和一些可溶性气体。然后进入袋式过滤器,进一步净化后送入鼓风机前气体混合器。来自气柜的氨经氨过滤器除去油类和机械杂质后,在混合器中与空气混合,送入混合器预热到 70 ~ 90 ℃,然后进入纸板过滤器进行最后的精细过滤。过滤后的气体进入氧化炉,通过 790 ~ 820 ℃ 的铂网,氨氧化为 NO 气体。

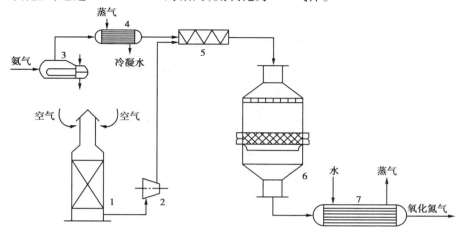

图 3.31　氨氧化部分工艺流程

1—空气净化器;2—空气鼓风机;3—氨蒸发器;
4—氨加热器;5—混合器;6—氧化炉;7—废热锅炉

高温反应后的气体进入废热锅炉,逐步冷却到 170 ~ 190 ℃,然后进入混合预热器,继续降温到 110 ℃,进入气体冷却器,再冷却到 40 ~ 55 ℃ 后进入透平机。

气体通过冷却器时,随着部分水蒸气被冷凝,同时与部分氮化物反应,出冷却塔会生成质量分数为 10% 左右的稀硝酸,此冷凝酸送回循环槽以备利用。

氨催化氧化的主要设备是氨氧化炉。氨氧化炉的构造如图 3.32 所示。它是由两个锥体 1,3 和一段圆柱体 2 所组成。上锥体与中部圆柱体为不锈钢,底部锥体为碳钢,内衬耐火砖。上锥体与圆柱体之间设有花板 4,板上钻有小孔,用于分散气体,使之均匀。下锥体与圆柱体之间有数层铂网 5,安装在不锈钢的支架上。铂网以上的圆筒四周设有 4 个镶有云母片的视孔。此外,还设有点火孔、取样器,铂网以下的圆筒体内设有热电偶温度计。

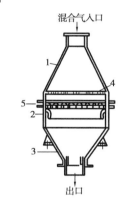

图 3.32　氨氧化炉

1—上锥体;2—中部圆筒;
3—下锥体;4—花板;5—铂网

混合气由氧化炉上部进入,硝化气(含有 NO 及 NO$_2$,N$_2$O$_3$,N$_2$O$_4$ 等氮氧化物的气体称为硝化气)从炉下部引出。这与过去由炉下部进气不同,它可避免由下部进气而引起的铂网震动。

为更加有效地利用氨氧化的反应热,现行工艺中出现了将氨氧化炉与废热锅炉组合成一个整体的装置(图 3.33)。

3.2.2.2　一氧化氮的氧化

只有 NO$_2$ 才能被水吸收制得硝酸。NO 的氧化反应如下:

$$2NO + O_2 \Longrightarrow 2NO_2 \quad \Delta H = -112.6 \text{ kJ/mol}$$

$$NO + NO_2 \Longrightarrow N_2O_3 \quad \Delta H = -40.2 \text{ kJ/mol}$$

$$2NO_2 \Longrightarrow N_2O_4 \quad \Delta H = -56.9 \text{ kJ/mol}$$

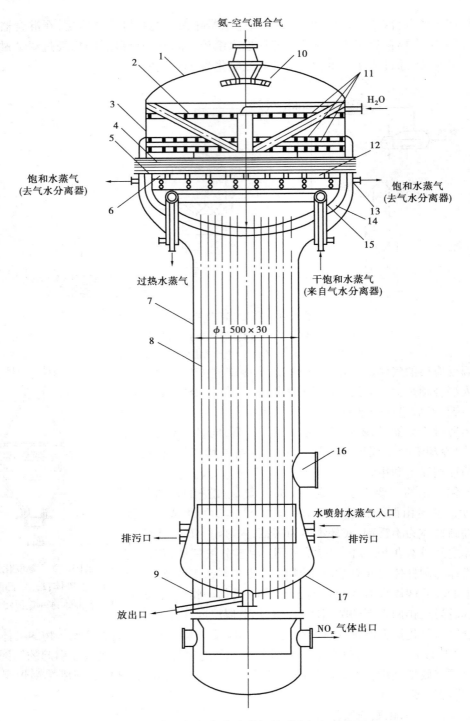

图 3.33　大型氨氧化炉-废热锅炉联合机组结构图

1—氧化炉炉头；2—铝环；3—不锈钢环；4—铂-铑-钯网；5—纯铂网；6—石英管托网架；
7—换热器；8—列管；9—底；10—气体分布板；11—花板；12—蒸气加热器（过热器）；
13—法兰；14—隔热层；15—上管板（凹形）；16—人孔；17—下管板（凹形）

NO 是无色气体,微溶于水。NO_2 是棕红色气体,与水生成硝酸,气态的 NO_2 在低温下会部分迭合成无色的 N_2O_4,在常压下 21.5 ℃时冷凝变成液体,到 -10.8 ℃时变成固体。常温下 N_2O_3 容易分解成 NO 和 NO_2。氮的氧化物有毒,规定每立方米空气中不能超过 5 mg。

上述 3 个反应都是分子数减少的可逆放热反应,降温加压有利于 NO 氧化反应的进行。NO 和 NO_2 生成 N_2O_3 在 0.1 s 内便可达到平衡;NO_2 迭合成 N_2O_4 更快,在 10^{-4} s 内便可达到平衡。

NO 氧化成 NO_2 是硝酸生产中重要的反应之一,与其他反应比较,是最慢的一个反应,因此 NO 氧化为 NO_2 的反应就决定了全过程进行的速度。

在 NO_2 用水吸收生成 HNO_3 的过程中,还能放出 NO,所以在吸收过程也需考虑 NO 的氧化反应。如何提高 NO 的氧化度,以及提高 NO 氧化的速度是硝酸生产中很重要的一个问题。

1)一氧化氮氧化反应的化学平衡

气相中,NO,NO_2,N_2O_3,N_2O_4 及 O_2 等达到平衡,它们的平衡组成应满足下面 3 个公式:

$$K_{p_1}^{\ominus} = \frac{p^2(NO) \cdot p(O_2)}{p^2(NO_2)p^{\ominus}} \tag{3.2.5}$$

$$K_{p_2}^{\ominus} = \frac{p(NO) \cdot p(NO_2)}{p(N_2O_3)p^{\ominus}} \tag{3.2.6}$$

$$K_{p_3}^{\ominus} = \frac{p^2(NO_2)}{p(N_2O_4)p^{\ominus}} \tag{3.2.7}$$

平衡常数 $K_{p_1}^{\ominus}$ 与温度的关系用下式表示:

$$\lg K_{p_1}^{\ominus} = \lg \frac{p^2(NO) \cdot p(O_2)}{p^2(NO_2)p^{\ominus}} = -\frac{5\,749}{T} + 1.78 \lg T - 0.000\,5T + 2.839 \tag{3.2.8}$$

将式(3.2.8)计算值和实验值列于表 3.19。

表 3.19　$K_{p_1}^{\ominus}$ 的计算值与实验值

温度/℃	225.9	246.5	297.4	353.4	454.7	513.8	552.3
实验值	6.08×10^{-5}	1.84×10^{-4}	1.97×10^{-3}	1.76×10^{-2}	0.382	0.637	3.715
计算值	6.14×10^{-5}	1.84×10^{-4}	1.99×10^{-3}	1.75×10^{-2}	0.384	0.611	3.690

由表 3.19 可见,温度低于 225.9 ℃时,NO 氧化反应可以认为是不可逆的,只要控制在较低温度,NO 几乎全部氧化成 NO_2。在常压下温度低于 100 ℃或 0.5 MPa 温度低于 200 ℃时,氧化度 $\alpha(NO)$ 都几乎为 1。当温度高于 800 ℃时,$\alpha(NO)$ 接近于 0,即 NO_2 几乎完全分解为 NO 及 O_2。

生成 N_2O_4 和 N_2O_3 的反应速度通常都极快。只要在氮氧化物气体中有 NO_2 就可以认为总会有 N_2O_3 及 N_2O_4 存在,其量与平衡含量相当。从平衡条件下计算的结果,与 N_2O_4 含量相比,仅有很少一部分是以 N_2O_3 形式存在。因此,在实际生产条件下可以忽略 N_2O_3 对 NO_2 和 N_2O_4 的影响。

在低温下会有更多的 NO_2 叠合成 N_2O_4,达到平衡时,混合物组成可由平衡常数 K_{p_3} 求得。K_{p_3} 与温度的关系是:

$$\lg K_{p_3}^{\ominus} = \lg \frac{p^2(NO_2)}{p(N_2O_4)p^{\ominus}} = -\frac{2\ 692}{T} + 1.751\lg T + 0.004\ 84T - 7.144 \times 10^{-6}T^2 - 3.062$$

$$(3.2.9)$$

2)一氧化氮氧化的反应速度

根据实验,NO 氧化为 NO_2 的反应速度方程式可表示为:

$$\frac{dp(NO_2)}{d\tau_0} = k_1 p^2(NO) \cdot p(O_2) - k_2 p^2(NO_2) \qquad (3.2.10)$$

式中　k_1, k_2——正、逆反应速度常数。

工业生产中,温度均低于 200 ℃,故 NO 的氧化实际上是不可逆的,上式可改写为:

$$\frac{dp(NO_2)}{d\tau_0} = kp^2(NO) \cdot p(O_2) \qquad (3.2.11)$$

对 NO 氧化反应来说,k 与温度的关系不符合阿累尼乌斯公式,即温度升高会使过程减慢,这是一个反常的反应。

若已知初始浓度和总压,可积分上式得出反应时间关系式:

$$K \cdot a^2 \cdot p^2 \cdot \tau = \frac{\alpha(NO)}{(r-1)[1-\alpha(NO)]} + \frac{1}{(r-1)^2}\ln\frac{r[1-\alpha(NO)]}{r-\alpha(NO)} \qquad (3.2.12)$$

式中　a——NO 的起始浓度,摩尔分数;

　　　b——O_2 的起始浓度,摩尔分数;

　　　p——总压力,0.1 MPa;$K = 2k$;$r = b/a$。

以 $Ka^2p^2\tau$ 为横坐标,$\alpha(NO)$ 为纵坐标,r 为参变数作图可得出计算氧化时间 τ 的较方便的算图,如图 3.34 所示。

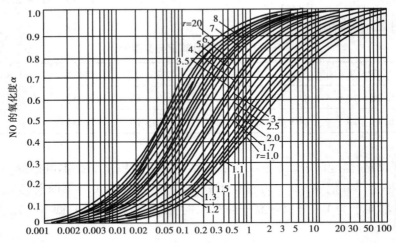

图 3.34　氧化时间算图

由图 3.34 可得以下结论:

①随着 $\alpha(NO_2)$ 的增大,所需氧化时间的增长并非等速,$\alpha(NO)$ 较小时,τ 增加较少;$\alpha(NO)$ 较大时,τ 增加很多,说明要使 NO 完全氧化,需要很长时间。

②当其他条件不变而改变压力时,压力对 K 影响不大,故 τ 近似地与 p^2 成反比。压力增加时,所需时间减少很多,故加压可以大大加快氧化速度。

③当其他条件不变而改变温度时,温度降低,K 增加。但 $\alpha(NO)$ 和 r 一定时,$Ka^2p^2\tau$ 不变,故 τ 降低。所以从加快反应速度来看,降低温度是有利的。

但必须指出,在用水吸收氮氧化物的过程中会放出 NO,NO 还要继续氧化及转化成硝酸,在吸收以前将 NO 全部氧化成 NO_2 是没有必要的,通常只氧化到一定程度(如 70% ~80%)即可。

3)一氧化氮氧化的工艺过程

从上面讨论可知,加压、低温和适宜的气体浓度有利于 NO 氧化,同时也有利于吸收。

氮氧化物在氨氧化时经过余热回收,可冷至 200 ℃左右。在温度下降的过程中,NO 就会不断氧化,而气体中的水蒸气达到露点后就开始冷凝下来,从而就有一部分 NO 和 NO_2 溶解在水中,成了稀硝酸,这就降低了气体中所含氧化物的浓度,不利于以后的吸收操作。

为了解决这个问题,氮氧化物气体必须很快冷却下来,使其中水分尽快冷凝,NO 尽量少氧化成 NO_2。如果 NO_2 浓度不高,溶解在水中的氮氧化物量也就较少了。这个过程是在所谓快速冷却设备中进行的,对冷却器的选择应是传热系数大的高效设备,以实现短时间完成气体冷却和水蒸气的冷凝。快速冷却设备有淋洒排管式、列管式和鼓泡式冷却器等。

经快速冷却后的气体,其中水分已大部分除去。此时,就可以使 NO 充分进行氧化。通常是在气相或液相中进行,习惯上可分干法氧化和湿法氧化两种。

干法氧化是将气体通过一个氧化塔,使气体在里面充分地停留,从而达到氧化的目的。氧化可在室温下操作,也可以采取冷却措施,以排除氧化时放出的热量。

湿法氧化是将气体通入塔内,塔中用较浓的硝酸喷淋。这时使 NO 氧化的原因有二:

①NO 与 O_2 在气相空间、液相内以及气液相界面上进行氧化,大量喷淋酸可以移走氧化时放出的热量,而且由于液相氧化而加速了反应。

②基于吸收过程的逆反应

$$2HNO_3 + NO \Longrightarrow 3NO_2 + H_2O$$

在温度、浓度一定的条件下,气相中的 NO 会被 HNO_3 氧化成 NO_2。

当气体中 NO 的氧化度达到 70% ~80% 时,即可进行吸收制酸操作。

3.2.2.3　氮氧化物气体的吸收

氮氧化物气体中除了一氧化氮外,其他的氮氧化物都能按下列各式与水互相作用:

$$2NO_2 + H_2O \Longrightarrow HNO_3 + HNO_2 \qquad \Delta H = -11.6 \ kJ/mol$$
$$N_2O_4 + H_2O \Longrightarrow HNO_3 + HNO_2 \qquad \Delta H = -59.2 \ kJ/mol$$
$$N_2O_3 + H_2O \Longrightarrow 2HNO_2 \qquad \Delta H = -55.7 \ kJ/mol$$

实际上,氮氧化物气体中 N_2O_3 含量极少,因此在吸收过程中所占比重不大,可以忽略。亚硝酸只在温度低于 0 ℃和浓度极小时才稳定,所以在工业生产条件下,它会迅速分解。

$$3HNO_2 \Longrightarrow HNO_3 + 2NO + H_2O \qquad \Delta H = +75.9 \ kJ/mol$$

因此,用水吸收氮氧化物的总反应式可概括如下:

$$3NO_2 + H_2O \Longrightarrow 2HNO_3 + NO \qquad \Delta H = -136.2 \ kJ/mol$$

可见,被水吸收 NO_2 的总数中只有 2/3 生成硝酸,还有 1/3 又变成 NO,要使这一部分 NO 也变成硝酸,必须继续将其氧化成 NO_2。在第二个循环被吸收时,又只有其中的 2/3 被吸收,其中 1/3 又变为 NO。所以,要使 1 mol NO 完全转化为 HNO_3,实际上在整个过程中氧化的 NO 量不是 1 mol,而是 1 mol + 1/3 mol + $(1/3)^2$ mol + $(1/3)^3$ mol + ⋯ = 1.5 mol。

由于含氮氧化物气体用水吸收时,整个塔内是 NO_2 吸收和 NO 再氧化同时进行的,这样就使整个过程变得更加复杂起来。

1)吸收反应平衡和平衡浓度

上面水吸收氮氧化物的总反应为放热、分子数减少的可逆反应。从热力学看,降低温度、增高压力对平衡有利。为了测定及计算方便起见,把平衡常数分成两个系数来研究:

$$K_1 = \frac{p(NO)}{p^3(NO_2)}, K_2 = \frac{p^2(HNO_3)}{p(H_2O)}$$

平衡常数只与温度有关,而 K_1 与 K_2 除了与温度有关外,还与溶液中酸含量有关。酸浓度改变时,K_1 与 K_2 均要变化。图 3.35 为系数 K_1 与温度的关系。

由图 3.35 可以看出,温度越低,K_1 值越大;硝酸浓度越低,K_1 值也越大。若 K_1 为定值,则温度越低,酸浓度越大。因此,只有在较低温度下才能获得较浓硝酸。K_2 值与温度及硝酸浓度间的关系和 K_1 值相反,温度越高 K_2 值越大。

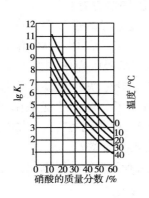

图 3.35　$\lg K_1$ 与温度及硝酸质量分数的关系

虽然低浓度硝酸有利于吸收,但是生产中要考虑吸收速度的大小。如果用大量低浓度硝酸来吸收氮氧化物,即使吸收完全,得到产品酸的浓度也很低。而当硝酸质量分数 >60% 时,$\lg K_1 < 1$,吸收几乎不能进行,反应向逆反应方向进行。

综上所述,从化学平衡角度来看,用硝酸水溶液吸收氮氧化物气体,成品酸所能达到的质量分数有一定的限制,常压法不超过 50%,加压法最高可制得质量分数为 70% 的 HNO_3。

从吸收的平衡浓度来研究,当硝酸的质量分数 65% 时,几乎不再吸收。所以在常压、常温下操作时很不容易获得比 65% 更浓的硝酸,一般不会超过 50%。要想提高硝酸浓度,就必须降温或加压,而以加压更为显著。

2)氮氧化物吸收速度问题

综上所述,在吸收塔内用水吸收氮氧化物时,反应可表示为:

$$3NO_2 + H_2O \rightleftharpoons 2HNO_3 + NO$$
$$2NO + O_2 \rightleftharpoons 2NO_2$$

以水吸收氮氧化物是一个非均相的气液反应,它由一系列依次进行的步骤组成:首先是气相中二氧化氮和四氧化二氮通过气膜和液膜向液相扩散;其次是液相中 NO_2 和 N_2O_4 与水作用生成硝酸与亚硝酸;而后亚硝酸分解成硝酸及 NO;最后是 NO 从液相向气相扩散。

在这些步骤中后两步的速度较快,研究表明液相中氮氧化物与水反应是整个速度的控制步骤。由于二氧化氮和四氧化二氮在气相中很快达到平衡,控制步骤是 N_2O_4 而不是 NO_2 和水的反应。

从 NO 的氧化速度讲,在一定温度及压力下,它与氮氧化物气体中 NO 及 O_2 的浓度成正比。

在吸收系统的前部,气体中氮氧化物的浓度较高,吸收用的硝酸浓度也较高,所以 NO 的氧化速度大于 NO_2 的吸收速度。到吸收系统的后部,气体中氮氧化物的氧化速度较低,吸收用的硝酸浓度也较低,此时 NO_2 的吸收速度大于 NO 的氧化速度。只是在吸收系统中部,两个反应的速度都必须考虑。

加压操作吸收时,现在多采用筛板塔,在泡沫状态下能使 NO 在液相中进行激烈的氧化,使酸吸收所需的设备容积大大减少。常压操作吸收时都用填料塔,同时进行吸收及氧化反应。

3)氮氧化物吸收条件的选择

吸收工段的任务是将气体中的氮氧化物用水吸收成为硝酸。要求生产的硝酸浓度尽可能高,总吸收度尽可能大。

总吸收度指气体中被吸收的氮氧化物总量与进入吸收系统的气体中氮氧化物总量之比。

产品酸浓度越高,吸收容积系数($m^3 \cdot t^{-1} \cdot d^{-1}$)(即每昼夜 1 t 100% HNO_3 所需要的吸收容积)越大。常压吸收操作的参考数据如表 3.20 所示。

表 3.20　常压吸收操作产品酸的浓度与吸收容积系数的关系

硝酸浓度/%	44	46	48	50
吸收容积系数/($m^3 \cdot t^{-1} \cdot d^{-1}$)	18.4	20.7	23.9	28.6

在温度和产品浓度一定时,总吸收度越大,则吸收容积系数越大。因而吸收塔尺寸与造价越大,操作费用也越大。加快反应速度、尽可能减少吸收容积系数,是选择吸收过程操作条件的基本原则。

(1)温度

降低温度,平衡向生成硝酸的方向移动。同时,NO 的氧化速度也随温度的降低而加快。在常压下,总吸收度为 92% 时,若以温度 30 ℃ 的吸收容积作为 1,则 5 ℃ 时只有 0.23,而 40 ℃ 时高达 1.50。所以无论从提高成品酸的浓度,还是从提高吸收设备的生产强度,降低温度都是有利的。

由于 NO_2 的吸收和 NO 的氧化都是放热反应,每生成 1 t 硝酸需除去大约 4.18 GJ 热量。过去都是用水降温,吸收温度多维持在 20~35 ℃。若用冷冻盐水来移走热量,可使操作温度降到 0 ℃ 以下。

(2)压力

提高压力,不仅可使平衡向生成硝酸反应的方向移动,可制得更浓的成品酸,同时对硝酸生成的速度有很大的影响。这是因为 NO 在气相中所需氧化空间几乎与压力的三次方成反比。所以加压可大大减少吸收体积。

表 3.21 是当温度为 37 ℃ 时,两个不同压力下,每昼夜制造 1 t 硝酸(100% HNO_3)不同总吸收度所需的吸收反应容积。

表 3.21　不同压力时,总吸收应与吸收容积系数的关系

压力(绝)/0.1 MPa	3.5			5		
总吸收度/%	94	95	95.5	96	97	98
吸收容积系数/($m^3 \cdot t^{-1} \cdot d^{-1}$)	1.2	1.7	2.3	0.8	1.0	1.5

适宜吸收压力的选择,需视吸收塔、压缩机、尾气膨胀机的价值、电能的消耗、对成品酸浓度的要求等一系列因素而定。

目前实际生产上除采用常压操作外,加压的有用 0.07,0.35,0.4,0.5,0.7,0.9 MPa 等压力,这是因为吸收过程在稍微加压下操作已有相当显著的效果。

（3）气体组成

主要指气体混合物中氮的氧化物的浓度和氧的浓度。

由吸收反应平衡的讨论可知,使产品酸浓度提高的措施之一是提高 NO_2 的浓度或提高氧化度 $\alpha(NO)$。其关系如下式:

$$c^2(HNO_3) = 6\,120 - \frac{19\,900}{c(NO_2)} \tag{3.2.13}$$

式中　$c(HNO_3)$——成品酸浓度（55% ~60%）;

　　　$c(NO_2)$——氮氧化物浓度。

增加 $c(NO_2)$,可提高 $c(HNO_3)$。为了保证进吸收塔气体的氧化度,气体在进入吸收塔之前必须经过充分氧化。

气体进入吸收塔的位置对吸收过程也有影响。因为气体冷却器出口的气体温度在40 ~45 ℃。由于在管道中 NO 继续氧化,实际上进入第一塔塔底的温度可升高到60 ~80 ℃。若气体中尚有较多的 NO 未氧化为 NO_2 而温度又较高时,氮氧化物遇到浓度为45%左右的硝酸有可能不吸收,反而使硝酸分解。这种情况下,第一塔只起氧化作用,气体中的水蒸气冷凝而生成少量的硝酸。整个吸收系统的吸收容积有所减少,影响了吸收效率。此时生产成品酸的部位会后移到第二塔。

为使第一塔（在常压下）出成品酸,可将气体从第一塔顶加入。当气体自上而下流过第一塔时,在塔上半部可能继续进行氧化,而在塔下半部则被吸收。这样,成品酸就可以从第一塔导出,而且提高了吸收效率。实践证明该措施是有效的。

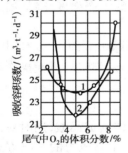

图 3.36　六塔系统中,吸收容积与二次空气加入量的关系
1—所有空气从一塔加入;
2—空气加入每一塔中

当氨-空气混合气中氨的浓度达到9.5%以上时,在吸收部分就必须加大二次空气。实际上在吸收时,NO 氧化和 NO_2 吸收同时进行,以致问题较复杂,很难从计算中确定出最适宜的氧含量。通常是控制吸收以后尾气中的氧的体积分数,一般在3% ~5%。尾气中氧的体积分数太高,表示前面加入二次空气量太多,反而将氮氧化物稀释,且处理气量大,阻力过高;太低时,表示所加二次空气量不足,也不利于氧化。这样都能影响到吸收体积,其关系如图 3.36 所示。此外,从图 3.36 还可看出,吸收容积系数和二次空气的加入方式也有关系,曲线 1 表示在第一塔一次加入;曲线 2 表示在各塔分几次加入。最适宜的尾气中氧浓度前者约为5.5%,后者约为5.2%。如果尾气中氧浓度较低（<4%）,曲线 1 的 $V_{吸}$ 较小,故一次加入较好。

若尾气中氧浓度较高（>4%）,则曲线 2 的 $V_{吸}$ 较小,因而分批加入为佳。

若在氨催化氧化时采用纯氧或富氧空气,则不仅能提高 NH_3 的氧化率,对吸收部分也是很有利的。采用氧量越多,则吸收容积系数就越小,如表 3.22 所示。

表 3.22　吸收容积系数与氧用量的关系

氧用量/（$m^3 \cdot t^{-1}$）	0	63	170	315	520	800
吸收容积系数相对值/%	100	84.5	61.6	42.8	28.4	19.5

如在加压下同时用富氧空气,则生产效能更高。由表 3.23 可见,当氧用量增加时,混合气

体中氧含量、氧化率、成品酸产量以及浓度都随之提高。

表 3.23　利用富氧空气时操作条件的比较

	22	29
富氧空气中氧的体积分数/%	22	29
硝酸产量/t	51	71
混合气中氨的体积分数/%	10.2	12.14
氧化率/%	94	96.6
废气中氮的氧化物/%	0.32	0.31
成品酸的质量分数/%（不含氮的氧化物）	55	59.29
系统的开始压力/0.1 MPa	6.4	6.4
系统的最终压力/0.1 MPa	4.4	4.88

4）吸收流程

吸收设备应能保证气液两相充分地接触和 NO 的氧化与 NO_2 吸收两个过程同时迅速进行。

（1）常压下的填料塔

常压吸收都用多塔，为了移走吸收过程的反应热及保证一定的吸收效率，应该有足够的循环酸，一般采取 5～7 塔操作。塔数与吸收容积系数、能量消耗关系如表 3.24 所示。

表 3.24　不同塔数下的某些技术经济指标

塔　　数	6	8	12
吸收容积系数/（$m^3 \cdot t^{-1} \cdot d^{-1}$）	32.6	23.63	18.09
塔高与塔径比 H/D	3.0	1.63	1.33
电能消耗/（$kW \cdot h^{-1} \cdot t^{-1}$）	405.2	324.5	281.0
耐酸钢材/（$t \cdot t^{-1}$）	252.8	198.7	187.0

对填料的基本要求是既要具有大的自由空间率，又要有大的比表面。由于前几个吸收塔主要是进行吸收过程，所以应该用比表面大一些的填料；而在后面几个塔中，氧化过程很慢，故采用自由空间大的填料，通常用 50 mm×50 mm×5 mm 及 75 mm×75 mm×8 mm 的瓷环。

气体流速太小不利于扩散；太大，则阻力过大。酸的喷淋量取决于能使填料表面充分润湿，又可以导出塔内的反应热。为此，前几个塔内由于放热多，需要的喷淋酸量大于后几个塔。例如第一、二塔取 8～10 $m^3/（m^2 \cdot h）$，其余各塔取 3～5 $m^3/（m^2 \cdot h）$。

气液相的流向并无严格要求。但在硝酸吸收塔中同时进行着吸收和氧化过程，所以并流操作时，气体一边吸收一边继续在氧化，吸收推动力未必低于逆流操作，故一般配置气液流向时，主要以节省气体管道为原则。

（2）常压下氮氧化物吸收流程与成品酸的漂白

常压下，氮氧化物吸收流程为多塔串联吸收。从第一或第二吸收塔引出的成品酸因溶解有氮氧化物而呈黄色。酸浓度越高，溶解越多，如 58%～62% 的硝酸中可以有2%～4%的氮氧化物。为了减少溶解的氮氧化物的损失，以满足硝酸使用的质量要求，故成品酸未经入库以前,先经"漂白"处理。方法是在漂白塔中通入空气以使溶入的氮氧化物解吸。

此外,在常压吸收时,尾气中含有1%左右的氮氧化物,需要用纯碱溶液加以回收。而在加压吸收时,尾气中氮氧化物的体积分数已减低到0.2%,减少了处理的难度。但尾气压力较高,宜在尾气排入大气前用与压缩机装在同一轴上的膨胀机回收能量,这样可使压缩机的电力消耗减少25%~40%。

3.2.2.4 稀硝酸生产工艺流程

稀硝酸生产流程按操作压力不同分为常压法、加压法及综合法3种流程。衡量某一种工艺流程的优劣,主要决定于技术经济指标和投资费用,具体包括氨耗、铂耗、电耗及冷却水消耗等。上述3种流程的主要技术经济指标如表3.25所示。

表3.25 国内各种硝酸生产方法的技术经济指标

生产方法	操作压力/MPa		生产每t 100% HNO_3 的主要消耗指标				氨氧化率/%	成品酸质量分数/%	尾气 NO_x 体积分数/%
	氧化	吸收	氨/t	铂/g	水/t	电/MJ			
常压法	常压	常压	0.290	0.09	190	306	97	39~43	0.15~0.20
加压法	0.09	0.09	0.315	0.06	330	540	95	43~47	0.4
	0.35	0.35	0.295	0.1	320	144	96	53~5	0.2
综合法	常压	0.35	0.286	0.09	240	864	97	43~45	0.22~0.3

从降低氨耗、提高氨利用率角度来看,综合法具有明显的优势。它兼有常压法和加压法两者的优点。其特点是常压氧化、加压吸收,产品酸质量分数为47%~53%。采用氧化炉和废热锅炉联合装置,设备紧凑,节省管道,热损失小。用带有透平装置的压缩机,降低电能消耗。吸收塔采用泡沫筛板,吸收效率高达98%。图3.37为综合法生产稀硝酸的典型工艺流程。

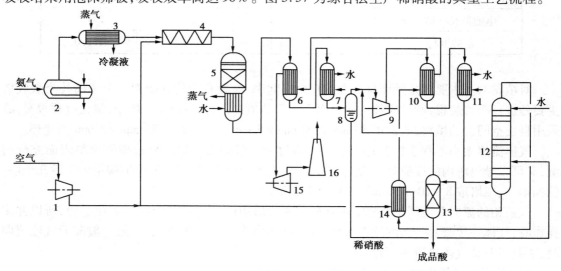

图3.37 综合法硝酸生产示意流程

1—空气压缩机;2—氨蒸发器;3—氨加热器;4—混合器;5—氧化炉;6—尾气加热器;
7—水冷却器;8—分离器;9—NO_x压缩机;10—尾气预热器;11—水冷却器;12—吸收塔;
13—漂白塔;14—空气冷却器;15—尾气透平;16—烟囱

综合法稀硝酸生产工艺是在常压法与加压法基础上演变发展起来的,20 世纪 40 年代不少国家已拥有这种技术。法国 Ugine Kuhlmann 综合法稀硝酸生产装置是在常压下氧化,0.41 MPa压力下吸收;而 Stamicarbon 流程中,氧化是在略带负压的条件下操作,吸收则采用带有格板的填料塔,在 0.3 ~ 0.45 MPa 压力下进行。在硝酸生产中,要求进入氨氧化系统的气体杂质含量越低越好,因杂质会降低催化剂活性。所以氨气必须过滤,以除掉其中的油、铁屑等机械物质,空气也要过滤或用富氧膜鼓风。

3.2.3　浓硝酸的生产简介

浓硝酸通常是指几乎无水的硝酸(浓度高于 96%)。浓硝酸是国防工业和化学工业的重要原料,广泛用于硝酸磷肥、矿山炸药、化学纤维及高聚物的生产。

浓硝酸制备通常有间接法和直接法。间接法是在稀硝酸中加入脱水剂并经浓缩制成浓硝酸。直接法则是将氮氧化物、氧和水直接合成。另外,尚有采用氨氧化、超共沸生产和精馏的浓硝酸生产方法。

3.2.3.1　由氨直接合成浓硝酸

1)制造浓硝酸的生产过程

由氨为原料直接合成浓硝酸,首先必须制得液态 N_2O_4,将其按一定比例与水混合,加压通入氧气,按下列反应式合成浓硝酸:

$$2N_2O_4(1) + O_2(g) + 2H_2O(1) = 4HNO_3 \qquad \Delta H = -78.9 \text{ kJ/mol}$$

工艺过程包括以下几个步骤:

(1)氨的接触氧化

生产工艺与稀硝酸相同。

(2)氮氧化物气体的冷却和过量水的排出

以氨为原料用吸收法制造浓硝酸总反应为:

$$NH_3 + 2O_2 = HNO_3 + H_2O$$

按该反应式配料只能得到浓度为 77.8% 的硝酸。为了得到 100% HNO_3,必须将多余水除去。通常采用快速冷却器除去系统中大部分水,同时减少氮氧化物在水中的溶解损失。然后采用普通冷却器进一步除去水分并将气体降温。

(3)一氧化氮的氧化

一氧化氮氧化分两步进行。首先用空气中的氧将 NO 氧化,使氧化度达到 90% ~93%,然后用浓硝酸(98%)进一步氧化,反应如下:

$$NO + 2HNO_3 = 3NO_2 + H_2O$$

如果采用加压操作将 NO 氧化,就不必用浓硝酸,而仅用空气中的氧即可将 NO 氧化完全。

(4)冷凝生成液态 N_2O_4

将 NO_2 或 N_2O_4 冷凝便可制得液态 N_2O_4。温度越低,N_2O_4 的平衡蒸汽压越小,冷凝就越完全。实际操作一般将冷凝过程分两步进行。首先用水冷却,然后用盐水冷却。盐水温度约 -15 ℃,冷凝温度可达 -10 ℃。低于 -10 ℃时,N_2O_4 会析出,堵塞管道和设备,恶化操作。

应当指出,用空气将氨氧化得到的氮氧化物最高浓度为 11%,分压约 11.1 kPa。若冷凝温度为 -10 ℃时,液面上 N_2O_4 蒸汽分压为 20 kPa,此时 N_2O_4 难以液化。为使 N_2O_4 液化,必须

提高总压力以提高 N_2O_4 分压,使 N_2O_4 分压超过该条件下的饱和蒸汽压。由表 3.26 可知,压力越高,N_2O_4 冷凝程度越大。

表 3.26　NO_2 的冷凝度(NO_2 体积分数为 10%)

气体压力/MPa	温度 /℃				
	5	−3	−10	−15.5	−20
	冷凝度/%				
1.0	33.12	56.10	72.90	78.85	84.49
0.8	16.61	44.74	66.18	73.40	80.54
0.5	—	9.75	45.10	56.96	68.59

在提高 N_2O_4 分压之前,应将氮氧化物气体中的惰性气体(如 N_2)分离。最好用浓硝酸吸收气体中 NO_2,以达到上述分离目的,同时得到发烟硝酸。而后将发烟硝酸加热,将其中溶解的 NO_2 解吸出来。此时逸出的 NO_2 浓度近乎为 100%。

将发烟硝酸中游离的 NO_2 蒸出是一个普通的二组分蒸馏过程。压力增高,对于从硝酸溶液中分离出高浓度氮氧化物较有利。但加压下沸点升高,设备腐蚀加重,气体泄漏造成损失。综合两者因素,一般在稍减压条件下进行操作。

氮氧化物蒸出的过程是在铝制板式塔或填料塔中进行。含 NO_2 的硝酸溶液被冷却到 0 ℃,由塔顶加入,溶液自上而下受热分解放出氮氧化物,并提高 HNO_3 质量分数。气体由塔顶排出,温度为 40 ℃,含有体积分数为 97% ~98% 的 NO_2 和 2% ~3% 的 HNO_3。氮氧化物经冷却送入高压反应器,便可得到液态 N_2O_4。

(5)N_2O_4 合成硝酸

直接合成浓硝酸的反应包括如下步骤:

$$N_2O_4 \rightleftharpoons 2NO_2$$
$$2NO_2 + H_2O \rightleftharpoons HNO_3 + HNO_2$$
$$3HNO_2 \rightleftharpoons HNO_3 + H_2O + 2N$$
$$2HNO_2 + O_2 \rightleftharpoons 2HNO_3$$
$$2NO + O_2 \rightleftharpoons 2NO \rightleftharpoons N_2O_4$$

有利于直接合成浓硝酸的条件是:提高操作压力;控制一定的反应温度;采用过量的 N_2O_4 及高纯度的氧,并加以良好的搅拌。

一般工厂采用 5 MPa 的操作压力,若压力再继续提高,影响效果变小,动力消耗剧增。反应温度以 65 ~70 ℃ 较合适。

原料配比对反应速度影响甚大,若按理论的比例合成浓硝酸,即使采用很高的压力,反应时间仍需很长。实际生产中一般采用配料比 6.82 左右,相当于原料中含有 25% ~30% 过剩量的 N_2O_4。

此外,氧的用量及纯度也十分重要。一般氧的耗用量为理论量的 1.5 ~1.6 倍,氧的纯度为 98%。若氧的纯度降低,则难以得到纯硝酸。

2)直接合成浓硝酸的工艺流程

直接合成浓硝酸的工艺流程有早期的霍科(Hoko)法,20 世纪 60 年代末出现了考尼亚

（Conia）、萨拜（Sabar）、住友（Sumitomo）等法。图 3.38 为浓硝酸合成的住友法工艺流程,该流程具有下列优点:

①将氮氧化物气体、空气和稀硝酸在 0.7 ~ 0.9 MPa 压力和 45 ~ 65 ℃下直接合成为 85% 中等浓度的硝酸,既不用氧化,又省去高压泵和压缩机。

②采用带有搅拌器的釜式反应器,气液反应速度快,节省反应时间。

③设有 NO_2 吸收塔,用质量分数为 80% ~ 90% 硝酸吸收 NO_2 制成发烟硝酸,然后在漂白塔中用空气气提。吸收和气提在同一压力下进行,循环吸收动力消耗低。

④流程中设有分解冷凝塔,将温度为 125 ~ 150 ℃的氮氧化物气体与质量分数为 50% 的 HNO_3 相接触,使稀硝酸分解产生 NO 和 NO_2。与此同时,氮氧化物气体中的水分被冷凝,将酸稀释为质量分数为 35% 的硝酸,送入稀硝酸精馏塔进行提浓。这样既可提高氮氧化物气体浓度,又能除去过量的反应水,达到多产浓硝酸的目的。

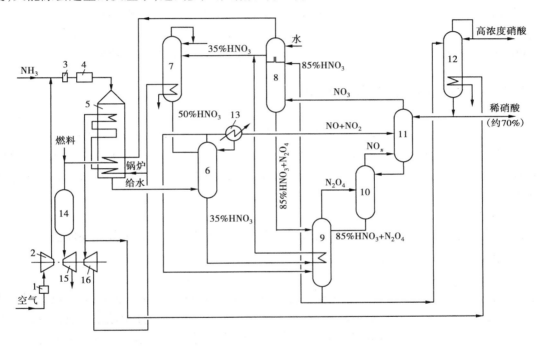

图 3.38　住友法浓硝酸和稀硝酸联合生产的工艺流程

1,3—过滤器;2—空气压缩机;4—氨燃烧器;5—废热锅炉;6—分解冷凝塔;
7—稀硝酸精馏塔;8—NO_2 吸收塔;9—漂白塔;10—反应器;11—尾气吸收塔;
12—浓硝酸精馏塔;13—冷凝器;14—尾气燃烧器;15—尾气透平;16—蒸气透平

3.2.3.2　间接法生产浓硝酸简介

硝酸水溶液质量分数为 68.4% HNO_3 的混合物为恒沸混合物,若采用直接蒸馏法,硝酸质量分数不会大于 68.4%。因此由稀硝酸间接生产浓硝酸是借助于脱水剂,通过精馏取得,目前工业上采用的有浓硫酸法和硝酸镁法。

1)浓硫酸法浓缩硝酸

早在 1935 年中国就用浓硫酸作脱水剂,即将稀硝酸与浓硫酸混合,经蒸馏制取质量分数为 97% 的 HNO_3,稀硫酸(72% H_2SO_4)供加工为硫酸铵用。工业上为减少硫酸用量,先将稀硝酸浓缩到 60%。

美国 Chemico 开发的 NAC/SAC 工艺过程如下:经计量的质量分数为 60% 的 HNO_3 和 93% H_2SO_4 进入填料脱水塔,热量由再沸器供给,将硝酸蒸出,气化的硝酸和呈平衡状态的少量水蒸气从塔顶排出,经冷凝、冷却得 98% HNO_3 产品。72% H_2SO_4 从塔底部排出,进入第二填料塔经气提脱硝,然后在鼓式浓缩器内与炉气接触而再浓缩至 93%,供循环使用。硫酸法浓缩工艺设备腐蚀严重,工业发达国家部分设备采用钽、钛等贵金属。

2)硝酸镁法浓缩硝酸

将浓硝酸镁溶液加入稀硝酸中,便立即吸收硝酸中的水分,经萃取蒸馏可制取浓硝酸产品。1965 年美国 Hercules Powder 公司首先开发了工业规模的硝酸镁浓缩工艺技术。中国于1964 年开发了相近工艺,其过程为:浓缩塔内所需热量由塔底部加热器供给,约 50% HNO_3 与72% ~ 74% $Mg(NO_3)_2$ 分别计量后,进混合分配器,流入提馏段顶部,混合液自上而下与加热蒸出的硝酸蒸气进行热交换,提馏段顶部出来的 115 ~ 120 ℃ 含有约 90% HNO_3 蒸气进入精馏段,98% HNO_3 蒸气从塔顶逸出,经冷凝、冷却后,一部分作回流液,另一部分为产品。塔底排出的 $Mg(NO_3)_2$ 溶液浓度为 68%,送蒸发器浓缩到 72% ~ 74% 返回系统循环使用。

3.2.4　尾气的治理和能量利用

硝酸生产装置中排出的尾气,仍含有一定量带黄色的氮氧化物,通常以 NO_x 表示,环境污染严重,必须加以治理。各国都规定了硝酸尾气中 NO_x 排放标准,以每立方米尾气中含 NO_x 的体积表示,美国、日本规定最大允许为 200 cm^3/m^3,法国规定为 500 cm^3/m^3,中国规定小于300 cm^3/m^3。

3.2.4.1　催化还原法

以烃类为还原剂进行催化还原反应来降低系统尾气中 NO_x 含量称为催化还原法。如天然气与尾气中 NO_x 进行的反应:

$$CH_4 + 4NO = 2N_2 + CO_2 + 2H_2O$$

从吸收塔出来的尾气预热后与天然气相混合,经一段催化反应炉进废热锅炉移去部分热量,再进二段催化反应炉,经废热锅炉回收热量,再进尾气透平膨胀机回收能量放空。德国巴斯夫公司(BASF)的 V_2O_5/Al_2O_3 催化剂能代替贵金属钯与铂催化剂,出口气体指标可达:残氨 10 ~ 20 cm^3/m^3,NO_x 仅 50 ~ 150 cm^3/m^3。

为了降低能源消耗,节约基建投资及减少操作费用,20 世纪 70 年代以后开发了选择性催化还原法。此法以氨为还原剂,氨与 NO_x 的反应速度大于氨的氧化速度,当反应温度控制在210 ~ 270 ℃ 时,通过固定床上的催化剂发生反应,使 NO_x 还原为氮气。

$$4NO + 4NH_3 + O_2 = 4N_2 + 6H_2O$$
$$6NO + 4NH_3 = 5N_2 + 6H_2O$$
$$6NO_2 + 8NH_3 = 7N_2 + 12H_2O$$

若反应温度低于 210 ℃,易生成亚硝酸铵,有可能引起爆炸,而高于 270 ℃ 则氨氧化反应呈加快的趋势。中国大庆硝酸装置的尾气治理亦采用此法,其过程为由硝酸吸收塔顶排出的尾气经除雾器、换热器加热后与经预热后的氨气混合后进入催化反应器,尾气通过膨胀透平回收能量放空。

3.2.4.2 溶液吸收法

为降低硝酸装置生产过程中尾气 NO_x 的含量,可采用碱液吸收。工业上通常采用氢氧化钠或碳酸钠溶液治理尾气,并得到硝酸钠与亚硝酸钠副产品:

$$2NO_2 + 2NaOH \Longrightarrow NaNO_2 + NaNO_3 + H_2O$$

$$NO + NO_2 + 2NaOH \Longrightarrow 2NaNO_2 + H_2O$$

此外,也有采用氨水、碱性高锰酸钾溶液、尿素溶液等吸收的方法。法国 G. P. 公司采用强化吸收,实质上是提高吸收压力,增加吸收塔塔板块数来强化吸收,使排出吸收塔尾气中 NO_x 直接达到排放标准 $200 \ cm^3/m^3$。

3.2.4.3 固体吸附法

治理硝酸尾气还可用分子筛、硅胶、活性炭及离子交换树酯等固体物质作吸附剂,将吸附的 NO_x 以硝酸形式回收。但吸附法再生周期短、系统阻力大、操作费用高,大型硝酸装置中较少采用。

3.2.5 硝酸的毒性、安全和贮运

硝酸对人体皮肤会引起严重的烧伤,溅入眼睛尤其危险,氮氧化物和硝酸蒸气低浓度时会引起呼吸道黏膜刺激症状,如咳嗽等。高浓度时,引起头痛、强烈咳嗽、胸闷,严重者出现肺气肿。因此,工作场所空气中的 NO_2 允许浓度,中国和原苏联规定为 $0.085 \ mg/m^3$,美国为 $0.1 \ mg/m^3$,德国为 $0.08 \ mg/m^3$。

尽管硝酸不燃烧,但它是强氧化剂,与金属粉末、有机物质等发生反应后,有引起燃烧或爆炸的危险。

工厂为了保持硝酸生产的连续进行并随时向外提供商品酸,在厂区需设室内式或半露天式酸库,以防烈日暴晒,宜单层建筑,不宜设在地下室,地面应耐酸腐蚀,电气设备、电线等应有耐酸防腐措施。稀硝酸容器为不锈钢材质,输送稀硝酸采用装有不锈钢罐的槽车;浓硝酸的容器为铝质的,输送浓硝酸采用装有铝罐的槽车。

不慎被浓硝酸灼伤皮肤应立即用大量水或小苏打水清洗并及时送医院救治。

思考题

1. 何为发烟硫酸?对 98% 的硫酸水溶液,若用 SO_3 和 H_2O 的摩尔分数表示,分别是多少?

2. 工业上曾经用过的氧化 SO_2 制硫酸的方法有哪些?写出其主要反应式。

3. 可用于生产硫酸的矿石有哪些?各有什么特点?

4. 硫铁矿的主要成分是什么?焙烧硫铁矿的主要化学反应有哪些?

5. 焙烧硫铁矿的主要副化学反应是什么?有什么危害?

6. 焙烧硫铁矿的设备是什么?根据物料状态,设备内可分几个区域?各区域的物料特点是什么?

7. 根据焙烧目的,有几种焙烧方式?它们在控制"氧过量"上和主要产物方面有何不同?

8. 焙烧过程总体是一个强放热反应,如何利用该热量?

9. 焙烧后炉气的净化过程分几步? 采用的方法和达到的目的如何?

10. 为什么干燥 SO_2 气体采用 93% ~95% 的硫酸?

11. SO_2 氧化为 SO_3 的反应相态、热效应、反应平衡、催化剂有何特点?

12. 有人认为 SO_2 氧化为 SO_3 的气固相催化反应为气液相催化反应,说明这种解释的可能性和传质反应历程。

13. SO_2 氧化为 SO_3 的温度、压力、SO_2 含量等工艺条件如何?

14. 工业上常用炉气冷激(3 +1)的两次吸收过程,请在转化率-温度关系图中表示出反应历程。

15. SO_3 的吸收过程通常采用发烟硫酸或/和浓硫酸吸收,为什么采用浓度为 98.3% 的浓硫酸? 浓度太高、太低又有什么影响?

16. 确定 SO_3 吸收塔操作温度时,主要考虑哪些方面的因素?

17. 氨氧化制硝酸的主要反应,其相态、热效应、反应平衡、催化剂等有什么特点? 主要副反应有哪些?

18. 氨氧化反应制 NO 的温度、压力、氨含量如何考虑? 如果按化学计量配给空气,则氨氧化气体中氨的含量是多少?

19. NO 的氧化反应,其相态、热效应、反应平衡、反应速度等有什么特点?

20. NO_2 吸收制硝酸,通常由 40% 左右的稀硝酸作吸收剂,吸收的主要化学反应式如何?

21. 从 NO 的氧化反应和 NO_2 的吸收反应特征,描述湿法氧化反应器中的物料变化过程。

22. 控制吸收过中的总氮吸收度,主要通过什么手段实现?

23. 相对氨氧化一次加入空气,在氨氧化和吸收过程中两次加入空气的优劣性如何?

24. 氨催化还原处理尾气中 NO_x 的主要反应是什么?

第 4 章　纯碱与烧碱

4.1　纯　碱

纯碱和烧碱都是重要的化工原料,广泛应用于玻璃、搪瓷、制皂、纺织、石油化工、造纸、合成纤维、染料、冶金、鞣革、无机盐、化肥、医药、食品、石油精炼、动植物油脂加工等化学工业和日常生活,在国民经济中占有重要的地位。像硫酸一样,纯碱和烧碱的年产量在一定程度上可以反映一个国家的化学工业发展水平。

4.1.1　概　述

纯碱,俗称苏打,白色细粒结晶粉末,20 ℃时真密度为 2 533 kg/m³,比热容为 1.04 kJ/(kg·K),熔点为 851 ℃。水合时放热,水合物有 $Na_2CO_3 \cdot H_2O$,$Na_2CO_3 \cdot 7H_2O$ 和 $Na_2CO_3 \cdot 10H_2O$。Na_2CO_3 易溶于水,微溶于无水乙醇,不溶于丙酮,长期暴露于空气中能缓慢地吸收空气中的水分和二氧化碳,生成碳酸氢钠,$NaHCO_3$ 受热易分解成 Na_2CO_3。

目前我国纯碱的主要消费部门如下:

部　门	轻工	建材	化工	冶金	民用	其他
消费量/%	23~29	15~18	17~19	6~7	12	18~24

纯碱工业最早可以追溯到 1791 年由法国路布兰提出的制碱方法。先后出现了氨碱法、联合制碱法,同时天然碱的利用也受到重视。目前我国纯碱年产量仅次于美国,居世界第二位。国内也普遍采用了大型高效设备,提高了防蚀技术,应用了自动控制,大大改进了制碱工艺。此外,我国还研究了芒硝联合制碱、含硝盐联合制碱等方法。

4.1.2　氨碱法制纯碱

4.1.2.1　氨碱法的生产原理
氨碱法是以氨作为中间媒介生产纯碱的一种方法。

1)氨碱法制纯碱的主要反应

氨碱法制纯碱的主要反应如下:

$$NaCl + NH_3 + CO_2 + H_2O \Longrightarrow NaHCO_3(s) + NH_4Cl \qquad (1)$$

生成的碳酸氢钠经煅烧分解为纯碱、二氧化碳和水,该反应称为氨盐水碳酸化。

$$2NaHCO_3 \stackrel{\triangle}{\Longrightarrow} Na_2CO_3 + CO_2(g) + H_2O \qquad (2)$$

由(1)式反应所得的 NH_4Cl 可与石灰乳共煮来回收氨。

$$2NH_4Cl + Ca(OH)_2 \Longrightarrow 2NH_3(g) + CaCl_2 + 2H_2O \qquad (3)$$

CO_2 的来源一部分由(2)式分解得来,大部分则由石灰窑煅烧石灰石得到。

$$CaCO_3 \stackrel{\triangle}{\Longrightarrow} CaO + CO_2(g) \qquad (4)$$

石灰窑中所生成的 CaO 供(3)式反应使用。

2)氨碱法相图讨论

因为影响盐类互溶体系或熔融体系反应平衡的因素很多,难以准确计算平衡常数。工业生产多利用相图来找出反应进展的深度、原料利用程度、反应适宜条件。

氨盐水碳酸化后是个多元物系。该物系在一般条件下没有复盐或带结晶水的盐生成,属于简单复分解类型。工业生产条件下,碳酸化后溶液中存有 Na^+,NH_4^+,Cl^-,HCO_3^- 和 CO_3^{2-}。原料食盐中虽有 SO_4^{2-} 等,但由于体系碳酸化度达 190% ~ 195%,CO_3^{2-} 在体系中含量很少,SO_4^{2-} 的量也不大,可以忽略。对于 $NaCl$—NH_4Cl—NH_4HCO_3—$NaHCO_3$—H_2O 体系,虽然有 4 种盐和水共存,但其中一个不是独立组分,由复分解反应所决定,因而体系是四元交互体系。

(1)相律

相律用下式表示:

$$F = c - \phi + 2$$

式中 c——独立组分数,为 4;

ϕ——相数;

F——体系的自由度。

氨碱法常在指定压强下进行,因此自由度为:$F = 4 - \phi + 1 = 5 - \phi$。

氨碱法制碱时,要求物系中仅有碳酸氢钠析出,不应有其他盐(如 NH_4HCO_3,NH_4Cl)夹杂。体系仅有两相:碳酸氢钠固相和溶液相。此时,体系的自由度为:$F = 5 - 2 = 3$。

可见,完全碳酸化并只析出碳酸氢钠时,体系由 3 个强度变数决定体系平衡状态。溶液中 Na^+ 越少而 Cl^- 越多,则钠的利用越完全;溶液中 NH_4^+ 越多而 HCO_3^- 越少,则氨利用得越完全。欲获得最大的钠利用率,应考虑温度和盐水某两个浓度因素。当温度一定时,体系自由度为 2,制碱过程的相平衡关系就可以用平面相图来比较方便地表示了。

(2)四元相图的组成及原料利用率

氨碱法制碱过程常用四元相图,如图 4.1 所示。体系 4 个组分的平衡浓度关系可以在图上清楚地表示出来。图中 P_1 是几种盐的共析点。在共析点处,盐的饱和溶液中含 4 种离子:Na^+,NH_4^+,Cl^-,HCO_3^-。阳离子的量与阴离子的量相等:$[Na^+] + [NH_4^+] = [Cl^-] + [HCO_3^-]$。所以通常用离子浓度来表示体系中 4 个组分的浓度更为简便。

$NaCl$ 与 $NaHCO_3$ 的配比不同,对 NH_4HCO_3 的析出量有明显影响。根据相图中的杠杆定律和向量法则,由 $NaCl(A)$ 与 $NH_4HCO_3(C)$ 混合所得物系的总组成必然在 AC 线上(见图4.1)。因为只要求析出 $NaHCO_3$,所以物系的总组成必须在 $NaHCO_3$ 的饱和面上,即在 AC 线的 RS 范围内。按 $NaCl$ 与 NH_4HCO_3 不同的配比,物系总组成可能在 X,Y,Z 等各点。这些点的平衡液相组

成都在 $NaHCO_3$ 饱和面上,所以物系必然分成两相:固体 $NaHCO_3$ 和相应的饱和溶液。

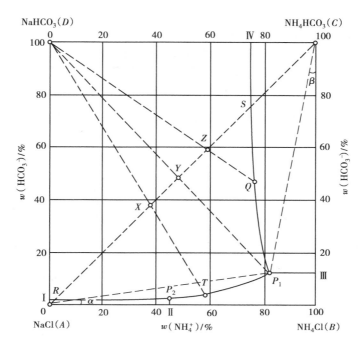

图 4.1　氨碱法中的原料配比和原料利用率

以 X 点为例,要得到该组成的物系,NaCl 对 NH_4HCO_3 的配比应为:[NaCl]:[NH_4HCO_3] = $CX:XA$。物系在平衡时分为两相:溶液的组成为 T 点组成,固相则为 D 点表示的纯 $NaHCO_3$,$NaHCO_3$ 结晶对溶液量之比为:$m_固:m_液 = TX:XD$。显然,固液比越大,钠的利用率越高。考察 BD 线上的 X,Y,Z 各点,可以明显地比较出,当物系的组成为 Y 时,钠利用率最大,此时溶液成分为 P_1。

P_1 点处钠利用率最高,还可以从以下分析得知:

$$U(Na) = \frac{[Cl^-] - [Na^+]}{[Cl^-]} = 1 - \frac{[Na^+]}{[Cl^-]} = 1 - \tan \beta$$

$$U(NH_3) = \frac{[NH_4^+] - [HCO_3^-]}{[NH_4^+]} = 1 - \frac{[HCO_3^-]}{[NH_4^+]} = 1 - \tan \alpha$$

从图中可明显看出,当 $\angle \beta$ 越小时,$U(Na)$ 越大。比较 Q,P_1,T 各点,可以看出,在 P_1 点,$\angle \beta$ 最小,$U(Na)$ 最大。同理,当 $\angle \alpha$ 越小时,$U(NH_3)$ 越大。在 P_2 点,$\angle \alpha$ 最小,所以 $U(NH_3)$ 最大。在氨碱法中,氨是循环利用的,所以选择接近于 P_1 点的条件可以充分利用原料。

从实验得知,15 ℃时 P_1 点的初始氨盐水的成分为 NaCl:353 g·kg^{-1},NH_3:96 g·kg^{-1}。然而 15 ℃时饱和纯盐水吸氨最多只能达到表 4.1 所列的浓度;生产中用粗盐精制所得的氨盐水还要低一些,只含 NaCl:310~325 g·kg^{-1},NH_3:100~103 g·kg^{-1}。因为在生产条件下,食盐水吸收的是回收的氨,带有水蒸气,1 mol 氨约带入 0.4 mol 的水,冲稀了氨盐水。碳酸化时有部分氨被气体带出,其量占总氨量的 6%~12%,这部分氨在过程中可以回收,但对氨盐水而言要保持过量的氨。这些就影响了氨盐水中食盐的浓度。此外,析出 $NaHCO_3$ 时,有一些 NH_4HCO_3 随之共晶析出,沉淀中 $n(NaHCO_3):n(NH_4HCO_3) \approx 95:5$。

氨的溶入,降低了 NaCl 在饱和氨盐水中的含量,钠的利用率提高,但氨量过多时,单位体积氨盐水在碳酸化时生成的 $NaHCO_3$ 量反而下降,其关系如表4.2 和图4.2 所示。综合考虑原料利用率和产量,取 $n(NH_3):n(NaCl)$ 略大于 1。

表4.1 饱和食盐水吸氨所得氨盐水成分(15 ℃)

氨盐水成分				密度 /(kg·m⁻³)
/(g·kg⁻¹)		/(kg·m⁻³)		
NaCl	NH₃	NaCl	NH₃	
342	87	271	75	1 144
338	101	268	80	1 141
335	108	264	85	1 136
333	116	261	90	1 132
325*	103	260	82	1 175

* 为工厂条件,氨盐水中另外约含 11 g NH_4Cl 和 45 g CO_2;氨盐水中 $n(NaCl):n(NH_3) \approx 1:1.1$。

表4.2 饱和氨盐水中 $n(NH_3):n(NaCl)$ 对利用率的影响

氨盐水成分 /(kg·m⁻³)		$n(NH_3):n(NaCl)$	碳酸化后母液成分 /(kmol·m⁻³)				氨盐水生成碳酸氢钠量 /(kg·m⁻³)	利用率/%	
NH₃	NaCl		Na⁺	NH₄⁺	Cl⁻	HCO₃⁻		$U(Na)$	$U(NH_3)$
18.0	292	0.21	1.36	0.52	1.67	0.21	74	17.7	83.4
57.9	275	0.73	0.84	1.11	1.57	0.18	233	59.1	81.4
63.7	271	0.81	0.56	1.20	1.54	0.22	249	60.0	79.0
72.4	265	0.94	0.50	1.29	1.50	0.29	258	67.9	72.3
76.5	260	1.01	0.49	1.35	1.49	0.35	270	72.7	71.2
82.9	258	1.11	0.41	1.46	1.53	0.34	282	76.1	68.9
133.3	223	2.06	0.30	1.63	1.58	0.35	261	82.2	39.7

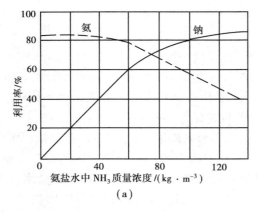
(a)

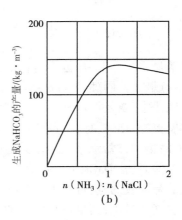
(b)

图4.2 饱和氨盐水碳酸化时氨盐比对利用率和产量的影响
(a)对利用率的影响;(b)氨盐比对产量的影响

（3）温度对钠利用率的影响

温度对 NH_4Cl 的溶解度影响很大，平衡溶液中 $w(NH_4^+)$ 随温度升高而显著增大，Cl^- 含量则受 NaCl 溶解度变化不大的制约增加较少。这表明，若初始盐水中含足够的 NaCl，在碳酸化后不析出 NH_4Cl 的条件下，可以生成更多的 $NaHCO_3$。同时，$NaHCO_3$ 在平衡溶液中的溶解度在温度升高时增加不多，表现在平衡溶液中 HCO_3^- 含量的绝对值增加不大，氨盐水碳酸化后也就会有更多的 $NaHCO_3$ 析出。温度对体系的影响如图 4.3 所示。从 Na^+，$NH_4^+ \parallel Cl^-$，$HCO_3^- + H_2O$ 的干盐图中看到，$NaHCO_3$ 饱和面随温度升高而扩大，并且 P_1 点向 NH_4Cl 含量高的方向移动。对照图 4.1 可见，因 $\angle\beta$ 变小，钠的利用率随之提高。然而，温度升高而使钠利用率提高的同时，要求初始氨盐水有高含量的 NaCl，这在实际中是达不到的。但是通过相图分析可以找出提高利用率的途径。例如吸氨后添加适当细粒精盐，当条件适当时，在碳酸化过程中精盐将会溶解，转化成 $NaHCO_3$ 析出。

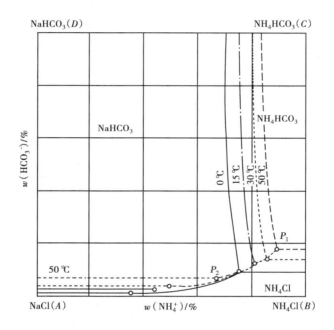

图 4.3　温度对 Na^+，$NH_4^+ \parallel Cl^-$，$HCO_3^- + H_2O$ 体系的影响

在生产条件下，初始氨盐水的浓度是有限的，不同于表 4.2 中所指的条件。若氨盐水浓度固定，在碳酸化后降低温度，可以减少 $NaHCO_3$ 在母液中的溶解度，提高钠利用率，所以工厂里碳酸化塔的下半部要配置冷却系统。

4.1.2.2　氨碱法的工业生产

1）氨碱法的生产流程

氨碱法生产纯碱的流程如图 4.4 所示。

原盐经过化盐桶制备饱和食盐水，再添加石灰乳除去盐水中的镁，然后在除钙塔中吸收碳酸化塔尾气中的 CO_2，除去盐水中的钙。精制的食盐水送入吸氨塔吸收氨气，氨气主要是由蒸氨塔回收得到的。吸氨所得的氨盐水送往碳酸化塔。

碳酸化塔是多塔切换操作的。氨盐水先经过处于清洗状态的碳酸化塔，在此塔中氨盐水

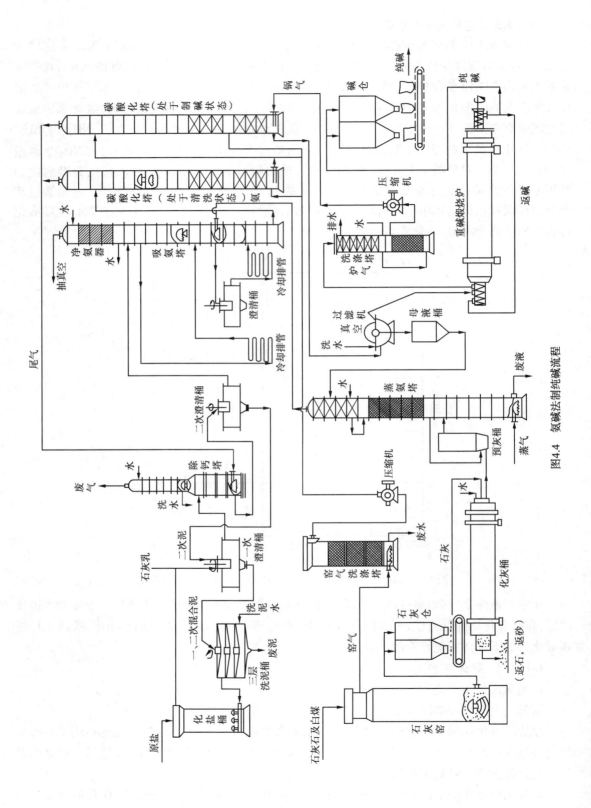

图4.4 氨碱法制纯碱流程

溶解掉塔中沉淀的碳酸氢盐,同时吸收从塔底导入的石灰窑窑气中的 CO_2,吸收都是逆流操作。清洗塔出来的部分碳酸化的氨盐水送入处于制碱状态的碳酸化塔,进一步吸收 CO_2 而发生复分解反应,生成 $NaHCO_3$。碳酸化所需的 CO_2 是按浓度从碳酸化塔的不同地段导入的。中部导入含 CO_2 为 43% 的石灰窑气,底部导入含 CO_2 为 90% 以上的 $NaHCO_3$ 煅烧炉气。碳酸化塔顶的尾气用于食盐水精制。碳酸化塔底含 $NaHCO_3$ 结晶的悬浮液送往真空过滤机过滤。滤得的 $NaHCO_3$ 送往煅烧炉,使重碱受热分解而生成纯碱作为产品,分解出的 CO_2 送去碳酸化。

真空过滤得到含 NH_4Cl 和未利用的 $NaCl$ 的母液,送往蒸氨塔。蒸氨塔中加入石灰乳并在塔底通蒸气加热并气提,回收的含 CO_2 的氨气送去吸氨。含 $CaCl_2$ 的废液排弃或做其他处理。石灰乳是由石灰石经煅烧并水合制备的。

氨碱法的生产分为以下基本工序:食盐水的制备和精制;食盐水吸氨成氨盐水;氨盐水碳酸化;碳酸化悬浮液过滤;$NaHCO_3$ 煅烧成纯碱;母液回收氨;石灰石煅烧制生石灰和 CO_2;生石灰制石灰乳。

2)氨碱法制碱的主要过程和设备

(1)饱和盐水的制备和精制

氨碱法用的饱和盐水可以来自海盐、池盐、岩盐、井盐水和盐湖水等。$NaCl$ 在水中的溶解度随温度的变化不大,室温下为 $315\ kg \cdot m^{-3}$。工业上的饱和盐水因含钙镁等杂质而只含 $NaCl\ 300\ kg \cdot m^{-3}$ 左右。制 1 t 纯碱消耗饱和盐水 $5.0 \sim 5.3\ m^3$。

制饱和盐水的化盐桶桶底有带嘴的水管,水从下而上溶解食盐成饱和盐水,从桶上部溢流而出,化盐用的水来自碱厂各处的含氨、二氧化碳或食盐的洗涤水。

粗海盐中只含 $NaCl\ 88\% \sim 92\%$,用海盐溶得的饱和粗盐水的大致成分为:

离　子	Na^+	Cl^-	Ca^{2+}	SO_4^{2-}	Mg^{2+}
质量浓度/$(kg \cdot m^{-3})$	118	183	1.7	3.4	0.9

其中含钙镁盐 $6 \sim 7\ kg \cdot m^{-3}$,在吸氨和碳酸化时会生成 $Mg(OH)_2$ 和 $CaCO_3$ 沉淀,不仅影响产品质量,而且在设备和管道积垢结疤,阻碍气液流动,妨碍操作。为此,粗盐水必须精制,除去 99% 以上的钙镁杂质。碱厂对粗盐水的精制常用石灰-碳酸铵法(也称为石灰-塔气法)。先在粗盐水中加入石灰乳,使镁离子成为 $Mg(OH)_2$ 沉淀:

$$Mg^{2+} + Ca(OH)_2 \rightleftharpoons Mg(OH)_2(s) + Ca^{2+} \tag{5}$$

除镁后的盐水称为一次盐水,澄清后送往除钙塔。盐水从塔中部进入,由碳酸化塔塔顶来的含 NH_3 和 CO_2 的尾气从塔底部送入,气液逆流接触,发生下列反应:

$$Ca^{2+} + 2NH_3 + CO_2 + H_2O \rightleftharpoons CaCO_3 + 2NH_4^+ \tag{6}$$

除钙后的精制盐水称为二次盐水,再经澄清后送去吸氨。

钙塔的基本结构如图 4.5 所示,分为两部分,都由带菌帽塔板的铸铁塔节组成。气体在塔底通过菌帽齿缝分散后与液体充分接触;残气进入塔上部,用水洗涤后排空,洗涤水送去溶盐。澄清的沉泥在三层洗泥桶用水洗涤回收食盐,沉泥可用于制取建筑材料或其他用途。

为加速沉降,有时添加丙烯酰胺为助沉剂,以形成絮状沉淀物,缩短沉降时间。

除钙也可用石灰-纯碱法,在除去镁后加入纯碱,使 Ca^{2+} 形成 $CaCO_3$:

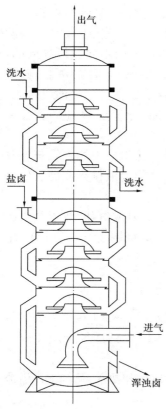

图4.5 除钙塔基本构造

$$Ca^{2+} + Na_2CO_3 =\!=\!= CaCO_3(s) + 2Na^+ \qquad (7)$$

这种方法要消耗纯碱,但精制盐水中不会出现 NH_4Cl。NH_4Cl 是碳酸化反应的产物,它的存在对反应平衡是有影响的。

(2)盐水吸氨制氨盐水

吸氨是为制备适合于碳酸化用的氨盐水。吸氨用的氨主要来自蒸氨塔,是用石灰乳处理碳酸化后母液所回收的氨,其中含有少量 CO_2 和水蒸气。

吸氨时的主要反应为:

$$NH_3(g) + H_2O(l) =\!=\!= NH_4OH(l) + 35.2\ kJ \qquad (8)$$

氨气中含有一些 CO_2,同时溶入溶液并起反应:

$$2NH_3(l) + CO_2(g) + H_2O(l) =\!=\!= (NH_4)_2CO_3(l) + 95.2\ kJ$$
$$\qquad (9)$$

吸氨过程是显著放热的。每千克氨溶于水时释放的热量超过 2 000 kJ。若包括氨气带来的水蒸气的冷凝热和 CO_2 与氨的反应热,1 kg 氨吸收成氨盐水时释出的总热量达 4 280 kJ。这些热量足以使氨盐水的温度提高 95 ℃,这样会阻碍吸氨的进行。因此,吸氨塔附有多个塔外水冷却器,将吸氨盐水导出多次冷却,使塔中部的温度不超过 60 ~ 65 ℃,塔底的氨盐水则冷却至 30 ℃,吸氨后的盐水送去碳酸化。

氨气由蒸氨塔送来,其中 $n(NH_3):n(CO_2) = (4 \sim 5):1$。可见,吸氨是液相同时吸收 NH_3 和 CO_2 的过程,包括氨溶于水的物理吸收和氨水吸收 CO_2 的化学吸收。CO_2 与 NH_3 在溶液中作用而生成 $(NH_4)_2CO_3$,使 NH_3 分压低于同一浓度氨水的氨平衡分压,造成对氨吸收有利条件。

含 CO_2 的氨盐水上空的各组分的平衡分压如图 4.6 所示。低温和 CO_2 的存在对氨溶于溶液有利。但也应指出,氨在盐水中的溶解度比在清水中的溶解度低,即相同氨摩尔分数时,氨盐水上空氨的分压比纯氨水上方的氨平衡分压高,这对盐水吸氨是不利的。

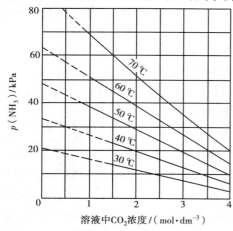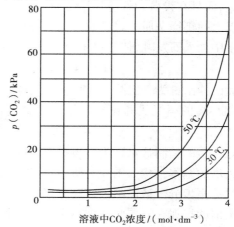

图4.6 氨盐水的氨和二氧化碳的平衡分压

(氨盐水含 NH_3:5 mol · dm^{-3},NaCl:4.25 mol · dm^{-3})

　　盐水吸氨时,体积膨胀,密度减少,随氨气带来的水蒸气也冷凝,使氨盐水的体积有显著的增大,比盐水体积增大14%~18%。工业饱和盐水含NaCl 305~310 kg·m^{-3},吸氨后浓度降低,所得氨盐水的成分大致为:NH$_3$:84~87 kg·m^{-3};NaCl:260~263 kg·m^{-3};CO$_2$:45~55 kg·m^{-3};NH$_4$Cl,(NH$_4$)$_2$SO$_4$:8~15 kg·m^{-3}。氨盐水密度:1 170~1 175 kg·m^{-3}。

　　氨盐水中的游离氨与NaCl的摩尔数之比为1.08~1.12,氨略为过量。

　　氨盐水或母液中的氨分为游离氨和结合氨。游离氨是指在水溶液中受热即分解出氨的铵化合物中的氨,如NH$_4$OH,(NH$_4$)$_2$CO$_3$,NH$_4$HCO$_3$,(NH$_4$)$_2$S中的氨。结合氨也称为固定氨,是在水溶液中受热并不分解,需加入碱后才会分解出氨的铵化合物中的氨,如NH$_4$Cl,(NH$_4$)$_2$SO$_4$中的氨。

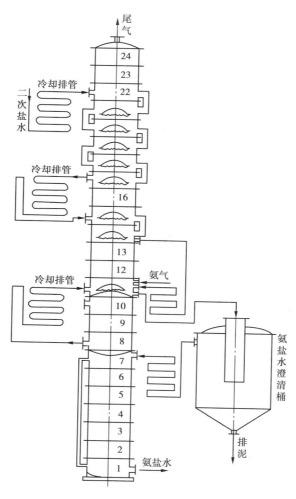

图4.7　吸氨塔的结构示意图

　　吸氨的主要设备是吸氨塔,其基本构造如图4.7所示。它是多层塔板的铸铁单泡罩塔。精制的饱和盐水从塔的上部加入,逐层下流;塔板上有单个菌形泡罩,气液间逆流流动,气体通过泡罩边缘时散成细泡,扩大了气液间的接触。吸氨是放热的,在塔的上段、中段和下段分别将吸氨的盐水导出,经过淋水的冷却排管冷却,再送回吸收。氨气从塔的中下部引入,在引入区域吸氨进行得最剧烈,约有 50% 的氨被吸收,需要加强冷却,因此将部分冷却的氨盐水循环,以提高吸收率。塔的顶部是洗涤段,用清水洗涤尾气以回收氨,所得的稀氨水用去化盐。塔的中段有些区域是空的塔圈,其作用是为保持一定的位差,使通过排管的吸氨盐水能靠重力流回塔内。塔的下部和底部是循环氨盐水的储罐和澄清氨盐水的储罐。

吸氨的盐水已经过精制,除去 90% 以上的钙镁,但残余的少量杂质在吸氨时会形成碳酸盐和复盐沉淀,主要是碳酸镁的复盐。为了除去固体沉淀,吸氨后再经过澄清桶澄清,澄清的氨盐水含固体杂质不大于 $0.1\ \mathrm{kg \cdot m^{-3}}$。

吸氨塔顶是在稍减压(绝对压强为 75~85 kPa)的条件下操作的,可以减少吸氨过程中氨的漏失和便于蒸氨塔中 NH_3 和 CO_2 引入吸氨塔。

(3)氨盐水的碳酸化

氨盐水碳酸化的反应机理包括以下步骤:

①氨基甲酸铵的生成:当 CO_2 通过氨盐水时,总出现氨基甲酸铵:

$$CO_2 + 2NH_3 \Longrightarrow NH_4^+ + NH_2COO^- \tag{10}$$

该反应是以下两个反应的结果:

$$CO_2 + NH_3 \Longrightarrow H^+ + NH_2COO^- \tag{11}$$

$$NH_3 + H^+ \Longrightarrow NH_4^+ \tag{12}$$

氨基甲酸铵的反应是中等速率的反应,但仍然比 CO_2 的水化速率快得多,CO_2 的水化反应为:

$$CO_2 + H_2O \Longrightarrow H_2CO_3 \tag{13}$$

$$CO_2 + OH^- \Longrightarrow HCO_3^- \tag{14}$$

与此同时,碳酸化液中氨的浓度一直比 OH^- 浓度大很多倍。因此,吸收的 CO_2 绝大多数生成氨基甲酸铵。

②氨基甲酸铵的水解:碳酸化液中的 HCO_3^- 主要由氨基甲酸铵的水解所生成:

$$NH_2COO^- + H_2O \Longrightarrow HCO_3^- + NH_3 \tag{15}$$

也可以写成:

$$NH_2COONH_4 + H_2O \Longrightarrow NH_4HCO_3 + NH_3 \tag{16}$$

氨基甲酸铵的水解速度很慢。水解生成的游离氨继续碳酸化:

$$2NH_3 + CO_2 \Longrightarrow NH_2COONH_4 \tag{17}$$

HCO_3^- 生成后也存在离子平衡:

$$HCO_3^- \Longrightarrow H^+ + CO_3^{2-} \tag{18}$$

或写成: $$NH_3 + HCO_3^- \Longrightarrow NH_4^+ + CO_3^{2-}$$

在碱性较强的溶液中主要形成 CO_3^{2-},在 pH 值为 8~10.5 时主要形成 HCO_3^-。

③$NaHCO_3$ 的析出:当碳酸化度到一定程度,HCO_3^- 在溶液中积累,HCO_3^- 与 Na^+ 的乘积超过该温度下 $NaHCO_3$ 溶度积时,发生下列反应:

$$Na^+ + HCO_3^- \Longrightarrow NaHCO_3(s) \tag{19}$$

溶液的碳酸化度(R)是溶液碳酸化的程度,即 1 当量浓度的氨吸收了多少当量浓度的二氧化碳。定义碳酸化度 R 为:

$$R = \frac{\text{溶液中全部 } CO_2 \text{ 浓度}}{\text{总氨浓度}} = \frac{c(CO_2) + 2c(NH_3)}{c(NH_3)_T}$$

式中　$c(CO_2)$——游离 CO_2 浓度；

$c(NH_3)$——已与 CO_2 结合生成 NH_4HCO_3 的浓度；

$c(NH_3)_T$——总氨浓度。

氨水的 R 为 0，100% 碳酸铵的 R 为 100%，100% 碳酸氢铵的 R 为 200%。当 CO_2 反应完且碳酸氢钠全部结晶出来时，此时的碳酸化度为 200%。

当碳酸化度超过 100% 时，溶液中有效氨浓度已很低，要依靠氨基甲酸铵水解生成的有效氨才能继续碳酸化，这就使水解更成为碳酸化过程的控制步骤。氨基甲酸铵水解是液相反应，需要在碳化塔中保持足够的溶液量使反应有足够的时间。

碳酸化过程中，虽然复分解的热效应不大，但 CO_2 的溶解热为 24.6 $kJ \cdot mol^{-1}$，溶液中 NH_3 与 CO_2 的反应热为 106 $kJ \cdot mol^{-1}$，$NaHCO_3$ 的结晶热为 20.5 $kJ \cdot mol^{-1}$。为使 CO_2 充分吸收和碳酸化度提高，应适时对过程加以冷却。

原料的氨和钠利用率很大程度上取决于碳酸化条件。氨盐水中 NaCl 和 NH_3 的浓度越高，碳酸化塔引入的 CO_2 的分压越大，碳酸化塔底部的温度越低，原料的利用率就越高。

氨盐水碳酸化在碳酸化塔中进行。碳酸化塔由许多铸铁塔圈组装，大致可分为两部分，如图 4.8 所示。塔上部是 CO_2 吸收段，每圈之间装有笠形泡帽，塔板是略向下倾的中央开孔的漏液板，孔板和笠帽边缘有分散气泡的齿缝以增加气液间的接触面积。塔的中下部是冷却段，是 $NaHCO_3$ 析出的区域，氨盐水继续吸收 CO_2 的同时生成大量 $NaHCO_3$ 结晶析出。这区间除了有笠帽和塔板外，还有约 10 个列管式水箱，用水间接冷却碳酸化母液以促进结晶析出。

在塔中，气液是连续逆流接触的。为使碳酸化尽可能地完全，不同浓度的 CO_2 从塔的不同位置进入。冷却段中部进入的是石灰窑中分解石灰石的含 CO_2 40% 左右的窑

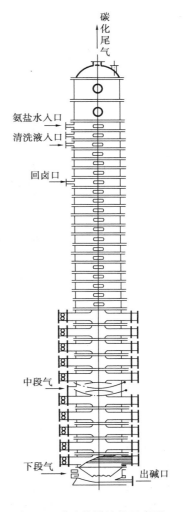

图 4.8　碳酸化塔结构示意图

气。塔底引入的是 $NaHCO_3$ 煅烧炉来的 CO_2 含量超过 90% 的炉气。稀 CO_2 气与新鲜氨盐水接触，浓 CO_2 气与已部分碳酸化的溶液接触，使氨盐水的碳酸化接近完全，也使物料充分利用。

氨盐水碳酸化过程中，碳酸化度与组分平衡分压的关系如图 4.9 所示。系统碳酸化度是指包括溶液和结晶在内的物系，清液的碳酸化度则不包括结晶。大致来说，系统的碳酸化度达到 90% 左右时，开始析出晶体。系统和清液的碳酸化度在 90% 以前是大体相同的（见图 4.9）。随碳酸化度的提高，氨平衡分压下降而 CO_2 分压急剧上升。30 ℃时，要碳酸化完全，CO_2 分压应超过 0.5 MPa。

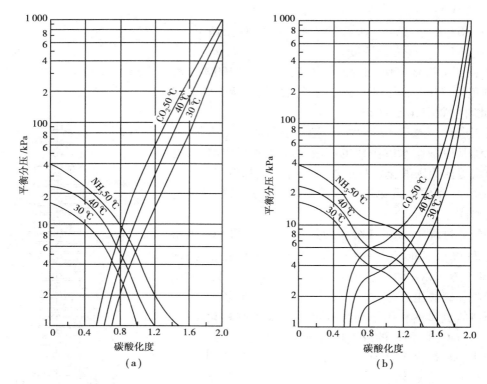

图 4.9　碳酸化度与平衡分压的关系[原盐水饱和,氨盐比为 1∶1(物质的量之比)]

(a)溶液的碳酸化度与平衡分压的关系;(b)系统的碳酸化度与平衡分压的关系

　　生产操作时,塔底引入的 CO_2 气约为 0.28 MPa,该压强主要是用来克服碳酸化塔的液柱静压强和流动阻力的压强降。在这种条件下,塔底氨盐水的最终碳酸化度为 190% 左右,母液中只含少量的 CO_3^{2-}。

　　碳酸化塔中氨盐水成分和逐渐变化的情况如图 4.10 所示。进入碳酸化塔的氨盐水,在吸氨时已吸收一些 CO_2,但结合氨的含量很少。进入碳酸化塔后,CO_2 继续被吸收而形成 $(NH_4)_2CO_3$,NH_3 依然以游离氨的形式存在。接近塔中部时,碳酸化度超过 90% 后,开始有 $(NH_4)HCO_3$ 生成。因 $NaHCO_3$ 在母液中溶解度不大,当 $[HCO_3^-]$ 与 $[Na^+]$ 的乘积大于当时条件下 $NaHCO_3$ 溶度积时,$NaHCO_3$ 开始析出。随后 CO_2 继续被吸收,沉淀大量形成,包括沉淀在内的物系总 CO_2 量增加,因为 $NaHCO_3$ 沉淀带走 CO_2,清液所含的 CO_2 量反而减少,同时结合氨大量形成。塔底的母液中,游离氨减少到 $1.1 \sim 1.3$ kmol·m^{-3},结合氨增加到 $3.6 \sim 3.8$ kmol·m^{-3},CO_2 减少到 $0.85 \sim 0.9$ kmol·m^{-3}。

　　氨盐水进塔的碳酸化塔顶部温度为 $30 \sim 50$ ℃。氨盐水高于该温度时要冷却后再进塔,使 CO_2 吸收较完全,且减少氨逸散损失。塔的中部因反应热而温度上升到 60 ℃ 左右。塔下部用水箱通水间接冷却,控制塔底温度在 30 ℃ 以下,使 $NaHCO_3$ 较多地析出。

　　$NaHCO_3$ 的晶形对产品质量有很大影响。大粒的结晶不仅有利于过滤洗涤,而且夹带母液和水分少,煅烧后含盐量低,制得的纯碱质量高。要在碳酸化塔底得到高质量的晶浆,应严格控制碳酸化塔的冷却条件。$NaHCO_3$ 在溶液中容易形成过饱和状态。快速冷却时,晶核生成速率大于晶核成长速率,得到的是大量的细小结晶。缓慢冷却时,晶粒生长速度大于晶核的

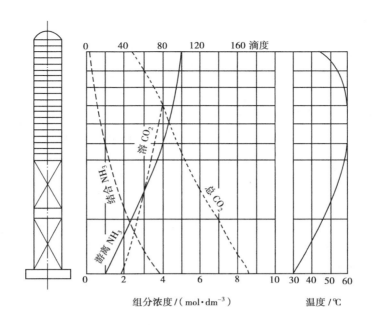

图 4.10　碳酸化塔沿塔高的各组分浓度变化趋势

成长速率,得到的是大粒结晶。塔的中部,即 $NaHCO_3$ 开始析出的区域,因反应热使物系维持稍高温度而不做冷却,可使物系产生适量的晶核并逐步成长。随后在塔下部通水逐渐冷却,即使 CO_2 能充分吸收,又使晶体逐步成长。若冷却过快,会形成结晶浆(又称浮碱),难以过滤分离。塔底的温度控制在 $25 \sim 30\ ℃$,一般取决于冷却水的温度。塔底料浆含 45% ~ 50%(体积分数)的结晶。

　　碳酸化过程中,碳酸氢盐不断析出,部分连同杂质沉淀黏附在塔的笠帽板及冷却水管上,易使塔堵塞,要经常清洗。向部分结疤的碳酸化塔中通入新鲜的氨盐水可溶去沉淀,该塔称为清洗塔(也称为预碳酸化塔或中和塔)。清洗塔的底部仅通入稀的 CO_2 气,塔本身不冷却。新鲜氨盐水中含有大量游离氨,与沉析在塔壁和塔板上的碳酸氢盐作用,使碳酸氢盐逐渐转化成碳酸盐而溶解,稀 CO_2 气起搅拌和使氨盐水初步碳酸化作用。出清洗塔的含碳酸盐的氨盐水引入碳酸化塔正常生产。因此,碱厂的碳酸化塔常多个编组运转,一般以 5 个以上为一组,如 1 塔清洗,4 塔制碱。

　　氨盐水在碳酸化塔中停留时间一般为 $1.5 \sim 2\ h$。塔顶出口气体含 $\varphi(CO_2)$ 不大于 6% ~ 7%,但含氨可达 15%,送往氨水精制工段的除钙塔。碳酸化制得 1 t $NaHCO_3$ 约消耗体积分数为 45% 的 CO_2 的石灰窑气 $1\ 050 \sim 1\ 100\ m^3$,氨盐水约 $5.3\ m^3$;钠的利用率接近 75%,氨利用率为 72% ~ 73%。

　　碳酸化塔底排出的晶浆含悬浮的 $NaHCO_3$ 体积分数为 45% ~ 50%,常用回转吸滤的真空过滤机分离。滤液和吸出的气体用分离器分离,母液送去蒸氨以回收氨;气体是吸入的空气,含少量氨和 CO_2,经洗涤塔喷水洗涤回收氨后,由真空泵排出。

　　过滤所得 $NaHCO_3$ 滤饼的大致组成为:

成　　分	NaHCO$_3$	Na$_2$CO$_3$	NH$_4$HCO$_3$	NaCl	Na$_2$SO$_4$	CaCO$_3$ + MgCO$_3$	水分
体积分数/%	70 ~ 75	6 ~ 8	3.0 ~ 3.5	0.3 ~ 0.4	0.1	少量	14 ~ 18

母液在过滤时被洗涤水稀释,大致组成为:

成　　分	NH$_4$Cl	NaCl	NH$_4$HCO$_3$	NaHCO$_3$	相对密度
质量浓度/(kg·m^{-3})	180 ~ 200	70 ~ 80	40 ~ 50	6 ~ 8	1 126 ~ 1 127

过滤时用水量要适当控制,洗涤水过多会稀释母液,增加蒸氨负荷,同时增加溶解损失。

(4)碳酸氢钠的煅烧

碳酸氢钠煅烧是简单的分解反应,受热分解而生成碳酸钠:

$$2NaHCO_3(s) \rule[0.5ex]{1em}{0.4pt} Na_2CO_3(s) + CO_2(g) + H_2O(g) \tag{20}$$

$$\Delta H = 128 \text{ kJ/mol}$$

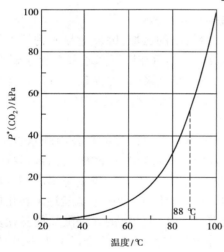

图 4.11　碳酸氢钠固体上方 CO$_2$ 平衡分压

碳酸氢钠固体上方 CO$_2$ 平衡分压与温度的关系如图 4.11 所示。若分解在常压下进行,且水蒸气与 CO$_2$ 分压相同,则 CO$_2$ 分压为 50.7 kPa 时,NaHCO$_3$ 已分解完全。此时温度为 88 ℃(图 4.11)。为加快煅烧分解速率,工业上采用煅烧温度为 160 ~ 190 ℃。从图 4.12[其重碱的组成为 w(NaHCO$_3$) = 76%, w(H$_2$O) = 14%, w(Na$_2$CO$_3$) = 6.7%, w(NH$_4$HCO$_3$) = 3.1%, w(NaCl) = 0.45%]可看出,在 160 ℃煅烧时,分解所需时间接近于 1 h,在 190 ℃ 时则需要 30 min 左右。

分析图 4.12 还可得知,NaHCO$_3$ 滤饼受热时,首先挥发的是滤饼中的游离水分,接着是 NH$_4$HCO$_3$ 分解,NaHCO$_3$ 的分解最慢。NH$_4$HCO$_3$ 分解除消耗热量和增大氨耗外,对成品质量没有影响。但当滤饼中夹杂有 NH$_4$Cl 时,煅烧时发生以下反应:

$$NH_4Cl + NaHCO_3 \rule[0.5ex]{1em}{0.4pt} NH_3 + CO_2 + H_2O + NaCl \tag{21}$$

氯化钠残留在成品中影响质量,所以在过滤操作中要适当用水洗涤滤饼,除去氯离子。

煅烧时需要将一部分煅烧过的纯碱与湿 NaHCO$_3$ 混合,调节煅烧料的水分含量。当水分含量高时,会发生熔融粘壁和结块。这部分循环用碱称为返碱,返碱量与滤饼含水量及炉的结构有关。通常湿滤饼混合后将水分调节到 8% 以下入炉,分解才能顺利进行。

蒸汽煅烧炉通常用内热式回转炉,基本构造如图 4.13 所示。炉体是普通钢板焊制的卧式回转圆筒,炉体前后有滚圈承架于托轮上,炉体向后倾斜度为 1.7%。炉尾滚圈附近装有齿轮圈,通过减速器由电动机带动炉体慢速回转。炉体内有多排靠近炉壁以同心圆排列的带翅片的加热管。为避免入炉处结疤,近炉头端的加热管区不带翅片。蒸汽经炉尾空心轴进入汽室,再分配到加热管中,结构较复杂,密封要求高,用聚四氟乙烯填料密封。返碱和重碱由螺旋输送器从炉头送入炉内,煅烧好的纯碱也由炉尾的螺旋输送器送出。分解出的炉气经水洗冷却,回收氨和碱尘后送去制碱。

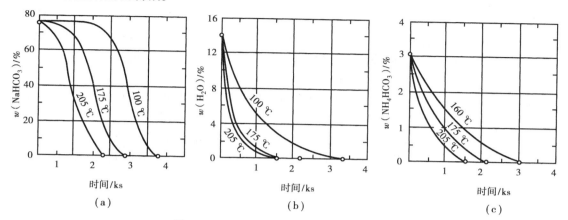

图 4.12　重碱煅烧过程中物料成分的变化
(a)$NaHCO_3$ 的变化;(b)水分的变化;(c)NH_4HCO_3 的变化

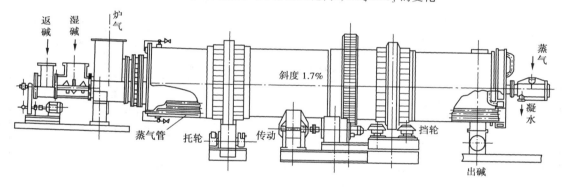

图 4.13　蒸气煅烧炉基本结构

蒸气煅烧炉的返碱量与蒸气耗量关系如图 4.14 所示。

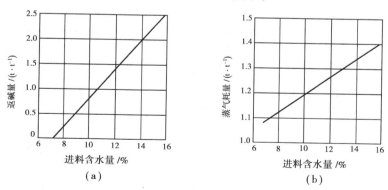

图 4.14　蒸气煅烧炉的返碱量和蒸气耗量
(a)返碱量;(b)蒸气耗量

沸腾煅烧炉一般采用竖式锥形流化床,其底部有气体分布板,开孔率为1%,孔径为2~2.5 mm。炉体的锥度保持锥体上部气速不大于重碱的流化速度0.6 m·s⁻¹。炉内排列有加热管。炉体的上端有扩大段,使气速降至0.2 m·s⁻¹,以减少夹带。

（5）氨的回收

氨碱法生产过程中,氨是循环利用的。生产1 t纯碱,循环的氨量为0.4~0.5 t,通常采用蒸馏法回收循环氨。过滤重碱后含结合氨的母液,添加石灰乳分解转变成游离氨蒸出的过程,称为母液蒸馏。各种含氨的回收液中只含游离氨,直接加热蒸馏,称为淡液蒸馏。

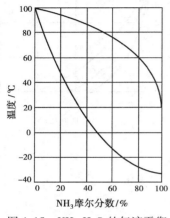

图4.15　NH₃-H₂O的气液平衡

①蒸氨原理。

NH₃-H₂O体系的蒸气-溶液平衡相图如图4.15所示,体系有较大的相对挥发度,蒸馏分离比较容易。

过滤重碱后母液的大致组成如表4.3所示,因被洗涤水稀释而约为6.0 m³·t⁻¹。母液受热时,游离氨受热即从液相驱出,同时还发生一些复分解反应:

$$NH_4HCO_3 \Longrightarrow NH_3 + CO_2 + H_2O \qquad (22)$$
$$NaHCO_3 + NH_4Cl \Longrightarrow NH_3 + CO_2 + H_2O + NaCl \qquad (23)$$
$$Na_2CO_3 + 2NH_4Cl \Longrightarrow 2NH_3 + CO_2 + H_2O + 2NaCl \qquad (24)$$

加入石灰乳时,结合氨分解成游离氨,并从液相驱出:

$$2NH_4Cl + Ca(OH)_2 \Longrightarrow 2NH_3(g) + 2H_2O + CaCl_2 \qquad (25)$$

母液中存在的少量硫化铵和碳酸铵参与反应,游离出氨。

表4.3　过滤出重碱后母液的大致组成

组　分	质量浓度/(kg·m⁻³)	物质的量浓度/(kmol·m⁻³)	备　注
NH₄Cl	180~200	3.4~3.7	相当于总氨6.6~7.4 kg·m⁻³
(NH₄)₂CO₃	40~50	0.5~0.6	游离氨5.6~6.2 kg·m⁻³
NaHCO₃	6~8	0.07~0.10	结合氨1.0~1.2 kg·m⁻³
NaCl	70~80	1.2~1.4	

母液中虽然存在NaCl和CaCl₂,但CaCl₂与氨化合而降低氨的分压,实验证明NaCl可提高平衡氨分压,两者的作用近似抵消。因此,蒸馏游离氨时,物系可简化为NH₃-CO₂-H₂O体系。蒸馏结合氨时,物系可简化为NH₃-H₂O体系。

②母液的蒸馏。

母液蒸氨的主要设备是蒸氨塔,其基本结构如图4.16所示,主要由母液预热器、加热段和石灰乳蒸馏段组成,总高可达40 m。

母液预热器由7~10个卧式列管水箱组成,安置在蒸馏塔的顶部,管内走母液,管外是蒸出的带水汽的热氨气。母液在预热器中与热氨气换热,温度从25~30 ℃升高到70 ℃后导入蒸氨塔中部的加热段。热氨气经预热器后从80~90 ℃降到65 ℃左右,再进入冷凝器冷凝掉气体中的大部分水汽,随后送往吸氨工序。

加热段一般是填料床,预热的母液加入后,与下部上升的热气(水蒸气 + 氨气)直接接触,填料能增加气液接触面积,加速传热。母液通过加热段时蒸出游离 NH_3 和 CO_2,剩下的残液主要含 NH_4Cl。

结合氨要分解成游离 NH_3 方能蒸出。所以将残液引入预灰桶,在桶中与添加的石灰乳通过搅拌混匀,混合液再引回蒸氨塔的石灰乳蒸馏段再蒸馏。由于混合液中悬浮有固体,石灰乳蒸馏段用铸铁单泡罩的塔板,有 10 ~ 14 层塔板。结合氨与石灰乳反应而分解成游离 NH_3,被塔底直接蒸气汽提而驱出。通过石灰乳蒸馏段,母液中 99% 以上的氨已被回收,废液由塔底排出。

蒸馏液的成分沿蒸氨塔塔板的变化情况如图 4.17 所示。在加热段蒸出大部分氨和全部 CO_2,在石灰乳蒸馏段则结合氨转化成游离氨蒸出,残液只含微量的氨。

石灰乳调剂成较高浓度以减少蒸气耗量,但太稠时固体会沉降并堵塞管道。一般常用石灰乳含活性 CaO:220 ~ 300 $kg \cdot m^{-3}$,密度:1 160 ~ 1 220 $kg \cdot m^{-3}$,稍过量以使氨尽量驱出。

蒸氨需要大量热能,因而都采用低压废蒸气直接加热,以省去庞大的换热设备,常用 50 ~ 80 kPa 蒸气。因废液不再利用,蒸气凝液的稀释影响不大。蒸气用量的控制以驱尽氨为准。蒸氨塔底温度一般保持在 110 ~ 117 ℃,塔顶为 80 ~ 85 ℃。蒸出的氨气经冷凝器冷却,并冷凝掉大部分水汽,温度降至 55 ~ 60 ℃后送往吸氨工序。蒸气耗量为 1.5 ~ 2 $t \cdot t^{-1}$。

排出的废液量约为母液的两倍,计 10 ~ 12 $m^3 \cdot t^{-1}$,包括:

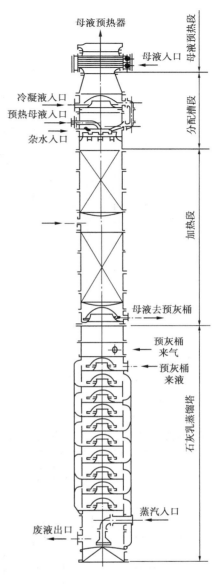

图 4.16　蒸氨塔基本结构

成　分	碳酸化塔母液	石灰乳	过滤洗水等	蒸气凝液
比体积/($m^3 \cdot t^{-1}$)	5.4 ~ 6.0	2 ~ 2.5	0.6 ~ 1.0	2 ~ 2.5

其大致组成为:

成　分	$CaCl_2$	$Mg(OH)_2$	NaCl	CaO	$CaCO_3$	$SiO_2 + Al_2O_3 + Fe_2O_3$	$CaSO_4$	NH_3
质量浓度/($kg \cdot m^{-3}$)	95 ~ 115	3 ~ 10	50 ~ 52	2 ~ 5	6 ~ 15	2 ~ 6	3 ~ 5	0.01 ~ 0.03

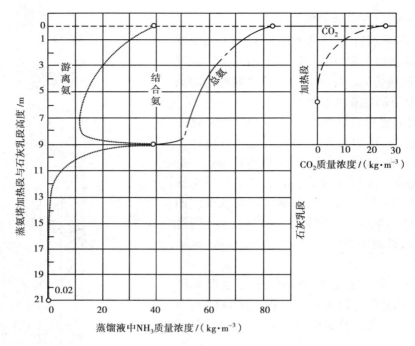

图 4.17 沿蒸氨塔塔板的母液成分变化

③淡液的蒸馏。

淡液是指洗涤用水、冷凝液及其他含氨废水的总和。淡液中只含游离氨,因为 $NaHCO_3$ 煅烧炉的冷凝液含少量碳酸钠,即使淡液中含有结晶氨也会被分解。淡液的量比母液少得多,其中含纯碱为 $0.6 \sim 1.0 \ m^3 \cdot t^{-1}$,并且不含固体悬浮物。淡液的蒸馏常用填料塔。沿塔高的蒸馏液的氨含量变化如图 4.18 所示(图中将塔高按理论塔板相当高度折算成 9 块塔板)。

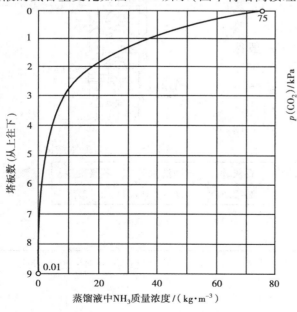

图 4.18 淡液蒸馏时液体成分沿塔高的变化

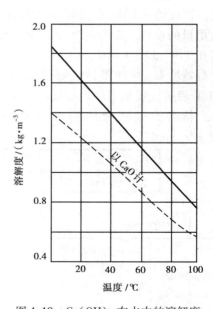

图 4.19 $Ca(OH)_2$ 在水中的溶解度

（6）石灰消化制石灰乳

生石灰遇水时发生水合反应,过程称为消化:

$$CaO + H_2O \Longrightarrow Ca(OH)_2 \qquad \Delta H = -64.9 \text{ kJ/mol} \qquad (26)$$

消化时放出大量热,生石灰体积膨大松散。因加入水量的不同而可得粉末的消石灰、稠厚的石灰膏、悬浮液的石灰乳和水溶液的石灰水。

$Ca(OH)_2$ 在水中的溶解度不大,并且是少数溶解度随温度升高而降低的物质之一,其关系如图 4.19 所示。氨碱法中要求有良好的流动性而固体颗粒不沉淀的石灰悬浮液,常制备含 CaO 220 ~ 300 kg·m^{-3} 的悬浮液,密度为 1 160 ~ 1 220 kg·m^{-3}。石灰乳的密度与其 CaO 质量浓度是直线关系,可直接根据密度求出其含量,如图 4.20 所示。

石灰的消化速度与石灰石煅烧时间、石灰中杂质等因素有关。石灰石煅烧温度过高所得石灰难于消化。从图 4.21 可见,当煅烧温度超过 1 200 ℃后,消化时间显著增多。当石灰含过多杂质或石灰存放时间过长、表面形成 $CaCO_3$ 硬壳后,也难于消化。消化时放热而使水汽化,汽化时水蒸气的逸出能促进石灰粉制成悬浮液。消化良好的悬浮液中粒子仅有 1 μm 大小。

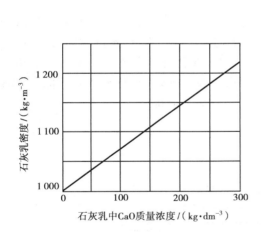

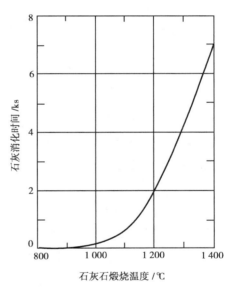

图 4.20　石灰乳密度与 CaO 质量浓度的关系　　图 4.21　石灰消化时间与煅烧温度的关系

氨碱法中石灰消化常用卧式转筒化灰机。主体是一卧式钢制回转圆筒,长径比约为 10:1,转速为 2 ~ 4 r/min,稍向出口端倾斜。石灰和水从进口加入,随圆筒旋转而物料向前行进,出口处有圆筒筛将未消化物料与石灰乳分离。大块残渣返回石灰窑煅烧,小粒等废弃。石灰乳再经振动筛将 2 mm 以上固体物料分出后送往蒸氨塔。

（7）重质纯碱的制造

粗 $NaHCO_3$ 在外热式煅烧炉得到的纯碱密度约为 500 kg·m^{-3},蒸汽煅烧炉制得的纯碱密度约为 600 kg·m^{-3},这类碱都称为轻质纯碱。轻质纯碱在使用时大量飞扬损失,并造成污染和引起其他问题。如玻璃生产中,飞扬的纯碱散落在玻璃熔池壁上,使耐火砖熔融烧坏。轻质纯碱密度小,使用包装材料多,占运输容积大。因此,生产中多加工到密度为 800 ~ 1 100 kg·m^{-3} 的纯

碱,称为重质纯碱。密度为 1 000 kg·m^{-3}的重质纯碱的粒度约为:

颗粒直径/mm	0.1~0.15	0.2~0.6	0.9~1.0
占总量的质量分数/%	<1	>50	<10

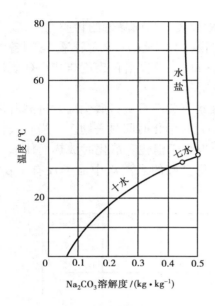

图 4.22　碳酸钠的溶解度

重质纯碱有多种生产方法,主要有挤压法和水合法。挤压法是将轻质纯碱在压辊内以40~45 MPa的压强挤压成片,再破碎过筛,以 0.1~1.0 mm 颗粒为成品。也可以将重碱加压压缩,再在 200 ℃ 以上分解而得重质纯碱。水合法是将轻质纯碱加水,水合成一水碳酸钠,再煅烧成重质纯碱。以下介绍水合法的生产方法。

Na_2CO_3 在不同温度下生成含结晶水不同的水合盐。Na_2CO_3-H_2O 体系的相图如图 4.22 所示。 -2~32 ℃ 为十水碳酸钠结晶区,32~35.4 ℃ 为七水碳酸钠结晶区,35.4~109 ℃ 为一水碳酸钠结晶区,109 ℃ 以上是无水碳酸钠区。因此,水合温度常选择在 90~100 ℃。

生产流程如图 4.23 所示。轻质纯碱与喷入的热水在水混机中均匀混合并水合,水混时间为 20 min,温度为 90~100 ℃,混合物含水 17%~20%。所得一水碳酸钠在煅烧炉(分解炉)内用 0.9 MPa 蒸汽加热,即得重质纯碱(也称重灰)。部分作返碱,部分经过筛、冷却后包装。炉气带碱尘,要经除尘和洗涤后才能排空。

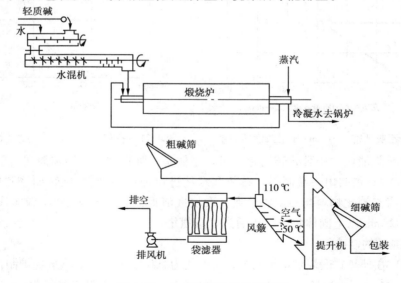

图 4.23　水合法制重质纯碱流程

4.1.3 联合制碱法生产纯碱和氯化铵

氨碱法宜于大规模生产,产品质量优良,经济上也合理。但其缺点突出表现在钠的利用率只有 72% ~ 73%,食盐中的氯完全没有利用。以总的质量计,氯化钠的利用率只有 28% ~ 29%。此外,蒸氨塔排放的含大量悬浮固体的废液中含游离氧化钙和氯化钙,污染环境,处理困难。氨碱法回收氨消耗大量石灰和蒸汽,流程繁长,设备庞大。

为了克服氨碱法制碱原料利用率低和排出大量废液的两大缺点,从 1938 年开始,我国永利化学工业公司在侯德榜博士主持下,从事改进氨碱法的研究。先后在四川省五通桥、中国香港、美国、中国上海等地进行了不同条件的试验,历时四载,获得成功。1941 年,永利化学工业公司宣布将新法命名为"侯氏制碱法(Hou's process)",并得到专利权。该法是将纯碱与合成氨联合起来进行生产的方法,因此又称"联合制碱法"(简称"联碱法")。该法不消耗石灰石,盐的利用率可提高到 95%,而且没有大量的废液、废渣排出。

20 世纪 50 年代在中国大连建设了日产 10 t 的中间试验车间,对不同流程、不同工艺条件进行了生产对比,同时对该法的基础理论在实验室做进一步的研究。在此基础上,20 世纪 60 年代中国第一套 16 万 t/年的联碱法工业生产装置正式投入生产。由于联碱法具有高的原料利用率和基本上不排放废液废渣的突出优点,在我国得到了迅速发展。2004 年我国生产纯碱 12 490 kt,其中联碱为 5 072 kt,占 40.6%。

联碱法的要点是利用同离子效应,配合以冷却或冷冻,降低氯化铵在母液中的溶解度,使氯化铵从母液中结晶析出;析出氯化铵后的母液循环利用。联碱法的过程中不生成大量废弃物,产品是纯碱和氯化铵。

4.1.3.1 联合制碱法的基本工序

联合制碱法的基本工序如图 4.24 所示,说明如下:碳酸化塔塔底引出的悬浮晶浆经过滤出的母液 Ⅰ(用 MⅠ 表示)含有相当数量的 NH_4Cl、未反应的 $NaCl$、一些溶解的 NH_4HCO_3 和 $(NH_4)_2CO_3$。母液先吸收少量氨气,使母液中的碳酸氢盐转化成溶解度大的碳酸盐,从而在随后冷冻时不析出碳酸氢盐沉淀。母液中残留的碳酸氢根不多,吸氨量只有母液量的 1%。吸收的氨在溶液中生成 NH_4^+,也产生同离子效应而有利于氯化铵随后析出。

吸少量氨的母液称为氨母液 Ⅰ(用 AⅠ 表示)。氨母液经过冷冻,部分氯化铵析出。冷析后的母液(称为半母液)送往盐析结晶器,加入经过洗涤和研磨的食盐。半母液对氯化铵饱和而对氯化钠未饱和,加入氯化钠后,氯化钠逐渐溶解,因同离子效应,有部分氯化铵结晶析出。加入的食盐是粉盐,有 70% 通过 40 目,尽量使盐粉在结晶器中维持悬浮状态,使与母液均匀接触,促进盐粉较快溶解,避免沉入结晶器底而与氯化铵混杂。氯化铵夹杂过多的食盐时不宜用作肥料。冷冻温度越低,氯化铵析出越多,冷冻设备就越大,能源消耗也越多。

冷冻结晶器和盐析结晶器引出的氯化铵浆液经增稠和离心分离,将滤饼甩干至水分降到 6%,送去流化干燥。

盐析结晶器溢流出的母液 Ⅱ(用 MⅡ 表示)与母液 Ⅰ 换热后,送去大量吸氨成含游离氨约 62 kg·m^{-3},含总氨约 98 kg·m^{-3},含氯化钠约 200 kg·m^{-3} 的氨母液 Ⅱ(用 AⅡ 表示),AⅡ 送往碳酸化塔。由于氨和氯化钠的含量低,同时母液中存在的氯化钠也对反应平衡不利,因此,单位体积母液生成的碳酸氢钠量比氨碱法少。碳酸化生成的含重碱的晶浆经连续回转过滤分离、结晶后送去煅烧成纯碱,母液循环送回吸氨和冷析系统。

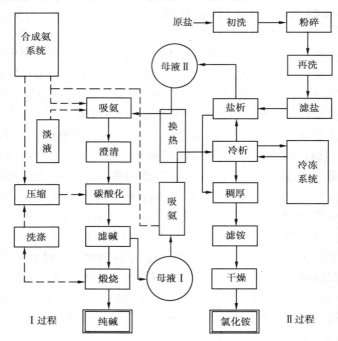

图 4.24　联合制碱法的工序

联碱法根据加入原料和吸氨、加盐、碳酸化等操作条件以及析铵温度不同而有多种工艺。我国的联碱法采用两次吸氨、一次加盐、一次碳酸化的方法,冷析氯化铵用浅冷法,冷析温度为 $8 \sim 10$ ℃,盐析温度为 $13 \sim 15$ ℃。

氨碱法中的氨循环利用,仅需补充过程中的少量损耗。联碱法则将氨用于生成产品,需量极大,宜于将氨厂和碱厂联合生产。氨厂和碱厂联产后,两厂的原料利用率都显著提高。氨厂的氮氢原料气用煤、石油或天然气制造,转化时生成的二氧化碳正好用于联碱法。联碱法 1 t 纯碱标准状态下的消耗定额为 330 kg NH_3(小联厂可能高达 400 kg),$300 \sim 320$ m^3 CO_2;而生产1 t氨要用变换气 $4\ 000 \sim 4\ 400$ m^3(CO_2 的体积分数为 $26\% \sim 31\%$),只要采用适当的回收方法使 CO_2 的利用率达到85%,就足以供给制碱的需要;碱厂就不需要石灰石和焦炭,可以节省石灰窑和制石灰乳的设备,也不需要氨回收装置;氨厂还可以省掉制氮肥的附属设备,节约投资,并且免除废液渣造成的公害。

4.1.3.2　联合制碱法的原理

联合制碱法制碱的吸氨和碳酸化原理与氨碱法基本相同。制铵过程的要点是尽量使氯化铵从母液中析出。

联合制碱法中,用冷析和盐析从母液中分出氯化铵,主要是利用不同温度下氯化钠和氯化铵的互溶度关系。氨母液是复杂的 Na^+,NH_4^+ ‖ CO_3^{2-},Cl^- + H_2O 体系。为便于阐明析铵的原理,将体系简化为 Na^+,NH_4^+ ‖ Cl^- + H_2O 讨论。

1)联碱法析铵的相图及过程分析

氯化钠与氯化铵的互溶关系如图 4.25 所示。图 4.25(a)是纯的 NaCl-NH_4Cl 体系,图中的 M_1 点是氨碱法中碳酸化后经过析碱的清液(母液 I)成分,表达时因坐标限制,只表示出其氯化钠和氯化铵的含量,不包括碳酸氢盐。M_1 点处于 0 ℃ 的不饱和区内,理论上不会有结晶析出。实际上,母液所含的碳酸氢盐和碳酸盐对体系有影响。图 4.25(b) 是每 kg 水中含0.12 kg碳酸铵的 NaCl-NH$_4$Cl 的互溶关系,M_1 点在图(b)中位于 NH$_4$Cl 饱和区中。

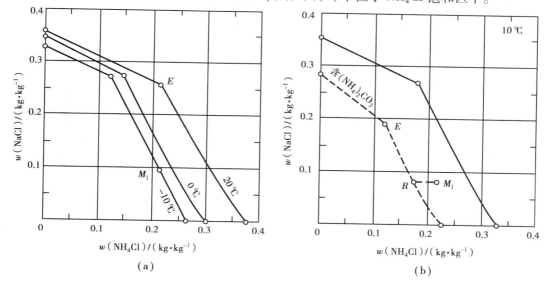

图 4.25　NaCl-NH$_4$Cl-H$_2$O 体系与碳酸化母液的关系

(a)NaCl-NH$_4$Cl 体系;(b)碳酸铵存在的影响

从图 4.25(b)可见,冷却到 10 ℃ 时,溶液的组成从 M_1 移到 R,过程中析出氯化铵。R 位于氯化铵饱和线上,溶液对氯化铵饱和而对氯化钠未饱和。当氯化钠固体粉末加入 R 溶液时,氯化钠溶解而氯化铵将析出,进行到溶液成分变化到共析点 E 为止。过程中,从 M_1 到 R 属于冷析,从 R 到 E 则属于盐析。从 M_1 到 E,析出的氯化铵约为溶液原含氯化铵的一半,这与从实际母液成分计算的结果基本相符。图 4.25 和图 4.26 物质浓度均以每 kg 水含该物质的 kg 数表示。

析铵过程的温度影响如图 4.26 所示。M_1 点接近于 30 ℃ 的氯化铵饱和线,即析铵过程必须低于 30 ℃。冷却和盐析温度越低,析出氯化铵越多,盐析的终点是 E_0 和 E_{10}。在 0 ℃ 析铵比 10 ℃ 时多,但增加并不很显著,而冷冻耗能却显著增大;另一方面,制铵和制碱两过程的温度差不宜过大,因为循环母液的量很大,温差大时加热和冷却都耗能多,一般温差为20 ~ 50 ℃。此外,温度过低时,母液黏度增大,也使 NH$_4$Cl 分离困难。工业上冷析温度一般不低于 5 ~ 10 ℃。盐析时因结晶热的搅拌动力(转化为热量)及添加食盐所带入的热使温度比冷析高些,一般为 5 ℃ 左右。

2)制碱过程分析

制碱过程是使母液 II 吸氨及碳酸化,与氨碱法相同,需要考察 Na$^+$,NH$_4^+$ ‖ CO$_3^{2-}$,Cl$^-$ +H$_2$O 体系。在 30 ℃ 时的 Na$^+$,NH$_4^+$ ‖ CO$_3^{2-}$,Cl$^-$ + H$_2$O 干盐图(图 4.27)中,氨碱法的基本过程是 NaCl(A)与 NH$_4$HCO$_3$(C)作用,物系总组成为 Y,反应生成 P_1 母液和析出 NaHCO$_3$ 结晶。从图中读出,进料中 NH$_3$ 对 NaCl 的配比为 AY∶YC 接近于 1。对生成物来说,n(NaHCO$_3$)∶n(P_1 母液) $= P_1Y$∶YD,其值约为 0.72。

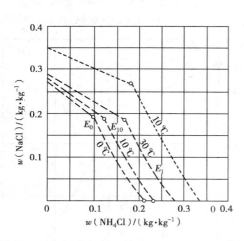

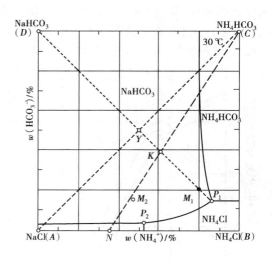

图 4.26　含(NH_4)$_2CO_3$ 的 $NaCl$-NH_4Cl-H_2O 体系　　图 4.27　联合制碱法的制碱过程图析

　　联合制碱时,循环母液Ⅱ中含相当数量的 NH_4Cl,其量约为总 Cl^- 量的 1/3 以上。母液Ⅱ中 $NaCl$ 对 NH_4Cl 量的关系在干盐图中近似地用 N 点表示。当混合盐 N 在溶液中与 NH_4HCO_3(C)作用时,反应生成母液 P_1 和 $NaHCO_3$ 结晶。对进料来说,NH_3 量对混合盐 N 量之比为 $NK:KC$,其值为 0.6 ~ 0.7,即母液Ⅱ所需的吸氨量比氨盐水少得多。对生成物来说,$n(NaHCO_3):n(P_1\text{母液}) = P_1K:KD$,其值约为 0.41。氨碱法生产 1 t 纯碱约耗用 6 m^3 的氨盐水,联碱法则用到 10 m^3 左右的氨母液Ⅱ。

　　生产中,母液Ⅰ的组成约在图 4.27 中的 M_1 点,母液Ⅱ的组成约在 M_2 点,与上述分析是较吻合的。

　　在氨碱法中已讨论过,理论上,对平衡体系来说,随温度提高,P_1 溶液的[Cl^-]含量显著增大,而[Na^+]含量变化不大,使钠利用率提高,这一关系对联碱法的制碱过程也是符合的。但实际的母液Ⅱ溶解氯化钠的量是受限的,若温度过高,溶液的二氧化碳和氨的分压增大,使损失增大,碳酸氢钠溶于母液的数量也增大,反而使钠利用率下降。为此,联碱的碳酸化塔悬浮液出口温度常控制在 32 ~ 38 ℃。

　　3)联碱法的相图图解

　　联碱法在相图中的简化图解可用图 4.28(a)所示,其过程为:

　　①析铵过程用 M_1S-SM_2 表示。M_1 是析碱后母液Ⅰ。M_1SA 是冷冻后的加盐过程,在 M_1 溶液中加入固体氯化钠 A,使体系总组成达到 S 点。BSM_2 是析铵过程,由 S 点的物系分出母液 M_2 和析出固体氯化铵 B。

　　②制碱过程用 M_2Q-QM_1 表示。M_2 是析铵后的母液Ⅱ。M_2QC 是吸氨和碳酸化过程,DQM 是析碱过程。

　　从图中可见,与氨碱法对比,联碱法的析碱量和吸氨量都比氨碱法少得多。

　　联碱法的一次碳酸化,两次吸氨、冷析-盐析流程的相图如图 4.28(b)所示,其关系为:

　　①析铵过程:M_1A_1 为一次吸氨,吸氨前后母液中 $n(Cl^-):n(CO_2)$ 基本不变。A_1T 为冷析,析出 NH_4Cl 结晶。TS 为加盐,固体 $NaCl$ 溶解。SM_2 为盐析,析出 NH_4Cl 结晶。

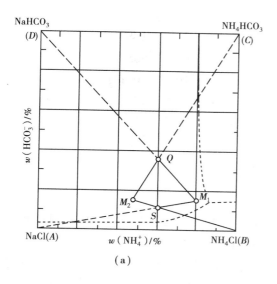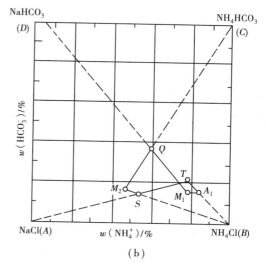

图 4.28 联碱法的相图图解

(a)联碱法的简化图解;(b)联碱法的图解(二次吸氨,一次加盐,一次碳酸化)

②析碱过程:M_2Q 为二次吸氨及碳酸化。

QM_1 为析碱,析出 $NaHCO_3$,夹杂少量 NH_4HCO_3。

4)循环过程中的工艺指标

母液在循环过程中要控制 3 个浓度作为工艺指标:α 值、β 值和 γ 值。

α 值:α 值是指氨母液 Ⅰ 中游离氨对 CO_2 的物质的量之比(或游离氨对 HCO_3^- 的物质的量浓度比)。氨母液 Ⅰ 是析碱后第一次吸氨的母液,吸氨是为使 HCO_3^- 转化成 CO_3^{2-},因 HCO_3^- 不多,吸氨量不需要很多,吸氨的反应为:

$$2NaHCO_3 + 2NH_3 \Longrightarrow Na_2CO_3 + (NH_4)_2CO_3 \tag{27}$$

反应是放热的。当母液 Ⅰ 中 HCO_3^- 的量一定时,降低温度,有较少过量的氨就可使反应完成,α 值可以较低。但无论温度如何,α 值总大于 2。α 值与温度关系的经验值为:

析铵温度/℃	20	10	0	−10
α 值	2.35	2.22	2.09	2.02

常用析铵温度为 10 ℃,α 值控制在 2.1 ~ 2.4。

β 值:β 值是氨母液 Ⅱ 中游离氨与 NaCl 的物质的量之比(或物质的量浓度比)。氨母液 Ⅱ 是吸氨后准备送去碳酸化的母液,NaCl 已接近饱和。吸氨量适当有利于碳酸化时 NH_4HCO_3 的生成,促进 $NaHCO_3$ 析出。

β 值可根据物料衡算求得。若碳酸化后得到的母液 Ⅰ 是相图中 30 ℃时的 P_1 点的成分,则母液中干盐的离子分率为:$[Na^+] = 0.144$,$[NH_4^+] = 0.856$;$[Cl^-] = 0.865$,$[HCO_3^-] = 0.135$。以母液中 1 kmol 总盐为基准,要生成这些盐,氨母液中应有 NaCl 量为 x mol,氨量为 y mol,忽略生成 NH_4HCO_3 所需的水量,可列反应式为:

$$xNaCl + yNH_4HCO_3 \Longrightarrow mNaHCO_3 + \begin{bmatrix} [Na^+] 0.144 \\ [NH_4^+] 0.856 \\ [Cl^-] 0.865 \\ [HCO_3^-] 0.135 \end{bmatrix}$$

分别对 Na^+ 和 NH_4^+ 衡算得：$x = m + 0.144$，$y = 0.856$

分别对 Cl^- 和 HCO_3^- 衡算得：$x = 0.865$，$y = m + 0.135$

解得：

$$\beta = \frac{y}{x} = \frac{0.856}{0.865} = 0.99$$

15 ℃时，P_1 溶液的 β 值为 1.01。

考虑到碳酸化时部分氨被尾气带走及其他损失，通常将氨母液 Ⅱ 中的 β 值控制在 1.04 ~ 1.12 范围。当 β 值到达 1.15 ~ 1.20 时，碳酸化时会析出大量碳酸氢铵结晶。

γ 值：γ 值是母液 Ⅱ 中钠离子对结合氨的物质的量之比或物质的量浓度比。母液 Ⅱ 是经过盐析析铵的母液，准备送去吸氨和碳酸化。γ 值越大，表示析氨过程中 NaCl 溶入多，NH_4Cl 析出多，残留的 NH_4Cl 少；也表示吸氨和碳酸化时会生成较多的 $NaHCO_3$。但为了避免过多 NaCl 混杂于产品 NH_4Cl 中，当盐析温度为 10 ~ 15 ℃时，γ 值控制在 1.5 ~ 1.8。

盐析温度和母液 Ⅱ 中氯化钠饱和浓度的关系如表 4.4 所示。

表 4.4　盐析温度与母液 Ⅱ 中 NaCl 饱和浓度的关系

盐析温度/℃	10	12	14
母液 Ⅱ 中 Na^+ 饱和浓度/$(mol \cdot L^{-1})$	3.87	3.81	3.75

联合制碱法正常操作时，各母液的组成如表 4.5 所示。

表 4.5　联碱母液组成举例

母　液	游离氨浓度/$(mol \cdot L^{-1})$	结合氨浓度/$(mol \cdot L^{-1})$	Cl^- 浓度/$(mol \cdot L^{-1})$	CO_2 浓度/$(mol \cdot L^{-1})$	折算成盐质量浓度/$(kg \cdot m^{-3})$	
					NaCl	NH_4Cl
碳酸化液	1.52	4.34	5.74	1.15	82	232
母液 Ⅰ	1.47	4.17	5.52	1.11	79	223
氨母液 Ⅰ	2.17	4.07	5.43	1.09	80	218
母液 Ⅱ	2.21	2.15	5.64	1.11	201	115
氨母液 Ⅱ	3.70	2.07	5.49	1.07	200	111

4.1.3.3　联碱流程

联合制碱的析碱流程基本上与氨碱法相近，析铵则有多种流程，这里只介绍外冷流程，如图 4.29 所示。

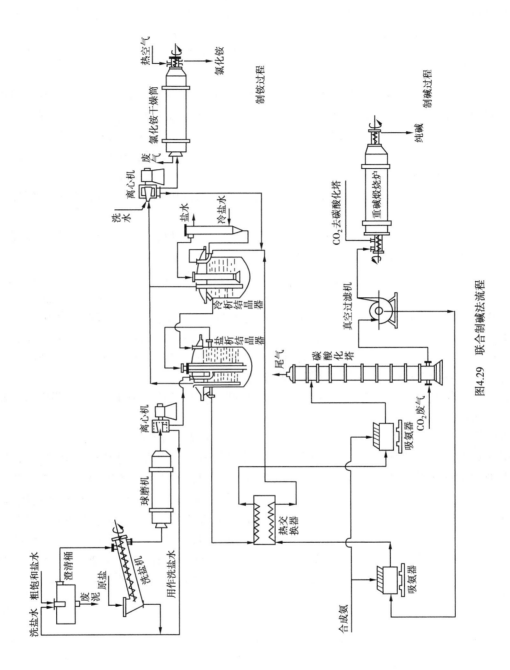

图 4.29　联合制碱法流程

　　制碱系统送来的氨母液Ⅰ经换热器与母液Ⅱ换热,母液Ⅱ是盐析出氯化铵后的母液。换热后的氨母液Ⅰ送入冷析结晶器。在冷析结晶器中,利用冷析轴流泵将氨母液Ⅰ送到外部冷却器冷却并在结晶器中循环。因温度降低,氯化铵在母液中呈过饱和状态,生成结晶析出。适当加强搅拌、降低冷却速率、晶浆中存在一定量晶核和延长停留时间都能促进结晶成长和析出。

　　冷析结晶器的晶浆溢流至盐析结晶器,同时加入粉碎的洗盐,并用轴流泵在结晶器中循环。过程中洗盐逐渐溶解,氯化铵因同离子效应而析出,其结晶不断长大。盐析结晶器底部沉积的晶浆送往滤铵机。盐析结晶器溢流出来的清母液Ⅱ与氨母液Ⅰ换热后送去制碱。

　　滤铵机常用自动卸料离心机,滤渣含水分6%~8%。之后氯化铵经过转筒干燥或流态化干燥,使含水量降至1%以下作为产品。

　　结晶器是析铵过程中的主要设备,分为冷析结晶器和盐析结晶器,构造有差别,但原理相似。对结晶器的要求为:

　　有足够的容积——使母液在器内平均停留时间大于8 h,以稳定结晶质量。盐析结晶器的析铵负荷大于冷析结晶器,相应的容积也较大。

　　能起分级作用——结晶器的中下段是悬浮段,保持晶体悬浮在母液中并不断成长;上段是清液段,溢流的液体以低的流速溢流,该区域的流速一般为 $0.015 \sim 0.02$ m·s^{-1};悬浮段的流速则为 $0.025 \sim 0.05$ m·s^{-1}。为了使晶体能有足够时间长大,悬浮段一般应高3 m左右。如年产1万t氯化铵的冷析结晶器,悬浮段直径2.5 m,清液段直径5.0 m,总高7.7 m左右。

　　起搅拌和循环作用——如盐析结晶器中有中央循环管,利用轴流泵使晶浆在结晶器中循环。冷析结晶器也有轴流泵抽送晶浆循环通过外冷器。

　　结晶器一般是用钢板卷焊的。因物料有强烈的腐蚀性,设备受蚀比较严重,要内衬塑料板或涂布防腐层。

　　食盐用于析铵前要经过精制。常用的预处理工艺是洗涤-粉碎法。原盐经振动筛分出原盐夹带的草屑和石块等杂物,通过给料器进入螺旋推进式的洗盐机,用饱和食盐水逆流洗涤。原盐夹带的细草和粉泥浮在洗涤液面上漂走,原盐所含可溶性杂质(氯化镁、硫酸镁和硫酸钙等)溶解。洗盐由螺旋输送机送入球磨机。球磨机的主体是回转的圆筒,衬有耐磨衬里,筒内装有钢球。在圆筒旋转时,利用钢球下落的冲击和滑动起研磨作用,将粗盐粉碎成细粒。粉碎后的盐浆经盐浆桶送往分级器,颗粒较大的盐粒下沉,由底部排去重新研磨,细粒盐随盐浆经沉降后用离心滤盐机分出盐水,洗盐送去盐析。洗盐的粒度有85%在20~40目(0.84~0.42 mm),NaCl质量分数超过98%,Ca^{2+},Mg^{2+},SO_4^{2-}等的质量分数小于0.3%。

　　联碱法的技术经济指标为:

　　　　氨利用率:91%　碳化塔容积系数　$0.76t$ m^{-2}·d^{-1}

　　　　钠利用率:89%　结晶器容积系数　$0.74t$ m^{-2}·d^{-1}

　　　　每吨纯碱用母液量:10.4 m^3

4.1.3.4　联碱法与氨碱法的比较

(1)原料

　　氨碱法因有盐水精制过程,所以对原盐质量要求不高,有条件的地方还可采用卤水做原料。联碱法必须用质量较高的固体盐为原料,如盐质较差,则需增设洗涤盐过程。联碱法的钠和氯的利用率可达到93%,而氨碱法的钠利用率只有73%左右,氯利用率为0。氨碱法每生产 1 t 碱由于氨回收及提供 CO_2,需消耗石灰石约 1.3 t,焦炭(或无烟煤)约 100 kg。联碱法利用合成氨副产的 CO_2 做原料,不需消耗石灰石及焦炭。

(2)废弃物排放

氨碱法每生产 1 t 纯碱约排出 10 m^3 废液和 300~400 kg 废渣(与石灰石及盐的质量有关)。联碱法在生产过程中通过母液澄清、压滤将盐中夹带的杂质分离出系统,每生产 1 t 纯碱,其量只有几千克到几十千克(与盐质量有关)。

(3)能耗

可比单位综合能耗,氨碱法在 12 000~14 000 MJ/t,联碱法在 7 100~8 200 MJ/t。

(4)产品

联碱法在生产纯碱时,同时产出等量的氯化铵。氯化铵主要用作农用氮肥,也可进一步加工成为工业用氯化铵。

4.2　烧　碱

4.2.1　概　述

烧碱即氢氧化钠,亦称苛性钠。工业烧碱有液体和固体,液体为氢氧化钠水溶液,固体呈白色、不透明,常制成片、棒、粒状或熔融态。

烧碱广泛应用于造纸、纺织、印染、搪瓷、医药、染料、农药、制革、石油精炼、动植物油脂加工、橡胶、轻工等工业部门,也用于氧化铝的提取和金属制品加工。

氢氧化钠吸湿性很强,易溶于水,溶解时强烈放热。水溶液呈强碱性,手感滑腻;也易溶于乙醇和甘油,不溶于丙酮;有强烈的腐蚀性,对皮肤、织物、纸张等侵蚀剧烈;易吸收空气中的二氧化碳变为碳酸钠;与酸作用而生成盐。

工业生产烧碱有苛化法和电解法。苛化法用纯碱水溶液与石灰乳通过苛化反应而生成烧碱;电解法用电解饱和食盐水溶液生成烧碱,并副产氯气和氢气。因此,电解法生产烧碱又称为氯碱工业。

中国的烧碱工业发展非常迅速,至 2001 年烧碱总生产能力为 963 万 t。就其生产技术水平分析,1996 年烧碱总产量中,水银电解法 1 189 万 t,占 23%;隔膜电解法 443.62 万 t,占 85.2%;离子膜电解法 65.35 万 t,占 12.5%。显然隔膜电解法在烧碱工业中占主导作用,而离子膜电解法是当今世界公认的先进技术。在我国 1996 年离子膜生产能力为 86.8 万 t,1998 年增至 170 万 t,2001 年达 348.9 万 t。由于水银法电能消耗高,汞污染严重,目前其产量仅占烧碱产量的 2.3%,故本章重点讨论隔膜法及离子膜法。

产品烧碱有液碱和固碱两种,液碱规格见表 4.6 和表 4.7,固碱产品规格见表 4.8。

表 4.6　30% **液碱规格**(离子交换膜法生产)

成　分	质量分数/%	成　分	质量分数/%
氢氧化钠	30	氯酸钠	≤0.002
氯化钠	≤0.05	二氧化铁	≤0.006
碳酸钠	≤0.06		

表 4.7　50% **液碱规格**(隔膜法生产)

成　分	质量分数/%	成　分	质量分数/%
氢氧化钠	50 ± 0.5	氯化钠	1
碳酸钠	0.25	氯酸钠	0.1
硫酸钠	0.025	铁	$(5 \sim 10) \times 10^{-4}$

表 4.8　**固体烧碱产品规格**

成　分	质量分数/%	成　分	质量分数/%
氢氧化钠	≥98	碳酸钠	1.5
氯化钠	≤0.12	水分	1

4.2.2　电解制碱原理

电解是电能转化成化学能的过程。水溶液电解时,溶液中的阴离子(如 Cl^- 和 OH^-)向阳极迁移,阳离子(如 Na^+ 或 H^+)向阴极迁移。在电极上析出物系的种类取决于当时条件下各离子在该电极上的放电电位,析出的量则取决于通过电解液的电量。

4.2.2.1　法拉第定律

法拉第定律是电解过程的基本定律,包括法拉第第一定律和法拉第第二定律,适用于水溶液的电解(包括电镀等过程),也适用于熔融物的电解。

法拉第第一定律指出:电解质溶液通电时,电极上析出物质的量与通过电解液的电量成正比。

法拉第第二定律指出:相同电量通过不同的电解质时,电极上析出的物质的量与其化学当量成比例。即通过 1 法拉第电量 F 可在电极上析出 1 当量电解质,1 F = 96 500 C(精确值为 96 494 C),1 C = 1 A·s。

电解氯化钠水溶液时,1 C 电量理论上能生成:

物　质	Cl_2	H_2	NaOH
生成量/mg	0.367	0.010 4	0.414

由于存在副反应等原因,实际产量比理论产量低。实际产量与理论产量之比称为电流效

率。按 Cl_2 计算的称为阳极效率,按 NaOH 计算的称为阴极效率。电流效率是电解生产中的一个重要技术指标。现代氯碱生产中,电解效率一般为 95% ~ 97%。

4.2.2.2　电极反应

食盐水溶液中,氯化钠和少量水电离,存在 Na^+,H^+,Cl^-,OH^-。直流电通过时,阳离子向阴极迁移,电位低的离子先在电极上放电析出。

用石墨或金属阳极时,阳极上析出氯气,电极反应为:

$$2Cl^- - 2e === Cl_2(g)$$

用铁阴极时,阴极上析出氢气,电极反应为:

$$2H_2O + 2e === H_2(g) + 2OH^-$$

钠离子与氢氧根离子在阴极区生成氢氧化钠:

$$Na^+ + OH^- === NaOH$$

食盐水电解的总反应式为:

$$2NaCl + 2H_2O === Cl_2(g) + H_2(g) + 2NaOH$$

4.2.2.3　理论分解电压

电解时,要使指定的物质在电极上析出,必须外加电压。理论上,此电压只要等于或略大于阳极与阴极电极电位之差就行,该电压称理论分解电压。理论分解电压可用下式计算:

$$E = E^\ominus - \frac{RT}{nF}\ln \prod a_i^{v_i}$$

式中　$E^\ominus$,E——分别为标准电极电位和电极电位,V;

R——气体常数,8.314 $J \cdot mol^{-1} \cdot K^{-1}$;

T——热力学温度,K;

n——电解反应中电子计量系数;

a——组分活度。

$$E = E^\ominus - \frac{RT}{nF}\ln \frac{a(NaOH)}{a(NaCl)}$$

食盐水电解时采用接近饱和的食盐水,浓度以 5 $kmol \cdot m^{-3}$ 计,阴极附近的溶液一般含 NaOH 2.5 $kmol \cdot m^{-3}$。在 25 ℃时氯化钠和氢氧化钠的活度系数可查表 4.9。于是可计算出电解食盐水的理论分解电压为:

$$E = -0.828\ V - 1.359\ 3\ V - 0.059\ 1\lg \frac{2.5 \times 0.80}{5 \times 0.71}\ V = -2.17\ V$$

即至少需要外加 2.17 V 电压才能使食盐水电解。

表 4.9　25 ℃时 NaCl 和 NaOH 的活度系数

浓度/($kmol \cdot m^{-3}$)	活度系数		浓度/($kmol \cdot m^{-3}$)	活度系数	
	NaCl	NaOH		NaCl	NaOH
0.01	0.92	—	0.5	0.63	0.69
0.02	0.89	0.87	1.0	0.63	0.68
0.05	0.84	0.83	2.0	0.61	0.74
0.1	0.80	0.77	3.0	0.63	0.86
0.2	0.75	0.75	5.0	0.74	—

电解时同时还有竞争反应。从可逆电动势来分析,阳极区存在的 OH⁻ 应该比 Cl₂ 先放电析出,但由于 OH⁻ 放电生成的氧气具有很高的过电位,使阳极溶液浓度不高时,阳极上先放电的是 Cl⁻ 而不是 OH⁻。O_2 的析出仅是少量副反应发生的结果。

理论分解电压也可根据吉布斯-亥姆霍兹公式求得:

$$E = \frac{-\Delta H}{nF} + T\frac{dE}{dT}$$

式中　ΔH——由氯化钠和水生成氯、氢和氢氧化钠的热效应,$J \cdot mol^{-1}$;

dE/dT——分解电压的温度系数,对氯化钠水溶液的电解来说,其值约为 $-0.000\,4\ V \cdot K^{-1}$。

$$NaCl =\!=\!= Na + 0.5Cl_2$$

$$NaCl \cdot nH_2O =\!=\!= NaCl + nH_2O$$

$$Na + (n+1)H_2O =\!=\!= NaOH \cdot nH_2O + 0.5H_2$$

$$2NaCl(aq) + 2H_2O =\!=\!= Cl_2(g) + H_2(g) + 2NaOH(aq)$$

查溶解热和上述反应热数据(可参考电解制烧碱专门书籍)可得总热效应为 221.08 kJ/mol,所以可逆电动势为:

$$E = (-221.08/96.5 + 0.000\,4 \times 298)V = -2.17\ V$$

结果与电极电位计算所得值是一致的。

4.2.2.4　过电位

金属离子在电极上放电析出时的过电位不大,大多数情况下可以忽略。有气体析出的电极反应则有不同程度的过电位,以氢和氧尤为显著。

从电极过程动力学来说,电极既起电子传递作用,电极的表面还起着相当于多相催化反应中催化剂表面的作用。气体从电极表面析出的反应机理包括由离子放电形成的原子成为分子、分子的脱附(或原子与离子作用并放电再脱附的电化学脱附)等步骤。因控制步骤不同,电极表面所起的作用也不同。因此,过电位与多种因素有关:析出的物质种类、电极的材料和制备方法、电极表面状况、电流密度、电解质溶液温度等。通常电极表面粗糙,电解的电流密度降低,电解液的温度升高,可以降低电解时的过电位。提高温度,不仅降低过电位,而且可以加速离子的扩散迁移,减少浓差极化,提高电解质溶液的电导,还可减少气体在液相中的溶解而降低副反应的发生。温度对于过电位的影响如图 4.30 所示。电解液一般都经预热后电解。

最有影响的是电极的材料。过电位与电极材料的关系如图 4.31 和表 4.10 所示。对氢过电位来说,电极材料可分为三类:

(1)高过电位的金属　铝、镉、汞、锌、铋、镓、锡等。

(2)中等过电位的金属　铁、钴、镍、铜、钨等。

(3)低过电位的金属　主要是铂和钯等金属。

电解水生产氢和氧时,由于过电位的存在,降低了电解时的电压效率。电解食盐水则不同,在阳极上放电的有多种离子。恰当地选择电极材料和电解条件,可以控制各离子在电极上的过电位,使电解按指定方向进行。

4.2.2.5　槽电压和电能效率

电解槽两电极上所加的电压称为槽电压。槽电压包括理论分解电压 E、过电位 E_0、电流通过电解液的电压降 ΔE_L 和通过电极、导线、接点等的电压降 ΔE_R,即

$$E_槽 = E + E_0 + \Delta E_L + \Delta E_R$$

理论分解电压 E 对槽电压 $E_槽$ 之比,称为电压效率 η_E,即:$\eta_E = E/E_槽$,隔膜法的电压效率在 60% 左右。

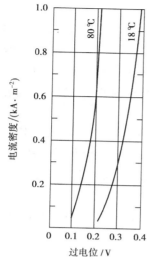

图 4.30　氢在铁上的过电位

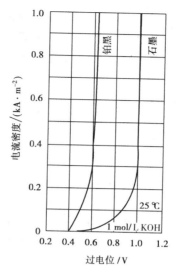

图 4.31　氧的过电位

表 4.10　氧和氯的过电位

电　　极		电流密度/(A·m^{-2})				
		10	100	500	1 000	5 000
氧 (1 mol/L KOH)	铂(镀铂黑)	0.40	0.52	0.61	0.64	0.71
	铂	0.72	0.85	1.16	1.28	1.43
	软石墨	0.53	0.90	—	1.09	1.19
氯 (饱和 NaCl)	铂(镀铂黑)	0.006	0.016	0.019	0.026	—
	铂(光滑)	0.008	0.027	0.036	0.054	0.16
	软石墨	—	—	—	0.251	0.42

电能效率 η 为电压效率与电流效率的乘积,即:$\eta = \eta_E \cdot \eta_I$。

电解的电能效率不高,主要是因为槽电压比理论分解电压高得多。生产上要采用多种方法来降低槽电压。

4.2.3　隔膜法电解

4.2.3.1　隔膜法电解原理

现在多采用直立式隔膜电解槽(图 4.32),典型代表是虎克电解槽,隔膜将电解槽隔成阳极区和阴极区。阳极是石墨阳极或金属阳极,电解时在阳极上析出氯气;阴极是粗铁丝网或多孔铁板,H^+ 在阴极上放电并形成氢气释出,H_2O 离解生成的 OH^- 在阴极室积累,与阳极区渗透扩散来的 Na^+ 形成 NaOH。食盐水连续加入阳极室,通过隔膜孔隙流入阴极室。为避免阴

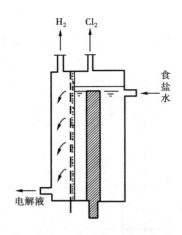

图 4.32 立式隔膜电解槽示意图

极室的 OH⁻ 向阳极区扩散,要调节电解液从阳极区透过隔膜向阴极区流动的流速,使流速略大于 OH⁻ 向阳极区的迁移速度。这同时也造成电解液含相当数量未电解的氯化钠,因而,氯化钠应回收并循环利用。

隔膜法电解过程中发生一些不利的副反应:当阳极析出的氯有部分溶解在电解液中时,与水作用生成次氯酸:

$$Cl_2 + H_2O \Longrightarrow HCl + HClO$$

阴极室的 OH⁻ 有少量向阳极区扩散和迁移,发生副反应:

$$NaOH + HClO \Longrightarrow NaClO + H_2O$$
$$NaOH + HCl \Longrightarrow NaCl + H_2O$$

ClO⁻ 积累后生成氯酸盐,也可能在阳极放电并与 OH⁻ 作用:

$$3ClO^- \Longrightarrow ClO_3^- + 2Cl^-$$
$$12ClO^- + 12OH^- \Longrightarrow 4ClO_3^- + 8Cl^- + 6H_2O + 3O_2 + 12e$$

阳极附近若 OH⁻ 浓度增大,可能在阳极上放电:

$$4OH^- \Longrightarrow 2H_2O + O_2 + 4e$$

ClO⁻ 渗透或扩散到阴极区时被还原:

$$NaClO + H_2 \Longrightarrow NaCl + H_2O$$

这些副反应浪费了电能,影响了产品质量,还可能造成爆炸事故。为此,常采用以下措施抑制副反应发生:选用良好性能的隔膜,采用较高的温度,用饱和精制盐水,控制电解液流速等。

盐水中含有硫酸盐时,在一定条件下,如氯离子浓度局部浓度降低时,硫酸根会放电而释出氧气:

$$SO_4^{2-} + H_2O \Longrightarrow SO_4^{2-} + 0.5O_2(g) + 2H^+ + 2e$$

氧会将石墨电极氧化,加速了电极消耗和降低氯的纯度。因此,食盐水在电解前要净制去硫酸根。

为增大食盐水的电导和减少氯在食盐水中的溶解以抑制副反应,电解时常采用浓度高的接近于饱和的食盐水,含氯化钠为 $300 \sim 330 \text{ kg} \cdot \text{m}^{-3}$。

石墨阳极对氯的过电位约为 0.12 V;金属阳极则小得多,约为 0.03 V。铁板阴极对氢的过电位,在较高电流密度的操作条件下为 0.27 ~ 0.3 V,包括隔膜、盐水及导体连接间因电阻而有一定的电压降。因此石墨阳极电解槽的单槽槽电压为 3.7 ~ 4.0 V,用金属阳极时为 3.4 ~ 3.8 V。

4.2.3.2 隔膜法生产流程示意方框图

制造烧碱的工艺流程概念如图 4.33 所示,主要原料是固体食盐,先加水溶解制成粗盐水。

粗盐水中含有很多杂质,必须经过精制。精制时加入精制剂,如纯碱、烧碱、氯化钡等,并加入盐酸调节盐水的酸碱度,使之符合电解的要求后就可送去电解。

电解需用大量直流电,因此必须把发电厂来的交流电整流变成直流电。当前,普遍采用在电压较低时也具有较高整流效率的硅整流器作为整流设备。在电解槽里,精盐水借助于直流电进行电解,获得烧碱、氯气和氢气。

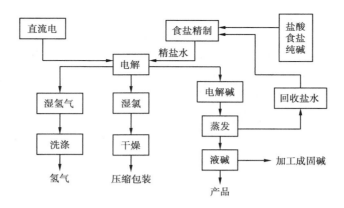

图 4.33 隔膜法工艺流程方框图

从隔膜电解槽出来的电解液中 NaOH 的质量分数较低,只有 11% ~ 12%,而且还含大量的 NaCl,需经过蒸发使它成为含 NaOH 多、含 NaCl 少的液体烧碱。电解液里的大量 NaCl 则在蒸发过程中结晶析出后被化成盐水(称为回收盐水)。回收盐水既含 NaCl,又含少量的 NaOH,可送到盐水工段去重复使用,NaOH 还起着盐水精制的作用。

从电解槽出来的氯气和氢气温度较高,含有大量的水分,还要经过冷却、干燥之后方可进一步加工处理。

4.2.3.3 食盐水溶液的制备与净化

(1)食盐水溶液的制备

普通的食盐除主要含氯化钠以外,还含有其他的化学杂质。一般的化学杂质为 $MgCl_2$,$MgSO_4$,$CaCl_2$,$CaSO_4$ 和 Na_2SO_4 等,还含有机械杂质(如泥沙及其他不溶性的杂质)。

目前我国氯碱工业所用的原料仍以海盐为主。原盐的溶解是在化盐桶和化盐池内进行的。原盐从盐仓用皮带输送到化盐桶上部,卸入桶内,化盐水由上部往桶底的配水管均匀喷出,使之与盐水逆流相遇。当水通过盐层时,将盐溶化制成饱和的精盐水,质量浓度应保持在 310 ~ 315 g/L 以上。最后由上部通过箅子除去部分机械杂质,经溢流管流出。

(2)盐水的净化

普通的工业食盐中含有钙盐、镁盐、硫酸盐和机械杂质,除去这些对电解有害的杂质就是盐水精制的任务。

钙离子和镁离子可生成沉淀而积聚在隔膜上,使隔膜堵塞,影响隔膜的渗透性,使电解槽运行恶化。处理方法同氨碱法制纯碱过程的盐水精制。

如果硫酸盐的质量浓度较高,SO_4^{2-} 将在电解槽的阳极发生氧化反应,增加阳极的腐蚀,缩短电极的使用寿命。其反应如下:

$$2SO_4^{2-} \Longrightarrow 2SO_3(g) + O_2 + 4e^-$$
$$2SO_3 + 2H_2O \Longrightarrow 2H_2SO_4$$
$$2H_2SO_4 \Longrightarrow 4H^+ + 2SO_4^{2-}$$

反应中放出的氧将石墨电极氧化,生成 CO_2,更加速了电极的腐蚀,造成了电能的消耗,降低了氯气的纯度。

为了除去硫酸盐杂质,通常加 $BaCl_2$,反应如下:

$$BaCl_2 + Na_2SO_4 \Longrightarrow BaSO_4(s) + 2NaCl$$

氯化钡的加入量按盐水中 SO_4^{2-} 不超过 5 g/L 来控制。

盐水净化过程中 $Mg(OH)_2y$ 易形成胶体溶液,影响盐水的澄清速度,常用助沉剂(或称凝聚剂)加快盐水澄清速度。助沉剂可使盐水的澄清速度提高 0.5 ~ 1 倍,常用的助沉剂是苛化麸皮或苛化淀粉。有些氯碱厂采用新的助沉剂"CMC"(羧甲基纤维素),可以节省粮食。也有的采用"PAM"(聚丙烯酰胺)高分子凝聚剂。

盐水经中和后,应达到如下要求:

成 分	NaCl	Ca^{2+}, Mg^{2+}	SO_4^{2-}	pH 值
质量浓度	310 ~ 315 g/L	<3 ~ 5 mg/L	<5 g/L	7 ~ 7.5

(3)盐水的二次精制

对于隔膜法采用一次净化盐水可满足工艺要求,但对于离子交换膜法需对一次净化盐水进行二次精制,先将第一次精制的盐水以炭素管或过滤器过滤,使悬浮物质量分数小于 10^{-6},再采用螯合树脂塔或其他超过滤系统,使 Ca^{2+} 与 Mg^{2+} 的总质量分数小于 2×10^{-8},并保证 SO_4^{2-} 的质量浓度在 4 g/L 以下,将微量钙镁离子除去。

4.2.3.4 隔膜法电解工艺流程

隔膜法电解工艺流程如图 4.34 所示。精制后的合格饱和食盐水,升高温度后进入盐水高位槽,槽内盐水保持一定液面,以确保盐水压力恒定。盐水从高位槽出来后,再经过盐水预热器,温度升到 75 ~ 80 ℃,盐水靠自压平稳地从盐水总管经分导管连续均匀地加入电解槽中进行电解。

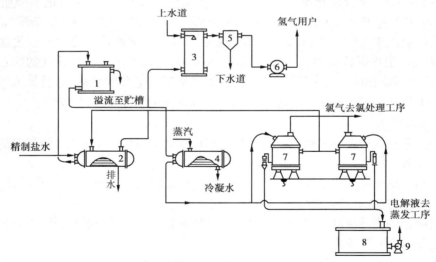

图 4.34 电解食盐水溶液工艺流程示意图

1—盐水高位槽;2—盐水氢气热交换器;3—洗氢桶;4—盐水预热器;5—气液分离器;

6—罗茨鼓风机;7—电解槽;8—电解液贮槽;9—碱泵

电解生成的氯气由槽盖顶部的支管导入氯气总管,送到氯气处理工序。氢气从电解槽阴极箱的上部支管导入氢气总管,经盐水氢气热交换器降温后送氢气处理工序。生成的电解碱液从电解槽下侧流出,经电解液总管后,汇集于电解液贮槽,再由碱泵送至蒸发工序浓缩制得合格液碱产品。

4.2.4 离子交换膜法电解

离子交换膜法制烧碱较传统的隔膜法、水银法,具有能耗低、产品质量高、占地面积小、生产能力大以及能适应电流昼夜变化波动等优点。另外根治了石棉、水银对环境的污染。因此,离子交换膜法烧碱是氯碱工业发展的方向。

4.2.4.1 电解原理

在离子交换膜(简称"离子膜")法电解槽中,由一种具有选择透过性能的阳离子交换膜将阳极室和阴极室隔开,该膜只允许阳离子(Na$^+$)通过,而阴离子(Cl$^-$)则不能通过。在阳极上和阴极上所发生的反应与一般隔膜法电解相同。

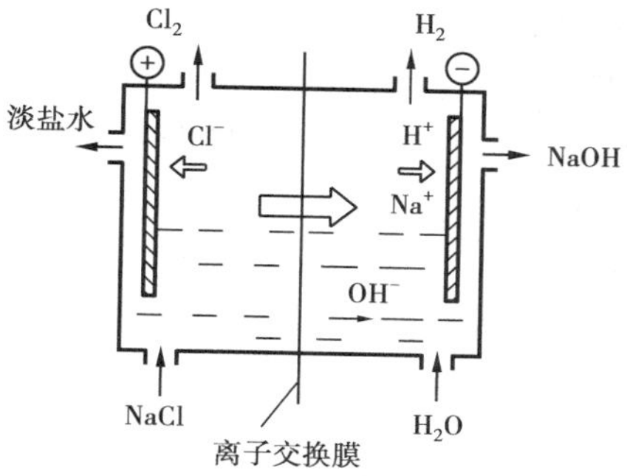

离子交换膜法制碱的原理如图4.35所示。饱和精制盐水进入阳极室,去离子水加入阴极室。导入直流电时,Cl$^-$在阳极表面放电产生出逸出Cl$_2$,H$_2$O在阴极表面放电生成H$_2$,Na$^+$通过离子膜由阳极室迁移到阴极室与OH$^-$结合成NaOH。通过调节加入阴极室的去离子水量,得到一定浓度的烧碱溶液。

图 4.35 离子交换膜电解制碱原理

4.2.4.2 工艺流程

离子膜法电解工艺流程如图4.36所示。

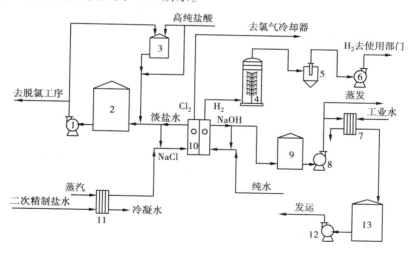

图 4.36 离子膜电解工艺流程图

1—淡盐水泵;2—淡盐水贮槽;3—分解槽;4—氯气洗涤塔;5—水雾分离器;6—氯气鼓风机;
7—碱冷却器;8—碱泵;9—碱液贮槽;10—离子膜电解槽;11—盐水预热器;12—碱泵;13—碱液贮槽

二次精制盐水经盐水预热器升温后送往离子膜电解槽阳极室进行电解;纯水由电解槽底部进入阴极室。通入直流电后,在阳极室产生的氯气和流出的淡盐水经分离器分离后,湿氯气进入氯气总管,经氯气冷却器与精制盐水热交换后,进入氯气洗涤塔洗涤,然后送往氯气处理工序。从阳极室流出来的淡盐水,一部分补充到精制盐水中返回电解槽阳极室,另一部分进入

183

淡盐水贮槽,再送往氯酸盐分解槽,用高纯盐酸进行分解。分解后的盐水回到淡盐水贮槽,与未分解的淡盐水充分混合并调节 pH 值在 2 以下,送往脱氯塔脱氯,最后送到一次盐水工序重新制成饱和盐水。

4.2.4.3 离子交换膜法电解工艺条件分析

离子交换膜法是一种先进的电解法制烧碱工艺,对工艺条件提出了较严格的要求。

(1)饱和食盐水的质量

盐水的质量对膜的寿命、槽电压和电流效率都有重要的影响。盐水中的 Ca^{2+},Mg^{2+} 和其他重金属离子以及阴极室反渗透过来的 OH^- 结合成难溶的氢氧化物会沉积在膜内,使膜电阻增加,槽电压上升;还会使膜的性能发生不可逆恶化而缩短膜的使用寿命。SO_4^{2-} 和其他离子(如 Ba^{2+} 等)生成难溶的硫酸盐沉积在膜内,也使槽电压上升,电流效率下降。

用于离子膜法电解的盐水纯度远远高于隔膜法和水银法,须在原来一次精制的基础上,再进行第二次精制,保证膜的使用寿命和较高的电流效率。

(2)电解槽的操作温度

离子膜在一定的电流密度下,有一个取得最高电流效率的温度范围,如表 4.11 所示。

表 4.11　一定电流密度下的最佳操作温度

电流密度/(A·dm⁻³)	温度范围/℃	电流密度/(A·dm⁻³)	温度范围/℃
30	85 ~ 90	10	65 ~ 70
20	75 ~ 80		

当电流密度下降时,电解槽的操作温度也相应降低,但不能低于 65 ℃,否则电解槽的电流效率将发生不可逆转的下降。因为温度过低时,膜内的—COO^- 离子与 Na^+ 结合成—$COONa$ 后,使离子交换难以进行;同时阴极侧的膜由于得不到水合钠离子而造成脱水,使膜的微观结构发生不可逆改变,电流效率急剧下降。

槽温也不能太高(92 ℃以上),否则产生大量水蒸气而使槽电压上升。因此,在生产中根据电流密度,电解槽温度控制在 70 ~ 90 ℃。

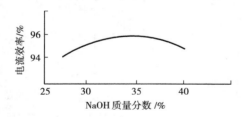

图 4.37　NaOH 浓度对电流效率的影响

(4)阳极液中 NaCl 的质量浓度

(3)阴极液中 NaOH 的浓度

如图 4.37 所示,当阴极液中 NaOH 浓度上升时,膜的含水率就降低,膜内固定离子浓度上升,膜的交换能力增强,提高了电流效率。

但是,随着 NaOH 浓度的提高,膜中 OH^- 离子浓度增大,OH^- 要反渗透到阳极一侧,使电流效率明显下降。

如图 4.38 所示,当阳极液中 NaCl 的质量浓度太低时,对提高电流效率、降低碱中含盐都不利。这是因为水合钠离子结合水太多,使膜的含水率增大;不仅使阴极室的 OH^- 容易反渗透,导致电流效率下降,而且阳极液中的氯离子易迁移到阴极室使碱液中的 NaCl 的质量浓度增大。阳极液中的 NaCl 的质量浓度也不宜太高,否则会引起槽电压上升。

另外,离子膜长期处于 NaOH 低浓度下运行,还会使膜膨胀、严重起泡、分离直至永久性破坏。生产中一般控制阳极液中 NaCl 质量浓度约为 210 g/L。

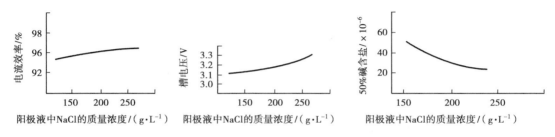

图 4.38 阳极液中氯化钠浓度对电流效率、槽电压、碱中含盐量的影响

4.2.5 产物的分离和精制

4.2.5.1 电解液的蒸发浓缩制液碱

1)电解液蒸发原理

隔膜法电解液含 NaOH 质量分数为 10% ～12%（120 ～145 kg·m^{-3}），却含大量 NaCl，要浓缩到 30% 或 42% 才成为商品烧碱，也可再熬制成固体烧碱。浓缩过程中,大部分食盐可以利用互溶度影响而析出。

蒸发过程都是在沸腾状态下进行的。由于电解液中含有 NaOH，NaCl，NaClO 等多种物质,所以溶液的沸点是随着蒸发过程中溶液浓度的提高而升高,同时也与蒸发的操作压力有关。

表 4.12 列出了 NaCl 在 NaOH 水溶液中的溶解度随 NaOH 质量分数变化的数据关系。

表 4.12 NaCl 在 NaOH 水溶液中的溶解度

$w(NaOH)/\%$	$w(NaCl)/\%$			$w(NaOH)/\%$	$w(NaCl)/\%$		
	20 ℃	60 ℃	100 ℃		20 ℃	60 ℃	100 ℃
10	18.05	18.70	19.96	40	1.44	2.15	3.57
20	10.45	11.11	12.42	50	0.91	1.64	2.91
30	4.29	4.97	6.34				

应当指出,在电解液蒸发的全过程中,烧碱溶液始终是 NaCl 的饱和水溶液,随着烧碱浓度的提高,NaCl 不断地从电解液中结晶出来,从而提高了碱液的纯度。

2)隔膜法电解液制液碱

隔膜法电解液组成为: NaOH 125 ～135 g/L; NaCl 190 ～210 g/L; Na$_2$SO$_4$ 4 ～6 g/L; NaClO$_3$ 0.05 ～0.25 g/L。

为了提高热能利用率,电解液蒸发常在多效蒸发装置中进行。随着效数的增加,单位质量的蒸汽所蒸发的水分也越多,蒸汽利用的经济程度自然越佳;但蒸发效数过多,其经济效益的增加并不明显。现在通常采用的是三效顺流蒸发。三效四体两段顺流蒸发的流程如图 4.39 所示。两段蒸发是指电解碱液经过两次蒸浓,第一次从含 NaOH 约 12% 浓缩至 25% ～30%,第二次从含 NaOH 为 25% ～30% 浓缩至 42%。三效是指第一次蒸浓是由 1,2,3 三级(即三效)蒸发串联的;四体是指三级蒸发串联由 4 个蒸发器组成,其中一效为两个蒸发器并联。

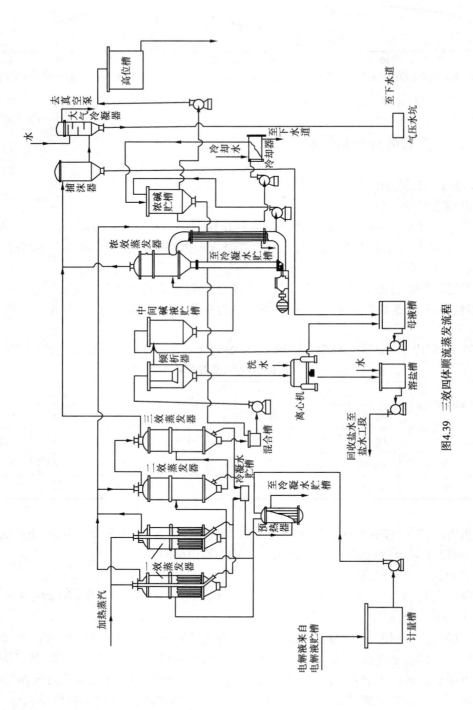

图4.39 三效四体顺流蒸发流程

澄清的中间碱液连续送入浓效蒸发器,进一步浓缩,使 NaOH 浓度达到 42%。浓碱液送入贮槽沉降出氯化钠后即可作为液碱产品。

送往一效蒸发器的加热蒸汽约为 0.5 MPa。三效和浓效的二次蒸汽进入捕沫器分出夹带的碱液,再进入大气冷凝器。通常三效和浓效蒸发器在 0.086 6~0.090 7 MPa 真空度下操作。

4.2.5.2　固碱制造

固碱作为产品出售一般适用于运输距离远或交通极不方便的地方,或其他特殊用途。

固碱是将含 NaOH 50% 左右的液碱浓缩到 98.5% 的产品。降膜法制固碱是目前使用最广的流程,流程简单、操作容易、占地面积小。热利用率高(可达 60%~65%)、操作人员少,可自动化,故投资少,成本低。

降膜蒸发的二次蒸汽在管内流速很快,常压蒸发管内气速为 20~30 m/s,减压蒸发为 80~200 m/s。高速的二次蒸汽具有良好的破泡作用,因此适用于易产生泡沫的溶液蒸发。

1)连续式降膜法制固碱

合格的 45% 或 50% NaOH 的液碱与 10% 浓度的糖液(按质量分数 0.2% 配比)混合进入预浓缩器,用降膜蒸发器闪蒸出来的二次蒸汽加热,在 8.1 kPa 真空(绝)下,使碱液浓缩到 61%,再进入降膜蒸发器中,在此用 430 ℃ 高温熔融盐加热蒸发,碱液沿管壁呈膜式流下浓缩成为含 NaOH 98% 的熔融状碱。再经下部贮槽闪蒸后可浓缩到 99.5%,由液下泵抽出送到固碱成型工序。

降膜蒸发制固碱的流程如图 4.40 所示。从蒸发来的浓碱液进入中间贮槽后用碱泵输送到高位槽,依靠位差流入预热器预热后送到预蒸发器。预蒸发使碱液浓缩到 60% 之后,碱液送入降膜蒸发器,被加热和脱水后以熔融状态进入分离器分出水汽,熔碱送往造粒机或片碱机。片碱机的转鼓用冷水间接冷却,熔碱在转鼓表面凝结成片状,随转鼓旋转、被铲切后定量包装;也有将熔融碱灌铁桶包装,每桶 100 kg 或 200 kg。

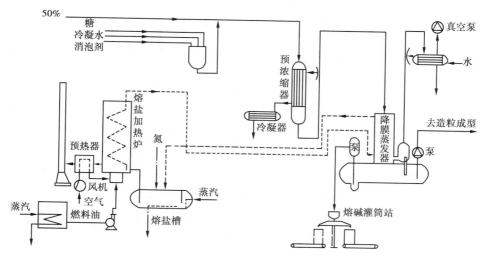

图 4.40　降膜蒸发制固碱流程

降膜法设备一般为镍制。高温浓碱中含氯化钠和氯酸钠,尤其是含有一定数量的氯酸钠时,加速对镍制设备的腐蚀,要加入还原剂除去碱液中的氯酸钠。常加入的还原剂是蔗糖。

2）粒状、片状固碱制造

（1）粒状固碱

降膜蒸发器下部的熔融碱用液下泵送入造粒塔顶上的高位槽，再流入造粒塔上部的喷头，变成很小的碱滴下落，至塔底温度降至 250 ℃，已凝结成碱粒。塔顶装有抽风机，抽出气体中碱的质量浓度 <5 mg/m³。塔壁上淋水防止碱粉黏结在壁上。成品碱粒大小与抽风冷却速度有关。塔中出来的粒碱经回转冷却器冷到 55 ℃，用斗式提升机送到粒碱仓上部的筛选机，进入料仓、包装。

（2）片状固碱

来自降膜蒸发器的合格熔融碱，通过成品分离槽流入片碱机下部的弧形碱槽。片碱机的冷却滚筒表面开有燕尾式凹槽，滚筒下部浸入弧形槽的熔碱中，冷却水引入轴承中心喷出，喷淋冷却滚筒的内表面，冷却水出口装有水喷射泵，以保证冷却水及时排出。滚筒以 1.5 ~ 3 r/min 的速度缓慢转动，其外表面凝结 0.8 ~ 1.5 mm 厚的固碱层，不断被刮刀铲下，即为片碱，进一步冷却、破碎后得成品。

4.2.5.3　Cl_2 净化和液氯生产

1）Cl_2 干燥

从电解槽出来的湿氯气一般温度在 90 ℃左右，夹带同温饱和水蒸气、盐雾进入氯气洗涤塔，以工业上水直接循环喷淋洗涤冷却到 40 ~ 50 ℃，再经钛制鼓风机送入氯气冷却塔，以 8 ~ 10 ℃的冷冻水将氯气进一步冷却到 10 ~ 20 ℃，除雾后进入三或四塔串联的干燥塔，与 98% 的浓硫酸逆流接触除去氯气中水分，干氯气经除酸雾后含水 0.1 mg/L，温度 20 ℃，去氯压缩、液化工序。

2）Cl_2 压缩制液氯

氯气是一种易于液化的气体。纯氯在绝对压力为 1.013×10^5 Pa、−35 ℃时就可液化成液体，随着压力升高液化温度亦可提高。液化方法有高温高压、中温中压及低温低压 3 种。

液化氯气可将氯气中的杂质清除，同时使体积缩小，便于贮存及远距离输送。

以体积分数计，液氯规格为：Cl_2 99.5% ~ 99.8%，O_2 （400 ~ 500）$\times 10^{-6}$，CO_2 300×10^{-6}，N_2 500×10^{-6}，H_2O （15 ~ 20）$\times 10^{-6}$

干燥氯气经离心式压缩机加压到 0.392 MPa，温度 55 ℃，进入列管液化器，冷却到 −10 ~ −6 ℃进入气液分离器。气相氯气体积分数为 60% ~ 70%，送去回收或制造盐酸、次氯酸钠等。液氯进入液氯槽用泵送入贮槽，氯气液化率为 85% ~ 95%。

未液化的稀氯气，经缓冲器进入往复式压缩机加压（表压）到 0.784 MPa，经冷却器冷却到 40 ℃再导入冷冻器，在此部分氯气液化，经分离器分出的液氯部分去贮槽，另一部分进入解吸塔顶部。氯进入吸收塔下部被塔顶喷下的 CCl_4 吸收，剩下的气体经碱洗塔，清除 Cl_2，CCl_4 后排入大气。吸收塔底含氯的 CCl_4 进入解吸塔上部，塔底的再沸器用蒸汽加热。解吸塔出来的氯气经塔顶液氯淋洗后去氯液化工段的压缩机入口。塔底出来的四氯化碳经冷却器、冷冻器冷却后，再进入吸收塔吸氯。用四氯化碳法回收氯气的回收率在 99.5% 以上。

4.2.5.4　H_2 精制

隔膜电解槽出来的氢气比槽温稍低，约 90 ℃，含有 H_2O、CO_2、O_2、N_2 及 Cl_2 等，同时还带有盐、碱雾沫，先在洗涤塔内用水冷却到 50 ℃，经鼓风机加压送入冷却塔，以冷冻水冷却到 20 ℃并降低水分。然后进入 4 个串联的洗涤塔，分别用 10% ~ 15% 硫酸、10% ~ 15% 烧碱、

4% ~6% 硫代硫酸钠、10% ~15% NaOH 及纯水，除去 CO_2、Cl_2、含氮物及碱等杂质，再经干燥得精制氢气。

4.2.5.5　盐酸和干燥 HCl

1）盐酸

氯气和氢气按比例进入合成炉底的套管燃烧器，氢气在氯中燃烧生成氯化氢并放出大量的热。

$$H_2 + Cl_2 \longrightarrow 2HCl \tag{5}$$

氯气和氢气按 1∶1.5 比例进入合成炉底的燃烧器中。高温（400 ℃）氯化氢从合成炉上部出来，经空气冷却器冷却到 130 ℃左右，冷却后的氯化氢气进入降膜式吸收塔的上部，与尾气吸收器来的稀酸沿吸收塔内石墨管壁并流而下，生成浓度为 32% ~35% 的盐酸，从塔底流出，再经冷却后去成品贮槽。塔内未被吸收的气体由塔底返回塔上部，在填料层被冷却水喷淋吸收变成稀酸，进入降膜塔吸收氯化氢气。

2）干燥 HCl

由合成炉经冷却的氯化氢，用石墨冷却器冷却至 20 ~30 ℃，进入第一干燥塔用 90% 左右的硫酸喷淋干燥。一塔出来的气体进入第二干燥塔，用 98% 的浓硫酸干燥，第二塔出来的干氯化氢气经分离器除雾后含水 0.03% 为合格的干燥 HCl。第二塔的硫酸循环吸水被稀释到 90% 时，放入第一塔使用。

4.2.6　电解法制碱生产安全

氯碱厂生产过程中存在多种安全问题，主要包括：危险性，氯气作为一种众所周知的毒性气体，而液体烧碱是一种强碱，均可损伤人体；易爆性，氢气与空气和氯气可形成爆炸性混合气；腐蚀性，湿氯气、次氯酸盐和液碱等均是强腐蚀性介质；用电安全性，电解过程要使用强大的直流电。

（1）烧碱生产安全

①因电解槽的电路实际上不可能完全封闭，所以电解槽与钢构件之间的良好绝缘非常重要，应尽可能使用双层绝缘钢结构。

②操作中，必须严防触电事故。操作人员必须穿经检验合格的橡胶手套和绝缘鞋，并严格按照操作规程操作。

③烧碱是一种强碱，接触人体皮肤能引起严重灼伤。因此必须严防设备及管道的泄漏。

④在操作岗位附近，应设置洗眼器和水淋浴器。

（2）氯气系统安全措施

①保持设备、管道及阀门的密闭和性能完好。操作工人应备有防毒面具。

②在氯碱工艺流程中，必须考虑设置事故氯气处理工序，即在紧急或生产不正常时，能从工艺系统中排出氯气又能严防其大量进入大气。

③氯气系统中的液氯贮槽，属三类压力容器，应严格遵循"压力容器安全监察规程"要求设计、制造、检验和操作使用。

（3）氢气系统安全

氯碱厂用于氢气的设备大多数是低压设备，且使用温度也不高，所以氢气系统的安全防范重点是防止氧气与氯气或空气形成爆炸性混合物。

①防止爆炸性混合物的形成。氢气系统中的所有管道必须保持正压,以防止空气进入。设置氮气冲洗管路,在开、停车和维修期间能分段冲洗氢气管路系统。

②防止爆炸性混合物着火。氢氧混合气体在遇到明火、电火花和高温热板时,会引起爆炸。因此生产中应杜绝一切可能产生火花的操作。

③所有氢气系统的设备、管道须有良好的接地措施,其厂房顶部应设置避雷针。

(4)供电安全

电解生产装置要求连续供电,因此需要设置双电源。若工厂附近没有第二电源,则氯气处理系统和事故氯气处理系统等关键部位的用电设备须自备柴油发电机。一旦外部电源中断,立即启动柴油发电机,严防氯气外溢。

(5)劳动卫生安全

要按当地劳动、卫生部门要求设置急救站(小型工厂由医务室兼任)。配备救护车、担架、氧气面具等必要设施。

4.2.7　我国烧碱生产技术进展

目前,我国烧碱的工业生产方法有 4 种,即隔膜法、离子膜法、水银法和苛化法。其中,隔膜法产量最大,现在约占烧碱生产总量的 70%;离子膜法次之,但其生产量所占比例呈上升趋势;水银法和苛化法烧碱产量较小,属淘汰工艺。我国现有烧碱生产企业 200 多家,生产能力接近 800 万 t/a,居世界第 2 位。经过数十年的发展,我国烧碱生产在工艺、装备、技术水平等方面都有了明显提高。

4.2.7.1　变压整流

变压整流是将外部供给的高压交流电转变为供电解用低压直流电的过程。近年来,国内采用离子膜电解槽的企业普遍使用国产晶闸管整流装置,这是由于可控晶闸管技术有了关键突破,如大量的分立元件已被高密集的集成块所取代,分散的小电路板被集成化大板取代,模拟和模数控制触发技术向全数字化过渡,互为热备用的双通道模式的控制通道被采用,这些技术使晶闸管整流装置稳定性有了根本保证。

4.2.7.2　盐水精制

盐水精制是将固体氯化钠用水(或回收盐水)制备饱和盐水并去除其中有害杂质的过程。盐水质量的好坏,直接关系到石棉隔膜和离子膜的使用寿命,同时对降低交流电耗也有重要作用。为提高精制盐水质量,一些企业在对盐水进行澄清和砂滤后,采用超高分子质量的聚乙烯PE 管式过滤器再进行过滤,也有一些企业采用稀土瓷砂无阀滤池及 PE 管式过滤器。由于采用离子膜法生产烧碱的企业需要对盐水进行二次精制,因此,过滤器和螯合离子交换树脂的国产化工作进展很快,经过某些企业的使用,质量及效果均达到国外同类产品水平。

一些企业采用目前世界上最先进的戈尔膜精制工艺。该技术简化了传统的盐水精制流程,只用戈尔膜过滤就可取代传统工艺的澄清桶、砂滤器、二次精滤等设备,大大提高了精制盐水质量,建设投资少,运行费用低,经济和环境效益显著。

4.2.7.3　金属阳极电解槽

隔膜法烧碱原来使用的是石墨阳极电解槽,因为其能耗高、材料浪费及漏点较多而逐渐被淘汰,取而代之的是金属阳极电解槽。目前推向市场的金属阳极主要有 3 种金属氧化法涂层电极,即钌钛、钌钛锡和钌钛铱涂层,其中以钌钛铱涂层最佳,其次为钌钛锡和钌钛涂层电极。

4.2.7.4　离子膜电解槽

由于离子膜法具有节能、产品浓度和纯度高、无污染等优点,因此,无论是国外还是国内,在新建和扩建烧碱装置时,在投资允许的条件下,首先考虑采用离子膜电解槽。国内首套引进的日本旭化成公司离子膜生产装置于 1986 年投入运行,以后又相继引进了日本旭硝子、氯工程公司、美国 OXYTECH 公司、英国 ICI 公司、意大利迪诺拉公司等各种类型的离子膜电解槽及技术。

4.2.7.5　改性隔膜

对于食盐电解制烧碱工艺来说,电解槽隔膜应具有较高的机械强度、较低的电阻、良好的耐酸和耐碱性能、适度的盐水渗透性等特点,而普通的石棉隔膜是无法适应的,因此改性隔膜应运而生。国外采用的 HAPP,TAB 等改性隔膜早已广泛应用到制碱工业中。国内引进的 MDC-55 型电解槽也采用了 SM 系列改性隔膜,这种隔膜的膨胀率不到 25%,使用后膜电阻增加较小,隔膜电压降低,电解槽可在高电流密度下进行。目前,国内研制的改性隔膜主要有两类,一类是采用 60% 聚四氟乳液隔膜改性剂的改性隔膜,另一类是复合纤维改性隔膜。

思考题

1. 纯碱中的重碱是什么意思?

2. 氨碱法制纯碱的原料是什么? 该过程的主要反应有哪些? 主要副产物是什么?

3. 焙烧石灰石的设备是什么? 其操作工艺条件如何?

4. 在氨碱法制纯碱的关键过程氨盐水碳化步骤,溶液中有哪些阳离子? 有哪些阴离子? 可能生成哪些结晶沉淀?

5. 从干盐相图分析,为什么在 P_1 点 $NaHCO_3$ 的结晶析出最多且 Na 利用率最高? 如何控制操作点的位置?

6. 温度升高对最佳操作点、Na 利用率和 $NaHCO_3$ 结晶有什么影响?

7. 在制备饱和盐水的过程中,其中的 Mg,Ca 杂质离子用什么方法去除?

8. 饱和盐水的氨化是在什么设备中进行的? 氨溶解热是如何移出的? 澄清桶的作用是什么?

9. 氨盐水的碳化是在什么设备中进行的? CO_2 经氨基甲酸铵、碳酸氢铵、最终生成碳酸氢钠,各步骤有什么特点?

10. 碳酸化度表示氨盐水中的氨吸收 CO_2 被碳酸化的程度,为什么碳酸化度会大于 100%,最大为 200%?

11. 碳酸氢钠的煅烧反应是什么? 煅烧温度和时间的关系如何? 工业上通常使用的煅烧温度在什么范围?

12. 碳酸氢钠结晶后的母液中,主要含有哪些成分?

13. 碳酸氢钠结晶母液中,用什么方法回收其中的氨,并得到什么副产物?

14. 蒸氨塔的结构主要分几个部分？各部分的作用是什么？

15. 联合制碱中,从结晶母液不再蒸出氨,而是用盐析的方法生成氯化铵。反应原理是什么?

16. 工业生产烧碱的方法有哪些？

17. 电解法生产烧碱的原料、电极反应、总化学反应是什么？

18. 食盐水中镁、硫酸根杂质如何去除？

19. 隔膜法制烧碱电解池的物料走向如何？

20. 隔膜法和离子交换膜法制烧碱的主要区别是什么？

第5章 基本有机化工的主要产品

5.1 概 述

5.1.1 基本有机化学工业在国民经济中的作用

基本有机化学工业是利用自然界中的煤、石油、天然气等原料,通过各种化学加工方法制成各种有机产品的工业,如乙烯、聚乙烯、苯、甲苯、苯乙烯、酮、醇、羧酸、环氧化合物、含氮化合物等。基本有机化工产品的用途可概括为 3 个方面:

①生产合成橡胶、合成纤维、塑料和其他高分子化工产品的原料,即聚合反应的单体;

②其他有机化工,包括精细化工产品的原料;

③按产品所具有的性质用于某些直接消费,例如用作溶剂、冷冻剂、防冻剂、载热体、气体吸收剂以及直接用于医药麻醉剂、消毒剂等,为其他化学工业的发展提供重要的物质基础,与国民经济许多部门都有密切关系,是现代工业结构中的重要组成部分。

乙烯是基本有机化工最重要的产品。乙烯的产量往往标志一个国家基本有机化学工业的发展水平。预测到 2010 年世界乙烯生产能力将由 2005 年的 1.17×10^8 t 增长到 1.52×10^8 t。世界各地区乙烯生产能力见表 5.1,各地区产量见表 5.2。

表 5.1 世界乙烯生产能力

项 目	年生产能力/kt			年增长率/%	
	2002 年	2005 年	2010 年	2002—2005 年	2005—2010 年
北美	33 437	33 662	35 580	0.22	1.11
拉美	5 506	6 060	8 443	3.25	6.86
欧洲	29 114	30 623	32 858	1.73	1.46
亚洲	39 263	44 946	72 805	4.78	12.40
非洲	1 456	1 410	2 150	−1.08	8.80
大洋洲	540	540	550	−0.88	0.90
总和	109 316	117 241	152 386	2.42	6.00

表 5.2　世界乙烯产量

项　目	年生产能力/kt			年增长率/%	
	2002 年	2005 年	2010 年	2002—2005 年	2005—2010 年
北美	28 037	31 291	32 321	3.73	0.65
拉美	4 517	5 216	7 257	4.91	6.83
欧洲	23 918	27 666	27 190	5.22	−0.34
亚洲	36 523	43 075	64 438	5.99	9.92
非洲	1 011	1 146	1 636	4.27	7.38
大洋洲	401	436	403	2.38	−1.59
总和	94 407	108 830	133 245	5.09	4.49

5.1.2　基本有机化学工业的原料

天然气是指埋藏于地层深部的可燃气体,其主要成分是甲烷,还含有数量不同的乙烷、丙烷、丁烷、戊烷、己烷等低碳烷烃以及二氧化碳、氮气、氢气、硫化物等非烃类物质。甲烷是制造甲醛、甲醇、乙炔等重要有机化工产品的重要原料。

石油是从地下深处开采出来的黄色到黑色的可燃性黏稠状液体,其成分主要是烷烃、环烷烃、芳香烃 3 种烃类和少量的含氮、含氧、含硫的化合物。石油是有机化学工业最主要的原料来源,烷烃、烯烃、炔烃、芳烃等烃类物质大量来自石油加工,因此,可以说石油是有机化学工业的基础。

煤的种类很多,但它们都由有机物和无机物组成。有机物主要是碳、氢、氧和少量的氮、硫、磷等元素;无机物主要是水分和矿物质。煤为基本有机化学工业提供的原料也相当丰富,通过液化、干馏等加工,可提供大量烃类物质,特别是芳香烃类物质。通过电石加工还能提供大量的乙炔,这曾经是有机化工中乙炔的主要来源途径。

农林副产品曾经是获取基本有机化工产品的主要来源之一,近年来随着煤、石油、天然气的发展,逐渐处于次要地位。但由于农林副产品具有可再生性,原料易得且价格低廉,加工方法简单等特点,农林副产品仍是极具潜力的有机化工原料。农林副产品加工可得以下 3 类主要有机化工产品:

①植物纤维水解可得糠醛、木糖醇、呋喃衍生物等;

②淀粉发酵可得甲醇、乙醇、杂醇油、丙酮、正丙醇等;

③木材化学加工可得甲醇、甲酸、醋酸等。

5.1.3　基本有机化学工业的主要产品

5.1.3.1　乙烯系列产品

由乙烯出发可以生产许多重要的基本有机化学工业的产品。乙烯主要用于生产高压聚乙烯、低压聚乙烯、环氧乙烷和二氯乙烷等几个主要品种。乙烯的用途及乙烯系列主要产品见图5.1。

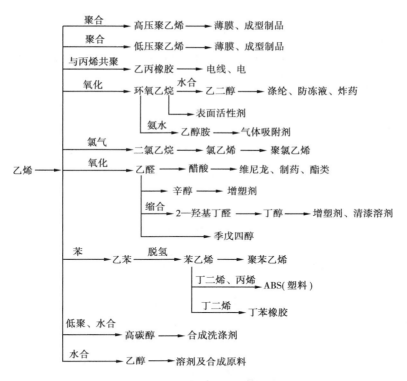

图 5.1　乙烯系列主要产品

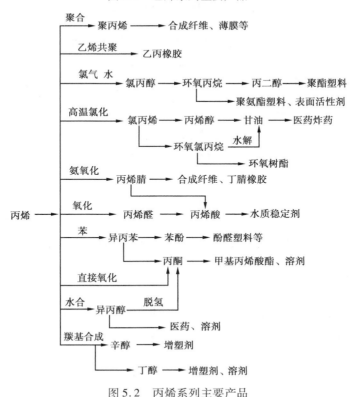

图 5.2　丙烯系列主要产品

195

5.1.3.2 丙烯系列产品

丙烯系列产品的重要性在基本有机化学工业中仅次于乙烯系列产品。丙烯用途及丙烯系列主要产品见图5.2。

5.1.3.3 碳四系列产品

由石油馏分裂解得到的碳四馏分为乙烯产量的40%左右。当前主要的方法是将它分离为丁二烯、异丁烯和丁烯,再由此分别制成产品。图5.3为碳四系列主要产品。

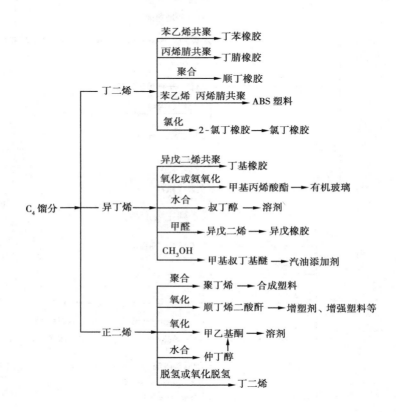

图5.3 碳四系列主要产品

5.1.3.4 芳烃系列产品

芳烃主要是苯、甲苯、二甲苯,不仅可以直接作为溶剂,而且可以进一步加工成各种有机化工产品,图5.4为芳烃系列主要产品。

5.1.3.5 乙炔系列产品

乙炔主要用来合成乙醛、氯乙烯、醋酸乙烯、丙烯腈等,但从20世纪60年代起此四大产品逐渐转向以乙烯为主要原料,图5.5为乙炔系列主要产品。

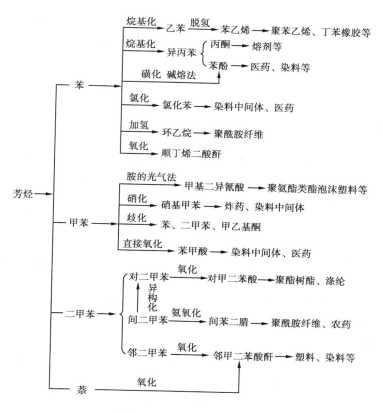

图 5.4 芳烃系列主要产品

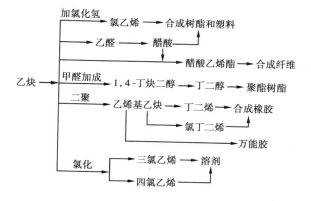

图 5.5 乙炔系列主要产品

5.2 乙烯系列主要产品

5.2.1 聚乙烯

聚乙烯简称 PE,是乙烯经聚合制得的一种热塑性树脂。在工业上,也包括乙烯与少量 α-烯烃的共聚物。聚乙烯无臭、无毒,手感似蜡,具有优良的耐低温性能(最低使用温度可达 $-70 \sim -100$ ℃),化学稳定性好,能耐大多数酸碱的侵蚀(不耐具有氧化性质的酸),常温下不溶于一般溶剂;吸水性小,电绝缘性能优良;但聚乙烯对于环境应力(化学与机械作用)很敏感,耐热老化性差。聚乙烯的性质因品种而异,主要取决于分子结构和密度,采用不同的生产方法可得不同密度($0.91 \sim 0.96$ g/cm^3)的产物。聚乙烯可用一般热塑性塑料的成型方法加工。聚乙烯是通用合成树脂中产量最大的品种,其特点是价格便宜,性能较好,可广泛应用于工业、农业、包装及日常生活中,在塑料工业中占有举足轻重的地位。

PE 有多种分类方法,按密度可分为高密度聚乙烯(HDPE)、低密度聚乙烯(LDPE)和线型低密度聚乙烯(LLDPE)。

低中压法生产的聚合物属高密度聚乙烯,密度为 $0.94 \sim 0.97$ g/cm^3。高密度聚乙烯是不透明的白色粉末,造粒后为乳白色颗粒,分子为线型结构,很少支化现象,是较典型的结晶高聚物。机械性能均优于低密度聚乙烯,熔点比低密度聚乙烯高,为 $126 \sim 136$ ℃,其脆化温度比低密度聚乙烯低,为 $-100 \sim -140$ ℃。

高压法生产聚合物属于低密度聚乙烯,密度为 $0.91 \sim 0.94$ g/cm^3。低密度聚乙烯是无色、半透明颗粒,分子中有长支链,分子间排列不紧密。

线型低密度聚乙烯的分子中一般只有短支链存在,机械性能介于高密度和低密度聚乙烯两者之间,熔点比普通低密度聚乙烯高 15 ℃,耐低温性能也比低密度聚乙烯好,耐环境应力开裂性比普通低密度聚乙烯高数 10 倍。

按生产方法可分为低压法聚乙烯(<2 MPa)、中压法聚乙烯($10 \sim 100$ MPa)和高压法聚乙烯($100 \sim 300$ MPa)。

按分子量可分为低分子量聚乙烯(重均分子量 <10)、普通分子量聚乙烯(重均分子量 $100 \sim 1\ 000$)和超高分子量聚乙烯(重均分子量 >1 000)。

5.2.1.1 低密度聚乙烯(LDPE)

1)高压法低密度聚乙烯的生产流程

在高压条件下,乙烯由过氧化物或微量氧引发,经自由基聚合反应生成密度为 $0.910 \sim 0.930$ g/cm^3 的低密度聚乙烯(LDPE)。

工业生产的低密度聚乙烯树脂数均分子量为 $2.5 \times 10^4 \sim 5 \times 10^4$,重均分子量则达 10^5 以上。工业上为了简化测定聚乙烯分子量的方法,而采用熔融指数(MI)来相对地表示相应的分子量(表5.3)及流动性。目前我国生产的低密度聚乙烯树脂的熔融指数分别为 0.3,0.4,0.5, 0.7,2.0,2.5,5.0,7.0,20 等。

表5.3　低密度聚乙烯熔融指数与数均分子量对照表

熔融指数	数均分子量	熔融指数	数均分子量	熔融指数	数均分子量
20.9	24 000	1.8	32 000	0.005	53 000
6.4	28 000	0.25	48 000	0.001	76 000

　　熔融指数的含义是,在标准的塑性计中加热到一定温度(一般为 190 ℃),使聚乙烯树脂熔融后,承受一定的负荷(一般为 2 160 g)在 10 min 内经过规定的孔径(2.09 mm)挤压出来的树脂重量克数。在相同的条件下,熔融黏度越大,被挤压出来的树脂重量越少。因此聚乙烯的熔融指数越小,其分子量越高。

　　熔融指数仅表示了相应的熔融黏度,相对地表示了平均分子量,但不能表示聚乙烯的分子量分布。而分子量分布对于聚乙烯的性能也有显著影响。因此,密度和熔融指数都相同的聚乙烯由于生产条件不同,其性能和用途可能不同。

　　乙烯高压聚合生产流程如图 5.6 所示。该流程适用于釜式聚合反应器或管式聚合反应器,虚线部分为管式聚合反应器。

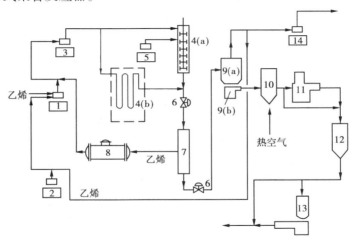

图 5.6　乙烯高压聚合生产流程图

1——一次压缩机;2—分子量调节剂泵;3—二次高压压缩机;4(a)—釜式聚合反应器;
4(b)—管式聚合反应器;5—催化剂泵;6—减压阀;7—高压分离器;8—废热锅炉;
9(a)—低压分离器;9(b)—挤出切粒机;10—干燥器;11—密炼机;12—混合机;
13—混合物造粒机;14—压缩机

　　压力为 3.0 ~ 3.3 MPa 的精制新鲜乙烯进入一次压缩机的中段经压缩至 25 MPa。来自低压分离器的循环乙烯,压力 <0.1 MPa,与分子量调节剂混合后进入二次压缩机。二次压缩机的最高压力因聚合设备的要求而不同。管式反应器要求最高压力达 300 MPa 或更高,釜式反应器要求最高压力为 250 MPa。经二次压缩达到反应压力的乙烯经冷却后进入聚合反应器。引发剂则用高压泵送入乙烯进料口,或直接注入聚合设备。反应物料经适当冷却后进入高压分离器,减压至 25 MPa。未反应的乙烯与聚乙烯分离并经冷却脱去蜡状低聚物以后,回到二次压缩机吸入口,经加压后循环使用。聚乙烯则进入低压分离器,减压到 0.1 MPa 以下,使残存的乙烯进一步分离循环使用。聚乙烯树脂在低压分离器中与抗氧化剂等添加剂混合后经挤

出切粒,得到粒状聚乙烯,被水流送往脱水振动筛,与大部分水分离后,进入离心干燥器,以脱除表面附着的水分,然后再经振动筛分去不合格的粒料后,成品用气流输送至计量设备计量,混合后为一次成品。然后再次进行挤出、切粒、离心干燥,得到二次成品。二次成品经包装出厂为商品聚乙烯。

2)原料准备

（1）乙烯

乙烯高压聚合过程中单程转化率仅为15%~30%,所以大量的单体乙烯(70%~85%)要循环使用。因此所用乙烯原料一部分是新鲜乙烯,一部分是循环回收的乙烯。对于乙烯的纯度要求应超过99.95%。循环乙烯中的杂质主要是不易参加聚合反应的惰性气体,如氮、甲烷、乙烷等。多次循环使用时,惰性杂质的含量可能积累,此时应采取一部分气体放空或送回乙烯精制车间精制。

（2）分子量调节剂

在工业生产中为了控制产品聚乙烯的熔融指数,必须加适量的分子量调节剂,可用的调节剂包括烷烃(乙烷、丙烷、丁烷、已烷、环己烷)、烯烃(丙烯、异丁烯)、氢、丙酮和丙醛等,而以丙烯、丙烷、乙烷等最常应用。调节剂的种类和用量根据聚乙烯牌号的不同而不同,用量一般是乙烯体积的1%~6.5%。调节剂应在一次压缩机的进口进入反应系统。

（3）添加剂

聚乙烯树脂在隔绝氧的条件下受热时是稳定的,但在空气中受热则易被氧化。聚乙烯塑料在长期使用过程中,由于日光中紫外线照射而易老化,性能逐渐变坏。为了防止聚乙烯在成型过程中受热时被氧化,防止使用过程中老化,所以聚乙烯树脂中应添加防老剂(抗氧剂),如4-甲基-2,6-二叔丁基苯酚、防紫外线剂等。此外,为了防止成型过程中黏结模具而需要加入润滑剂,如油酸酰胺或硬脂酸铵、油酸铵、亚麻仁油酸铵三者的混合物。聚乙烯主要用来生产薄膜,为了使吹塑制成的聚乙烯塑料袋易于开口而需要添加开口剂,如高分散性的硅胶(SiO_2)、铝胶(Al_2O_3)。为了防止表面积累静电,有时需要添加防静电剂。

3)催化剂配制

乙烯高压聚合需加入自由基引发剂,工业上常称为催化剂,所用的引发剂主要是氧和过氧化物,早期工业生产中主要用氧作为引发剂。其优点在于:价格低,可直接加于乙烯进料中。而且在200℃以下时,氧是乙烯聚合阻聚剂,不会在压缩机系统中或乙烯回收系统中引发聚合。其缺点是氧的引发温度在230℃以上,低于200℃时反而阻聚。由于氧在一次压缩机进口处加入,所以不能迅速用改变引发剂用量的办法控制反应温度,而且氧的反应活性受温度的影响很大。因此,目前除管式反应器中还用氧作引发剂外,釜式反应器已全部改为过氧化物引发剂。

工业上常用的过氧化物引发剂为:过氧化二叔丁基,过氧化十二烷酰,过氧化苯甲酸叔丁酯,过氧化3,5,5-三甲基乙酰等。此外尚有过氧化碳酸二丁酯、过氧化辛酰等。

乙烯高压聚合引发剂应配制成白油溶液或直接用计量泵注入聚合釜的乙烯进料管中,或注入聚合釜中,在釜式聚合反应器操作中依靠引发剂的注入量控制反应温度。

4)聚合过程

乙烯在高压条件下虽仍是气体,但其密度达0.5 g/cm³,已接近液态烃的密度,近似于不能再被压缩的液体,称气密相状态。此时乙烯分子间的距离显著缩短,从而增加了自由基与乙烯分子的碰撞几率,易于发生聚合反应。由于乙烯聚合时可产生大量的热量,乙烯聚合转化率升高 1% 则反应物料将升高 12～13 ℃。如果热量不能及时移去,温度上升到 350 ℃ 以上则发生爆炸性分解。因此在乙烯高压聚合过程中应防止聚合反应器内产生局部过热点。

聚合过程反应温度一般在 130～350 ℃;反应压力一般为 122～303 MPa 或更高;聚合停留时间较短,通常为 15 s～2 min。反应条件的变化不仅影响聚合反应速度,而且也影响产品聚乙烯的分子量。当反应压力提高时,聚合反应速度加大,但聚乙烯的分子量降低,而且支链较多,所以其密度稍有降低。

5)单体回收与聚乙烯后处理

自聚合反应器中流出的物料经减压装置进入高压分离器,高压分离器内的压力为 20～25 MPa,大部分未反应的乙烯与聚乙烯分离。气相经冷却,脱除蜡状的低聚物后回收循环使用。聚乙烯则进入内压小于 0.1 MPa(表压)的低压分离器,使残存的乙烯分离回收循环使用。同时将防老剂等添加剂,根据生产牌号的要求注入低压分离器,与熔融的聚乙烯树脂充分混合后进行造粒。聚乙烯与其他品种的塑料不同,需经二次造粒,其目的是增加聚乙烯塑料的透明性,并且减少塑料中的凝胶微粒。

5.2.1.2　线型低密度聚乙烯(LLDPE)

LLDPE(线型低密度聚乙烯),是 20 世纪 70 年代开发成功的乙烯与 α-烯烃的共聚物,其分子呈线型结构,密度为 0.910～0.94 g/cm^3,与高压法生产的 LDPE 相类似。传统 LLDPE 的生产使用齐格勒-纳塔(Ziegler-Natta,简称 Z-N)催化剂,主要限于气相工艺,选择的共聚单体是丁烯,得到的树脂难以加工。近年发展起来的新工艺中,最突出的是茂金属、非茂金属单中心催化工艺,这些工艺克服了 Z-N 催化工艺的局限,所得到的 LLDPE 树脂一般称为第二代 LLDPE 树脂。

工业生产中,通常采用有机溶剂淤浆聚合法、溶液聚合法或无溶剂的低压气相聚合法进行乙烯聚合,聚合反应压力明显低于 LDPE 的生产。典型的聚合反应条件和所需物料如表 5.4、表 5.5 所示。

表 5.4　LLDPE 主要生产条件

聚合方法	反应温度/℃	反应压力/MPa	反应时间
淤浆法	55～70	1.5～2.9	1～2 h
溶液法	250	8	数分钟
气相法	85～20	2	*

*反应时间不详,单程转化率较低,经数次循环以达到要求。

表 5.5　生产 LLDPE 所需物料

聚合方法	单　体	催化剂	反应介质	共聚单体
淤浆法	√	√	√	√
溶液法	√	√	√	√
气相法	√	√		√

淤浆法根据所用反应器类型和反应介质种类的不同,又分为以下类型:

环式反应器、轻介质法:乙烯在异丁烷中连续通过双环反应器进行聚合,生成的聚乙烯颗粒悬浮于异丁烷中。

环式反应器、重介质法:与上法相似,而用较重质的己烷作反应介质。

釜式反应器、重介质法:用具有搅拌的釜式反应器,重质介质如己烷、庚烷作为反应介质。

液体沸腾法:用丙烷或异丁烷为反应介质,使乙烯在沸腾的反应介质中聚合。

环式反应器轻介质法流程如图5.7所示。新鲜的乙烯和共聚单体经干燥与精制后会同循环的异丁烷和催化剂浆液进入双环反应器,乙烯聚合生成颗粒悬浮于反应介质中,在反应器底部沉降增浓,浆液含固量达50%～60%时进入闪蒸器。闪蒸出来的异丁烷和未反应的单体进入溶剂回收系统经分离、精制后循环使用。聚乙烯则通过净化干燥器得到成品或添加必要助剂后经选粒得到聚乙烯塑料粒子。

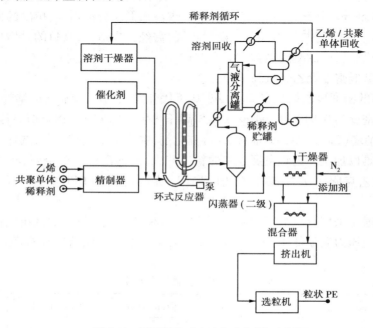

图5.7 低压淤浆法(环式反应器)流程图

溶液聚合法中乙烯在烃类溶剂中于高于聚乙烯的熔融温度下进行聚合。溶液法分为3种类型:

中压法:乙烯在高压下绝热聚合,由溶剂蒸发带走聚合热,由于温度高而采用较高压力,以保持液相状态。

低压法:乙烯在较低温度和较低压力下聚合,一部分聚合热由溶剂汽化带走。进料可先经冷却。

低压冷却法:反应压力和温度相似于低压法,但所进物料不经冷却过程,反应热由冷却回流带走。

中压法流程如图5.8所示。乙烯和共聚单体经精制后溶解于环己烷中,加压、加热到反应温度送入第一级反应器,乙烯在压力为10 MPa和约200 ℃条件下聚合。催化剂溶液则加热到与进料相等温度送入聚合釜,聚乙烯溶液由第一级反应器进入管式反应器,进一步聚合达到聚合物浓度约为10%。出口处注入整合剂以络合未反应的催化剂,并进一步加热使催化剂脱活。残存的催化剂经吸附脱除。

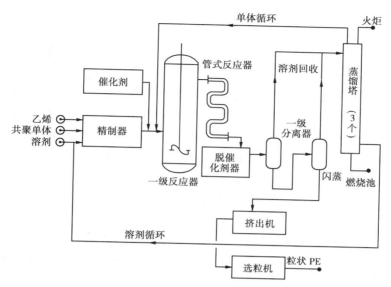

图 5.8　中压溶液法流程

热的聚乙烯溶液降压到0.655 MPa进行闪蒸,以脱除未反应单体和90%的溶剂。含有约65%聚乙烯的浓溶液进一步在0.207 MPa压力下闪蒸。熔融的聚合物送入挤出机进行造粒使溶剂质量分数低于5×10^{-4}。

低压气相聚合法流程见图5.9。精制的乙烯和共聚单体连续送入流动床反应器,同时直接加入催化剂。反应温度低于100 ℃,压力低于2 MPa。用压缩机进行气流循环,以保证物料处于沸腾流动状态,并移除反应热。气流经冷却器冷却后再进入反应器。反应生成的固体颗粒状聚乙烯经减压阀流出,脱除残存单体后,添加所需助剂后造粒得到商品聚乙烯。

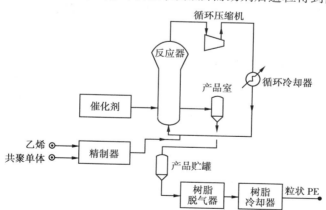

图 5.9　低压气相聚合法流程

5.2.2　环氧乙烷

环氧乙烷又称氧化乙烯,在常温下系无色有醚味的气体(沸点 0.5 ℃),易液化,并能以任意比例与水及大多数有机溶剂互溶。气态环氧乙烷易在空气中爆炸,爆炸范围为体积分数 3% ~ 100%,但液态环氧乙烷无爆炸性。环氧乙烷是一种最简单的环醚,因分子中有三元环氧结构,易断裂,可发生多种反应,所以环氧乙烷的应用领域十分广泛。环氧乙烷的最大消费量是生产乙二醇,并广泛用于生产非离子型表面活性剂、缩乙二醇类、药物中间体、乙醇胺、合成洗涤剂、农药、油品添加剂、乳化剂、防腐涂料等,形成所谓环氧乙烷系列精细化工产品。环氧乙烷的产量在乙烯系产品中仅次于聚乙烯而居第二位,是石油化工需求量最大的中间体之一。

由于早期用氯醇法生产环氧乙烷的工艺存在严重三废污染问题,因此,目前国内外环氧乙烷生产几乎全部采用乙烯直接氧化法技术,由于大规模的工业装置采用氧气法可节省设备投资费用,所以大部分厂商以氧气作为氧化剂。全球环氧乙烷专利技术大部分仍为英荷 Shell、美国 SD (科学设计公司)和 UCC(联合碳化物公司)三家公司所垄断,这三家公司的技术占环氧乙烷总生产能力的 90% 以上,其中 Shell 只提供氧气法技术,SD 提供空气法和氧气法,UCC 虽也具有氧气法和空气法技术,但只供自己生产厂使用。Shell,SD 和 UCC 三家公司的乙烯氧化技术水平基本接近,但技术上各有特色。例如在催化剂方面,尽管载体、物理性能和制备略有差异,但水平比较接近,选择性均在 80% 以上;在工艺技术方面都由反应、CO 脱除、环氧乙烷回收等部分组成,但抑制剂选择、工艺流程各有不同。

我国用氯醇法生产环氧乙烷始于 20 世纪 60 年代,但早期小规模的氯醇法环氧乙烷装置技术落后,已于 1993 年下半年淘汰。因经济原因,早期引进的空气法环氧乙烷装置大多数也改造为氧气法。

5.2.2.1　环氧乙烷生产原理

1)化学反应

乙烯与空气或纯氧在银催化剂上进行直接氧化生产环氧乙烷的反应,是反应过程的主反应,方程式为:

$$CH_2 = CH_2 + 0.5O_2 \longrightarrow \underset{O}{CH_2 - CH_2}$$

副反应有乙烯深度氧化等反应:

$$CH_2 = CH_2 + 3O_2 \longrightarrow 2CO_2 + 2H_2O$$

$$\underset{O}{CH_2 - CH_2} \xrightarrow{\text{异构}} CH_3CHO$$

$$\underset{O}{CH_2 - CH_2} + 2.5O_2 \longrightarrow 2CO_2 + 2H_2O$$

$$CH_2 = CH_2 + \frac{1}{2}O_2 \longrightarrow CH_3CHO$$

$$CH_2 = CH_2 + O_2 \longrightarrow 2CH_2O$$

在工业生产中,反应产物主要是环氧乙烷、二氧化碳和水,而生成甲醛、乙醛量极少,可忽略不计。若反应条件控制不当,造成温度过高,目的产物环氧乙烷会发生深度氧化。所以,乙烯氧化生成环氧乙烷的反应过程可简化为两个平行反应和一个连串反应,而环氧乙烷则可视作乙烯氧化的中间产物:

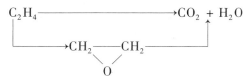

以上两个主要反应在 250 ℃ 时的反应热效应、反应自由焓变、反应平衡常数如表 5.6 所示。

由表 5.6 可知,在 250 ℃ 时乙烯氧化生成环氧乙烷的反应是一个强烈的放热反应,其副反应的反应热比主反应大 10 倍多。主、副反应的化学推动力都很大,尤其是副反应的推动力比主反应大得多。副反应平衡常数比主反应平衡常数也要大得多,且均可以看作不可逆反应。完全氧化的副反应不仅使环氧乙烷的收率降低,且对反应热效应影响极大。当反应选择性由 70% 降到 40% 时,反应热效应增加 1 倍。这些数据清楚地表明,欲使乙烯氧化获得环氧乙烷理想产物,必须进一步选择特定而适宜的反应条件以及具有良好选择性的催化剂。

表 5.6　乙烯直接氧化反应过程的主要热力学数据(250 ℃)

乙烯氧化反应式	$\Delta H/(kJ \cdot mol^{-1})$	$\Delta G^{\ominus}/(kJ \cdot mol^{-1})$	K_p
$C_2H_4 + 0.5O_2 \longrightarrow \underset{O}{CH_2 \diagup\!\!\!\diagdown CH_2}$	-107.3	-63.82	2.84×10^6
$CH_2 \!\!=\!\! CH_2 + 3O_2 \longrightarrow 2CO_2 + 2H_2O$	$-1\,323.0$	$-1\,304.72$	5.6×10^{139}

2)催化剂

乙烯氧化生产环氧乙烷的关键在于催化剂。乙烯在绝大部分金属或其氧化物上进行氧化时,生成产物为二氧化碳和水,只有采用银为催化剂才可以获得环氧乙烷。这种催化剂不仅能抑制副反应,还能加速主反应。因此,空气法或氧气法生产环氧乙烷均以银为催化剂。银催化剂的组成如下:

(1)主催化剂

金属银是主催化剂,其质量分数一般为 10% ~ 20% 。

(2)载体

由于乙烯的环氧化反应存在着平行副反应和连串副反应(次要的)的竞争,又是一强烈放热反应,故载体的表面结构和孔结构及其导热性能对反应的选择性和催化剂颗粒内部温度分布有显著的影响。载体比表面大,催化剂活性高,但也有利于乙烯完全氧化反应的发生,甚至得不到环氧乙烷。载体如有细孔隙,由于在细孔隙中扩散速度慢,产物环氧乙烷在孔隙中浓度比主流体中高,有利于连串副反应的进行。工业上为了控制反应速度和选择性,一般多采用低比表面、大孔径、无孔隙或粗孔隙型、传热性能良好、热稳定性高的 α-氧化铝或含有少量 SiO_2 的 α-氧化铝为载体。

（3）助催化剂

在反应过程中,银催化剂易发生熔结和烧结现象,使其活性迅速下降,寿命缩短。添加助催化剂可对银粒起分散作用并防止结块,有利于提高催化剂的稳定性和活性,且可延长其使用寿命。此外,还能加速环氧化速度,降低反应温度。所用的助催化剂包括碱土金属、稀土金属和贵金属等,用得最广泛的是 Ca 和 Ba。助催化剂含量不宜过多,如过多则催化剂活性反而下降。

在碱金属中,KCl 的助催化效应较为明显,添加适量的 KCl 可使催化剂的选择性增加。

（4）抑制剂

在乙烯环氧化过程中,伴随有乙烯原料和产物环氧乙烷的完全氧化。在银催化剂中加入硒、碲、氯、溴等对抑制二氧化碳的生成,提高银催化剂的选择性有较好的效果,但活性却降低。这类物质称为调节剂,也称抑制剂。在原料气中添加这类抑制剂物质也能起到同样效果和作用,现工业上通常采用二氯乙烷作为抑制剂。在正常操作时,可连续将二氯乙烷加入原料气中,以补偿其在反应过程中的损失,用量一般为原料气的 $1 \times 10^{-6} \sim 3 \times 10^{-6}$。用量过大,往往造成催化剂中毒,活性显著降低。但这种中毒不是永久性中毒,停止通入二氯乙烷后,催化剂的活性可逐渐恢复。

这类催化剂的特点是,当乙烯转化率高时,其相应的选择性有所下降。所以,现行工业生产的空气法或氧气法,原料转化率较低,一般控制为 30% 左右,以使选择性保持在70% ~80%。

5.2.2.2　环氧乙烷生产工艺条件

1）温度

在乙烯氧化生产环氧乙烷的反应中,存在着完全氧化反应的剧烈竞争,而影响竞争的主要因素是反应温度。当反应温度略高于 100 ℃时,氧化产物几乎全部是环氧乙烷,选择性可近似为 100%。然而,在这样低的温度下进行反应,反应速度慢,转化率低,没有现实生产意义。随着温度的升高,主反应速度加快,完全氧化的副反应也开始发生。当反应温度超过 300 ℃时,银催化剂几乎对生成环氧乙烷反应不起催化作用,但转化率很高,此时的反应产物主要是乙烯完全氧化生成的二氧化碳和水。

可见,乙烯氧化生产环氧乙烷最重要的是选择性问题,应选择一个较为适宜的温度,一般控制在 220 ~280 ℃,并按所用氧化剂及催化剂活性稍有不同。当用空气作氧化剂时,反应温度为 240 ~290 ℃;若用氧气作氧化剂时,反应温度以 230 ~270 ℃为宜。按常规,在操作初期催化剂活性较高,宜控制在低限;在操作终期催化剂活性较低,宜控制在高限。

2）空速

空速是影响反应转化率和选择性的另一因素。在乙烯环氧化过程中主要竞争反应是平行副反应,空速提高虽转化率略有下降,但反应选择性将有所增加。对强放热反应而言,空速高还有利于迅速移走大量的反应热,有利于维持反应温度。但空速过高,虽提高了生产能力,而反应气中的环氧乙烷量却很少,造成大量循环气体,增大了分离工序的负荷,使动力费用增加。空速过低,生产能力不仅低,反应选择性也会下降。目前,氧气氧化法空速一般采用 4 000 ~6 000 h^{-1},此时乙烯单程转化率为 9% ~12%。空气氧化法的空速为 7 000 h^{-1}左右,乙烯单程转化率为 30% ~35%。在上述的转化率范围内,反应选择性可达 70% ~75%。

3）反应压力

加压对反应的选择性没有任何影响,但可以提高反应器的生产能力,且有利于从反应气体产物中回收环氧乙烷,故工业生产上大多采用加压氧化。但压力过高(高于 2.5 MPa),则要求设备耐压度高,且催化剂易磨损,加之由于环氧乙烷有聚合趋势,导致含碳物质在催化剂表面上沉积,使催化剂寿命大为降低。目前,工业上采用的操作压力(反应器入口压力)一般为 2.0～2.3 MPa。生产实践表明,当反应压力由 2.0 MPa 左右提高到 2.3 MPa 时,生产能力约提高 10%。

4）反应气

(1)反应气中乙烯的体积分数

在乙烯直接氧化生产环氧乙烷工艺中,乙烯是制取环氧乙烷的主要原料,在反应气中,乙烯的体积分数对整个反应的活性及选择性具有直接的影响,对于反应的稳定性也有影响。通常情况下,为保证反应的活性、选择性及其稳定性,将反应气中乙烯的体积分数控制在 30% 以下。

反应气中乙烯体积分数的变化对环氧乙烷的生成选择性和产率有直接影响,反应气中乙烯体积分数在 20%～30% 时,在银催化剂作用下,目前工业上乙烯环氧化反应生成环氧乙烷的转化率已达到大于 8.0% 的水平,环氧乙烷的生成选择性达到大于 80.0% 的水平。在混合反应气中存在含氮氧化合物气体的前提条件下,混合反应气中乙烯的体积分数可提高到 40%～85%。

(2)原料乙烯成本的降低

在乙烯直接氧化生产环氧乙烷工艺中,环氧乙烷的生产成本很大程度上由原料乙烯的成本所决定。乙烯直接氧化生产环氧乙烷工艺所用乙烯的来源较多,如丙烷裂解、乙烷裂解、炼厂干气裂解、石脑油工艺等都可制取乙烯。通过炼油工艺及乙烯轻烃资源的优化,可降低乙烯的生产成本,选用低成本的乙烯原料,可降低生产环氧乙烷的成本。

降低环氧乙烷的生产成本,提高原料乙烯的利用效率,一个重要措施是提高乙烯环氧化反应所用的银催化剂的整体性能。用于乙烯直接氧化生产环氧乙烷工艺中的银催化剂的选择性、活性、使用寿命和稳定性是银催化剂反应性能的主要指标,乙烯在反应过程中转化成环氧乙烷的体积和乙烯总转化体积之比为银催化剂的选择性。选择性是评价银催化剂的一个主要指标,选择性每提高 1%,乙烯转化成环氧乙烷的体积增加约 1%,环氧乙烷的生产成本相应降低约 1%。银催化剂的活性与反应温度有关,在越低反应温度下达到越高环氧乙烷产率的银催化剂活性越高,银催化剂的活性直接影响乙烯转化率及环氧乙烷产率。在相同的反应条件下,活性高的银催化剂得到高的乙烯转化率及环氧乙烷产率,银催化剂的活性每提高 0.1%,乙烯转化率及环氧乙烷产率分别提高约 0.1%。提高银催化剂使用寿命可延长银催化剂使用时间,相应降低生产成本。提高银催化剂稳定性,可有效减低银催化剂在使用过程中的减活速率,保证环氧乙烷生成选择性和产率的稳定性,避免生产成本的提高。

(3)氧气的高纯化

早期生产环氧乙烷用的氧取自空气,后来乙烯直接氧化生产环氧乙烷工艺逐渐采用近乎纯氧做原料。氧气的高纯化改变了反应气的组成,进而优化了反应过程,反应气中组分的改变在适度条件下可提高生成环氧乙烷的选择性及其产率,还可减少汽提二氧化碳的成本,增加乙烯回收装置的生产能力。氧气的高纯化可以减少原料气中多余杂质对反应的不利影响,相对于空气法乙烯直接氧化生产环氧乙烷工艺,用高纯氧做原料的氧气法乙烯直接氧化生产环氧乙烷工艺,更有利于反应气配比的优化。新近研究的乙烯直接氧化生产环氧乙烷工艺中高纯氧的体积分数已达99.95%。早期空气法乙烯直接氧化生产环氧乙烷工艺用空气作为氧源,空气是混合气体,空气法乙烯直接氧化生产环氧乙烷工艺的反应气中混入了空气中的杂质气体,乙烯转化率及环氧乙烷的生成选择性均受到直接影响。随着原料氧的纯度不断提高以及乙烯直接氧化生产环氧乙烷工艺过程和银催化剂的不断改进,环氧乙烷的生成选择性和产率不断提高,高纯氧的体积分数达到99.95%以后,乙烯直接氧化生产环氧乙烷工艺的环氧乙烷生成选择性稳定在80.0%以上。氧气法乙烯直接氧化生产环氧乙烷工艺已是生产环氧乙烷的主导工艺。高纯氧的应用是提高环氧乙烷生成选择性和产率的一个有效措施。

(4)含氯抑制剂的添加

在乙烯直接氧化生产环氧乙烷工艺中,乙烯在银催化剂上的氧化反应,主反应是乙烯环氧化生成环氧乙烷的反应,主反应的选择性无论在实验中或在工业生产中都稳定在80%以上,乙烯除了与氧发生环氧化反应生成环氧乙烷外,还与氧发生深度氧化反应生成二氧化碳和水,这是乙烯环氧化反应的一个副反应,该副反应实质上是乙烯的燃烧反应,是放热反应,另一较重要的副反应是生成的环氧乙烷再氧化反应。提高生成环氧乙烷选择性的一个重要方法是抑制副反应的发生,在乙烯直接氧化生产环氧乙烷工艺的反应气中加入极微量的二氯乙烷,可有效地抑制副反应乙烯深度氧化反应的发生。用于乙烯直接氧化生产环氧乙烷工艺中的银催化剂的催化作用机理研究表明,氯在银表面上的吸附有利于环氧乙烷生成选择性的提高。含氯抑制剂除了二氯乙烷,还有其他含氯化合物。

(5)反应气异构化的抑制

乙烯直接氧化生产环氧乙烷工艺的反应气的主要成分是乙烯、氧和氮(含二氯乙烷),在反应器中反应后生成环氧乙烷等产品,环氧乙烷在银催化剂的进一步作用下,有可能发生异构化反应,生成环氧乙烷的同分异构体乙醛,异构化反应的发生,整体上降低了环氧乙烷的生成选择性。在乙烯直接氧化生产环氧乙烷工艺中抑制异构化反应的发生,可通过改装反应管,降低冷却区温度的方法,减弱异构化反应的程度;通过对反应器的优化设计,减少生成的环氧乙烷与银催化剂再度接触的时间与空间,也可有效避免环氧乙烷异构化反应的发生,从而提高环氧乙烷生成选择性。

(6)反应气中水摩尔分数的控制

在乙烯直接氧化生产环氧乙烷工艺的反应条件下,反应气中的水以水蒸气方式存在。新近研究结果表明,在一定反应温度下,对于乙烯环氧化合成环氧乙烷反应,反应气中水蒸气摩尔分数控制的最佳范围是0.13%以下。超过这个范围,乙烯环氧化合成环氧乙烷反应的反应气中水蒸气对银催化剂的活性和选择性均产生不利影响,反应气中水蒸气摩尔分数达到0.32%时,对银催化剂稳定性有不利影响,在其后的摩尔分数范围中,随着反应气中水蒸气摩尔分数的升高,乙烯转化率降低。反应气中水蒸气摩尔分数应控制在较低的范围内,即0.13%以下。

(7)反应气中杂质摩尔分数的控制

在乙烯直接氧化生产环氧乙烷工艺中,乙烯和氧是生产环氧乙烷的主要原料,都含有微量的杂质,杂质摩尔分数在一定范围内,不会对乙烯环氧化反应产生不利影响。氧的杂质主要是氩气,氩是惰性气体,较难发生化学反应,但在反应过程中容易积累,到达一定摩尔分数就有可能影响到乙烯环氧化反应的反应性能。反应气中乙烷、乙炔、一氧化碳、丙烯等杂质,在摩尔分数极低时,对乙烯环氧化反应转化率和选择性无明显影响;摩尔分数稍微升高,在反应条件下,乙烷无反应发生,乙炔、一氧化碳、丙烯与氧发生氧化反应,进而影响到乙烯环氧化反应的反应性能。因此应有效地控制反应气中各种不同杂质的摩尔分数,优化反应气的组成,进而优化乙烯环氧化反应的反应性能。对于乙烯环氧化合成环氧乙烷反应的反应气中各种杂质摩尔分数的新近研究表明,各种杂质都有最高允许值,乙烷应小于 0.5%、乙炔应小于 15 μL/L、一氧化碳应小于 100 μL/L,丙烯应小于 15 μL/L,杂质摩尔分数在以上范围内的反应气对银催化剂的选择性和活性不会产生较大的不利影响,当反应气中的一种或多种杂质摩尔分数超过这个范围时,乙烯直接氧化生产环氧乙烷工艺所用的银催化剂的催化性能会受到反应气中不同杂质的不同影响。

5.2.2.3　乙烯氧化法生产环氧乙烷工艺流程

氧气氧化法乙烯直接氧化生产环氧乙烷的工艺流程如图 5.10 所示。

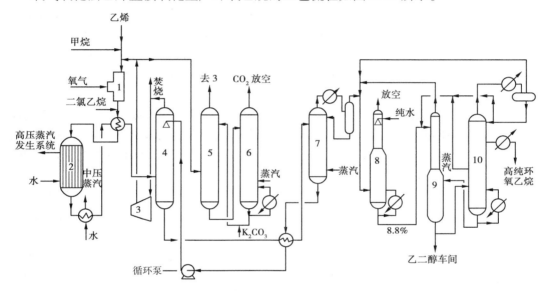

图 5.10　乙烯直接氧化生产环氧乙烷工艺流程

1—原料混合器;2—反应器;3—循环压缩机;4—环氧乙烷吸收塔;
5—二氧化碳吸收塔;6—碳酸钾再生塔;7—环氧乙烷解吸塔;
8—环氧乙烷再吸收塔;9—乙二醇原料解吸塔;10—环氧乙烷精制塔

乙烯原料经加压后分别与氧气、致稳气甲烷、循环气进入原料混合器,迅速而均匀地混合达到安全组成,在进入反应器前加入微量的二氯乙烷。原料混合气与反应后气体热交换预热后进入装有银催化剂的列管式固定床反应器。反应器在平均压力 2.02 MPa 下操作,反应温度为 235 ~ 275 ℃,空速为 4 300 h^{-1},乙烯的单程转化率(体积分数)为 9%,对环氧乙烷的选择性为 79.6%。反应器采用加压沸腾水散热,并设置高压蒸汽发生系统,供本装置使用。

反应后的气体经换热产生中压蒸汽,冷却到 87 ℃后进入环氧乙烷吸收塔。该塔顶部用来自环氧乙烷解吸塔的贫循环水喷淋,吸收反应生成的环氧乙烷。未被吸收的气体中含有许多未反应的乙烯,其大部分作为循环气经循环压缩机升压后返回反应器循环使用。为控制原料气中氩气和烃类等杂质在系统中积累,可在循环压缩机升压前,间断排放一小部分送去焚烧。为维持反应系统中二氧化碳体积分数在 7% 左右,需把部分气体送二氧化碳脱除系统处理,脱除二氧化碳后再返回循环气系统。

二氧化碳脱除系统由二氧化碳吸收塔与碳酸钾再生塔组成。本工艺采用在 100 ℃，2.2 MPa压力下，以质量分数为 30%以上的碳酸钾溶液为吸收剂，将二氧化碳吸收，使二氧化碳体积分数降至 3.5%以下。二氧化碳吸收塔釜液进入碳酸钾再生塔，此塔在 0.2 MPa 压力下操作，把碳酸钾溶液中的氧化碳用蒸汽汽提出来，大量富含 CO_2 的气体在塔顶放空排放。再生后的碳酸钾溶液泵回二氧化碳吸收塔。

碳酸钾溶液中常含有铁、油和乙二醇等不纯物，在加热过程中这些物质易产生发泡现象，使塔设备压差增大，故生产中常加入消泡剂。

从环氧乙烷吸收塔底部流出的环氧乙烷水溶液进入环氧乙烷解吸塔，目的是将产物环氧乙烷通过汽提从水溶液中解吸出来。解吸出来的环氧乙烷、水蒸气及轻组分进入该塔冷凝器。大部分水及重组分冷凝后返回环氧乙烷解吸塔，未冷凝气体与乙二醇原料解吸塔顶气，以及环氧乙烷精制塔顶馏出液汇合后，进入环氧乙烷再吸收塔。环氧乙烷解吸塔釜液作为环氧乙烷吸收塔的吸收液。解吸后的环氧乙烷在再吸收塔用冷的工艺水再吸收，将二氧化碳与其他不凝气体从塔顶放空。再吸收塔釜液环氧乙烷质量分数约8.8%，在乙二醇原料解吸塔中，用蒸汽加热进一步汽提除去水溶液中的二氧化碳和氮气，即可作为生产乙二醇原料或再精制为高纯度的环氧乙烷产品。

环氧乙烷精制塔以直接蒸汽加热，上部塔板用于脱甲醛，中部用于脱乙醛，下部用于脱水。靠近塔顶侧线抽出质量分数 >99.99%的高纯度环氧乙烷，中部侧线采出含少量乙二醇的环氧乙烷（返回乙二醇原料解吸塔），塔釜液返回精制塔中部，塔顶馏出含有甲醛的环氧乙烷返回乙二醇原料解吸塔，回收环氧乙烷。

5.2.3 乙 醛

乙醛的分子式为 C_2H_4O，相对分子质量为 44.06。乙醛是一种无色透明液体，具有特殊的刺激性气味。熔点 −123.5 ℃，沸点 20.8 ℃，闪点 −38 ℃，自燃点 175 ℃，在 18 ℃时密度为 783 kg/m³。溶于水，易燃，与空气能形成爆炸混合物，爆炸极限为 4% ~57%。乙醛对眼和皮肤有刺激作用，在厂房中最大允许浓度为 0.1 mg·L⁻¹。浓度很大时会引起气喘、咳嗽、头痛。乙醛的沸点较低，极易挥发，因此在运输过程中，先使乙醛聚合为沸点较高的三聚乙醛，到目的地后再解聚为乙醛。乙醛和甲醛一样是极宝贵的有机合成中间体，乙醛氧化可制醋酸、醋酐和过醋酸；乙醛与氢氰酸反应可得氰醇，由它转化得乳酸、丙烯腈、丙烯酸酯。可利用醇醛缩合反应制季戊四醇、1,3-丁二醇、丁烯醛、正丁醇、2-乙基己醇、三氯乙醛、三羟甲基丙烷等。乙醛与氨缩合可生产吡啶同系物和各种乙烯基吡啶（聚合单体）。

传统的工业生产乙醛的方法主要有以下 4 种：

（1）乙炔水合法

以电石为原料制乙炔，然后在汞盐催化剂作用下液相水合生成乙醛的工艺路线曾一度被淘汰。但由于催化剂研究的突破，目前采用磷酸镉钙等催化剂实现了乙炔气相水合工艺，所以技术成熟、产品纯度高的乙炔水合法仍是一种有前途的工艺路线。

（2）从乙醇制乙醛

该法有两种路线：吸热脱氢和放热氧化脱氢。

吸热脱氢采用金属铜为催化剂,操作温度为 260～290 ℃,具有无深度氧化、副产高纯氢气的优点。

放热氧化脱氢用金属银为催化剂,在空气或氧气存在下进行脱氢,再将脱出的氢氧化成水,氧化反应同时提供脱氢反应所需的热量。此法在 550 ℃ 左右的温度下进行,过程中易发生一些深度氧化,使乙醇消耗量增大。工业上也有将上述吸热和放热两种方法组合起来的工艺,以解决热平衡问题。

用乙醇生产乙醛的工艺,应参考乙醇来源做评价。如乙醇由粮食发酵而得,显然不合理。若是从乙烯水合而得,则该法也是生产乙醛的重要方法之一。

(3)C_3/C_4 烷烃氧化制乙醛

该法以丙烷/丁烷混合物气相氧化得到乙醛混合物,1943 年在美国实现工业化。在 425～426 ℃,1.0 MPa 条件下进行的气相氧化反应是非催化自由基反应。由于产物是沸点相近的混合物,分离很困难,一般采用不多。

(4)乙烯直接氧化法

该法是赫斯公司在 1957—1959 年间开发的。具有原料便宜、成本低、乙醛收率高、副反应少等优点。目前,世界上 70% 的乙醛均用此法生产。下面重点介绍此法。

5.2.3.1　乙烯液相直接氧化法生产乙醛的原理

该法以乙烯、氧气(空气)为原料,在催化剂氯化钯、氯化铜的盐酸水溶液中进行气液相反应生产乙醛。总化学反应式为:

$$H_2C = CH_2 + \frac{1}{2}O_2 \longrightarrow CH_3CHO$$

实际过程分为如下三步:

快速的乙烯氧化反应:

$$H_2C = CH_2 + PdCl_2 + H_2O \longrightarrow CH_3CHO + Pd + 2HCl \tag{1}$$

控制总反应速度的再生反应:

$$Pd + 2CuCl_2 \longrightarrow PdCl_2 + 2CuCl \tag{2}$$

$$2CuCl + \frac{1}{2}O_2 + 2HCl \longrightarrow 2CuCl_2 + H_2O \tag{3}$$

乙烯液相氧化法的副反应主要是乙烯深度氧化及加成反应。

当乙烯氧化生成乙醛时,氯化钯被还原成金属钯,从催化剂溶液中析出而失去催化活性。在上述反应体系中,氯化铜是乙烯氧化成乙醛的氧化剂,而氯化钯则是催化剂。该反应机理是通过乙烯与钯盐形成一种钯-烯烃中间络合物而进行的。

在反应过程中,由于生成一些含氯副产物消耗氯离子,因此要不断补加适量的盐酸溶液。氯化钯浓度必须控制在一定范围内,浓度过高将有金属钯析出。为了节约贵金属钯,在溶液中氯化铜的量很大,一般控制铜盐与钯盐之比在 100 以上。氯化铜是氧化剂,一般常用二价铜离子与总铜离子(一价与二价铜离子总和)的比例,即 $n(Cu^{2+})/n(Cu^+ + Cu^{2+})$ 来表示催化剂溶液的氧化度。氧化度太高,会使氧化副产物增多,氧化度太低,会使金属钯析出。

5.2.3.2　乙烯液相直接氧化法生产乙醛的工艺过程

乙烯液相氧化法有两种生产工艺,即一步法和二步法。

所谓一步法是指上述的三步基本反应在同一反应器中进行,用氧气作氧化剂,又称为氧气

211

法。二步法是指乙烯羰化和 Pd^0 的氧化在一台反应器中进行,Cu^+ 的氧化在另一反应器中进行。因为用空气作氧化剂,又称空气法。

1)一步法工艺

用一步法生产乙醛时,要求羰基化速度与氧化速度相同,而这两个反应都与催化剂溶液的氧化度有关,因此,一步法工艺特点是催化剂溶液具有恒定的氧化度。

(1)反应工艺

工业上采用具有循环管的鼓泡床塔式反应器,催化剂的装量为反应器的 1/3 ~ 1/2 体积,反应部分工艺过程如图 5.11 所示。

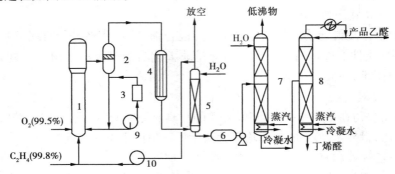

图 5.11　一步法反应部分工艺过程

1—反应器;2—除沫分离器;3—催化剂再生器;4—冷凝器;5—洗涤塔;
6—粗乙醛贮槽;7—汽提塔;8—精馏塔;9—泵;10—循环气压缩机

原料乙烯和循环乙烯混合后从反应器底部进入,新鲜氧气从反应器下部侧线进入,氧化反应在 125 ℃,0.3 MPa 左右的条件下进行。为了有效地进行传质,气体的空塔线速很高,流体处于湍流状态,气液两相能较充分地接触。反应生成热由乙醛和部分水汽化带出。

反应器上部密度较低的气液混合物经过导管进入除沫器。在此,气体流速减小,使气液分离。反应气体(主要是产物乙醛蒸汽、未反应的乙烯和氧及副产物二氧化碳、氯甲烷和氯乙烷等)连续自除沫器上部逸出,催化剂溶液自除沫分离器中沉降下来。由于脱去了气体,催化剂溶液密度大于气液混合物密度,借此密度差,大部分催化剂溶液经循环自行返回反应器。这样,催化剂溶液在反应器和除沫器之间不断进行着快速循环,使催化剂溶液在器内各部分的性能均匀一致,温度分布也较均匀。

自除沫分离器出来的含有产物乙醛的气体,经第一冷凝器将大部分水蒸气冷凝下来,凝液全部返回除沫分离器。因此这部分凝液中乙醛体积分数应尽可能低,否则乙醛回入反应器中将增加副产物。自第一冷凝器出来的气体再进入第二、第三冷凝器;将乙醛和高沸点副产物冷凝下来,未凝气体进入水吸收塔,用水吸收未被冷凝的乙醛,吸收液和第二、第三冷凝器出来的凝液汇合后,一并进入粗乙醛贮槽。自吸收塔上部出来的气体中乙烯和氧的体积分数分别约为 65% 和 85%,其他为惰性气体和副产物二氧化碳、氯甲烷和氯乙烷等,乙醛体积分数仅 1×10^{-4} 左右。为了不使惰性气体在循环气里积累,将其一部分送至火炬烧掉,其余作为循环气体返回反应器。

反应段的主要影响因素有原料纯度、转化率、进气组成、温度与压力等。

①原料纯度。

如原料气中含炔类、硫化氢、一氧化碳等杂质，均能使金属钯析出。一般使用的原料乙烯要求乙炔体积分数 $< 3 \times 10^{-5}$，硫化物体积分数 $< 3 \times 10^{-6}$，乙烯纯度大于 99.5%，氧的纯度也要大于 99.5%。

②转化率及进反应器的混合气组成。

进反应器的混合气是由原料乙烯、氧气和循环气所组成，虽然氧的体积分数达 17%，但由于采取了氧和乙烯分别进料的方式，故不会形成爆炸混合物，它们在液相中稳定地进行氧化反应。但自反应器出来的气相混合物(即循环气)的组成必须严格控制。据研究，当循环气中氧的体积分数 $> 12\%$，乙烯体积分数 $< 58\%$ 时，就会形成爆炸混合物。工业生产上从安全和经济两方面，要求循环气中氧的体积分数在 8% 左右，乙烯体积分数在 65% 左右。当循环气中氧的体积分数达到 9% 或乙烯的体积分数降至 60% 时，需立即停车，用 N_2 置换系统中气体，将气体排入火炬烧掉。为确保安全，要求配置自动报警联锁停车系统。

由于副反应要消耗一部分氧，一般氧的用量比理论值过量 10%，当进反应器混合气的组成为 $\varphi(C_2H_4) = 65\%$、$\varphi(O_2) = 17\%$、惰性气体的体积分数为 18% 时，如果要求循环气中氧的体积分数为 8% 左右，乙烯的转化率只能控制在 35% 左右。

③反应温度和压力。

乙烯氧化生成乙醛是气液相反应，虽增加压力有利于气体溶解在液体中而加速反应，但从能量消耗、设备的防腐蚀及形成副产物等几方面考虑，反应压力不宜过高，一般选择在 0.3 MPa 左右。反应温度必须与反应压力相对应。这是因为乙烯氧化生成乙醛的反应是放热量较大的反应，反应热量需由乙醛与水的汽化带走，所以应保证反应在沸腾状态下进行，0.3 MPa 的反应压力相应的反应温度为 120～130 ℃。

(2)粗乙醛精馏工艺流程说明

工业上一般采取两步法将粗醛精馏。第一步是脱轻组分，将沸点比乙醛低的二氧化碳、氯甲烷、氯乙烷等从轻馏分塔顶脱去；第二步是脱除废水和高沸物，并从乙醛精馏塔中部侧线引出副产的丁烯醛。

由于乙醛沸点较低，要将其冷却下来必须在分馏塔顶使用大量冷冻盐水，故轻馏分塔和乙醛精馏塔均在加压条件下操作，这样可节省能量。

(3)催化剂溶液再生

在反应过程中生成的可挥发性副产物与产物一起蒸发离开催化剂溶液，但不溶的树脂和固体草酸铜等副产物仍留在催化剂溶液内。草酸铜的生成不仅污染催化剂，而且使铜离子浓度下降而降低活性。为了使催化剂的活性保持恒定，需连续自装置中引出一部分催化剂溶液进行再生。

将需再生的催化剂溶液自循环管引出，并通入氧和补充盐酸，使 Cu^+ 氧化，然后降压并降温到 100～105 ℃，在分离器中使催化剂溶液与逸出的气体-蒸汽混合物分离。气体-蒸汽混合物经冷却冷凝和水吸收，以回收乙醛，和捕集夹带出来的催化液雾滴后排至火炬烧掉，含乙醛的水溶液经除沫器返回反应器。分离器底部的催化剂溶液经泵升压后，送至分解器，直接通入水蒸气，加热至 170 ℃，藉催化剂中 Cu^{2+} 离子的氧化能力将草酸铜氧化分解，放出 CO_2 并生成 Cu_2Cl_2，再生后催化剂送回反应器。

一步法生产乙醛，乙烯的单程转化率为 35%～38%，选择性为 95% 左右，1 m^3 催化剂每小时生产乙醛为 150 kg,所得乙醛纯度可达 99.7% 以上。

2)二步法工艺

乙烯的羰基化反应和氯化亚铜的氧化反应分别在两个串联的管式反应器中进行的工艺称二步法。反应在 1.0～1.2 MPa,105～110 ℃ 条件下操作,乙烯转化率达 99%,且原料乙烯纯度达 60% 以上即可用空气代替氧气。由于乙烯和空气不在同一反应器中接触,可避免爆炸危险。

二步法工艺的特点是催化剂溶液的氧化度呈周期性变化,在羰基化反应器中,入口高,出口低。另外,二步法采用管式反应器,需要用钛管,同时流程长,钛材消耗比一步法高。但二步法用空气作氧化剂,避免了空气分离制氧过程,减少了投资和操作费用。二步法反应部分工艺流程如图 5.12 所示。

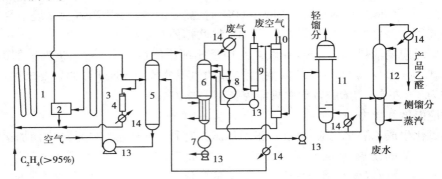

图 5.12 二步法反应部分工艺过程

1—反应器;2—废空气分离器;3—氧化器;4—再生器;5—闪蒸塔;6—粗馏塔;
7—反应用水储槽;8—粗乙醛储槽;9—废氧洗涤塔;10—废空气洗涤塔;
11—脱轻馏分塔;12—精馏塔;13—泵;14—换热器

粗乙醛精制与一步法相似,不再重复。

5.3 丙烯系列主要产品

5.3.1 聚丙烯

聚丙烯简称 PP,是由丙烯聚合而制得的一种热塑性树脂,有等规物、无规物和间规物 3 种构型,工业产品以等规物为主要成分。工业聚丙烯通常含丙烯与少量乙烯的共聚物,为半透明无色固体,无臭无毒,熔点高达 167 ℃,密度 0.90 g/cm³,是最轻的通用塑料。聚丙烯树脂具有韧性好、密度小、拉伸强度高、热变形温度高、生产成本低,价格竞争力强等优点。此外,填充助剂后,其注塑性、拉伸定向等机械强度性能可得到提高。

聚丙烯的品种除均聚物聚丙烯外,还有共聚、增强和共混等多种类型。以前工业聚丙烯有熔融指数为 0.2～20 的不同牌号,它们大体上表示不同的分子量。随着添加多种抗氧剂、光稳定剂和填料生产熔融指数为 30～150 的高流动性产品的新技术的诞生,聚丙烯树脂的新品种层出不穷,其优良的性价比使其在纺织、薄膜、地毯等市场形成较大优势。

聚丙烯的生产方法主要有淤浆法、液相本体法和气相本体法。

在稀释剂(如己烷)中聚合的方法称淤浆法,是最早工业化,也是迄今产量最大的方法。在 70 ℃和 3 MPa 的条件下,在液体丙烯中聚合的方法称液相本体法。在气态丙烯中聚合的方法称气相本体法。

后两种方法不使用稀释剂,流程短,能耗低。聚丙烯生产技术在 1980 年以前以淤浆法为主,随后第二代本体法工艺和第三代气相法工艺脱颖而出,逐渐凭借其高性能、低成本的明显优势将第一代技术淘汰出局。另一方面,共聚物的研制成功大大改进了聚丙烯的低温耐冲击性、热性能及柔软性,开辟了新的市场;复配和共混形式也使聚丙烯覆盖更宽的应用领域。聚丙烯正进入第二轮成长生命周期,并且有快速发展的趋势。

按加工方式分,聚丙烯主要有 3 类:注射成型制品、挤出制品和热成型制品。

聚丙烯产品以注射成型制品最多,制品有周转箱、容器、手提箱、汽车部件、家用电器部件、医疗器械、仪表盘和家具等。

挤出制品有聚丙烯纤维、聚丙烯薄膜等,其中双向拉伸薄膜是重要的包装用高分子材料。挤出制成的薄膜再经牵伸切割为扁丝,可制编织袋或作捆扎材料。近年来,防湿、隔气和可蒸煮的聚丙烯复合薄膜发展很快,已广泛用于食品和饮料软包装。聚丙烯管道很适宜于输送热水、工业废水和化学品。

聚丙烯薄片经热成型加工制成薄壁制品,可用作一次性使用的食品容器。

5.3.1.1　聚丙烯的生产方法

1)原料

(1)丙烯

由于聚丙烯使用的 Ziegler-Natta 催化剂对杂质的灵敏性,所以要求单体丙烯纯度高,以保证聚合反应速度和高等规度。

丙烯主要来源于石油裂解装置的裂解气和炼油厂的副产炼厂气。

裂解气和炼厂气分别经分离、精制虽可得到纯度 95% 左右的化学纯级丙烯,但仍达不到聚合级纯度,必须进行进一步精制。方法是将丙烯通过固碱塔脱除酸性杂质;通过分子筛塔、铝胶塔脱除水分;再通过镍催化剂或载体铜催化剂塔脱氧和硫化物。最后丙烯的纯度(质量分数)可达 99.5% 以上。

催化剂效率越高,对丙烯纯度的要求越高。氢是分子量调节剂,乙烯、1-丁烯可参与共聚,所以它们的含量应予以控制,以免影响产品分子量和产品性能。

(2)稀释剂

采取淤浆聚合法生产聚丙烯时,需用烃类作为稀释剂,使丙烯在聚合反应中与悬浮在烃类稀释剂中的催化剂作用而聚合为聚丙烯,并且可将聚合热传导至夹套的冷却水中。通常聚丙烯不溶于稀释剂中,所以反应物料呈淤浆状。石油精炼制品丁烷至十二烷都可用作稀释剂,而以 $C_6 \sim C_8$ 饱和烃为主。稀释剂中醇、羰基化合物、水和硫化物等极性杂质应低于 $10^{-6} \sim 5 \times 10^{-6}$,芳香族化合物体积分数低于 0.1%～0.5%。稀释剂用量一般为生产的聚丙烯量的 2 倍。

用气相法或本体液相法聚合时,仅用很少量的稀释剂作为催化剂载体,此时对稀释剂质量要求可稍低些。

（3）催化剂

聚丙烯的催化剂从 1957 年开始应用于工业生产以来，已经过 3 个发展阶段，各发展阶段与工艺特点如表 5.7 所示。表中活性以 1 g 催化剂生产聚丙烯的 kg 数表示，催化剂效率以 1 g Ti 生产聚丙烯 kg 数表示。20 世纪 70 年代后期开发了第三代催化剂，即以氯化镁为载体、三氯化钛为主组分、添加酯类等多种组分制成，助催化剂用 $Al(C_2H_5)_3$。现催化剂效率已高达 1 g 钛聚合聚丙烯 1 000 kg 以上，而且没有副产物，故上述净化工序可全部省去，建厂投资降低 30%，生产中蒸汽消耗降低 85%，电耗降低 15%。目前所有生产高等规度聚丙烯的装置都采用非均相第三代 Ziegler-Natta 催化剂。

表 5.7　Ziegler-Natta 催化剂的发展阶段

催化剂	活性 /(kg·g⁻¹)	催化剂效率 /(kg·g⁻¹)	等规指数 质量分数/%	工艺特点
第一代 1957—1970 $TiCl_3$-$AlEt_2Cl$	0.8 ~ 1.2	3 ~ 5	88 ~ 93	须脱灰 脱无规物
第二代 1970—1980 $TiCl_3$ + $AlEt_2Cl$ + 路易斯碱	3 ~ 8	12 ~ 20	92 ~ 97	脱灰、脱活 不脱无规物
第三代 1980—1990 $MgCl_2$ 载体 $TiCl_4$ $AlEt_3$	5 ~ 20	300 ~ 800	≥98	除去脱灰和脱无规物工序

（4）氢

高纯度氢用来调节聚丙烯的分子量，即调节产品的熔融指数，用量为丙烯体积分数的 0.05% ~ 1%。

2）工艺过程

（1）淤浆法

早期聚丙烯采用淤浆法生产，其流程示意图如图 5.13 所示。淤浆法为连续式操作，饱和烃（通常用己烷）为反应介质，催化剂悬浮于反应介质中，丙烯聚合生成的聚丙烯颗粒分散于反应介质中呈淤浆状。反应釜为附搅拌装置的釜式压力反应器，容积 10 ~ 30 m³。催化剂在反应釜内的停留时间为 1.3 ~ 3 h，反应温度 50 ~ 75 ℃，压力为 0.5 ~ 1.0 MPa，反应后浆液的质量分数一般低于 42%。

由聚合反应釜流出的物料进入压力较低的闪蒸釜以脱除未反应的丙烯和易挥发物。丙烯经冷却、冷冻为液态后经分馏塔顶回收纯丙烯循环使用。脱除丙烯后的浆液中加 2% ~20% 的醇，如乙醇、丙醇或丁醇或乙酰基丙酮使催化剂残渣中的钛与铝于 60 ℃ 转化为络合物或烷氧基化合物，然后经水洗使催化剂络合物转入水相中而与聚丙烯浆液分离。

为了提高萃取效率，上述络合剂中时常采用强酸性或强碱性介质，例如加入含有 HCl 的质量分数为 0.1% ~0.5% 的异丙醇作为络合剂。经以上工艺处理后的聚丙烯中 Ti，Al，Cl 的质量分数分别为 $10^{-6} ~ 3×10^{-5}$，$10^{-6} ~ 4×10^{-5}$，$2×10^{-5} ~ 4×10^{-5}$。浆液经离心分离所得聚丙烯滤饼中大约含 50% 的溶剂以及少量溶解于其中的无规聚丙烯。经溶剂洗涤后可减少无规聚丙烯含量。然后，将滤饼聚丙烯干燥。如果采用高沸点溶剂可先经水汽蒸馏，使溶剂与水汽蒸出,聚丙烯则悬浮于水相中离心分离后经热空气干燥得到聚丙烯。如采用低沸点溶剂则采用不含水分和氧气的惰性气体氮气,在闭路循环干燥系统中进行干燥,以防止产生爆炸性混合气体的危险。

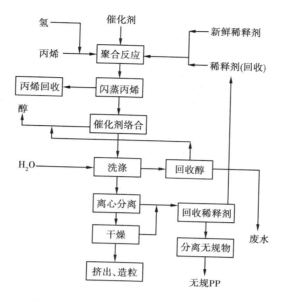

图 5.13 聚丙烯早期淤浆法生产方块流程

经离心分离得到的稀释剂须经精制提纯后循环使用。塔底为黏稠液体状的无规聚丙烯。干燥后的聚丙烯加入抗氧化剂等必需的添加剂后经混炼、挤出、造粒得粒状聚丙烯商品。

(2)液相本体法

液相本体法聚丙烯生产工艺,采用络合Ⅱ型三氯化钛为催化剂,二乙基氯化铝为助催化剂,间歇式单釜操作工艺。其主要特点为:工艺流程简单,采用单釜间歇操作;原料适应性强,可以用炼油厂生产的丙烯为原料进行生产;动力消耗和生产成本低;装置投资省见效快,经济效益好;三废少,环境污染小;产品可满足中、低档制品需要。

缺点是目前还未普遍采用高效载体催化剂,装置规模小,单线生产能力低,自动化水平低;产品质量与大型装置的产品有差距,牌号少,应用范围窄,难以用来生产高档制品如丙纶纤维。

液相本体法用氢调节产品分子量,生产工艺流程如图 5.14 所示。

从气体分离工段送来的粗丙烯经过精制系统:氧化铝干燥塔 3、镍催化剂脱氧塔 4、分子筛干燥塔 5 脱水脱氧后,送入精丙烯计量罐 6。精丙烯经计量进入聚合釜 11 并将活化剂二乙基氯化铝(液相)、催化剂三氯化钛(固体粉末)和分子量调节剂氢气,按一定比例一次性加入聚合釜中。物料加完后,向夹套内通热水,将聚合釜内物料加热,使液相丙烯在 75 ℃,3.5 MPa下进行液相本体聚合反应。反应生成的聚丙烯以颗粒态悬浮在液相丙烯中。随着反应时间的延长,液相丙烯中聚丙烯颗粒的浓度逐渐增加,液相丙烯则逐渐减少。每釜聚合反应时间为3~6 h。反应结束后,将未反应的高压丙烯气体用冷却水或冷冻盐水冷凝回收循环使用。釜内聚丙烯借回收丙烯后剩余的压力喷入闪蒸去活釜 15。闪蒸逸出的气体(丙烯和少量丙烷等),经旋风分离器与袋式过滤器与夹带出来的聚丙烯粉末分离后,送至气柜回收。通 N_2 将有机气体置换后,再通入空气使催化剂脱活,得到聚丙烯粉料产品。当需要低氯含量的产品时,将聚丙烯送脱氯工序进行脱氯。需要制成粒料时,将聚丙烯粉料送造粒工序。

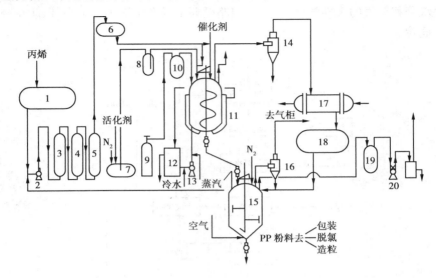

图 5.14　液相本体法聚丙烯工艺流程简图

1—丙烯罐;2—丙烯泵;3,5—干燥塔;4—脱氧塔;6—丙烯计量罐;7—活化剂罐;
8—活化剂计量罐;9—氢气钢瓶;10—氢气计量罐;11—聚合釜;12—热水罐;13—热水泵;14—分离器;
15—闪蒸去活釜;16—分离器;17—丙烯冷凝器;18—丙烯回收罐;19—真空缓冲罐;20—真空泵

当所用催化剂活性不高时,则所得聚丙烯残存的氯离子较多,必须进行脱氯处理。因为氯离子的存在可影响聚丙烯树脂的稳定性而加速老化甚至分解;还可能对聚丙烯的加工设备产生腐蚀作用。因此,聚丙烯中氯离子质量分数应低于 5×10^{-5}。

淤浆法生产聚丙烯过程中脱氯是用酸性或碱性醇(如异丙醇)脱活、络合、水洗的方法。由于本方法所得产品为聚丙烯干粉,所以脱氯方法不同于淤浆法而采用气固相反应。即将聚丙烯干粉在脱氯釜中加热到脱活剂沸点或脱活剂与水的共沸温度以上,直接与脱活剂或脱活剂与水的共沸气体接触,使氯离子与脱活剂、水发生气固相反应形成可挥发氯化物,然后抽真空排除氯化物。大规模生产则采用如下连续操作:用惰性气体如 N_2 气与脱氯剂(或称为脱活剂)连续喷入脱氯器中,及时将含氯物带出。

5.3.1.2　聚丙烯生产工艺进展

目前,在全球聚丙烯的生产工艺中,本体法工艺仍占主要地位,气相法生产工艺因其生产流程简单,单线生产能力大,投资省而备受青睐,发展迅速,而传统浆液法工艺的比例正在逐步减少。近年来,随着催化剂技术的进步和市场对新产品需求的不断增加,世界各大聚丙烯生产厂家除不断地改进已经工业化的生产工艺外,还开发出了一些创新性的新的生产工艺技术,目前主要有 Basell 公司开发的 Spherizone 工艺技术以及 Borealis 公司(北欧化工)开发的 Borstar 工艺。

1)Spherizone 工艺

Basell 公司新近开发的一种多区循环反应器(MZCR)技术,即被人们称为的 Spherizone 工艺是目前聚丙烯生产工艺关注的热点。该工艺采用气相循环技术,采用 Z-N 催化剂,可生产出保持韧性和加工性能,同时又具有高结晶度和刚性的更加均一的聚合物。它可在单一反应器中制得高度均一的多单体树脂或双峰均聚物。Spherizone 循环反应器有两个互通的区域,不同的区域起到由其他工艺的多个气相和淤浆环管反应器所起的作用。这两个区域能产生具有不同相对分子质量和/(或)单体组成分布的树脂,扩大了聚丙烯的性能范围。

Basell 公司称,用 Spherizone 工艺技术得到的聚合物材料同传统的多反应器工艺材料相比,更加均一且容易加工。树脂具有较少的凝胶,且挤出和造粒需要的能量减少。由于短链和长链能够更加紧密地结合到聚合物中,保持了树脂的均一性。这种独特的环状反应器能生产聚丙烯共聚物、三元共聚物、双峰均聚物和具有改进的刚性/冲击性能平衡、耐热性、熔融强度和密封起始温度的后反应器共混物。该工艺反应器也能够在下游再连接 Basell 公司的气相反应器,生产与其他工艺相比具有更高冲击强度或较大柔性的多相共聚物。该技术容易进行产品改进,无论是传统市场应用的双向拉伸聚丙烯(BOPP)膜,普通包装、纤维、日用品和汽车工业应用,还是替代其他材料的新产品。该技术生产聚丙烯的利润是传统方法的 2 倍。

2)Borstar 生产工艺

Borealis 公司(北欧化工)的 Borstar 工艺源于北星双峰聚乙烯生产工艺,工艺采用与其相同的环管和气相反应器,设计基于 Z-N 催化剂。采用双反应器即环管反应器串联气相反应器生产均聚物和无规共聚物,再串联一台或两台气相反应器则可生产抗冲共聚物产品。

传统的聚丙烯工艺在丙烯的临界点以下进行聚合反应,为防止轻组分(如氢气、乙烯)和惰性组分生成气泡,聚合温度控制在 70～80 ℃。北星聚丙烯工艺的环管反应器则可在高温(85～95 ℃)或超过丙烯超临界点的条件下操作,聚合温度和压力都很高,能够防止气泡的形成。Borstar 工艺技术的主要特点为:先进的催化剂技术,聚合反应条件宽,产品范围宽,产品性能优异。

①采用更高活性的 $MgCl_2$ 载体催化剂(BCl)。用于聚丙烯聚合的 $MgCl_2$ 为载体的催化剂 80 ℃时的活性为 60 kg,产品中的催化剂残余量非常低。另外,采用一种催化剂体系就可以生产所有类型的产品。

②采用环管反应器和气相流化床反应器组合工艺路线,可以灵活地控制产品的相对分子质量分布(MWD)、等规指数和共聚单体含量。高温或超临界操作环管反应器不仅提高了催化剂活性也提高了反应器的传热能力,使液体密度降低,固体浓度提高,提高了反应器的生产效率。环管反应器的出料直接加入气相反应器,不需要用蒸汽汽化单体,通过气相聚合反应热使液相单体汽化,减少了蒸汽消耗量。反应的单程转化率高,可以达到 80% 以上,单体的循环量少。

③由于环管反应器在超临界条件下操作,可以加入的氢气浓度几乎没有限制,气相反应器也适宜高氢气浓度的操作。这种反应器的组合具有直接在反应器中产生很高熔体流动速率和高共聚单体含量的产品的能力。目前已经开发出 MFR 超过 100 g/min 的纤维级产品和乙烯含量为 6%(质量分数)的无规共聚物。

④能够生产分子量分布很窄的单峰产品,也能生产分子量分布宽的双峰产品。

⑤由于聚合温度较高,生产的聚合粉有更高的结晶度和等规指数,二个苯可溶物很低,约为 1%(质量分数)。在相同冲击强度下的刚性比传统的聚丙烯产品高 10%。

⑥无规共聚物中共聚单体的分布非常均匀,因而有非常好的热封性和光学性能。由于反应条件在临界点之上,只有很少的聚合物溶解于丙烯中,减少了无规共聚物含量高时出现的粘釜现象,系统可以加入更大量的共聚单体,无规共聚物中的乙烯含量最高可以达到 10%(质量分数)。

⑦使用一台共聚反应器最高可以生产25%橡胶相含量的抗冲共聚物(乙烯质量分数为15%),使用两台共聚反应器最高可以生产50%橡胶相含量的抗冲共聚物(乙烯质量分数为30%)。产品的综合性能更好。

⑧开发应用了BorAPC技术。采用专有工艺控制器可进行各种方式的工艺控制,实现前瞻性控制和卡边操作,提高产量2%~3%,提高了反应条件控制的稳定性和产品质量的稳定性,缩短了产品过渡时间,减少了过渡料。

5.3.2 丙烯腈

丙烯腈的分子式为C_3H_3N,结构式为:

$$\begin{array}{cc} H & H \\ | & | \\ H{-}C{=}C{-}C{\equiv}N \end{array}$$

相对分子质量53.6,沸点77.3 ℃,凝固点 -83.6 ℃,闪点0 ℃,自燃点481 ℃,相对密度d_4^{20}为0.806 0。丙烯腈在室温和常压下,是具有刺激性臭味的无色液体。有毒,在空气中的爆炸极限为3.05%~17.0%。能溶于许多有机溶剂,与水部分互溶,丙烯腈在水中溶解度为3.3%,水在丙烯腈中溶解度3.1%,与水形成最低共沸物,沸点71 ℃。在丙烯腈分子中有双键和氰基存在,性质活泼、易聚合,也易与其他不饱和化合物共聚,是三大合成材料的重要单体。丙烯腈主要用于生产聚丙烯腈纤维、ABS树脂等工程塑料和丁腈橡胶。经过二聚、加氢制得的己二腈是聚酰胺单体己二胺的原料。丙烯腈用途分配为:合成纤维占40%~60%,树脂和橡胶占15%~28%。

生产丙烯腈的方法有环氧乙烷法、乙炔氢氰酸法和丙烯氨氧化法。由于环氧乙烷法和乙炔氢氰酸法在技术经济上落后于丙烯氨氧化法,所以目前丙烯氨氧化法是丙烯腈生产的主要路线。该法以丙烯、氨和空气在流化床反应器中反应生成丙烯腈,并副产乙腈和氢氰酸。近年催化剂的新进展已使丙烯腈产率提高了20%。BP、旭化成、首诺和杜邦公司均拥有该技术专利权。BOC公司开发了生产丙烯腈的Petrox工艺,该工艺可提高产率20%,减少CO_2排放50%,降低投资费用20%,减少操作费用10%~20%。

5.3.2.1 生产原理

1)丙烯氨氧化生产丙烯腈的主副反应

丙烯氨氧化生产丙烯腈的主副反应如下(反应温度为460 ℃)。

主反应:

$$CH_2{=}CH{-}CH_3 + NH_3 + \frac{3}{2}O_2 \longrightarrow CH_2{=}CH{-}CN + 3H_2O + 518.8 \text{ kJ/mol}$$

副反应:

$$CH_2{=}CH{-}CH_3 + \frac{3}{2}NH_3 + \frac{3}{2}O_2 \longrightarrow \frac{3}{2}CH_3{-}CN + 3H_2O + 552.3 \text{ kJ/mol}$$

$$CH_2{=}CH{-}CH_3 + 3NH_3 + 3O_2 \longrightarrow 3CHN + 6H_2O + 941.4 \text{ kJ/mol}$$

$$CH_2{=}CH{-}CH_3 + O_2 \longrightarrow CH_2{=}CH{-}CHO + H_2O + 351.5 \text{ kJ/mol}$$

$$CH_2{=}CH{-}CH_3 + \frac{3}{4}O_2 \longrightarrow \frac{3}{2}CH_3CHO + 267.8 \text{ kJ/mol}$$

$$CH_2 \!=\! CH\!-\!CH_3 + \frac{9}{2}O_2 \longrightarrow 3CO_2 + 3H_2O + 1\,925 \text{ kJ/mol}$$

$$CH_2 \!=\! CH\!-\!CH_3 + 3O_2 \longrightarrow 3CO + 3H_2O + 941.4 \text{ kJ/mol}$$

$$CH_2 \!=\! CH\!-\!CH_3 + \frac{1}{2}O_2 \longrightarrow (CH_3)_2CO + 330.5 \text{ kJ/mol}$$

$$NH_3 + \frac{3}{4}O_2 \longrightarrow \frac{1}{2}N_2 + \frac{1}{2}N_2O + 318.0 \text{ kJ/mol}$$

副反应的产物可分为 3 类:一类是氰化物,主要有氢氰酸和乙腈及少量丙腈,其中乙腈和氢氰酸用途较广,故应设法回收。第二类是有机含氧化合物,主要有丙烯醛及少量丙酮和其他含氧化合物。丙烯醛虽然量不多,但不易除去,给精制带来不少麻烦,应该尽量减少。第三类是深度氧化产物一氧化碳和二氧化碳。由于丙烯完全氧化生成二氧化碳和水的反应热是主反应的 3 倍多,所以在生产中必须注意控制反应温度以避免这类副反应的发生。

2)催化剂

丙烯氨氧化生产丙烯腈所用催化剂主要有钼系和锑系催化剂。

钼系催化剂的结构为 $[RO_4(H_2XO_4)_n(H_2O)_n]$。R 为 P,Mn,As,Si,Th,Ti,Cr,La,Ce 等;X 为 Mo,WMn,V 等。其代表性的催化剂为美国 Sohio 公司的 C-41,C-49 及我国的 MB-82,MB-86。其中 C-49 催化剂组分为 P 0.5,Mo12,Bil,Fe3,Ni2.5,Co 4.5,K0.1。一般认为 Mo,Bi 为催化剂的活性组分,其余为助催化剂。P_2O_5 是较典型的助催化剂,加入微量后可使催化剂的活性提高。催化剂中加入钾可降低催化剂表面酸度,从而提高催化剂活性及选择性。其他组分的引入与氧化催化剂的性能相似。

锑系催化剂的活性组分为 Sb,Fe,为克服催化剂易还原劣化的缺点可向催化剂中添加 V,Mo,W 等元素。为提高催化剂的选择性,可添加电负性大的元素,如 B,P,Te 等元素。为消除催化剂表面的 Sb_2O_4 不均匀的白晶粒,可添加 Mg,Al 等元素。典型锑系催化剂的组分为 Sb 25,Fe 10,Te 19,Si 30。

各类催化剂载体与反应器形式有关,使用流化床时对催化剂强度及耐磨性能要求甚高,一般用粗孔微球形硅胶载体。采用固定床时,载体的导热性能显得很重要,一般采用低比表面积没有微孔结构的惰性物质作载体,如刚玉、碳化硅等。

5.3.2.2 工艺条件

1)原料配比

(1)丙烯与氨配比

由于丙烯既可以氧化生产丙烯醛,也可以氨氧化成丙烯腈,两者都属于烯丙基氧化反应。故氨比的控制对这两个产物的生成有直接影响。若氨用量过少,较多的丙烯醛生成;但用量过多,既增加氨的消耗,又要增加中和用硫酸的消耗。根据催化剂的性能不同,一般控制氨比为 1:(1.05~1.1),氨略为过量。

(2)丙烯与空气配比

丙烯氨氧化以空气作氧化剂,理论用量是 $n(丙烯):n(空气)=1:7.3$,实际生产过程中要求空气适当过量。一是因为副反应要消耗氧,二是由于尾气中要有过量氧存在以防止催化剂被还原失去活性。但空气太多也会带来如下问题:丙烯浓度下降,降低了反应器的生产能力;反应产物离开床层后继续深度氧化,选择性下降;增加动力消耗;产物浓度下降,增加回收困

难,故空气用量也有一适宜值。另外,空气用量也与催化剂性能有关,一般控制在 n(丙烯):
n(空气) $= 1 : (9.5 \sim 12)$。

2)反应温度

反应温度是丙烯氨氧化合成丙烯腈的重要指标。它对反应产物的收率,催化剂的选择性及寿命、安全生产均有影响。选择适宜的反应温度,可达到理想的反应效果,否则会降低丙烯腈收率及选择性,使副产物增加。图 5.15 为丙烯在钼系催化剂上氨氧化温度对主副反应产物收率的影响。

由图 5.15 可看出,图上有一极大值。在此,丙烯腈的适宜合成温度在 450 ℃,一般控制在 470 ℃。而 C-41 活性较高,适宜温度为 440 ℃左右。

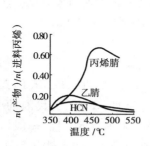

图 5.15　反应温度与各产物收率关系

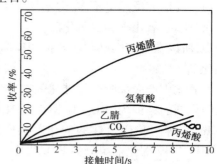

图 5.16　接触时间对主副反应收率的影响

3)反应压力

丙烯氨氧化的动力学方程为:

$$v = k \cdot C_A$$

式中　v——丙烯氨氧化的反应速度;

　　　C_A——丙烯的体积分数;

　　　k——速度常数,其值为 $2 \times 10^5 \exp(-1\,600/RT)$,当催化剂磷的质量分数为 0.5% 时为 $8 \times 10^5 \exp(-18\,500/RT)$。

由动力学方程可知,压力增加,选择性及丙烯腈收率降低。因此,生产中一般不采用加压操作,反应器中的压力只是为了克服后续设备的阻力,所以通常压力为 55 kPa。

4)接触时间

氨氧化过程的主要副反应均为平行副反应,接触时间对丙烯转化率和丙烯腈收率的影响见图 5.16。

由图 5.16 可知,丙烯腈收率随接触时间增长而增加,而主要副产物增加不大,这对生产是有利的。因此,可以适当利用增加接触时间的方法提高丙烯腈收率。但过长的接触时间会导致原料气的投入量下降,影响反应器的生产能力。另外,反应物、产物长时间处在高温下,容易发生热分解及深度氧化生成二氧化碳。目前,生产装置控制接触时间在 6 ~ 15 s。

5.3.2.3　工艺流程

目前,国际上丙烯腈总生产能力中,有 90% 以上是采用 Sohio 公司(Standard Oil Company of Ohio 俄亥俄州美孚石油公司)开发的以钼、铋氧化物为催化剂的 Sohio 法丙烯腈氨氧化制丙烯腈。其工艺流程如图 5.17 所示。

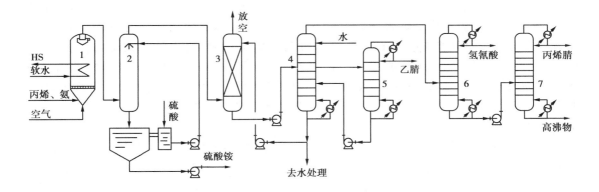

图 5.17　丙烯氨氧化制丙烯腈 Sohio 法工艺流程

1—反应器;2—中和塔;3—吸收塔;4—萃取解吸塔;5—气提塔;6—脱氰塔;7—成品塔

丙烯、氨和空气送入流化床反应器 1,反应中产生的大量反应热,用设置在反应器内的冷却水管移出并产生高压蒸汽。离开反应器的高温反应气体去急冷塔 2 用水喷淋冷却。为了除去反应气中的未反应氨,在喷淋水中加入硫酸。冷却后的反应气体进入吸收塔 3,用低温水将反应气中的全部可凝性有机物吸收下来,不被吸收的尾气放空。放空的尾气中主要是氮气,还有一氧化碳、二氧化碳,以及原料中带入的丙烷和少量未反应的丙烯。

吸收塔 3 的水吸收液去萃取解吸塔 4,用水作为萃取溶剂进行萃取蒸馏。由萃取解吸塔 4 顶部蒸出几乎全部丙烯腈和氢氰酸,也含有一定量的水,送到脱氰塔 6 精制。由萃取解吸塔 4 下部侧线抽出含有 3% ~8% 乙腈和微量氢氰酸的水溶液进入汽提塔 5,塔顶得到粗乙腈,塔底为水。萃取解吸塔釜液主要是水和少量高沸物,大部分作为循环水回到吸收塔 3,一部分用作萃取解吸塔的萃取溶剂水,多余水作为污水排放。

来自萃取解吸塔顶部的粗丙烯腈在脱氰塔 6 中,从塔顶分理处高纯度脱出氢氰酸,在中部侧线采出水分,塔釜液去成品塔 7 进一步精制。

在成品塔中,塔顶排出少量低沸物,塔顶部侧线抽出成品丙烯腈,塔底排出高沸物。

5.3.2.4　三废治理

废气主要来源于吸收塔顶的含氰废气,目前可采用催化燃烧法将废气中有毒部分转化为 CO_2,H_2O,N_2 等无毒物质排放。

含氰废水主要来自萃取解吸塔。目前广泛采用生物转盘法处理,质量浓度为 $50 \sim 60$ mg/L 的丙烯腈污水处理后,CN^- 的脱除率可达 99%,且不会造成二次污染。

5.3.2.5　丙烯腈生产的新工艺

尽管目前丙烯氨氧化工艺在丙烯腈生产中仍占绝对优势,但由于丙烷资源丰富,丙烷与丙烯之间存在着巨大的价格差,从而使以 BP 公司和三菱化成公司(MCC)为代表的一些公司纷纷研究用丙烷做原料生产丙烯腈的工艺。20 世纪 90 年代初,BP 公司开发出了丙烷氨氧化一步法新工艺,它是在特定的催化剂下,以纯氧为氧化剂,同时进行丙烷氧化脱氢和丙烯氨反应。该工艺采用了一种新开发的催化剂,它对丙烯腈的选择性相当高,而对副产物丙烯酸的选择性较低,它既适用于以氧气为氧化剂的低丙烷转化工艺,又适合以空气为氧化剂的工艺。该工艺比传统丙烯法生产成本降低 20%,而且丙烯酸之类的副产物少,产出更多的高价值产品乙腈和氢氰酸。

与此同时,日本三菱化学(MCC)和 British Oxygen Co(BOC)也开发成功了独特的循环工艺,它主要是丙烷氧化脱氢后生成丙烯,然后再以常规氨氧化法生产丙烯腈。其特点是采用选择性烃吸附分离体系的循环工艺,可将循环物流中的惰性气体和碳氧化物选择性地除去,原料丙烷和丙烯可全部被回收。循环的优势在于可以在低反应单程转化率的情况下提高产物选择性和总体收率,而且大幅减少了 CO_2 的生成量,使生产成本降低约 10%,原材料费用降低约 20%,从而解决了低转化率带来的原料浪费问题,为丙烷制丙烯腈工艺的工业化打下了基础。

最近,日本旭化成公司开发的丙烷制丙烯腈工艺,将丙烷、氨和氧气在装填专用催化剂的管式反应器中反应,其催化剂在二氧化硅上负载 20% ~ 60% 的 Mo,V,Nb 或 Sn 金属,反应中采用 NDA 惰性气体进行稀释,反应条件为 415 ℃和 0.1 MPa。当丙烷转化率为 90% 时,丙烯腈选择性为 70%,丙烯腈总收率约为 60%。

丙烷法工艺分为两种,其一是丙烷在稳定催化剂作用下,同时进行丙烷的氧化脱氢和丙烯氨氧化反应,这种丙烷直接氨氧化合成丙烯腈的工艺被称之为丙烷一段直接氨氧化工艺;其二是丙烷经氧化脱氢后生成丙烯,尔后以常规的丙烯氨氧化工艺生产丙烯腈,称之为丙烷两段氨氧化工艺。

5.4　碳四系列主要产品——丁二烯

丁二烯的工业产品主要是 1,3-丁二烯(CH_2=CH—CH=CH_2),在室温和常压下为无色略带大蒜味的气体。相对分子量 54.088,凝固点 -108.9 ℃,沸点 -4.41 ℃,闪点 < -17.8 ℃,有毒,在空气中的爆炸极限为 2.0% ~ 11.5%。能溶于苯、乙醚、氯仿、汽油、丙酮、糠醛、无水乙腈、二甲基乙酰胺、二甲基酰胺和 N-甲基吡咯烷酮等许多有机溶剂,微溶于水和醇。其异构体 1,2-丁二烯(CH_2=C=CH_2—CH_3)对聚合反应不利,无重要工业用途。

丁二烯是重要的聚合物单体,能与多种化合物共聚制造各种合成橡胶和合成树脂。丁二烯每年消耗量中约有 90% 以上用于合成丁苯橡胶、顺丁橡胶、丁腈橡胶、氯丁橡胶和 ABS 树脂等,少量用于生产环丁砜、1,4-丁二醇、己二腈、己二胺、丁二烯低聚物及农药克菌丹等。

目前,国内外丁二烯的来源主要有两种,一种是从乙烯裂解装置副产的混合 C_4 馏分中抽提得到,另一种是从炼油厂 C_4 馏分脱氢得到(包括丁烷脱氢、丁烯脱氢、丁烯氧化脱氢等)。脱氢法只在一些丁烷、丁烯资源丰富的少数几个国家采用;由于从乙烯裂解装置副产的混合 C_4 馏分中抽提丁二烯原料价格低廉,经济上占优势,因而成为目前世界上丁二烯的主要来源。世界上从裂解 C_4 馏分抽提丁二烯以萃取精馏法为主,根据所用溶剂的不同,生产方法主要有乙腈(ACN)法、二甲基甲酰胺(DMF)法和 N-甲基吡咯烷酮(NMP)法 3 种。

1)ACN 法

ACN 法最早由美国 Shell 公司开发成功,并于 1956 年实现工业化生产。它以含水 10% 的 ACN 为溶剂,由萃取、闪蒸、压缩、高压解吸、低压解吸和溶剂回收等工艺单元组成。典型的生产工艺有意大利 SIR 工艺和日本 JRS 工艺。该法具有溶剂沸点低,萃取、汽提操作温度低,易防止丁二烯自聚;汽提可在高压下操作,省去了丁二烯气体压缩机,减少了投资;黏度低,塔板效率高,实际塔板数少;在操作条件下对碳钢腐蚀性小等优点,但该法对含炔烃较高的原料需加氢处理,或采用精密精馏、两段萃取才能得到较高纯度的丁二烯。

2) NMP 法

NMP 法由德国 BASF 公司开发成功,并于 1968 年实现工业化生产,通过不断改建,该方法已经成为抽提法中具有很强竞争力的技术之一。生产工艺主要包括萃取蒸馏、脱气和蒸馏以及溶剂再生工序。该工艺所使用的溶剂 NMP 性能优良,毒性低,可生物降解,腐蚀性低;原料范围较广,可得到高质量的丁二烯,产品纯度达 99.7% ~99.9%;C$_4$ 炔烃无须加氢处理,流程简单,投资低,操作方便,经济效益高;过程中两个丁二烯萃取精馏塔和二者之间的精馏塔均无须再沸器,所需热量由进料和气相物料提供;两级萃取精馏塔底物料合并在一起加热、闪蒸,减压后在 1 个解吸塔中解吸,闪蒸罐和解吸塔出来的气相物料返回精馏塔,以供其所需的大部分热量,使能耗大大降低。

目前,该工艺已经用有机物取代了向 NMP 添加的水,使溶液循环量和设备尺寸减小,装置投资减少 15% ~20%。为了提高丁二烯的收率,开发了催化剂沸腾床选择氢化乙烯基乙炔,并将氢化反应物返回 C$_4$ 原料中利用的技术,从而省去了二次萃取和洗涤,简化了流程,提高了装置的处理能力。

3) DMF 法

DMF 法由日本瑞翁公司于 1965 年实现工业化生产。由于该工艺技术比较先进,成熟,因而世界各国相继采用。该工艺包括第一萃取蒸馏工序、第二萃取蒸馏工序、精馏工序和溶剂回收 4 个工序。工艺特点是对原料 C$_4$ 的适应性强,丁二烯质量分数在 15% ~60% 范围内都可生产出合格的产品;装置操作周期长,对安全生产、设备保运、化学品使用、异常现象处理等方面都有相应的技术措施;节能效果较好,热能回收利用彻底;生产能力大,成本低;应用亚硝酸钠-糠醛复合阻聚剂解决了聚合堵塞问题,效果良好。由于 DMF 对丁二烯的溶解能力和选择性较高,因此循环溶剂使用量较小,消耗低。无水 DMF 可与任何比例的 C$_4$ 馏分互溶,而避免了萃取塔中的分层现象;DMF 与任何 C$_4$ 馏分都不会形成共沸物,有利于烃和溶剂的分离;热稳定性和化学稳定性良好,无水存在下对碳钢无腐蚀性。但由于其沸点高,萃取塔及解吸塔的操作温度都较高,易引起双烯烃和炔烃的聚合;DMF 在水分存在下会分解生成甲酸和二甲胺,因而有一定的腐蚀性。

5.4.1　丁烯氧化脱氢制丁二烯的生产原理

1) 丁烯氧化脱氢的化学反应

主反应:

$$C_4H_8 + \frac{1}{2}O_2 \longrightarrow C_4H_6 + H_2O + 125.4 \text{ kJ/mol}$$

副反应:

① 氧化降解生成醛、酮、酸等含氧化合物;

② 完全氧化生成一氧化碳、二氧化碳;

③ 氧直接加入分子中生成呋喃、丁烯醛、丁酮等;

④ 氧化脱氢二聚芳构化生成芳烃;

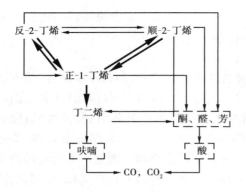

图 5.18　丁烯氧化脱氢的反应过程

⑤丁烯双键位移反应,即正丁烯的 3 种异构体以相当快的速度进行异构化反应。

丁烯氧化脱氢的反应过程如图 5.18 所示。

2)丁烯氧化脱氢的热力学分析

丁烯氧化脱氢反应平衡常数与温度的关系式为:

$$\lg K_p = \frac{13\ 984}{T} + 5.36$$

上式表明,在任何温度下平衡常数都很大,因此丁烯氧化脱氢反应,在热力学上是很有利的,可接近完全转化。

图 5.18 中粗线表示丁烯氧化脱氢中占主要地位的反应,细线表示次要反应。虚线方框表示一些可能的中间步骤。

3)丁烯氧化脱氢的催化剂和动力学

丁烯氧化脱氢的催化剂主要有下列几类:

(1)钼酸铋系催化剂

如 Mo-Bi-P-O,Mo-Bi-Fe-P-O,Mo-Bi-P-Fe-Co-Ni-K-O 等。

(2)混合氧化物系催化剂

如锡-锑氧化物、锡-磷氧化物、铁-锑氧化物等,其中锡-锑氧化物催化剂最常用。

(3)尖晶石型铁系催化剂

该类催化剂一定要由 Zn^{2+} 或 Mg^{2+} 与 Fe^{3+} 和 Cr^{3+} 组成 $Zn\text{-}CrFeO_4$ 或 $Mg\text{-}CrFeO_4$ 的尖晶石结构才有活性。各类催化剂的性能见表 5.8。

表 5.8　丁烯催化氧化脱氢反应催化剂性能举例

类　　型	催化剂	温度/℃	转化率/%	选择性/%	收率/%	含氧化合物的质量分数/%
钼酸铋系催化剂	Mo-Bi-P	480	63 ~ 68	77 ~ 78	53	8.4
尖晶石催化剂	H-198	360	68 ~ 70	90	61 ~ 63	
	B-02	330 ~ 550	67.5 ~ 70.3	90 ~ 92	62 ~ 68	0.65 ~ 0.8
	F-84-13	370 ~ 380	76 ~ 78	91.2 ~ 92.8	69 ~ 72	0.83

从表 5.8 中可看出,铁系催化剂在收率、选择性、转化率方面优于钼系催化剂,所以目前多用铁系催化剂。采用铁系催化剂的动力学方程式为:

$$r = kp_a^{0.9} p^{0.1}(O_2)$$

式中　r——生成丁烯的反应速度;

　　　p_a——丁烯的分压;

　　　$p(O_2)$——氧气的分压。

由此可看出,丁烯氧化脱氢的反应速度与水蒸气的分压无关,而与 $p_a^{0.9}$ 和 $p_{O_2}^{0.1}$ 成正比。

5.4.2　丁烯氧化脱氢制丁二烯的生产工艺条件

影响丁二烯生产的因素主要有反应温度、丁烯空速、氧烯比、水烯比及反应压力。

1）反应温度

表 5.9 表示采用 H-198 铁系尖晶石型催化剂在流化床反应器中,反应温度对丁烯氧化脱氢反应的影响。由表 5.9 可看出,温度在一定范围内丁烯转化率与丁二烯收率逐渐增加,而一氧化碳与二氧化碳收率之和略有提高,丁二烯选择性无明显变化。反应温度过高会导致丁烯深度氧化反应加剧,深度氧化产物明显增多,不利于产物丁二烯的生成。温度过低,丁二烯的收率随之下降,反应速度减慢。因此,必须选择适宜的反应温度。H-198 催化剂常使用流化床反应器,反应温度一般控制在 360 ~ 380 ℃,而 B-02 催化剂常使用固定床二段绝热反应器,反应温度一般为 320 ~ 380 ℃,出口温度为 510 ~ 580 ℃,二段入口温度为 335 ~ 370 ℃,出口温度为 550 ~ 570 ℃。

表 5.9　反应温度对丁烯氧化脱氢的影响

温度/℃	压力/MPa	丁烯空速/h^{-1}	水烯比	氧烯比	丁二烯收率/%	丁烯转化率/%	丁二烯选择性/%	CO + CO$_2$生成率/%
360	0.5	300	11	0.72	65.71	69.81	94.13	4.09
365	0.5	300	11	0.72	69.37	73.85	93.93	4.48
370	0.5	300	11	0.72	70.83	75.38	93.96	4.54
375	0.5	300	11	0.72	72.33	75.77	94.22	4.43
380	0.5	300	11	0.72	71.71	75.12	94.21	4.40

注:表中的百分数全为摩尔分数。

2）反应压力

由反应动力学方程可见,增加压力反应速度增大,丁烯转化率增加。从化学反应方程式可知,生成一氧化碳及二氧化碳的反应为摩尔数增加的反应,压力增大有利于提高高深度氧化反应的平衡转化率,但最终会导致反应选择性下降,丁烯消耗增加。同时,压力增大,反应温度升高,加剧了副反应的进行,造成恶性循环。因此,压力的选择应综合考虑。

3）丁烯空速的影响

丁烯空速的大小表明催化剂活性的高低。由表 5.10 可见空速由 250 h^{-1} 增加到 350 h^{-1} 时,丁烯的转化率、丁二烯的收率及 CO + CO$_2$ 的收率均下降,而丁烯的选择性稍有上升。因此,提高空速,反应效果良好,但空速过大则会使转化率、收率有所下降。

表 5.10　丁烯空速对反应的影响*

丁烯空速/h^{-1}	丁二烯收率/%	丁烯转化率/%	丁二烯选择性/%	CO + CO$_2$生成率/%
250	72.73	97.47	93.88	1.74
280	71.94	76.62	93.89	4.68
300	70.18	74.92	93.67	4.74
320	69.99	74.63	93.78	4.63
350	69.66	74.02	94.11	4.35

* 反应温度为 370 ℃,水烯摩尔比为 11,氧烯摩尔比为 0.72,反应压力为 0.5 MPa。

采用流化床反应器,空速与反应器的流化质量有直接关系,空速增加,催化剂带出增多。空速低,流化不均匀,造成局部过热,催化剂失活,选择性下降,副反应增多。考虑以上几方面的影响,流化床反应器空速通常选择 200~270 h^{-1},固定床反应器空速为 210~250 h^{-1} 较为适宜。

4)氧烯摩尔比

表5.11为氧烯摩尔比对反应的影响。由表可知,氧烯摩尔比增大,丁二烯收率上升,$CO + CO_2$ 的收率也明显增加,丁二烯选择性下降。但氧烯摩尔比过高,会导致深度氧化副反应加剧,并使生成气中未反应的氧量增加,在加压条件下易生成过氧化物而引起爆炸。氧烯比小,将促使催化剂中晶格氧下降,使催化剂的活性降低,从而降低转化率和选择性,同时缺氧还会使催化剂表面上积炭加快,寿命缩短。通常流化床反应器氧烯摩尔比为 0.65~0.75,固定床反应器为 0.70~0.72 较适宜。

表5.11 氧烯摩尔比对丁烯氧化脱氢的影响*

氧烯摩尔比	丁二烯 收率/%	丁烯 转化率/%	丁二烯 选择性/%	$CO + CO_2$ 生成率/%
0.6	63.70	61.60	94.23	4.00
0.65	69.53	74.06	93.88	4.53
0.70	70.29	75.04	93.67	4.76
0.75	72.73	77.58	93.35	4.86
0.80	73.26	78.65	93.13	5.41

* 反应温度为 370 ℃,反应压力为 0.5 MPa,丁烯空速为 300 h^{-1},水烯摩尔比为 11。

5)水烯摩尔比的影响

水蒸气作为稀释剂和热载体,具有调节反应物及产物分压,带出反应热,避免催化剂过热的功效。此外,水蒸气还可以参与水煤气反应,消除催化剂表面积炭以延长使用寿命。水蒸气对反应的影响如表 5.12 所示。由表可知水烯摩尔比为 9~13,丁烯转化率、丁二烯收率选择性均有提高,而含氧化合物质量分数下降。在生产中,流化床反应器控制为 9~12,固定床反应器控制在 12~13。

表5.12 水烯摩尔比对丁烯氧化脱氢的影响*

水烯摩尔比	丁二烯 收率/%	丁烯 转化率/%	丁二烯 选择性/%	$CO + CO_2$ 生成率/%
9	63.02	70.98	93.01	4.96
10	67.82	72.74	93.24	4.92
11	70.02	74.90	93.48	4.88
12	70.80	75.32	94.00	4.52
13	71.29	75.66	94.22	4.38

* 反应温度为 37 ℃,反应压力为 0.5 MPa,丁烯空速为 300 h^{-1},氧烯摩尔比为 0.72。

5.4.3 丁烯氧化脱氢制丁二烯的工艺流程

在考虑丁烯催化氧化脱氢制丁二烯的流程时,应注意该反应是强放热反应,为维持反应温度必须及时移去反应热;该反应产物沸点低,在酸存在下易自聚;副产物类型多,其中不饱和的含氧化合物在一定压力、温度条件下易自聚,而且酸可加速自聚的速度;副产物大部分溶于水,因此可用水作溶剂使丁烯及丁二烯与副产物分离。根据上述特点,典型丁烯氧化脱氢制丁二烯的流程如图 5.19 所示。

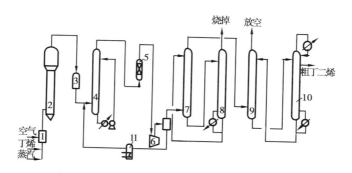

图 5.19　流化床丁烯氧化脱氢制丁二烯流程
1—混合器;2—流化床反应器;3—废热锅炉;4—水冷塔;5—过滤器;6—压缩机;
7—洗醛塔;8—蒸醛塔;9—吸收塔;10—解吸塔;11—闪蒸器

纯度为 98% 以上的丁烯馏分,预热蒸发后与水蒸气以 11:1、氧烯摩尔比 0.7 在混合器中混合后进入流化床反应器,在催化剂作用下,进行氧化脱氢反应。反应温度为 370 ℃ 左右,反应压力为 0.18 MPa。反应器内设置一定数目的直管,借加热水的汽化移走反应热,并副产蒸汽。反应气体的组成主要是丁二烯、未反应的丁烯及 N_2,CO,CO_2 和其他含氧有机物等。反应气在反应器顶部经旋风分离器除去夹带的催化剂后,进入废热锅炉,回收部分热量。然后进入水冷塔,用水直接喷淋冷却,并洗去有机酸等可溶性杂质,水循环使用,塔顶引出的气体经过滤脱除其中的水分后由压缩机升压至 1.1 MPa 左右。压缩过程中分离出来的凝液进入闪蒸器,闪蒸后返回水冷塔。升压的气体进入洗醛塔,用水洗涤除去其中醛、酮含氧化合物,塔底醛水送至蒸醛塔,蒸出醛等含氧化合物,因量很少,就作为废液烧掉,塔底水循环使用。来自洗醛塔顶的气体进入油吸收塔,与吸收剂 C_6 油逆流接触,塔顶为未被吸收的产物(N_2,CO,CO_2,O_2)。富含丁烯、丁二烯的吸收油从塔底引出进入解吸塔,在解吸塔侧线采出粗丁二烯待进一步精制,塔底得解吸后的吸收油,返回系统循环使用。粗丁二烯经萃取、精馏等过程可得 99% 丁二烯产品。

5.5　芳烃系列主要产品

5.5.1　苯乙烯

苯乙烯系无色至黄色的油状液体,具有高折射性和特殊芳香气味。易燃,难溶于水,溶于乙醇和乙醚等有机溶剂。沸点 146 ℃,密度 0.903 9 ~ 0.905 8 g/cm³,折光率 1.543 8。暴露于空气中会逐渐发生氧化,使颜色加深。在常温条件下,会发生自聚,不能长期存放。

目前,世界上苯乙烯的生产方法主要有乙苯脱氢法、环氧丙烷-苯乙烯联产法、热解汽油抽提蒸馏回收法以及丁二烯合成法等。

1)乙苯脱氢法

乙苯脱氢法是目前国内外生产苯乙烯的主要方法,其生产能力约占世界苯乙烯总生产能力的90%。它又包括乙苯催化脱氢和乙苯氧化脱氢两种生产工艺。

(1)乙苯催化脱氢工艺

乙苯催化脱氢是工业上生产苯乙烯的传统工艺,由美国 Dow 化学公司首次开发成功。目前典型的生产工艺主要有 Fina/Badger 工艺、ABB 鲁姆斯/UOP 工艺以及 BASF 工艺等。乙苯催化脱氢法的技术关键是寻找高活性和高选择性的催化剂。一开始采用的是锌系、镁系催化剂,以后逐渐被综合性能更好的铁系催化剂所替代。目前国外苯乙烯催化剂主要有德国南方化学集团公司开发的 Styromax-1,Styromax-2,Styromax-4 以及 Styromax-5 型催化剂;美国标准催化剂公司推出的 C-025HA,C-035,C-045 型催化剂;德国 BASF 公司开发的 S6-20,S6-20S,S6-28,S6-30 催化剂;Dow 化学公司开发出的 D-0239E 型绝热型催化剂等。我国主要有兰州石油化工公司研究院的 315,335,345,355 系列催化剂;厦门大学、中国科学院大连化学物理研究所的 XH,DC 系列以及中国石化集团公司上海石油化工研究院的 GS 系列催化剂等。

(2)乙苯氧化脱氢法

乙苯氧化脱氢技术是用较低温度下的放热反应代替高温下的乙苯脱氢吸热反应,从而大大降低了能耗,提高了效率。氧化脱氢反应为强放热反应,在热力学上有利于苯乙烯的生成。典型的生产工艺为苯乙烯单体先进反应器技术(简称 Smart 工艺)。该工艺于 20 世纪 90 年代初期开发成功,是 UOP 公司开发的乙苯脱氢选择性氧化技术(Styro-Plus 工艺)与 Lummus,Monsanto 以及 UOP 三家公司开发的 Lummus/UOP 乙苯绝热脱氢技术的集成。该工艺是在原乙苯脱氢工艺的基础上,向脱氢产物中加入适量氧或空气,使氢气在选择性氧化催化剂作用下氧化为水,从而降低了反应物中的氢分压,打破了传统脱氢反应中的热平衡,使反应向生成物方向移动。Smart 工艺流程与 Lummus/UOP 苯乙烯工艺流程基本相同,但反应器结构有较大的差别,主要是在传统脱氢反应器中增加了氢氧化反应过程。该工艺采用三段式反应器。一段脱氢反应器中乙苯和水蒸气在脱氢催化剂层进行脱氢反应,在出口物流中加入定量的空气或氧气与水蒸气进入两段反应器,两段反应器中装有高选择性氧化催化剂和脱氢催化剂,氧和氢反应产生的热量使反应物流升温,氧全部消耗,烃无损失,两段反应器出口物流进入三段反应器,完成脱氢反应。在脱氢反应条件为 $620 \sim 645 \, ℃$、压力 $0.03 \sim 0.13 \, MPa$、$m(蒸汽)/m(乙苯)$ 为 $(1 \sim 2):1$ 时,乙苯转化率为 85%,苯乙烯选择性为 92% ~ 96%。

2)环氧丙烷-苯乙烯联产法

环氧丙烷-苯乙烯(简称 PO/SM)联产法又称共氧化法,由 Halcon 公司开发成功,并于 1973 年在西班牙首次实现工业化生产。在 $130 \sim 160 \, ℃$,$0.3 \sim 0.5 \, MPa$ 下,乙苯先在液相反应器中用氧气氧化生成乙苯过氧化物,生成的乙苯过氧化物经提浓到 17% 后进入环氧化工序,在反应温度为 $110 \, ℃$、压力为 $4.05 \, MPa$ 条件下,与丙烯发生环氧化反应成环氧丙烷和甲基苄醇。环氧化反应液经过蒸馏得到环氧丙烷,甲基苄醇在 $260 \, ℃$、常压条件下脱水生成苯乙烯。反应产物中苯乙烯与环氧丙烷的质量之比为 2.5:1。除乙苯脱氢法外,这是目前唯一大规模生产苯乙烯的工业方法,生产能力约占世界苯乙烯总生产能力的 10%。

PO/SM 联产法的特点是不需要高温反应,可以同时联产苯乙烯和环氧丙烷两种重要的有机化工产品。将乙苯脱氢的吸热和丙烯氧化的放热两个反应结合起来,节省了能量,解决了环氧丙烷生产中的三废处理问题。另外,由于联产装置的投资费用要比单独的环氧丙烷和苯乙烯装置降低 25%,操作费用降低 50% 以上,因此采用该法建设大型生产装置时更具竞争优势。该法的不足之处在于受联产品市场状况影响较大,且反应复杂,副产物多,投资大,乙苯单耗和装置能耗等都要高于乙苯脱氢法工艺。但从联产环氧丙烷的共氧化角度而言,因可避免氯醇法给环境带来的污染,因此仍具有很好的发展潜力。

3)热解汽油抽提蒸馏回收法

从石脑油、瓦斯油蒸汽裂解得到的热解汽油中直接通过抽提蒸馏也可以制得苯乙烯。GTC 技术公司开发了采用选择性溶剂的抽提蒸馏塔 GT-苯乙烯工艺,从粗热解汽油(来自石脑油、瓦斯油和 NGL 蒸汽裂解)直接回收苯乙烯。提纯后苯乙烯产品纯度为 99.9%,含苯基乙炔小于 50×10^{-6}。采用抽提技术将苯乙烯回收,既可减少后续加氢过程中的氢气消耗,又避免了催化剂因苯乙烯聚合而引起的中毒,也增产了苯乙烯。据估算,一套以石脑油为裂解原料的 300 kt/a 乙烯装置大约可回收 15 kt/a 的苯乙烯。

4)丁二烯合成法

Dow 化学公司和荷兰国家矿业公司(DSM)都在开发以丁二烯为原料合成苯乙烯技术。不久即将实现工业化生产。Dow 化学工艺以负载在 γ-沸石上的铜为催化剂,反应于 1.8 MPa 和 100 ℃ 下,在装有催化剂的固定床上进行,丁二烯转化率为 90%,4-乙烯基环己烯(4-VCH)的选择性接近 100%。之后的氧化脱氢采用以氧化铝为载体的锡/锑催化剂,在气相中进行。在 1 个月的运转期内,催化剂活性下降了一半,此时在催化剂床上通入氧气使其再生。该反应在 0.6 MPa 和 400 ℃ 下进行,VCH 的转化率约为 90%,苯乙烯的选择性为 90%,副产物为乙苯、苯甲醛、苯甲酸和二氧化碳。DSM 工艺采用在四氢呋喃溶剂中负载于二亚硝基铁的锌为催化剂,锌的作用是使硝基化合物活化。液相反应在 80 ℃ 和 0.5 MPa 下进行,丁二烯转化率大于 95%,4-乙烯基环己烯选择性为 100%。之后 4-乙烯基环己烯的脱氢采用负载氧化镁的钯催化剂,在 300 ℃ 和 0.1 MPa 的气相中进行,4-乙烯基环己烯完全转化,乙苯选择性超过96%,唯一的副产物是乙基环己烷。

5)其他生产方法

除此之外,其他尚在开发中的苯乙烯合成工艺还包括甲苯甲醇合成法、乙烯-苯直接耦合法、苯乙酮法、甲苯二聚法以及甲苯和合成气反应法等。

5.5.1.1　乙苯催化脱氢制苯乙烯的原理

乙苯脱氢的主反应为:

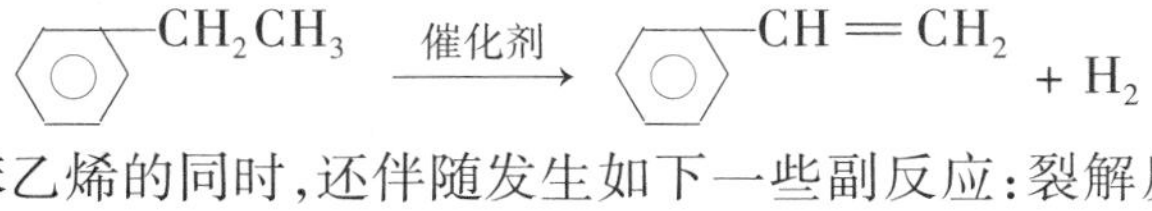

在乙苯脱氢生成苯乙烯的同时,还伴随发生如下一些副反应:裂解反应和加氢裂解反应;在水蒸气存在下,还可发生水蒸气的转化反应;乙苯高温下生碳反应;产物苯乙烯还可能发生聚合,生成聚苯乙烯和二苯乙烯衍生物等,反应如下:

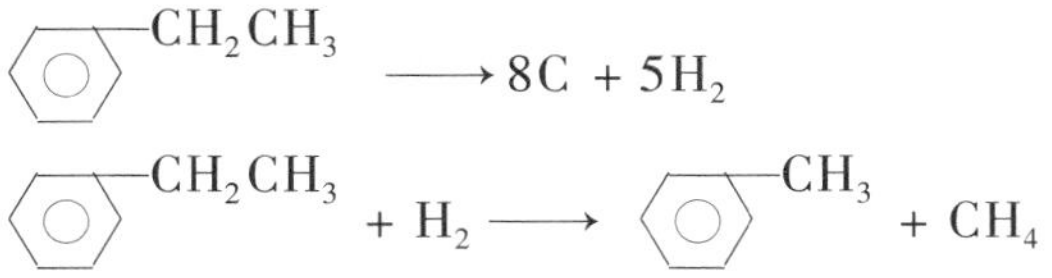

$$\bigcirc\!\!\!\!\!\!\text{—CH}_2\text{CH}_3 \longrightarrow \bigcirc + C_2H_4$$

$$\bigcirc\!\!\!\!\!\!\text{—CH}_2\text{CH}_3 + H_2 \longrightarrow \bigcirc + C_2H_6$$

$$\bigcirc\!\!\!\!\!\!\text{—CH}_2\text{CH}_3 + 2H_2O \longrightarrow \bigcirc\!\!\!\!\!\!\text{—CH}_3 + CO_2 + 3H_2$$

5.5.1.2 乙苯催化脱氢制苯乙烯的工艺条件

影响乙苯脱氢反应的因素主要有反应温度、反应压力、水蒸气用量、原料纯度和催化剂等。

1)反应温度

乙苯脱氢是强吸热反应,1 mol 乙苯脱去 1 mol 氢需要吸收 117 kJ/mol 的热量,而且低温时平衡常数很小。从平衡常数与温度的关系看:

$$\left(\frac{\partial \ln K_p^{\ominus}}{\partial T}\right)_p = \frac{\Delta H^{\ominus}}{RT^2}, \text{因为} \Delta H^{\ominus} > 0$$

所以平衡常数随温度的升高而增大,故升温对脱氢反应有利。但是,由于烃类物质在高温下不稳定,容易发生许多副反应,甚至分解成碳和氢,所以脱氢宜在较低温度下进行。但是,低温不仅反应速度很慢,而且平衡产率也很低。乙苯脱氢反应的平衡常数和最大产率如表 5.13 所示。

由表 5.13 可知温度升高,最大产率增大,反应速度也加快。但是,温度太高,苯乙烯的产率虽然提高了,而苯乙烯进一步脱氢、裂解、结焦和聚合等副反应也会增加。

表 5.13 乙苯脱氢反应的平衡常数与最大产率(乙苯与水蒸气摩尔比为 1:9)

温度 /K	$\Delta G^{\ominus}/(\text{kJ} \cdot \text{mol}^{-1})$	平衡常数 K_p(计算值)	最大产率/%
400	7.127	5.11×10^{-10}	
500	58.855	7.12×10^{-7}	
600	46.127	9.65×10^{-6}	
700	33.260	3.30×10^{-3}	7.63
800	20.327	4.71×10^{-2}	10.4
900	7.327	3.75×10^{-1}	89
1 000	−5.787	2.0	95.7
1 100	−18.871	7.87	98.8

既要获取最大的产率,还要提高反应速度与减少副反应,就必须使用性能良好的催化剂。例如,采用以氧化铁为主的催化剂,其适宜的反应温度为 600~660 ℃。

2)反应压力

乙苯脱氢反应是体积增大的反应,降低压力对反应有利,其平衡转化率随反应压力的降低而升高。反应温度、压力对乙苯脱氢平衡转化率的影响如表 5.14 所示。从表 5.14 可看出,当压力从 0.1 MPa 减到 0.01 MPa 时,达到相同的平衡转化率所需的温度约降低 100 ℃。

表 5.14　温度和压力对乙苯脱氢平衡转化率的影响

0.1 MPa 下反应温度/℃	0.01 MPa 下反应温度/℃	转化率/%
565	450	30
595	475	40
620	500	50
645	530	60
675	560	70

3）水蒸气用量

乙苯脱氢反应在高温减压下进行,可在较低反应温度获得较高的平衡转化率。但在工业生产中,在高温减压下操作是不安全的,因此,必须采取其他措施。通常降低物料分压的方法有两种:一是采用减压操作,二是采用惰性气体作稀释剂。工业上常采用的稀释剂是水蒸气。水蒸气作稀释剂具有许多优点:与产物易分离;热容量大;不仅提高了脱氢的平衡转化率,而且消除催化剂表面上的结焦。水蒸气添加量对乙苯转化率的影响如表 5.15 所示。

表 5.15　水蒸气用量与乙苯转化率的关系

反应温度/℃	转化率/%		
	n(水蒸气):n(乙苯)		
	0	16	18
580	0.35	0.76	0.77
600	0.41	0.82	0.83
620	0.48	0.86	0.87
640	0.55	0.90	0.90

由表 5.15 可知,乙苯转化率随水蒸气用量增大而提高。当水蒸气与乙苯的摩尔比增加到一定程度时,乙苯转化率提高不显著,而能量消耗增加幅度大。故在工业生产中,乙苯与水蒸气质量之比一般为 1:(1.2~2.6)。

4）原料纯度

如果原料乙苯中二乙苯含量较多,二乙苯脱氢后就会生成二乙烯基苯,容易在分离与精制过程中生成聚合物,堵塞设备管道,影响生产。所以,为了保证生产正常进行,要求原料乙苯中二乙苯的质量分数 <0.04%。另外,为了保证催化剂的活性和寿命,要求原料乙苯中乙炔的体积分数 $\leqslant 10 \times 10^{-6}$、硫的体积分数(以 H_2S 计) $\leqslant 2 \times 10^{-6}$、氯的质量分数(以 HCl 计) $\leqslant 2 \times 10^{-6}$、水的体积分数 $\leqslant 10 \times 10^{-6}$。

5）催化剂

乙苯脱氢制苯乙烯主要采用两种催化剂,即氧化锌系和氧化铁系。这两种催化剂均是多组分固体催化剂。目前,工业上广泛采用氧化铁系催化剂,即 Fe_2O_3-Cr_2O_3-K_2CO_3。这类催化剂是以氧化铁为主催化剂,添加钙或钾的化合物为助催化剂(如碳酸钾),用氧化铬作稳定剂,以增加催化剂的热稳定性。此催化剂的特点是活性良好,寿命较长,在水蒸气存在下可自行再生,所以连续操作周期长。但这类催化剂在还原气氛中脱氢,选择性下降很快,并有较多炭生成。这可能是由于存在以下平衡：

$$FeO \underset{H_2}{\overset{H_2O}{\rightleftharpoons}} Fe_3O_4 \underset{H_2}{\overset{H_2O}{\rightleftharpoons}} Fe_2O_3$$

脱氢反应有氢生成，反应过程中使氧化铁还原为低价态，甚至被还原为金属铁。金属铁能催化乙苯完全分解。为了防止氧化铁被过度还原，要求脱氢反应必须在适当氧化气氛中进行。水蒸气是氧化性气体，在大量水蒸气存在下，可以阻止氧化铁被过度还原，而获得较高的选择性。

5.5.1.3　乙苯催化脱氢制苯乙烯的工艺流程

乙苯催化脱氢是吸热反应，反应在高温下进行，因此脱氢过程中必须在高温条件下向反应系统供给大量的热量。由于供热方式不同，采用的反应器形式不同，工艺流程的组织也不同。

乙苯脱氢生产苯乙烯可采用两种不同供热方式的反应器：一种是外加热列管式等温反应器；另一种是绝热式反应器。国内两种反应器都有应用，目前大型新建生产装置均采用绝热式反应器。采用这两种不同型式反应器的工艺流程，主要差别是水蒸气用量不同，热量的供给和回收利用不同。现将这两种流程分别介绍如下。

1）外加热列管式反应器的工艺流程

以烟道气为载热体，反应器放在炉内，由高温烟道气将反应所需的热量传给反应系统，这种型式的反应器称为外加热列管式反应器。外加热列管式反应器的工艺流程由乙苯脱氢和脱氢液的分离及苯乙烯的精制两部分组成，流程如图5.20所示。

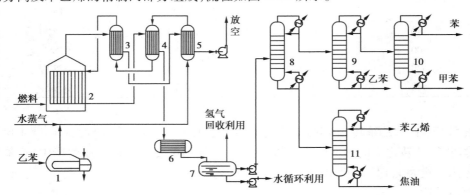

图5.20　外加热列管式反应器的工艺流程

1—蒸发器；2—反应器；3—过热器；4—热交换器；5—预热器；6—冷却器；

7—分离器；8—乙苯蒸出塔；9—苯/甲苯回收塔；10—苯/甲苯分离塔；11—苯乙烯精馏塔

（1）乙苯脱氢

原料乙苯与水蒸气混合后经预热器、热交换器和过热器加热至接近反应温度，然后进入反应器。预热器和过热器都是利用烟道气的余热进行加热。在反应器内于催化剂的作用下，在580～600 ℃温度下进行脱氢反应，35%～40%的乙苯发生转化。气相反应产物进入热交换器，加热反应物料，再经冷凝、气液分离，未凝气90%左右是氢，可回收利用。冷凝下来的脱氢液加阻聚剂后进行精制。

（2）脱氢液的分离和苯乙烯的精制

由于乙苯脱氢反应同时伴随着裂解、氢解和聚合等副反应的进行，并且转化率只控制在35%～40%，故脱氢液除含有产物苯乙烯外，尚有大量未反应的乙苯和副产物苯、甲苯及少量焦油。脱氢产物可用精馏方法分离,其中乙苯与苯乙烯分离是生产中的关键。由于两者的沸点接近,分离时要求的塔板数较多(工业上实际采用的塔板数为 75 块)。苯乙烯在较高温度下易自聚,它的聚合速度随着温度的升高而加快。为了减少聚合反应的发生,除加阻聚剂外,塔釜温度应控制在 90 ℃ 以下。另外,由于乙苯、苯乙烯沸点较高,而且苯乙烯易于聚合,所以流程中除苯、甲苯分离塔在常压下操作外,其余各塔都需在减压下操作。

　　脱氢液先送入乙苯蒸出塔,将未反应的乙苯、副产物苯、甲苯与苯乙烯分离。该塔为填料塔,系减压操作,同时加入一定量的高效无硫阻聚剂,使苯乙烯自聚物的生成量减少到最低。经精馏后塔顶得到未反应的乙苯、苯和甲苯,经冷凝后,一部分回流,其余送入苯、甲苯回收塔,将乙苯与苯、甲苯分离,塔釜得乙苯,可循环作脱氢用。塔顶得到苯、甲苯送入苯、甲苯分离塔,将苯与甲苯分离。乙苯蒸出塔塔釜液主要含苯乙烯,送入苯乙烯精馏塔,塔顶蒸出聚合级成品苯乙烯,塔釜液为含少量苯乙烯的焦油,可进一步回收苯乙烯。

　　2)绝热式反应器的脱氢流程

　　热量由过热水蒸气直接带入反应系统,反应器内物料不与外界环境发生热交换,这种供热方式的反应器称为绝热式反应器。绝热式反应器的工艺流程,水蒸气的用量,要比外加热管式反应器高 1 倍左右。因此反应产物余热的合理利用和水蒸气冷凝水的循环使用,对节约能量和减少污水排放、保护环境都有重要的意义。图 5.21 所示流程,是采用多段绝热反应器、中间加过热蒸汽的脱氢流程。

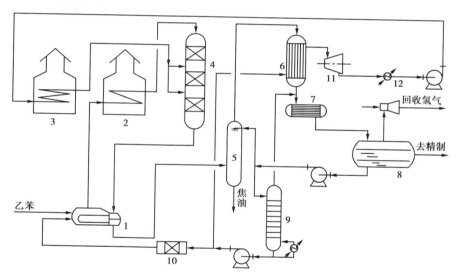

图 5.21　绝热式反应器乙苯脱氢流程

1—乙苯蒸发器;2—乙苯加热炉;3—水蒸气过热炉;4—反应器;5—洗涤塔;6—废热锅炉;
7—冷凝器;8—油水分离器;9—汽提塔;10—过滤器;11—蒸气透平;12—乏汽冷凝器

　　乙苯和回收水按一定比例混合后进入蒸发器,在蒸发器内与绝热式反应器出来的脱氢产物换热汽化,然后进入乙苯加热炉加热至所需温度后,自反应器的上部进入反应器,同时在反应器的中部和下部通入两路过热水蒸气。反应后的物料经乙苯蒸发器,利用其中一部分热量后进入洗涤塔,直接喷水急冷以除去焦油状物质,而后进入废热锅炉,利用其余热产生 $5 \times 10^5 \sim 6 \times 10^5$ Pa 压力的水蒸气,这部分水蒸气由蒸汽透平泵直接送至水蒸气过热炉作稀释蒸汽用。由废热锅炉出来的反应物料进入冷凝器冷凝,冷凝液进油水分离器分离为烃相和水相。将烃相(粗苯乙烯)送至精馏部分精制;水相一部分作为洗涤塔用水,其余进入水蒸气汽提塔除去残留的有机物,汽提塔塔釜的水经分子筛过滤器处理后返回蒸发器产生稀释蒸汽。

5.5.2 对苯二甲酸

对苯二甲酸(TA)分子式 $C_8H_6O_4$,在常温下系白色结晶或粉末状固体,相对分子质量166.13,相对密度1.51,自燃温度680 ℃,受热至300 ℃以上可升华。低毒,易燃。常温常压下不溶于水、氯仿、乙醚、醋酸,微溶于乙醇,但能溶于碱溶液、热浓硫酸、吡啶、二甲基甲酰胺、二甲基亚砜。

对苯二甲酸最重要的用途是生产聚对苯二甲酸乙二酯树脂(简称聚酯树脂),进而制造聚酯纤维、聚酯薄膜及多种塑料制品等。按2001年统计,68%对苯二甲酸用于制聚酯纤维,25%用于聚酯树脂,5%用于薄膜。

PTA的生产方法最初是在20世纪四五十年代形成的,即由对二甲苯用硝酸氧化法制得粗对苯二甲酸,然后用甲醇加以酯化生成对苯二甲酸甲酯(DMT),经过精制后再水解,可得PTA。20世纪60年代以后,Scientific Design公司和Amoco开发出新的氧化精制生产工艺,降低了成本。20世纪70年代,日本丸善石油与钟纺又开发出PX精密氧化法制备中等纯度的对苯二甲酸工艺。目前,这些精制工艺不断得到优化,其中以Amoco工艺为最优,全球对苯二甲酸总产量的80%都用此工艺生产。该方法采用钯碳催化剂进行加氢精制以除去4-CBA(对羧基苯甲醛)等杂质。研究开发加氢精制技术及催化剂的主要公司有美国Amoco公司、德国Sud Chemile Mt S.R.L公司、意大利Chimet Coporation以及日本三井石化公司等。PTA的现代生产方法是,在醋酸钴催化剂作用下,对二甲苯在醋酸溶剂中进行液相氧化制取。氧化反应条件是:温度185~200 ℃,压力0.98~1.5 MPa,在立式罐反应器内进行气液相鼓泡反应。

DP公司最近还开发了环保型PTA生产工艺,可使废水和废气排放减少3倍,固体废物减少一半,基本消除挥发性有机化合物(VOC)。该工艺应用于中国珠海和台湾的PTA装置,以及美国新建的70万 t/a 的PTA装置中。

英国诺丁汉大学和杜邦聚酯技术公司的研究人员共同开发成功在超临界水中生产对苯二甲酸的连续工艺。用氧气部分氧化对二甲苯,氧气在预加热器中通过对氧化氢分解就地产生。部分氧化后的对二甲苯在400 ℃下被超临界水中的溴化锰催化。采用这一工艺,对苯二甲酸收率高,选择性超过90%。与现有工艺相比,新工艺可大大提高能源效率,减少废物排放。

Eastman(伊斯曼)化学公司的EPTA工艺由粗对苯二甲酸(CTA)生产、聚合级对苯二甲酸(EPTA)生产和催化剂回收3部分组成。EPTA工艺过程可概括为以下几个主要步骤:对二甲苯在醋酸溶剂中用空气在液相催化氧化,进料物(对二甲苯、醋酸溶剂和催化剂)与压缩空气混合,并连续进入在中温下操作的鼓泡塔式氧化反应器,生成的CTA用溶剂回收系统的贫溶剂去除杂质。CTA再在后氧化单元中提纯为EPTA,因此,大大减少了对苯二甲酸中的主要杂质4-羧基苯甲醛(4-CBA)、对甲基苯甲酸(p-TA),EPTA从溶剂中分离和干燥。悬浮固体作为CTA残渣被分离去除,在流化床焚烧炉进行处理。可溶性杂质从滤液中去除,然后溶解的催化剂用于循环。该工艺加工步骤少,与缓和氧化技术相结合,投资和操作费用较低。

5.5.2.1 对二甲苯高温氧化制对苯二甲酸的原理

对二甲苯高温氧化制对苯二甲酸是美国Amoco公司开发的目前生产对苯二甲酸的主要

方法。该法以醋酸钴和醋酸锰为催化剂,溴化物(如溴化铵、四溴乙烷)为助催化剂,在224 ℃, 2.25 MPa 反应条件下,用空气作氧化剂,于醋酸溶剂中将对二甲苯液相连续一步氧化为对苯二甲酸,主反应为:

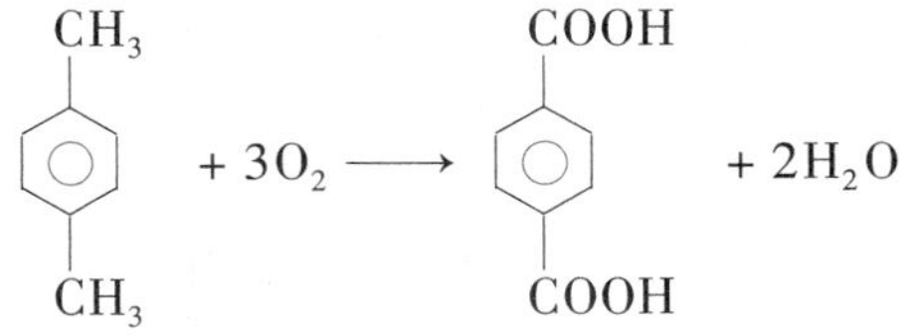

它是按以下反应步骤分步进行的:

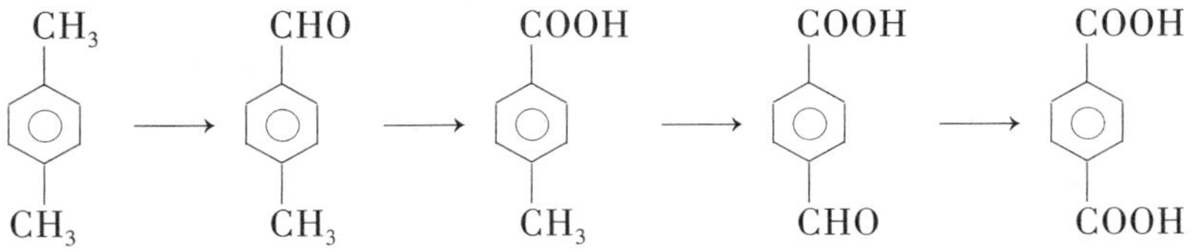

由于化学反应过程的复杂性,对二甲苯氧化制对苯二甲酸时总会产生一些副产物,这些副产物虽数量不多,但种类繁多,已检出的副产物多达 30 种。其中 4-CBA 中的活泼醛基将直接影响聚酯的色泽、质量,而且在后处理过程中难以除去。故粗对苯二甲酸(CTA)需要进一步精制,以得到高纯度的对苯二甲酸(PTA)。

5.5.2.2　对二甲苯高温氧化制对苯二甲酸的工艺条件

影响高温氧化制对苯二甲酸的因素有催化剂组成、溶剂比、温度与压力、反应系统的水含量、氧分压等。

1)催化剂组成

高温氧化法所选用的催化剂为 Co-Mn-Br 三元型混合催化剂。研究发现,提高进料中 Co 或 Mn 及 Br 的浓度,氧化反应速度都有所加快,产物中的 4-CBA 等杂质含量降低,但醋酸与对二甲苯深度氧化反应加剧。但若锰或钴浓度过高,又得不到色泽好和纯度高的对苯二甲酸。而采用低钴高锰式的配比,既经济又可使溴浓度降低,并能减轻设备的腐蚀。三者配比一般是醋酸钴和醋酸锰用量与对二甲苯之比(质量分数)为 0.025%,其中锰钴摩尔比为 3:1,溴与钴和锰之摩尔比为 1:1。

2)溶剂比

溶剂比指醋酸与原料对二甲苯质量之比。提高溶剂比可增加产品收率。例如,当溶剂比为 2 时,1 kg 对二甲苯可氧化为 1.40 kg 对苯二甲酸;当溶剂比为 3 时,1 kg 对二甲苯可氧化为 1.46 kg 对苯二甲酸。提高溶剂比,还可提高产品纯度。例如,溶剂比为 2 时,沉淀在对苯二甲酸浆饼上的 4-CBA 质量分数比溶剂比为 3 时多 1 倍;而当溶剂比由 3 提高到 4 时,4-CBA 质量分数可降低 40%。但溶剂比过大,不仅使生产能力下降,还增加了醋酸溶剂的回收量及损耗,催化剂的损耗也增加。一般选择溶剂比为(3.5~40):1。

3)温度与压力

温度升高反应速度加快,同时可降低中间产物的含量。但温度过高,醋酸与对二甲苯的深度氧化及其他副反应加速。所以选择温度的原则是既要加快主反应,又要抑制副反应。

在操作压力下,对二甲苯应处于液相。温度升高,压力要相应升高。例如,当温度为175~230 ℃,相应压力为 1.5~3.5 MPa。

4）反应系统的水的质量分数

反应系统中的水有两个来源：一是来自氧化反应，二是由母液和溶剂循环带入。由主反应可见，水的质量分数过高，主反应则向反方向进行，造成产物中的 4-CBA 质量分数增加，而且使催化剂活性显著下降。水的质量分数过低，深度氧化产物一氧化碳或二氧化碳质量分数增加。正常生产时，要求反应系统中水的质量分数为 5%～6%。

5）氧分压

高温氧化反应是气液相反应，所以提高氧分压有利于氧在液相中的传质，同时产物中的 4-CBA 等杂质的浓度也会降低。但是，氧分压提高，会造成尾气中氧的体积分数过高，有爆炸危险，给生产带来不安全因素。氧分压过低影响转化率，产品中 4-CBA 等杂质明显增加，产品质量显著下降。在实际生产中，一般根据反应尾气中含的体积分数和二氧化碳的体积分数来判断氧分压是否选取适当。该工艺规定尾气中氧的体积分数为 1.5%～3.0%。

5.5.2.3 对二甲苯高温氧化制对苯二甲酸的工艺流程

1）对苯二甲酸的生产

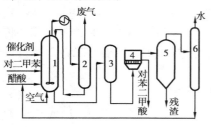

图 5.22 Amoco 公司高温氧化制对苯二
甲酸的工艺流程

1—反应器；2—气液分离器；3—结晶器；
4—固液分离器；5—蒸发器；6—醋酸回收器

图 5.22 给出了 Amoco 公司液相空气氧化法过程的流程。我国的扬子、仪征、燕山、金山等石化企业都引进了它的技术。催化剂醋酸钴与醋酸锰按比例配制成醋酸水溶液，并将一定量的四溴乙烷溶于少量对二甲苯后，与溶剂醋酸及对二甲苯在进料混合槽中按比例混合，经搅拌器混匀预热再进入氧化反应器。氧化反应所需的工艺空气由多级空气压缩机送往过滤器，经过滤后进入氧化反应器。氧化温度为 175～230 ℃，压力为 1.5～3.5 MPa。反应热通过醋酸的蒸发移走，冷凝后的醋酸再返回反应器。反应器中停留时间依工艺条件不同为 30 min～3 h。转化率大于 95%，收率约为 90%。在高温氧化法的氧化过程中除生成对苯二甲酸外，还伴生有一些杂质，如 4-CBA、对甲基苯甲酸（简称 PT 酸）、芴酮等。由于 PT 酸溶于溶剂，所以可用结晶法分离，再经离心分离、洗涤、干燥后得对苯二甲酸。

当用溴化物作催化剂时，由于其强烈的腐蚀性，反应器材质必须用昂贵的合金如耐盐酸的镍合金。

2）对苯二甲酸的精制

对苯二甲酸在上述结晶分离工序初步分离后，纯度一般为 99.5%～99.8%，杂质质量分数为 0.2%～0.5%。这些杂质尤其是 4-CBA 和一些有色体在浆液中质量分数为 2×10^{-3}～3×10^{-3}。为防止 4-CBA 等杂质影响以后的缩聚反应和聚酯色度，需经过精制将其除去。精制所得的精对苯二甲酸，其 4-CBA 质量分数小于 25×10^{-6}，质量提高到纤维级标准。精制的方法有以下几种：

（1）加氢精制

粗对苯二甲酸精制主要在 280 ℃及 6.6～6.8 MPa 压力下，使用载于活性炭上的钯催化剂进行连续加氢，使 4-CBA 转化为易溶于水的对甲基苯甲酸，以便在后续工序中将其除去。此外，该催化剂还有吸附作用，可除去芴酮等杂质。

4-CBA 加氢还原反应方程式为：

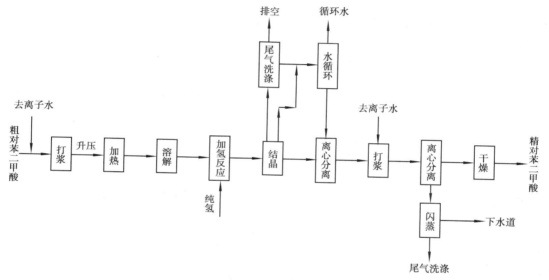

加氢精制的工艺过程方框流程图如图 5.23 所示。对苯二甲酸用无离子水制成浆料,用升压泵加压,经加热、搅拌,待其完全溶解后送入加氢反应器。反应器为衬钛固定床,在精制过的纯氢和催化剂作用下对苯二甲酸进行加氢精制。反应后的溶液经结晶器进行 4 ~ 5 级逐步降压结晶,使精对苯二甲酸成为合适粒度分布的沉淀。生成的水蒸气冷凝后循环使用,未凝气体经洗涤后放空。溶液经加压离心机分离,分离出的母液经闪蒸后排入下水道。从加压离心机分离出来的湿精对苯二甲酸,在打浆槽中用无离子水再洗涤一次后进入常压离心机分离。分离出的水可循环供加氢前打浆用,湿精对苯二甲酸经螺旋输送机送入回转式干燥机,干燥后即得精对苯二甲酸。

图 5.23 加氢精制的工艺过程方框图

(2)精密氧化法

精密氧化法最早于 20 世纪 70 年代由日本丸善与钟纺公司合作开发,其主要工艺流程如图 5.24 所示。20 世纪 80 年代三菱气体(Mitsubishi Gas)化学公司开发出在 Br^-,Mn^{2+},H^+ 或 Ce^{3+} 存在下将对甲基苯甲醛氧化成聚酯级对苯二甲酸的方法,其中 4-CBA 的质量分数为 220×10^{-6}。随后,该公司又申请了对二甲苯精密氧化法制 PTA 的专利。在氧、HOAc 存在情况下,在 180 ~ 230 ℃以重金属/Br 作催化剂氧化 PX,降低温度,补充催化剂继续进行氧化,然后结晶分离,所得产物中 4-CBA 的质量分数为 270×10^{-6}。

1994 年韩国 Samsung 公司的专利公开了无须另外的催化还原步骤制备高纯度对苯二甲酸异构体的工艺,即在有氧气存在的情况下,以低分子量脂肪酸钴、镁、溴、镍、铬、锆、铈盐为催化剂,催化氧化二甲苯异构体。使氧化产物结晶,得粗料饼,然后在粗料饼中加入低分子量脂肪酸制成浆料,加热抽提出杂质,再在该催化剂作用下进行氧化。

239

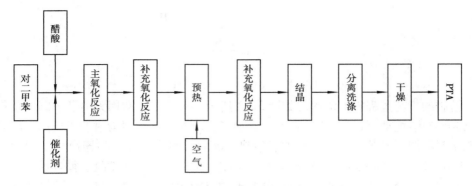

图5.24　精密氧化法工艺流程

（3）DMT水解法

该法先将粗对苯二甲酸用甲醇酯化成对苯二甲酸二甲酯（DMT），在260～270 ℃，5 MPa压力下水解。水解产物经结晶、洗涤、二次结晶、离心分离和干燥得产品PTA。Htiels A. -G.公司的研究人员在氧气氛液相中氧化对二甲苯和对甲苯甲酸甲酯，用甲醇使酯基转移，将酯基转移产物加以精馏，产生富含对甲苯甲酸甲酯的馏分A、一个纯度大于99%的DMT馏分B以及一个高沸点残渣馏分，馏分B经过溶剂再结晶而得到纯化。

（4）NMP结晶精制法

GTC公司（Glitsch Technology Corporation）用N-甲基-吡咯烷酮（NMP）作为对苯二甲酸选择性再结晶溶剂，在这个系统中，氧化中间体被回收和再循环氧化，加氢精制过程被省去。由氧化工段得到的CTA（纯度70%），可用N-甲基-吡咯烷酮作为选择性再结晶溶剂来纯化，经过在NMP中的再结晶，TA的纯度可达99.99%。

目前，全球大部分PTA是用Amoco法生产的，国内情况基本相同。这主要是由于该工艺比较成熟，生产过程易于控制，产品质量稳定。精密氧化法、酯化水解法也是生产PTA的方法，NMP结晶纯化法也将投入生产。4种主要精制方法的比较如表5.16所示。

表5.16　4种精制方法的优缺点比较

精制方法	优　点	缺　点
Amoco方法	晶粒大小可由结晶工序控制，产品质量稳定，生产工艺成熟	高温、高压
精密氧化法	生产的精对苯二甲酸价格便宜	纯度较低、醋酸消耗大
DMT水解法	工艺条件比较温和、不用腐蚀性溶剂醋酸	工艺流程长，设备投资费用高
NMP结晶纯化法	设备投资少，精制条件较温和，无须加氢催化，对二甲苯消耗少	结晶纯化过程中需不断补充NMP溶剂

5.6　涤　纶

涤纶又称聚酯纤维（PET）。涤纶的品种很多，但目前主要品种是聚对苯二甲酸乙二酯纤维，它是由对苯二甲酸或对苯二甲酸二甲酯和乙二醇缩聚制得的。

聚酯纤维（涤纶）是合成纤维中最具代表性的品种，它具有下列优异性能：

（1）弹性好

聚酯纤维的弹性接近于羊毛,耐皱性超过其他一切纤维,弹性模量比聚酰胺纤维高。织物不易折皱,不易变形,所以制成的服装挺括、褶裥持久。

（2）强度大

湿态下强度不变。其冲击强度比聚酰胺纤维高 4 倍,比粘胶纤维高 20 倍。

（3）吸水性小

聚酯纤维的回潮率仅为 0.4% ~ 0.5% ,因而电绝缘性好,织物易洗易干。

（4）耐热性好

聚酯纤维熔点 255 ~ 260 ℃ ,软化温度为 230 ~ 240 ℃ ,比聚酰胺耐热性好。

此外,耐磨性仅次于聚酰胺纤维,耐光性仅次于聚丙烯腈纤维。具有较好的耐腐蚀性,可耐漂白剂、氧化剂、醇、石油产品和稀碱,不怕霉蛀。

聚酯纤维的缺点是染色性能和吸湿性能差,需用高温、高压染色,设备复杂,成本也高,加工时易产生静电。目前正在研究与其他组分共聚、与其他聚合物共熔纺丝和纺制复合纤维或异性纤维等方法来进一步改善其性能。

由于聚酯纤维弹性好,织物有易洗、保形性好、免熨等特点,所以是理想的纺织材料。可用作纯织物,或与羊毛、棉花等纤维混纺,大量应用于衣着织物。在工业上,可作为电绝缘材料、运输带、绳索、渔网、轮胎帘子线、人造血管等。

5.6.1　聚酯纤维的生产方法

聚酯纤维可由对苯二甲酸(TPA)或对苯二甲酸甲酯和乙二醇(EG)缩聚反应而成。生产方法主要有 3 种:

1）直缩法

先直接酯化再缩聚,故称为直缩法。即对苯二甲酸(TPA)与乙二醇(EG)直接酯化生成对苯二甲酸乙二酯(BHET),再由对苯二甲酸乙二酯(BHET)经均缩聚反应得聚酯纤维,其反应如下:

$$2HOCH_2CH_2OH + HOOC{-}\bigcirc{-}COOH \xrightarrow{酯化} HOCH_2CH_2O{-}\overset{O}{\overset{\|}{C}}{-}\bigcirc{-}\overset{O}{\overset{\|}{C}}{-}OCH_2CH_2OH + 2H_2O$$

　（EG）　　　　　（TPA）　　　　　　　　　　　　　（BHET）

$$n BHET \xrightarrow{均缩聚} H{+}OCH_2CH_2O{-}\overset{O}{\overset{\|}{C}}{-}\bigcirc{-}\overset{O}{\overset{\|}{C}}{+}OCH_2CH_2OH + (n-1)HOCH_2CH_2OH$$

（PET）

2）酯交换法

早期生产的单体 TPA 纯度不高,又不易提纯,不能由直缩法制得质量合格的 PET。因而将纯度不高的 TPA 先与甲醇反应生成对苯二甲酸二甲酯(DMT),后者较易提纯。再由高纯度的 DMT(≥99.9%)与 EG 进行酯交换反应生成 BHET,随后缩聚成 PET,其反应如下:

$$2CH_3OH + HOOC-\bigcirc-COOH \longrightarrow CH_3O-\overset{O}{\underset{\parallel}{C}}-\bigcirc-\overset{O}{\underset{\parallel}{C}}-OCH_3 + 2H_2O$$

$$CH_3O-\overset{O}{\underset{\parallel}{C}}-\bigcirc-\overset{O}{\underset{\parallel}{C}}-OCH_3 + 2HO \cdot CH_2CH_2OH \xrightarrow{\text{酯交换}} BHET + 2CH_3OH$$

$$\text{（DMT）} \qquad\qquad\qquad \text{（EG）}$$

$$BHET \xrightarrow{\text{缩聚}} PET$$

3）环氧乙烷加成法

由环氧乙烷与对苯二甲酸（TPA）直接加成得对苯二甲酸乙二酯（BHET），再进行缩聚。这个方法称为环氧乙烷法，反应步骤如下：

$$HOOC-\bigcirc-COOH + 2H_2C-\!\!\!-\!\!CH_2 \xrightarrow{\text{加成}} BHET \xrightarrow{\text{缩聚}} PET$$
$$\underset{O}{\qquad\qquad\qquad\qquad}$$

$$\text{（TPA）} \qquad\qquad\qquad \text{（EO）}$$

此法省去由环氧乙烷制取乙二醇这个步骤，故成本低，而反应又快，优于直缩法。但因环氧乙烷易于开环生成聚醚，且又易分解，同时环氧乙烷在常温下为气体，运输及贮存都较困难，故此法尚未大规模采用。

5.6.2 聚酯纤维生产的工艺条件

1）稳定剂

为了防止 PET 在合成过程中、后加工融熔纺丝时发生热降解（包括热氧降解），常加入一些稳定剂。稳定剂用量越高，即 PET 中含磷量越高，其热稳定性也越好。工业上最常用的是磷酸三甲酯（TMP）、磷酸三苯酯（TPP）和亚磷酸三苯酯。尤其是后者效果更佳，因为它还具有抗氧化作用。

但是稳定剂可使缩聚反应的速度下降，在同样的反应时间下所得 PET 的分子量较低，即对缩聚反应有迟缓作用。所以工业生产中稳定剂用量一般不能太多，质量分数为 TPA 的1.25%，或 DMT 的1.5%～3%。

2）催化剂

为了加速 BHET 的缩聚反应，常加入催化剂。目前使用的催化剂是 Sb_2O_3。由动力学研究可知，Sb_2O_3 的催化活性与反应中羟基的浓度成反比。在缩聚反应的后期，PET 分子量上升，羟基浓度下降，使得 Sb_2O_3 的催化活性更为有效。Sb_2O_3 的用量一般为 TPA 质量的0.03%，或 DMT 质量的0.03%～0.04%。因 Sb_2O_3 的溶解性稍差，近年来有采用溶解性好的醋酸锑，或热降解作用小的锗化合物，也有用钛化合物的。

3）缩聚反应的压力

因为 BHET 缩聚反应是一个平衡常数很小的可逆反应，为了使反应向正反应方向移动，必须尽量除去 EG，也就是说反应需要高真空。一般压力越低，在较短的反应时间内可获得的PET 分子量越高。

在缩聚反应的后阶段要求反应压力很低,约 0.1 kPa。工业上常用五级蒸汽喷射泵或乙二醇喷射泵来达到这个要求。

4)缩聚反应的温度与时间

缩聚时产物 PET 的分子量(特性黏度)与反应温度及时间的关系如图 5.25 所示。从图中可看到每一个反应温度下,特性黏度都出现一个高峰。说明缩聚时既有使分子链增长的反应,也有使分子链断裂的降解反应。反应开始时,以低聚物缩聚成较大分子的反应为主,待 PET 分子增大后,以裂解反应为主。反应温度越高时,反应速度越快,故特性黏度到达极大值的时

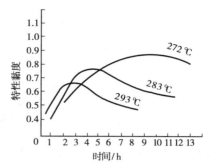

图 5.25　PET 的特性黏度与反应温度及时间的关系

间越短,但高温下热降解严重,此极大值较低。在生产中必须根据具体的工艺条件和要求的黏度值来确定最合适的缩聚温度与反应时间。当黏度达到极大值后,应尽快出料,避免因出料时间延长而引起分子量下降。

5)搅拌的影响

PET 合成时,必须采用激烈的搅拌,使熔体的汽液界面不断更新,有利于 EG 逸出。在同样反应条件下,搅拌速率越快,获得的 PET 分子量越高。

6)其他添加剂

(1)扩链剂

在缩聚后期,EG 不易排除,常加入二元酸二苯酯(如草酸二苯酯)作为扩链剂,有利于大分子链增长。如特性黏度为 0.5 的 PET 树脂,加入一定量的扩链剂,抽至高真空,在 20 min 左右即可将特性黏度提高到 1.0。

(2)消光剂

常用平均粒度 <0.5 μm 的 TiO_2 作消光剂。它可使全反射光变为无规则的漫射光,由此可以改进反光色调,并具有增白作用,其用量常为 PET 的 0.5%。

(3)着色剂

有时可把色料和缩聚原料一起加入反应釜中反应,可得到颜色较为均匀的有色 PET 树脂,这种方法称为原液着色。因为缩聚反应温度较高,必须采用耐温型的着色剂,如酞菁蓝、炭黑及还原艳紫等。

5.6.3　聚酯纤维生产的工艺流程

PET 生产的工艺流程可分为间歇法和连续法。间歇法比较简单,主要是由一个酯化(或酯交换)反应器及一个缩聚反应器组成;而连续法则由多个反应器串联而成,最终产品 PET 可连续不断地送去铸带、切拉或直接纺丝。

图 5.26 及图 5.27 中分别为 PET 直缩法及酯交换法工艺流程(连续缩聚法)。

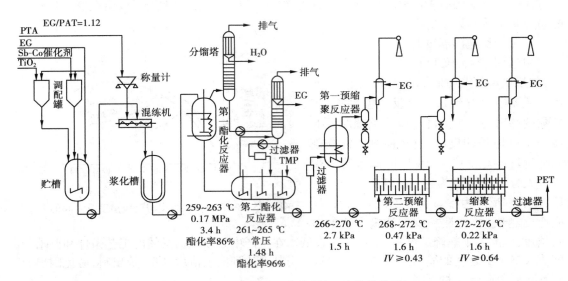

图 5.26　PET 直缩法工艺流程(*IV* 为特性黏度)

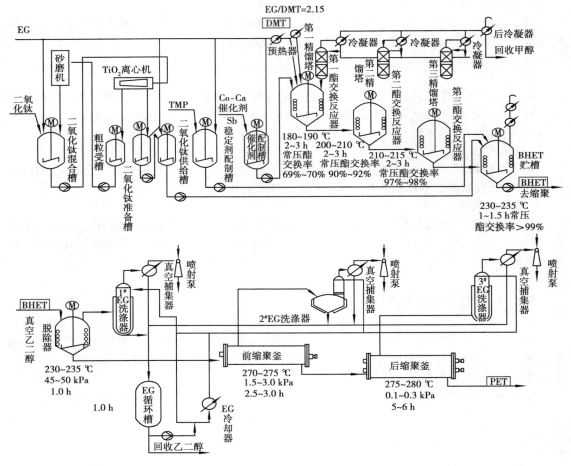

图 5.27　PET 酯交换法工艺流程

思考题

1. 高分子材料的熔融指数是如何测定的？其数均分子量、重均分子量、粘均分子量是如何定义的？

2. 高压法低密度聚乙烯的合成反应器类型和温度、压力条件如何？单程转化率大约是多少？其工艺过程主要分哪几个阶段？

3. 线性低密度聚乙烯的分子结构有哪些特点？

4. 淤浆法环式反应器聚乙烯流程的反应温度、压力、介质有何特点？反应温度和压力是否有联系？

5. 中压溶液法聚乙烯流程的反应温度、压力、介质有何特点？反应温度和压力是否有联系？为什么需要一个全混反应器串联一个管式反应器？

6. 环式反应器流程和中压溶液法流程中，反应介质的分离有何共同点？

7. 乙烯氧化制环氧乙烷的反应原理、温度、压力、相态、热效应如何？主、副反应的平衡常数有何特点？催化剂及其作用是什么？

8. 乙烯氧化制环氧乙烷的生产工艺中为什么要使用稀释剂？使用了何种稀释剂？

9. 乙烯氧化制环氧乙烷的副产物 CO_2 是如何回收的？

10. 环氧乙烷以任意比例溶于水的特性，对分离和纯化环氧乙烷有何作用？

11. 乙烯氧化制乙醛的反应原理、温度、压力、相态、热效应如何？催化剂及其作用是什么？

12. 乙烯氧化制乙醛的一步法工艺和二步法工艺，它们的反应温度、压力、氧化剂、乙烯转化率有何不同？

13. 合成聚丙烯的工艺方法有哪些？

14. 淤浆法合成聚丙烯使用的介质有哪些？反应温度、压力条件如何？该温度和压力之间是否有关系？

15. 本体法合成聚丙烯的反应温度、压力条件如何？该温度和压力之间是否有关系？

16. 丙烯氨氧化制丙烯腈的反应原理、温度、压力、相态、热效应如何？催化剂及其作用是什么？

17. 丁烯氧化脱氢制丁二烯的反应原理、温度、压力、相态、热效应如何？其反应平衡性有何特点？催化剂及其作用是什么？

18. 丁烯氧化脱氢制丁二烯工艺过程采用何种反应器？其反应热是如何被移出并得到回收利用的？

19. 乙苯催化脱氢法制苯乙烯的反应原理、温度、压力、相态、热效应如何？其主要副反应产物是什么？

20. 工业上采用水蒸气作乙苯催化脱氢法制苯乙烯的稀释剂，其主要作用是什么？与反应器的供热方式有何联系？

21. 对苯二甲酸的主要工业用途是什么？其合成的反应原理、温度、压力、相态、热效应如何？

22. 对苯二甲酸的工业生产中,使用 3~4 倍的醋酸作溶剂,反应之后的混合物经过哪些过程后醋酸才能循环利用?

23. 合成涤纶的反应分几步? 聚合过程中生成乙二醇对聚合反应器的操作压力和搅拌条件有什么影响?

24. 乙烯被空气氧化制环氧乙烷。已知新鲜原料气中乙烯/空气的摩尔比为 1∶10,乙烯的单程转化率为 40%,经完全分离掉环氧乙烷的未反应气体原料,其中 65% 返回反应器。计算:(1)乙烯的总转化率;(2)放空的尾气量和组成;(3)循环气和原料气的比值(循环比)。

第6章　天然气化工

天然气一般是指蕴藏在地层内,由低分子量烷烃组成的可燃性混合气体。天然气主要是由有机质经生物化学作用分解而成,常与石油共存于地下岩石缝隙和空洞中,或以溶解状态存在于地下水中。天然气由钻井开采获得,由管道输送至用户。

20世纪60年代,石油和天然气作为一次能源与煤炭一起成为主要能源。与此同时,以石油和天然气为原料的化学工业也迅猛发展起来。与石油不同的是,天然气的成分主要是低分子量的烷烃,因此,有别于石油加工的天然气化工也在发展中逐步成为一个体系并得以完善。

6.1　天然气的组成与加工利用

6.1.1　天然气的组成与分类

6.1.1.1　天然气的组成

天然气的组成比较复杂,其成分通常与产地有关(见表6.1)。天然气中除主要成分甲烷外,往往还含有其他烷烃、环烷烃、烯烃、芳香烃、非烃类气体,以及一些非气体物质。

表6.1　不同产地的天然气组成(以体积分数计)　　　　　　　　　　%

产　　地	甲烷	乙烷	丙烷	丁烷	戊烷	C_6烃	C_7烃	CO_2	N_2	H_2S
美国得克萨斯	57.69	6.24	4.46	2.44	0.56	0.11	—	6.00	7.50	1.50
俄罗斯奥伦堡	84.86	3.86	1.52	0.68	0.40	0.18	—	0.58	6.30	1.65
沙特阿拉伯亚库母	59.29	16.99	7.85	2.62	0.87	0.22	—	10.13	0.43	1.60
委内瑞拉圣约奎因	76.70	9.79	6.69	3.26	0.94	0.72	—	1.90	—	—
中国大庆油田(萨南)	76.66	5.93	6.95	4.47	1.54	1.21	0.95	0.26	2.28	—
中国新疆塔里木克拉-2	97.93	0.71	0.04	0.02	—	—	—	0.74	0.56	—
中国四川川南兴隆场	96.74	1.07	0.32	0.16	0.08	—	—	0.05	1.54	—
中国重庆卧龙河-2	95.97	0.55	0.10	0.03	0.04	—	—	0.35	1.30	1.52

天然气中的烷烃一般包括:甲烷(CH_4)、乙烷(C_2H_6)、丙烷(C_3H_8)、丁烷(C_4H_{10})、戊烷(C_5H_{12})、己烷(C_6H_{14})和庚烷(C_7H_{16}),庚烷以上的烷烃含量极少。环烷烃仅在少数天然气中以微量级存在,典型的环烷烃有两种:环戊烷(C_5H_{10})和环己烷(C_6H_{12})。

大部分天然气中仅含有极微量的烯烃,可能见到的烯烃有:乙烯(C_2H_4)、丙烯(C_3H_6)和丁烯（C_4H_8）。

天然气中的芳香烃含量也极少，可能存在的有苯（C_6H_6）、甲苯（$C_6H_5CH_3$）、二甲苯（$C_6H_4(CH_3)_2$）和三甲苯（$C_6H_3(CH_3)_3$）。尽管芳香烃在天然气中含量甚微，但它们对天然气的加工处理影响颇大。

天然气中各种非烃类气体的含量与产地有很大关系，一般所含非烃类气体有：氮气（N_2）、二氧化碳（CO_2）、硫化氢（H_2S）、氢气（H_2）、氦气（He）、氩气（Ar）、水蒸气等，此外还有硫醇（R—SH）、硫醚（R—S—R）、硫化羰（COS）、二硫化碳（CS_2）等有机硫化合物。

有些天然气中含有多硫化氢（H_2S_x），这种物质在温度和压力降低后会分解成硫化氢和单质硫。单质硫的出现会造成固体硫磺沉积，给天然气输送加工带来麻烦。有的高温气层天然气中含有硫磺蒸汽，温度下降后也会造成硫磺沉积。

很多天然气中还含有气溶胶状的沥青质，这种胶状粒子难以用重力方法分离，但如果不处理掉会对后续操作产生不利影响。

6.1.1.2　天然气的分类

不同类型的天然气，其加工利用方法有所不同。天然气的分类一般根据其矿藏特点和气体组成划分。

1）根据矿藏特点分类

根据矿藏特点，天然气可分为伴生气和非伴生气两大类。

伴生气是与原油共生的天然气，随原油同时被采出。非伴生气包括纯气田天然气和凝析气田天然气；纯气田天然气的主要成分是甲烷，含有少量乙烷、丙烷、丁烷和非烃类气体；凝析气田天然气除含甲烷、乙烷外，还有一定数量的丙烷、丁烷及戊烷以上的烃类气体、芳香烃、天然气汽油、柴油等，凝析气田天然气自井口流出后需进行气液分离除去凝析油。伴生气的组成与分离凝析油后的凝析气田天然气相似。

2）根据天然气组成分类

根据天然气的组成，可分为干气、湿气、贫气和富气，也可分为酸性天然气和洁气。

干气：每标准立方米井口流出物中，C_5 以上重烃液体含量低于 13.5 cm^3；

湿气：每标准立方米井口流出物中，C_5 以上重烃液体含量超过 13.5 cm^3；

贫气：每标准立方米井口流出物中，C_3 以上烃类液体含量低于 94 cm^3；

富气：每标准立方米井口流出物中，C_3 以上烃类液体含量超过 94 cm^3；

酸性天然气：含有显著的 H_2S 和 CO_2 等酸性气体，需要进行净化处理后才能达到管道输送标准；

洁气：H_2S 和 CO_2 含量甚微，不需净化处理即可输送。

6.1.2　天然气的物理化学性质

由于天然气是由多种烃类和非烃类气体组成的混合物，因此，其物理化学性质因天然气组分的不同而有差异。

天然气中常见组分的物理化学常数见表6.2，根据这些数据，就可以分析和计算出不同组成天然气的物理化学性质和热力学性质数据。

表 6.2 天然气主要组分在标准状态*下的物理化学性质

名　　称	分子式	分子量	密度/(kg·m³)	凝固点/℃	沸点/℃	临界温度/℃	临界压力/MPa	动力黏度×10⁶/(Pa·s)	定压比热容/(kJ·m⁻³·K⁻¹)	导热系数/(W·m⁻¹·K⁻¹)	偏心因子
甲烷	CH_4	16.043	0.717 4	−182.48	−161.49	−82.57	4.544	10.60	1.545	0.030 2	0.010 4
乙烷	C_2H_6	30.070	1.355 3	−183.23	−88.60	32.27	4.816	8.77	2.244	0.018 6	0.098 6
丙烷	C_3H_8	44.097	2.010 2	−187.69	−42.05	96.67	4.194	7.65	2.960	0.015 1	0.152 4
正丁烷	$n\text{-}C_4H_{10}$	58.124	2.703 0	−138.36	−0.50	152.03	3.474	6.97	3.710	0.013 5	0.201 0
异丁烷	$i\text{-}C_4H_{10}$	58.124	2.691 2	−159.61	−11.72	134.94	3.600	—	—	—	0.184 8
正戊烷	C_5H_{12}	72.151	3.453 7	−129.73	36.06	196.50	3.325	6.48	—	—	0.253 9
氢	H_2	2.016	0.089 8	−259.20	−252.75	−239.90	1.280	8.52	1.298	0.216 3	0.000 0
氧	O_2	31.999	1.428 9	−218.77	−182.98	−118.39	4.971	19.86	1.315	0.025 0	0.021 3
氮	N_2	23.013	1.250 7	−210.00	−195.78	−146.89	3.349	17.00	1.302	0.024 9	0.040 0
氦	He	3.016	0.134 5	−272.2**	−269.95	−273.13	0.118				
二氧化碳	CO_2	44.010	1.976 8	—	−78.20***	31.06	7.290	14.30	1.620	0.013 7	0.225 0
硫化氢	H_2S	34.076	1.539 2	−82.89	−60.20	100.39	8.890	11.90	1.557	0.013 1	0.100 0
空气		28.066	1.293 1	—	−192.50	−140.72	3.725	17.50	1.306	0.024 9	—
水蒸气	H_2O	18.015	0.833	0.00	100.00	374.22	21.83	8.60	1.491	0.016 2	0.348 0

* 273.15 K,101.325 kPa ** 2.5 MPa 下 *** 升华

天然气中所含硫化物除硫化氢外,还有一些有机硫化合物。这些有机硫化合物的主要性质如表 6.3 所示。

表 6.3 天然气中有机硫化合物的主要性质

名　　称	分子式	分子量	密度/(g·L⁻¹)	熔点/℃	沸点/℃	临界温度/℃	临界压力/MPa	临界密度/(kg.L⁻¹)	溶解性能 水	醇	醚
甲硫醇	CH_3SH	48.08	$d_0=0.896$	−121	5.8	196.8	7.14	0.323	溶	极易溶	极易溶
乙硫醇	C_2H_5SH	62.13	$d_4^{20}=0.839$	−121	36~37	225.5	5.42	0.301	1.5×10^{-2}	溶	溶
正丙硫醇	C_3H_7SH	76.15	$d_4^{20}=0.836$	−112	67~68	—	—	—	难溶	溶	溶
异丙硫醇	$(CH_3)_2CHSH$	76.15	$d_4^{20}=0.809$	−130.7	58~60	—	—	—	极难溶	无限溶	无限溶
正丁硫醇	C_4H_9SH	90.18	$d_4^{20}=0.837$	−116	97~98	—	—	—	微溶	易溶	易溶
2-甲基丙硫醇	$(CH_3)_2CHCH_2SH$	90.18	$d_4^{25}=0.836$	<−79	88	—	—	—	极微溶	易溶	易溶
叔丁硫醇	$(CH_3)_3CSH$	90.18	—	—	65~67	—	—	—	—	—	—
甲硫醚	$(CH_3)_2S$	62.13	$d_4^{21}=0.846$	−83.2	37.3	229.9	5.41	0.306	不溶	溶	溶
乙硫醚	$(C_2H_5)_2S$	90.18	$d_4^{20}=0.837$	−99.5	92~93	283.8	3.91	0.279	3.1×10^{-3}	无限溶	无限溶
硫化羰	COS	60.07	2.719	−138.2	−50.2	105.0	6.10	—	8.0×10^{-4}	溶	溶
噻吩	C_4H_4S	84.13	$d_4^{15}=1.070$	−30	84	317.0	4.80	—	不溶	溶	—
硫	S	32.06		120	444.6	1 040	11.6	—	—	—	—

6.1.3 天然气的加工利用途径

天然气开采出来后,经过一系列的净化处理,作为重要的化工原料可生产加工出一系列的化工产品。图 6.1 所描述的即为天然气化工利用的综合途径。

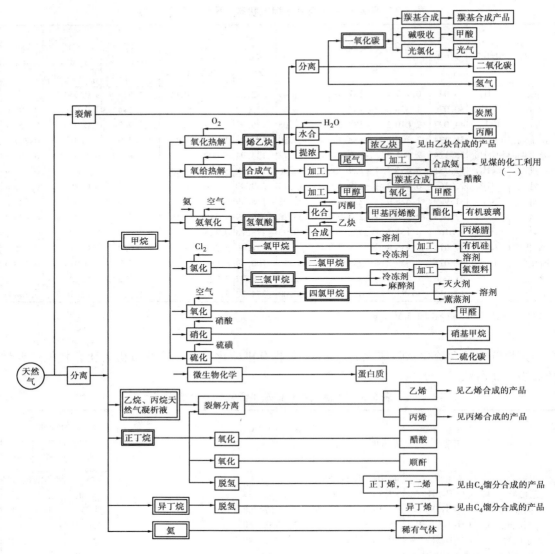

图 6.1　天然气的化工利用

6.2　天然气的分离与净化

　　从气井出来的天然气中含有很多不稳定和不利于化工利用的组分,它们不仅会影响后续加工利用,而且其中的不稳定组分还会影响天然气的输送。因此,天然气从气井出来后,必须先进行分离和净化。

6.2.1　采出气的分离

从气井采出的天然气在出来时带有一部分液体和固体杂质,如凝析油、凝析水或地层水、岩屑粉尘等。这些杂质不仅磨蚀阻塞设备和管线,降低输送效率,还会造成脱硫塔溶液污染和液泛。因此,采出气在井场和集气站必须进行分离处理。

采出气的分离主要采用重力分离和旋风分离两种方法。

6.2.1.1　重力分离

重力分离通常用于分离含液量较多、液体或固体颗粒较大的天然气,以及对净化要求不高的采气井口、集气站的天然气初级分离。重力分离可除去 $10 \sim 30~\mu m$ 及以上直径的颗粒,而且受气体压力和流量波动的影响较小。重力分离的主要设备是重力分离器。

1)重力分离器工作原理

重力分离器按放置方式可分为立式和卧式两种,其工作过程可分为 4 段(见图 6.2)。

(1)分离段

含有液滴和固体粒子的天然气进入分离器后,由于离心力作用(立式)或气流方向急剧改变的作用(卧式),大量的液滴和固体颗粒从天然气中初步分离出来。

(2)沉降段

仍悬浮在天然气中的较小液滴和固体颗粒在此段由于气速的减小,在自身重力的作用下从气流中沉降下来。为增强沉降分离效果,在沉降段内还加有叶片式导流板等构件,以缩短小液滴和固体粒子的沉降距离。

(3)除雾段

天然气中尚未除去的雾状液滴和固体微粒在此段中用捕雾器进一步除去。捕雾器一般有 2 种结构:

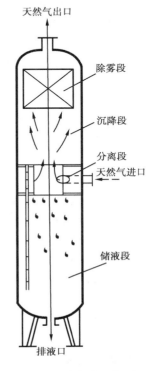

图 6.2　重力分离器工作原理示意图

①折流板式捕雾器:由多层折流板交错叠放构成。携带雾液微粒的天然气进入捕雾器时被迫折流,由于惯性作用,一部分液滴和微粒被湿润的折流板吸附。随着气体流向的不断折回,雾滴和微粒不断被吸附。直至离开此段,天然气中的雾滴和微粒已基本除尽(捕集率约为 95%)。被吸附的雾滴和微粒在折流板上累积到一定程度后,沿板面成大滴流下,汇集到储液段中,如图 6.3 所示。

②网状捕雾器:由金属丝编织成网状结构,做成圆盘形,按一定的堆密度堆集在除雾段内。丝网捕雾段内的自由截面较大,气体很容易通过,因此,该段阻力降较折流板式小。气体在通过网层时,其中的雾滴和微粒与丝网相碰,并在丝网交织处凝结成大滴下落到储液段。丝网捕雾器捕雾效果一般较折流板好,可达 98% 以上的除雾率,如图 6.4 所示。

(4)储液段

前三部分分离出的液体和夹带的固体粒子通过不同渠道流入此段。该段除应有足够的容积外,还应设置液位计和自动排液装置。

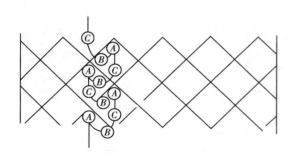

图 6.3　折流板捕雾器工作原理

Ⓐ—碰撞;Ⓑ—改变方向;Ⓒ—改变流速

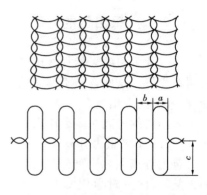

图 6.4　连环状丝网结构示意图

2)重力分离器的工艺计算

（1）液滴或固体微粒的沉降速度

在重力作用下,液滴或固体颗粒在气体中的沉降速度可用下式计算:

$$u_t = \sqrt{\frac{4gd(\rho_L - \rho_G)}{3\xi\rho_G}} \tag{6.2.1}$$

式中　u_t——液滴或固体颗粒相对于气流的下降速度,m/s;

d——液滴或固体颗粒的直径,m;

ρ_G——气体在工作条件下的密度,kg/m³;

ρ_L——液滴或固体颗粒的密度,kg/m³;

g——重力加速度,9.81 m/s²;

ξ——阻力系数,雷诺数 Re 的函数,$Re = \dfrac{u_t d\rho_G}{\mu_G}$;

μ_G——气体的动力黏度,Pa·s。

根据液滴或固体颗粒的大小和在气体中沉降时的阻力系数的不同,其沉降流态可分为层流、过渡流和紊流 3 个区域,各区域的范围由雷诺数的大小来划分。区域范围和相应的 ξ-Re 函数关系,以及滴(粒)径的相互关系见表 6.4。

表 6.4　各流态区域的范围,ξ-Re 函数形式及液滴或固体微粒直径关系表

区域名称	区域范围	函数关系	液滴或固体微粒直径/μm
层流区	$Re \leq 1$	$\xi = \dfrac{24}{Re}$	$d < d_1 = 2.62\left[\dfrac{\mu_G^2}{g(\rho_L - \rho_G)\rho_G}\right]^{1/3}$
过渡流区	$1 < Re < 500$	$\xi = \dfrac{18.5}{Re^{0.6}}$	$d_1 < d < d_2$
紊流区	$500 < Re < 150\,000$	$\xi = 0.44$	$d > d_1 = 43.5\left[\dfrac{\mu_G^2}{g(\rho_L - \rho_G)\rho_G}\right]^{1/3}$
	$Re > 150\,000$	$\xi = 0.1$	

将雷诺数计算式 $Re = \dfrac{u_t d \rho_G}{\mu_G}$ 和表 6.4 中的 $\xi\text{-}Re$ 函数关系代入式(6.2.1)中,可得液滴或固体颗粒在各流态区的沉降速度计算公式:

层流区

$$u_t = \frac{d^2(\rho_L - \rho_G)g}{18\mu_G}(\text{Stokes 公式}) \tag{6.2.2}$$

过渡区

$$u_t = \frac{0.153g^{0.715}d^{1.143}(\rho_L - \rho_G)^{0.715}}{\rho_G^{0.286}\mu_G^{0.429}} \tag{6.2.3}$$

紊流区　　　当 $\xi = 0.44$ 时

$$u_t = \left[\frac{3.03gd(\rho_L - \rho_G)}{\rho_G}\right]^{1/2}(\text{Newton 公式}) \tag{6.2.4}$$

(2)分离器内的允许气速

通常取微粒直径为 100 μm 时,其沉降速度极限数值的 70% ~80% 作为重力分离器中气体的允许流速 u,即:

$$u = (0.7 \sim 0.8)u_t \tag{6.2.5}$$

(3)重力分离器的直径

对立式重力分离器:

$$D = 2.1 \times 10^{-2}\sqrt{\frac{T_f Z_f Q_s}{P_f u}} \tag{6.2.6}$$

式中　D——立式重力分离器内径,m;

　　　T_f——分离器内的气体温度,K;

　　　Z_f——工作状态下天然气的压缩系数;

　　　Q_s——基准状态(293.15 K,0.101 325 MPa)下的气体流量,m³/s;

　　　P_f——分离器内的气体工作压力,MPa;

　　　u——分离器内的允许气速,m/s。

对卧式重力分离器:

$$D = \frac{Q_1}{0.785\eta u_t L} \tag{6.2.7}$$

或

$$D = 5.1 \times 10^{-9}\frac{T_f Z_f Q_s}{\eta u_t L P_f} \tag{6.2.8}$$

式中　D——卧式重力分离器内径,m;

　　　Q_1——工作条件下的气体流量,m³/s;

　　　η——气体平均速度与计算速度之比,一般取 0.75 ~0.80;

　　　u_t——液滴或固体颗粒的沉降速度,m/s;

　　　L——卧式重力分离器的长度,m,一般取 $L = (4 \sim 6)D$。

(4)顶部丝网除雾器

对水平安装的丝网除雾器,最大允许气速可用下式计算:

$$u' = K \sqrt{\frac{\rho_L - \rho_G}{\rho_G}} \qquad (6.2.9)$$

式中　u'——气体通过丝网的最大允许速度，m/s；

　　　K——速度常数，由实验求得，通常取值为 0.107 m/s。

除雾器的设计速度一般取 $u = 0.75u'$。

垂直或倾斜安装的最大允许气速一般为水平安装的 67%。

根据设计气速 u，可用下式计算丝网的横截面直径 D_s：

$$D_s = \sqrt{\frac{Q_1}{0.785u}} \qquad (6.2.10)$$

丝网层厚度与气体中雾滴和微粒含量有关，也与除雾要求有关，一般取 100 mm 和 150 mm。水平安装除雾丝网顶面距出口管的距离不得小于 300 mm。

（5）分离器的高度或长度

一般取内径的 4~6 倍，即：

$$H = (4 ~ 6)D$$

或

$$L = (4 ~ 6)D \qquad (6.2.11)$$

（6）进出口管径

$$d = \sqrt{\frac{Q_1}{0.785u_1}} \qquad (6.2.12)$$

式中　d——重力分离器进口管或出口管的内径，m；

　　　u_1——进出口管中的气速，m/s；进口管气速一般取 15 m/s，出口管气速 10 m/s。

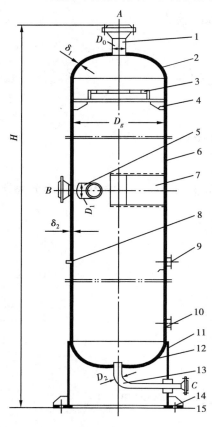

图 6.5　立式重力分离器

1—出气管；2—椭圆形封头；3—过滤网；
4—支承板；5—进气管；6—筒体；
7—防冲板；8—温度计管嘴；9—平衡器接管；
10—排液管；11—底座裙；12—椭圆形封头；
13—排污管；14—筋板；15—底座环

3）常用重力分离器的结构和规格

常用重力分离器的结构和规格如图 6.5 和图 6.6 所示。

6.2.1.2　旋风分离

矿井的采出气也可采用旋风分离器进行旋风分离。

1）旋风分离器的工作原理

天然气气流从切线方向进入旋风分离器后做高速回旋运动，气体中的液滴和固体颗粒由于其质量较大，所产生的离心力也大，因而被抛向器壁，在重力作用下沿器壁向下移动，直到底部排污口排出。质量较轻的气体则在内圈形成旋风，在风压的作用下由顶部气管排出。其工作原理如图 6.7 所示。

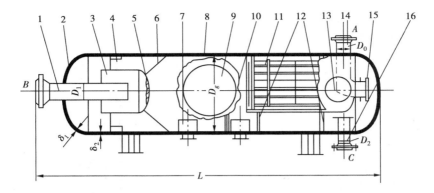

图 6.6　卧式重力分离器

1—进气管;2—椭圆形封头;3—分离帽筒;4—支持板;5—防冲板;6—支持筋;
7—防液流板;8—筒体;9—人孔;10—接板;11—百叶箱式除雾器;12—隔板;
13—手孔;14—出气管;15—出口阻液板;16—排污管

2)旋风分离器的工艺计算

(1)旋风分离器直径的计算

旋风分离器筒体直径的计算公式由水力损失方程和流量公式联立求解得到:

$$D = 0.948\ 5\left[\frac{Q_1^2 \xi \rho_G}{\Delta P}\right]^{1/4} \tag{6.2.13}$$

式中　D——旋风分离器筒体直径,m;

　　　Q_1——工作条件下的气体流量,m^3/s;

　　　ξ——阻力系数,由实验测定,一般取 $\xi = 180$;

　　　ρ_G——工作条件下的气体密度,kg/m^3;

　　　ΔP——水力损失(分离器内的压力降),Pa。

由实验得知,当 $\Delta P/\rho_G$ 值在 55 ~ 180 m 范围内时,气体净化度可达 95% 以上;若小于 55 m,则净化度降低;高于 180 m,净化度提高不明显,但压力损失大增。因此,设计时一般取 $\Delta P/\rho_G = 70$ m,计算出分离器筒体直径,然后进行圆整。

(2)气速验算

①计算气体流速。

$$u = \frac{4Q_1}{\pi D^2} \tag{6.2.14}$$

②计算旋风分离器的压力损失。

$$\Delta P = \xi \rho_G \frac{u^2}{2} \tag{6.2.15}$$

③计算旋风分离器的工作范围:根据计算出的 D,取 $\Delta P/\rho_G = 55$ m,即可计算出旋风分离器的最小流速 u_{min}、最小流量 Q_{1min} 和最小流速下的压力损失 ΔP_{min};取 $\Delta P/\rho_G = 180$ m,则可得到最大流速 u_{max}、最大流量 Q_{1max} 和最大流速下的压力损失 ΔP_{max}。

(3)进出气管径计算

计算方法与重力分离器相同,进口流速应为 15 ~ 25 m/s,出口流速应为 5 ~ 15 m/s。

3）天然气中常用旋风分离器的结构

天然气中常用旋风分离器的结构见图6.8。

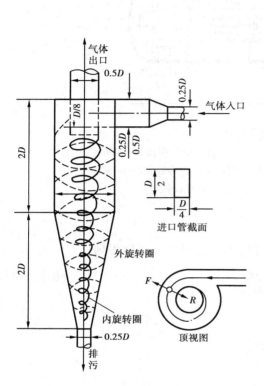

图6.7　旋风分离器的原理示意图

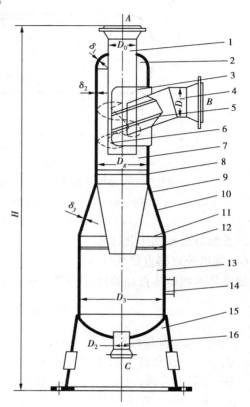

图6.8　旋风分离器的结构示意图

1—出气管；2—椭圆形封头；3—矩形加强板；

4—进气管；5—加强筋；6—螺旋叶片；

7—筒体；8—垫板；9—锥形筒；

10—锥形封头；11—垫板；12—支持板；

13—集液筒；14—手孔；15—裙座；16—排污管

6.2.1.3　其他类型的分离

除重力分离和旋风分离外，还有一些其他分离方法，其基本原理有重力沉降和离心沉降两种，但设备的变化较大，采用组合方式比较多见。比较常见的其他类型的分离器有：

（1）扩散式分离器

根据重力沉降原理，在扩散式除尘器的基础上改进而成，用于分离夹带有水及固体杂质的天然气。

（2）螺道式分离器

利用天然气压力迫使其在狭窄的螺道中做高速旋转运动，形成强烈的离心力场，使天然气中夹带的雾滴在离心力作用下相互碰撞，聚并成大的液滴沉降出来。

（3）串级离心式分离器

在同一分离器内采用内外两级旋流分离，虽结构复杂，但设备体积小，分离效率高，操作弹性好。

6.2.1.4　井场分离工艺流程

采出气的分离一般都设在单井井场或多井集气站,分离掉天然气中的液相和固相杂质后,输去净化厂进一步处理。分离出的烃可进一步回收利用,水可用于回注或制盐。

常用的分离工艺一般有常温分离流程和低温分离流程两种。在常温分离流程中,天然气自气井采出后,经针形阀节流、加热、降压后进入分离器分离烃类凝析液、水和机械杂质,然后通过计量进入集气输气干线。

对含凝析油较多的天然气,广泛采用的是低温分离流程。低温的获取一般采用节流方式,必要时也辅以人工冷源。低温分离流程中,为防止结冻发生,通常需加入甘醇作为防冻剂。

图 6.9 为单井集气的常温分离流程。

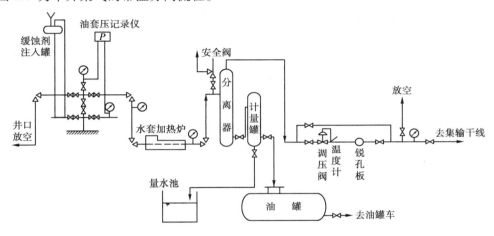

图 6.9　单井集气流程示意图

对含硫较多的天然气,为减轻硫对系统的腐蚀,需向气井注入缓蚀剂。不含硫的气井不设缓蚀剂注入罐;不产凝析油的气井不设油计量罐和油罐;常温分离流程中的水加热套是为防止产生天然气水化物而设置的,通常需把天然气加热到 30 ℃以上才能避免水化物的产生。

6.2.2　天然气的脱水

天然气经分离除去液滴和固体杂质后,其中仍含有相当数量的水蒸气。当输气管道压力和环境温度变化时,这些水蒸气可能会从天然气中析出,形成液态水、冰或天然气的固体水化物,从而引起输气阻力增加,输气能力减小,甚至堵塞阀门和管线,影响供气平稳。此外,液态水的存在还会加速酸性组分对管壁、阀件的腐蚀,缩短其使用寿命。因此,在一般情况下,天然气必须经脱水处理,达到规定含水标准后,才能进入输气干线。

天然气的含水量一般用两种指标来表示,一是绝对含水量,另一个则是露点温度。绝对含水量是指单位标准体积(273.15 K,0.101 325 MPa 下)天然气中所含水分的质量(mg/m³);露点温度则是指在一定压力条件下,天然气中的水蒸气开始凝结时的温度(℃)。

可用于天然气工业的脱水方法有很多种,选择哪种方法应根据天然气的具体情况而定。目前常用的方法有溶剂吸收法、固体吸附法、直接冷却法和化学反应法。由于直接冷却法和化学反应法的操作费用较高,因此,在一般情况下不常使用这两种方法,使用更多的还是溶剂吸收法和固体吸附法。

6.2.2.1 溶剂吸收法

溶剂吸收法是目前天然气工业中使用较普遍的脱水方法。溶剂吸收的关键是脱水吸收剂的选择,首先,必须要有高的脱水性;其次具有化学稳定性和热稳定性,容易再生,蒸汽压低,黏度小,对烃类气体溶解度小,发泡和乳化倾向小,并且无腐蚀性,同时廉价易得。

天然气的脱水深度一般用露点降表示,露点降就是指脱水装置操作温度与脱水后干气露点温度之差,用来评价脱水剂的脱水效率。

溶剂吸收法脱水目前常用的脱水剂为甘醇和金属氯化物溶液两大类,其中常用的为二甘醇、三甘醇和氯化钙,其主要性能如表 6.5 所示。

表 6.5　不同脱水剂的比较

脱水溶剂	优　点	缺　点	适用范围
氯化钙水溶液	①投资与操作费用低,不燃烧 ②在更换新溶液前可无人值守	①吸水容量小,不能重复使用 ②露点降小,且不稳定 ③更换新溶液时劳动强度大 ④有废弃溶液处理问题	边远地区小流量、露点降要求较小的天然气脱水
二甘醇水溶液	①浓溶液不会"凝固" ②吸水容量大 ③在一般温度下,对含 H_2S,CO_2,O_2 的天然气也比较稳定	①蒸汽压比三甘醇高,蒸发损失较大 ②理论热分解温度较低(164.4 ℃),再生损失较大 ③露点降比三甘醇溶液得到的小 ④投资及操作费用比三甘醇溶液高	集中处理站内大流量、露点降要求较大的天然气脱水
三甘醇水溶液	①浓溶液不会"凝固" ②吸水容量大 ③在一般温度下,对含 H_2S,CO_2,O_2 的天然气也比较稳定 ④理论热分解温度较高(206.7 ℃),再生损失较小 ⑤露点降可达 40 ℃,甚至更高 ⑥蒸汽压比二甘醇低,蒸发损失较小 ⑦投资及操作费用比二甘醇溶液低	①投资及操作费用比 $CaCl_2$ 水溶液法高 ②当有液烃存在时,再生过程易起泡,有时需要加入消泡剂	集中处理站内大流量、露点降要求较大的天然气脱水

1)甘醇脱水工艺流程

二甘醇和三甘醇是甘醇脱水工艺中使用最多的两种脱水剂。由于三甘醇的热稳定性比二甘醇好,吸水容量及露点降也比二甘醇高,因此,三甘醇的使用较二甘醇更广泛,特别是需要较大露点降时更是这样。但是,由于三甘醇溶液黏度较大,吸收塔的操作温度则不宜低于 10 ℃。

甘醇脱水工艺从功能上讲分为两大部分,即吸收和再生两部分。在吸收部分,脱水剂甘醇(贫液)由塔顶进入吸收塔,与塔底通入的含水天然气逆流接触;甘醇吸收水分成富液从塔底流出,脱掉水的天然气从塔顶放出,经雾沫分离成干气出系统。

吸水后的甘醇富液在再生部分进行甘醇和水的分离,常用的分离方法主要有蒸馏和汽提两种。脱水后的甘醇贫液再返回吸收使用。

甘醇脱水工艺流程根据天然气的情况不同而有一些差异,但都由吸收和再生两部分构成,其主要设备都是吸收塔和再生塔。图 6.10 是处理量较大的天然气三甘醇脱水流程,再生部分中的闪蒸罐是用来脱除三甘醇中溶解的烃类物质,贮罐中吹入惰性气体也主要是为了带走烃类蒸汽。

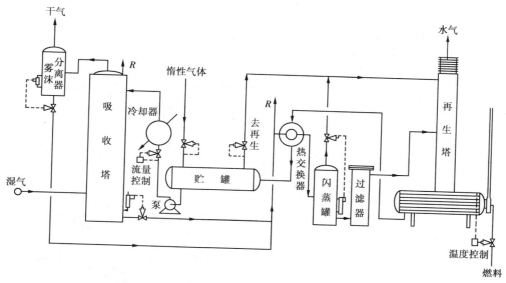

图 6.10　处理量较大的天然气三甘醇脱水装置流程

2)吸收塔工艺计算

(1)进塔贫液浓度的确定

出塔天然气的干气露点与进塔贫液的甘醇浓度关系极大。因此,要指望得到指定露点的干气,就必须控制入塔甘醇的浓度。

在脱水吸收塔的操作中,当操作压力低于 17 MPa 时,压力对出塔干气露点几乎无影响,而一般甘醇吸收塔的操作压力远低于此,故压力对出塔气露点的影响可以不予考虑。吸收塔的操作温度对出塔气露点有影响,然而,由于塔内天然气质量流量一般都远大于吸收剂甘醇的质量流量,因此塔内操作温度受入塔天然气温度控制,可以简单地用入塔天然气温度作为塔内有效吸收温度。

图 6.11 中的平衡水露点是指出塔干气与进塔甘醇贫液中的水含量达到平衡时的露点,只有当塔顶气和进塔贫液中的水含量达到平衡时才能实现,而实际操作中难以达到平衡。出塔干气的真实水露点都比平衡水露点高,通常情况下这个偏差值为 8 ~ 11 ℃。因此,出塔干气的平衡水露点温度可由真实水露点温度来推算:

$$t_e = t_r - \Delta t \tag{6.2.16}$$

式中　t_e——出塔干气平衡水露点温度,℃;

　　　t_r——出塔干气真实水露点温度,℃;

　　　Δt——温度偏差值,一般取 8 ~ 11℃。

于是,根据入塔天然气的温度和出塔干气的真实水露点温度,就可以从图 6.11 中查出进塔贫液所要求的浓度。

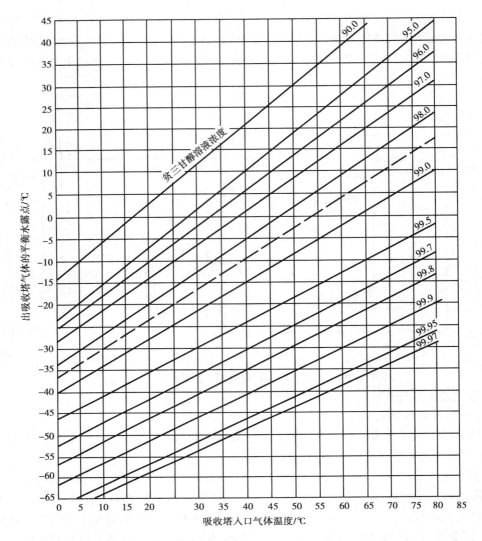

图 6.11　吸收塔操作温度,进塔贫三甘醇浓度和流出的干天然气的平衡水露点的关系
注:虚线表示在 204 ℃ ,0.1 MPa 下再生塔中产生的贫三甘醇溶液的浓度

（2）理论塔板数和贫液循环量的确定

增加吸收塔的理论塔板数和增加甘醇贫液的循环量都会提高露点降,使出塔干气的露点往平衡水露点方向靠近。实际上,一旦理论塔板数固定,甘醇贫液循环量增加到某个限度后,露点降的增加就不会再大了。实践得知,在管输天然气的含水范围内,每吸收 1 kg 含水天然气需 25 ~ 60 L 三甘醇贫液的循环量。低于 25 L,可能造成塔板液封不够,天然气穿流;高于 60 L,则吸收剂使用效率过低,导致再生成本增加。

用三甘醇作脱水吸收剂的吸收塔,其理论塔板数和溶液循环量的关系可用 Kremser-Brown 公式表示:

$$\frac{y_0 - y_1}{y_0 - y_e} = \frac{A^{N+1} - A}{A^{N+1} - 1} \qquad (6.2.17)$$

式中　y_0——进塔天然气中水的摩尔分数;

y_1——出塔天然气中水的摩尔分数;

y_e——出塔天然气与进塔贫液水平衡时的气相水的摩尔分数;

A——吸收因子,$A = L/KV$;

L——三甘醇溶液循环量,mol/s;

V——进塔天然气流量,mol/s;

K——三甘醇溶液中的水与天然气中水的汽液平衡常数,$y = Kx$;

N——吸收塔的理论塔板数。

当 y_0,y_1 和 y_e 已知时,可由图 6.12 查得吸收因子 A 的值($N = 1,1.5,2$ 时)。

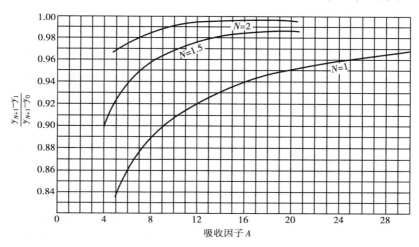

图 6.12　克莱姆瑟-勃朗吸收因子图

由于塔内从气相转移到液相的水量与气量和循环量相比很小,因此,可以近似认为在稳定操作条件下,塔内的液气比是常数,即 $L/Q_m = C$。而塔内水的平衡常数 K,在操作压力为1.4 ~ 17 MPa,温度为 4 ~ 50 ℃时,可由下式计算:

$$K = y^* \cdot \gamma \tag{6.2.18}$$

式中　y^*——纯水平衡饱和气相摩尔分数;

γ——三甘醇水溶液中水的活度系数,由图 6.13 查得。

所以,式(6.2.17)中的 A 也可由下式计算:

$$A = L/KQ_m \tag{6.2.19}$$

在工程实际中,天然气中水气常用标准体积质量浓度表示,如 mg/m^3。质量浓度与物质的量分数的换算可用以下关系:

$$W = 0.803 \times 10^6 y \tag{6.2.20}$$

式中　W——天然气中水气的标准体积质量浓度,mg/m^3;

y——天然气中水气的摩尔分数。

例 6.1　有一三甘醇脱水吸收塔,操作压力 7 MPa,温度 40 ℃。已知该塔理论板数为1,日处理天然气标准体积量为 10^6 m^3,进塔气为 40 ℃下含有饱和水气的天然气,出塔干气要求标准体积含水量为 117 mg/m^3,进塔贫液质量分数为 98.7%,求三甘醇贫液循环量(7 MPa,40 ℃下天然气标准体积饱和含水量为 1 120 mg/m^3,也是该条件下纯水的气相平衡量)。

261

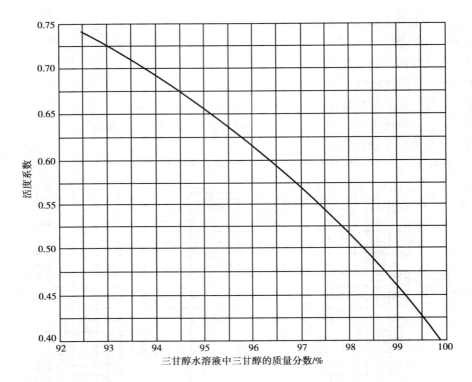

图 6.13　三甘醇-水溶液中水的活度系数

解：①由贫液中三甘醇的质量分数从图 6.13 中查得水的活度系数 $\gamma = 0.475$；

②计算贫液中水的摩尔分数：

$$x = \frac{1.3/18}{(98.7/150) + (1.3/18)} = 0.099$$

③水的汽液平衡常数及出口干气中的平衡水含量为：

$$K = \frac{1\,120}{0.803 \times 10^6} \times 0.475 = 6.625 \times 10^{-4}$$

$$y_e = 6.625 \times 10^{-4} \times 0.099 = 6.552 \times 10^{-5}$$

④计算

$$\frac{y_0 - y_1}{y_0 - y_e} = \frac{1\,120 - 117}{1\,120 - 6.552 \times 10^{-5} \times 0.803 \times 10^6} = 0.940$$

因 $N = 1$，查图 6.12 得 $A = 15$。

⑤计算贫液的物质的量流量。

由天然气的日处理量可得气体的物质的量流量：

$$Q_m = \frac{10^6}{22.4 \times 24}\ \text{mol/h} = 1\,860\ \text{kmol/h}$$

由式(6.2.19)得贫液物质的量流量：

$$L = 15 \times 6.625 \times 10^{-4} \times 1\,860\ \text{kmol/h} = 18.5\ \text{kmol/h}$$

⑥三甘醇的贫液循环量为：

$$WL = 18.5 \times (0.901 \times 150 + 0.099 \times 18)\ \text{kg/h} = 2\,533.3\ \text{kg/h}$$

（3）吸收塔选型和塔径计算

对直径较小的三甘醇吸收塔可选用填料塔,直径较大时,则应选用板式塔。选用板式塔时,因甘三醇溶液循环量相对于气量很小,为有利于汽液传质和增大操作弹性,多采用泡罩塔板或浮阀塔板,塔板数一般为 4 ~ 10 块,板效率为 25% ~ 40%。

板式吸收塔的塔径可先用 Brown-Sonder 公式计算空塔流量,再用空塔流量来计算塔径。

最大允许空塔质量流速:

$$G_a = 0.305C\left[(\rho_1 - \rho_g)\rho_g\right]^{0.5} \qquad (6.2.21)$$

塔径

$$D = \left[\frac{0.387G}{G_a}\right]^{0.5} \qquad (6.2.22)$$

式中　G_a——塔内气体最大允许质量空速,kg/(h·m²);

C——常数,板间距 61 cm 时,$C = 500$,板间距 76 cm 时,$C = 550$;

ρ_1——液相密度,kg/m³;

ρ_g——气相密度,kg/m³;

D——吸收塔内径,m;

G——处理气量,kg/h。

3）再生系统工艺条件

（1）再生系统操作条件的确定

为了保证吸收塔出塔干气的露点达到规定值,进塔贫液浓度应严格按图 6.11 中的控制线控制。对三甘醇富液的再生效果与再沸器的压力和温度有关,如果采用汽提再生,则还与汽提气的用量和汽提效率有关。常压再生时,三甘醇贫液的浓度取决于再沸器的操作温度,而三甘醇热分解温度约为 206 ℃,因此,再沸器操作温度通常控制为 191 ~ 193 ℃,最高不得超过 204 ℃。

采用汽提再生时,汽提气可在再（重）沸器内预热后通入贫液汽提柱,也可直接通入再沸器内。通入方式不同,效果也不一样。汽提气应是不溶于水、204 ℃ 以下稳定的气体。通常使用的气体为 0.3 ~ 0.6 MPa 的现场干天然气或三甘醇富液的闪蒸汽。汽提气的用量不宜过大,以防止贫液汽提柱发生液泛,如图 6.14 所示。

（2）共沸蒸馏再生

在寒冷地带,要求干天然气露点很低,这就要求脱水吸收塔入塔贫液的甘醇含量很高,采用一般的再生方法很难取得甘醇浓度很高的贫液。因此,共沸蒸馏在再生高甘醇浓度的贫液中起了重要作用。

由于水和许多有机溶剂均可形成较低沸点的共沸物,共沸蒸馏再生方法也就利用这一原理,选择合适的共沸剂,使甘醇中的水很容易蒸馏干净。共沸剂的选择要求无毒,不溶于水和甘醇,蒸发损失小,且价廉易得。可用于三甘醇再生的共沸剂有异辛烷、苯、甲苯、二甲苯、丁酸乙酯等,工业中常用的是异辛烷。

再生过程中,共沸剂与水一起从再生塔顶蒸出,经冷凝后与水分相,再返回使用。

（3）再沸器的加热方式

甘醇再生脱水的再沸器加热方式可以是燃料气直接燃烧加热,也可以采用蒸汽加热、电加热或其他加热方式。加热时,热介质通过加热管对甘醇液进行升温加热。由于所处理的天然气本身就是燃料气,因而大多数再生系统采用的是天然气直燃式加热。

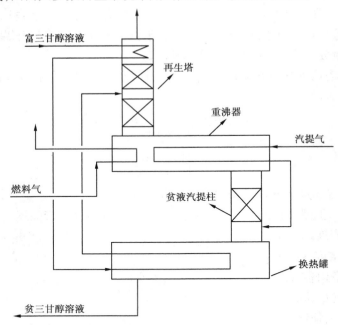

图 6.14 三甘醇溶液汽提再生示意图

(4)冷换设备

从再沸器出来的甘醇贫液温度约 200 ℃,不能直接用于吸收,必须将其降温至与进入吸收塔的天然气温度相差不大的程度。因此,贫液从再沸器出来后,经一换热器加热从吸收塔底出来的冷富液,自身温度降至 60 ~ 65 ℃,再经一冷却器水冷至 50 ~ 55 ℃后才送入吸收塔。

(5)闪蒸器

在吸收塔内,特别是高压操作的吸收塔,有一定量的烃类气体会溶于甘醇溶液中。甘醇溶液吸收烃气,特别是芳烃之后,发泡倾向加大,导致甘醇损失增加;此外,这些烃气在压力降低时会急速逸出,在设备中引起两相混合流体的高速湍流,加速管线和设备的腐蚀与冲蚀;同时,烃气的溢出若处理不善会导致起火或其他事故。

为解决这一问题,在富液进入再生塔之前,增加一闪蒸设备,让所吸收的烃类气体充分释放出来。一般要求富液在闪蒸器内的停留时间为 5 ~ 20 min,闪蒸出的气体可用作汽提气。

用三甘醇作脱水剂脱除酸性天然气中的水分时,硫化氢会溶解到甘醇溶液中,这不仅会使甘醇溶液 pH 值下降,加大设备管线的腐蚀,而且 H_2S 还会与甘醇发生反应,导致三甘醇变质。因此,在酸性天然气脱水工艺中,富液在进入再生塔前,应增加一个酸气汽提塔,先行脱除其中的 H_2S。

4)氯化钙溶液脱水工艺

氯化钙是一种吸水性很强的无机盐,其高浓度的水溶液也具有很强的吸水性,因此,氯化钙溶液作为天然气脱水中第一个使用的脱水剂,在天然气净化中起过相当重要的作用。

用氯化钙溶液脱水的工艺过程十分简单,仅需一个塔即可完成(见图 6.15)。脱水塔共分 3 部分:上部为吸附段(吸附床),内装直径 10 ~ 20 mm 的固体氯化钙颗粒;中部为吸收段,内装 3 ~ 5 块塔板;下部为分离段,是空塔体。

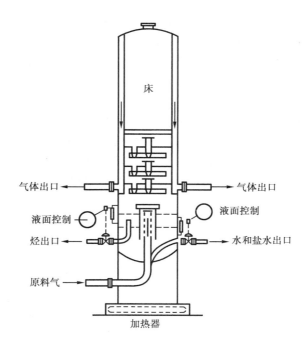

图 6.15　氯化钙脱水塔

　　在脱水过程中,湿天然气先进入脱水塔下部的分离段,脱除所带游离液滴后进入吸收段。在吸收段中,上升的天然气与上段下来的浓氯化钙溶液在塔板上接触,脱去部分含水。进入上部的吸附段时,天然气在固定氯化钙床层中将其余水分脱除,氯化钙颗粒在吸附一定量的水分后溶解下滴至中段,为吸收提供吸收剂。

　　由于上层颗粒的不断溶解,床层将逐渐变薄。在床层薄到不能满足脱水要求时,就需要重新装填,所以,在处理工艺中往往需要两座相同结构的塔轮换使用。

　　正因为氯化钙颗粒的装填费钱费事,因此,现在使用此法者已大为减少。

6.2.2.2　固体吸附法

1)吸附过程和常用吸附剂

　　流体在流经多孔固体粒子时,其中的某些组分分子被固体内孔表面所吸着的过程称为吸附过程。吸附是固体表面作用力的结果,根据表面力的性质可将吸附过程分为物理吸附和化学吸附两大类。

　　物理吸附主要由范德华(Van de Waals)力或色散力所引起,气体的吸附类似于其凝聚,一般无选择性,过程可逆,吸附热小。吸附作用可以是单分子层,也可以是多分子层吸附。吸附所需的活化能小,所以吸附速度快,比较容易达到平衡。

　　化学吸附主要由吸附剂表面剩余价力和吸附质之间的作用所致,类似于化学反应,有明显的选择性,多数过程不可逆,吸附热大。化学吸附为单分子层吸附,吸附所需活化能大,所以吸附速度慢,在低温下不易达到平衡。

　　由于化学吸附多数情况下是不可逆的,吸附剂再生困难,因此在天然气固体吸附法脱水工艺中多采用物理吸附方法。当然,物理吸附和化学吸附相互并不排斥,在同一体系内可能同时或相继出现两种类型的吸附。

用固体吸附法脱除天然气中的水分,得到的干气露点可低于 -50 ℃,操作状态和过程对进料气的温度、压力和流量的变化不敏感,工艺简单,操作方便,对小流量气体脱水操作成本较低。但该方法也有它的不足,如气压降大,吸附剂易中毒和破碎,能耗高,一次性投资费用大。因此,固体吸附法一般适合于中小气流量的天然气脱水。

(1)吸附的基本过程

天然气的固体吸附脱水装置多采用固定床吸附塔。塔内吸附床一般分为 3 段(见图 6.16):上段为饱和吸附层,气体从塔顶进入后,其中的水分在此段被大量吸附;中段为吸附传质层,在饱和段未被吸附尽的水分在此段被进一步吸附,其吸附程度呈一分布带[见图 6.16(a)];下段则吸附量极微,称为未吸附段,用来保证出塔气能达到规定的脱水要求。

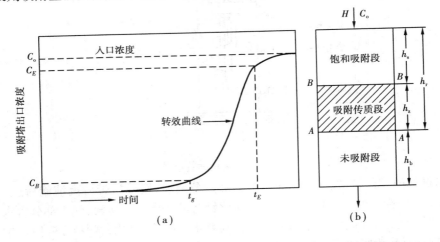

图 6.16　吸附剂床和在出床层气体中被吸附物质浓度随时间的变化

在吸附操作过程中,饱和吸附段和吸附传质段的下边界会逐步下移。当吸附传质段的下边界移至床层下端时,未吸附段消失,出口气中的水分将迅速增加,此一时刻称为吸附过程的转效点(t_B)。通常到此时就不能再继续使用,需对吸附床进行再生。若继续操作,饱和吸附段的下边界移至床层下端,则称床层到达饱和点(t_E)。

(2)常用脱水吸附剂

对天然气脱水的固体吸附剂,通常要求具有以下性能:

①吸附表面积大,一般要求 $500 \sim 800$ m²/g;

②对应脱除物具有吸附活性;

③有较高的传质速率;

④能简便经济地再生;

⑤使用寿命长,使用中活性保持良好;

⑥孔隙率高,气体阻力小;

⑦吸水前后都具有较高的机械强度;

⑧吸附和再生过程中,体积无明显变化;

⑨堆密度高,无腐蚀性,无毒性,化学惰性,价格合理。

天然气吸附脱水中常用的固体吸附剂及其主要性能如表6.6所示。

表 6.6 常用吸附剂的主要物理特性

吸附剂	硅胶	活性氧化铝	硅石球(H₁R 型硅胶)	分子筛
	Davidson 03	Alcoa(F-200)	Kali-chemie	Zeochem
孔径/nm	1~9	1.5	2~2.5	0.3,0.4,0.5,0.8,1
堆密度/(kg·m⁻³)	720	705~770	640~785	690~750
比热容/(kJ·kg⁻¹·K⁻¹)	0.921	1.005	1.047	0.963
最低露点/℃	-96~-56	-96~-50	-96~-50	-185~-73
设计吸附容量/%	4~20	11~15	12~15	8~16
再生温度/℃	150~260	175~260	150~230	220~290
吸附热/(kJ·kg⁻¹)	2 980	2 890	2 790	4 190(最大)

2)吸附脱水工艺流程

不同固体吸附剂对天然气脱水的工艺过程基本相同,一般采用双塔流程,一塔脱水时,另一塔再生。也有采用三塔或多塔的流程,在三塔流程中,通常是一塔操作,一塔再生,另一塔冷却。

图 6.17 为吸附法高压天然气脱水的典型双塔流程。

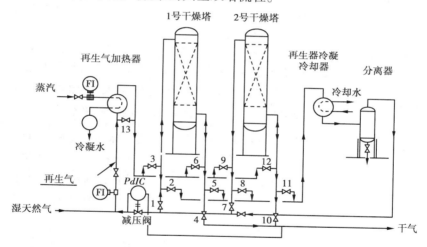

图 6.17 典型高压天然气吸附脱水流程图

在操作中双塔轮换脱水和再生。一号塔的工作过程为:

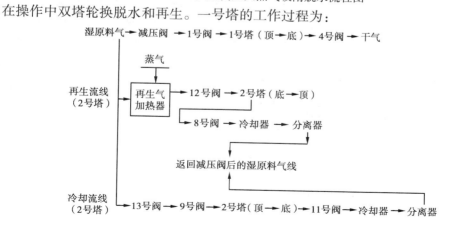

二号塔的工作过程为：

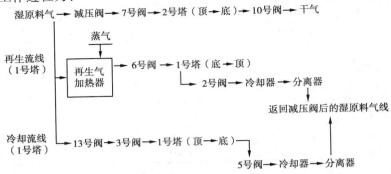

该流程的典型操作条件如表6.7所列。

表6.7　吸附法高压天然气脱水装置操作参数

操作	参　数	说　明
吸附	操作温度	为了使吸附剂能保持高湿容量,除分子筛外,对于其他各种吸附剂,操作温度最好不超过38 ℃,最高不能超过50 ℃,超过此温度应考虑使用分子筛吸附剂,但是原料湿气体温度也不能低于其水化物形成温度
	操作压力	压力对干燥剂湿容量影响甚微,主要由输气管线压力决定。但是操作过程中应避免压力波动,如果脱水塔放空进行太急,床层截面会产生局部气速过高,引起床层移动和摩擦,甚至吸附剂颗粒会被气流夹带出塔
	吸附剂使用寿命	一般为1~3年,决定于原料湿气体气质及吸附和再生过程操作情况
	操作周期	通常采用8 h,也有采用16 h和24 h的再生操作
再生	加热方式	通常在总原料湿气流中抽出一部分气体,加热后进入再生床层,然后再回到湿原料气总管或者与干燥后气体混合,进入输气干线
	再生温度	因使用的吸附剂不同而不同,一般为175~260 ℃。使用较高的再生温度可提高再生后吸附剂的湿容量,但会缩短其有效使用寿命
	再生气流量	为总原料湿气体的5%~15%,由具体操作条件而定。再生气体流量应足以保证在规定时间内将再生吸附剂提高到规定的温度
	再生时间	使再生吸附器出口气体温度达到预定的再生温度所需的时间为总周期时间的65%~75%,床层冷却所占时间为25%~35%,若采用操作周期为8 h,对于双塔流程,则加热再生吸附床层时间为5~6 h,冷却床层时间为2~3 h
冷却	冷却气流量	通常与再生气流量相同
	最后冷却温度	为40~55 ℃,通常为50~52 ℃

3)工艺计算

(1)吸附操作周期

在装置处理气量、进口气湿含量和干气露点要求确定后,吸附操作周期主要取决于吸附剂的填装量和湿容量。

吸附操作周期的确定应考虑能满足另一个塔的再生和冷却时间。吸附操作周期的切换应在吸附塔达到转效点时进行。

（2）吸附剂的湿容量

根据图 6.16 可知,吸附床的湿容量由饱和吸附段和吸附传质段两部分的吸附剂的湿容量构成。吸附剂的有效湿容量可由以下经验式计算:

$$xh_T = x_s(h_T - 0.45h_z) \tag{6.2.23}$$

式中　x——吸附剂的有效湿容量,100 kg 吸附剂吸附水的 kg 数,% ;

x_s——吸附剂的动态平衡饱和湿容量,100 kg 吸附剂吸附水的 kg 数,% ;

h_T——饱和段与传质段床层高度和,m ;

h_z——传质段床层高度,m。

当吸附操作在转效点结束时,未吸附段高度 $h_b = 0$,h_T 就等于床层总高度,此时,x 称为吸附剂的转效点湿容量。

吸附传质段高度 h_z 与湿原料气组成、流速、相对湿度和吸附剂装填量有关,受压力的影响较小。h_z 可用下式计算:

$$h_z = 1.74 \times 10^{-3} A \left[\frac{q^{0.7895}}{u_g^{0.5506} \varphi^{0.2646}} \right] \tag{6.2.24}$$

$$q = 1.2 \left[\frac{Q_s W}{D^2} \right], u_g = \frac{4.378 \times 10^{-4} Q_s Z_f T_f}{P_f D^2}$$

式中　q——吸附剂床层的水负荷,mg/(m^2 · s) ;

u_g——空塔线速,m/s ;

φ——进口气的相对湿度,% ,$\varphi = \dfrac{e}{e_s} \times 100\%$,e 为实际含水量,e_s 为饱和含水量;

A——吸附剂常数,硅胶 $A = 1$,活性氧化铝 $A = 0.8$,分子筛 $A = 0.6$;

Q——湿原料气基准体积(293.15 K,1.101 325 MPa 下)流量,m^3/s ;

W——湿原料气标准体积(273.15 K,0.101 325 MPa 下)含水量,mg/m^3 ;

D——吸附床直径,m ;

P_f——操作压力,MPa ;

T_f——操作温度,K ;

Z_f——湿原料气在 P_f 和 T_f 下的压缩系数。

式(6.2.23)计算出的 x 是吸附剂在吸附装置中所表现出的有效湿容量。对每种吸附剂来说,在相对湿度为 100% 时,都有一个设计湿容量,可从有关数据表中查到。如硅胶,设计湿容量为 7% ~9% ,活性氧化铝为 4% ~7% ,A 型分子筛为 9% ~12% 。

吸附剂的再生一般采用高温气体反吹方式进行。再生气的反吹温度通常控制为 175 ~260 ℃ ,用分子筛深度脱水时,反吹温度可高达 260 ~371 ℃ 。再生操作一般在常压下进行,必要时可采用减压再生。

（3）吸附塔计算

①吸附剂装填体积:

$$V_b = \frac{0.335\ 2 Q_s W t_B}{x \rho_b} \tag{6.2.25}$$

式中　t_B——吸附操作周期,h;

　　　ρ_b——吸附剂的堆密度,kg/m³;

　　　其余同前,V_b单位为 m³。

②空塔线速度:

$$u_g = \frac{2.93 \times 10^{-4} Z_f T_f}{P_f S}(C\rho_g \rho_b d_p)^{0.5} \qquad (6.2.26)$$

式中　S——气体的相对密度,以空气密度为1计;

　　　C——常数,取值 $0.25 \sim 0.32$;

　　　ρ_g——操作状态下的气体密度,kg/m³;

　　　d_p——平均粒径,m。

　　　其余符号同前,u_g单位 m/s。

③塔径计算:

$$D = \left(\frac{4.493 \times 10^{-4} Q_s Z_f T_f}{P_f u_g}\right)^{0.5} \qquad (6.2.27)$$

各计算式中的 Z_f,可查有关手册得到。图 6.18 是低分子量天然气的压缩系数图,条件相近的天然气可用此查出近似值。

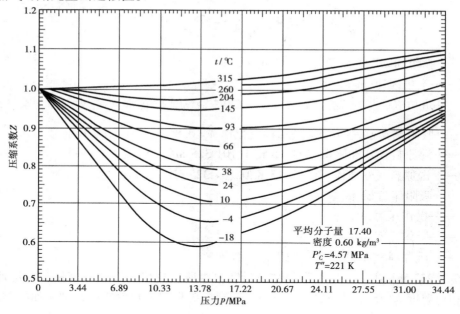

图 6.18　低分子量天然气的压缩系数

4)其他吸附净化过程

(1)同时脱除水汽和含硫化合物

采用抗酸性分子筛作吸附剂,在脱水的同时可以脱除硫化氢、硫醇等含硫化合物。当天然气中含有 CO_2 时,也会被一并脱除。

典型的工艺流程为 EFCO 流程,如图 6.19 所示。

(2)脱除水分同时回收重烃组分

大多数吸附剂在吸附水的同时,也能吸附烃类物质,烃链越长,越容易被吸附。因此,对含重烃组分较多的天然气,可在吸附脱水的同时回收重烃组分。该过程使用的吸附装置与一般脱水过程相同,但操作周期要缩短。为保证充分的再生冷却时间,通常采用三塔或三塔以上的吸附装置。再生气出来后用冷凝器将重烃类物质和水一起冷凝,在油水分离器中回收重烃。

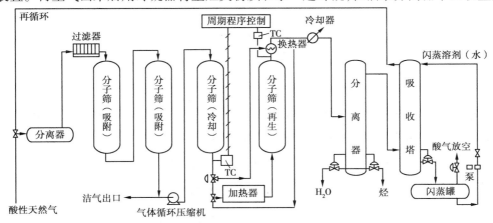

图 6.19　EFCO 过程流程图

6.2.3　天然气脱硫及硫磺回收

天然气的脱硫方法与合成氨原料气的脱硫方法一样,可采用 3 种方式:化学吸收法、物理吸收法和直接氧化法。脱硫工艺与合成氨中所介绍的大致相同,因此,此处不再重复,这里着重介绍硫磺的回收和回收尾气的处理。

6.2.3.1　硫磺的回收

自脱硫装置出来的含硫气体,通常称为酸性气体,是回收高纯度硫磺的极好原料,回收的硫磺纯度可达 99.95%(干基)以上。酸性气体回收硫磺普遍采用的方法是克劳斯(Claus)法,即氧化催化法。尽管工艺流程几经改进,但基本工艺原理仍是氧化催化。

1)硫磺回收的化学原理

脱硫出来的酸性气体中,主要成分是 H_2S 气体,其他组分含量相对较少。因此,回收过程中,在燃烧炉和转化器中所发生的反应主要是:

$$H_2S + \frac{3}{2}O_2 \longrightarrow H_2O + SO_2(燃烧) \tag{1}$$

$$\Delta H = -519.16 \text{ kJ/mol}$$

$$2H_2S + SO_2 \longrightarrow 2H_2O + \frac{3}{x}S_x(转化) \tag{2}$$

$$x = 2 \qquad \Delta H = +51.71 \text{ kJ/mol}$$
$$x = 6 \qquad \Delta H = -84.99 \text{ kJ/mol}$$
$$x = 8 \qquad \Delta H = -100.65 \text{ kJ/mol}$$

由于单质硫存在多种聚集形态,特别是硫蒸汽中,聚集形态更多。硫的聚集形态受温度影响较大,如硫蒸汽在常温沸点下主要是 S_6,S_7 和 S_8,温度升高时 S_2 随之增加,当温度达到 900 ℃时,基本上是 S_2 形态,到 1 700 ℃时则开始离解成单原子硫。

酸气中的其他成分虽少,但在过程中也会发生反应。如燃烧炉中:

$$CH_4 + 2O_2 \longrightarrow CO_2 + 2H_2O \tag{3}$$

$$2C_2H_6 + 7O_2 \longrightarrow 4CO_2 + 6H_2O \tag{4}$$

此外,还可能存在一些副反应,如:

$$H_2S + CO_2 \longrightarrow COS + H_2O \tag{5}$$

$$CH_4 + 2S_2 \longrightarrow CS_2 + H_2O \tag{6}$$

$$2H_2S + CO_2 \longrightarrow CS_2 + 2H_2O \tag{7}$$

$$CH_4 + 2SO_2 \longrightarrow CS_2 + 2H_2O \tag{8}$$

因此,硫磺回收装置中的实际反应十分复杂,不过从 H_2S 为主要成分的酸性气体制硫,其核心反应乃是反应(1)和(2),以及相应的单质硫形态转化反应:

$$3S_2 \Longleftrightarrow S_6 \quad \Delta H = -45.55 \text{ kJ/mol} \tag{9}$$

$$4S_2 \Longleftrightarrow S_8 \quad \Delta H = -50.79 \text{ kJ/mol} \tag{10}$$

$$4S_6 \Longleftrightarrow 3S_8 \quad \Delta H = -5.23 \text{ kJ/mol} \tag{11}$$

反应(1)取决于燃烧炉的空气供给量,反应(2),(9),(10)和(11)则受操作压力和温度的控制处于不同的平衡状态。

若假定燃烧炉内氧气全部耗尽(工艺上可以做到),根据 H_2S 在纯理论需氧量下发生反应的化学平衡计算,可得到 H_2S 转化生成硫蒸汽的理论平衡值与温度和压力的关系(见图6.20)。

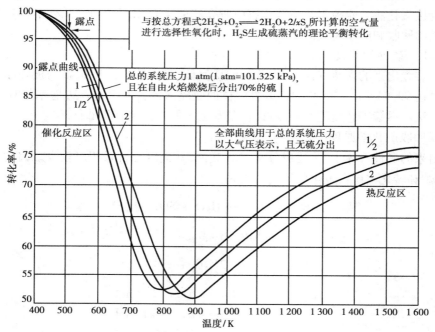

图6.20　纯 H_2S 制硫的理论平衡转化率

从图中可以看出,H_2S 的转化过程可分为两部分,900 K 以上的热反应区和800 K 以下的催化反应区。在热反应区内,温度升高转化率增大,而压力增高转化率则降低。在催化反应区内,情况则正好相反。在 800 ~ 900 K 温度区内,转化率处于最低状态,因此,在转化器内应避免该温度区操作。

2)硫磺回收催化剂

硫磺回收催化剂的活性组分是活性氧化铝,它依靠分布在表面上的大量活性中心吸附 H_2S 和 SO_2,使之反应生成单质硫。

活性氧化铝由氧化铝水合物热脱水生成。氧化铝的水合物按含水量分为三水水合物和一水水合物。三水水合物,又称氢氧化铝,分子式可写为 $Al_2O_3 \cdot 3H_2O$ 或 $Al(OH)_3$,其主要结构类型有 α-三水铝石、$β_1$-三水铝石和 $β_2$-三水铝石。一水水合物,分子式可写为 $Al_2O_3 \cdot H_2O$ 或 AlOOH,主要结构类型有一水硬铝石,一水软铝石和假一水软铝石。在 600 ℃ 以下对这些水合铝石脱水,就可得到活性氧化铝,若脱水温度高于 600 ℃,则会逐渐生成高温氧化铝,失去活性。

目前硫磺回收中使用较多的是铝土矿型催化剂,它的主要成分是氧化铝水合物,以及少量的 Fe_2O_3,SiO_2,TiO_2 等。氧化铝水合物中既有三水水合物,也有一水水合物,三水水合物含量高者,其催化活性较好。用铝土矿作催化剂时,将其制成块状或条状,以降低床层阻力。铝土矿催化剂的热脱水活化温度为 400 ~ 500 ℃。

直接用活性氧化铝作催化剂,可以获得更高的硫磺回收率。但由于活性氧化铝的制作费用高,所以价格较贵,将导致回收硫磺的成本增加。

硫磺回收催化剂在使用中,若温度控制不当,会引起结构转型,降低活性。此外,在使用过程中,由于吸附作用,表面会粘上单质硫、析炭、焦油等,还可能生成硫酸铝。因此,催化剂在使用一定时期后,应进行活化再生,恢复活性。若活性恢复不能达到要求,就需更换新的催化剂。

3)回收工艺流程

工业上使用的氧化催化法硫磺回收工艺有两种普遍使用的流程:单流法和分流法。对含 H_2S 较少的酸性气体,则采用阿莫科(Amoco)工艺流程。

(1)单流法工艺流程

当酸性气体中的 H_2S 高于 25% 时,通常应选择单流法工艺来回收硫磺。单流法工艺流程如图 6.21 所示,硫收率可达 95%。

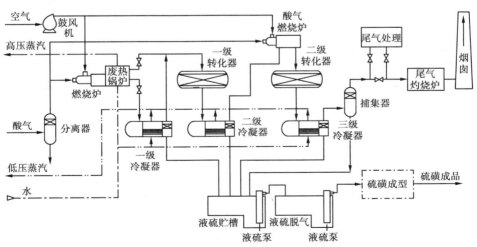

图 6.21 单流法工艺流程图

在单流法中,所有酸性气体全部进入燃烧炉,按要求严格配给空气,使酸性气体中的全部烃类完全燃烧,H_2S 只反应 1/3,以便生成的 SO_2 与剩下的 2/3 H_2S 反应生成单质硫。燃烧炉内温度一般为 1 100~1 600 ℃,此时 60%~70% 的 H_2S 转化成单质硫。由于温度高,炉内副反应复杂,会有少量 COS 和 CS_2 生成。

从燃烧炉出来的含硫蒸汽的高温气体,经废热锅炉回收热能之后,经冷凝分硫进入一级转化器。转化反应是放热反应,一级转化后的气体经二级冷凝分硫后再送入二级转化器中。二级转化器中通常装活性较高的催化剂,以期获得较高的转化率。由于是放热反应,降低转化温度有利于硫的生成,但转化器温度不能太低,以防止蒸汽硫凝析出来造成催化剂堵塞。

为提高收率,三级冷凝器出口气温应尽可能低,同时再用一捕集器分离气相中的夹带液硫。回收硫后的尾气通常要处理后才能排放。

(2)分流法工艺流程

当酸性气体中的 H_2S 的体积分数不足 25% 时,采用单流法工艺燃烧时难以稳定,所以一般应选择分流法工艺流程(见图6.22)。分流法的硫收率比单流法低,一般仅达 92% 左右。

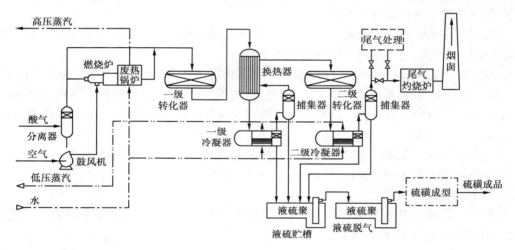

图 6.22　分流法工艺流程图

在分流法中,只让 1/3 的酸性气体进入燃烧炉,严格按要求配给空气量,使全部烃类完全燃烧,其中的 H_2S 全反应生成 SO_2,剩余氧为零。

从燃烧炉出来的含 SO_2 的高温气体在废热锅炉回收热量后,与另外 2/3 的酸气汇合,进入一级转化器,之后与单流法相同。

由于有 2/3 的酸性气体不经过燃烧炉,因此,分流法要求气体中不得含有重烃类化合物和其他有机物,以免引起催化剂的结炭和结焦,影响成品硫的质量。

(3)阿莫科法工艺流程

如果酸性气体中 H_2S 体积分数太低,低于 15%,则无法用分流法进行回收,只能选择阿莫科法回收工艺(见图6.23)。

在阿莫科法中,酸性气体和空气先与一种热载体道热姆(Dowtherm)的蒸汽换热,升温后才进入一个特殊设计的燃烧炉燃烧。燃烧炉内通入部分燃料气,以维持稳定的酸气火焰。气体从道热姆锅炉出来后,后续的操作与单流法和分流法相同。

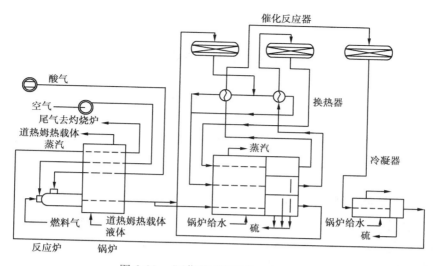

图 6.23 阿莫科硫磺回收工艺流程图

由于酸性气体中 H_2S 体积分数较低,因此,阿莫科法的硫回收率一般都不高,约 90%。

4)硫磺回收率的影响因素

克劳斯法回收硫磺的影响因素很多,其主要有以下几个:

(1)转化器级数和操作温度

由于转化反应是一个可逆反应,反应平衡关系受转化器级数和操作温度的影响很大。从理论上讲,由于每级转化后都要冷凝分硫,降低产物含量,因此,级数越多,收率越高。但实际上,当残留 H_2S 和 SO_2 很少时,增加转化级数并不能提高收率多少。工业上多采用二级或三级转化。

转化反应是放热反应,根据热力学原理,降低转化温度有利于硫的生成,但温度接近硫蒸汽的饱和露点时,操作将是危险的,稍有不慎,则会导致硫蒸汽凝结到催化剂表面,使催化活性降低。

(2)配风比

配风比,就是进入燃烧炉的空气与酸性气体的体积比。当酸性气体中的可燃组分确定时,可按化学反应式的理论需氧量计算其配风比。若酸性气体中除 H_2S 外的可燃组分体积分数低时,可假定为完全燃烧计算配风量。若体积分数较高时,则应考虑不完全燃烧的可能性,配风量的计算要做适当的调整。

配风量的不足或过剩都将对硫的收率产生严重影响。以单流法为例,若配风量不足,不能生成足够的 SO_2,使 H_2S 过剩造成损失;若配风量过大,则会导致过多的 SO_2 生成,形成 H_2S 不足而造成过剩的 SO_2 损失。由于酸性气体供给中的 H_2S 不能保持恒定,因此,为保证操作过程中的 $n(H_2S)/n(SO_2)=2$,必须根据酸气中 H_2S 的体积分数来随时调节空气配给量。

(3)有机硫损失

酸性气体中本身就含有一些不能燃烧的有机硫组分,如 COS 和 CS_2,在燃烧炉中,副反应也要产生一定的 COS 和 CS_2。这两种组分都十分稳定,最后随尾气排出系统,造成硫的损失。

由于 COS 和 CS_2 在 371 ℃时,可在克劳斯反应催化剂作用下发生水解:

$$COS + H_2O \rightleftharpoons H_2S + CO_2 \tag{12}$$

$$CS_2 + 2H_2O \rightleftharpoons 2H_2S + CO_2 \tag{13}$$

因此,转化反应时,可将一级转化器的操作温度控制在 371 ℃左右,以促使 COS 和 CS$_2$ 的水解,提高有机硫的回收率。

但是,由于操作温度的提高,一级转化器的转化率将下降,因而需增加一级转化器来弥补。

(4)转化气的冷凝和液硫雾滴的捕集

末级转化气冷凝器的出口气温和硫雾捕集器的捕集能力是决定硫蒸汽损失和夹带硫损失的关键。

末级冷凝器出口气温应尽可能低,一般控制在 127 ℃左右。液硫雾滴的捕集器安装在末级冷凝器之后,一般采用立式,内装不锈钢丝网或拉西环,气速控制为 1.5 ~ 4.1 m/s,捕集率可达 97.5%。

6.2.3.2　硫磺回收尾气的处理

用克劳斯法回收硫磺时,其硫的回收率为 93% ~ 97%,尾气中仍有 3% ~ 7% 的含硫化合物。这部分含硫化合物主要是 H$_2$S,SO$_2$,COS 和 CS$_2$,以及未冷下来的硫蒸汽。如果将此尾气直接排放,将对环境造成严重污染,因此,必须对它进行处理后才能排放。

尾气处理方法很多,应用也很广,在天然气工业中用于硫磺回收尾气处理方法常见的有 6 种,即斯科特(SCOT)法、比文(Beavon)法、魏尔曼-洛德(Wellman-Load)法、萨弗林(Sulfreen)法、冷床吸附(CBA)法和克劳斯波尔(Clauspol)法。下面简要介绍其中两种常用的方法。

1)斯科特法

斯科特法是目前使用较多的尾气处理方法,技术比较成熟,总硫回收率高(可达 99.8% 以上),适于处理 CO$_2$ 体积分数低于 40% 的克劳斯装置尾气。

斯科特法的基本工艺原理就是用 CoO-MoO$_3$-Al$_2$O$_3$ 催化剂将尾气中的 SO$_2$、单质硫和有机硫还原成 H$_2$S,用二异丙醇胺溶液将 H$_2$S 吸收后与尾气分离,吸收液经再生后返回使用,再生气则送返硫回收装置使用,其工艺流程如图 6.24 所示。

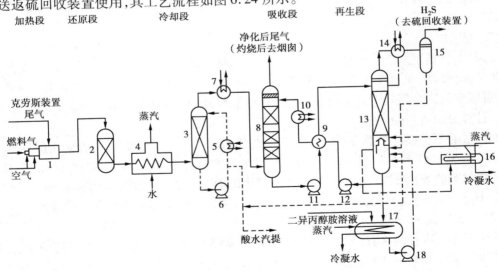

图 6.24　斯科特法工艺流程图

1—在线燃烧炉;2—加氢反应器;3—喷淋冷却塔;4—废热锅炉;5—换热器;6—泵;
7—冷却器;8—吸收塔;9—换热器;10—冷却器;11—泵;12—泵;13—再生塔;
14—冷凝冷却器;15—液滴捕集器;16—重沸器;17—溶剂罐;18—泵

2）克劳斯波尔法（IFP 法）

克劳斯波尔法是一种在低温、液相和催化剂作用下,使克劳斯尾气中的 H_2S 和 SO_2 反应生成单质硫的方法,实质上是克劳斯法回收硫的外部延续过程。

该方法以聚乙二醇为溶剂,羧酸盐为催化剂,在吸收反应塔内完成反应过程,生成的硫靠其自身重力沉降至塔底实现分离回收,溶剂和催化剂循环使用。该法可将总硫回收率提高到98.5% ~99.3%,尾气中的有机硫不能回收,其工艺流程如图 6.25 所示。

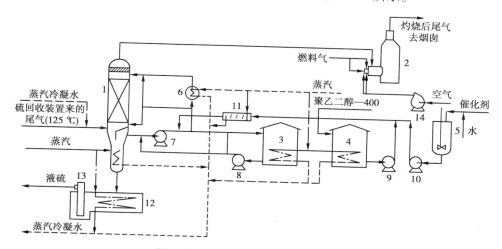

图 6.25　克劳斯波尔法工艺流程图

1—吸收反应塔;2—尾气灼烧炉（热催化）;3—聚乙二醇中间储罐;4—聚乙二醇储罐;
5—催化剂配制罐;6—换热器;7—溶剂循环泵;8—供料泵;9—聚乙二醇补充泵;
10—催化剂水溶液计量泵;11—混合器;12—液硫槽;13—液硫泵;14—空气分机

为了提高硫磺回收效率和尾气处理效率,近年来在克劳斯法的基础上相继出现了将硫磺回收和尾气处理合为一体的工艺,即克劳斯组合工艺和克劳斯变体工艺。

克劳斯组合工艺就是将克劳斯段与尾气处理段组合成一体化装置的工艺,如冷床吸附法（CBA）、MCRC 法和超级克劳斯法等。

克劳斯变体工艺仍然以克劳斯反应为基础,但在工艺上与传统克劳斯工艺相比有显著的不同,比较典型的有富氧克劳斯法、直接氧化法和等温催化法等。

6.3　天然气转化合成甲醇

在第一章合成氨工艺中,利用天然气生产合成氨时,首先得将天然气转化成合成气,然后再进行后续工序的生产加工。天然气转化为合成气后,除可生产合成氨外,还可生产其他化工原料产品,其中最重要的就是甲醇。

6.3.1 甲醇性质及制备原理

6.3.1.1 甲醇的性质及用途

甲醇是饱和一元醇,分子式为 CH_3OH,纯甲醇是无色、透明、有毒、易挥发的液体,可与水无限量混合,在嗅觉和味觉上几乎与乙醇一样。甲醇对人体有剧毒,饮用后会导致双目失明。甲醇的物理性质见表6.8所示。

甲醇是一种用途很广的化工原料,主要用于生产甲醛、醋酸、甲苯胺、氯甲烷及各种酸的酯类和维尼纶等,并在很多工业部门中广泛用作溶剂。甲醇在气田开发中用作防冻剂,添在汽油中可提高汽油的辛烷值,甲醇还可直接用作燃料用于发动机。

表6.8 甲醇的物理性质

项　目	数　值	项　目	数　值
分子量	32.04	氧的体积分数/%	49.9
相对密度(d_4^{20})	0.791 3	临界温度/℃	239.43
沸点/℃	64.7	临界压力/MPa	8.096
熔点/℃	−97.68	热值/($MJ \cdot kg^{-1}$)	20
折射率(n_D^{20})	1.328 4	比热容/($kJ \cdot kg^{-1} \cdot ℃^{-1}$)	2.49
自燃点/℃	470	蒸发潜热/($kJ \cdot kg^{-1}$)	1 100.4
闪点(开,闭)/℃	16,12	熔化热/($kJ \cdot kg^{-1}$)	102.9
黏度(20 ℃)/($Pa \cdot s$)	0.594 5	燃烧热/($kJ \cdot kg^{-1}$)	22 662
表面张力/($mN \cdot m^{-1}$)	22.6	卫生允许最高浓度/($mg \cdot L^{-1}$)	0.05
蒸汽密度(以空气为1)	1.11	爆炸范围/%	6~36.5

6.3.1.2 合成甲醇的制备原理

天然气转化合成气中的 CO 或 CO_2 与 H_2 在一定温度、压力和催化剂作用下反应生成甲醇。其主反应为:

$$CO + 2H_2 \Longrightarrow CH_3OH \quad \Delta H = -102.5 \text{ kJ/mol} \tag{1}$$

$$CO_2 + 3H_2 \Longrightarrow CH_3OH + H_2O \quad \Delta H = -49.5 \text{ kJ/mol} \tag{2}$$

主要副反应有:

$$2CO + 4H_2 \Longrightarrow CH_3OCH_3 + H_2O \quad \Delta H = -200.2 \text{ kJ/mol} \tag{3}$$

$$CO + 3H_2 \Longrightarrow CH_4 + H_2O \quad \Delta H = -206 \text{ kJ/mol} \tag{4}$$

$$4CO + 8H_2 \Longrightarrow C_4H_9OH + 3H_2O \quad \Delta H = -49.2 \text{ kJ/mol} \tag{5}$$

$$CO_2 + H_2 \Longrightarrow CO + H_2O \quad \Delta H = 42.9 \text{ kJ/mol} \tag{6}$$

甲醇的合成反应是减分子放热反应,由化学热力学原理可知,增加压力、降低温度、减少反应气流中的惰性气体浓度均有利于甲醇的生成。反应物中 $n(H_2)/n(CO)$ 值对甲醇平衡质量分数也有影响,例如,在 20 MPa,380 ℃下合成甲醇,$n(H_2)/n(CO) = 2$ 时,甲醇平衡质量分数为14.8%;$n(H_2)/n(CO) = 4$ 时,甲醇平衡质量分数降至 13.3%。

6.3.2　合成甲醇生产工艺

用天然气生产甲醇,在将天然气用水蒸气催化转化成合成气后,根据所用催化剂的不同,可分为高压、中压和低压合成 3 种方法。

6.3.2.1　高压法合成甲醇

高压法合成甲醇于 1923 年由德国巴登苯胺烧碱厂(BASF)的米塔希(Mittasch)和施耐德(Schneider)发明。目前广泛使用的 UKW 法为德国联合莱茵褐煤燃料公司开发的流程,如图 6.26 所示。

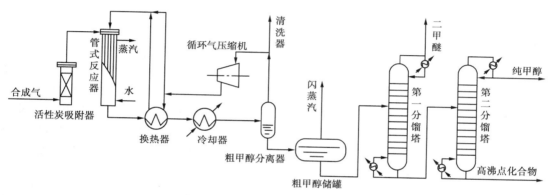

图 6.26　高压法合成甲醇生产流程图

操作压力约 30 MPa,温度 320~370 ℃,催化剂为氧化锌/氧化铬复合催化剂。

经压缩后的合成气在活性炭吸附器中脱除五羰基碳后,同循环气一起送入管式反应器中,在 350 ℃和 30 MPa 压力下,一氧化碳和氢通过催化剂层,发生反应生成粗甲醇。含粗甲醇的气体从反应器出来后,经换热、冷却后迅速送入粗甲醇分离器中,使粗甲醇从气相中冷凝出来,未反应的一氧化碳和氢气循环返回反应器。

冷凝出的粗甲醇送入精馏装置,在第一分馏塔中分出二甲醚和甲酸甲酯及其他低沸点不纯物,在第二分馏塔中除去水和杂醇,得到精甲醇。甲醇质量分数:99.85%~99.95%。

高压法合成甲醇的主原料为天然气,标准状态下发热值为 41 826 kJ/m³。

高压法合成甲醇的定额消耗(以生产每吨甲醇计)如下:

天然气　900 m³　　　　　　　　　　电　63 kW·h

锅炉给水　0.72 t　　　　　　　　　　冷却水　57 t

高压法的特点是催化剂耐硫,抗热性较好,对含硫合成气比较适应,一般性过热对催化剂不致造成严重失活。但该催化剂的选择性较差,导致副产物较多,因而影响收率。此外,高温高压操作对设备材质要求严,使设备投资费用较高,对技术经济效果有负面影响。

6.3.2.2 低压法合成甲醇

低压法合成甲醇于 1960 年初由德国鲁奇(Lurgi)公司首先开发成功,其合成压力为 4～5 MPa,温度 200～300 ℃,采用铜基催化剂(CuO-ZnO-Al_2O_3)。其工艺流程如图 6.27 所示。

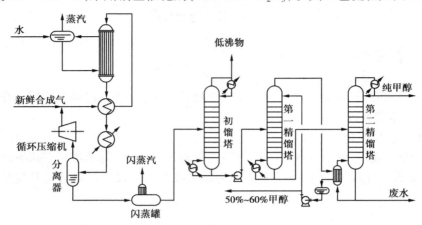

图 6.27　低压法合成甲醇生产流程图

合成气经压缩机压缩至 4～5 MPa 后,送入合成塔,经铜基催化剂催化合成甲醇。合成反应的反应热用热回收装置产生高压蒸汽用作透平压缩机动力。合成塔出来的含甲醇的产物气体经换热器与混合气换热后,用空气或冷却水换热冷却,使甲醇冷凝并在分离器中分离得到粗甲醇。

粗甲醇经闪蒸罐闪蒸后送去精馏装置精制。精制中,先用初馏塔除去二甲醚、甲酸甲酯等低沸点杂质,塔底物进第一精馏塔。在第一精馏塔中,50% 的甲醇由塔顶出来,其热量作为第二精馏塔再沸器加热的热源,塔底物进第二精馏塔。第二精馏塔塔顶馏出物经冷凝得精甲醇,部分回流后,其余为精甲醇产品,质量分数为 99.9%。

该工艺除纯甲醇产品外,第一精馏塔顶部馏出的 50% 甲醇经换热和部分回流后,可冷凝得到 50%～60% 的甲醇溶液。

低压合成法所用的铜基催化剂比高压合成法所用的锌铬催化剂活性高,选择性好,所得粗甲醇中甲醇质量分数高,因而使收率提高,生产成本下降。但由于反应压力低,使生产设备体积庞大,不利于大规模生产,故仅适用于中小规模的生产。此外,催化剂耐硫性不如高压合成法,因此,生产合成气的天然气中,硫的质量分数必须降至 0.1×10^{-6} 以下。

低压法合成甲醇的定额消耗如下:

原料天然气	910～925 m^3	燃料天然气	85～90 m^3
电	50～55 kW·h	锅炉给水	0.8～0.9 t
冷却水	45～55 t		

现在使用较多低压合成法还有英国帝国化学工业公司开发的 ICI 法,其合成压力为 5～10 MPa。

6.3.2.3 中压法合成甲醇

20 世纪 70 年代初,英国帝国化学工业公司(ICI)提出了中压法合成甲醇的工艺,与此同时,丹麦的荷尔德-托普索(Holder-Topsoe)公司和日本瓦斯化学公司也提出了各自的中压法合成工艺,并都建立了相应的工厂。

中压法合成甲醇主要是在低压法的基础上改进而成,所用催化剂为三元铜系催化剂,适当将压力提高到 8 ~ 15 MPa，温度 230 ~ 280 ℃。该工艺兼有高压法和低压法的优点，是近年来采用较多的工艺。中压法工艺流程如图 6.28 所示。

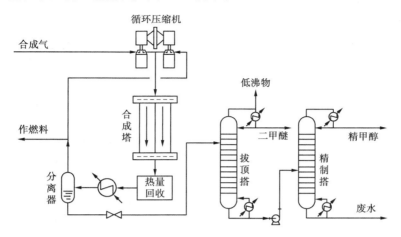

图 6.28　中压法合成甲醇生产流程图

中压法流程中，合成气压缩至 8 MPa，与循环气一起送入合成塔，入塔温度 220 ℃ 左右。合成塔为冷激型，回收的合成反应热产生中压蒸汽可供转化使用。合成塔出塔气经换热器预热合成气后，冷却，在冷凝器中将粗甲醇冷凝分离出来，不凝气大部分循环使用，少部分弛放作为转化炉燃料。

粗甲醇在拔顶塔和精制塔中，经蒸馏除去二甲醚、甲酸甲酯及杂醇油等杂质后，即得精甲醇产品，纯度 99.9%。

中压法合成甲醇的定额消耗如下：

天然气（原料）　750 ~ 800 m³　　　　天然气（燃料）　100 ~ 150 m³
电　　　　　　　10 ~ 20 kW·h　　　　锅炉给水　　　　1.2 ~ 2.5 t
冷却水　　　　　200 ~ 250 t

甲醇合成中天然气的转化温度为 850 ~ 900 ℃，压力为 1 ~ 1.7 MPa，所产生的合成气中 CO_2 的体积分数为 8% ~ 9%，CO 的体积分数为 20% ~ 21%，H_2 的体积分数为 69%，CH_4 的体积分数为 1.5% ~ 2%，还含有少量的 N_2。由于合成甲醇不需要氮，故不像合成氨的转化那样通入大量空气。

在实际生产中，为降低 $n(H_2)/n(CO)$ 比值，提高甲醇平衡质量分数，有时向合成气中补充部分 CO_2，以提高含碳值。

6.4　天然气制乙炔

6.4.1　乙炔的性质、用途及生产方法

6.4.1.1　乙炔的性质及用途

乙炔的分子式为 C_2H_2，分子量 26.04，是无色略带酯味的气体，其物理性质如表 6.9 所示。

表 6.9　乙炔的主要物理性质

分子量	升华点 /℃	熔点 /℃	密度* /(g·dm⁻³)	自燃点 /℃	临界温度 /℃	临界压力 /MPa	临界摩尔体积 /(cm³·mol⁻¹)	临界压缩因子	生成热(摩尔内能)** /(kJ·mol⁻¹)
26.04	−84	−81.5	1.086 9	305	36	6.14	113.0	0.271	227.1

* 101.3 kPa,20 ℃　　** 0 ℃

乙炔的化学性质活泼,能与铜、银、汞等生成极易爆炸的乙炔化合物,因此,应尽量避免其与这些金属接触,以免发生危险。

乙炔是重要的有机化工原料,是塑料、合成橡胶、合成纤维、医药、农药、染料、树脂和溶剂等有机产品的基础原料,可用于产生高温火焰,还可用于制造乙炔炭黑。

6.4.1.2　乙炔的生产方法

1836 年化学家戴维(Davy)用碳化钾与水作用制得乙炔,其后,大量的乙炔生产用电石(碳化钙)与水作用制取。1860 年别尔捷诺(Bierdino)首次用电裂解烃类制得乙炔,但直到 1940 年德国休尔斯(Hüls)工厂才首次将其用于工业化生产。此后由烃类热解生产乙炔的方法相继投入工业化应用,并不断得以发展和改进。目前世界上的乙炔来源主要靠 3 条途径:天然气、电石和乙烯副产品。

天然气裂解生成乙炔的反应是高温吸热反应,其生产过程按供热方式可分为 3 大类:电弧法、部分氧化法和热裂解法。

电弧法是最早工业化的天然气制乙炔的方法,至今仍在工业中应用。此方法利用电弧产生的高温和热量使天然气裂解成乙炔。

部分氧化法是天然气制乙炔的主体方法,它利用部分天然气燃烧形成的高温和产生的热量为甲烷裂解成乙炔创造了条件,其典型的代表工艺就是 BASF 的部分氧化工艺。

热裂解法就是利用蓄热炉将天然气燃烧产生的热量储存起来,然后再将天然气切换到蓄热炉中使之裂解产生乙炔。此方法现在基本上已退出工业生产。

近年来在电弧法基础上发展起来的利用等离子体技术裂解天然气制乙炔的方法已进入工业性试验阶段,极有可能成为取代电弧法生产乙炔工业技术。

6.4.2　部分氧化法

6.4.2.1　工艺原理

天然气制乙炔的过程,是由低位能的烷烃转变为高位能乙炔的过程,因此必须对其反应提供大量能量才能使反应得以实现。

天然气部分氧化法制乙炔的基本原理是使部分甲烷用氧气进行部分氧化生成一氧化碳和水,同时放出大量的热量,使其余甲烷被加热至 1 500 ~ 1 600 ℃发生裂解反应。

$$CH_4 + O_2 \longrightarrow CO + H_2 + H_2O \qquad \Delta H = -278 \text{ kJ/mol}$$

$$CO + H_2O \longrightarrow CO_2 + H_2 \qquad \Delta H = -41.9 \text{ kJ/mol}$$

$$2CH_4 \longrightarrow C_2H_2 + 3H_2 \qquad \Delta H = 381 \text{ kJ/mol}$$

反应产物在反应高温区仅能停留很短时间(一般不超过 0.01 s),然后用水淬冷,防止生成的乙炔进一步反应。

$$C_2H_2 \longrightarrow 2C + H_2 \qquad \Delta H = 227 \text{ kJ/mol}$$

甲烷热解反应气体中,乙炔浓度通常都比较低(见表 6.10),需用一定的方法对其提浓后才能加以利用。

表 6.10　旋焰炉天然气部分氧化裂解气组成(以体积分数计)　　　　　　　%

CO_2	C_2H_2	C_2H_4	O_2	H_2	N_2	CO	CH_4	高炔及残碳
3.2	8.65	0.5	0	55.85	0.76	24.65	6.0	1.37

6.4.2.2　工艺流程

天然气部分氧化热解制乙炔的工艺包括两个部分,一是稀乙炔制备,另一个则是乙炔的提浓。工艺流程如图 6.29 所示。

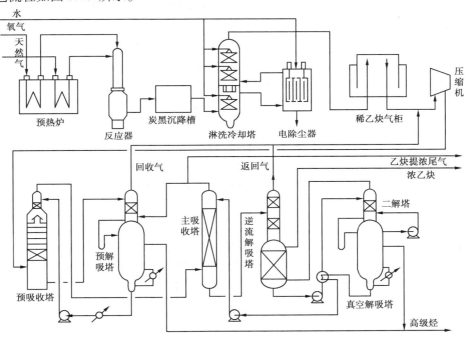

图 6.29　部分氧化法天然气生产乙炔流程示意图

1)稀乙炔制备

将 0.35 MPa 压力的天然气和氧气分别在预热炉内预热至 650 ℃,然后进入反应器上部的混合器内,按总氧比 $[n(O_2)/n(CH_4)]$ 为 0.5~0.6 的比例均匀混合。混合后的气体经多个旋焰烧嘴导流进入反应道,在 1 400~1 500 ℃的高温下进行部分氧化热解反应。

反应后的气体被反应道中心塔形喷头所喷水幕淬冷至 90 ℃左右。出反应炉的裂化气中乙炔体积分数为 8%左右。由于热解反应中有碳析出,裂化气中炭黑质量浓度为 1.5~2.0 g/m³,这些炭黑依次经沉降槽、淋洗冷却塔、电除尘器等清除设备后,降至 3 mg/m³ 以下,然后将裂化气送入稀乙炔气柜贮存。

旋焰裂解反应炉结构如图 6.30 所示。

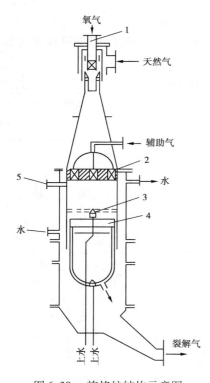

图 6.30　旋焰炉结构示意图

1—旋流混合器；2—旋焰烧嘴；

3—淬火头；4—炭黑刮刀；5—点火孔

氧气　1

天然气

辅助气

5　　2

水

3

水　　4

上水　　裂解气

上水

2）稀乙炔提浓

现行的乙炔提浓工艺主要用 N-甲基吡咯烷酮为乙炔吸收剂进行吸收富集。

由气柜来的稀乙炔气与回收气、返回气混合后，由压缩机两级压缩至 1.2 MPa 后进入预吸收塔。在预吸收塔中，用少量吸收剂除去气体中的水、萘及高级炔烃（丁二炔、乙烯基炔、甲基乙炔等）等高沸点杂质，同时也有少量乙炔被吸收剂吸收。

经预吸收后的气体进入主吸收塔时压力仍为 1.2 MPa 左右，温度为 20 ~ 35 ℃。在主吸收塔内，用 N-甲基吡咯烷酮将乙炔及其同系物全部吸收，同时也会吸收部分二氧化碳和低溶解度气体。从顶部出来的尾气中 CO 和 H_2 体积分数高达 90%，乙炔体积分数很小（小于 0.1%），可用作合成氨或合成甲醇的合成气。

预吸收塔底部流出的富液，用换热器加热至 70 ℃，节流减压至 0.12 MPa 后，送入预解吸塔上部，并用主吸收塔尾气（分流一部分）对其进行反吹解吸其中吸收的乙炔和 CO_2 等，上段所得解吸气称为回收气，送循环压缩机。余下液体经 U 形管进入预解吸塔下段，在 80% 真空度下解吸高级炔烃，解吸后的贫液循环使用。

主吸收塔底出来的吸收富液节流至 0.12 MPa 后进入逆流解吸塔的上部，在此解吸低溶解度气体（如 CO_2, H_2, CO, CH_4 等）；为充分解吸这些气体，用二解吸塔导出的部分乙炔气进行反吹，将低溶解度气体完全解吸，同时少量乙炔也会被吹出。此段解吸气因含有大量乙炔，返回压缩机压缩循环使用，因而称为返回气。经上段解吸后的液体在逆流解吸塔的下段用二解吸塔解吸气底吹，从中部出来的气体就为乙炔的提浓气，乙炔纯度在 99% 以上。

逆流解吸塔底出来的吸收液用真空解吸塔解吸后的贫液预热至 105 ℃ 左右后送入二解吸塔，进行乙炔的二次解吸，解吸气用作逆流解吸塔的反吹气，解吸后的吸收液进真空解吸塔，在 80% 左右的真空度下，以 116 ℃ 左右温度加热吸收液（沸腾），将溶剂中的所有残留气体全部解吸出去。解吸后的贫液冷至 20 ℃ 左右返回主吸收塔使用，真空解吸尾气通常用火炬烧掉。

溶剂中的聚合物质量分数最多不能超过 0.4% ~ 0.8%，因此需不断抽取贫液去再生，再生方法一般采用减压蒸馏和干馏。

乙炔提浓除 N-甲基吡咯烷酮溶剂法外，还可用二甲基甲酰胺、液氨、甲醇、丙酮等作为吸收剂进行吸收提浓。除溶剂吸收法提浓乙炔外，近年研究开发成功的变压吸附分离方法正投入稀乙炔提浓的工业应用中，预计将使提浓工艺得到简化，且经济效果将更佳。

6.4.3　电弧法

电弧法也是 BASF 开发的，它在电弧炉内的两电极间通入高电压强电流形成电弧，电弧产生的高温可使甲烷及其他烃类裂解而生成乙炔。所采用的电弧电压为 7 kV,电流强度为 1 150 A,电弧区最高温度可达 1 800 ℃。

图 6.31 为电弧法制乙炔的工艺流程图。天然气以螺旋切线方向进入电弧炉的涡流室,气流在电弧区进行裂解,其停留时间仅有 0.002 s。裂解气先经沉降、旋风分离和泡沫洗涤除去产生的炭黑,然后经碱液洗、油洗去掉其他杂质。净化后的裂解气暂存于气柜,再送后续工段进行乙炔提浓。

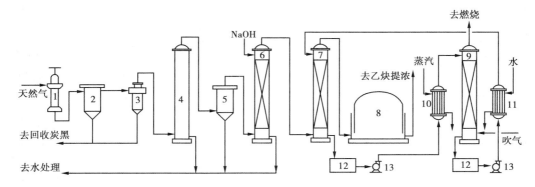

图 6.31　电弧法制乙炔工艺流程示意图

1—电弧炉;2—炭黑沉降器;3—旋风分离器;4—泡沫洗涤塔;5—湿式电滤器;6—碱洗塔;
7—油洗塔;8—气柜;9—解吸塔;10—加热器;11—冷却器 12—贮槽;13—泵

电弧法要求天然气中的甲烷含量较高。以甲烷含量为 92.3% 的天然气使用电弧法裂解所得裂解气的烃类体积分数如表 6.11 所示。

表 6.11　电弧法裂解气的烃类体积分数　　　　　　　　　　　　　　　%

CH_4	C_2H_2	C_2H_4	C_2H_6	C_3H_4	C_3H_6	C_3H_8	C_4H_6	丁二烯	乙烯基乙炔
16.3	14.5	0.90	0.04	0.40	0.02	0.03	0.02	0.01	0.10

电弧法生产乙炔的优点是可以使用各种烃类原料,开车方便;缺点是电耗高,超过 10 kW·h·kg^{-1},而且电极损耗快,生产中需要双炉切换操作。

6.5　天然气的氯化加工

天然气的氯化加工,就是将其中的甲烷氯化生成一氯甲烷、二氯甲烷、三氯甲烷和四氯化碳。这些甲烷氯化产品都是有机合成工业中的重要原料或溶剂,用途广泛,用量大。

6.5.1　甲烷氯化物的性质和用途

甲烷氯化物中,除一氯甲烷是气体外,其余都是无色易挥发液体。甲烷氯化产品的主要物理化学数据如表 6.12 所示。

表 6.12　甲烷氯化物的主要物化常数

性　质	一氯甲烷	二氯甲烷	三氯甲烷	四氯化碳
分子式	CH_3Cl	CH_2Cl_2	$CHCl_3$	CCl_4
分子量	50.49	84.93	119.38	153.82
密度(20 ℃)/(g·cm^{-3})	0.920(−25 ℃)	1.316	1.489	1.595
沸点/℃	−23.7	40.4	61.3	76.7
熔点/℃	−97.7	−96.7	−63.2	−22.9
自燃点/℃	632	640	>1 000	>1 000
临界温度/℃	143.1	237.0	263.4	283.2
临界压力/MPa	6.90	6.08	5.45	4.56
比热容(20 ℃)/(kJ·kg^{-1}·℃$^{-1}$)	1.574(−25 ℃)	1.206	0.980	0.867
蒸发热/(kJ·kg^{-1})	428.75	329.52	247.03	194.90
黏度(20 ℃)/(mPa·s)	0.244(−25 ℃)	0.443	0.563	0.965
表面张力(20 ℃)/(mN·m^{-1})	16.20(−25 ℃)	28.12	27.14	26.77
折射率(20 ℃)	1.371 2(−25 ℃)	1.424 4	1.446 7	1.460 4

从表 6.12 可知,甲烷的氯化度越高,沸点越高,密度越大。除一氯甲烷外,其余 3 种都是很好的有机溶剂,对油脂、橡胶、树脂等都有良好的溶解性,且都是不燃性液体,因此被广泛用于多个领域,如表 6.13 所示。

表 6.13　甲烷氯化产品性质和用途

产品	性质和用途
一氯甲烷	有麻醉作用,毒性比其他甲烷氯化衍生物小,曾大量用作制冷剂。由于氟利昂的出现,现已逐渐被代替。在丁基橡胶生产中作低沸点溶剂,在有机合成中主要用于生产甲基纤维素、季胺和甲基氯硅烷,后者用于制造热稳定的具有特殊性能的硅树脂和硅橡胶
二氯甲烷	它的蒸汽与空气的混合物在任何比例下都不可燃,对脂肪、油类和树脂有很好的溶解能力,也能溶解纤维素的酯和橡胶,它的毒性小,不易水解,不腐蚀金属设备,不燃,用于生产醋酸纤维素和不燃性薄膜的溶剂,还有脱蜡、脱油漆等用途。在药物和食品工业也有一定用途
三氯甲烷（氯仿）	它是不燃液体,对脂肪、树脂、橡胶等具有很好的溶解能力。它有强烈的麻醉作用,但毒性较大,特别是在光线作用下,能和空气生成剧毒的光气,因此,空气中三氯甲烷浓度过高是危险的。氯仿在医药上曾用作麻醉剂和药剂,现已被毒性较低的药品代替。三氯甲烷是一种强有力的消毒剂,可用于防止烟草幼苗生霉,土壤消毒。它还是很好的溶剂,大量用于脂肪的抽提和回收,精细和生物碱的抽提,青霉素等抗菌素的抽担和精制,及树脂、石蜡、橡胶等的溶剂。在有机合成中它用作氟利昂和聚四氟乙烯的原料,还用于某些染料、化学试剂和药物的生产

产　品	性质和用途
四氯化碳	它是不燃液体,对脂肪、油类、橡胶有很好的溶解能力,也能溶解硫、磷、卤素等,可用作灭火剂,特别适用于用电场所的灭火,也可用于油、脂膏、蜡、有机化合物的抽提和回收,以及对金属表面油脂的清洗。由于它没有二硫化碳那样的可燃性,故很适合于仓库内各种各样的消毒和熏蒸,在有机合成工业中还可用作生产氟利昂的原料

6.5.2　甲烷的氯化反应

当反应温度不太高时,饱和烃的氯化反应是典型的自由基连锁反应,其反应过程包括链的引发、链的传递和链的终止 3 个阶段,通常采用加热或射入一定波长的光线以提供连锁反应的能量,这就是热氯化或光氯化方法。由于甲烷热氯化或光氯化要副产等分子的 HCl,使氯的计算收率不高。20 世纪 70 年代开发出的 Transcat 氧氯化工艺解决了副产 HCl 的问题,提高了以氯计算的收率。

6.5.2.1　热氯化与光氯化反应机理

在 430 ℃以上,甲烷氯化是不可逆的双分子均相反应,在此温度以下,主要按连锁反应机理进行。在室温和光线不强时,甲烷和氯气不发生反应,只有当氯气分子获得足够能量,被分解为自由基后,连锁反应才能开始。

1)链的引发

由于外界输入一定的能量,如热或光,或由于氯分子与反应器金属器壁表面简单碰撞,氯分子离解成氯原子:

$$Cl_2 \xrightarrow{\text{热或光}} Cl \cdot + Cl \cdot \tag{1}$$

或　　　　　　　　　　$$Cl_2 + M(金属器壁) \longrightarrow 2Cl \cdot + M(金属器壁) \tag{2}$$

氯原子进一步对甲烷产生链引发,形成烷基自由基;烷基自由基再与氯分子作用生成氯代烷和氯原子:

$$Cl \cdot + RH \longrightarrow R \cdot + HCl \tag{3}$$

$$R \cdot + Cl_2 \longrightarrow RCl + Cl \cdot \tag{4}$$

2)链的传递

当氯原子引发甲烷自由基后,链的传递在体系里随之开始:

$$Cl \cdot + CH_4 \longrightarrow CH_3 \cdot + HCl \tag{5}$$

$$CH_3 \cdot + Cl_2 \longrightarrow CH_3Cl + Cl \cdot \qquad \Delta H = -99.85 \ kJ/mol \tag{6}$$

$$Cl \cdot + CH_3Cl \longrightarrow ClCH_2 \cdot + HCl \tag{7}$$

$$ClCH_2 \cdot + Cl_2 \longrightarrow CH_2Cl_2 + Cl \cdot \qquad \Delta H = -98.68 \ kJ/mol \tag{8}$$

$$Cl \cdot + CH_2Cl_2 \longrightarrow Cl_2CH \cdot + HCl \tag{9}$$

$$Cl_2CH \cdot + Cl_2 \longrightarrow CHCl_3 + Cl \cdot \qquad \Delta H = -99.90 \text{ kJ/mol} \qquad (10)$$

$$Cl \cdot + CHCl_3 \longrightarrow Cl_3C \cdot + HCl \qquad (11)$$

$$Cl_3C \cdot + Cl_2 \longrightarrow CCl_4 + Cl \cdot \qquad \Delta H = -101.65 \text{ kJ/mol} \qquad (12)$$

3）链的终止

由于氯原子与甲基自由基周而复始地传递,其反应也随之层层深入,只有当氯原子或自由基被销毁,连锁反应才能终止。通常有以下4种情况可终止连锁反应：

①氯原子与金属器壁碰撞形成氯分子;

②甲基自由基之间相互碰撞形成乙烷;

③氯原子发生氧化反应;

④有阻止剂存在。

6.5.2.2 甲烷的氧化氯化

由于在热氯化和光氯化反应中都要产生等分子的 HCl,使氯的利用率大大降低。甲烷氧化氯化的基本思路是,将不需要的 HCl 重新变成可利用的氯,以提高氯的利用率。

采用氯化铜-氯化亚铜的熔盐混合物作催化剂,使 HCl 发生氧化重新生成氯,这就是著名的 Deacon 反应：

$$CH_4 + nCl_2 \longrightarrow CH_{(4-n)}Cl_n + nHCl \qquad (13)$$

$$4HCl + O_2 \longrightarrow 2Cl_2 + 2H_2O \qquad (14)$$

其总反应式为：

$$CH_4 + (n/2)O_2 + nHCl \longrightarrow CH_{(4-n)}Cl_n + nH_2O \qquad (15)$$

该反应中,关键的反应是氯化氢氧化生成氯气的反应(14),其催化反应机理如下：

$$[Cu_mCl_n] + O_2 \Longleftrightarrow [Cu_mCl_nO_2^{\delta-}] \qquad (16)$$

$$[Cu_mCl_nO_2^{\delta-}] + 4HCl \Longleftrightarrow [Cu_mCl_n] + 2Cl_2 + 2H_2O \qquad (17)$$

$$[Cu_mCl_n] + Cl_2 \Longleftrightarrow [Cu_mCl_nCl_2] \qquad (18)$$

甲烷氯化的产物实际上是 4 种甲烷氯化物的混合物,各种氯化物的比例受进气比和反应温度的影响较大,温度高,高氯化物含量高;温度一定,进气中 $n(Cl_2)/n(CH_4)$ 越高,高氯化物也越高(见图 6.32)。

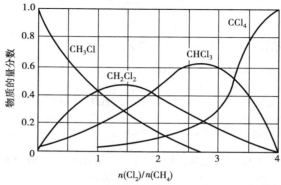

图 6.32 $n(Cl_2)/n(CH_4)$ 与甲烷氯化产物组成的关系

甲烷氯化反应是剧烈的放热反应,因此反应温度应控制在 500 ℃以下,超过此温度可能引起爆炸,同时生成碳和氯化氢气体:

$$CH_4 + 2Cl_2 \longrightarrow C + 4HCl$$
$$\Delta H = -291.82 \ kJ/mol$$

6.5.3　甲烷氯化生产工艺

6.5.3.1　甲烷综合氯化生产工艺

甲烷热氯化与低氯化物光氯化结合生产甲烷氯化物的方法称为综合氯化法,其目的产物是 4 种甲烷氯化物。

在生产上,为了安全和简化生产条件,在较低温度下对甲烷先进行热氯化,得到的氯化物中,低氯化度甲烷比例较大,然后再用石英水银灯产生 340 nm 波长的紫外光对低氯化产物进行光化氯化,提高高氯化甲烷的比例。工艺流程如图 6.33 所示。

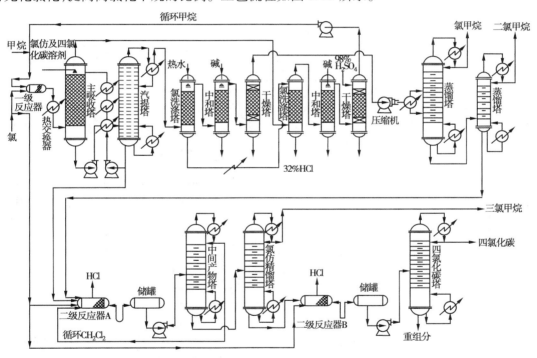

图 6.33　甲烷综合氯化法制甲烷氯化物生产流程图

原料天然气(甲烷)与循环气混合后,与氯气按 n(混合气):n(氯气)为(3~4):1 的比例混合送入一级反应器,反应器内装石墨板填料,温度保持在 400 ℃左右进行热氯化反应。反应后的气体中除甲烷氯化物外,还有未反应的甲烷和产生的氯化氢气体,氯气通常被消耗完。

反应气经换热器冷却后,用 −30 ~ −20 ℃的三氯甲烷和四氯化碳混合液吸收,分离出氯化产物;剩余气体送入氯洗涤塔用稀盐酸脱除 HCl,然后经中和塔中和、干燥塔干燥后返回与原料气混合再用。

吸收塔底出来的吸收液进汽提塔解吸出大部分一氯甲烷和二氯甲烷,解吸气用热水洗涤除去夹带的 HCl 后,经中和、干燥,送至蒸馏塔依次蒸馏出 CH_3Cl 和 CH_2Cl_2 作为产品。

汽提塔和第二蒸馏塔的残余物送入二级反应器 A 中进行液相光化氯化反应,紫外光 340 nm,常温下反应。反应产物溢流进入储罐后,送中间产物塔将二氯甲烷分离出来返回光氯化反应器(二级反应器 A)回用,余液送入氯仿精馏塔蒸出三氯甲烷产品;残液再经二级反应器 B 光化氯化成四氯化碳,送四氯化碳精馏塔提纯后得四氯化碳产品。

产品规格:

CH_3Cl 纯度	99%	CH_2Cl_2 纯度	90%
$CHCl_3$ 纯度	99.5%	CCl_4 纯度	99.5%

定额消耗(以生产每吨甲烷氯化物计):

天然气(甲烷体积分数 >90%)　　2 220 m³　　　　　　氯气　6 960 kg

6.5.3.2 甲烷氧化氯化工艺

甲烷氧化氯化一般采用移动床催化氧化氯化工艺(见图6.34),20 世纪70 年代初,由美国鲁默斯公司首先工业化应用成功。

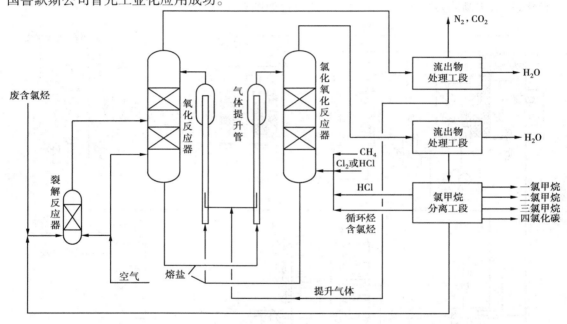

图 6.34　甲烷氧化氯化法制甲烷氯化物生产流程图

在氧化氯化工艺中,首先将废氯烃用裂解反应煅烧裂解成 HCl,Cl_2,CO_2 和 H_2O,裂解温度控制在 1 316 ℃以下,裂解气从中部进入氧化反应器,催化剂由氧化反应器上部进入,空气由下部进入,在反应器内发生氧化反应,并使氧载入由氯化亚铜、氯化铜和氯化钾(起降低熔点作用)组成的熔盐溶液中。

氧化反应器出来的气体经处理后,含有 N_2,CO_2,H_2O 和 O_2,一部分排入大气,另一部分返回系统作为提升气,将氧化反应器底部出来的含氧熔盐提升到氧化氯化反应器中,以及将氧化氯化反应器出来的用过的熔盐提升到氧化反应器中去载氧。

与氧化反应器一样,载氧的熔盐从反应器上部进入氧化氯化反应器,经填料床层与下部进来的 CH_4,Cl_2 等混合气逆流接触,发生甲烷的氧化氯化反应,生成甲烷氯化物混合气。生成气由塔顶导出,至流出物处理工段除去 CO_2 和 H_2O,然后再到氯甲烷分离工段分离出不同甲烷氯化物产品。

氧化氯化法不仅可用天然气做原料,还可用乙烷、乙烯等做原料生产烷烃氯化物。由于氧分子不直接与原料气接触,操作较安全,而且氧化氯化反应区压力不超过 0.7 MPa,温度 371 ~ 545 ℃,设备要求相应较低。

6.5.3.3 四氯化碳生产工艺

无论用综合氯化法还是氧化氯化法生产甲烷氯化物,其最终产品都可得到四氯化碳。如果所需产品仅为四氯化碳,可采用单一四氯化碳生产工艺(见图6.35)。

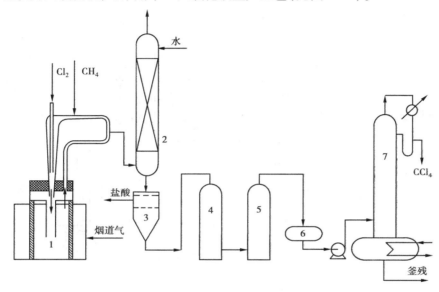

图 6.35 甲烷直接氯化制四氯化碳

1—热氯化反应器;2—吸收塔;3—分离器;4—碱洗塔;5—干燥塔;6—中间罐;7—精馏塔

将甲烷预热到 380 ℃,与氯气按 3.8∶1 的比例混合后经喷嘴进入反应器,同时带入部分氯化产物;反应器顶部排出的产物气,大部分返回反应器,少部分送入吸收塔与水逆流接触,氯化甲烷被冷却下来,HCl 被吸收生成盐酸,两者一块进入分离器,上层为水相,排出为盐酸,下层则为粗四氯化碳。粗四氯化碳经碱洗、干燥、精馏处理后,即得四氯化碳产品。

6.6 天然气的其他直接化学加工

6.6.1 天然气合成氢氰酸

氢氰酸(HCN)又叫氰化氢,是一种弱酸性的无机酸,具有一般无机酸的通性。纯氢氰酸是无色流动性好的易挥发液体,有剧毒,在大气中允许质量浓度为 0.000 3 mg/L 以下,具有苦杏仁味,沸点 25.65 ℃,熔点 −13.3 ℃,密度 0.687 4 g/cm^3,在 20 ~ 100 ℃ 以内可以任何比例与水和多种有机溶剂混溶。氢氰酸可燃,蓝色火焰,空气中的可燃极限为 5.6% ~ 40%。低温下氢氰酸比较稳定,当混入水、碱金属或碱土金属化合物、铁屑等杂质后,易起分解或聚合反应,反应放热,有自催化作用,可能引起爆炸。

氢氰酸是重要的化工原料,用途极广,可用来合成甲基丙烯酸酯(有机玻璃单体)、三聚氯氰、草酰胺、核酸碱、二氨基马来腈、氰化钠等,在石油化工、机电、冶金、轻工等行业用量较大。

用天然气为原料合成氢氰酸常用的工业方法是安氏法(Andrussow),就是以甲烷、氨和空气在高温铂合金催化剂作用下发生不完全氧化反应制取氢氰酸:

$$CH_4 + NH_3 + \frac{1}{2}O_2 \longrightarrow HCN + 3H_2O \qquad \Delta H = -475.2 \text{ kJ/mol}$$

其工艺流程如图 6.36 所示。

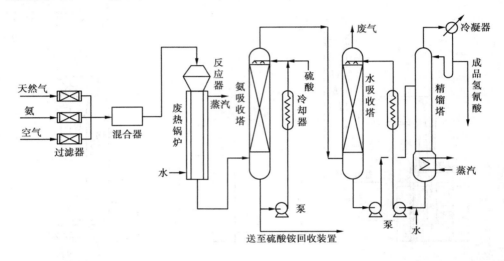

图 6.36   安氏法甲烷制氢氰酸流程示意图

天然气、氨、氧气按(1.05~1.1):1:(1.33~1.35)的比例混合均匀后,以 0.8~1.2 m/s 的流速自上而下通过装有 3~4 层铂网催化剂的反应器,在温度 1 070~1 120 ℃、压力 0.065 MPa 下反应生成氢氰酸。为防止氢氰酸的高温分解,反应后的气体立即进入反应器下部的废热锅炉冷至 200 ℃ 左右,然后进入吸收塔,用硫酸除去未反应的氨。脱氨后的气体用 5 ℃ 左右的水吸收 HCN 成水溶液,尾气经处理后放空。

水吸收塔出来的质量分数为 2%~3% 的 HCN 水溶液在精馏塔精馏后,得质量分数为 99% 以上的 HCN 成品,水冷却后返回使用。

安氏法生产氢氰酸的吨耗指标如表 6.14 所示。

表 6.14   安氏法生产氢氰酸的吨耗指标

天然气 /m³	氨 /t	硫酸(100%) /kg	电 /(kW·h)	冷却水 /m³	软水 /m³	催化剂 /g	副产硫酸铵 /kg	副产蒸汽 /t
1 600	0.98~1.0	420~475	710~800	230	11~12	0.2~0.3	600~800	4.5~6.5

除安氏法外,用天然气生产氢氰酸的另一种常见方法是德固萨法(Degussa)。德固萨法实际上是安氏法的改进,也称为 BMA 法,它与安氏法的最大不同就是甲烷与氨直接在外供热的

条件下催化转化得到氢氰酸,不需要氧气环境。该法是将铂催化剂分布于氧化锆陶瓷管的内壁,管内甲烷与氨混合气体经管外间壁加热到 1 100 ~ 1 400 ℃ 发生反应,以氨计的氢氰酸产率可达 83%。此法转化率高、生成物组成简单,但能耗高和反应器结构复杂是其弱点。

6.6.2 天然气硝化制硝基甲烷

硝基甲烷(CH_3NO_2)是无色透明,具有芳香味和一定挥发性的易流动油状液体,有毒。密度 1.130 g/cm³,沸点 101 ℃,凝固点 -29 ℃。溶于水、乙醇和碱溶液,水溶液呈酸性反应,能与多种有机溶剂混溶。硝基甲烷蒸汽与空气能形成爆炸性混合物,爆炸体积分数下限 7.3%。

硝基甲烷是一种重要的化工原料和溶剂,可用于合成硝基醇、羟胺盐、氯化苦、三羟基甲基氨基甲烷等,它是一种对涂料、树脂、橡胶、塑料、染料、有机药物等选择性良好的溶剂,常用作硝化纤维、醋酸纤维、丙烯腈聚合物、聚苯乙烯、酚醛塑料等的溶剂。

硝基甲烷的生产一般用甲烷在过热水蒸气存在下用硝酸硝化制得:

$$CH_4 + HNO_3 \xrightarrow{300 \sim 550 \text{℃}} CH_3NO_2 + H_2O \qquad \Delta H = -112.2 \text{ kJ/mol}$$

也可用二氧化氮或四氧化二氮进行硝化。

甲烷硝酸气相硝化生产硝基甲烷的工艺流程如图 6.37 所示。甲烷气相硝化法制硝基甲烷的吨耗指标如表 6.15 所示。

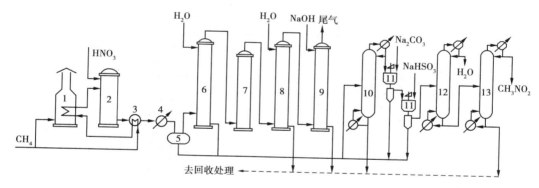

图 6.37 甲烷气相硝化流程示意图

1—过热器;2—反应器;3—预热器;4—冷却器;5—气液分离器;6—硝基甲烷吸收塔;7—氧化塔;8—吸收塔;9—尾气洗涤塔;10—初分塔;11—化学洗涤器;12—脱水塔;13—精馏塔

表 6.15 甲烷气相硝化法制硝基甲烷的吨耗指标

天然气($\varphi(CH_4) > 95\%$)/m³	硝酸($\varphi = 98\%$)/t	纯碱/kg	亚硫酸氢钠/kg	电/(kW·h)	冷却水/m³	蒸汽/t
6 000	1.86	25	37	450	450	3

1 MPa 的天然气经加热至300 ℃后与硝酸一起进入硝化反应器,在常压、300 ~ 500 ℃下完成硝化反应。反应接触时间一般不超过 2 s,反应气体在速冷器中冷至 200 ℃以下,再用水冷却至室温后,用分离器分出冷凝物,气相送水吸收塔吸收硝基甲烷。

冷凝液与吸收液混合后含硝基甲烷 30 ~ 40 g/L,在初分塔中进行初分,操作压力为常压,釜温 101~103 ℃,喷淋密度为 50~200 m³/(m²·h),塔顶温度 88~95 ℃,用油水分离器分出粗硝基甲烷,水相回流。

粗硝基甲烷用 30~60 g/L 的碳酸钠和亚硫酸氢钠溶液洗涤,洗涤后的水相回送初分塔,油相送脱水塔蒸去水和轻组分后,再进精馏塔精馏,塔顶馏出物即为含硝基甲烷 95% 以上的产品。

6.6.3 天然气制二硫化碳

二硫化碳(CS_2)是无色透明液体,纯品几乎无味,工业品因含有杂质而带黄色并有恶臭。密度 1.26(20 ℃) g/cm³,熔点 –112 ℃,沸点 46.3 ℃,几乎不溶于水,能与多种有机溶剂混溶。二硫化碳溶解能力很强,能溶解碘、溴、硫、黄磷、脂肪、蜡、树脂、橡胶、樟脑等,是一种用途较广的溶剂。

除用作溶剂外,二硫化碳主要用于人造纤维、四氯化碳、防腐剂、杀虫剂等,也是重要的化工原料。

工业上生产二硫化碳的方法主要有两种:木炭法和天然气法。用天然气生产二硫化碳的工艺分催化法和非催化法两类,而非催化法又分低压非催化法和高压非催化法两种。

传统的催化法工艺流程如图 6.38 所示,其催化剂通常使用硅胶或活性氧化铝。

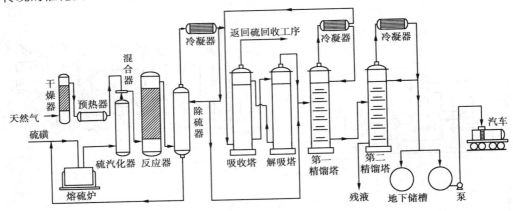

图 6.38　天然气制二硫化碳生产工艺流程

将熔融的硫磺在汽化器中气化成硫蒸汽,将预先干燥过的天然气预热到 650 ℃后,与硫蒸汽混合进入反应器,在反应器中经催化反应生成二硫化碳和硫化氢:

$$CH_4 + 4S \Longrightarrow CS_2 + 2H_2S$$

反应气体在除硫器中除去未反应的硫,冷凝后在吸收塔中用柴油吸收 CS_2,尾气送硫回收工段回收硫。吸收后的二硫化碳在解吸塔中解吸出来,经冷凝后用二级精馏提纯,得二硫化碳产品,产品纯度 95%。

由于催化法中的催化剂经常会因为天然气中所含杂质烃类的裂解结焦,使生产受到影响,因此,现在普遍改用非催化法生产。非催化法的工艺流程与图 6.38 类似,流程中的反应器改为非催化反应器,将吸收和解吸塔换成硫化氢加压分凝器。3 种生产工艺情况的比较见表 6.16。

表 6.16　天然气生产二硫化碳的工艺方法比较

工艺指标	催化法	低压非催化法	高压非催化法
催化剂	硅胶/活性氧化铝	无	无
反应温度/℃	625	625	650
反应压力/MPa	0.6	0.6	1.1
空速/h⁻¹	400~600	1 000~2 000	1 000~2 000
生产操作	易结焦	不结焦	不结焦
除硫工艺	冷凝及液硫洗涤较复杂	加压分离回收硫效率高	比低压法更好
硫化氢分离工艺	油吸收,设备较复杂	精馏塔加压分离效率高	比低压法更好

高压非催化法效率虽然比低压非催化法高,但装置投资比较高,因此,采用低压非催化法的相对较多。低压非催化法的主要吨耗指标如表 6.17 所示。

表 6.17　天然气低压非催化法生产二硫化碳吨耗指标

天然气/m³	硫磺/t	蒸汽/t	电/(kW·h)	循环水/m³
302	1.01	2.5	350	250

催化法定额消耗为:硫磺$[w(S) \geqslant 99.5\%]$900 kg,天然气$[\varphi(CH_4) \geqslant 95\%]$约 280 m³。

6.6.4　天然气直接氧化制甲醛

甲醛,分子式 HCHO,分子量 30,基本物化性质如表 6.18 所示。

表 6.18　甲醛的物理性质

项　目	数　值	项　目	数　值
分子量	30.02	表面张力/(mN·m⁻¹)	20.70
液体相对密度(d_4^{20})	0.815	临界温度/℃	137
气体相对密度(以空气为1)	1.067	临界压力/MPa	6.78
沸点/℃	−19.2	临界密度/(g·cm⁻³)	0.266
熔点/℃	−118	比热容/(kJ·kg⁻¹·℃⁻¹)	1.15
自燃点/℃	430	蒸发潜热/(kJ·kg⁻¹)	707.1
闪点(闭)/℃	50	燃烧热(摩尔内能)/(kJ·mol⁻¹)	561.1
黏度(−20℃)/(Pa·s)	0.242	爆炸范围/%	7~73

甲醛易溶于水,在水溶液中以聚甲二醇形式的水合物和多水合物存在。

甲醛是重要的有机合成原料,易进行各种聚合、缩合反应,以甲醛为原料可制取酚醛树脂、脲醛树脂、聚甲醛、维尼纶、乌洛托品、季戊四醇等化工产品,在印染、皮革、造纸、医药、石油等工业部门中也有相当重要的用途。

甲醛的生产方法很多,工业上目前主要采用两种方法:二步法和一步法。

所谓二步法,就是先将烃类原料制成甲醇,然后在常压,500~600 ℃,铂、银或铜催化剂作用下用空气将甲醇氧化生成甲醛:

$$CH_3OH + \frac{1}{2}O_2 \longrightarrow HCHO + H_2O \qquad \Delta H = -158.7 \text{ kJ/mol}$$

二步法转化率高,原料利用好,但甲醇生产工艺复杂,需高压设备,且流程长。

一步法,就是利用低级烷烃,在催化剂作用下,直接空气氧化制取甲醛。以天然气为原料制甲醛,其催化剂为硼砂和氧化氮:

$$CH_4 + O_2 \longrightarrow HCHO + H_2O \qquad \Delta H = -280.5 \text{ kJ/mol}$$

一步法设备简单,流程短,投资少,建设周期短,不需要高压设备,很适合天然气、油田气和矿井瓦斯气的就地生产甲醛。但一步法转化率低(单程仅 2% ~3%),原料利用率较差。

以天然气为原料一步直接空气氧化生产甲醛的工艺流程如图 6.39 所示。

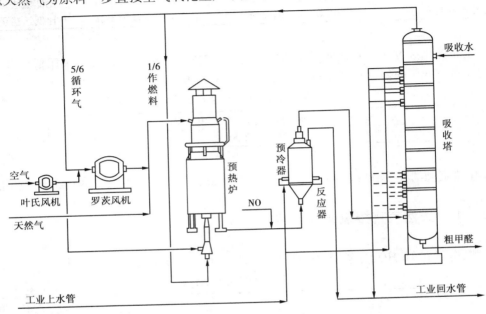

图 6.39　天然气直接氧化制甲醛生产流程图

将压力为 0.25 ~0.3 MPa 的天然气与空气按 1∶2 的体积比混合后,经预热炉预热至 650 ℃,再与氨氧化制得的 NO 混合后进入反应器内。在反应器内装有用 4% 硼酸溶液浸泡过的瓷环作固相催化剂,一氧化氮(NO)为均相催化剂,在 670 ℃ ,0.136 MPa 压力下甲烷发生氧化反应生成甲醛。

反应后的气体立即进入反应器上部的速冷器,速冷至 90 ℃后进入吸收塔,用常温水吸收,得到质量分数为 30% 的粗甲醛水溶液。吸收过甲醛的气体 5/6 经罗茨风机循环回反应器,1/6 作燃料加热预热炉。粗甲醛水溶液经中和和简单蒸馏即可得到 30% 以上的甲醛水溶液产品。

直接氧化法甲烷的单程转化率为 2.4% 左右,6 次循环为 11% 左右。生产 1 t 30% 甲醛水溶液的定额消耗见表 6.19 所示。

表 6.19　生产 30% 甲醛水溶液的定额消耗　　　　　　t

天然气($\varphi(CH_4) > 90\%$)	2 880 m³	电	1 200 kW · h
液氨	37.5 kg	纯碱	1.5 kg
软水	1 000 kg		

思考题

1. 天然气的主要成因是什么？其化学成分有哪些？

2. 天然气脱水的目的是什么？脱水的效果可用哪些指标来表示？

3. 溶剂吸收法天然气脱水所用的吸收剂有哪些？如何确定再生贫液的要求浓度？

4. 固体吸附法天然气脱水，请在双塔轮换脱水—再生的流程图中，以1号塔脱水、2号塔再生，描绘出天然气物流的走向。

5. 从天然气中脱出的硫（H_2S），一般以硫磺的形式予以回收。硫磺回收的主要反应有哪些？为什么采用两段转化？两段转化的温度各是多少？

6. 和合成氨类似，天然气制甲醇也需要进行水蒸气转化反应制合成气。合成氨的合成气和合成甲醇的合成气在组成上有何不同？根据该不同，制备合成气的温度条件有什么不同？

7. 天然气合成甲醇的主反应有哪些？主要副反应有哪些？根据反应，判断甲醇双塔精馏的第一塔顶应该得到什么产物？

8. 天然气部分氧化制乙炔的反应过程中，可发生哪些主要反应？可获得哪些产品？

9. 天然气氧化氯化过程的主要反应有哪些？其中氧化反应的主要目的是什么？该过程可得到哪些氯化产品？

10. 天然气和硫磺反应制备二硫化碳的反应式是什么？二硫化碳和硫化氢可用什么方法分离？

第 7 章　石油加工

7.1　原油及其产品的组成与一般性质

7.1.1　原油的元素组成

原油与油页岩、泥煤、褐煤、烟煤等同属于可燃性有机矿物质,是一种主要含烃类及少量硫、氮、氧等化合物组成的复杂混合物。原油通常为流动或半流动的黏稠液体。因产地不同,甚至同一产地的采油层位不同,原油的颜色、密度及凝点等性质有较大差别。其颜色有暗绿、赤褐、深黑。原油一般具有特殊气味。原油的相对密度一般在 0.8 ~ 0.98。各地原油凝点差别更大,如胜利原油、四川原油等高到 30 ℃,而克拉玛依原油低至 −50 ℃。

组成原油的元素主要为 C,H,S,O 及 N 5 种,此外还有微量的金属元素和非金属元素。其中金属元素有钒、镍、铁、钙、钛、镁、钠、钴、铜、锌、铝、铬、钼、铅等。这些金属元素多数与原油中的有机化合物形成络合物。原油中的微量非金属元素有氯、硅、磷、砷、碘等。这些微量的金属元素和非金属元素的存在,对原油加工过程和产品性质都有影响,不容忽视。

表 7.1 是部分原油的元素组成。可以看出,组成原油最重要的元素是 C 和 H,占 96% ~ 99.5%,碳氢比($n(C)/n(H)$)约 6.5。大部分原油中的 S,N,O 及其他微量元素总量不超过 1%。

表 7.1　原油的元素组成

原油产地	相对密度 d_4^{20}	元素的质量分数/%				
		C	H	S	N	O
中国大庆	0.861 5	85.74	13.31	0.11	0.15	
中国胜利		86.88	11.11	0.90	0.52	
中国孤岛	0.964 0	84.24	11.74	2.20	0.47	
中国大港	0.889 6	85.82	12.70	0.14	0.09	
中国新疆		86.13	13.30	0.12	0.28	
美国宾夕法尼亚	0.874 0	84.90	13.70	0.50	—	0.90
俄国杜依马兹		83.90	12.30	2.67	0.33	0.74
伊朗	0.873 0	85.40	12.80	1.06	—	0.74

7.1.2　原油及其产品的馏分和馏分组成

原油或原油产品是组成复杂的混合物,没有固定的沸点。当加热蒸馏原油时,低沸点的组分首先蒸发出来,高沸点的组分则随蒸馏温度升高后才蒸发出来。蒸馏出第一滴油品时的气相温度叫初馏点。蒸馏出 10%,50%,90% 体积时的气相温度,分别叫 10% 点,50% 点和 90% 点。蒸馏最后达到的气相最高温度叫终馏点或干点。在一定温度范围蒸馏出的油品叫馏分,即馏出的部分。蒸馏原油及原油产品时,从初馏点到干点的这一温度范围叫某馏分的馏程。例如航空汽油的馏程为 40 ~ 180 ℃,车用汽油为 35 ~ 200 ℃。馏分组成也可以利用某个温度范围内馏出物的质量分数或体积分数来表示。

一般低于 200 ℃ 的馏分称为汽油或低沸馏分,200 ~ 250 ℃ 的馏分称为煤柴油或中沸馏分,350 ~ 500 ℃ 的馏分称为润滑油或高沸馏分。

馏分沸点升高,碳原子数和平均分子量均增加,如表 7.2 所示。

表 7.2　原油馏分的沸点与碳原子数和分子量的关系

馏　分	碳原子数	分子量
航空汽油馏分,40 ~ 180 ℃	$C_5 \sim C_{10}$	100 ~ 120
车用汽油馏分,80 ~ 205 ℃	$C_5 \sim C_{11}$	100 ~ 120
溶剂油馏分,160 ~ 200 ℃	$C_8 \sim C_{11}$	100 ~ 120
灯用煤油馏分,200 ~ 300 ℃	$C_{11} \sim C_{17}$	180 ~ 200
轻柴油馏分,200 ~ 350 ℃	$C_{15} \sim C_{20}$	210 ~ 240
低黏度润滑油	$> C_{20}$	300 ~ 360
高黏度润滑油		370 ~ 470

7.1.3　原油的烃类组成

组成原油的元素主要是 C 和 H,原油中的化合物主要也是碳氢化合物,即烃类。原油中的烃类可分为烷烃、环烷烃和芳香烃。

烷烃分为正构烷烃和异构烷烃。在常温下 $C_1 \sim C_4$ 为气体,$C_5 \sim C_{15}$ 为液体,C_{16} 以上为固体。在多数原油中,烷烃的含量较多。

原油中的环烷烃主要有五元环和六元环。除单环外,还有双环环烷烃。两个环可能都是五碳环,也可能都是六碳环,或者是一个五碳环一个六碳环,还有带不同侧链的环烷烃。

芳香烃分为单环、双环和多环芳香烃,有带侧链的芳香烃,还有由环烷烃和芳香烃混合组成的环烷-芳香烃。

一般天然原油中不含不饱和烃,但二次加工产品多数含有数量不等的不饱和烃,包括烯、环烯、二烯、环二烯和炔等。

除了烃类外,原油中还含有许多非烃类化合物,主要是含硫、氧、氮化合物和胶质-沥青质。虽然原油中 S,N,O 元素质量分数只有约 1%,其化合物却可能达 15% ~ 20%,是不能忽视的重要组成部分。

不同沸点的馏分密度不同。沸点愈高的馏分密度愈大;同样沸点范围的原油馏分,密度也因其化学组成不同而异。含烷烃高的油品密度较小,含芳烃高的油品密度较大。由此可知,原油馏分的密度、平均沸点与它的化学组成之间存在一定关系。人们根据实验数据总结出如下的经验关系式:

$$K = 1.216 \sqrt[3]{T}/d_{15.6}^{15.6}$$

式中　K——特性因数;

　　　T——原油或石油产品的平均沸点,K;

　　　$d_{15.6}^{15.6}$——原油或石油产品的相对密度。

原油是烃类的复杂混合物,当组成不同时,K 值也有差别。一般原油 K 值为 9.7~13.0,其大小随组成而变化。含烷烃较多的油品 K 值为 12.0~13.0;含芳香烃较多的油品 K 值为 9.7~11.0;含环烷烃较多的油品 K 值为 11.0~12.0。

特性因素可用于了解原油及其馏分的化学性质,对确定原油的加工方案有参考价值,还可用于求它的物性参数,如汽化潜热等。

表7.3、表7.4、表7.5 分别列出了我国某些油田的轻馏分油的烃族组成、200~500 ℃馏分的烃族组成及润滑油馏分的结构族组成。

表7.3　大庆重整原料的烃族组成(以质量分数计)

	碳　数	烷烃/%	环烷烃/%	芳香烃/%	总计/%
大庆油田	C_3	0.05	—	—	0.05
	C_4	1.43	—	—	1.43
	C_5	6.33	1.24	—	7.57
	C_6	10.98	7.89	0.26	19.13
	C_7	14.60	12.48	—	27.08
	C_8	16.27	6.31	0.92	23.50
	C_9	13.19	5.96	0.32	19.47
	C_{10}	1.51	0.25	—	1.76
	总　计	64.36	34.13	1.51	100.00

表7.4　大庆 200~500 ℃馏分的烃族组成(以质量分数计)

实沸点范围/℃	200~250	250~300	300~350	350~400	400~450	450~500
烷烃/%	55.7	62.0	64.5	63.1	52.8	44.7
正构烷烃	32.6	40.2	45.1	41.1	23.7	15.7
异构烷烃	23.1	21.8	19.4	22.0	29.1	29.0
环烷烃/%	36.6	27.6	25.6	24.8	33.2	39.0
一环烷烃	25.6	18.2	17.1	11.8	13.6	17.4
二环烷烃	9.7	6.9	5.7	6.8	8.4	10.6
三环烷烃	1.3	2.5	2.8	2.6	5.3	7.3
四环烷烃	—	—	—	2.9	3.3	3.1
五环烷烃	—	—	—	0.7	1.8	0.6
六环烷烃	—	—	—	—	0.8	—

续表

实沸点范围/℃	200~250	250~300	300~350	350~400	400~450	450~500
芳香烃/%	7.7	10.4	9.9	11.8	13.8	15.9
单环芳烃	5.2	6.6	6.8	6.5	7.8	9.0
双环芳烃	2.5	3.6	2.5	3.2	3.3	3.8
单环芳烃	—	0.2	0.6	1.5	1.4	1.6
单环芳烃	—	—	—	0.5	0.8	0.8
单环芳烃	—	—	—	—	0.1	0.3
未鉴定	—	—	—	0.1	0.4	0.4
噻吩类/%	—	—	—	0.3	0.2	0.4

表 7.5　大庆原油润滑油馏分的结构族组成

原　油	沸点范围/℃	平均分子量	结构族组成				
			C_P/%	C_N%	C_A/%	R_N	R_A
大庆宽馏分脱蜡油	350~400	339	62.5	23.8	13.7	1.21	0.57
	400~450	434	63.0	23.8	13.2	1.78	0.67
	450~500	521	60.5	25.0	14.5	2.10	0.92
	500~535	568	61.5	23.8	14.7	2.00	1.08

表中，C_A，C_N，C_P 分别表示芳香环、环烷环和烷基侧链上碳原子占分子中总碳分子数的百分数，R_A，R_N 分别表示芳香环和环烷环的环数。

7.1.4　原油中的非烃化合物

烃类是原油的主体，但非烃类也同样不能忽视。虽然在原油中 S，N，O 等杂原子的质量分数不过 1%~2%，但它们是以化合物形态存在，而且通常是大分子化合物。假定含硫化合物的平均分子量是 320，而且每个分子只含一个硫原子，则含硫化合物质量分数将是元素质量分数的 10 倍。这样，原油中非烃组分的质量分数将是百分之几十。

S，N，O 在原油馏分中质量分数分布的一般规律是随着馏分沸点升高而增大，而且绝大部分集中在重油、渣油中，以胶状沥青状物质的形态存在。

（1）原油中的含硫化合物

世界各地原油的含硫量多少不一，通常称 $w(S)>2\%$ 的为高硫原油，0.5%~2.0% 的为含硫原油，$w(S)<0.5\%$ 的为低硫原油。我国的原油除胜利、江汉和孤岛外，均属低硫原油。而中东和委内瑞拉的某些原油则是典型的高硫原油。由于硫对原油加工、产品质量影响极大，所以含硫量通常作为评价原油的一项重要指标。

硫在原油中的存在形态已确定的有元素硫、硫化氢、硫醇、硫醚、二硫醚、噻吩及其同系物。元素硫、硫化氢及硫醇都能与金属作用而腐蚀设备，称为活性硫；硫醚、二硫醚、噻吩等硫化合物对金属没有直接腐蚀作用，称为非活性硫。

在原油加工过程中，硫的危害主要是对金属的腐蚀作用。当发动机燃料中有含硫化合物时,燃烧后均变成 SO_2 和 SO_3,遇水生成 H_2SO_3 或 H_2SO_4,对金属有强烈腐蚀作用。硫酸或亚硫酸与润滑油作用生成磺酸、硫酸脂及胶质等。此外,硫的氧化物对烃类氧化产物的缩合还有加速作用,会促进漆膜、积炭和油泥的生成,加速机械零件的磨损,使润滑油的使用周期缩短。含硫化合物对汽油的抗爆性也有不良影响,使辛烷值降低。有氧存在时,噻吩氧化生成磺酸,这是导致柴油迅速变色和贮存时产生沉淀的原因。硫还是大多数催化剂的毒物,因此炼油厂要用种种方法脱硫。

(2)原油中的含氧化合物

原油中氧的质量分数一般约在千分之几的范围。我国玉门原油中氧的质量分数为 0.81%,克拉玛依为 0.28%。原油中的氧几乎 90% 以上集中在胶状沥青状物质中,因此多胶质重质原油中氧的质量分数一般较高。除了胶状沥青状物质以外的含氧化合物可分为酸性和中性两大类。酸性的含氧化合物中有环烷酸、脂肪酸及酚类,总称为石油酸;中性的含氧化合物有醛、酮等,含量极微。

酸性含氧化合物中最重要的是环烷酸,约占石油酸的 95%。环烷酸的化学性质和脂肪酸相似,易溶于油,不溶于水。但其碱金属盐则相反,不溶于油而易溶于水。环烷酸能腐蚀金属,通常要用碱洗的方法将之除去。

(3)原油中的含氮化合物

原油中氮的质量分数一般在万分之几至千分之几。氮在原油中主要是以胶状沥青状物质形态存在,在馏分中的分布也是随着馏分沸点升高而增加,有 90% 左右集中在渣油里。从原油和页岩油中分离或鉴定出的含氮化合物,绝大部分是含氮杂环化合物,根据它们的碱性强弱,可以分为两类:碱性氮化合物——能用高氯酸($HClO_4$)在醋酸溶液中滴定的氮化物,包括吡啶、喹啉、异喹啉及吖啶的同系物;非碱性氮化物——不能用高氯酸滴定的氮化物,包括吡咯、吲哚和咔唑的同系物。

此外,还有另一类很重要的非碱性氮化物,即金属卟啉化合物。原油中的微量钒、镍、铁等在原油中都以金属卟啉化合物的形态存在,大部分结合在沥青质的胶粒中,小部分分布在渣油的油分和胶质中。由于简单的卟啉化合物具有一定挥发性,所以从煤油开始的中间馏分含有痕量的钒和镍。复杂的卟啉化合物虽不挥发,但它对热不稳定,在 370 ℃ 开始就有热分解。

碱性氮化物和钒、镍等微量元素化合物是催化裂化所用硅铝催化剂的毒物,还会引起油品变质、变色。所以,减少氮化物在油品中的含量对改进油品质量有重要意义。

7.1.5　原油中的胶状沥青状物质

原油中的胶状沥青状物质,是原油非烃组分中最重要的一类。原油中 S,O,N 的绝大部分都以这种形态存在。它们是一些分子量很高、分子中杂原子不止一种的复杂化合物,大部分集中在原油蒸馏后的渣油中。由于结构不明,只能根据其外形称之为胶状沥青状物质。

胶质受热或氧化可转化为沥青质,甚至不溶于油的油焦质(焦炭状物质)。油品中含有胶质,使用时就会生成炭渣,使机械部件磨损,油路堵塞。因此在精制过程中要把大部分胶质除去。沥青质是中性物质,是一种深褐色或黑色的无定型固体,密度稍高于胶质,不溶于石油醚和酒精,在苯中形成胶状溶液(先吸收溶剂而膨胀,再均匀分散)。原油中的沥青质没有挥发性,全部集中在渣油中。当加热到 300 ℃ 时,会分解成焦炭状物质和气体。沥青质的分子量一般约 2 000,为胶质分子量的 2 ~ 3 倍。其 $n(C)/n(H)$ 为 10 ~ 11,也比胶质高,说明它是高度缩合的产物。

7.1.6　原油中的固体烃

原油中有一些高熔点、在常温下为固态的烃类,如 C_{16} 以上的正构烷烃,它们通常以溶解状态存在于原油中。当温度降低,溶解度低于原油中的浓度时,就会有一部分结晶析出。这种从原油中分离出来的固体烃类,在工业上称为蜡。根据蜡的结晶形状可将蜡分为两种:一种板状(或鳞片状、带状)结晶的称为石蜡;一种细小针状结晶的称为地蜡。

石蜡通常从柴油、润滑油馏分中分离出来,地蜡则从减压渣油中分离出来。高黏度的重质润滑油中有石蜡,也有地蜡。一般说来,石蜡分子量为 300 ~ 500,分子中碳原子数为 20 ~ 30,熔点为 30 ~ 70 ℃;地蜡分子量为 500 ~ 700,分子中碳原子数为 35 ~ 55,熔点为 60 ~ 90 ℃。地蜡的沸点、熔点、分子量、密度、黏度、折射率都比相应的石蜡高,颜色也较深。从化学性质比较,石蜡对化学试剂比较稳定,不与氯磺酸反应,在熔融态与发烟硫酸作用时仅颜色稍变黑。地蜡则比较活泼,能与氯磺酸反应而放出 HCl 气体,与发烟硫酸共热时发生剧烈反应,产生泡沫并生成焦炭状物质。

蜡存在于原油或原油馏分中,严重影响油品的低温流动性,对原油的输送、加工和产品质量都有不良影响。油中即使含少量的蜡,在低温下会结晶析出并形成晶网,阻碍油品流动,甚至会使油凝固。我国原油大都是多蜡、高凝点原油,要生产出低温流动性能好的油品必须进行脱蜡。我国几种原油的蜡熔点及蜡的质量分数如表 7.6 所示。

表 7.6　我国几种原油的凝固点、蜡熔点及蜡的质量分数

原　油	大庆	胜利	孤岛	大港	任丘	克拉玛依
凝固点/℃	23	20	−2	20	36	−50
蜡熔点/℃	17.9	17.1	7.0	14.0	22.8	2.04
蜡的质量分数/%	51 ~ 52.4	52 ~ 54				

7.2　原油的预处理和精馏

7.2.1　原油的预处理

原油中所含的盐类以质量分数计,一般 NaCl 约占 75%,$CaCl_2$ 约占 10%,$MgCl_2$ 约占 15%。这些盐类一般是溶解在水中,并以牢固的乳化液形式存在。由于水的分子量比油小得多,因而汽化后蒸汽体积比同样质量的油气体积大得多,会使系统压力降增加,动力消耗加大。由于水的汽化潜热很大,原油蒸馏时要显著增加塔底加热炉和塔顶冷却器的热负荷,增加燃料耗量和冷却水用量,降低装置的处理能力。在原油加工过程中,原油所含的盐会沉积在工艺管道、加热炉和换热器管壁并形成盐垢,影响传热,使燃料消耗增加并缩短炉管寿命。加工过程中 $CaCl_2$ 和 $MgCl_2$ 可能水解放出 HCl,严重腐蚀设备,尤其是可能使蒸馏塔顶系统腐蚀穿孔、漏油而造成火灾。原油中的盐还可对二次加工工艺的催化剂造成污染。因此,无论从平稳操作,降低能耗,减轻设备腐蚀,保证生产安全,延长开工周期和提高二次加工产品质量等各方面看,都必须认真对原油进行脱盐脱水处理。

1)脱盐脱水基本原理

原油中的绝大部分盐是溶于水中的,并以微滴形式分散于连续的油相中,形成稳定的油包水型的乳状液。仅靠加热沉降是不能将水脱彻底的,所以脱盐和脱水是同时进行的。

工业上普遍采用电-化学脱盐脱水法,其原理是借助破乳剂和高压电场的共同作用进行破乳化,使微小水滴聚集成大水滴并沉降分离,达到脱盐脱水的效果。

通常先在原油中注入一定量含氯低的新鲜水溶解残留在原油中的未溶解盐类,并稀释原盐水浓度,形成新的乳化液。然后再加破乳剂和高压电场脱盐脱水。

破乳剂的类型、用量必须根据不同原油通过实验筛选,并经工业实践确定。一般将确定的破乳剂配制成浓度为 1% ~ 3% 的水溶液,用量通常为 10 ~ 20 $\mu g/g$。高压电场一般用 16 ~ 35 kV 的交流电,我国各炼油厂实际强电场梯度为 500 ~ 1 000 V/cm,弱电场梯度为 50 ~ 300 V/cm。

2)主要设备

(1)电脱盐罐

交直流电脱盐罐的结构简图如图 7.1 所示,其中主要部件为原油分配器和电极板。

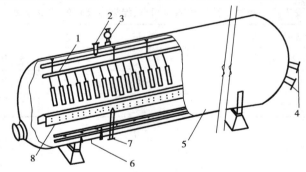

图 7.1　电脱盐罐结构示意图

1—电极板;2—油出口;3—变压器;4—油水界面控制器接口;
5—罐体;6—排水口;7—原油进口;8—原油分配器

原油分配器的作用是使从底部进入的原油通过分配器后能均匀地垂直向上流动,目前一般采用低速槽型分配器。

电极板一般有水平和垂直放置两种形式。交流电脱盐罐常采用水平电极板,交直流脱盐罐则采用垂直电极板。水平电极板往往为两层或三层。

(2)防爆高阻抗变压器

根据电脱盐的特点,应采取限流式供电,所以要用电抗器接线或可控硅交流自动调压变压器,而且必须要求其有良好的防爆性能。变压器是电脱盐过程的关键设备。

（3）混合设施

油、水、破乳剂进脱盐罐前应充分混合,使水和破乳剂在原油中尽量分散到合适程度。一般来说,分散细,脱盐率高;但分散过细时可形成稳定乳化液反而使脱盐率下降。脱盐设备多用静态混合器与可调差压的混合阀串联来达到上述目的。

3）工艺流程

炼油厂多采用二级脱盐脱水工艺,典型工艺流程如图7.2所示,一些炼油厂的脱盐脱水工艺参数和脱盐脱水效果如表7.7所示。

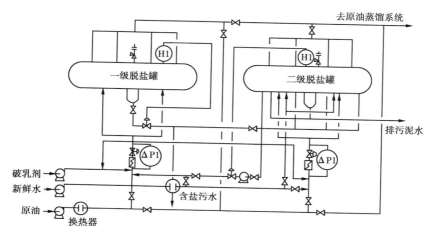

图7.2　二级电脱盐脱水典型工艺流程

表7.7　炼油厂原油脱盐脱水典型方法及效果

炼油厂	原油	密度(20 ℃)/ (g·cm⁻³)	一级脱盐				二级脱盐			
			温度/℃	注水量/%	破乳剂		温度/℃	注水量/%	破乳剂	
					型号	用量/ (μg·g⁻¹)			型号	用量/ (μg·g⁻¹)
A	大庆	0.856 1	110	4	BP2040	12~13	110	4	BP2040	12~13
B	鲁宁管输油 + 惠州(20%)	0.908 2	110	0	BP2040	0	110	5.5	BP2040	13~15

炼油厂	油水混合		脱前原油		一级脱后		二级脱后		脱盐率/%	排水含油/ (μg·g⁻¹)	备注
	型式	压降/kPa	盐的质量浓度/ (mg·L⁻¹)	水的质量分数/%	盐的质量浓度/ (mg·L⁻¹)	水的质量分数/%	盐的质量浓度/ (mg·L⁻¹)	水的质量分数/%			
A	静态混合器与混合阀串联	60	14.1	4.8	6.05	1.1	1.7	0.28	88.3	55	交直流电脱盐
B	静态混合器与混合阀串联	80	106.5	11.9			2.8	0.21	97.3	49.2	一级不送电,二级交直流

7.2.2 原油的精馏

原油是各种不同类有机化合物的复杂混合物,其中许多成分具有相近的沸点、密度等物理性质,因此利用精馏方法不可能将各个组分完全分离,实际上也没有必要。只要将原油按照一定的沸点范围分割成若干馏分,然后再分别进行加工利用就可满足工业要求。

在现代炼油厂中,原油分馏是在有外部汽提的复杂塔中进行的,如图 7.3 所示。经加热后的原油由第一段(最低一段)中部送入,在此段汽油、煤油和柴油以气相被蒸出,从塔底分出重油。上升的油气在第二段底部分出液相柴油,并在第三段底部分出液相煤油。汽油由第三段顶部以气相馏出,经冷凝器和冷却器冷却为液相产品进入贮罐,其中部分汽油由回流泵打回塔顶作回流。

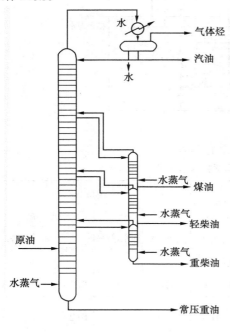

图 7.3　原油精馏塔示意图

上述复杂塔中每一段都相当于一个简单精馏塔。除第一段外,其余各段塔的提馏段设置于塔外部,叫汽提塔。它们都通过管线和主塔中属于各自的精馏段相连,并构成一个完整的简单塔。汽提塔的作用和简单塔内的提馏段完全一样,需通入过热水蒸气进行汽提,以保证分出的液相产品达到规定要求。

当精馏重质油品时,需要在减压下操作,降低压力有利于提高分馏效果。

7.2.2.1　常减压蒸馏装置及流程

常减压蒸馏装置一般分为三段,即初馏、常压蒸馏和减压蒸馏,可生产各种燃料油和润滑油馏分。图 7.4 为燃料型原油蒸馏的典型工艺流程图。

（1）初馏

脱盐、脱水后的原油换热至 215～230 ℃进入初馏塔（又称闪蒸塔）,从塔顶蒸馏出初馏点至 130 ℃的馏分经冷凝冷却后,其中一部分作塔顶回流,另一部分引出作为重整原料或较重汽油,又称初顶油。

（2）常压蒸馏

初馏塔底拔头原油经常压加热炉加热到 350～365 ℃,进入常压分馏塔。塔顶打入冷回流,使塔顶温度控制在 90～110 ℃。由塔顶到进料段温度逐渐上升,利用馏分沸点范围不同,塔顶蒸出汽油,依次从侧一线、侧二线、侧三线分别蒸出煤油、轻柴油、重柴油。这些侧线馏分经常压汽提塔用过热水蒸气提出轻组分后,经换热回收一部分热量,再分别冷却到一定温度后送出装置。塔底约为 350 ℃,塔底未汽化的重油经过热水蒸气提出轻组分后,作减压塔进料油。为了使塔内沿塔高的各部分的汽、液负荷比较均匀,并充分利用回流热,一般在塔中各侧线抽出口之间,打入 2～3 个中段循环回流。

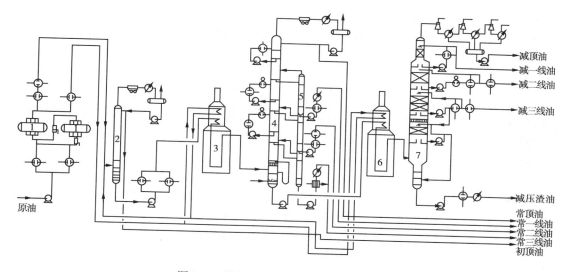

图 7.4　燃料型原油蒸馏典型工艺流程图

1—电脱盐罐;2—初馏塔;3—常压加热炉;4—常压塔;5—常压汽提塔;6—减压加热炉;7—减压塔

（3）减压蒸馏

常压塔底重油用泵送入减压加热炉,加热到 390～400 ℃进入减压分馏塔。塔顶不出产品,分出的不凝气经冷凝冷却后,通常用二级蒸汽喷射器抽出不凝气,使塔内保持残压1.33～2.66 kPa,以利于在减压下使油品充分蒸出。塔侧从一、二侧线抽出轻重不同的润滑油馏分或裂化原料油,它们分别经汽提塔汽提,换热冷却后,一部分可以返回塔作循环回流,一部分送出装置。塔底减压渣油也吹入过热蒸汽汽提出轻组分,提高拔出率后,用泵抽出,经换热、冷却后出装置,可作为自用燃料或商品燃料油,也可作为沥青原料或丙烷脱沥青装置的原料,进一步生产重质润滑油和沥青。

7.2.2.2　常减压蒸馏操作影响因素及调节

1）常压系统操作影响因素

常压系统生产燃料油,要求严格的馏分组成,所以常压系统以提高分馏精确度为主。分馏精确度是精馏塔效能和操作好坏的标志之一,通常用相邻两个馏分的"重叠"和"间隙"来表示。如两馏分中,轻馏分的终馏点低于重馏分的初馏点时,说明分馏效果好,此二温度的间隔称为"间隙";反之,轻馏分的终馏点高于重馏分的初馏点时,说明分馏效果差,此时称为"重叠"。分馏精确度的高低,除与分馏塔的结构(塔板型式、板间距、塔板数等)有关外,在操作上的主要影响因素是温度、压力、回流比、塔内汽流速度及水蒸气吹入量等。

（1）温度

炉出口温度、塔顶及侧线温度都要严格控制平稳,任何一点波动都会影响分馏效果。在原料一定的情况下,若提高炉出口温度,会使进塔油品的汽化量和带入塔内的热量增加。其他各点温度如不注意调节也会相应提高,使产品变重。反之,炉出口温度突然降低,就会使进入塔内的油气量及热量减少,如不进行相应调节,其他各点温度也会随之下降,使产品变轻。因此生产中关键点的温度都有仪表自动控制。

（2）压力

操作压力降低,有利于各组分在较低的温度下沸腾,消耗热量较少。压力增高不利于汽化与分馏,但可降低油汽体积流量,有利于提高处理量。操作中,初馏塔和常压塔压力变高,往往是由于原油含水多、塔顶回流带水或处理量增大等原因,促使塔内蒸汽量增大而引起的。这时容易造成冲油事故,必须密切注视压力的变化。

(3)回流比

回流比的大小直接影响塔顶温度和分馏效果,是调节产品质量的重要手段。增大回流比,可改善分馏效果。若回流比过大,一方面将使塔内油汽速度增大,如超过允许速度,会造成雾沫夹带严重,反而对分馏不利;另一方面使加热蒸汽和冷却水耗量增大,操作费用上升。所以必须控制适当回流比。

(4)汽流速度

塔内空塔汽流速度过高,雾沫夹带严重,分馏效果降低;汽流速度过低,不仅处理量下降,分馏效果也下降,甚至产生漏液。操作中应在不超过允许速度的前提下,使气速尽可能高,既可提高分馏效果,又可提高设备的处理能力。常压塔允许气速一般为 0.8 ~ 1.1 m/s,减压塔一般为 1 ~ 3.5 m/s。

(5)水蒸气量

在常减压系统汽提塔中用过热水蒸气汽提,一方面是主塔和侧线的补充热源,另一方面也能起降低油气分压的作用,以利于除去其中的轻组分。蒸汽量不宜过大,总量一般为原油处理量(质量分数)的 2% ~5%。若蒸汽量过大,塔内气速过高,将会破坏塔的平稳操作,同时在塔顶还要消耗过多的冷却水来冷凝。

2)减压系统操作影响因素

减压系统生产润滑油馏分或裂化原料,对馏分组成要求不太高。在馏出油残炭合格的前提下尽可能提高拔出率,减少渣油量是该段操作的主要目标。所以,减压系统以提高汽化段真空度、提高拔出率为重要控制指标。其主要影响因素如下:

(1)塔盘压力降

选用阻力较小的塔盘和采用中段回流,使蒸汽负荷分布均匀。同时,应在满足分馏要求的前提下,尽量减少塔盘数。

(2)塔顶气体导出管压力降

为降低减压塔顶至冷凝器间的压力降,一般减压塔顶都不出产品,也不打塔顶回流,而用一线油打循环回流来控制塔顶温度。这样塔顶导出管蒸出的只有不凝气和吹入塔内的水蒸气。由于塔顶的蒸汽量大为减少,降低了导出管的压力降。

(3)抽真空设备的效能

采用二级蒸汽喷射器,控制好蒸汽压力和水温的变化及冷凝器的用水量,一般能满足要求。

综上所述,在常压系统关键是控制好温度,在温度发生波动时,最主要的调节手段是改变回流比;在减压系统操作中,蒸汽压力变化是造成真空度波动的关键因素,必须注意调节。

3)各种条件变化时的调节方法

(1)原油含水量的变化

原油含水量高,将使预分馏塔操作困难。由于含水量多,一方面使换热后原油升温不够,影响预分馏塔的汽化量;另一方面大量水汽化会使预分馏塔内压力增大,液面波动,严重时造成冲塔或塔底油泵抽空。此时应补充热源,使原油换热后进初馏塔油温在 200 ℃以上,尽量使水分在预分馏塔蒸出。

（2）产品头轻

产品头轻即初馏点低、闪点低,说明低沸点馏分未充分蒸出。不仅影响这一油品的质量,还影响上段油品的收率。处理方法是提高上段侧线油品的馏出量,使下来的回流减少,馏出温度提高,或加大本线汽提蒸汽量,均可使轻组分被赶出。

（3）产品尾重

尾重的表现为干点高、凝点高,对润滑油馏分则表现为残炭高。尾重说明该段产品与下段馏分分割不清,重组分被携带上来了。这样,不但本线油品质量不合格,还影响下段侧线油品的收率。处理方法是降低本线油品的馏出量,使回到下层去的内回流加大,温度降低;或减少下一线的汽提蒸汽量,均可减少重组分上来的可能性。

7.2.2.3　常减压蒸馏产品

常减压蒸馏的原料是原油,产品是各种馏分。由于各油田原油的性质差别很大,目标产品馏分的用途也各不相同,应根据具体情况改变侧线数目、各馏分的沸点范围和收率来满足生产要求。一般而言,常压拔出率为 25% ~ 40%,减压拔出率约 30%。蒸馏产品产率和馏分范围如表 7.8 所示。

表 7.8　常减压蒸馏产物

项　　目	产　品	一般沸点范围/℃	一般产率（质量分数）/%
初馏塔顶	汽油组分（或铂重整原料）	初馏点 ~95 或略高	2 ~ 3
常压塔顶	汽油组分（或铂重整原料）	95 ~ 200（或 95 ~ 130）	3 ~ 8（或 2 ~ 3）
常压一线	煤油（或航空煤油）	200 ~ 250（或 130 ~ 250）	5 ~ 8（或 8 ~ 10）
常压二线	轻柴油	250 ~ 300	7 ~ 10
常压三线	重柴油	300 ~ 350	7 ~ 10
减压一线			
减压二线	催化裂化原料或润滑油原料	350 ~ 520	约 30
减压三线			
减压四线			
减压渣油	焦化原料、润滑油原料、氧化沥	>520	35 ~ 50
	青原料或燃料油组分		

7.2.2.4　常减压蒸馏系统的换热网络及节能措施

提高热回收率是原油蒸馏设备节能的关键。通常采用下列措施来提高原油换热终温:

①分馏塔取热合理分配,增加高温热源的热量。

在保证产品收率和质量的前提下,适当减少塔顶回流,尽量多从塔的中下部取出高温位热源,使其在换热系统中得到充分利用。

②充分利用中、低温热源。

塔顶或经换热后温度小于 130 ℃的低温热源还可用于加热锅炉给水、电脱盐用水、油罐保温用水等,有效提高全系统的总热量利用率。

③优化换热流程。

换热流程的最优合成是目前国际上广泛研究的热门课题。应用夹点设计技术可使整个换热系统达到平均温差合理、传热系数高、热流密度大、压降低等优化技术指标,使系统接近最优操作条件。用计算机计算优化的换热系统可使原油换热后的终温由过去的230~240℃提高到285~310℃,减少常压炉的热负荷,燃料消耗量降低36%~48%。

此外,选用新型高效换热器、换热网络与催化裂化装置或焦化装置热源联合考虑等措施,都可提高整体热量利用率,达到可观的节能效果。

7.3 渣油热加工

7.3.1 基本原理和工艺简介

绝大多数原油经过常减压蒸馏后,只能提供30%左右的汽油、煤油和柴油等轻质油品,其余是重质馏分油和残渣油,若不经过二次加工,它们只能作为润滑油原料或重质燃料油。但国民经济和国防上大量需要的是汽油、煤油、柴油等轻质油品。此外,直馏汽油辛烷值很低,通常仅40~50,远不能满足汽油发动机对汽油辛烷值的要求。辛烷值是表示汽油在汽油发动机中燃烧时的抗爆性指标。将汽油试样与由异辛烷(辛烷值规定为100)和正庚烷(辛烷值规定为0)配成的混合液在标准试验汽油机中进行比较,当油样的抗爆性和某一混合液相当时,该混合液中异辛烷的体积分数即为该油样的辛烷值。此值越大,汽油的抗爆性越好。因此应当大力发展改变分子结构的化学加工方法来提高油品的质量。根据化学加工过程中有无催化剂的存在,原油蒸馏后的加工可分为热加工过程和催化加工过程。

热加工过程有热裂化、减粘裂化和延迟焦化等工艺,主要用于加工重质原料油,生产轻质原油产品,以提高轻质油的收率。但热裂化所得产品由于含烯烃多,安定性很差,目前一般仅用于生产三烯三苯的石油化工工艺中。延迟焦化可处理减压渣油等重质贫氢油料,除可生成轻质油品和石油焦外,还可为催化裂化提供原料,因此现在仍然是原油深度加工的重要方法,为大多数炼油厂所采用。

延迟焦化是将渣油以高流速流过加热炉管,加热到反应所需的温度500~505℃,然后进入焦炭塔,在焦炭塔里靠自身带入的热量进行裂化、缩合反应,使渣油深度反应转化为气体、汽油、柴油、蜡油和固体产品焦炭的过程。热渣油在炉管里虽然已达到反应温度,但由于焦油的流速很快,停留时间很短,裂化和缩合反应来不及发生就离开了加热炉,而把反应推迟到焦炭塔中进行,所以称为延迟焦化。

减压渣油是各族烃类的复杂混合物,在裂化温度下主要发生两类反应:一类是裂解反应,为吸热反应;另一类是缩合反应,为放热反应。裂解产生较小的分子,而缩合则生成较大的分子。但总的来说,裂解反应是主要的,因此由渣油可转化为气体、汽油、柴油、蜡油和石油焦等产品。

7.3.2 工艺流程

延迟焦化的工艺流程如图 7.5 所示。

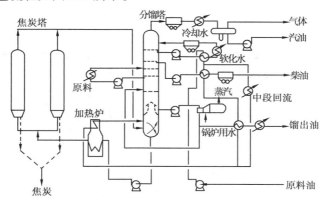

图 7.5 延迟焦化工艺流程图

重质原料油经冷凝回流换热后,被泵入加热炉对流室内加热到 350 ℃ 左右,进入焦化分馏塔下部,与来自焦炭塔顶部的高温油气(430~435 ℃)直接换热。一方面把原料油中的轻质油蒸发出去,同时又加热了原料油(390~395 ℃)。经换热的塔底原料油和循环油一起,用泵打进加热炉辐射室,迅速加热升温到 500 ℃ 左右后进入焦炭塔底部。高温渣油在焦炭塔内停留足够时间进行裂化、缩合反应,最后生成的焦炭逐渐集结在焦炭塔内。而反应生成的高温油气自塔顶进入分馏塔下部,与原料换热后,经分馏得到焦化气、汽油、柴油和蜡油,余下的重质油作为循环油和原料一起重新再去焦化。

加热炉是延迟焦化的关键设备,一是要为整个装置提供热量,将渣油加热到 500 ℃ 的高温,并且热量要均匀,消除局部过热以防止炉管结焦。同时为了加快流速、缩短油在炉管中的停留时间,需向炉管注入 1% 左右的水。

至少需要两个焦炭塔轮换使用。当一个塔中焦炭达到 2/3 左右高度时,便进行切换。切换周期一般为 48 h,其中结焦 24 h,除焦等其他操作 24 h。切换下来的焦炭塔必须立即用水蒸气汽提出残油气,接着再用水冷,最后进行水力出焦。即用 10 MPa 以上的高压水通过切焦器,经钻孔、扩孔后,沿塔自下而上将焦炭切割下来。

7.3.3 主要操作条件

(1)反应温度

反应温度一般指加热炉辐射管出口温度,是重要的操作条件。温度太低,焦化反应深度和速度降低,焦炭中挥发分增加,质量变坏;温度过高,焦化反应过深,使汽油、柴油继续裂解,降低了汽柴油产率,而且使焦炭变硬,使除焦困难。加热炉出口温度一般控制在 495~505 ℃。

(2)系统压力

压力高,反应深度大,气体和焦炭收率高,液体收率低,焦炭的挥发成分也会增加。原则上是在克服系统阻力损失的前提下,采用较低压力,以得到较多的蜡油。一般低压焦化控制分馏塔顶油气分离器压力(表压)为 0.15~0.17 MPa。

(3)分馏塔操作温度

分馏塔操作温度不宜高于400 ℃,温度过高容易结焦。通常操作温度范围是:分馏塔塔底380~400 ℃,分馏塔顶110~120 ℃,柴油抽出线275~285 ℃。

(4)循环比

循环比是指焦化分馏塔底循环油量与原料油量之比。若用加热炉进料量与原料油量之比表示则称联合循环比。循环比加大,焦化汽油、柴油的收率提高,焦化馏出油收率减少,焦炭和焦化气收率增加。虽然轻油产量增加,但装置加工能力下降。因此,目前有采用较小循环比,提高焦化馏出油的产量以增加催化裂化或加氢裂化原料的趋向。

7.3.4 焦化产品分布

几种主要减压渣油延迟焦化的工艺条件和产品分布列于表7.9。

表7.9　几种减压渣油延迟焦化产品分布

原料油 主要工艺条件	大庆减压渣油	胜利减压渣油	鲁宁管输减压渣油	辽河减压渣油
炉出口温度/℃	500	500	500	500
联合循环比	1.30	1.45	1.43	1.43
产品分布/%				
气体	8.3	6.8	8.3	9.9
石脑油	15.7	14.7	15.9	15.0
柴油	36.3	35.6	32.3	25.3
馏出油	25.7	19.0	20.7	27.2
焦炭	14.0	23.9	22.8	24.6
液体收率	77.7	69.3	68.9	65.5

焦化气含有20%~35%的不饱和烃和30%左右的甲烷,是制氢的好原料。焦化汽油含有较多的烯烃,安定性差,即使贮存很短时间,颜色也会发生变化,必须经过酸碱洗涤再蒸馏,或经过加氢精制才能作为汽油的调和组分出厂。焦化柴油也因含烯烃和非烃化合物多,安定性也不好,需再次加工才能应用。馏出油主要作为催化裂化、加氢裂化的原料。

7.4　催化裂化

催化裂化是以重质馏分油为原料,在催化剂存在条件下和在450~530 ℃高温和0.1~0.3 MPa压力下,经过以裂化为主的一系列反应,生成气体、汽油、柴油、重质油及焦炭的工艺过程。其主要特点是轻质油收率高,可达 70% ~ 80%,比热裂化和延迟焦化都高。气体产率为 10% ~ 20%,其中主要是 C_3,C_4,烯烃质量分数可达 50% 以上,是优良的石油化工原料和生产高辛烷值组分的原料。汽油产率为 30% ~ 60%,安定性好,辛烷值为 70 ~ 80,高于直馏汽油和热裂化汽油、焦化汽油。柴油产率为 20% ~ 40%,其中含芳烃多,抽提出来是宝贵的化工原料。

由于催化裂化在生产轻质油品方面的优越性,它已成为炼油厂提高原油加工深度、生产高辛烷值汽油、柴油和液化气的最重要的一种重油轻质化工艺过程。

在催化裂化过程中,原料油在催化剂上进行催化裂化反应时,一方面通过裂化等反应生成气体、汽油等较小分子的产物;另一方面又同时发生缩合等反应,生成较大分子的产物直至焦炭。所生成的焦炭沉积在催化剂表面上,在很短时间内(几分钟到十几分钟)催化剂的活性就由于表面上碳沉积增多而大大下降。此时必须停止反应,转而用空气烧去积碳以恢复催化剂的活性,这一烧焦过程称为"再生"。裂化反应为吸热反应,催化剂再生是强放热反应,因此在反应时需要供给热量,再生时又必须移走大量的热。由此可见,如何更好地解决周期性地进行反应和再生,同时又周期性地供热和散热这一矛盾,是催化裂化工业发展的关键。

7.4.1　催化裂化的化学反应

1)原料油在催化剂上进行反应的特点

烃类的催化裂化反应是在固体催化剂表面上进行的,原料油在高温下汽化,反应属于气-固相非均相催化反应。反应物首先从油气流扩散到催化剂的微孔表面,并且被吸附在表面上,然后在催化剂的作用下进行化学反应。生成的反应物先从催化剂表面上脱附,再扩散至油气流中去。催化裂化的一般历程为扩散→吸附→反应→脱附→再扩散 5 个步骤。因此,某种烃类催化裂化的反应速度不仅与本身的化学反应速度有关,而且还与它被吸附的难易程度有关。对于易吸附的烃类,催化裂化速度决定于化学反应速度;对于化学反应速度很快的烃类,催化裂化速度决定于吸附速度。

实验证明,碳原子相同的各种不同的烃类吸附能力大小顺序是:

稠环芳香烃 > 稠环环烷烃 > 烯烃 > 单烷基侧链的单环芳香烃 > 环烷烃 > 烷烃。

同类烃中,分子量越大越容易被吸附。

化学反应速度的快慢顺序是:

烯烃 > 异构烷与烷基环烷烃 > 正构烷烃 > 烷基苯 > 稠环芳烃。

比较以上两方面可知,各种烃类被吸附的难易和化学反应快慢的顺序并不一致。如果原料中含稠环芳烃较多时,它最容易被吸附而化学反应速度又很慢,吸附后牢牢占据了催化剂表面,并容易缩合成焦炭,使催化剂失去活性,从而使整个原油馏分的催化裂化反应速度降低。因此,稠环芳烃是原料中的不利组分;环烷烃有一定的吸附能力和一定的反应能力,是催化裂化原料中的理想组分。

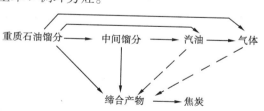

图 7.6　原油馏分的催化裂化反应
(虚线表示不重要的反应)

原油馏分的催化裂化反应是一种复杂的平行-连串反应,如图 7.6 所示。原料可同时朝几个方向进行反应,既有分解,又有缩合,这种反应称为平行反应;同时,随反应深度加深,中间产物又会继续反应,这种反应称为连串反应。

由平行-连串反应特点可看出,裂化反应后产物的馏分范围比原料宽得多,既有气体、汽油,又有柴油和循环油,还有焦炭,反应深度对各产品产率分配有重要影响。因此,为了得到最高的汽油(或柴油)产率,必须控制适当的催化裂化转化深度。

2)催化裂化过程中化学反应的种类

(1)裂化反应

裂化反应是催化裂化的主要反应,其反应速度比较快。烃分子中的 C—C 键断裂,使大分子变为小分子,原料分子越大越易裂化。碳原子数相同的链状烃中,异构烃比正构烃容易裂化得多,裂化速度的顺序是叔碳 > 仲碳 > 伯碳。环烷烃裂化时既能断链,也能断开环生成异构烯烃。芳烃的环很稳定不能打开,但烷基芳烃很容易断链,断链是发生在芳香环与侧链相连的C—C 键上,生成较小的芳烃与烯烃,又叫脱烷基反应。侧链越长,异构程度越大,越容易脱掉,而且至少有 3 个碳的侧链基才容易脱掉。脱乙基比较难,单环芳烃不能脱甲基,而只能进行甲基转移反应,只有稠环芳烃才能脱掉一部分甲基。

(2)异构化反应

异构化反应是分子量大小不变而改变分子结构的反应。在催化裂化中异构化反应很显著,分为 3 种类型:一是骨架异构化,包括直链变为支链,支链位置改变,五元和六元环烷之间互相转化等;二是烯烃的双键移位异构化;三是烯烃分子空间结构改变,称为几何异构化。

(3)氢转移反应

烃分子上的氢脱下来立即又加到另一个烯烃分子上使之饱和的反应称为氢转移反应。氢转移反应不同于分子氢参加的脱氢和加氢反应,是活泼氢原子的转移过程,其反应速度比较快。在氢转移过程中,供氢的烷烃会变成烯烃,环烷烃变成环烯烃进而变成芳香烃,甚至缩合成焦炭,同时使烯烃和二烯烃得到饱和。二烯烃最容易经氢转移饱和为单烯烃,所以催化裂化产品中二烯烃很少,产品饱和度较高,安定性较好。

(4)芳构化反应

烯烃环化并脱氢生成芳香烃,使裂化产品中芳香烃含量增加,汽油的辛烷值提高,但柴油的十六烷值会降低。转化成的芳香烃若进一步反应时也会缩合成焦炭。

(5)叠合反应

叠合反应是烯烃与烯烃加合成更大分子烯烃的反应。叠合深度不高时,可生成一部分异构烃,但大部分深度叠合的产物是焦炭。由于裂化反应占优势,在催化裂化中叠合反应并不显著。

(6)烷基化反应

烯烃与芳烃加合的反应称为烷基化反应。烯烃主要是加到双环和稠环芳烃上,进一步环化脱氢以致生成焦炭。这类反应在催化裂化反应的比例也不大。

由以上分析可以看出,在催化裂化条件下,烃类进行的最主要反应是分解反应,大分子变成小分子,同时异构化、芳构化和氢转移反应也是有利反应。这些反应不仅提高了轻质油收率,而且还使产品中异构烃和芳香烃含量增加,烯烃,特别是二烯烃含量减少,这就提高了汽油辛烷值,改善了安定性,提高了产品质量。所以裂化分解、异构化、芳构化和氢转移 4 种反应是理想反应。而叠合、烷基化,特别是脱氢缩合反应,使小分子变成大分子,直至缩合成焦炭,是催化裂化装置中的不利反应。

7.4.2　催化裂化催化剂

催化剂是实现催化裂化工艺的关键,多年来催化剂和工艺两者并驾齐驱、相辅相成,促进了催化裂化技术的持续发展。在催化裂化所采用的反应温度和压力下,原油烃类本身就具有进行分解、芳构化、异构化、氢转移等反应的可能性,但异构化、氢转移反应的速度很慢,在工业上没有现实意义。使用催化剂大大提高了这些反应的速度,从而使催化裂化装置的生产能力、汽油产率和质量都比热裂化优良。

1)催化剂的种类和结构

工业上广泛应用的裂化催化剂分两大类:一类是无定形的硅酸铝,包括天然活性白土和合成硅酸铝;另一类是结晶型硅铝酸盐,又称分子筛催化剂。

目前世界上大多数催化裂化装置均采用分子筛硅酸铝催化剂。分子筛硅酸铝亦称合成泡沸石,是一种具有立方晶格结构的硅铝酸盐。通常是硅酸钠(Na_2SiO_3)和偏铝酸钠($NaAlO_2$)在强碱水溶液中合成的晶体,其主要成分为金属氧化物、氧化硅、氧化铝和水。其晶体结构中具有整齐均匀的孔隙,孔隙直径与分子直径差不多。如 4A 型分子筛的孔隙直径为 0.4 nm,13X 型是 0.9 nm。这些孔隙只能让直径比孔隙小的分子进入,故称为分子筛。分子筛硅铝酸盐的化学组成可用以下通式来表示:

$$Me_{2/n}O \cdot Al_2O_3 \cdot xSiO_2 \cdot yH_2O$$

式中　Me——金属离子,通常为 Na, K, Ca 等;

　　　n——金属离子的价数;

　　　x——SiO_2 的摩尔数(或硅铝比,即 $n(SiO_2)/n(Al_2O_3)$);

　　　y——结晶水的摩尔数。

不同类型的分子筛,主要是硅铝比不同,结合的金属离子不同。人工合成的含钠离子的分子筛没有活性,其钠离子可用离子交换的方法用其他阳离子置换。如氢离子置换得到 H-Y 型分子筛,稀土金属离子(如铈、镧、镨等)置换得到稀土-Y 型分子筛(Re-Y 型),兼用氢离子和稀土金属离子置换得到 Re-H-Y 型分子筛。目前应用较多的是 Re-Y 型分子筛。稀土元素经离子交换进入分子筛的晶格,使其活性大大提高,通常比硅酸铝催化剂的活性高出上百倍。目前工业上应用的分子筛硅酸铝催化剂,一般只含 5% ~ 15% 的分子筛,其余是硅酸铝载体。载体不仅能降低催化剂成本,而且能起到分散活性、提高热稳定性和耐磨性、传递热量及使大分子烃预先反应等多种作用。载体和分子筛互相促进,使裂化达到很高的转化率和更好的产品分布。

分子筛催化剂具有裂化活性高、氢转移活性高、选择性好、稳定性高和抗重金属能力强等优点,但缺点是允许的含碳量低,只有 0.2%(硅酸铝催化剂为 0.5%)。当催化剂含碳量增加0.1%,转化率就会降低 3% ~ 4%。

2)催化剂的催化性质

催化剂的催化性质包括活性、稳定性和选择性三项。活性是催化剂促进化学反应速度的性能,活性需通过专门试验测定。稳定性是使催化剂在使用过程中反复进行反应和再生,经常受到高温和水蒸气的作用而保持其活性的能力,也就是催化剂耐高温和水蒸气老化的性能,可通过热老化活性试验和蒸汽热老化活性试验进行测定。一般来说,高铝硅酸铝催化剂比低铝硅酸铝催化剂稳定性好,粗孔催化剂比细孔催化剂稳定性好。分子筛催化剂的稳定性高,且随硅铝比增加而增加。在不同类型阳离子的分子筛中,又以稀土离子型最稳定。选择性是催化剂能增加目的产品产率和改善其质量的性能。分子筛催化剂比无定形硅酸铝催化剂选择性好。活性高的催化剂,其选择性不一定好,应综合比较其性能指标来选择适当的催化剂。

自从催化裂化原料普遍重质化,大量掺入渣油以来,对催化剂的要求逐步苛刻,基质的作用和功能更加突出。首先要选择对渣油要有足够的裂化活性、动态活性高的催化剂;其次要求催化剂水热稳定性和抗重金属稳定性好。

3)催化剂的中毒和污染

碱和碱性氮化合物会紧紧覆盖酸性部位而中和掉催化剂的酸性,硫化铁会遮盖活性中心,这些现象称为催化剂的中毒。水蒸气能通过破坏催化剂的结构来降低稳定性,并使活性和比表面积显著下降,一般称该现象为老化。重金属污染主要是由镍、钒、铁、铜等在催化剂表面沉积,降低了催化剂的选择性,而对活性影响不大,称为重金属污染。特别是镍和钒,会使液体产品和液化气产率降低,干气和焦炭产率上升,产品不饱和度增加,特别明显的是氢气产率增加,甚至会使风机超负荷,大大降低装置的生产能力。克服重金属污染的主要措施除了使用抗污染能力强的分子筛催化剂外,同时应采用优质原料油,以尽可能降低原料油馏分中的硫和重金属含量。

7.4.3 催化裂化操作因素分析

对一套催化裂化装置的基本要求是处理能力大、轻质油产率高、产品质量好,这三者是互相联系又互相矛盾的。例如,当主要目的是多产汽油产品时,轻柴油产率和轻质油总收率就相应低些,处理量也较低;当要求多产轻柴油时,汽油产率就低些,处理量则高些。因此,要掌握各种因素对处理量、产品产率和产品质量的影响规律,据此调整操作条件来达到各种不同的产品要求和质量指标。

1)基本概念

(1)转化率、产率、回炼比

反应转化产物与原料之比称为转化率,如以新鲜原料为基准时称为总转化率,以装置总进料为基准时称为单程转化率。由原料转化所得各种产品与原料之比称为各产品的产率。生产中常常是把"未转化"的原料全部或一部分重新送入反应器进行反应,这部分原料叫循环油或回炼油,回炼油与新鲜原料之比叫回炼比,总进料量与新鲜原料量之比称为进料比。

(2)藏量、空间速度

反应器内经常保持的催化剂量称为藏量。对流化床反应器,一般指分布板以上密相床层的藏量。每小时进入反应器的原料量与反应器内催化剂藏量之比称为空间速度,简称为空速,常以 V_0 表示。例如某反应器的催化剂藏量为 10 t,进料 50 t/h,则空速为 5 h^{-1}。空速反映原料与催化剂接触反应的时间。空速越大,表示原料同催化剂接触反应的时间越短。空速的倒数常用来表示反应时间,但它不是反应器中真正的反应时间,只是一个相对值,故称为假反应时间。

(3)催化剂的对油比

每小时进入反应器的催化剂量(即催化剂循环量)与每小时总进料量之比,称为催化剂对油比,简称剂油比,常以 $n(C)/n(O)$ 表示。例如反应时进料量为 100 t/h,催化剂循环量为 500 t/h,则 $n(C)/n(O) = 5$。剂油比表示每吨原料油与多少吨催化剂接触。在焦炭产率一定时,若剂油比高,则平均每颗催化剂上沉积的焦炭就少些,因而催化剂的活性就高些。可见剂油比反映了在反应时与原料油接触的催化剂的活性。

（4）强度系数

生产中发现 $\dfrac{n(C)/n(O)}{V_0}$ 这一比值与转化率有一定关系,称为强度系数。如果 $n(C)/n(O)$ 提高,V_0 也提高,只要保持两者的比例不变,则转化率基本上不变。这就是说,$n(C)/n(O)$ 提高使催化剂的活性提高,反应速度加快;另一方面 V_0 提高,使原料在反应器内反应的时间缩短了,又缓和了反应的进行。当强度系数不变时,这两个互相对立的影响大致互相抵消,于是反应的深度不变,转化率也不变。

强度系数越大,则转化率越高。对性质不同的原料油,在同一强度系数下操作,原料越重则转化率越高,原料油芳烃含量越少或特性因数越大则转化率越高。床层式流化催化裂化反应器的强度系数一般为 0.5 ~ 1.0。

2）操作因素分析

（1）原料油性质

原料油性质主要指原料油的化学组成。若原料油含吸附能力较强的环烷烃多,化学反应速度快,选择性好,因而气体、汽油产率高,焦炭产量比较低。含烷烃较多的原料,化学反应速度较快,但吸附性能差。含芳烃较多的原料反应速度最慢,其吸附能力很强,选择性差,极易生成焦炭。此外,还要求原料油中镍、钒、铁、铜等重金属含量少,以减少重金属对催化剂的污染。残炭值大的原料油品收率低、焦炭产率高,残炭值一般要求在 0.3% ~ 0.4%。

（2）反应温度

提高反应温度可使反应速度加快,提高实际转化率,从而提高设备的处理能力。目的是多产柴油时,宜采用较低的反应温度(460 ~ 470 ℃),在低转化率、高回炼比的条件下操作;目的为多产汽油时,则宜用较高的反应温度(500 ~ 530 ℃),在高转化率、低回炼比条件下操作;目的产物为燃料气体时,则宜选择更高的反应温度。反应温度对分解反应和芳构化反应的反应速度比对氢转移反应速度要敏感得多,因此产物中芳香烃和烯烃含量较多时,可得辛烷值高的汽油,而其柴油十六烷值则较低。

（3）反应压力

提高反应压力使反应器内的油气体积缩小,相当于延长反应时间,也可使转化率提高。压力增加有利于吸附而不利于重质油品的脱附,所以焦炭产率明显上升,汽油产率略有下降,但此时烯烃含量减少,油品安定性提高。床层流化催化裂化反应表压通常控制在 0.17 MPa ± 0.02 MPa,提升管催化裂化反应表压为 0.2 ~ 0.3 MPa。

（4）空速和反应时间

降低流化床催化裂化装置的空速就是延长反应时间,有利于提高转化率,更有利于反应速度相对较慢的氢转移反应的进行,因此可减少烯烃含量,提高油品的安定性。因提升管催化裂化过程是稀相输送过程,应该采用反应时间来描述。在提升管中的停留时间就是反应时间。在提升管反应器中,刚开始反应速度最快,转化率增加也快,但 1 s 后反应速度和转化率的增加幅度就趋缓。反应时间过长,会引起汽油分解等二次反应和过多的氢转移反应,使汽油产率和丙烯、丁烯产率降低。反应时间要根据原料油性质、催化剂特性、产品的要求和试验结果来选定,通常为 2～4 s。

(5)催化剂对油比

提高剂油比,可减少单位催化剂上的积炭量,从而增加催化剂的活性,提高转化率。剂油比大,反应深度大,汽油中的芳烃含量增加,硫含量和烯烃含量都降低。

(6)回炼比

改变回炼比实质是改变进料的性质。回炼油比新鲜油原料含有较多的芳烃,难裂化易生焦。回炼比加大,其他条件不变则转化率下降,处理能力降低。回炼比大,反应条件缓和,单程转化率低,二次反应较少,汽油/气体及汽油/焦炭较高,汽油和轻质油的总产率高。反之,回炼比低时,生产能力大而汽油和轻质油总产率低。

从以上各因素分析可知,影响催化裂化的操作因素较多,它们之间既互相影响又互相联系。各因素都影响原料的裂化深度,从而影响处理能力、产品分布及产品质量。转化率能较全面反映各操作因素与处理能力、产品分布和产品质量间的关系,因而生产中一般将转化率列为催化裂化过程的重要指标。

7.4.4 催化裂化工艺流程

催化裂化装置一般由反应-再生系统、分馏系统和吸收-稳定系统 3 个部分组成。下面分别介绍流化床催化裂化装置和分子筛提升管催化裂化装置的工艺流程。

1)流化床催化裂化工艺流程

流化床催化裂化使用无定形硅酸铝催化剂,普遍采用的反应-再生型式的特点是反应器和再生器两器同高度并列,催化剂循环采用 U 形管密相输送,其工艺流程如图 7.7 所示。

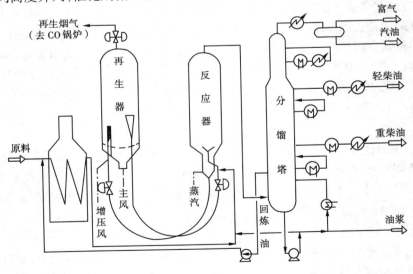

图 7.7　同高并列式催化裂化反应-再生及分馏系统流程

(1)反应-再生系统

新鲜原料油经换热后与回炼油混合,经加热炉加热至 350～400 ℃后,用蒸汽雾化并喷入反应器提升管。在提升管内与再生后的高温催化剂(550~600 ℃)接触,立即有15%~20%的原料油汽化并反应,经过部分反应的油气和催化剂一起通过分布板进入反应器的密相床层继续进行反应,温度为450~500 ℃。反应产物经旋风分离器分离出夹带的催化剂后,离开反应器去分馏塔。积有焦炭的催化剂从密相落入反应器汽提段,此处吹入过热水蒸气汽提,将所吸附的油气置换出来,重新返回反应床层。经汽提后的催化剂经U形管送入再生器。在再生器提升管的底部通入增压风,降低了提升管内催化剂的密度,使催化剂从反应器经U形管不断循环到再生器中去。

再生器的作用是烧去催化剂上的积炭,以恢复催化剂的活性。再生器也是流态化操作过程,由主风机供给空气,温度控制在600 ℃左右。温度过高会破坏催化剂的活性并损坏设备。再生后的催化剂落入溢流管,再经过立管、U形管送回反应器循环使用。再生烟气经旋风分离器分离出夹带的催化剂后,通入废热锅炉回收热量。

(2)分馏系统

由反应器来的反应产物进入分馏塔底部,经分馏后在塔顶得到富气和汽油,侧线抽出轻柴油、重柴油和回炼油,塔底产品为油浆。轻柴油和重柴油在汽提塔中分别汽提后(图上未画出),经换热、冷却后出装置。与一般分馏塔不同之处有两点,一是带有催化剂粉末的进料油温度较高(约460 ℃),必须换热降温到饱和状态并用过滤器除去所夹带的粉尘;二是全塔剩余热量大,因此采用塔顶循环回流、两个中段回流和塔底油浆循环,以回收较多的热量。

(3)吸收-稳定系统

吸收-稳定系统的工艺流程如图7.8所示。

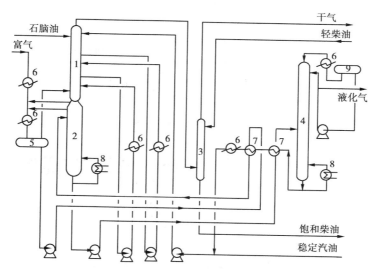

图7.8 双塔吸收稳定工艺流程

1—吸收塔;2—脱吸塔;3—再吸收塔;4—脱丁烷塔;
5—平衡罐;6—冷凝器;7—换热器;8—重沸塔;9—回流罐

吸收-稳定系统操作压力为1.0~2.0 MPa,主要设备是吸收-解吸塔、再吸收塔和脱丁烷塔。吸收-解吸塔的作用是以稳定汽油为吸收剂,把富气中的C_3,C_4组分吸收下来。塔分为两段,上段为吸收段,下段为解吸段。富气由塔的中部进入,稳定汽油和石脑油由塔顶打入,两者逆流接触,稳定汽油吸收富气中的 C_2、C_3、C_4 组分。在解吸段,汽油与来自塔底的高温气流(塔底有重沸器)相遇,C_2 被解吸出来。最后塔顶馏出物基本上是脱除了 $\geq C_3$ 的贫气。吸收是放热过程,为了维持较低的吸收温度,在吸收段有一个循环回流。贫气中夹带的汽油经再吸收塔吸收后,干气由塔顶引出。来自分馏塔的柴油馏分通入再吸收塔吸收汽油后又送回分馏塔循环。

脱丁烷塔操作压力一般在 0.8~1.0 MPa。吸收了 C_3、C_4 的汽油自塔中部进入,塔底产品是合格的稳定汽油,塔顶产品经冷凝后分为液态烃(主要是 C_3、C_4)和气态烃($\leq C_2$)。因为在此操作压力下,C_3、C_4 的烃类经冷凝冷却后,完全为液体。

2)分子筛提升管催化裂化

各种催化裂化装置,其分馏系统和稳定-吸收系统都是相同的,只是反应-再生系统有所不同。分子筛催化剂提升管催化裂化工艺具有处理能力大、轻质油收率高、产品质量好等特点。工艺的灵活性高,这是因为分子筛催化剂的类型和组成、操作条件,可按不同产品方案调节。此外,分子筛催化剂的抗重金属污染能力强,重金属污染对产品产率和质量影响较小。不足的是,分子筛再生催化剂的含碳量对催化剂的活性和选择性影响很大,因此强化再生是保证稳定操作的必要条件。一般通过提高再生温度(640~680 ℃)和再生表压(0.12~0.26 MPa),使再生催化剂中炭的质量分数低于0.1%。

分子筛催化剂催化裂化装置通常有高低并列式和同轴式两种类型的反应器和再生器的组合。高低并列式反应再生系统流程如图7.9所示。同轴式反应再生系统为两器重叠,采用直管输送,结构紧凑,占地面积小,投资和能耗都小一些,是现在的主要发展形式。

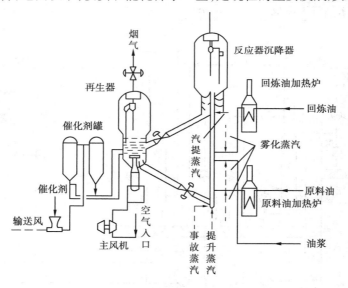

图7.9 高低并列式提升管催化裂化反应再生系统流程

7.4.5 催化裂化产品特点

催化裂化产品主要是气体、汽油和轻柴油。催化裂化气体产率为10%~20%,包括 C_1~C_4 的烃类和氢气,C_3、C_4 组分含量高。其中烯烃和异构烃又占大部分,是优良的石油化工原料(丙烯、丁烯)和生产高辛烷值组分的原料(异丁烷、丙烯、丁烯)。

催化裂化汽油产率为 30% ~60%，含有较多的异构烷烃和芳香烃，因此辛烷值高、抗爆性好，通常可得辛烷值为 70 ~80 的车用汽油。烯烃中含最易氧化的 α 烯烃和二烯烃都很少，因此汽油的安定性较好，这是催化裂化装置的又一突出优点。

催化裂化柴油产率 20% ~40%，含芳烃高达 40% ~50%。这是催化裂化过程芳构化反应的结果，使轻柴油十六烷值很低，因而使用性能不好，需要和直馏柴油调和才能作为工业产品。但分离出来的芳烃可以再加工利用，是宝贵的化工原料。

7.5　加氢裂化

加氢裂化是在催化剂和氢气存在条件下，使重质油通过裂化等反应转化为汽油、煤油和柴油等轻质油品的加工工艺。它与催化裂化不同的是进行催化裂化反应的同时，伴随有加氢反应。加氢裂化既能提高轻质油收率，同时又可得到各种优质油品。

重质油分子量大，碳氢比高，而轻质油分子量小，碳氢比低。用重质油原料生产轻质油最基本的工艺原理就是改变原料油的分子量和碳氢比。裂化工艺受原料本身碳氢比的限制，不可避免地要产生一部分气体烃和碳氢比较高的渣油、焦炭，其轻质油收率不可能很高。而且原料越重，生焦越厉害，轻质油收率就越低。加氢裂化由于从外界补入氢气降低了油料的碳氢比，不仅可防止渣油、焦炭的大量生成，而且还可将原料油中的含硫、含氧、含氮化合物中的硫、氧、氮元素转化为易于除去的硫化氢、水、氨等，减少对催化剂的毒害作用。另外，原料油及生成油中的烯烃加氢饱和后，产品安定性可显著提高。

加氢裂化工艺的优点：原料广泛，从重汽油到减压渣油，甚至丙烷脱沥青后的渣油都行；产品灵活性大，可根据需要生产汽油、煤油、柴油、液化气、重整原料、裂化原料和润滑油等；产品收率高，质量好；工艺流程比较简单。其主要缺点是操作温度高（300 ~450 ℃），操作压强也高（10 ~20 MPa），因此钢材消耗多，投资大，操作费用高。

加氢裂化自 20 世纪 60 年代以来发展迅速，与催化裂化和催化重整互相补充，已成为炼油厂中最重要的加工过程之一。

7.5.1　基本原理

加氢裂化的技术关键是催化剂。目前工业上使用的加氢裂化催化剂是以分子筛或硅酸铝为担体，以 Ni, W, Mo, Co 或 Pt, Pd 为加氢组分的催化剂，有的还含有氟。油品在氢气、催化剂和中等压力下进行裂化、加氢和异构化反应。

烷烃和烯烃主要进行裂化和异构化反应，其反应速度随分子量增大而增加。单环环烷烃主要发生脱烷基和异构化反应，而环本身很少断开。双环和多环环烷烃加氢裂化时发生环的断裂，而且是依次断开，生成的烷基单环环烷烃再进行脱烷基和异构化反应。主要产物是小分子的环烷烃和异构烷烃，在环烷烃中环戊烷系比环己烷系多。单芳香烃主要发生脱烷基反应（断侧链），苯环比较稳定，侧链越长越容易脱去，而且可继续进行侧链上的加氢反应。双环和多环芳香烃则各芳香环逐个、依次进行加氢、断环、分解反应。反应的中间产物也可进行异构化、脱烷基侧链和歧化等反应。芳香烃的加氢裂化产物主要是 C_7—C_9 烷基苯、低分子的异构烷烃和环烷烃。含硫、氮、氧等化合物加氢可分解为 H_2S，NH_3，H_2O 及饱和烃。

7.5.2 加氢裂化工艺流程

由于原料、产品和催化剂不同,加氢裂化的流程有一段、二段以及固定床、沸腾床等几种类型。由于催化剂的改进,已趋向于采用一段流程。轻质原料一般用固定床,重质原料有时用沸腾床。我国的加氢裂化装置主要采用单段串联工艺较多,一次通过和全循环的操作方式都有。

单段串联一次通过加氢裂化原则工艺流程如图 7.10 所示。

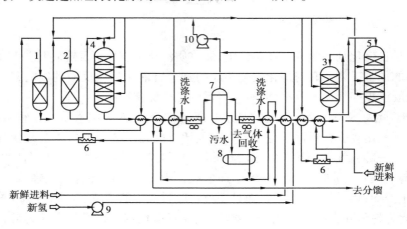

图 7.10　单段串联一次通过加氢裂化原则工艺流程
1,2,3—加氢处理反应器;4,5—加氢裂化反应器;6—加热炉;
7—高压分离器;8—低压分离器;9—新氢压缩机;10—循环压缩机

反应系统由两套并列的精制与裂化串联反应器组成,从裂化反应器出来的生成油经换热、冷却后进入一个共用的高分、低分和分馏系统。两套并列反应系统的反应物流与循环氢、新鲜进料、分馏系统的物料统一进行换热优化;同时两套反应器共用一个循环压缩机和新氢压缩机。装置用新一代 3905 裂化催化剂,原料为管输直馏减压蜡油及经加氢处理过的轻、重焦化馏分油。主要操作条件如下:反应压力 14.2 MPa,裂化段空速 1.03 h^{-1},裂化段反应温度377 ℃。主要产品收率如下:重石脑油产率47.59%,喷气燃料6.96%,改质尾油29.02%。所有产品含硫、氮都很低,重石脑油芳香烃潜质量分数高达59.12%,是优质重整原料。尾油 BMCI 值只有 12,可作裂解制乙烯的原料。喷气燃料(航空煤油)芳香烃质量分数为7.4%,烟点29 mm。

单段串联全循环加氢裂化典型流程如图 7.11 所示。

该装置精制段使用进口 HG-K 精制催化剂,裂化段使用国产 3824 催化剂。原料用胜利 VGO:伊朗 VGO 为4:1 的混合原油,裂化反应温度382 ℃,反应压力16.40 MPa,空速1.20 h^{-1},中间馏分油总产率达到60.3%,其中喷气燃料高达45.11%。同时中间馏分油产品的硫、氮含量都很低,喷气燃料芳香烃含量也很低,烟点相当高,柴油十六烷指数达68,油品质量优良。

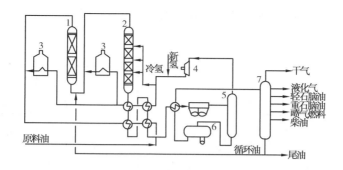

图 7.11 单段串联全循环加氢裂化反应部分工艺流程图
1—精制反应器;2—裂化反应器;3—循环氢加热炉;
4—循环氢压缩机;5—高压分离器;6—低压分离器;7—分馏塔

7.6 加氢精制

精制是将油品中的某些杂质或不理想组分除掉,以改善油品质量的工艺过程。经蒸馏或裂化、焦化等二次加工得到的轻质燃料油中常常含有少量硫、氧、氮的化合物、胶质等,还含有不饱和烃。这些杂质的存在会使油品颜色变深,气味加浓甚至很臭,引起腐蚀,燃烧后会放出有害气体,易于变质,安定性差等。为此必须进行精制以改进这些油品指标,精制后的油品才可直接作为成品或调和组分。油品精制最常见工艺有两种,加氢精制与电-化学精制。由于电-化学精制酸碱耗量大,而且产生的酸渣、碱渣处理困难,是严重的环境污染源。因此电-化学精制法正逐渐被加氢精制等其他方法所代替。

加氢精制是原料油在催化剂和氢气的作用下,脱除含硫、氮、氧化合物中的硫、氮、氧杂原子,使烯烃和某些稠环芳烃加氢饱和,以改善油品的质量的过程。加氢精制的主要目的是改善焦化柴油的颜色和安定性,提高渣油催化裂化柴油的安定性和十六烷值,从焦化汽油制取乙烯原料或催化重整原料等。

加氢精制与加氢裂化的主要区别是催化剂不同,操作条件比较缓和,反应深度浅,很少发生裂化、异构化等反应。

加氢精制工艺流程因原料和加工目的不同而有所差别,但大同小异。焦化柴油钼酸钴加氢精制工艺流程如图 7.12 所示。

焦化柴油加热到 400 ℃ 左右与换热后的氢气混合进入反应器。反应温度为 370～400 ℃,压力约为 8 MPa。离开反应器的反应产物冷却至 40 ℃ 进入高压分离器,分离出的氢经压缩后循环使用。出高压分离器的产物再经低压分离器(0.7 MPa)分离出燃料气。液体产物经碱洗除去 H_2S,加热后进入分馏塔,塔顶得到燃料气和粗汽油,塔底可得精制柴油。

随着反应的进行,钼酸钴催化剂表面积炭渐渐增加,活性下降。因此运转一定时期后,需用空气和水蒸气混合物再生催化剂,再生温度一般不高于 500 ℃。

加氢精制的操作条件:温度 300～400 ℃,压力 3.0～10.0 MPa,氢油比 500～1 000:1,空速

$1 \sim 5 \ h^{-1}$。操作条件因原料不同而异,直馏轻油操作条件比较缓和,重油馏分苛刻些,焦化柴油则更苛刻。

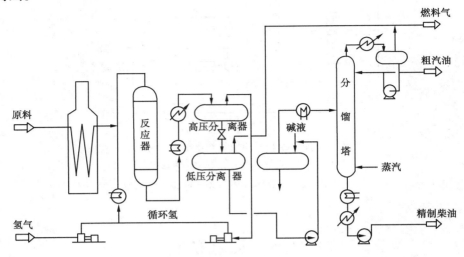

图 7.12　焦化柴油加氢精制工艺流程

加氢精制可得到含杂质很少的铂重整原料,性质安定的汽油和柴油,优质的喷气燃料及优质的润滑油组分。

加氢精制液体收率可达 96% ~ 98%,同时生成少量(2% ~ 3%)的轻馏分或气体产物。我国许多炼油厂处理安定性很差的焦化柴油大多采用加氢精制方法。

7.7　催化重整

重整是指烃类分子重新排列成新的分子结构的工艺过程。采用铂催化剂进行的重整叫铂重整,采用铂铼催化剂或多金属催化剂进行重整叫铂铼重整或多金属重整。

催化重整工艺早在 1949 年就由美国环球油品公司开发成功,至今仍是炼油厂总工艺流程的重要组成部分。其主要特点是:能为交通运输提供高辛烷值汽油和航空汽油组分,能为三大合成提供原料(苯、甲苯、二甲苯,简称 BTX),能为炼油厂本身提供大量廉价的副产氢气。我国自 1965 年以来,已先后建成多套大型工业装置。

催化重整汽油具有如下优点:

①催化重整汽油辛烷值(RON)高达 95 ~ 105,是炼油厂生产高标号汽油(如 93 号和 97 号)的重要调和组分,是调和汽油辛烷值的主要贡献者;

②催化重整汽油的烯烃含量少(一般在 0.1% ~ 1.0%)、硫含量低(小于 $2\mu g/g$),作为车用汽油调和组分可大幅度地降低成品油中的烯烃含量和硫含量;

③催化重整汽油的头部馏分辛烷值较低,后部馏分辛烷值很高,与催化裂化汽油恰好相反,二者调和可以改善汽油辛烷值分布。随着 21 世纪美国、欧洲和我国新的汽车排放污染物控制标准和汽油标准的实施,催化重整将在清洁汽油生产中发挥越来越重要的作用。

催化重整同时也是石油化工基本原料 BTX 的主要生产装置。美国芳烃 69.0% 来自重整生成油,西欧芳烃 40% 左右来自重整生成油,亚洲的芳烃 51.9% 来自重整生成油。随着炼化一体化程度的不断提高,催化重整装置在生产石油化工原料方面的作用将越来越显著。

7.7.1　催化重整的基本原理

在催化重整反应条件下,主要进行以下 7 类反应:六元环烷脱氢反应、异构化反应、烷烃的脱氢环化反应、加氢裂化反应、脱甲基反应、芳烃脱烷基反应和积炭反应等。

六元环烷脱氢后即变为芳烃,这类反应速度最快,是产生芳烃和氢气的最重要来源。此类反应一般为强吸热反应,反应温度越高,转化率越高。

直链烷烃异构化反应通常不能得到芳香烃,但正构烷烃异构化可以提高辛烷值。五元环烷烃异构化可转化成六元环烷,进而可以部分转化成芳香烃。

直链烷烃脱氢后环化,再脱氢或异构化可得芳香烃。脱氢环化为吸热反应,反应速度很慢,但它是生产芳香烃的重要反应。

加氢裂化得不到芳香烃,但因催化剂需要有足够酸性来促进异构和脱氢环化反应,所以加氢裂化反应在芳烃生产中也有重要作用。

脱甲基反应、芳烃脱烷基反应及积炭反应都是生产中不需要的反应,特别是积炭反应,可破坏催化剂,尤其应注意避免。

烃类的迭合、缩合反应产生焦炭,使催化剂活性下降。温度越高积炭可能性越大,提高氢分压可抑制焦炭生成。由于铂重整催化剂有很强的催化加氢活性,又是在较高氢分压条件下操作的,所以烯烃很容易被加氢饱和。焦化、裂化汽油含较多的烯烃,为减少积炭,应先进行加氢精制后才能作为重整原料。

催化剂是催化重整工艺过程的关键。重整催化剂通常由一种或多种金属高度分散在多孔载体上制成。目前已经工业化的双金属重整催化剂主要有铂铼、铂锡和铂铱系列,广泛使用的是铂催化剂,其中铂的质量分数为 0.3%～0.7%,卤族元素的质量分数为 0.3%～1.5%。催化剂载体也多用 $\gamma\text{-}Al_2O_3$。它具有中等孔多、小于 2 nm 的孔少、热稳定性好、能在较苛刻条件下操作等特点。铂重整催化剂是一种双功能催化剂,它的两种催化功能分别由铂及酸性载体提供。铂构成脱氢活性中心,促进脱氢、加氢反应。酸性载体促进裂化、异构化等反应。如何保证催化剂的两种功能之间很好地配合是铂催化剂制造和铂重整工艺操作中的一个重要问题。必须使两种活性组分配比适当,才能得到活性高、选择性好、稳定性强的催化剂。

7.7.2　催化重整过程的主要影响因素

1)原料油组成

原料油的组成不同,在一定条件下芳烃的收率有很大差别。原料油的干点高、重组分多,芳烃产率高。但馏分过重,积炭反应容易进行。我国炼油厂多用含芳烃较多的直馏石脑油为重整原料。

为了防止催化剂中毒,对重整原料油中一些对催化剂有害的杂质一般要求其含量为:$0.15\ \mu g/g < S < 0.5\ \mu g/g$;$N < 0.5\ \mu g/g$;$Cl < 0.5\ \mu g/g$;$H_2O < 0.5\ \mu g/g$;$As < 0.5\ \mu g/g$;Pb,

Cu < 0.5 μg/g。硫的含量不宜过低的原因是,在高温低压条件下,过低的硫含量可能在管道金属表面催化作用下发生丝状炭的生成反应,因而积炭损坏催化剂。

2)反应温度

温度是催化重整过程最积极、最活跃的因素。重整的最基本反应——芳构化是强吸热反应,吸热量大,而加氢裂解反应要放出热量,放热量较小。因此,总的热效应为吸热,反应器出口比入口温度低得多。

温度对铂重整产品收率的影响大致如图 7.13 所示。温度升高,有利于芳烃的生成和辛烷值的提高。但高温也加剧副反应的进行,使油收率降低。超过 500 ℃时,芳构化反应速率增加幅度很小,而加氢裂化反应加剧。因此必须全面考虑确定重整过程的温度,以得到最理想的芳香度产品和较高的收率为标准。一般来说,反应温度在开工初期较低(480 ~ 500 ℃),到运转末期可提高至 515 ℃左右。

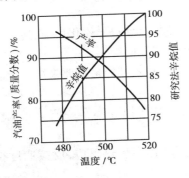

图 7.13　温度对重整过程产品和收率的影响

3)反应压力

芳构化是体积增大的脱氢反应,提高压力会抑制环烷脱氢和烷烃环化脱氢,而促进加氢裂化反应,因此压力低有利于芳构化反应,并可抑制加氢裂化,使汽油和芳烃产率、氢气产率和纯度都提高。所以芳烃生产多在较低压力(1.8 ~ 2.5 MPa)下操作。但压力低时容易积炭,使催化剂活性下降快、运转周期缩短。生产中往往采用适当提高氢油比的措施来解决这一矛盾。用双金属催化剂时,由于它的容焦能力强,可在更低的压力(1.4 ~ 1.8 MPa)下操作。

4)空速

随进料空速增加,产品收率增高,装置处理能力提高,但产品芳香度和辛烷值、气体烃产率下降。芳烃生产通常采用较高空速、中等温度及中等压力,使烷烃加氢裂化反应减少并多转化为芳烃,氢气产率高,催化剂再生周期长。

5)氢油比

氢油比指标准状态时氢气流量与进料量的比值,用 $(Nm^3H_2/h)/(m^3/h)$ 表示。提高氢油比可抑制焦炭生成反应,降低催化剂的失活速率,提高催化剂的稳定性,延长催化剂寿命。同时循环氢气还将大量热量带入反应器,氢油比高可减少反应床层温度降。但氢油比过高使循环气量增大,压缩功耗增加。氢油比小,氢分压低,有利于烷烃脱氢环化和环烷脱氢,但积炭反应加快。因此,对稳定性较高的催化剂和生焦倾向小的原料(原料较轻,且含环烷烃较多),可采用较小的氢油比,反之宜采用较大的氢油比。

7.7.3　典型催化重整工艺流程

催化重整装置由四部分组成:原料预处理、重整、芳烃抽提和芳烃分离。图 7.14 为预处理和重整部分工艺流程图。

1)原料预处理

原料预处理包括预脱砷、预分馏和预加氢三部分,目的是脱除对催化剂有害的杂质,将原料切割成适合重整要求的馏程范围。

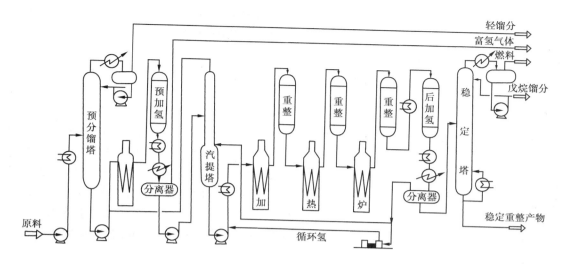

图 7.14　典型催化重整工艺流程图(预处理和重整部分)

砷能使重整催化剂严重中毒,应严格控制原料含砷量小于 100×10^{-9}。当原料含砷量高时,必须预脱砷。预脱砷主要设备为两台切换使用的脱砷罐,内装混合脱砷剂。脱砷剂一般有 5% ~ 10% 硫酸铜-硅铝小球和 5% ~ 10% 硫酸铜-0.1% 氯化汞-硅铝小球两种。预脱砷在常温常压下进行,根据原料含砷量大小,空速可用 $1 \sim 4 \ h^{-1}$。废脱砷剂在约 500 ℃下焙烧再生后,其活性可基本恢复。

预分馏的任务是根据重整产品要求,切割具有一定馏程的馏分作为重整原料,同时脱除原料油中的水分。芳烃生产一般选用环烷烃含量高、馏程为 60 ~ 130 ℃或 60 ~ 145 ℃的窄馏分油重整。由于小于 60 ℃的馏分一般为 C_5 以下组分,不可能转化为芳烃,因此应该在预处理时除去。

预加氢目的是除去原料油中能使催化剂中毒的砷、铅、铜、汞、铁等元素及硫、氮、氧化合物,使它们的含量降到允许范围内。加氢同时还可使烯烃饱和,以减少催化剂上积炭,延长操作周期。在催化剂作用下,原料油中的含硫、含氮、含氧等化合物加氢分解,生成 H_2S,NH_3 和水等气体,再经预加氢汽提塔被氢气汽提出去。原料中的烯烃加氢生成饱和烃。原料中的砷及铅等金属化合物加氢分解出砷及金属,然后吸附在加氢催化剂上。预加氢一般用钼酸钴或钼酸镍催化剂,反应温度 320 ~ 370 ℃,压力 1.8 ~ 2.5 MPa,空速 $2 \sim 6 \ h^{-1}$。

2) 重整

经预处理后的原料油用泵自预加氢汽提塔底抽出后,与循环氢气压缩机来的循环氢气混合,经重整加热炉加热至一定温度后进入重整反应器。重整是强吸热反应,所以把 3 个反应器和 3 座加热炉串联,以维持所需的反应温度。催化剂在 3 个反应器中的分配比通常为 1:2:2。在使用新催化剂时,第一反应器的入口温度一般为 490 ℃。生产进行一段时期后,催化剂活性降低,入口温度可逐步提高,但不能超过 520 ℃。铂重整其他操作条件一般为:空速 $2 \sim 5 \ h^{-1}$、氢油比(1 200 ~ 1 500):1(体积比)、压力 2.5 ~ 3.0 MPa。芳烃产率为 30% ~ 35%,重整转化率为 75% ~ 85%。

自最后一个反应器出来的反应产物和循环氢气,经过换热、冷却后进入高压分离器。分出的气体大部分经循环氢压缩机加压后,在系统中循环。少部分则引至预加氢部分作为汽提塔汽提介质,最后作为副产氢送出装置。分出的液体重整油经稳定塔脱除轻烃后,可作为高辛烷值汽油产品或进一步加氢使其中的烯烃饱和。后加氢精制采用钼酸钴、钼酸镍或钼酸铁催化剂,反应温度为 320~370 ℃。加氢后再进入高压分离器,分出的重整生成油再进入稳定塔中蒸馏分离,塔顶得 C_5 以下组分,塔底得 C_6 以上的脱戊烷生成油,作为芳烃抽提的进料。

3)抽提

由于重整生成油中含有 30%~50% 的铂重整芳烃、少量没有转化的环烃和微量的烯烃,其余为烷烃,所以用普通分馏方法无法得到纯度很高的芳烃。工业上目前广泛使用的是液相抽提法,即溶剂萃取法。常用的溶剂有二乙二醇醚、三乙二醇醚、四乙二醇醚、环丁砜、N-甲基吡咯烷酮、二甲基亚砜等。国内多用二乙二醇醚〔$(CH_2CH_2OH)_2O$〕。它对芳烃溶解能力最强,烯烃次之,其次为环烷烃,而对烷烃的溶解能力最小。对同一烃类的溶解能力随分子量增大而减小。在芳烃中,对苯的抽提率在 98% 以上,甲苯不小于 95%,二甲苯只有 85% 左右。此溶剂温度愈高,对各种烃类的溶解度越大;溶剂含水越多,溶解减少,而选择性增加。因此,需根据试验来选择适宜的操作温度和含水量。

芳烃抽提阶段分为 4 部分:抽提、汽提、水洗和溶剂回收。芳烃抽提工艺流程如图 7.15 所示。

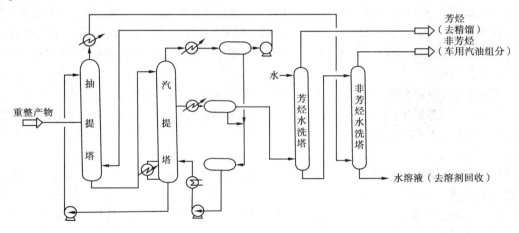

图 7.15　芳烃抽提工艺流程

原料从抽提塔中部进入,溶剂自塔顶打入。由于密度为 1.116 的溶剂与原料密度相差大,在塔内形成逆流抽提。塔内维持 130~150 ℃,压力 0.8 MPa,溶剂比 12~17。塔底还打回流以提高产品纯度,回流比(回流芳烃/抽提进料)为 1.1~1.5。芳烃溶液从塔底抽出,非芳烃从塔顶取出。

抽提塔底的芳烃溶液送至汽提塔利用水蒸气汽提和分馏,将溶在其中的芳烃分离出来。由于在抽提过程中总有少量的非芳烃溶于溶剂,故自汽提塔顶出来的芳烃含有少量非芳烃。塔顶气体冷凝后分两层,上层是烃类,作为回流芳烃打回抽提塔。芳烃在塔中部以蒸汽形式取出。汽提塔底的溶剂可循环使用。塔顶及塔中部引出的气体冷凝后都分出水层,经换热汽化后重新通入汽提塔作为汽提介质。

汽提塔中部取出的芳烃和抽提塔顶取出的非芳烃,都要经过水洗以除去所含的少量溶剂。经水洗后的非芳烃和芳烃即可作为中间产品送出装置。非芳烃可作为车用汽油组分油,或作为溶剂和制取烯烃的裂解原料。芳烃则进一步分离为苯、甲苯、二甲苯等。

水洗塔底出来的稀溶剂通过水分馏塔和减压塔,分离出溶剂循环使用。老化变质的溶剂则间断排出。

4)芳烃分离

芳烃分离工艺流程如图 7.16 所示。自抽提部分来的芳烃先进入苯塔,塔顶馏出物中还含有少量轻质非芳烃和水分,所以不作为产品而全部回流。产品苯自塔顶第四层塔盘上抽出,塔底油再送至甲苯塔分离出甲苯,甲苯塔底釜液再进入二甲苯塔。二甲苯塔顶馏出物为混合二甲苯(包括邻、间、对二甲苯和乙基苯),塔底得九碳重芳烃。

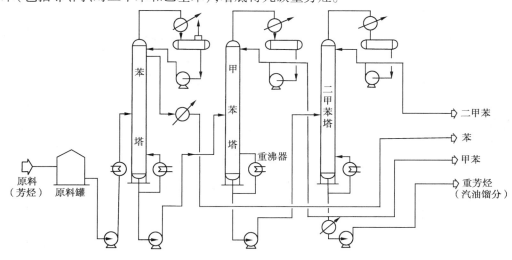

图 7.16　芳烃精馏工艺流程

5)连续重整技术

连续重整技术是重整技术近年来的重要进展之一。它针对重整反应的特点提供了更为适宜的反应条件,因而取得了较高的芳烃产率、较高的液体收率和氢气产率,突出的优点是改善了烷烃芳构化反应的条件。

移动床反应器连续再生式重整(简称"连续重整")的主要特征是设有专门的再生器,反应器和再生器都是采用移动床,催化剂在反应器和再生器之间不断地进行循环反应和再生,一般每 3 ~7 d 全部催化剂再生一遍。

该工艺又分为两类,UOP 和 IFP 工艺。两种工艺的反应条件基本相似,都用铂锡催化剂。从外观来看,UOP 连续重整的 3 个反应器是叠置的,称为轴向重叠式连续重整工艺。催化剂依靠重力自上而下依次流过各个反应器,从最后一个反应器出来的待生催化剂用氮气提升至再生器的顶部;IFP 连续重整的 3 个反应器则是并行排列,称为径向并列式连续重整工艺。催化剂在每两个反应器之间是用氢气提升至下一个反应器的顶部,从末段反应器出来的待生催化剂则用氮气提升至再生器的顶部。在具体技术细节上,这两种技术也还有一些各自的特点。

下面介绍 UOP 重叠式移动床的最新连续重整工艺,1996 年 3 月问世,即"CycleMax"(图7.17)。

待生催化剂从反应器底部出来,经过 L 阀用氢气提升到再生器顶部的分离料斗中。催化剂在分离料斗中用氢气吹出其中的粉尘,含粉尘的氢气经过粉尘收集器和除尘风机返回分离料斗。

CycleMax 工艺的再生器分为烧焦、再加热、氯化、干燥、冷却 5 个区。催化剂进入再生器后,先在上部两层圆柱形筛网之间的环形空间进行烧焦,烧焦所用氧气来自氯化区的气体供给,烧焦气氧含量 0.5% ~0.8%。再生器入口温度为 477 ℃,压力为 0.25 MPa,烧焦后气体用再生风机抽出,经空冷器冷却(正常操作)或电加热器(开工期间)维持一定温度(477 ℃)后返回再生器。

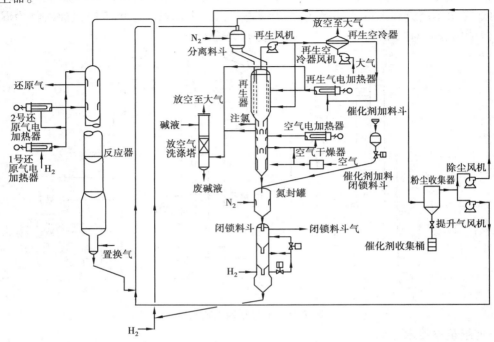

图 7.17　CycleMax 工艺流程

烧焦后的催化剂向下进入再加热区,与来自再生风机的一部分烧焦气接触,其目的是提高进入氯化区催化剂的温度,同时保证使催化剂上所有的焦炭都烧尽。

催化剂从烧焦和再加热区向下进入同心挡板结构的氯化区进行氯化和分散金属,同时通入氯化物,氯化物进入再生器的温度为 510 ℃。然后再进入干燥区用热干燥气体进行干燥。热干燥气体来自再生器最下部的冷却区气体和经过干燥的仪表风,进入干燥区前先用电加热器加热到 565 ℃,从干燥区出来的干燥空气,根据烧焦需要一部分进入氯化区,多余部分引出再生器。

催化剂从干燥区进入冷却区,用来自干燥器的空气进行冷却,其目的是降低下游输送设备的材质要求和有利于催化剂在接近等温条件下提升,同时可以预热一部分进入干燥区的空气。

干燥和冷却后的催化剂经过闭锁料斗提升到反应器上方的还原罐内进行还原。闭锁料斗分成分离、闭锁、缓冲 3 个区,按准备、加压、卸料、泄压、加料 5 个步骤自动进行操作,缓冲区进气温度 150 ℃。还原罐上下分别通入经过电加热器加热到不同温度的重整氢气,上部还原区 377 ℃,下部还原区 550 ℃。还原气体由还原罐中段引出,还原后的催化剂进入第一反应器,并回落到第三反应器,同时进行重整反应,从而构成一个催化剂循环回路。

6)催化重整操作条件和产品

两种连续再生重整装置的典型操作条件和产品分布如表 7.10 所示。

表 7.10 两种连续重整装置的典型操作条件和产品分布

装 置	I	II
催化剂	Pt-Sn/Al$_2$O$_3$	Pt-Sn/Al$_2$O$_3$
原料油		
密度（20 ℃）/（kg·m^{-3}）	734.5	747.8
馏程/ ℃	81~173	82~161
环烷烃 + 芳烃/%	41.67	57.58
芳烃质量分数/%	39.51	54.54
操作条件		
加权平均入口温度/ ℃	506.5	515.2
加权平均床层温度/ ℃	489.0	484.9
空速/h^{-1}	0.90	1.01
平均压力/ MPa	0.86	0.35
氢烃摩尔比	3.78	2.65
再生剂循环量/（kg·h^{-1}）	318	450
运行结果		
C$_5$收率/%	80.1	87.6
芳烃产率/%	59.6	76.2
芳烃转化率/%	150.8	139.7
纯氢产率/%	3.18	4.27

7.8 润滑油的生产

各种机械运动,都有两个相互接触而又做相对运动的表面。由于表面不可能绝对平滑,因此两个表面相对运动时,凸起部分会互相碰撞摩擦。摩擦不仅使能量损失,还会使机械磨损。用润滑剂把两个表面隔开,使凸出部分不发生碰撞或大大减轻碰撞,可以有效地减少摩擦,这种现象称为润滑。润滑剂的种类很多,有固体润滑剂,如石墨、二硫化钼等;各种润滑油为液体润滑剂,目前应用最广泛的是从原油中炼制成的矿物润滑油。润滑油除具有减轻摩擦和机械磨损的作用外,还具有冷却、清洁、密封、保护等多种用途。

7.8.1 润滑油的分类和使用要求

目前我国润滑油有 19 大类,200 多个品种。虽然对这些油品的使用要求各不相同,但它们主要的质量指标仍有共同点。下面以汽油机润滑油(习惯称车用机油)为例,介绍润滑油的使用要求。

汽油机润滑油用于汽车发动机的润滑,以汽缸壁与活塞环之间、曲轴与轴承之间的润滑最为重要,其次为活塞与连杆等的润滑。发动机汽缸工作温度很高,虽有水套冷却,但第一活塞环的温度仍高达 200 ℃左右。润滑剂除了具有减少摩擦的作用外,还能带走部分摩擦热。为保证润滑和密封,要求润滑油在高温下的黏度也不应过小,即要求它有良好的粘温特性。

在润滑油使用过程中,既受高温作用,又不断和多种金属及合金接触,会加速润滑油的氧化变质。尤其是在飞溅润滑时,润滑油呈雾状,与空气密切接触,在高温和金属催化双重作用下,润滑油将发生氧化变质反应,生成酸性物质、漆膜、积炭和油泥等沉积物,对发动机的零部件和工作带来很大危害。因此要求润滑油有良好的抗氧化安定性。

汽油机润滑油还要求有良好的低温流动性,以适应严寒地区使用。要求润滑油的腐蚀性小,以减轻对设备的腐蚀。

此外,其他一些类别的油品还有各自不同的使用要求,如变压器油要求有良好的绝缘性能,汽轮机油要求有很强的抗乳化能力,压缩机油要求良好的安定性和较高的闪点等。

综上所述,具有适当的黏度、良好的粘温性能和低温流动性、良好的抗氧化安定性是对润滑油的一般要求。此外,对腐蚀性、清净分散性、残炭、水分及机械杂质等也有一定要求。

7.8.2　润滑油的使用性能与化学组成的关系

为生产出合格的润滑油,必须研究组成润滑油原料的各种烃类对润滑油使用性能的影响,以便在加工过程中保留和添加有利的组分,除去或改变不利的组分。

7.8.2.1　粘度与粘温性能

润滑油的粘度与其沸点、平均分子量、比重及化学组成有直接关系。由同一原油蒸馏所得的润滑油馏分中,粘度随馏分沸点范围的升高而增大。由于不同地区原油的润滑油馏分的化学组成不同,所以同一沸点范围的各地润滑油馏分的粘度也不相同。同一馏分中烷烃的粘度最低,异构烷烃的粘度比正构烷烃略高。润滑油粘度的主要载体是环状烃类,即环烷烃、芳香烃和环烷-芳香烃。

润滑油的粘度随温度升高而降低。粘度随温度变化的特性叫粘温特性或粘温性能。润滑油的粘度随温度变化越小,粘温特性越好。粘温特性好的润滑油在低温下粘度不大,发动机容易起动,在高温时也有足够的粘度保证润滑和密封。粘温特性是润滑油最重要的质量指标,优质润滑油的粘温物性必须良好。

粘度指数是国际上通用的表示粘温特性的指标,它是指润滑油的粘度随温度变化程度与标准油粘度随温度变化程度比较的相对数值。粘度指数越大,其粘温性能越好。油品的粘温特性与烃类分子大小和结构有关。烃类在碳原子数相同时,正构烷烃粘度指数最大,其次为异构烷烃,再次为环烷烃,芳香烃最小。

综上所述,要得到高粘度指数的润滑油,必须尽可能除去胶质、沥青质等非烃化合物以及多环短侧链的环状烃。烷烃(尤其是正构烷烃)虽然粘度指数高,但粘度小,凝点高,低温流动性差,也应除去。

7.8.2.2　低温流动性

油品中某些烃类在低温时能形成固体结晶,晶体靠分子引力连接起来,形成结晶网将油品包住,使油品流动性变差甚至凝固,这种现象称为结构凝固。润滑油中高粘度烃类和胶状物质在低温时粘度变得更大,当温度降到一定程度时油品就会丧失流动性,这种现象称为粘温凝固。粘温凝固主要是油中的胶质及多环短侧链的环状烃的粘度大、粘温特性很差引起的;结构凝固则因油品含高凝点正构烷烃(C_{16}以上)、异构烷烃及长烷基链的环状烃,即固体蜡所致。

由此可知,为改善润滑油的低温流动性,应将影响其粘温特性的多环短侧链环状烃、胶状物质及固体烃除去。丙烷脱沥青和溶剂精制工序可除去环状烃及胶状物,除固体蜡则由专门的脱蜡过程来完成。脱除上述组分后,润滑油的凝点明显降低。

7.8.2.3　抗氧化安定性

润滑油在贮存与使用时,不可避免要与空气中的氧接触。润滑油与氧发生化学反应称润滑油的氧化。在一定条件下,润滑油本身所具有的耐氧化能力,称为抗氧化安定性。

润滑油氧化后,可以使润滑油的使用性能变坏。如润滑油氧化时间较长,油品的润滑性能破坏严重,就必须另换新油。润滑油的使用期限、润滑效果与其抗氧化安定性密切相关。

当润滑油的几种主要组分单独存在时,芳香烃最不易氧化,环烷烃次之,烷烃的抗氧化性最弱。润滑油是多种烃类的混合物,氧化时互相影响和干扰,与它们分别单独存在时有显著区别。例如无侧链芳烃比环烷烃氧化激烈得多,当它们共同存在时就能阻止环烷烃氧化。芳香烃环数增加,其抗氧化性能增强。而芳香烃侧链增长,其抗氧化能力减弱。

在抗氧化安定性方面,胶质与芳香烃作用类似,具有一定抗氧化能力,但胶质含量不能多,否则反而影响油品的粘温特性和抗氧化性。

从上述润滑油的使用性能与化学组成的关系可以看出,要得到品质好的润滑油,必须在加工时将大部分胶质、沥青质、多环短侧链的环状烃(包括环烷烃、芳香烃、环烷-芳香烃)以及含硫、氮、氧化合物除去,这些物质统称为润滑油的不理想组分;保留含有少环长侧链及少环多侧链的烃类,这些物质统称为润滑油的理想组分。

7.8.3　润滑油的一般生产过程

润滑油的主要生产过程有:常减压蒸馏、溶剂脱沥青、溶剂精制、溶剂脱蜡、白土或加氢补充精制。图 7.18 表明润滑油的一般生产过程及它们之间的关系。其中精制与脱蜡的顺序应根据原料性质和加工的经济性确定。对于环烷基油,如果凝点已能达到要求可不脱蜡。生产要求不高的普通润滑油的工厂,也可根据质量指标取消补充精制以降低成本。经过加工所得到的馏分润滑油和残渣润滑油,应根据产品要求进行调和得到润滑基础油。现代的润滑油产品几乎都是润滑基础油和用于改善使用性能的各种添加剂调制而成的。

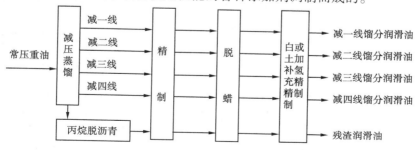

图 7.18　润滑油的一般生产过程

7.8.4　丙烷脱沥青

高粘度润滑油(如航空发动机润滑油)必须用减压渣油制取。减压渣油中集中了原油中大部分胶质和沥青质,仅用溶剂精制工序难以除干净,过多的沥青质又将影响后续脱蜡过程的顺利进行。所以,必须在精制与脱蜡之前,将渣油中的胶质和沥青质除去。工业上目前广泛使用液体丙烷来脱除减压渣油中的沥青。

7.8.4.1　丙烷脱沥青的原理

在丙烷脱沥青装置中,以丙烷为溶剂,减压渣油为原料,利用丙烷在一定温度和压力下对减压渣油中的润滑油组分和蜡有较大的溶解度,而对胶质和沥青质几乎不溶的特性,将渣油和丙烷在抽提塔内进行逆流抽提分离。油和蜡溶于丙烷,沥青不溶于丙烷而沉降出来,从而得到脱除沥青的生产高粘度润滑油的原料油或用于裂化的原料油,同时还可得到沥青。沥青可直接作道路沥青或它的调合组分,若进一步氧化可生产建筑沥青。

裂化原料油对残炭值要求不严格,全部脱沥青油均可作为裂化原料,而润滑油原料的残炭值必须控制在0.7%以下。因此,丙烷脱沥青装置一般都生产两种脱沥青油;残炭在0.7%以下的轻油作为润滑油原料,残炭在0.7%以上的重油作为裂化原料。

在40℃以上,丙烷对脱沥青油的溶解能力随温度的升高而减小。当达到丙烷的临界状态(96℃,4.2 MPa)时,溶解能力最小。利用这种特性,将脱沥青油升温至丙烷的临界状态,可以有效地使丙烷分离出来循环使用。临界回收比一般的蒸发回收可节省大量蒸汽和冷却水,同时可提高处理量和节省设备投资。

7.8.4.2　丙烷脱沥青的工艺流程

丙烷脱沥青装置的典型工艺流程有二次抽提和一次抽提两段沉降流程。二次抽提脱沥青流程如图7.19所示。

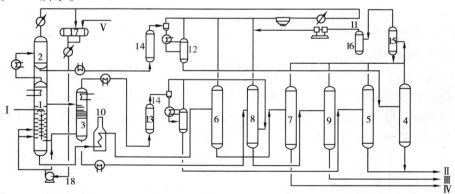

图7.19　二次抽提脱沥青工艺流程

Ⅰ—减压渣油;Ⅱ—脱沥青油;Ⅲ—残脱沥青油;Ⅳ—沥青;Ⅴ—丙烷

1—转盘抽提塔(一次抽提塔);2—临界分离塔;3—二次抽提塔;4—轻脱沥青油汽提塔;5—重脱沥青油汽提塔;
6—沥青蒸发塔;7—沥青汽提塔;8—残脱沥青油蒸发塔;9—残脱沥青油汽提塔;10—沥青加热炉;
11—丙烷压缩机;12—轻脱沥青油闪蒸罐;13—重脱沥青油闪蒸罐;14—升膜加热器;15—混合冷却器;
16—丙烷气体接收罐;17—丙烷罐;18—丙烷泵

　　减压渣油经加热到适宜温度进入转盘抽提塔(一次抽提塔)上部,经分散管进入抽提段。溶剂丙烷从抽提塔底部分 3 路进入塔内。主丙烷在最下层转盘处,副丙烷在沥青界面以下,另一路丙烷则用以推动转盘主轴下的水力涡轮。原料油和溶剂在塔内逆流接触。塔上部为沉降段,内有以蒸汽为热源的立式翅片加热管,升温沉降后的抽出液自塔顶引出,在管壳式加热器中加热到丙烷临界温度后,进入临界分离塔。在临界温度下,脱沥青油基本上全部自丙烷中析出,析出的脱沥青油称作轻脱沥青油。分油后的丙烷自临界分离塔顶引出,经冷却回到循环丙烷罐循环使用。轻脱沥青油中还含有少量丙烷,经加热后在蒸发塔中蒸出,再经汽提塔脱除残余丙烷。抽提塔底引出沥青液经加热炉加热后蒸发汽提,回收其中的丙烷得到脱沥青油。从集油箱引出的二段油含有较重的润滑油组分和胶质,将其送入二次抽提塔中上部进行二次抽提。二次抽提液在塔上部沉降段内加热沉降,再经蒸发、汽提回收丙烷后得到重脱沥青油。二次抽提塔底部的抽余物经蒸发汽提得到残脱沥青油。各蒸发塔顶蒸出的丙烷均经空冷器冷凝进入循环丙烷罐。各汽提塔顶的气体均经冷却、分水后进压缩机增压,再经冷凝送入循环丙烷罐。

　　该流程有以下特点:采用转盘塔增加处理量及操作灵活性,采用二次抽提提高润滑油原料的收率,采用临界回收工艺大幅度降低能耗并减少传热设备数量。

　　大庆原油减压渣油二次抽提丙烷脱沥青装置的工艺条件、产品收率及性质见表 7.11。

表 7.11　二次抽提脱沥青的工艺条件、产品收率及性质

原料油	密度(20 ℃)/(g·cm^{-3})	0.924 6
	残炭/%	9.12
	粘度(100 ℃)/(mm^2·s^{-1})	130
一次抽提塔	处理量/(m^3·h^{-1})	18
	总溶剂比(体积比)	8:1
	顶部温度/℃	78
	中部温度/℃	50
	底部温度/℃	42
	塔压(表)/MPa	4.1
	副丙烷量/(m^3·h^{-1})	45
二次抽提塔	顶部温度/℃	68
	中部温度/℃	55
	底部温度/℃	47
	塔压(表)/MPa	2.8
	副丙烷量/(m^3·h^{-1})	25
脱沥青油(轻+重)	残炭/%	0.71
	粘度(100 ℃)/(mm^2·s^{-1})	25.9
	收率/%	49.8
残脱沥青油	残炭/%	4.59
	收率/%	13.5
沥青	软化点/℃	46.9
	针入度/mm	61
	延度/cm	>103
	收率/%	36.7

一次抽提两段沉降脱沥青工艺流程如图 7.20 所示。该工艺将抽提与一段沉降在一个塔内进行,此塔除不设集油箱外与二次抽提工艺的一次抽提塔基本相同。一段沉降温度较低,沉降析出物全部作为回流返回抽提段。经一段沉降的抽出液与临界回收丙烷换热后进入二段沉降塔。二段沉降析出物含胶质较多,粘度大,称重脱沥青油。经两段沉降的抽出液与临界回收丙烷换热并加热后,在临界分离塔内回收丙烷。回收的丙烷冷却后由增压泵直接打回抽提塔循环使用。临界分离塔底物经蒸发及汽提后得轻脱沥青油。一次抽提塔底脱沥青液先与脱沥青油换热,再经加热炉加热后进行蒸发和汽提得到沥青。重脱沥青油中丙烷的蒸发是用脱油沥青和轻脱沥青油蒸发塔顶的过热丙烷气换热完成的。蒸出丙烷后再经汽提得到重脱沥青油。

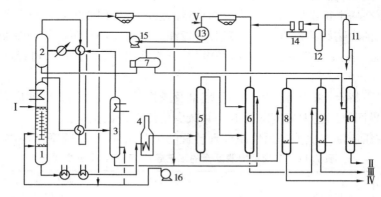

图 7.20　一次抽提两段沉降脱沥青工艺流程

Ⅰ—减压渣油;Ⅱ—轻脱沥青油;Ⅲ—重脱沥青油;Ⅳ—沥青;Ⅴ—丙烷

1—抽提沉降塔;2—临界分离塔;3—二段沉降塔;4—沥青加热炉;5—沥青蒸发塔;6—重脱沥青油蒸发塔;
7—丙烷蒸发塔;8—沥青汽提塔;9—重脱沥青油汽提塔;10—轻脱沥青油汽提塔;11—混合冷却器;
12—丙烷气接收罐;13—丙烷罐;14—丙烷压缩机;15—丙烷泵;16—丙烷增压泵

该流程有以下特点:用二段沉降塔顶温度控制轻脱沥青油的质量,用一段沉降温度控制重脱沥青油的质量,用抽提塔底温度及抽提段温度梯度再配合一段沉降温度来控制脱油沥青的质量,因此工艺操作灵活性大。沉降分两次进行,提高了分离效果,减轻了塔负荷,提高了处理能力。用增压泵直接将丙烷送回抽提塔,可减少压力损失和动力消耗,而且可减少溶剂丙烷进抽提塔前加热的热量消耗,能耗较低。

某厂原油减压渣油的两段沉降脱沥青工艺条件和产品收率及性质见表 7.12。

表 7.12　丙烷两段沉降脱沥青工艺条件、产品收率及性质

原料油	密度(20 ℃)/(g·cm^{-3})	0.941
	残炭/%	9.67
	软化点/℃	>38
抽提沉降塔	原料进塔温度/℃	130
	溶剂进塔温度/℃	53
	总溶剂比(体积比)	7.0
	顶部温度/℃	72
	底部温度/℃	62
	塔压(表)/MPa	4.4

续表

二段沉降塔	顶部温度/℃	77
	底部温度/℃	70
	塔压(表)/MPa	4.3
轻脱沥青油	残炭/%	0.618
	粘度(100 ℃)/(mm² · s⁻¹)	34.16
	收率/%	34.1
重脱沥青油	残炭/%	1.9
	粘度(100 ℃)/(mm² · s⁻¹)	68.76
	收率/%	14.1
脱油沥青	软化点/℃	49
	针入度/mm	58
	延度/cm	100
	收率/%	52.2

7.8.4.3　丙烷脱沥青过程的影响因素

影响丙烷脱沥青的主要因素是丙烷的纯度和用量、操作温度和压力以及原料性质。脱沥青所用的丙烷,是炼油厂中裂化气经分馏而得,一般含有乙烷、丁烷及丙烯等杂质。乙烷的存在将使系统压力增加,溶剂对油的溶解能力减小,降低收率;丁烷和丙烯对胶质、多环芳香烃的溶解度大,丁烷和丙烯含量多将降低产品质量。一般丙烷中乙烷含量不应超过3%,丁烷含量不应大于4%。

丙烷用量对脱沥青过程的影响可用溶剂比来分析。溶剂比从1开始增加时,脱沥青油的质量提高(残炭降低),油收率降低;当溶剂比大于4时,由于丙烷对胶质、沥青质有一定溶解能力,溶剂比增加虽然可提高油收率,但也将增加脱沥青油中的胶质、沥青质含量,使油品质量变差。因此在油收率-溶剂比曲线上就会出现一个最低点,此点就是在一定温度下能析出胶状物质的最大量,此时油品的质量最好,残炭值最低。对于不同原料和油品,应通过实验确定适宜的溶剂比。图7.21表明在一定温度下,某原料脱沥青过程溶剂比与油的收率、油质量之间的关系。

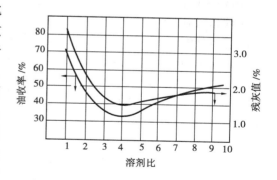

图7.21　溶剂比与油收率和油质量之间的关系

温度在40~60 ℃时,润滑油和蜡都能很好地溶于丙烷中,而沥青溶解很少。随着温度的提高,润滑油的溶解度逐渐减小,润滑油中的多环烃类首先被分出。当温度达到丙烷的临界温度97 ℃时,丙烷对润滑油的溶解度为0。因此,调节温度就可以用丙烷自渣油中顺次分出沥青、重润滑油馏分及轻润滑油馏分。

脱沥青过程的压力决定于操作温度,一般操作压力比操作温度下丙烷的饱和蒸汽压大

0.8~1.0 MPa,通常为3.5~4.5 MPa。

原料中油的含量,馏分的轻重、宽窄,沥青胶质的性质都对脱沥青过程有影响。原料中含油多不利于油和沥青的分离。原料油馏分范围越窄,沥青分离越完全,产品质量也越好。当沥青含量很少,而胶质的化学结构与易溶于丙烷的烃类相似时,在低温下很难分离,操作温度应适当提高以改善丙烷的选择性。

7.8.5 溶剂精制

为改善润滑油的粘温特性和抗氧化安定性,必须从润滑油原料中除去大部分多环短侧链的芳香烃和胶质,以及含硫、含氧、含氮的化合物。除去这些有害物质的过程称为润滑油的精制。溶剂精制是目前广泛使用的精制方法。

溶剂精制就是利用某些有机溶剂的选择性溶解能力来脱除润滑油中有害的和非理想组分的过程。用溶剂精制润滑油时,系统分为两层:上层称精制液(提余液),主要含精制润滑油及少量溶剂;下层称抽出液(提取液),主要含溶剂及被抽出的不理想组分。溶剂精制主要除去重芳香烃、中芳香烃、胶质、硫化物和环烷酸等化合物。由于除去了那些粘度指数小、抗氧化安定性不好的物质,精制后产品质量有大幅提高。

用于润滑油精制的溶剂有多种,工业上广泛使用的是糠醛和苯酚。20世纪70年代发展起来的N-甲基吡咯烷酮溶剂性能优越,近年来受到越来越多的重视。

7.8.5.1 溶剂精制的影响因素

润滑油精制过程的主要影响因素除溶剂外,还有溶剂比、操作温度、抽提塔理论段数和操作方法等。

1)溶剂比

溶剂比即使用的溶剂量与原料量之比(体积比或质量比)。当溶剂比增加时,溶剂量增加,非理想组分和理想组分的溶解量都增加,精制油质量提高,但收率降低。如果溶剂比特别大,理想组分溶解太多,抽提分离目标无法实现。溶剂比大,装置处理能力降低,回收系统负荷增加,操作费用也随之增加。适宜的溶剂比应根据溶剂、原料性质和产品质量指标,通过实验确定。一般精制重质润滑油时,采用350%~600%的较大溶剂比。而精制轻质润滑油则采用较小的溶剂比130%~250%。图7.22表明用糠醛精制脱沥青脱蜡残渣润滑油的三次单段抽提工艺溶剂比对产品收率和质量的影响。

2)温度

温度不仅影响溶剂的溶解能力,而且影响溶剂的选择性。一般温度升高溶剂的溶解能力增大,但选择性也变差。操作温度必须低于临界溶解温度10~30℃,而高于润滑油与溶剂的凝固点。在此温度范围内,温度升高,润滑油原料在溶剂中的溶解度增大,精制油的产率总是降低,如图7.22所示。

3)抽提塔理论段数

不同原料油、不同溶剂、不同溶剂比,抽提塔的理论段数对油品收率的影响都有差别。一般说来,抽提塔理论段数越多,精制油收率越高。但当段数增到6段以上时,收率的增加不显著。因此通常采用6~7个理论段,以适应不同原料及产品的要求。理论段数对油品收率的影响关系如图7.23所示。

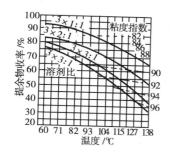

图 7.22　溶剂比及温度对产品
收率和质量的影响

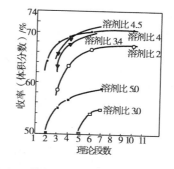

图 7.23　抽提塔理论段数对油收率的影响
▽,▼—中质机械油;○,●—重质机械油;□,■—脱沥青油

4)操作方法和温度梯度

实际生产中多采用抽提塔逆向抽提,溶剂从塔上部加入,原料油从塔的下部加入。由于原料油密度比溶剂小,因此在塔内逆向流动。塔下部加入的原料油,通过溶剂层逐渐向上流动,逐渐地被精制,形成了逆向抽提。为了增加抽提效果,通常在塔内装有填料或转盘,以增大两相接触面积。

为平衡温度对溶剂溶解能力和选择性的相反影响,在抽提塔中常常采用上高下低的温度分布,形成一定的温度梯度。因为油品的化学组成是沿塔高逐渐改变的,因而最佳温度也应随之改变。塔顶含理想组分很多,可以采用较高温度以保证精制深度。塔底溶入非理想组分多,宜采用较低的温度以保证精制油收率。形成温度梯度后,塔顶溶解的部分理想组分可随溶剂流到塔下部低温区析出,再返回油箱,形成内回流,提高分离效果。一般说来,提高塔顶温度使油品质量改善,收率降低;相反,降低塔顶温度,产率提高,而油品质量降低。

使用温度梯度的结果,可提高抽提效率和产品质量,可减少理想组分损失,提高收率。

7.8.5.2　工艺流程和产品

润滑油溶剂精制的工艺流程包括抽提和溶剂回收两大系统。溶剂回收又包括从提余液与提取液中回收溶剂,以及从溶剂-水溶液中回收溶剂。抽提系统在前面操作方法中已做了介绍。溶剂回收是采用加热—蒸发—汽提的方法来回收溶剂循环利用的过程。在这 3 个单元操作中,蒸发是主要手段,而且通常采用二效或三效蒸发。

从溶剂-水溶液中回收溶剂的方法随溶剂不同而异。糠醛-水溶液采用双塔流程,而酚-水系统则采用原料油吸收的方法回收酚。酚精制工艺流程如图 7.24 所示。

酚具有中等的选择性和较大的溶解能力,对于含蜡与不含蜡的润滑油都能应用,可用于精制从轻质润滑油到脱沥青后的残渣润滑油。酚的缺点是有毒,腐蚀设备。酚的熔点较高,因此酚精制的管线都设有蒸汽伴热管,以防止酚的凝固。

为了减少抽出液带出的理想组分,可在塔的下部打入酚水,由于酚水稀释了塔内的酚,一部分理想组分就可从抽出液中分离出来,从而提高精制油的收率。

原料先进入吸收塔,吸收酚蒸汽后再进入抽提塔下部,同上部下来的酚进行逆流抽提。抽提塔下部还打入一定量酚水,以提高精制油收率。由抽提塔顶出来的精制液(大量精制油和少量酚)经过加热、蒸发、汽提后,即可将少量酚除掉,得到精制油。由抽提塔顶出来的抽出液(大量酚和少量抽出油)经过加热、干燥、蒸发、汽提后,由汽提塔底得到抽出油。在干燥塔里,酚和水由塔顶蒸出。各蒸发塔顶的酚蒸汽经换热冷凝后进酚罐,这些酚打入抽提塔循环使用。

各汽提塔顶和干燥塔顶出来的酚-水蒸气,经冷凝后进入酚水罐,这些酚水打至抽提塔下部。干燥塔顶有一部分酚-水蒸气经加热后进吸收塔,酚蒸汽被原料油吸收后从塔顶放空。

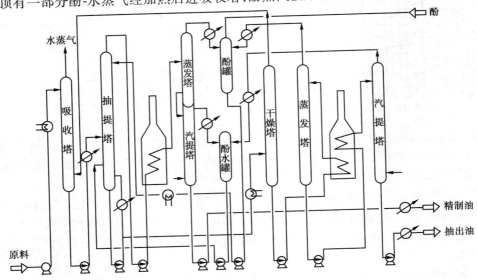

图 7.24 酚精制工艺流程

采用三级蒸发、双效换热、溶剂后干燥的 N-甲基吡咯烷酮精制工艺流程如图 7.25 所示。

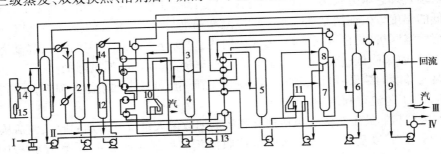

图 7.25 N-甲基吡咯烷酮精制工艺流程

Ⅰ—原料油;Ⅱ—湿溶剂;Ⅲ—精制油;Ⅳ—抽出油

1—吸收塔;2—抽提塔;3—精制液蒸发塔;4—精制液汽提塔;5—抽出液一级蒸发塔;6—溶剂干燥塔;
7—抽出液二级蒸发塔;8—抽出液减压蒸发塔;9—抽出油汽提塔;10—精制液加热炉;
11—抽出液加热炉;12—精制液罐;13—循环溶剂罐;14—真空泵;15—分液罐

该流程的特点是:利用水对 N-甲基吡咯烷酮相对挥发度很大和精制中溶剂需含适量水的特性,采用了后干燥方案,节约大量热能。几个蒸发塔和汽提塔都用回流严格控制塔顶温度,防止塔顶过多地带走轻油,进一步降低了能耗。

粗制油是润滑油的半成品,精制后粘度指数提高,残炭降低,抗氧化安定性改善。从化学组成看,重芳香烃、胶质减少,饱和烃含量相对增加。

抽出油含有大量的重芳香烃和胶质等非理想组分,可作燃料或某些承受压力较大、工作温度又不高的润滑油,如普通齿轮油等。

7.8.6 脱蜡

含蜡油品在低温下蜡可结晶析出,阻碍油的流动,甚至使油凝固。所以在生产润滑油的过程中,还应当除去油中的高熔点固体烃(即石蜡与地蜡),以降低润滑油的凝点。我国原油多蜡,脱蜡是润滑油生产的重要环节。

由于含蜡原料的轻重不同,以及对凝点的要求不同,脱蜡方法有多种。如冷榨脱蜡、离心脱蜡、分子筛脱蜡、尿素脱蜡和溶剂脱蜡等。现代炼油厂大多采用溶剂脱蜡的方法。

溶剂脱蜡是采用具有选择溶解能力的溶剂,在冷冻条件下脱除润滑油原料中蜡的过程。润滑油中的油与蜡是互溶的,随温度降低,溶液中蜡达饱和就开始结晶析出。但低温下油的粘度增大,不利于蜡结晶扩散长成大的结晶体,造成油蜡分离困难。若用溶剂稀释润滑油,使其粘度降低,经低温冷冻就能形成蜡的大晶体,便于过滤分离。

目前甲乙基酮-甲苯混合溶剂已逐渐取代其他溶剂,广泛应用于脱蜡生产工艺。酮对蜡的溶解能力很小,粘度也很低,是比较理想的溶剂,但酮类对润滑油的溶解能力也很低,在低温时甚至不能将润滑油完全溶解。为了提高溶剂的溶解能力,通常在其中加入一部分甲苯。甲苯的冰点很低,在低温下它对油的溶解能力大,增加混合溶剂中的甲苯含量对提高脱蜡油收率和降低脱蜡温差都有利。

7.8.6.1 溶剂脱蜡过程的影响因素

影响脱蜡过程的主要工艺因素有溶剂组成、溶剂比、溶剂加入方式、原料的热处理、冷却速度和助滤剂的使用等。

1)溶剂的组成

甲乙基酮为极性溶剂,具有很好的选择性。在脱蜡低温下,不溶解蜡而溶解油。甲苯为烃类溶剂,对油与蜡都有很好的溶解能力,但选择性差。溶剂中甲苯含量高,溶剂的溶解能力大,脱蜡油收率高;但溶剂的选择性差,脱蜡温差大,结晶小,过滤速度慢。若甲乙基酮含量高,溶剂的选择性好,脱蜡温差小,蜡结晶大,过滤速度快,但溶解能力降低;含量过大时,低温下有油与溶剂分层现象,反而使过滤困难。根据原料性质和脱蜡要求,正确选择甲乙基酮、甲苯的配比,是溶剂脱蜡过程的关键。

2)溶剂比

脱蜡过程中所用溶剂与脱蜡原料油的体积比,称为溶剂比。适宜的溶剂比能使润滑油完全溶解在溶剂中,粘度小,蜡结晶良好,易于输送和过滤。

溶剂比过大时,会使冷冻系统、回收系统的负荷增大,处理量相对减小,蜡在油溶液中的浓度降低,对结晶生长不利。此时,虽然脱蜡油收率增大,但脱蜡温差也会增大。因此,在满足脱蜡要求的前提下,以较小的溶剂比为宜。

3)溶剂加入方式

目前工业上一般都采用多次稀释法,也称多点稀释。第一次在原料冷却前加入;第二次在冷却到一定温度后加入;以后在溶液继续冷却过程中和套管结晶器出口处,分别进行三次、四次稀释。使用多次稀释法,可改善蜡的结晶,减小脱蜡温差,提高脱蜡油收率。在多点稀释技术基础上,目前又广泛采用了稀释点后移新技术。在原料油冷却以后第一次加入溶剂,可得到紧密的结晶,滤饼中所含的溶剂少,渗透性高,脱蜡油收率高。稀释点后移法对一般馏分油特别有效,但对残渣油脱蜡不适用。因为这种油在无溶剂存在下析出的结晶容易粘结,洗涤也比较困难。

逐次分批加入溶剂时,溶剂的温度应与加入部位的蜡、油、溶剂混合物的温度相当。如果加入溶剂的温度更低,会急速降低混合物温度,出现大量细小晶体,引起蜡、油分离困难。

4)原料的热处理

含蜡原料油与溶剂混合物在冷却前,要加热到比蜡在混合物中完全溶解的温度高 10 ~ 20 ℃,这一过程称为原料的热处理。轻质润滑油料热处理温度一般为 40 ~ 50 ℃,而残渣润滑油料为 70 ~ 80 ℃。热处理的目的是熔化已存在于混合物中的蜡晶核,使脱蜡过程结晶好,有利于过滤。不进行热处理或热处理温度过低,会形成许多小颗粒蜡结晶,造成过滤困难,同时蜡中带油多,脱蜡油产率降低。

5)冷却速度

在结晶初期冷却速度宜小些,有利于蜡分子向蜡晶核移动生成大颗粒结晶。但冷却速度过小,会增长混合物在结晶器中的停留时间,降低处理量。一般以 1 ~ 1.3 ℃/min 的冷却速度为宜。

在冷却结晶后期,由于已经生成了表面积足够大的晶体,继续析出的蜡分子已易于扩散到这些晶体的表面上,就可以适当提高冷却速度,冷却速度可提高到 2 ~ 4 ℃/min。

6)溶剂含水量

溶剂中含水越少越好,因水在低温时生成小冰粒,散布在蜡结晶的表面,影响蜡结晶生长。过滤时冰粒还易堵塞滤布。循环回收后得到的湿溶剂一般做一次和二次稀释,干溶剂作三、四次稀释与冷洗。如果三次稀释和冷洗用湿溶剂,则会在这部分溶剂冷却器中结冰,而引起操作困难。溶剂含水对套管结晶器和过滤机的使用寿命也有很大影响。一般应设置溶剂干燥系统,使溶剂中的水分含量小于 0.2% ~ 0.3%。

7.8.6.2 溶剂脱蜡的工艺流程

溶剂脱蜡主要包括结晶、制冷、过滤和溶剂回收 4 个部分,此外还有冷冻和真空安全系统。溶剂脱蜡的典型工艺流程如图 7.26 和图 7.27 所示。

1)冷却结晶

原料油用泵打进一组套管结晶器,与过滤后的冷滤液进行换冷。在换冷中间加进一次稀释溶剂。在换冷后再加入二次稀释溶剂。然后进入一组氨冷套管结晶器,原料油被进一步冷却,温度降到所需的脱蜡温度。此时,向原料油加进三次稀释溶剂,而后进入过滤机的进料罐。

2)过滤

原料油从进料罐自流进入真空过滤机,在真空过滤机内过滤后,分成滤液(脱蜡油及溶剂)和含油蜡液(含油蜡及溶剂)。滤液和含油蜡液经过换冷,回收冷量后,分别送到溶剂回收部分回收溶剂。

3)蒸发和汽提

换冷后的滤液经过加热、三次蒸发和一次汽提后,从滤液汽提塔底出来的产物即为脱蜡油。含油蜡液经二次蒸发和一次汽提后,从含油蜡液汽提塔底出来的产物即为含油蜡。

4)溶剂循环

从滤液蒸发塔顶出来的溶剂(干溶剂)送干溶剂罐,作第三次稀释和冷洗溶剂用;从含油蜡蒸发塔顶出来的溶剂(湿溶剂)送湿溶剂罐,作第一、二次稀释用;从各汽提塔顶出来的含水溶剂,经冷凝冷却和脱水后,也送湿溶剂罐。

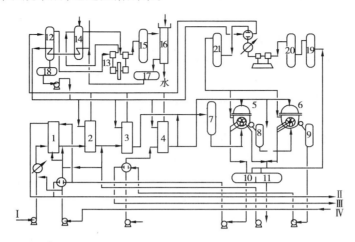

图 7.26　溶剂脱蜡典型工艺流程——结晶、制冷、过滤系统

Ⅰ—原料油;Ⅱ—滤液;Ⅲ—蜡液;Ⅳ—溶剂

1—换冷套管结晶器;2,3—氨冷套管结晶器;4—溶剂氨冷套管结晶器;5——段真空过滤机;
6—二段真空过滤机;7—滤机进料罐;8——段蜡液罐;9—二段蜡液罐;10——段滤液罐;
11—二段滤液罐;12—低压氨分离罐;13—氨压缩机;14—中间冷却器;15—高压氨分离罐;
16—氨冷凝冷却器;17—液氨贮罐;18—低压氨贮罐;19—真空罐;20—分液罐;21—安全气罐

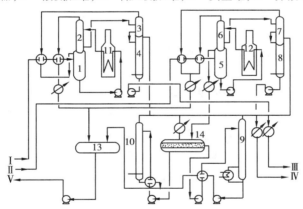

图 7.27　溶剂脱蜡典型工艺流程——溶剂回收、溶剂干燥系统

Ⅰ—滤液;Ⅱ—蜡液;Ⅲ—溶剂;Ⅳ—脱蜡油;Ⅴ—含油蜡

1—滤液低压蒸发塔;2—滤液高压蒸发塔;3—滤液低压蒸发塔;4—脱蜡油汽提塔;5—蜡液低压蒸发塔;
6—蜡液高压蒸发塔;7—蜡液低压蒸发塔;8—含油蜡汽提塔;9—溶剂干燥塔;10—酮脱水塔;
11—滤液加热炉;12—蜡液加热炉;13—溶剂罐;14—湿溶剂分水罐

7.8.7　白土精制

润滑油经过丙烷脱沥青、溶剂精制、溶剂脱蜡或硫酸精制后,质量已基本达到要求,但所得油品中还有少量溶剂和有害杂质。这些杂质的存在不仅腐蚀设备,磨损机件,而且还降低了油

品的安定性。白土精制就是将油品和白土在较高温度下混合,使上述杂质吸附在白土表面,从油中分离除去,从而改善油品的颜色、安定性及抗腐蚀性的过程。各种油品出厂前都要经过一次白土补充精制,才能作为产品出厂。

近年来加氢补充精制有了很大发展,几乎取代了白土精制。因为加氢补充精制具有收率高、产品颜色浅、脱硫能力较强、无污染等优点。但由于我国原油具有含硫低、含氮高的特点,加氢补充精制脱硫容易脱氮难,而白土精制脱氮能力强,因此白土精制工艺在我国炼油厂仍普遍使用。另外,白土精制还是废润滑油再生的重要方法。

7.8.7.1 白土精制原理和影响因素

白土分天然白土与活性白土两种。天然白土就是风化的长石,其主要成分是硅酸铝。活性白土是将天然的白土用稀硫酸处理,使其活化,再经水洗、干燥、粉碎而得。活性白土是多孔性粉末,它的比表面积可达 450 m^2/g,活性比天然白土大 4 ~ 10 倍。所以工业上都采用活性白土。

白土是优良的吸附剂,它与润滑油接触时,润滑油中的各种杂质被吸附在白土的表面,而组成润滑油基本组分的各种烃类则不被吸附或很少吸附(主要是多环芳香烃),从而使润滑油得到精制。在白土精制条件下白土对各组分吸附能力各不相同,吸附顺序是:

沥青质 > 胶质 > 芳香烃、烯烃 > 环烷烃 > 烷烃

残余溶剂、酸渣、硫酸酯、氧化物 > 油

影响白土精制的主要因素有原料性质、白土性质、白土用量、精制温度和接触时间等。

白土粒度小,表面积大,可减少用量。但粒度太小,又会使过滤困难。一般白土粒度应在 200 目(直径约 0.075 mm)以上。在保证精制深度前提下,白土用量宜少,以减少油损失。白土用量合适范围为:机械润滑油 3% ~ 4%,中性油 2% ~ 3%,压缩机油基础油 5% ~ 7%,汽轮机油 5% ~ 8%。

精制温度高,油料的粘度低,吸附速度快。实际加热温度以油料不发生热分解为前提。通常控制初始混合温度低于 80 ℃以防止油品与白土搅拌时与空气接触氧化。处理轻质油精制温度较低,而处理残渣润滑油则精制温度较高。一般精制温度范围为 180 ~ 280 ℃。

油品被白土吸附的前提是油品要扩散到白土表面,所以必须保证白土与油品在蒸发塔中的接触时间,以满足扩散过程的需要。通常在蒸发塔内停留时间为 20 ~ 40 min。

7.8.7.2 白土精制工艺流程

接触法白土精制工艺流程如图 7.28 所示。

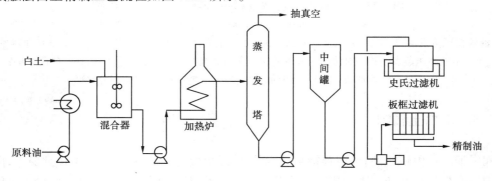

图 7.28 白土精制工艺流程

加热后的油进入混合器与白土混合 20～30 min,然后泵入加热炉,加热至适当温度后进入蒸发塔。塔顶用喷射泵抽真空。从蒸发塔顶蒸出在加热炉中裂化产生的轻组分和残余溶剂,经冷却器冷却后,进入油水分离罐将水分出,得到轻油。塔底的润滑油泵入中间罐冷至150 ℃,再泵入史氏过滤机粗滤,最后经板框过滤机二次过滤,即得成品润滑油。

思考题

1. 石油中的主要化学元素有哪些? 其主要化学成分有哪几类?

2. 什么是初馏点? 什么是干馏点? 什么是馏程?

3. 简述常压减压蒸馏的原理及主要产品。

4. 延迟焦化的原理是什么? 其主要产品有哪些?

5. 催化裂化中可发生哪几类化学反应?

6. 加氢裂化和催化裂化的不同之处是什么? 其优缺点如何?

7. 裂解获得的燃料油为何还要精制? 采用什么方法?

8. 润滑油最主要的性能指标有哪些? 与化学组成的关系怎样?

9. 从常压重油生产润滑油的主要过程分哪些步骤? 其目的又是什么?

10. 对润滑油进行溶剂精制的目的是什么? 所用抽提溶剂是什么? 溶剂抽提过程的操作温度、溶剂比、理论段数等工艺参数是如何确定的?

11. 烃类裂解制化工原料与生产燃料油的裂解有何异同?

12. 对烃类裂解气进行压缩的目的是什么? 压缩过程中可除去哪些成分? 为什么?

13. 裂解气的深冷分离过程中,分离出 C_1 烷烃,C_2、C_3、C_4 烯烃的温度、压力条件分别是多少? 其分离顺序是什么?

14. 对裂解气分离所得的汽油,对其进行加氢的目的是什么? 加氢反应的温度、压力条件如何?

15. 催化重整主要有哪几类反应? 其主要产品是什么? 金属铂催化重整的温度、压力条件如何?

16. 对甲苯脱烷基制苯的过程,从热力学和动力学原理,分析温度、压力、原料比、停留时间等影响因素。

第 8 章　煤的化学加工

　　煤是地球上能得到的最丰富的化石燃料,也是我国最主要的能源资源,它不仅是重要的工业燃料,还是重要的化工原料,并有"化工之母"之美称。进入 21 世纪,环境保护受到前所未有的重视,洁净能源安全稳定的供应也成为一个国家经济持续发展的重要条件,这些都为煤炭化学加工提供了难得的发展机遇,加快煤化工产业的发展已成为煤炭工业可持续发展的重要组成部分。

8.1　煤及其转化利用

　　我国有丰富的煤炭资源,其产量和消费量均居世界首位。在石油消费量和进口量不断增加的情况下,大力发展煤化工技术是保证我国能源安全及化学工业持续发展的一项重要而紧迫的任务。国家已将煤化工的研发和产业化列为中长期发展规划,是未来国家科技创新和产业化的主要研究方向之一。

8.1.1　煤的组成及我国煤炭资源

8.1.1.1　煤的组成和结构
　　煤是由高等植物经过生物化学、物理化学和地球化学作用转变而成的固体有机可燃矿产。植物成煤的煤化序列经历泥炭(腐泥)→褐煤→烟煤→无烟煤几个阶段。
　　煤是复杂化合物的混合物,成煤植物的所有组分均参与了煤的形成,其中主要有纤维素和木质素。煤的主要成分为碳、氢、氧,以及少量的氮和硫。碳质量分数随煤化度的增高而增大,年轻褐煤碳质量分数约为 70% ,而无烟煤则大于 92% ;与之相应的氧质量分数由 22% 左右降到 2% 左右,氢质量分数由 8% 左右降到 4% 左右。氮和硫的质量分数与煤化度关系不大。氮质量分数为 0.5% ~2% ,硫质量分数为 0.5% ~3% (基准为干燥无灰基)。
　　从煤的结构来看,煤大分子是由若干结构相似,但又不完全相同的基本结构单元通过桥键连接而成。煤基本结构单元的主体为缩合芳香核。单元中非芳香碳部分为氢化芳环、环烷环、烷基侧链、含氧官能团和氮、硫杂原子。
　　年轻煤缩合芳环数小,侧链长,有较多的脂肪烃结构和含氧官能团。褐煤中有较多的—OH,—CO,—COOH 和—OCH$_3$ 基,烟煤中只有较少的—OH,—CO 基。煤中硫以噻吩、—SH、—S—键形式存在,氮以胺基、吡啶和杂环形式存在。
　　联系基本结构单元之间的桥键是—CH$_2$—,—O—,—S—以及芳香 C—C 键等,基本结构单元之间通过这些桥键形成分子量大小不一的大分子化合物。

煤大分子之间由交联键联接形成空间结构。交联键可以是—C—C—,—O—化学键和范德华力及氢键力。在煤大分子空间结构中有许多内表面积大的微孔。在大分子中分散着低分子化合物,年轻煤中低分子化合物含量多。

图8.1 绘出了由 Given 给出的煤分子模型。

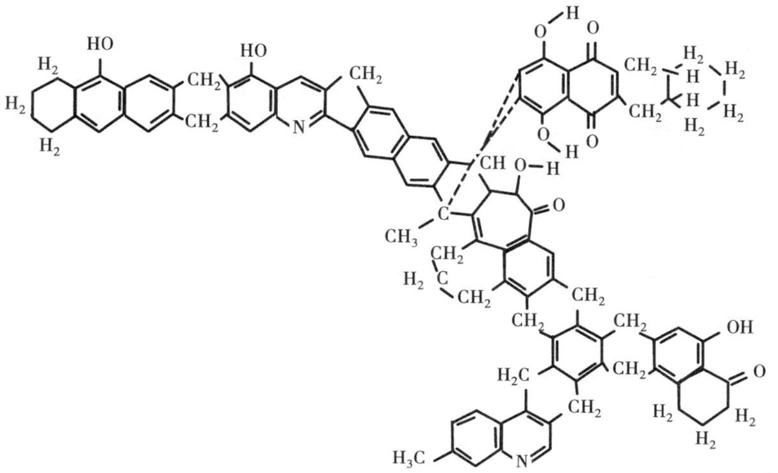

图 8.1　煤大分子模型($w(C)$约82%)

8.1.1.2　我国煤炭资源

我国是世界上煤炭资源丰富的国家之一,其储量远大于石油和天然气储量。目前已探明煤炭可采储量约为 $1\,886 \times 10^8$ t, 居世界前列,主要分布地区在华北、西北,其次是西南、华东。我国不仅有优质的炼焦煤,而且还有世界稀缺的大同、神府优质煤。随着勘探工作的发展,逐年还在发现新的大煤田,煤炭储量还在增加。我国的煤炭资源不仅采储量和产量大,而且种类较全。其中炼焦煤约占 42%, 长焰煤、不粘煤和弱粘煤约占 22%, 褐煤约占 14%, 其他煤种约占 22%。

中国能源过去和现在都是以煤为主,随着煤炭产量的逐年增长,煤炭在能源构成中的比重将进一步增加。

8.1.2　煤的转化利用

煤化工是指以煤为原料,经过化学加工,使煤转化为气体、液体和固体燃料及化学品的过程。图 8.2 列出了煤的一般转化利用途径。

煤转化方法中的气化、液化和焦化(干馏),各有其特点和作用,在现有技术条件下还不能相互取代,并且都还在继续发展着。

煤气化是煤可燃物完全转化成气体产物的过程,它可作为燃料气、合成化学产品的原料气。由于生产目的的产品不同,原料性质不同,气化方法也不同。煤气化燃料气广泛用于多种工业,而合成气主要用于化学工业。

煤液化是把煤转化为液态产物的过程。世界煤液化技术已工业化,但由于其技术复杂,消耗高,经济上还不能与天然石油竞争,所以其研究工作属于长远性、技术储备性质的工作。

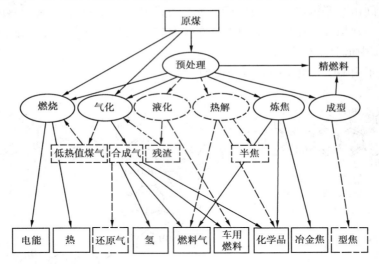

图 8.2　煤的转化利用途径

煤经过焦化可获得固体焦炭、液体焦油和煤气等,也可以把煤焦化看作部分液化和部分气化过程,并兼得主要产品焦炭。焦炭是冶金工业的重要原料和燃料,短期内还找不到替代物。焦油是多环芳烃的来源,用途很广;焦化煤气热值较高,是优质燃料。炼焦生产技术成熟,投资少,成本低。焦化过程的缺点是生产条件差,设备庞大,单元设备生产能力小。固体焦炭是主要产品,焦炭销路是煤焦化生产的前提条件。

此外,煤的临界萃取,炭分子筛等研究也取得了巨大成就,并已形成工业生产规模。同时利用低质煤,特别是褐煤气化制合成气、合成甲醇也具有十分重要的意义。

8.2　煤的气化

8.2.1　概　述

煤气化是煤与氧气(空气、富氧空气、纯氧气)、水蒸气等汽化剂作用生成气体混合物的反应过程。煤气化技术是煤化工产业化发展最重要的单元技术。煤气化过程包含了煤的热解、半焦的气化等过程。原料煤可以是褐煤、烟煤和无烟煤。生成的气体含有 CO,CO_2,H_2,CH_4 和水蒸气,若气化介质为空气时,还带入氮气。全世界现有商业化运行的大规模气化炉主要有鲁奇、德士古、壳牌 3 种炉型,原料是煤、渣油、天然气,产品是 F-T 合成油、电或甲醇等。

煤气化技术在我国被广泛应用于化工、冶金、机械、建材等工业行业和生产城市煤气的企业,以固定床气化炉为主。近 20 年来,我国引进的加压鲁奇炉、德士古水煤浆气化炉主要用于生产合成氨用合成气、甲醇或城市煤气。

8.2.1.1　煤气分类及用途

根据煤气化气用途的不同,可以将煤气化气分为:工业燃料气、城市煤气、合成气和贫煤气。依气化方法、气化条件及煤的性质不同,气化气的组成也不同,各种气化气组成及用途见表8.1。

表 8.1　煤气化气组成及用途

气化气种类		气化剂	组成质量分数/%						高热值 /(MJ·m⁻³)	用　途
			CO_2	H_2	CH_4	CO	N_2	C_nH_m		
固定床常压气化气	水煤气	水蒸气	5.0	20.0		40.0	5.0		10.5~12.2	工业燃料气
	发生炉气	空气、水蒸气	5.5	10.5	0	29.0	55.0		4.4~5.2	贫煤气
		空气、水蒸气	3.6	12.4	0.2	27.8	56.0			贫煤气
		氧气、水蒸气	16.5	41.0	0.9	40.0	1.6		10.6	工业燃料气 城市煤气 合成气
鲁奇加压气化气	褐煤气 气焰煤气 焦煤气	氧气 水蒸气	30.2	37.2	11.8	19.7	0.7	0.4	12.3	合成气 城市煤气 代替焦炉煤气
			27.0	39.0	9.9	23.0	0.7	0.4	12.0	
			32.4	39.1	9.0	17.2	1.4	0.8	11.1	
考伯斯-托茨克气流床气化气(K-T)		氧气 水蒸气	11.4	31.0	0.1	56.0	1.5			合成气
			12.6	28.5	0.1	57.0				
德士古气流床气化气(Texaco)		氧气 水蒸气	11.0	34.0	0.01~0.1	54.0	0.6			合成气
改良型温克勒流化床气化气		氧气 水蒸气	19.5	40.0	2.5	36.0	1.7		10.1	合成气 工业燃料气

8.2.1.2　原料煤的组成和性质对气化的影响

原料煤的组成和性质对气化过程有明显的影响,在选定气化原料时需要考虑以下因素:

（1）水分

对于逆流操作的固定床气化炉,可以处理水分高的褐煤。而对于沸腾床气化炉,当水分超过10%~15%时,需进行脱水。气流床中水分可代替汽化剂蒸汽,但需要补充足够的热量。

（2）灰分和灰熔点

灰分在逆流气化炉内可以进行传热,把热量传给汽化剂。通常灰分越少越好。煤的灰分范围为2%~50%。在固定床固态排渣炉中,灰分以机械方式由炉底排出。液态排渣时,灰分以熔融态排出。前者要求灰熔点高,汽化温度不能超过灰熔点;后者则要求灰熔点低,汽化温度必须超过灰熔点。

（3）挥发分

煤的挥发分在气化过程中首先变成煤气、焦油和水分,在逆流固定床炉中,这些成分混入煤气;在高温气流床或沸腾床中,煤气中烃类和焦油也发生反应,转化成气体成分。无烟煤含挥发分5%,褐煤可达50%,挥发分高固定碳含量少。

固定炭是煤除去水分、灰分和挥发分的残余物,它是气化时的主要反应物,它的多少和性质对气化反应有影响。

（4）黏结性

煤受热升温到350～450 ℃,形成胶质体,发生软化、熔融,有液相产物和煤粒粘在一起,在析出挥发物并固化后,形成块状焦炭,此种性质称为黏结性。黏结性煤化气化时需要破粘预处理,或在固定床炉子上设置破粘装置。黏结性煤是宝贵的炼焦用煤资源,一般不作为气化原料。

（5）粒度

煤的粒度可分为小于6 mm 的粉煤、小块和中块,机械化采煤粉煤含量高。褐煤易风化裂碎,粉煤量较大。流化床气化可用粒度小于6 mm 的煤,气流床用细粉煤,固定床用块煤。

8.2.2　煤气化基本原理

8.2.2.1　煤气化反应化学平衡

固体燃料的气化有一系列的化学反应,对于主要含碳的固体燃料,其主要反应如下：

$$O_2 + C \Longrightarrow CO_2 \tag{1}$$
$$CO_2 + C \Longrightarrow 2CO \tag{2}$$
$$H_2O + C \Longrightarrow CO + H_2 \tag{3}$$
$$2H_2 + C \Longrightarrow CH_4 \tag{4}$$
$$CO + 3H_2 \Longrightarrow CH_4 + H_2O \tag{5}$$
$$CO + H_2O \Longrightarrow CO_2 + H_2 \tag{6}$$

表8.2 列出了(2),(3),(4),(6)等气化反应式的平衡常数。

表8.2　煤气化反应的平衡常数

温度/℃	$K_{p_2}^{\ominus} = \dfrac{p^2(CO)}{p(CO_2)p^{\ominus}}$	$K_{p_3}^{\ominus} = \dfrac{p(CO)p(H_2)}{p(H_2O)p^{\ominus}}$	$K_{p_4}^{\ominus} = \dfrac{p(CH_4)p^{\ominus}}{p^2(H_2)}$	$K_{p_6}^{\ominus} = \dfrac{p(CO_2)p(H_2)}{p(CO)p(H_2O)}$
500	$4.445\ 9 \times 10^{-4}$	$2.179\ 2 \times 10^{-3}$	21.736	4.887 1
550	$2.274\ 0 \times 10^{-3}$	$7.852\ 8 \times 10^{-3}$	9.535 2	3.453 81
600	$9.594\ 6 \times 10^{-3}$	$2.449\ 3 \times 10^{-2}$	4.576 2	2.552 84
650	$3.453\ 6 \times 10^{-3}$	$6.764\ 4 \times 10^{-2}$	2.368 4	1.958 59
700	0.108 66	0.168 34	1.306 7	1.549 23
750	0.304 82	0.383 22	0.706 22	1.257 19
800	0.774 57	0.807 24	0.465 51	1.042 17
850	1.806 85	1.590 21	0.299 47	0.880 10
900	3.911 84	2.954 52	0.195 90	0.755 29
950	7.932 12	5.214 62	0.133 66	0.657 41
1 000	15.183 45	8.795 47	$9.385\ 2 \times 10^{-2}$	0.579 29
1 100	47.999 0	22.304 2	$4.987\ 9 \times 10^{-2}$	0.464 69
1 200	$1.289\ 25 \times 10^{2}$	49.890 3	$2.886\ 2 \times 10^{-2}$	0.386 96
1 300	$3.037\ 68 \times 10^{2}$	$1.011\ 12 \times 10^{2}$	$1.793\ 5 \times 10^{-2}$	0.332 85

对于化学反应,一般体系都伴有能量变化。表 8.3 列出了重要的燃烧和气化反应的反应热和平衡常数。

表 8.3　燃烧及气化反应热、平衡常数

反应式	反应热 $\triangle H_k$ /(kJ·kmol^{-1})	平衡常数	
		800 ℃	1 000 ℃
1. $C + O_2 \rightarrow CO_2$	-406 430	1.8×10^{17}	1.5×10^{13}
2. $2C + O_2 \rightarrow 2CO$	-246 372	1.4×10^{17}	4.56×10^{15}
3. $C + CO_2 \rightarrow 2CO$	+160 896	0.775	3.04×10^2
4. $C + H_2O \rightarrow CO + H_2$	+118 577	0.807	1.01×10^2
5. $C + 2H_2O \rightarrow CO_2 + 2H_2$	+16 258	0.842	33.6
6. $C + 2H_2 \rightarrow CH_4$	-83 800	0.466	1.80×10^{-2}
7. $2CO + O_2 \rightarrow 2CO_2$	-567 326	2.4×10^{15}	4.9×10^{10}
8. $2H_2 + O_2 \rightarrow 2H_2O$	-482 185	2.2×10^{17}	4.4×10^{11}
9. $CH_4 + 2O_2 \rightarrow CO_2 + 2H_2O$	-801 128	9×10^{31}	4×10^{26}
10. $CO + H_2O \rightarrow CO_2 + H_2O$	-42 361	1.04	0.333
11. $CO + 3H_2 \rightarrow CH_4 + H_2O$	-206 664	0.577	1.77×10^{-4}
12. $2CO + 2H_2 \rightarrow CH_4 + CO_2$	-248 425	0.601	5.9×10^{-5}

由热力学平衡关系可以从理论上计算气化气体组成与平衡温度关系。计算表明:温度高,气化反应进行比较完全;压力高,生成甲烷多,因此高压气化可以得到含甲烷多、热值较高的煤气。

8.2.2.2　气化动力学

煤气化时受热首先是热解,生成半焦、液态和气态产品,焦粒的气化是传质和化学反应交替进行的过程。其反应在低温时仅受化学反应速度控制,而高温时传质过程则成为决定速率的因素。在整个反应中,汽化剂的吸附、活性部位的表面反应以及产物的解吸构成了气化反应的基本步骤。

碳的氧化反应 $O_2 + C = CO_2$ 通常按一级反应计算反应速率:

$$\frac{dn(C)}{dt} = -km(C)c(O_2) \qquad (8.2.1)$$

式中　$m(C)$——燃料的质量,kg;

$\quad\quad c(O_2)$——氧气的浓度,kmol/m^3;

$\quad\quad k$——速率常数,它与温度的关系为

$$k = A\exp\left(\frac{-E_a}{RT}\right) \qquad (8.2.2)$$

式中　A——指前因子;

$\quad\quad E_a$——活化能,kJ/mol。

气化过程中还原反应 $CO_2 + C = 2CO$ 的反应速率方程为:

$$\frac{dn(C)}{dt} = -m(C)\frac{k_1 c(CO_2)}{1 + k_2 c(CO_2) + k_3 c(CO)} \qquad (8.2.3)$$

由此可以看出,当 CO_2 浓度很高时,反应近似为零级反应;当 CO_2 浓度很低时,生成的 CO 浓度也很低,反应近似为一级反应。

气化过程的水煤气反应 $H_2O + C = CO + H_2$ 反应速率方程为

$$\frac{dn(C)}{dt} = -m(C)\frac{k_1 c(H_2O)}{1 + k_2 c(H_2)} \tag{8.2.4}$$

当 $k_2 c(H_2) \gg 1$ 时,令 $k = k_1/k_2$ 可得

$$\frac{dn(C)}{dt} = -m(C)k\frac{c(H_2O)}{c(H_2)} \tag{8.2.5}$$

8.2.2.3　气化过程热平衡

由进出物料的相互转化可建立物料平衡,通过物料平衡以及进出物料温度即可进行热平衡计算。气化炉的物料平衡和热量平衡的具体数据见本章液态排渣加压气化炉有关的物料与能量平衡图。

8.2.3　煤气化炉原理和分类

煤气化的方法有多种,相应地有多种气化炉。根据原料在气化炉中的状态可分成固定床(移动床)式、沸腾床(流化床)式以及气流床式 3 种。3 种气化方法的气化炉构造以及气化过程反应物与生成物物流原理见图 8.3。

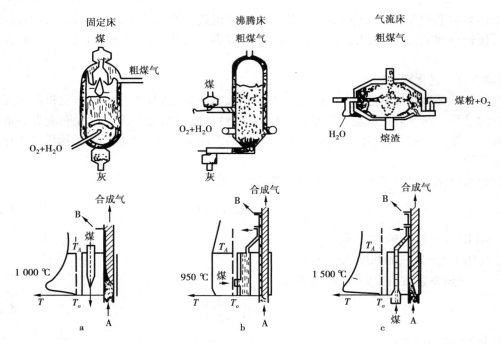

图 8.3　煤的 3 种主要气化方法过程原理示意图
a—固定床;b—沸腾床;c—气流床;A—汽化剂;B—未分解的汽化剂

8.2.3.1　固定床气化炉

对块状原料煤一般采用固定床气化法,炉子上部加料,料层缓慢下移,同时汽化剂由下向

上逆流通过。此法的优点是操作费用低,炉子总效率高;缺点是反应完了的热煤气流经煤层时加热煤,使煤发生干馏,产生的焦油和酚等随煤气一同由气化炉出来,从而导致煤气净化和酚水处理装置复杂化。对于有粘结性的原料煤,气化炉还需设置破粘装置。为了导出固态灰渣,气化炉需设转动炉箅。因此气化操作周期短,维修费用大。

8.2.3.2　沸腾床气化炉

粒径在 0.5~3 mm 的细煤粒一般采用沸腾床气化法,其优点是:可连续生产,温度分布均匀,温度调节快,炉子构造简单,投资低。缺点是:反应过程有返混现象,反应温度常低于灰熔点,故受原料灰熔点的限制。因此,该法只用于褐煤及反应性好的年轻烟煤气化。粘结性煤在加热中要形成难以控制的团块下落,因此也不能使用此种炉子。

8.2.3.3　气流床气化炉

很细的粉尘煤用气流床式气化炉,煤与气化剂并流地进入气化炉。与固定床气化炉相比,气流床气化炉有以下优点:

①利用粉煤为原料,比块煤价格低廉。

②可以用各种煤,也不受煤粘结性限制。

③无焦油、酚、脂肪酸等副产物,因此不需要进行处理,废水少。

④可以用流态或气态烃代替煤为原料。

由于煤气生产能力与压力成正比,因此提高压力能降低能耗,提高气化效率。粉煤加压气化生产能力高,强化了传热,使炉壁热损失降低,其降低值与 $p^{-0.25}$ 成正比。

细粉煤高压气化的缺点是:对灰熔点高的原料煤,为了液态排渣,气化温度较高,难以选用炉内衬材料;气化效率与固定床相比下降较大;粉状原料煤的加入以及排渣技术都比较复杂。

在旋流气化炉中,燃料与氧并流绕炉旋转向上,一开始就相互作用,达到较高的燃烧温度。燃料氧化和热解之后开始气化吸热反应,主要是 CO_2 和水蒸气与碳反应生成 CO 和 H_2。

燃料表面发生的气化反应降低了温度,同时也降低了燃料反应能力。燃料温度应保持最高,以便在几秒内达到强化燃烧,对于多数煤,特别是年老煤,必需的气化温度要高于灰熔点温度。气流燃料粒子与气相之间的相对速度应当尽可能大。

新开发的气化方法具有沸腾床和气流床气化法两者的优点,有些多步气化法包含了沸腾床和气流床过程。

8.2.4　固定床气化法

8.2.4.1　常压气化法

固定床常压气化法是一种很老的煤气生产方法,目前仍在使用。气化剂是空气和水蒸气,生产低热值的发生炉煤气作为工业用煤气。原料是块状燃料,灰渣固态排出。气化炉通常呈圆筒形,下有转动炉箅,燃料由上部加入,气化剂由下向上逆流导入。煤首先干燥,温度升高到 350 ℃ 后开始热解,有干馏产物析出,最终在 1 000 ℃ 以上进行气化反应。

UGI 煤气化炉是一种常压固定床煤气化设备,以美国联合气体改进公司(United Gas Improvement Company)命名。在原料上主要选用无烟煤和焦炭,可以制取空气煤气、半水煤气或水煤气,其特点是可以采用不同的操作方式(连续或间歇)和气化剂来制气。

如图 8.4 所示,炉子的结构为直立圆筒形,上部有耐火材料,下部设有水夹套以回收热量,炉底设有排灰的动炉篦。UGI 炉设备结构简单,易于操作,一般不需用氧气作气化剂,热效率比较高。但是对煤种要求比较严格,生产强度低。

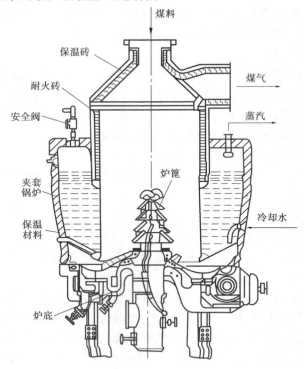

图 8.4　UGI 煤气化炉结构图

8.2.4.2　加压气化法

加压气化法在 1927 年提出,1936 年德国鲁奇公司的鲁奇加压气化法完成了投产,1978 年我国山西化肥厂从鲁奇公司引进设备,1980 年直径为 4.7 m 的炉子在南非萨索尔(SASOL)公司投入生产,产煤气能力为 100 000 m³/h。

加压气化法有能耗少、煤气热值高等优点。

图 8.5 是鲁奇加压气化炉。所需原料为块煤,粒度为 5~30 mm,间歇地加入炉内,靠布料器均匀地分布在炉子的全截面上。由于布料器上存有足够量的煤,所以煤料进入炉内是连续的。粘结性煤由水冷的上下移动的破粘装置破开。煤由分布器经过破粘器的流出孔而下降,煤装入高度应保持破粘器有上下移动的空间。

煤气化压力约 3 MPa,水蒸气和氧气由转动炉算进入气化炉,穿过炉算上的灰层并被加热,在燃烧层进行燃烧放出热量,供煤气化的吸热反应和热解之用。生成的煤气由炉子上部流出,固态灰渣由炉子下部经灰箱排出。煤粒在气化炉固定层中进行气化,并向下移动经过干燥层、热解层、气化层和燃烧层。

粗煤气由气化炉流出,在冷洗塔中进行水洗冷却,以便除尘和脱除焦油,见图 8.6。焦油在焦油分离槽与灰尘分离,重新返回气化炉进行气化反应。煤气经过变换之后达到要求的 $n(CO):n(H_2)$ 比例,最后进行甲醇洗涤(Rectisol)净化处理。

由泥炭到无烟煤的所有煤种,提高压力对生成 CH_4 和 CO_2 有利,而煤气中 CO 和 H_2 降低,这与化学反应平衡规律相同。

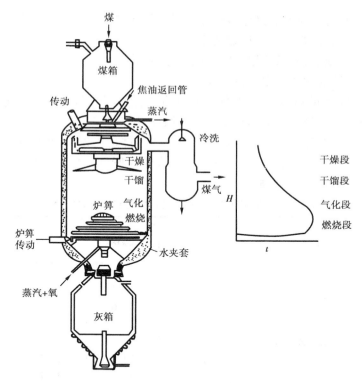

图 8.5　鲁奇式固定床加压气化炉

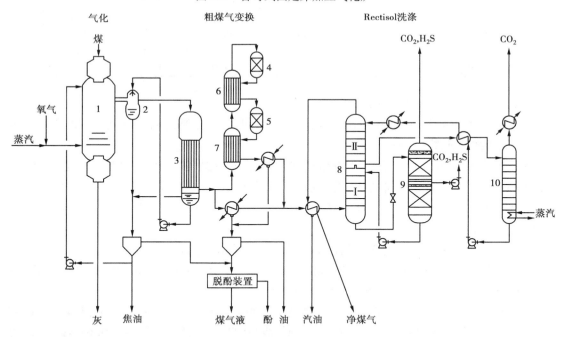

图 8.6　鲁齐煤加压气化流程

1—气化炉;2—冷洗塔;3—废热锅炉;4—高变反应器;5—低变反应器;6—高变换热器;
7—低变换热器;8—吸收塔;9—第一甲醇再生塔;10—第二甲醇再生塔

鲁奇加压气化具有物料逆流操作传热好、氢耗低、碳含量恒定、动力学条件好等优点。此外,如目的产物是合成气,则可节约压缩费用。

鲁奇加压气化的缺点是:只能用一定粒度的原料,较细粒子会降低生成能力;气化、热解同时进行,生成需要后续处理的低温干馏产物。

另外,块状燃料用过热蒸汽和氧气在压力下气化,固态排渣,水蒸气转化率低,仅有30%~40%,因而排出大量需处理的废水。为克服此缺点,鲁气加压气化法按两个方向改进:采用粗煤气变换工艺和液态排渣新炉型,两法气化压力都是在2~3 MPa。

典型的鲁奇加压气化消耗指标和煤气成分如表8.4所示,原料对煤气成分影响较小。煤气中CO含量高,可以通过CO变换反应降低。

表8.4 鲁奇加压气化不同原料消耗指标和煤气分析

指 标	褐 煤	气焰煤	焦 煤	气焰煤用空气
每 GJ 粗煤气消耗				
O_2/m^3	8.1	14.3	18.9	—
水蒸气/kg	55.2	56.6	—	—
煤/kg	44.4	37.3	—	—
粗煤气分析(体积分数)/%				
CO	19.7	23.0	17.2	15.7
H_2	37.2	39.0	39.1	25.1
CO_2	30.2	27.0	32.4	14.0
C_nH_m	0.4	0.4	0.8	0.2
CH_4	11.8	9.9	9.0	5.0
N_2	0.7	0.7	1.4	40.0
高热值/$(MJ \cdot m^{-3})$	12.3	12.0	11.1	6.2

8.2.4.3 液态排渣加压气化炉

加压液态排渣炉上部与鲁奇加压干式排渣炉相同,炉子上部进行的气化反应也与干式排渣炉相同,其结构如图8.7所示。

气化剂是氧气和水蒸气,蒸汽用量相对较少,气化反应温度高,灰渣呈液态,液态灰渣集在炉子底部。熔渣连续地由下部排出,进入水急冷室并在水中呈粒状渣,通过灰箱排出。

液态排渣法可生产需要$n(CO)/n(H_2)$比的合成气,可在较宽范围内改变气体组成。此外,生成废水量少。

固定床液态排渣气化炉粗煤气组成的实验数据如表8.5所示。

实验条件:原料煤组成 $w(C)$:79.6%~85.1%;$w(H)$:4.6%~6.1%;$w(O)$:5.5%~9.2%;$w(N)$:1.2%~1.8%;$w(S)$:0.5%~5.6%;

气化炉压力:2.3~3.1 MPa;煤气化温度:1 090~1 540 ℃;炉子处理量:3 061~4 160 kg·m⁻²·h⁻¹;蒸汽耗量:0.39~0.46 kg·kg⁻¹煤(daf);氧气耗量:0.54~0.63 kg·kg⁻¹煤(daf);炉子热效率:82.1%~85.1%;煤气热值:12.62~13.96 MJ·m⁻³。

图8.8是液态排渣加压气化炉(BGL)的物料与能量平衡。原料是褐煤,供氧压力为3.1 MPa,炉子煤气出口温度为454 ℃。

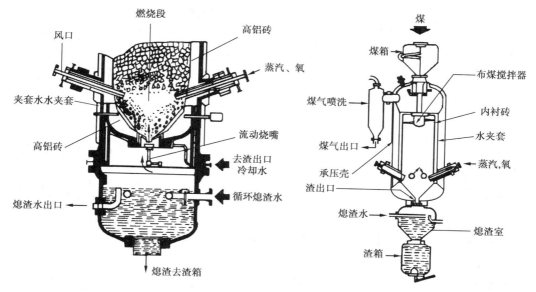

图 8.7　液态排渣加压气化炉

表 8.5　**液态排渣加压气化实验数据**

粗煤气组成	H_2	CO	CH_4	C_2H_6	C_2H_4	N_2	CO_2	H_2S
$w/\%$	27.2~29.5	53.2~58.1	5.7~7.1	0.4~0.7	0.1~0.2	3.4~7.2	2.3~5.5	0.1~0.5

8.2.4.4　鲁尔-100 加压气化炉

鲁尔-100 是在压力为 10 MPa 条件下鲁奇式气化炉,它是由鲁尔煤矿公司、鲁尔煤气公司、斯梯尔公司和鲁奇公司开发的。实验炉内径为 1.5 m,使用原料为长焰煤及不粘煤,设计数据如下:

原料煤工业分析

名　称	水　分	灰　分	挥发分(d)	挥发分(daf)	硫	膨胀指数
质量分数/%	4.9	26.1	28.5	38.6	1.6	1~1.5

原料煤的粒径分布

煤的尺寸/mm	>30	30~22.4	22.4~18	18~10	10~6.3	6.3~3.15	<3.15
质量分数/%	1.1	10	12.2	44.4	19.3	7.9	5.4

煤灰分熔点

	软化点/℃	熔化点/℃	流动点/℃
氧气气氛	1 270	1 530	1 560
还原气氛	1 230	1 520	1 580

在氧气气氛和还原气氛条件下操作参数及煤气含量分析(设计值)

项目名称	操作压力 /MPa	进料煤量(daf) /(t·h⁻¹)	粗煤气产量 /(m³·h⁻¹)	体积分数/%					高热值煤气 /(MJ·m⁻³)
				CO	H₂	CO₂	CH₄	C₂H₆	
氧气气氛	2.5	3.0	—	23	37	28	10	0.5	12.0
还原气氛	10	7.1	14 500	22	32	28	16	0.5	14.0

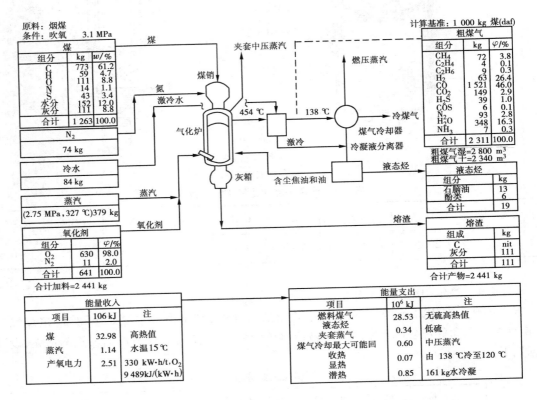

图 8.8　液态排渣加压气化炉(BGL)物料与能量平衡

提高压力,煤气质量提高,氧气消耗量减少,气化效率提高,如图 8.9 所示。

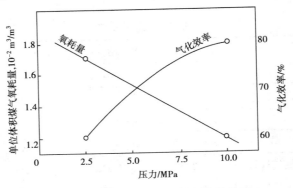

图 8.9　氧耗量、气化效率与压力的关系

8.2.5　沸腾床气化法

8.2.5.1　温克勒(Winkler)气化法

温克勒气化法所用炉子见图 8.10,该炉子所用的原料煤主要是反应性好的褐煤和年轻烟煤。煤在反应器中的平均停留时间为 15～60 min,沸腾床温度取决于灰软化点。

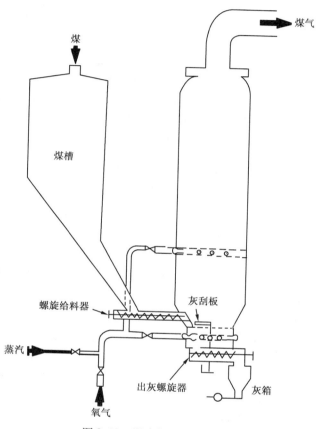

图 8.10　温克勒煤气化炉

温克勒炉的优点:煤气生产弹性大;氧气耗量低,气化炉起停作业简单,运行可靠;原料煤处理费用低,粉煤可全部利用,即使灰分为 40% 的煤也能运行。缺点是:由于是低压生产,与高压法比不经济;难以用粘结性原料煤;气化温度必须低于灰熔点,难以气化低灰熔点煤;灰中碳含量高。

温克勒气化工艺流程包括煤的预处理、气化、气化产物显热的利用、煤气的除尘和冷却,如图 8.11 所示。

(1)原料的预处理

首先对原料进行破碎和筛分,制成 0～10 mm 的炉料,一般不需要干燥,如果炉料含有表面水分,可以使用烟道气对原料进行干燥,控制入炉原料的水分含量8%～12%。对于有粘结性的煤料,需要经过破黏处理,以保证床内的正常流化。

（2）气化

预处理后的原料送入料斗中,料斗中充以氮气或二氧化碳惰性气体。用螺旋给煤机将煤料加入气化炉的底部,煤在炉内的停留时间约为15 min。气化剂送入炉内与煤反应,生成的煤气由顶部引出,煤气中含有大量的粉尘和水蒸气。

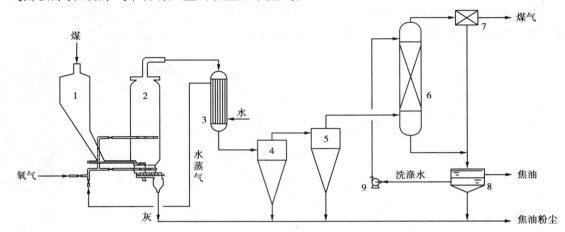

图8.11　温克勒气化工艺流程

1—料斗;2—气化炉;3—废热锅炉;4,5—旋风除尘器;
6—洗涤塔;7—煤气净化装置;8—焦油、水分离器;9—泵

（3）粗煤气的显热回收

粗煤气的出炉温度一般为900 ℃左右。在气化炉上部设有废热锅炉,生产的水蒸气压力为1.96 ~ 2.16 MPa,水蒸气的产量为0.5 ~ 0.8 kg/m³ 干煤气。

（4）煤气的除尘和冷却

出气化炉的粗煤气进入废热锅炉,回收余热,产生水蒸气,然后进入两级旋风除尘器和洗涤塔,除去煤气中的大部分粉尘和水蒸气。经过净化冷却,煤气温度降至35 ~ 40 ℃,含尘量降至5 ~ 20 mg/m³。

温克勒气化法的工艺条件如下:

①操作温度。实际操作温度的选定,取决于原料的活性和灰熔点,一般为900 ℃左右;

②操作压力。 ~0.098 MPa;

③原料。粒度为0 ~ 10 mm 的褐煤、不粘煤、弱粘煤和长焰煤等均可使用,但要求具有较高的反应性。使用具有粘结性的煤时,由于在富灰的流化床内,新鲜煤料被迅速分散和稀释,故使用弱粘煤时一般不至于造成床层中的粘结问题。但粘结性稍强的煤有时也需要进行预氧化破粘。由于流化床气化时床层温度较低,碳浓度也较低,故不适宜使用低活性、低灰熔点的煤料。

④二次气化剂用量及组成。引入气化炉身中部的二次气化剂用量和组成须与被带出的未反应碳量成适当比例。如二次气化剂过少,则未反应碳得不到充分气化而被带出,造成气化效率下降;反之,二次气化剂过多,则产品气将被不必要地烧掉。

温克勒流化床气化生产燃料气和水煤气的气化指标见表8.6。

表 8.6　温克勒工艺的气化指标

指　　标		褐　煤	褐　煤
1.对原料煤的分析	水分,%	8.0	8.0
	C,%	61.3	54.3
	H,%	4.7	3.7
	N,%	0.8	1.7
	O,%	16.3	15.4
	S,%	3.3	1.2
	灰分,%	13.8	23.7
	热值 HHV,kJ/kg	21 827	18 469
2.产品组成(干%)及热值分析	CO	22.5	36.0
	H_2	12.6	40.0
	CH_4	0.7	2.5
	CO_2	7.7	19.5
	N_2	55.7	1.7
	C_nH_n	—	—
	H_2S	0.8	0.3
	焦油和清油,kJ/m^3	—	—
	产品气热值 HHV,kJ/m^3	4 663	10 146
3.条件	汽/煤,kg/kg	0.12	0.39
	氧/煤,kg/kg	0.59	0.39
	空气/煤,kg/kg	2.51	—
	气化温度,℃	816～1 200	816～1 200
	气化压力,MPa	～0.098	～0.098
	炉出温度,℃	777～1 000	777～1 000
4.结果	煤气产率,m^3/kg	2.91	1.36
	气化强度,kJ/(m^3·h)	20.8×10^4	21.2×10^4
	碳转化率,%	83.0	81.0
	气化效率,%	61.9	74.4

8.2.5.2　高温温克勒(HTW)气化法

高温温克勒 HTW(Hochtemperature Winkler)气化法,提高了反应压力和温度,生成合成气,用于合成甲醇或做还原气。

HTW 法采用反应温度 1 000 ℃,反应压力 1.0 MPa,夹带粉粒再循环回到气化炉,用软褐煤生产合成气。

8.2.6 气流床气化法

8.2.6.1 考伯斯-托茨克(Koppers-Totzek)气化法

考伯斯-托茨克(K-T)法是将煤用氧气和水蒸气常压气化的方法,是细粉煤与气化剂并流的气流床气化工业生产方法。K-T气化炉见图8.12,在炉室内,内衬耐高温材料、原料喷嘴相对排列。

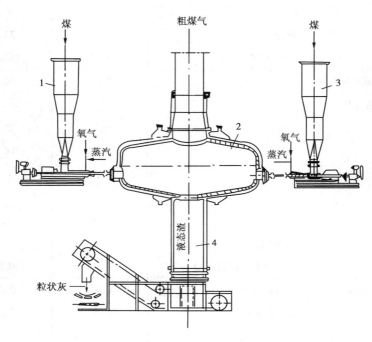

图 8.12 K-T 气化炉

1,3—煤粉槽;2—气化炉;4—排渣系统

K-T法对于原料煤要求条件少,粉煤粒度小于0.1 mm,对于不同原料煤可以允许一定数量大粒子煤。从经济上考虑,希望原料煤灰分小于40%,褐煤水分小于6%~8%,烟煤水分小于1%~2%。煤干燥和粉碎在同一工序进行,煤干燥用燃烧煤的热烟气,烟气把煤粉输送到煤槽,烟气与煤粉分离用旋风分离器,烟气除尘用电除尘器。

粉煤用氮气送入加料前的粉煤槽,在吹入氧气和水蒸气的同时,用给料机把煤送入反应室。氧气、水蒸气与原料煤粉比例由操作温度确定,大部分灰分以液态形式排出。气化温度与灰熔点有关,为1 500~1 600 ℃,K-T炉气化法碳转化率高。氧气加入水蒸气量在褐煤气化时约为0.05 kg/m^3,在烟煤气化时为0.5 kg/m^3。

K-T炉气化法主要用于生产合成气,例如合成氨用原料气。高温并流气化特别有利于制取合成气,所有煤的有机质全转化成稳定化合物,如 CO_2,CO,H_2,H_2O,因此煤气冷却时无焦油、油类、苯、酚等冷凝物析出,煤气净化简单,废水处理容易。

气化炉中部氧化生成热量用于产生10 MPa饱和高压水蒸气。气化炉本身用水间接冷却,产生低压水蒸气。粗煤气经废热锅炉换热产生高压水蒸气后,去水洗冷却器,在此煤气被冷却洗涤,脱掉灰尘。经第二次水洗,并在分离器中分离出水,甚至使用电除尘器彻底净化后,才将煤气压缩到操作压力送后续工序。K-T 炉气化法流程见图 8.13。

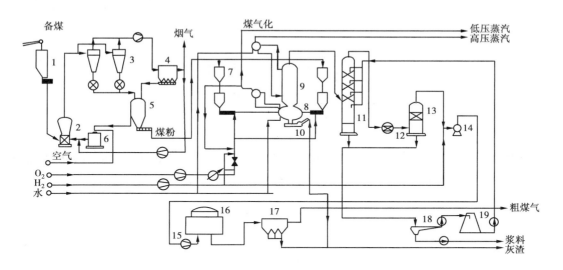

图 8.13　K-T 法煤粉气化流程

1—原煤槽;2—粉碎与分级;3—旋风分离器;4—过滤除尘;5—煤粉槽;6—燃料气发生炉;7—煤槽;
8—气化炉;9—废热锅炉;10—排灰装置;11—水洗塔;12—煤气洗涤机;13—终冷器;
14—煤气快速开关;15—煤气机;16—粗煤气罐;17—电滤器;18—分离槽;19—凉水塔

每立方米 CO + H$_2$ 的氧气耗量为 0.39 ~ 0.45 m^3。不计水蒸气热量的热效率为 72% ,计入生产水蒸气热量的热效率为 82% 。

(1)K-T 法气化使用原料煤分析

水分的质量分数为 1% ,灰分的质量分数为 10% 。

(2)原料煤元素分析

元素名称	C	H	S	N	O
w/%	70	5	0.8	1.2	12.0

(3)粉煤气化生产粗煤气分析

成　分	CO	H$_2$	CO$_2$	CH$_4$	N$_2$	H$_2$S + COS
φ/%	57.3	30.6	10.5	0.1	1.2	0.3

粗煤气热值为 11.2 MJ·m^3。

(4)生产和消耗指标(每吨煤)

生产粗煤气量:1 830 m^3;生产高压(5.5 MPa)水蒸气:1.8 t;低压(0.25 MPa)水蒸气:0.6 t;氧耗量:610 m^3;电耗:66(238GJ) kW·h;低压水蒸气:0.38 t;锅炉用水:2.6 m^3。

日本 K-T 法煤气化操作结果如下:

(1)原料煤分析/%

名　称	水　分	挥发分(干燥)	灰　分	C	H	S	N	O
$w/\%$	8.46	37.95	27.42	52.54	4.08	0.90	0.23	14.82

(2)灰熔点

项　目	软化点	熔化点	流动点
温度/℃	1 260	1 355	1 375

(3)生产数据

给煤量:3 505 kg·h^{-1};氧气用量:1 600 m^3·h^{-1};蒸汽用量:1 020 kg·h^{-1};炉操作温度:1 329 ℃;产生煤气量:4 915 m^3·h^{-1};有效煤气(CO + H$_2$):4 275 m^3·h^{-1}。

煤气分析:

成　分	CO_2	CO	H_2	CH_4	N_2	CO + H_2
$\varphi/\%$	11.4	56.0	31.0	0.1	1.5	87.0

产生蒸汽:2 339 kg·h^{-1};出灰(炉下):440 kg·h^{-1};飞灰:440 kg·h^{-1};炉下灰含碳:0.44%;飞灰含碳:14.36%;粗煤气中粉尘:89.5 g·m^{-3}。

(4)生产技术指标

单位煤产煤气:1 402 m^3·t^{-1};单位煤气煤耗:0.713 kg·m^{-3};单位有效煤气煤耗:0.820 kg·m^{-3};氧气耗量:0.374 m^3·m^{-3};蒸汽耗量:0.239 kg·m^{-3}。

气化效率:

煤气热值/煤热值:78.6%;剩余蒸汽焓/煤热值:5.7%。

8.2.6.2　德士古法

德士古(Texaco)法是一种粉煤加压液态排渣方法。该法要求原料煤粒度小于0.1 mm,制成悬浮状的水煤浆,煤浓度为70%。用泵加入气化炉,与入炉氧气在1 400 ℃和4.0 MPa下进行煤气化反应。生成熔融灰渣,以液态排出。

热的粗煤气在废热锅炉中回收热量,产生蒸汽,粗煤气被冷却到200 ℃,然后在洗涤冷却器洗去灰尘并降温。德士古法流程图如图8.14所示。

德士古法对原料煤种限定较少,可以处理所有烟煤,煤灰分(质量分数)可达28%。由于高温气化反应,无焦油和烃生成,煤气净化简单。高压生产合成气,后续加工经济,液态排渣,气化反应完全,碳转化率可达95%~99%,气化效率76%。由于煤浆含水高,热效率不高,如果煤含量(质量分数)由70%增至80%,热效率可由76%提高到约79%。

生成煤气的典型组成:

成　分	CO	H_2	CO_2	N_2	CH_4	H_2S
$\varphi/\%$	54.0	34.0	11.0	0.6	0.01~0.1	0.3

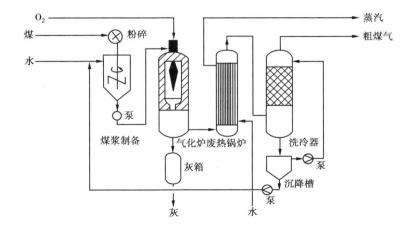

图 8.14　德士古煤气化流程

原料煤性质：

灰分质量分数：6% ~ 28%；硫质量分数：0.6% ~ 3.9%；挥发分质量分数：16% ~ 42%；灰熔点：1 280 ~ 1 450 ℃。

干煤（含灰分 10%）产煤气：1 850 m³/t；干煤（含灰分 10%）耗氧气：0.65 m³/kg。

使用德士古法生产煤气，碳转化率为 98.5% ~ 99.5%，炉内耐火材料可以连续使用 2 年。

德士古炉难以用含水分大的煤，如褐煤；煤的灰熔点不能太高；由于入炉水分大，氧耗高，反应温度高，材质要求高。

8.2.6.3　E-gas 气化法

E-gas（以前也称 Dow, Destec）煤气化工艺是在 Texaco 气化工艺上发展起来的两段式水煤浆气化工艺，使用煤种为次烟煤。主要用于 IGCC 示范装置，煤耗为 2 500 t/d，气化压力为 2.8 MPa，发电量达 262 MW。

E-gas 水煤浆气化炉由两段反应器组成，如图 8.15 所示。第一段是在高于煤的灰流动温度下操作的气流夹带式部分氧化反应器，操作温度为 1 300 ~ 1 450 ℃。第一段反应器水平安装，两端同时对称进料，熔渣从炉腔中央底部孔排至急冷区，经急冷并减压后从系统连续排入常压脱水罐；煤气经第一段中央上部的出气口进入第二段，第一段反应器内衬高温耐火砖。第二段也是一个气流夹带反应器，垂直安装在第一段反应器上方。在第二段炉腔入口喷入第二股煤浆，通过喷嘴均匀注入来自第一段的热煤气中，第二段水煤浆喷入量为总量的 10% ~ 20%。第一段煤气的显热通过蒸发新喷入煤浆的水而回收利用，煤气温度被冷却到灰软化温度以下（约 1 000 ℃），新喷入的煤浆颗粒在该温度下被热解和气化。气体从第二段顶部出来进入旋风除尘器，未反应的半焦再次循环使用，煤气进入净化工序。

工艺特点：

①用两段水煤浆进料。与 Texaco 气化炉不同的是，80% 的水煤浆和纯氧混合通过第一段对称布置的两个喷嘴喷入气化炉，10% ~ 20% 的水煤浆由第二段加入，与粗煤气混合并发生反应。

②采用两段气化，提高了煤气热值，降低了氧耗，并使出口煤气温度降低，省掉了庞大而昂贵的辐射废热锅炉，降低了设备投入。

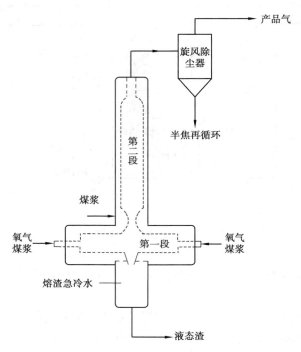

图 8.15 E-gas 两段气化炉

③E-gas 气化炉第一段气化温度为 1 371 ~ 1 427 ℃,出口煤气温度为 1 038 ℃,冷煤气效率为71% ~ 77% 。

④喷嘴寿命一般为 2 ~ 3 个月,耐火砖寿命为 2 ~ 3 年,第二段耐火砖寿命更长一些。

⑤E-gas 气化炉采用压力螺旋式连续排渣系统,泄压和碎渣设备造价较低。

⑥由于增加了第二段气化,延长了煤气在炉内的停留时间,第二段出口温度高于 1 000 ℃,煤气中焦油及烃类物少。

⑦第二段出炉煤气经旋风除尘器分离下来的半焦,用水急冷并减压后制成半焦浆液,再加入第一段气化炉进料中,提高了碳转化率和冷煤气效率。

8.2.6.4 Shell 气化法

Shell 煤气化工艺是由荷兰壳牌公司开发的以干粉煤气流加压的气化技术,也称壳牌气化工艺。自20 世纪70 年代开发以来,对大量煤种进行了气化试验,用于 IGCC 发电,在中国主要用于煤化工生产。由于煤种适应性广,几乎可以气化从无烟煤到褐煤的所有煤种,能源利用效率高、碳转化率高(达 99%)、气化效率高、单台气化炉产气能力高和污染环境的副产品少使其得到应用。

Shell 气化生产由粉煤的制备与输送、气化制气、废热回收、冷却除尘等工序组成,如图 8.16所示。

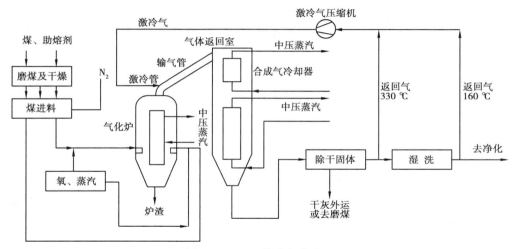

图 8.16　Shell 技术气化流程

8.2.7　煤气化联合循环发电

煤直接燃烧发电,污染很难治理。把煤进行气化,再用净化煤气发电,可以减少向大气排放硫和氮的氧化物及粉尘等污染物,而且还可以提高煤利用效率。

煤气化联合循环发电(Integrated Coal Gasification Combind Cycle,IGCC)将煤加入气化炉内与蒸汽和氧气(或空气)反应,产生热粗燃气,经冷却和洗涤脱除尘粒并脱去酸性气体,同时可回收得到元素硫。洁净燃料气在燃气透平中燃烧,然后经蒸汽透平产生电能,这样,燃气透平和蒸汽透平皆可产生电能。

燃气透平操作所要求的烟道压力为 1.4 MPa,各种气化工艺都必须满足这个要求。如煤气具有更高的压力,则可先经膨胀透平回收能量。在粗煤气冷却器中产生的饱和蒸汽,可在废热锅炉中过热,与热烟气经废热锅炉产生的过热蒸汽,一并经蒸汽透平产生电能。图 8.17 是利用液态排渣炉(BGL)的联合循环发电流程。

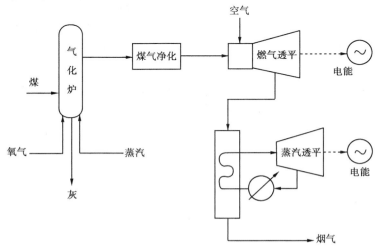

图 8.17　煤气化联合循环发电

煤气化联合发电系统改善环境效果显著,排放烟气中不含粉尘,固体残渣易处理,利用现有技术可以回收硫,烟气中的 SO_x,NO_x 质量浓度低,SO_x 质量浓度低于 20 mg/m³,NO_x 质量浓度低于 100 mg/m³,符合排放标准。

8.2.8　煤气加工

由煤气化炉产生的热煤气经过冷却除尘得到粗煤气。根据不同的使用目的,可以做相应的加工。

作为城市生活用煤气,为了减少毒性,CO 的体积分数应控制在 10% 以下;作为合成气,要调整 $n(CO)/n(H_2)$ 比例并脱去 H_2S,因 CO 分压高会增加催化剂表面的析碳,导致催化剂过早失活;当需要产生氢气时,则要求进行 CO 变换反应;若要求高热值煤气,需要脱掉 CO_2,CO 需要甲烷化等。因此,通常对煤气化气要进行一氧化碳变换、脱碳(脱除 CO_2)、脱硫与脱氧等处理。

煤气化气主要加工工序如图 8.18 所示。

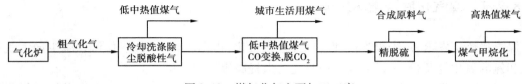

图 8.18　煤气化气主要加工工序

8.2.9　多联产技术系统

多联产是近年来提出的能源转化与化工产品合成相结合的技术体系,目的是实现污染物低排放或无排放,实现资源综合利用和能源有效利用。

美国能源部提出的 Vision21 能源系统综合了发展趋势的需求,以煤气化为龙头,煤气用于制氢、氢用于高温燃料电池发电、电池余热供热、CO_2 或其他污染物在原料(燃料)制备阶段得到分离和治理。壳牌公司提出的合成气园的概念就是以煤气化为核心,将生产化学品与联合循环发电相结合,同时还生产民用煤气和供热。更广义的多联产概念还将煤化工、合成工艺、冶金还原冶炼等组合成整体,或在煤矿区将能源转化成化工产品的生产,并使电力或热力输送形成一个综合整体。

在多联产系统中,原来单独生产的系统在重新组合中可能被简化,对原料的要求降低,通过不同工艺的互补而提高总体效率,最终使产品成本降低。

我国科技界、产业界也十分关注多联产技术的发展,并进行了系统研究和相关单项技术的研究开发。

8.3　煤的液化

石油资源匮乏和国内石油供应不足已成为我国能源发展的一个严峻现实,依据煤质和其他综合条件,发展煤液化工艺,已成为国内煤炭企业和产煤地区关注的热点。

煤的液化分为直接液化和间接液化两种,煤加氢液化称为直接液化,而间接液化则是指以煤气化产物合成气($CO + H_2$)为原料合成液体燃料或化学品的过程。直接液化产物轻油和中油主要含芳烃,其次是环烷烃以及部分脂肪烃等化合物,可以作为化学原料和动力燃料。间接液化产品主要是脂肪烃化合物,适合作柴油和航空汽轮机燃料。煤间接液化与直接液化产物互为补充,可以满足不同产品的需要。

8.3.1　煤的间接液化——F-T 合成液体燃料

8.3.1.1　煤间接液化技术发展简介

煤炭气化先产生合成气($CO + H_2$),再以合成气为原料合成液体燃料和化学产品的过程称为煤的间接液化。

费托(F-T)合成是以合成气为原料生产各种烃类以及含氧有机化合物的最主要的煤液化方法。1923 年,德国 Kaiser Wilhelm 煤炭研究所的 F. Fischer 和 H. Tropsch 两人利用碱性铁屑作催化剂,在温度 400~455 ℃、压力 10~15 MPa 条件下,一氧化碳和氢气可反应生成烃类化合物与含氧化合物的混合液体,当压力降低至 0.7 MPa 时,主要产品是烷烃和烯烃。1925—1926 年这两人又使用铁或钴催化剂,在常压和 250~300 ℃温度下得到几乎不含有含氧化合物的烃类产品。此后,人们就把合成气($CO + H_2$)在铁或钴催化剂作用下合成为烃类或醇类燃料的方法称为费-托(F-T)合成法。第二次世界大战期间,德国曾建有 9 座合成油生产厂,此外,日本有 4 套,法国有 1 套,中国有 1 套。

第二次世界大战结束至 20 世纪 50 年代,一些国家都曾建有合成油的试验厂,研究开发工作仍有所发展。先是 Kolbel 等人开发了浆态床 F-T 合成,之后美国的碳氢化合物公司(HRI)研究出流化床反应器。至 20 世纪 50 年代中期,由于廉价石油和天然气大量开发,F-T 合成的研究势头逐渐减弱。

由于南非的煤炭资源十分丰富,但煤炭质量较差,灰分高达 25%~30%,挥发分却只有 25% 左右,不适合采用直接液化路线,所以只能选用间接液化的路线。20 世纪 50 年代初建成的间接液化厂一直运转至今,且在石油危机后的 20 世纪 80 年代初又建成了另外两座规模更大的合成油厂。

20 世纪 70 年代世界石油危机的爆发,发达国家的一些公司和研究机构也相继开发了一批新的间接液化工艺,最有代表性的工艺有美国 Mobil 公司的 MTG 工艺、荷兰 Shell 公司的 SMDS 工艺以及丹麦 Topsoe 公司的 Tigas 工艺。

我国在 20 世纪 50 年代曾在锦州石油六厂开展过合成油的试生产,后来由于大庆油田的发现和开发,中国一举甩掉了贫油国的帽子,煤炭液化的研究工作随之中断。

20世纪80年代初,我国又恢复了间接液化的研究开发工作,开发单位主要是中国科学院山西煤炭化学研究所,还有一些大专院校及科研机构。经过20年的努力,在煤基合成汽油方面开发出固定床两段法合成工艺(MFT)和浆态床-固定床两段法合成工艺(SMFT)。在开发MFT和SMFT工艺过程中他们十分注重催化剂的开发,多年来他们对铁系和钴系催化剂都进行了较系统的研究,对4种铁系催化剂进行了从试验室小试到中试不同规模的试验研究。进入21世纪以来,中科院山西煤化所集中全力于共沉淀Fe-Cu催化剂和浆态床反应器的研究和开发,已完成了SMFT中试规模的设计,并于2002年建成了年产油千吨级的中试装置。

8.3.1.2 费托(F-T)合成概述

1923年,F. Fischer和H. Tropsch用CO和H_2合成气在铁系催化剂上于常压下合成出脂肪烃,后来称为费-托(F-T)合成法。该法得到的产品如下:

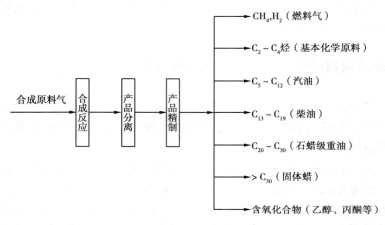

F-T法存在的主要问题是合成产品复杂,选择性差。为了提高F-T合成技术的经济性和改善产品的选择性问题,出现了复合性催化剂的应用和改进的F-T法的工业化。改进F-T法即MFT(Modifild F-T)法,其基本原理流程如下:

目前,CO和H_2一步合成高辛烷值汽油的工艺以及高选择性的新型催化剂等均在开发之中。

8.3.1.3 F-T合成原理

(1)化学反应

费托合成基本反应是由CO加H_2生成脂肪烃:

$$nCO + 2nH_2 \rightarrow n(CH_2) + nH_2O \tag{8.3.1}$$
$$\Delta H = -158 \text{ kJ/mol}(250 \text{ ℃})$$

工业上用铁作催化剂。在催化剂作用下,生成的水蒸气与CO可进行下述反应:

$$H_2O + CO \rightarrow CO_2 + H_2 \tag{8.3.2}$$
$$\Delta H = -39.5 \text{ kJ/mol} (250 \text{ ℃})$$

费托合成的重要过程参数,除了催化剂性质外,还有温度、总压力、合成气的 $n(H_2)/n$ (CO)比、空速、循环比和单程转化率。

(2)催化剂

费托合成用的催化剂主要有铁、钴、镍、钌等,目前只有铁催化剂用于工业生产。铁催化剂的最佳反应条件为:$T:200 \sim 350 \ ℃, p:1 \sim 3 \ MPa$。锰和钒的氧化物与铁共用作催化剂,具有合成低分子烯烃的良好选择性。活性很好的铁催化剂,在固定床中压合成时反应温度在 $220 \sim 240 \ ℃$。铁催化剂加钾(如 K_2CO_3)活化,对于合成低分子产品,可以在较高温度($320 \sim 340 \ ℃$)下进行。沸腾床或气流床所用的催化剂,是通过磁铁矿与助熔剂熔化,然后用氢进行还原制成。它的活性较小,而强度高。在反应条件下,铁分解成氧化物(Fe_3O_4)和各种碳化物(Fe_3C,Fe_2C,FeC)。由于气流床中催化剂在操作末期形成了富碳的铁碳结合体(FeC)和析出了游离碳,导致催化剂的失活,所以催化剂上碳的析出就成了一定产品选择性控制的极限条件。

碱性助催化剂有利于生成高级烯烃、含氧化合物以及在催化剂上析出碳。铁催化剂的一个明显特点是反应温度较高($220 \sim 350 \ ℃$),在此温度区间可进行费托反应,与镍、钴或钌相比,它表现出对 C—C 键裂解的氢解活性较小。

在一般情况下,在镍和钴催化剂上合成产品主要是脂肪烃。当用碱性铁时,产品偏向于烯烃。用钌催化剂,在较高压力和较低温度下 CO 和 H_2 合成长链脂肪烃。

(3)反应动力学

对于费托合成反应,由于受催化剂的影响很大,同时还受合成气组成、反应条件以及通过催化剂时反应物流动状态的影响,直到现在仍然没有一个通用的方程以描述其宏观动力学。不过对于某些催化剂,在特定的条件下,也有了相应的一些反应速率方程。如对于熔铁催化剂,在 $n(H_2)/n(CO) = 1$ 的条件下,可用下式描述其动力学:

$$\ln(1 - x) = k \frac{p}{S_V} e^{-\frac{E}{RT}} \tag{8.3.3}$$

式中　x——H_2 + CO 的转化率;

　　　S_V——容积空速,h^{-1};

　　　E——活化能,其值约 83.7 kJ/mol。

舒尔茨提出 CO + H_2 的反应速度随温度升高而增加,表观活化能介于 $85 \sim 125 \ kJ/mol$。

(4)催化剂的选择性

反应产物的组成与催化剂和反应条件有密切关系。费托合成物数量分布曲线按链长(C 原子数)表示(见图 8.19)。由图可知,甲烷量比较大,C_2 烃较少,C_3,C_4,C_5 达到极大值,到较高 C 数产物量则减少。分子产物分布有极大值现象,是由于高碳产物分解成低碳产物的作用,以及高碳方向降解的活性大造成的。

提高反应温度,增加合成气的 $n(H_2)/n(CO)$ 比,降低铁催化剂的碱性,减少总压力,将使产物分布向低碳推移。

在用铁催化剂时,生成甲烷的倾向最小,在用钌催化剂时,低温高压下生成长链分子的选择性大。

合成气中 CO 体积分数高,空速大,合成气转化率低,使用碱化的铁催化剂能使反应产物中烯烃的含量增加,而合成反应的温度较低。

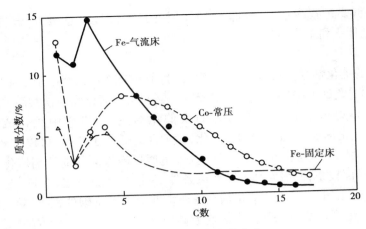

图 8.19　按 C 数的产物分布

用铁催化剂合成产品选择性的弹性很大。在高压低温和高的 $n(CO)/n(H_2)$ 比的条件下，生成含氧化合物可高达 70%。在较高温度，较低压力、较弱的碱化催化剂和富氢原料时，可生成富甲烷和 $C_2 \sim C_4$ 烃组分。

8.3.1.4　反应器类型

费托合成是强放热反应（每生成 1 kg 烃约放热 10.9 MJ），所以反应器设计的基点是如何排除大量的反应热而使反应的选择性最佳、催化剂使用寿命最长，生产最为经济。

生产中使用的反应器类型有固定床反应器、气流床反应器和浆态床反应器。

（1）固定床反应器——Arge 反应器

固定床反应器为管壳式，管内装催化剂，管间有沸腾水循环，合成时放出的反应热用来产生水蒸气。反应器顶部装有一个蒸汽加热器加热入炉气体。管内反应温度可由管间蒸汽压力加以控制，其结构如图 8.20 所示。此种结构的反应器在南非 SASOL 厂已经应用，是 Lurgi-Ruhrchemi 技术，简称 Arge 反应器。

该反应器适用于高空速（$500 \sim 700 \ h^{-1}$）条件合成，气流速度达 $2 \sim 4 \ m/s$，传热系数大，冷却面积小，催化剂床层各方向的温度差较小，合成效果好。

（2）气流床反应器

在气流床反应器装置中，催化剂随合成原料气一起进入反应器，悬浮在反应气流中并被气流带至沉降器与反应气体分离，其结构见图 8.21。此种结构的反应器在南非 SASOL 厂已经应用，是美国凯洛格公司的技术，简称 Synthol 反应器。

气流床反应器强化了气-固两相间的传质、传热过程，床层内各处温度比较均匀，有利于合成反应。反应放出的热，一部分由催化剂带出反应器，一部分由油循环带出。由于传热系数大，散热面积小，反应器结构简单，生产能力显著提高。

（3）浆态床反应器

在浆态床反应器中，床内为高温液体（如熔蜡），催化剂微粒悬浮其中，合成原料气以鼓泡形式通过，呈气、液、固三相的流化床，其构造如图 8.22 所示。与气流床相比，浆态床的操作条件和产品分布的弹性大，阻力大，传递速度小。

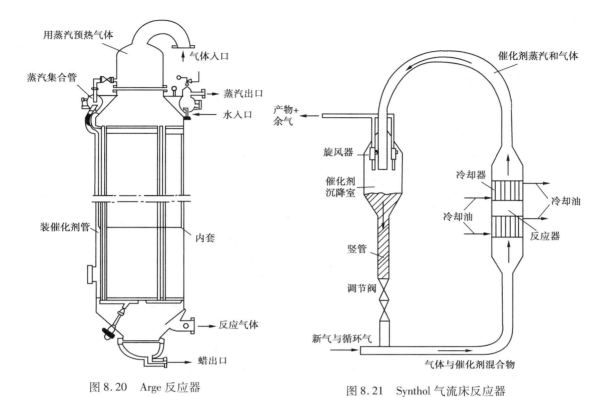

图 8.20　Arge 反应器

图 8.21　Synthol 气流床反应器

8.3.1.5　南非 SASOL 的 F-T 合成技术

南非 SASOL 厂是以当地烟煤经气化制成的合成气为原料,生产汽油、柴油和蜡类等产品的工厂。下面介绍 SASOL 厂采用的两种工艺流程。

（1）Arge 固定床合成液体燃料的工艺流程

Arge 固定床合成工艺流程见图 8.23。原料煤经鲁奇加压气化得到的粗煤气,经过冷却净化,得到 $n(H_2)/n(CO)$ 为 1.7 的净合成原料气。新鲜合成气和循环气以 1：2.3 比例混合,压缩到 2.45 MPa 送入 Arge 反应器。合成气先在热交换器中被加热到 150～180 ℃,再进入催化剂床层进行合成反应。每个反应器装有 40 m³ 颗粒(2～5 mm)沉淀铁催化剂,其组成为 $n(Fe)：n(Cu)：n(K_2O)：n(SiO_2) = 100：5：5：25$。反应管外通过沸腾水产生水蒸气带走反应热。开始反应温度为 220～235 ℃,在操作周期末允许最高温度为 245 ℃。

自反应器出来的产物,先经分离器脱去石蜡烃,然后进入热交换器与原料气进行热交换,在其底部分出热凝液,再进入水间冷器被冷却分离出轻油和水。为了防止有机酸腐蚀设备,用碱中和冷凝油中酸性组分。在分离器中得到冷凝油和水溶性含氧物及碱液。

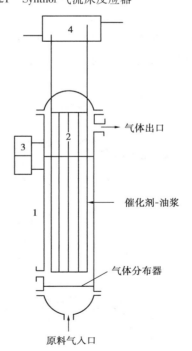

图 8.22　浆态床 F-T 合成反应器
1—泡沫塔式反应器;2—冷却管;
3—液面控制器;4—蒸汽收集器

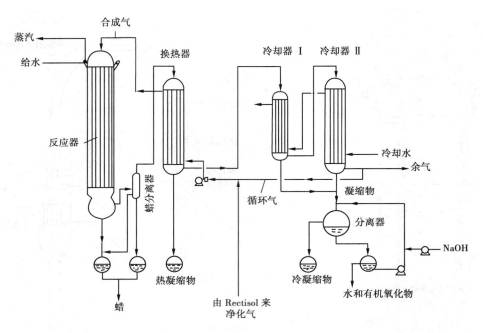

图8.23 Arge 固定床合成工艺流程

冷却器排出的尾气一部分作循环气,其余送油吸收塔回收 C₃ 和 C₄ 烃类。

(2)Synthol 气流床合成液体燃料的工艺流程

Synthol 气流床合成工艺流程见图8.24。新合成气与循环气以 1∶2.4 比例混合,当装置新开车时,需要开工炉点火加热反应气体。在转入正常操作后,通过与重油和循环油换热加热反应气体,使温度达到 160 ℃后,进入反应器的水平进气管,与沉降室下来的热催化剂混合,进入

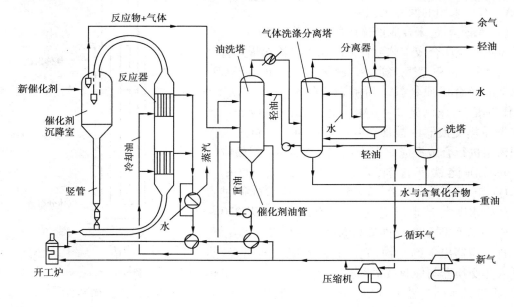

图8.24 Synthol 气流床合成工艺流程

提升管和在反应器内进行反应,温度迅速升到 320~330 ℃。部分反应热由循环冷却油移走,用于生产 1.2 MPa 的蒸汽。

反应后的气体和催化剂一起排出反应器,经催化剂沉降室中的旋风分离器分离,催化剂被收集在沉降漏斗中循环使用。气体进入冷凝回收系统,先经油洗涤塔除去重质油和夹带的催化剂,塔顶温度控制在 150 ℃。由塔顶出来的气体,经冷凝分离得含氧化合物的水相产物、轻油和尾气。尾气通过分离器脱除液雾,大部分经循环压缩机返回反应器。

F-T 法合成的液态产物通过蒸馏便可得到所需要的产品。

8.3.1.6　MFT 法合成液体燃料技术

由我国中科院山西煤化所研发的 $CO + H_2$ 两段法(MFT 法)合成液体燃料的工艺流程见图 8.25。

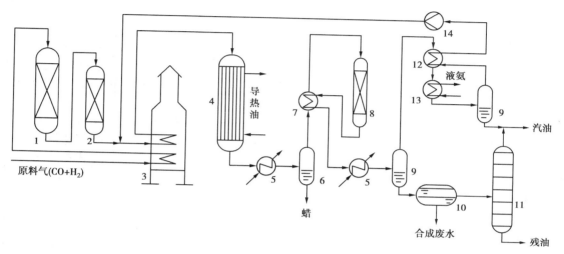

图 8.25　MFT 法合成液体燃料的工艺流程

1—ZnO 脱硫器;2—脱氧器;3—加热炉;4——段反应器;5—水冷器;6—分蜡罐;7——段换热器;
8—二段反应器;9—气液分离器;10—油水分离器;11—蒸馏塔;12—换热器;13—氨冷器;14—泵

水煤气经常压甲醇洗、水洗、压缩后,预热到 250 ℃,经 ZnO 脱硫和脱氧成为合格原料气,然后按体积比 1∶3 的比例与循环气混合。混合气进入加热炉对流段,预热至 240~270 ℃,压力为 2.5 MPa,在铁催化剂存在下主要发生 CO 和 H_2 合成烃类反应。由于生成的烃分子分布较宽(C_1~C_{40}),需要进行改质。故一段反应生成物进入一段换热器与 330 ℃的二段反应尾气换热至 295 ℃,再进入加热炉辐射段进一步加热至 350 ℃后,送入二段反应器,进行烃类改质反应,生成汽油。二段反应温度为 350 ℃,压力为 2.45 MPa。为了从气相产品中回收汽油和热量,二段反应产物首先进一段换热器,与一段产物换热降温至 280 ℃,再进循环气换热器,与循环气(25 ℃,2.5 MPa)换热至 110 ℃后,入水冷器冷却至 40 ℃。此时绝大多数烃类产品和水均被冷凝下来,经气液分离器分离,冷凝液进入油水分离器,分离的合成废水送水处理装置,粗汽油进入贮槽,然后送入蒸馏塔切割气液馏分。气液分离器的尾气仍含有少量汽油的馏分,故进入换热器与 5 ℃的冷尾气换热至 20 ℃,再入氨冷器冷却至 1 ℃,经气液分离器分离出汽油馏分,直接送精制工段汽油贮槽。分离后的冷尾气进换冷器与气液分离器的尾气换冷至 27 ℃。此尾气大部分(80%以上)循环,由循环压缩机增压进入循环气换热器,与 280 ℃的二段尾气换热至240℃,再与压缩后的原料气混合,重新进入反应系统。小部分作为加热炉的燃料气,其余作为城市煤气。

一段合成为强放热反应,为了严格控制反应温度,及时移走反应热,在一段列管式反应器的壳层用导热油强制对流换热。导热油自上部进入反应器壳程,由底部流出进热油泵入口。出泵的热油分两路,一路(约占总量2/3)经热油冷却器产生1.3 MPa的蒸汽,自身降温7~9℃后与另一路未经冷却的热油混合,作为冷却介质重新进入反应器壳程。不凝性气由导热油膨胀罐排出。在开工阶段,导热油的升温由开工炉完成。

另外,根据市场需要,也可从分蜡罐放出部分重质产物作生产精蜡的原料。

几种合成方法的结果对比见表8.7。

表8.7 几种合成方法的结果对比

项 目	合成方法			
	F-T 法		MFT 法	
	Arge	Synthol	1	2
催化剂	加碱助剂-Fe 催化剂 沉淀铁	加碱助剂-Fe 催化剂 熔铁	沉淀铁/ZSM-5	Fe 系催化剂/分子筛
温度/℃	220~255	320~340	230/300	250~270/310~320
压力/MPa	2.5~2.6	2.3~2.4	2.5/2.5	2.5/2.5
原料气 $n(H_2)/n(CO)$	1.7~2.5	2.4~2.8	2	1.3~1.5
循环比	1.5~2.5	2.0~3.0	1.6	2~4
CO 转化率/%	60~80	79~85	88.0	85.4
H_2 转化率/%			70.4	
产品产率(质量分数)/%		10.1		
甲烷	5.0	4.0	6.6	6.8
乙烯	0.2	6.0		
乙烷	2.4	12.0		
丙烯	2.0	2.0		
丙烷	2.8	8.0	18.4	16.9
丁烯	3.0	1.0		
丁烷	2.2	39.0		
汽油($C_5 \sim C_{12}$)	22.5	5.0	75.0	76.3
柴油($C_{13} \sim C_{18}$)	15.0	4.0	约0	约0
重油($C_{19} \sim C_{30}$)	23.0	2.0		
蜡(C_{31}^+)	18.0			
注	SASOL 厂生产数据	SASOL 厂生产数据		中科院山西煤炭化学研究所中试数据

8.3.1.7 F-T 合成液体燃料的影响因素

(1)反应温度

合成反应温度主要取决于所选用的催化剂。活性高的催化剂,合成的温度范围较低。如钴催化剂的合成最佳温度为170~210℃,铁系催化剂的最佳合成温度为220~340℃。在合适的温度范围内,提高反应温度,有利于低沸点产物的生成。因为反应温度高,中间产物的脱附增强,限制了链的生长反应。而降低反应温度有利于高沸点产物的生成。在生产过程中一般反应温度是随催化剂的老化而升高,产物中低分子烃随之增多,高分子烃减少。

反应速度和时空产率均随温度的增高而增加。但反应温度升高,副反应的速度也随之增加。因此,生产过程中必须严格控制反应温度。

(2)反应压力

反应压力不仅影响催化剂的活性和寿命,而且也影响产物的组成和产率。对铁系催化剂采用常压合成,其活性低,寿命短,一般要求在 $0.7 \sim 3.0$ MPa 压力下合成比较好。随着压力的增加,产物中重组分和含氧物增多,产物的平均相对分子质量也随之增加。

压力增加反应速度加快,特别是氢气分压的提高,有利于反应速度的加快。但压力太高,CO 可能与主催化剂金属铁生成易挥发的羰基铁[$Fe(CO)_5$],使催化剂的活性降低,寿命缩短。

(3)原料气组成

原料气中($CO + H_2$)体积分数的高低影响合成反应速度。一般($CO + H_2$)体积分数高,反应速度快,转化率增加,但反应放出热量多,易造成床层温度过高。所以,一般要求其体积分数为 80% $\sim$ 85%。

原料气中 $n(H_2)/n(CO)$ 比值的高低影响反应进行的方向。$n(H_2)/n(CO)$ 比值高,有利于饱和烃 CH_4 和低沸点产物的生成;比值低,有利于链烯烃、高沸点产物及含氧物的生成。$n(H_2)/n(CO)$ 比值小于 0.5 不能利用,因为这时 CO 易分解,生成的碳沉积在催化剂上,使催化剂失活。

原料气中 H_2 和 CO 起反应的比值 $n(H_2)/n(CO)$ 称为利用比或消耗比,此值变化在 $0.5 \sim 3$,通常低于原料气 $n(H_2)/n(CO)$ 的组成比,这说明参加反应的 CO 比 H_2 多。

提高原料气中 $n(H_2)/n(CO)$ 比值和反应压力,可提高 $n(H_2)/n(CO)$ 的利用比。排除反应气中的水汽,也能增加利用比和产物产率,因为水汽与 CO 反应($CO + H_2O \rightarrow H_2 + CO_2$),使 CO 的有效利用率降低。采用尾气循环,由于生成的水被稀释,大大地抑制了 CO_2 的生成,使 $n(H_2)/n(CO)$ 的利用比更接近原料气中 $n(H_2)/n(CO)$ 组成比,从而获得较高的产物产率。此外,由于尾气循环增加了通过床层的气速,使床层的传热系数增加,超温现象减少,生成产物被迅速带出,蜡在催化剂表面上的覆盖减轻,使转化率和液体产率提高,CH_4 生成量减少。目前铁系催化剂采用循环比为 $2 \sim 3$(循环气与新鲜原料气之体积比)。

(4)空速

对不同催化剂和不同的合成方法,都有最适宜的空速范围,如沉淀铁剂固定床合成为 $500 \sim 700$ h^{-1},熔铁剂气流床合成为 $700 \sim 1\ 200$ h^{-1},在适宜的空速下合成,油的收率高;空速增加,通常转化率降低,产物变轻,并有利于烯烃的生成。

8.3.2　煤的直接液化

8.3.2.1　煤直接液化技术发展简介

1913 年,德国 Berguis 首先研究了煤高温高压加氢技术,并从中获得了液体燃料,从而为煤的直接液化奠定了基础。1927 年,I. G. Farben 公司在德国 Leuna 建成了第一座 10×10^4 t/a

褐煤液化厂。1935 年，英国 I. C. I. 公司在 Bilingham 建成烟煤加氢液化厂。1936—1943 年，德国又有 11 套煤直接液化装置投产，到 1944 年，生产能力达到 4.23×10^6 t/a。第二次世界大战前后，法国、意大利、朝鲜和我国的东北也相继建设了煤或煤焦油加氢工厂。但后来特别是 20 世纪 50 年代，中东国家廉价石油的大量开采及石油炼制技术的迅速发展，使煤液化制油技术在经济上难与石油燃料竞争，因此德国等一些国家也相继关闭了煤加氢液化工厂。到目前为止，人们对煤液化技术的研究和工艺开发已有近一个世纪的发展历程。

在 1973 年世界发生石油危机时，美国、联邦德国、日本、英国和苏联等国家为解决能源短缺和对石油的依赖性问题，又重新开始重视煤液化制液体燃料的技术研究工作，开发了许多煤直接液化制油新工艺。主要有美国开发的溶剂精制煤工艺（SRC）、供氢溶剂工艺（EDS）、氢-煤工艺（H-Coal）、联邦德国开发的 IGOR 工艺、日本开发的 NEDOL 艺，以及后来美国开发的煤两段催化液化工艺（CSTL）和煤共处理工艺等新技术，并相应建有小型煤液化连续试验装置（BSU）、工艺开发装置（PDU）和中试厂（或示范厂），取得了大型工业生产需要的生产操作经验和相关生产数据。

美国的溶剂精制煤工艺又可分为 SRC-Ⅰ 和 SRC-Ⅱ 工艺，SCR-Ⅰ 工艺是以生产低灰低硫的溶剂精制煤固体燃料为主，SRC-Ⅱ 工艺是以生产全馏分低硫液体燃料为主。

美国 EDS 工艺制备的煤液化产品有用于生产合成气的 $C_1 \sim C_2$ 气体，用作优质原料或炼厂原料气的 $C_3 \sim C_4$ 气体、用作汽油添加原料的石脑油、用作电厂透平机燃料的中油以及重油。

美国 H-Coal 工艺生产的主要产品有经进一步加工处理后可用作汽油添加原料的石脑油和可作为电厂和工厂主要燃料的中油和重油。

日本 NEDOL 煤液化工艺的主要产品有轻油（沸点 < 220 ℃）、中质油（沸程 220 ~ 350 ℃）和重质油（沸程 350 ~ 538 ℃）。

德国 IGOR 煤液化工艺可得到杂原子含量极低的精制燃料油。

美国 HRI 催化两段液化（CTSL）工艺使煤液化工艺的技术性和经济性都有明显提高和改善。而煤共处理工艺可以充分发挥液化原料间在反应时产生的协同作用，提高液化原料的转化率和液化油产率。

我国从 20 世纪 70 年代末开始煤炭直接液化技术研究。煤炭科学研究总院北京煤化所对 27 个煤种在 0.1 t/d 装置上进行了 53 次运转试验，开发了高活性的煤液化催化剂，进行了煤液化油的提质加工研究，完成了将煤的液化粗油加工成合格的汽油、柴油和航空煤油的试验。"九五"期间分别同德国、日本、美国有关部门和公司合作完成了神华、黑龙江依兰、云南先锋建设煤直接液化厂的预可行性研究。

本节主要介绍日本的 NEDOL 煤液化工艺、德国 IGOR 煤液化工艺、美国 HRI 催化两段液化（CTSL）工艺和煤共处理工艺。

8.3.2.2 煤加氢液化中的主要反应

现已证明，煤的加氢液化与热解有直接关系。在煤的开始热解温度以下一般不发生明显的加氢液化反应，而在煤热解的固化温度以上加氢时，结焦反应大大加剧。在煤的加氢液化中，不是氢分子攻击煤分子而使其裂解，而是煤先发生热解反应，生成自由基"碎片"，后者在有氢供应的条件下与氢结合而得以稳定，否则就要缩聚为高分子不溶物。所以，在煤的初级液化阶段，热解和供氢是两个十分重要的反应。

煤在隔绝空气的条件下加热到一定温度，就会发生一系列复杂反应，析出煤气、热解水和焦油等产物,剩下煤焦。由于煤中的桥键和交联键有不同类型,如—CH$_2$—CH$_2$—、—CH$_2$— O—、—CH$_2$—、—O—和 C$_{芳}$—C$_{芳}$等,其稳定性也各不相同。这样,煤的热解必然有一个较大 的温度范围。当煤达到开始热解的温度时,只有最弱的键裂解;随着温度的升高,较稳定的键 相继断开,所以热解速度随温度升高而明显加快。对褐煤和烟煤讲,焦油和煤气析出速度最快 或胶质体生成量最大的温度范围大致在 400 ~ 450 ℃,这与煤加氢液化的适宜温度区间基本一 致,因为热解恰好是加氢的先决条件。

自由基"碎片"是不稳定的。它如能与氢结合就能变得稳定,成为分子量比原来的煤要低 得多的初级加氢产物。不能与氢结合时,自由基"碎片"则以彼此结合的方式实现稳定,分子 量增加,变为煤焦或类似的重质产物。上述情况可用下面的化学方程式示意表示:

$$R—CH_2—CH_2—R' \xrightarrow{\triangle} RCH_2 \cdot + R'CH_2 \cdot$$
$$RCH_2 \cdot + R'CH_2 \cdot + 2H \longrightarrow RCH_3 + R'CH_3$$

氢的来源有以下几个方面:①溶解于溶剂油中的氢在催化剂作用下变为活性氢;②溶剂油 可供给的或传递的氢;③煤本身可供应的氢;④化学反应生成的氢,如 CO + H$_2$O $\longrightarrow$ CO$_2$ + H$_2$。它们之间的相对比例随液化条件的不同而不同。

采取以下措施对供氢有利:①使用有供氢性能的溶剂;②提高系统氢气压力;③提高催化 剂性能;④保持一定的 H$_2$S 浓度等。当液化反应温度提高,裂解反应加剧时,需要有相应的供 氢速度相配合,否则就有结焦的危险。

从煤的元素组成可知,煤的有机质中除碳和氢以外,还含有一定量的氧、氮和硫。年轻褐 煤的氧含量在 20% 以上,中等挥发分烟煤只有 5% ,无烟煤则更少。各种煤的氮含量波动不 大,一般在 1% ~ 2% 。硫含量与煤化程度无直接关系而与成因有关,一般含硫 1% 左右,高硫 煤含硫≥2% ,甚至可达 5% 以上。煤中含有的上述杂原子在煤液化过程中逐步生成 CO$_2$、CO、 H$_2$O、H$_2$S 和 NH$_3$ 等。

煤中氧的存在形式有:①含氧官能团—COOH、—OH、—CO 和醌基等;②醚键和杂环。羧 基最不稳定,加热到 200 ℃ 以上即发生明显的脱羧反应,析出 CO$_2$。酚羟基在比较缓和的加氢 条件下相当稳定,故一般不会破坏。只有在高活性催化剂作用下才能脱除。羧基和醌基在加 氢裂解中,既可生成 CO,也可生成 H$_2$O。醚键有脂肪醚键和芳香醚键两种,前者易破坏,后者 相当稳定。杂环氧和芳香醚键差不多,也不易脱除。

脱硫反应与上述脱氧反应相似。由于硫的负电性弱,所以脱硫反应更容易进行。硫醚键 和巯键(—SH)很容易脱除,以杂环形式存在的硫在加氢条件下亦不难破坏。

煤中的氮大多存在于杂环中,少数为胺基。与脱硫和脱氧相比,脱氮要困难得多。在轻度 加氢中,氮含量几乎未减少。

热解生成的自由基"碎片",如果没有机会与氢反应,它们就会彼此结合,这样就达不到降 低分子量的目的。

8.3.2.3　美国 HRI 催化两段液化工艺

催化两段液化(CTSL)工艺是 1982 年由美国碳氢研究公司 HRI 开发的煤液化工艺。该工 艺的煤液化油收率高达 77.9% ,成本比一段煤液化工艺降低 17% ,使煤液化工艺的技术性和 经济性都有明显提高和改善。

CTSL 工艺的第一段和第二段都装有高活性的加氢和加氢裂解催化剂,两段反应器既分开又紧密相连,可以单独控制各自的反应条件,使煤液化处于最佳的操作状态。CTSL 工艺使用的催化剂主要有 Ni-Mo/Al$_2$O$_3$ 或 Co-Mo/Al$_2$O$_3$ 等工业加氢及加氢裂解催化剂。

1)CTSL 液化工艺流程

1992 年,HRI 公司建成了 22.68 kg/h 的催化两段液化工艺的小型试验装置,随后又建成 3 t/d 的工艺开发装置。CTSL 液化工艺流程见图 8.26。

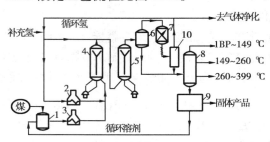

图 8.26　HRI 催化两段液化工艺流程

1—煤浆混合罐;2—氢气预热器;3—煤浆预热器;
4—第一段液化反应器;5—第二段液化反应器;6—高温分离器;
7—气体净化装置;8—常压蒸馏塔;9—残渣分离装置;10—低温分离器

CTSL 液化工艺流程主要包括煤浆制备、一段和二段煤液化反应、液化产物分离和液化油蒸馏等工艺过程。

原料煤粉与循环溶剂在煤浆混合罐中进行混合制成原料煤浆,煤浆经预热后再与氢气混合并泵入一段流化床液化反应器中。反应器操作温度为 399 ℃,该液化温度低于氢-煤工艺的液化反应温度(443～452 ℃)。由于第一段液化反应器的操作温度相对较低,使煤在较温和的条件下发生热溶解反应,这一过程也有利于反应器内循环溶剂的进一步加氢。第一段液化反应器适宜操作条件的确定,对煤的溶解速率、溶剂的加氢速率与自由基的稳定速率相互间的适应性具有重要影响,也对第二段液化油产率的提高具有较大的促进作用。第一段液化后得到的产物被直接送到温度为 435～441 ℃的第二段流化床液化反应器中。由于一段液化产生的沥青烯和前沥青烯等重质产物在二段液化时将继续发生加氢反应,使重质产物向低相对分子质量的液化油转化。该过程还可以部分脱除产物中的杂原子,使液化油的质量提高。从第二段液化反应器排出的产物首先用氢淬冷,以抑制液化产物在分离过程中的结焦,淬冷过程将产物分离成气相和液相产物。气相产物经进一步冷凝并回收氢气及净化后又返回到氢气预热器和液化反应器中。液相产物经常压蒸馏工艺过程可制备出高质量的馏分油(C$_4$～399 ℃)。在常压塔底排出的液化残渣可直接送入残渣分离装置,从中回收高沸点的重质油作为循环溶剂,并返回煤浆混合罐中继续使用。残渣分离装置排出的固体残渣为未转化的煤和灰分。

在 CTSL 工艺中,一段和二段液化的结合促进了一段液化产物的进一步加氢和残渣的裂解反应,从而可提高液化油收率。特别是控制好 CTSL 艺中第二段反应器操作条件,对最终液化产物的选择性和质量的调节都具有重要作用。

2)影响 CTSL 液化工艺的因素

(1)煤液化催化剂

在 CTSL 液化工艺中,煤一段和两段液化反应器内分别装填有高活性加氢和加氢裂解催化剂,主要是 Ni-Mo 或 Co-Mo 催化剂。实验证明,催化剂的活性、失活速率和在流化床反应器中具有的物理和物理化学性质对煤液化油收率和液化产品质量都有重要的影响。

　　HRI 公司最初使用直径为 1.59 mm 的 Co-Mo 催化剂（商品名为 Amocat 1A）。该催化剂经在流化床反应器中的试验结果表明,当床层呈悬浮状态时,反应物煤浆形成的密度和粘度范围较宽,这对控制好催化剂床层的操作状态提供了有利条件。对一段和二段液化反应使用的催化剂最好能够一致,以利于工业化操作。特别是 Ni-Mo 催化剂,因其催化活性较高,使第二段煤液化在较缓和的条件下仍然可以得到较高产率和质量的液化油产品。表 8.8 列出了某煤使用几种 Ni-Mo 催化剂时的 CTSL 工艺试验结果。

表 8.8　催化剂对煤液化产物产率的影响

项　目	煤液化用催化剂		
	Amocat 1C	UOP RM-4	Shell S-317
催化剂直径/mm	1.59	1.27	0.79
质量产率(daf)/%			
$C_1 \sim C_3$	6.1	5.9	5.8
$C_4 \sim 199$ ℃	19.2	17.3	17.0
199 ~ 343 ℃	33.7	32.1	31.4
343 ~ 524 ℃	16.7	20.5	20.4
>524 ℃	9.0	8.8	9.4
$C_4 \sim 524$ ℃	69.5	70.0	68.8
<524 ℃转化率	85.4	84.9	84.4
煤转化率(质量分数)/%	94.4	93.7	93.7
H 耗(质量分数)/%	6.9	7.0	7.0

注:第一段液化温度 399 ℃;第二段液化温度 427 ℃;氢压 17.24 MPa;溶煤比（质量比)1.6∶1。

　　尽管上述煤液化过程温度较低,但 $C_4 \sim 524$ ℃油馏分的产率仍然较高,质量产率约 70%。而 $C_1 \sim C_3$ 气体产率较低质量产率仅为 6% 左右。该两段煤液化工艺的 H_2 耗较低,只有 7%（daf）。

　　大量的试验工作表明,不同种类催化剂对煤液化转化率有较大的影响。1991 年,HTI 公司试验了分散性铁氧化物和钼酸盐催化剂对煤液化性能的影响。以 Illinois 6 号煤为例,比较了初浸法制备的煤担载型铁氧化物催化剂和直接向煤浆中加入分散性四硫代钼酸氨（ATTM）催化剂的液化效果。结果表明:在同样条件下,煤担载质量为 2.8×10^{-3} 的铁氧化物催化剂与直接加入 ATTM 1.58×10^{-3} 时的煤液化结果相同,煤转化率分别为 94.6% 和 94.5%。小于 524 ℃ 的液化油质量产率分别为 90.4% 和 89.5%。可见,钼系催化剂的催化性能远高于铁系催化剂。

　　如将分散性铁和铝金属化合物一起混合进行煤液化试验,煤转化率比单独用其中任何一种催化剂的转化率都高。以 Black Thunder 矿次烟煤液化为例,采用初浸法将煤担载 6.1×10^{-3} 的铁基催化剂与同时向反应体系中加入 0.03% 钼酸氨溶液一并制成煤浆混合液,按常规的两段液化模式操作,最终可使煤液化质量转化率约提高到 94%,液化油质量产率约达到 64.5%。

（2）原料煤

煤灰分对煤液化率有一定影响。在 CTSL 液化工艺中,如果适当降低煤料灰分,可以提高煤的转化率。以 Illinois 6 号煤为例,采用常规洗煤方法煤灰分质量分数可降到 10.3% 。用重介质洗煤方法,煤灰分质量分数可降到 5.5% ,且煤活性组分的体积分数由常规洗煤法的 88.2% 增加到 91.5% ,惰性组分体积分数由 11.8% 下降到 8.5% 。煤经液化试验后,重介质洗煤方法得到的煤原料质量转化率提高 2% 。如采用静电沉积技术来脱灰,煤灰分可降到质量分数为 4.9% ,煤液化后的质量转化率增加 3% 。

煤经脱灰后再用于液化反应不仅可以减少液化后的残渣量,还可以降低分离固体残渣的生产操作成本,但煤脱灰过程也相应增加液化用煤的制备成本。因此,煤料是否脱灰应根据生产实际情况进行综合考虑。

（3）煤液化温度

在 CTSL 液化工艺中,反应器温度的确定对煤液化转化率和液化产物分布有着重要影响。一般来说,第一段反应器温度低于第二段反应器温度。提高第一段液化温度,有利于增加一段产物中沥青烯的含量和液化产品芳香度。HTI 公司对此进行的试验表明,当第一段反应器温度低于 371 ℃时,煤的转化率较低。当温度增加到 413 ℃时,煤转化率提高;但液化产品产率较低,氢利用率也降低。当第二段反应器温度低于 441 ℃时,煤转化率随温度提高而增加,但氢利用率变化很小。当第二段反应器温度高于 441 ℃时,气体产率增加,氢利用率减小。以 Black Thunder 矿的次烟煤液化为例,当改变一段和二段液化温度时,CTSL 液化工艺在不同液化温度下的试验结果如表 8.9 所示。

表 8.9　不同液化温度条件下 Black Thunder 次烟煤的液化结果

项　目 ＼ 试验号	1	2	3	4	5	6
试验条件:						
反应器空速/(kg·h^{-1}·m^{-3})	704.8	704.8	704.8	704.8	704.8	1 073.2
溶剂与煤质量比:						
滤液	1.01	0.71	0.71	0.71	0.71	0.71
顶部分离器残渣	0.00	0.38	0.38	0.38	0.38	0.38
反应器温度:/℃						
第一段反应器	399	399	424	436	399	399
第二段反应器	427	441	424	408	441	441
液化产物产率/%						
C$_4$ ~ 524 ℃	63.8	67.9	64.8	62.3	63.6	59.8
<524 ℃	84.6	88.6	87.5	89.1	87.4	82.7
煤质量转化率/%	87.2	91.4	91.4	92.3	91.8	87.3
脱硫率/%	70.0	71.0	71.0	72.0	71.0	69.0
脱氮率/%	72.0	75.0	75.0	80.0	76.0	65.0
氢耗(质量分数)/%	8.0	8.2	8.2	8.5	8.0	7.1

（4）溶煤比

溶煤比是煤液化操作的重要参数。该值大小对煤浆的输送、煤的热溶解反应和活性氢的传递等方面都具有重要影响。溶煤比参数的选择也是确定单元反应设备尺寸大小的重要参考依据。低溶煤比操作，可以提高反应器有效容积利用率，并可通过液化过程中形成的液化产物而改善液化反应动力学效果。

在循环溶剂中最好不含固体物质。通过小型连续试验装置进行溶煤比为 1 的煤液化结果表明，只要使用的循环供氢溶剂及在第一段催化加氢反应器内得到的液化产物粘度低，进行低溶煤比的液化操作是可行的。

（5）反应器煤浆循环量的调节

反应器的流化状态可以通过反应器底部的外循环泵来调节。增加反应器内煤浆液体流速，可以强化反应器内液相流体的循环状态，强化反应器内气、液和固三相物质间的传热和传质，也有利于提高反应器内温度的均匀性。反应器内煤浆在流速较高时，液体内的颗粒不会沉降，从而可避免反应器底部出现结焦等问题。

3）CTSL 液化工艺的特点

CTSL 煤液化工艺与直接耦合两段液化工艺相比有较大的不同。CTSL 液化工艺和直接耦合两段液化工艺的特点如表 8.10 所示。

表 8.10　DC-TSL 工艺和 CTSL 工艺的比较

项　目	DC-TSL	CTSL	项　目	DC-TSL	CTSL
液化反应分段	两段	两段	第二段	特好	好
第一段类型	热溶解	催化转化	溶剂质量		
第一段温度	高	低	初　始	特好	特好
第二段类型	催化转化	催化转化	最　终	差	特好
第二段温度	低	高	煤液化产物的稳定性		
反应器相对体积	2.0	2.0	馏分油产率	好	
煤转化速度			残渣转化率	好	
第一段	快	慢	液体产品的选择性	极好	极好
第二段		快	产品质量	好	极好
溶剂催化再生			催化剂失活	低	中等
第一段	差	特好			

自美国 HRI 并入 HTI 公司后，HTI 公司在原有 H-Coal 工艺和 CTSL 工艺基础上开发了 HTI 煤液化新工艺。该工艺吸取了 CTSL 工艺的优点，一是采用多年来开发的流化床反应器，并实现反应器内物料的全返混；二是增加了液化油提质加氢反应器，以提高柴油产品的质量；三是使用高分散性铁基胶状高活性专利催化剂，使催化剂的加入量大大减少。同时，在第一段反应器后增加了脱灰工艺，可除去未反应的残煤和矿物质，从而有利于第二段用高活性催化剂进行液化反应。另外，HTI 公司还采用临界溶剂脱灰（CSD）装置来处理重质油馏分，主要目的是为多回收重质油产品。因此 HTI 新工艺的煤液化经济性明显提高。

8.3.2.4　日本 NEDOL 煤液化工艺

20 世纪 80 年代初，日本新能源产业技术综合开发机构（NEDOL）开发出 NEDOL 烟煤液化新工艺,建成了 1 t/d 的小型连续试验装置。在此基础上,于 1996 年在鹿岛建成 150 t/d 的 NEDOL 煤液化中间试验厂,液体燃料产量约为 550 bl/d。至 1998 年,中试厂已运转 5 次,探索了不同煤种和不同液化条件下煤的液化反应性能,并完成两种印尼煤和一种日本煤的试验研究,取得了工艺过程放大的试验数据。

1)NEDOL 煤液化工艺流程

NEDOL 煤液化工艺是一段煤液化反应过程。该工艺的特点是将制备煤浆用的循环溶剂进行预加氢处理,以提高溶剂的供氢能力,同时可使煤液化反应在较缓和的条件下进行。生产的主要产品有轻油(沸点 <220 ℃)、中质油(沸程 220 ~350 ℃)、重质油(沸程 350 ~538 ℃)。其中重油馏分经加氢后可作为循环供氢溶剂使用。150 t/d 的 NEDOL 煤液化中试装置工艺流程如图 8.27 所示。

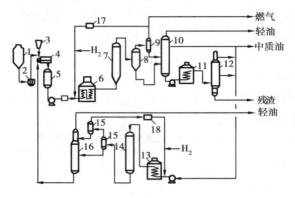

图 8.27　NEDOL 煤液化工艺流程

1—原料煤贮槽;2—粉碎机;3—催化剂贮槽;4—煤浆混合器;
5—煤浆贮槽;6—煤浆预热器;7—液化反应器;8—高温分离器;
9—低温分离器;10—常压蒸馏塔;11—常压塔底重油预热器;
12—真空闪蒸塔;13—循环油预热器;14—固定床加氢反应器;
15—分离器;16—汽提塔;17,18—循环氢气压缩机

NEDOL 煤液化工艺过程主要包括煤浆制备、液化反应、液化产物分离和循环溶剂加氢工艺过程。

原料煤从受煤槽经提升机输送到原料煤斗后,送到粉碎机中粉碎至平均粒径 50 μm。然后将粉煤输送到煤浆混合器中,在此与溶剂加氢工艺过程送来的循环溶剂及高活性铁基催化剂一起混合并送入煤浆贮槽。煤浆质量分数为 45% ~50%,铁基催化剂加入 3%。

从原料煤浆制备工艺过程送来的含铁催化剂煤浆,经高压原料泵加压后,与氢气压缩机送来的富氢循环气体一起进入煤浆直接预热器内加热到 387 ~417 ℃,并连续送入 3 个串联的高温液化反应器内。原料煤浆在反应器内的温度为 450 ~460 ℃,反应压力为 16.8 ~18.8 MPa 的条件下进行液化反应,煤浆在反应器内的停留为 1 h。

反应后的液化产物送往高温分离器中进行气、液分离,高温分离器出来的含烃气体经过冷却器冷却后再进入低温分离器。将得到的分离液进行油、气分离。低温分离液和高温分离器排放阀降压后排出的高温分离液一起送往常压蒸馏塔,从中生产出轻油(沸点 <220 ℃)和常压塔底残油。

从常压塔底得到的塔底残油经加热后,送入真空闪蒸塔处理。在此被分成重质油(沸程

350～538 ℃)和中质油(沸程 220～350 ℃)及液化残渣(沸点 >538 ℃)。重质油和部分中质油被送入加氢工段以制备加氢循环溶剂油。残渣主要含未反应的煤、矿物质和催化剂,可送往制氢工艺气化制氢。

为提高煤溶剂的供氢性能和液化反应效率,NEDOL 工艺用液化反应过程得到的重质油和用于调节循环溶剂量的部分中质油作为加氢循环溶剂。加氢反应器的操作温度为 290～330 ℃,反应压力为 10.0 MPa,空速为 1.0 h^{-1}。从加氢反应器出来的富氢循环溶剂经分离器和汽提塔处理后进入原料煤浆制备过程,在此与煤料和加入的催化剂一起输送到煤浆混合器中。

循环溶剂加氢反应是在固定床反应器内进行的。反应器为圆筒形结构,内径 1.150 m,高16.995 m。加氢催化剂主要组分的质量含量为 NiO 3.0%,MoO_3 15.0%。载体为 γ-Al_2O_3。催化剂直径 1.5 mm,长 3.0 mm。催化剂填充密度为 0.7 g/cm^3。反应器内有 6 层 Ni-Mo/γ-Al_2O_3 构成的催化剂床层。加氢催化剂在使用前,需在氢气氛中进行预硫化,处理温度为 250 ℃,压力为 10.0 MPa,空速为 1.0 h^{-1}。在预硫化时,可用煤焦油中分出的蒽油和杂酚油作流动相,并添加质量分数为 1% 的二甲二硫醚化合物作为硫化添加剂。

2)NEDOL 工艺的特点

①液化反应条件比较温和,操作压力较低,为 17～19 MPa,反应温度为 455～465 ℃。煤液体产品收率较高,特别是轻质和中质油的比例较高;

②煤液化反应器等主要操作装置的稳定性高,性能可靠;

③NEDOL 工艺可适用从次烟煤到烟煤间的多个煤种的液化反应要求;

④使用价格低廉的天然黄铁矿等铁基催化剂用于煤液化反应过程,可降低煤液化成本;

⑤液化反应后的固-液混合物用真空闪蒸方法进行分离,简化了工艺过程,易于放大生产规模;

⑥煤液化工艺使用的循环溶剂进行单独加氢处理,可提高循环溶剂的供氢能力。

8.3.2.5　德国 IGOR 煤液化工艺

20 世纪 90 年代德国环保与原材料回收公司与德国矿冶技术检测有限公司(DMT)联合开发了煤加氢液化与加氢精制一体化联合工艺 IGOR(Integrated Gross Oil Refining)。原料煤经该工艺过程液化后,可直接得到加氢裂解及催化重整工艺处理的合格原料油,从而改变了以往煤加氢液化制备的合成原油还需再单独进行加氢精制工艺处理的传统煤液化模式。

(1)德国 IGOR 煤液化工艺流程

在 IGOR 工艺过程的研究和开发中,先后建有 0.2 t/d 和 200 t/d 中试装置。原料煤主要采用德国鲁尔地区的高挥发分烟煤。煤液化过程使用的催化剂为炼铝工业的废弃物赤泥。固定床加氢精制工艺过程使用的催化剂为工业加氢催化剂,主要组成为 Ni-Mo/Al_2O_3。德国 IGOR 工艺流程见图 8.28。

IGOR 工艺主要包括煤浆制备、液化反应、两段催化加氢、液化产物分离和常减压蒸馏工艺过程。

原料煤经粉碎并干燥处理后,与循环溶剂和赤泥催化剂一起送入煤浆混合罐中,保持煤浆中固体物质量分数大于 50%。用泵将其送入煤浆预热器并与反应系统返回的循环氢和补充的新鲜氢气一起泵入液化反应器中。反应器操作温度为 470 ℃,反应压力为 30 MPa,反应器空速 0.5 t/(m^3·h)。煤经高温液化后,反应器顶部排出的液化产物进入到高温分离器中,将

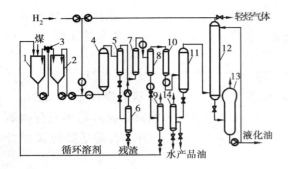

图 8.28　德国 IGOR 煤液化工艺流程

1—煤浆混合罐;2—煤浆储槽;3—煤浆泵;
4—液化反应器;5—高温分离器;6—真空闪蒸塔;
7—第一固定床加氢反应器;8—中温分离器;
9—储油罐 I;10—第二固定床加氢反应器;
11—汽液分离器;12—洗气塔;
13—储油罐 Ⅱ;14—油水分离器

轻质油气、难挥发有机液体及未转化的煤等产物分离。其中重质产物经高温分离器下部减压阀排出并送入真空闪蒸塔,在塔底分出残渣和闪蒸油。残渣直接送往气化制氢工艺生产氢气,真空闪蒸塔顶的闪蒸油与从高温分离器分出的气相产物一并送入第一固定床加氢反应器。

加氢反应器操作温度为 350 ~ 420 ℃。加氢后的产物送入中温分离器,在分离器底部排出重质油,经储油罐收集后,将其返回到煤浆混合罐中循环使用。从中温分离器顶部出来的馏分油气送入第二固定床反应器再进行一次加氢处理,由此得到的加氢产物送往汽液分离器。从中分离出的轻质油气被送入气体洗涤塔回收轻质油,并储存在储油罐中。洗涤塔顶排出的富氢气体产物经循环压缩机压缩后返回工艺系统循环使用。为保持循环气体中氢气的浓度达到工艺要求,还需补充一定量的新鲜氢气。由汽液分离器底部排出的馏分油送入油水分离器,分离出水后的产品油可以进一步精制。

我国云南先锋褐煤在德国 200 kg/d 的工艺开发装置上进行了液化性能研究。结果表明,在煤浆质量分数为 50%,液化温度为 455 ℃,反应压力为 30 MPa,反应器空速为 0.6 t/(m³·h) 的液化条件下,液化油质量产率为 53%,其产品中柴油占液化油的质量分数为 55%,汽油的质量分数为 45%。液化油中氮和硫原子的质量浓度分别为 2 mg/kg 和 17 mg/kg,柴油馏分的十六烷值可达 48.8。

德国 IGOR 煤液化工艺与传统煤液化工艺有较大的区别,因此 IGOR 工艺生产的精制合成原油与传统煤液化工艺得到的合成原油性质完全不同,其油品是无色透明状物质。通常煤液化生产的合成原油含有大量的多核芳烃,其中 O,N 及 S 等杂环化合物及酚类化合物对人体健康及生产操作环境都有较大的危害,而 IGOR 工艺将煤液化及液化油加氢精制和油品的饱和处理等工艺过程集成为一体。所得的液化油没有一般煤制液化油的臭味,不生成沉淀,也不变色,消除了对人体有害的毒性物质。该工艺精制合成原油产品中的杂原子含量仅为 10^{-5} 数量级。

（2）德国 IGOR 工艺的特点

IGOR 煤液化工艺具有以下特点:

①煤液化反应和液化油的提质加工被设计在同一高压反应系统内,因而可得到杂原子含量极低的精制燃料油。该工艺缩短了煤液化制合成油工艺过程,使生产过程中循环油量、气态烃生成量及废水处理量减少。

②煤液化反应器的空速达到 0.5 t/(m³·h),比其他煤液化工艺的反应器空速 [0.24 ~ 0.36 t/(m³·h)] 高。对同样容积的反应器,可提高生产能力 50% ~ 100%。

③制备煤浆用的循环溶剂是本工艺生产的加氢循环油,因而溶剂具有较高的供氢性能,有利于提高煤液化率和液化油产率。

④IGOR 工艺设置有两段固定床加氢装置,使制备的成品煤液化油中稠环芳烃、芳香氨和酚类物质的含量极少,成品油质量高。

8.3.2.6 俄罗斯 FFI 工艺

苏联在 20 世纪 70—80 年代对煤炭直接液化技术进行了十分广泛的研究,主要研究工作针对俄罗斯的坎斯克-阿钦斯克、库兹涅茨(西伯利亚)褐煤,开发出了低压(6～10 MPa)煤直接液化工艺,1987 年在图拉州建成了日处理煤炭 5～10 t 的"CT-5"中试装置,试验工作进行了7 年并取得了相应的成果。

俄罗斯 FFI 工艺流程:

俄罗斯低压液化工艺采用高活性的乳化态钼催化剂,并掌握了 Mo 的回收技术,可使95%～97% 的 Mo 得以回收再使用。该工艺对煤种的要求较高,最适合于灰分低于 10%,惰性组分含量低于 5%,反射率在 0.4%～0.75% 的年轻高活性未氰化煤,而且对煤中灰的化学成分也有较高的要求。俄罗斯 FFI 工艺之所以能在较低压力(6～10 MPa)和较低温度(425 ～435 ℃)下实现煤的有效液化,主要取决于煤的品质和催化剂。俄罗斯 FFI 工艺(CT-5)流程图见图 8.29。

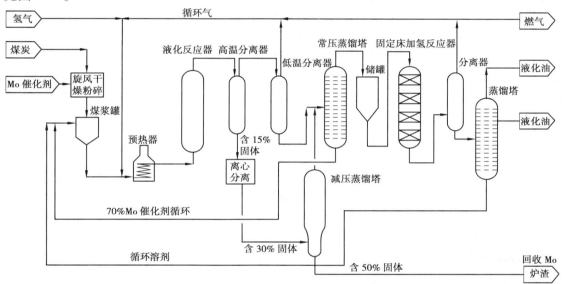

图 8.29 俄罗斯低压液化工艺(CT-5)流程图

原料煤粗破至小于 3 mm 后进入涡流舱,在涡流舱内煤被惰性气体快速加热(加热速度在1 000 ℃/min 以上),发生爆炸式的水分分离、气孔爆裂,经过多级涡流舱热裂解脱除水分后进入细磨机,最后得到尺寸小于 0.1～0.2 mm、水分小于 1.5%～2.0% 的粉煤。

粉煤与来自工艺过程产生的两股溶剂、乳化 Mo 催化剂(Mo 的添加量为干煤的 0.1%)混合后一起制成煤浆。煤浆与氢气混合后进入煤浆预热器,加热后的煤浆和氢气进入液化反应器进行液化反应。出反应器的物料进入高温分离器,高温分离器的底部物料(含固体约 15%)通过离心分离回收部分循环溶剂,由于 Mo 催化剂是乳化状态的,因此在此股溶剂中约 70% 的Mo 被回收。Mo 催化剂回收焚烧炉的燃烧温度为 1 600～1 650 ℃,在此温度下液化残渣中的Mo 被氧化成 MoO_3,与燃烧烟气一起排出焚烧炉,用氨水洗涤溶解烟气飞灰中的 MoO_3,工艺全过程 Mo 的回收率为 95%～97%。

高温分离器顶部气相进入低温分离器。低温分离器上部的富氢气作为循环氢使用,底部液相与离心分离出的溶剂一起进入常压蒸馏塔。在常压蒸馏塔切割出轻中质馏分油,常压蒸馏塔塔底油含 70% Mo 催化剂作为循环溶剂的一部分去制备煤浆。常压蒸馏塔塔顶轻中质油馏分与减压蒸馏塔塔顶油一起,进入半离线的固定床加氢反应器(气相与液化反应体系相连),加氢后的产物经常压蒸馏后分割成汽油馏分、柴油馏分和塔底油馏分。塔底油馏分由于经过加氢,供氢性增加,作为循环溶剂的另一部分去制备煤浆。

俄罗斯 FFI 工艺特点:

①采用了高效的钼催化剂,并掌握了 Mo 的回收技术;

②采用了瞬间涡流仓煤干燥技术,在干燥煤的同时将煤的比表面积和孔容积增加了数倍;

③反应压力低(6～10 MPa),与德国 30 MPa 下液化设备的投资、建设及安装费用相比,可降低 4 倍,同时制氢费用也降低较多。

8.3.2.7　中国神华煤炭直接液化工艺

2003 年神华集团在借鉴国内外已有经验的基础上,联合国内煤炭科学研究总院,开发神华煤直接液化工艺和煤直接液化新型高效催化剂,并获得了发明专利,建立了 100 kg/d 的神华煤直接液化工艺小型试验装置(BSU),累计完成了 5 000 h 不同催化剂、不同操作条件的运转试验。2004 年神华集团在上海建成了处理煤量为 6 t/d 煤直接液化工艺开发装置(PDU),且已经通过了长周期的运转试验。2008 年世界上首套 6 000 t/d 的神华煤直接液化工业示范装置(DP)建成,并于年底投入第一次工业运行。自 2008 年底打通全流程以来,时至 2010 年 9 月中旬,累计运行 5 000 h 以上。连续运行已突破 2 900 h,平均负荷 75% 以上。其主要产品有液化气、石脑油和柴油。这标志着中国成为世界上唯一掌握百万吨级煤直接液化关键技术的国家。

其主要工艺特点有:

①采用超细水合氧化铁(FeOOH)作为液化催化剂,由于液化催化剂活性高、添加量少,煤液化转化率高,残渣中由于催化剂带出的液化油少,故而提高了蒸馏油收率;

②采用两段反应,反应温度 455 ℃,反应压力 19 MPa;

③油煤浆制备工艺采用循环供氢溶剂和煤先预混捏和一级循环搅拌的工艺;

④煤液化反应部分采用二级串联全返混悬浮床的反应器技术;

⑤反应产物的固液分离采用减压蒸馏;

⑥所有循环供氢溶剂和液化油产品加氢采用强制循环沸腾床反应器,催化剂可每日在线置换更新,加氢后的供氢性溶剂供氢性能好,产品性质稳定。

神华煤直接液化工艺流程图见图 8.30。

神华煤直接液化工艺与目前国外现有工艺相比在以下几个方面具有明显的先进性:

(1)单系列处理量大　神华煤直接液化工艺由于采用高效煤液化催化剂、全部供氢性循环溶剂以及强制循环的悬浮床反应器,单系列处理液体煤量为 6 000 t/d 干煤。而国外采用鼓泡床反应器的煤直接液化工艺,单系列最大处理液化煤量为 2 500～3 000 t/d 干煤。

(2)油收率高　神华煤直接液化工艺由于采用高活性的液化催化剂,添加量少,蒸馏油收率高于相同条件下的国外煤直接液化工艺。

(3)稳定性好　神华煤直接液化工艺采用经过加氢的供氢性循环溶剂,溶剂性质稳定,煤浆性质好,工艺的稳定性好,同时神华煤直接液化工艺采用 T-Star 工艺进行循环溶剂加氢,使得神华煤直接液化工艺的整体稳定性要大大优于国外煤直接液化工艺。

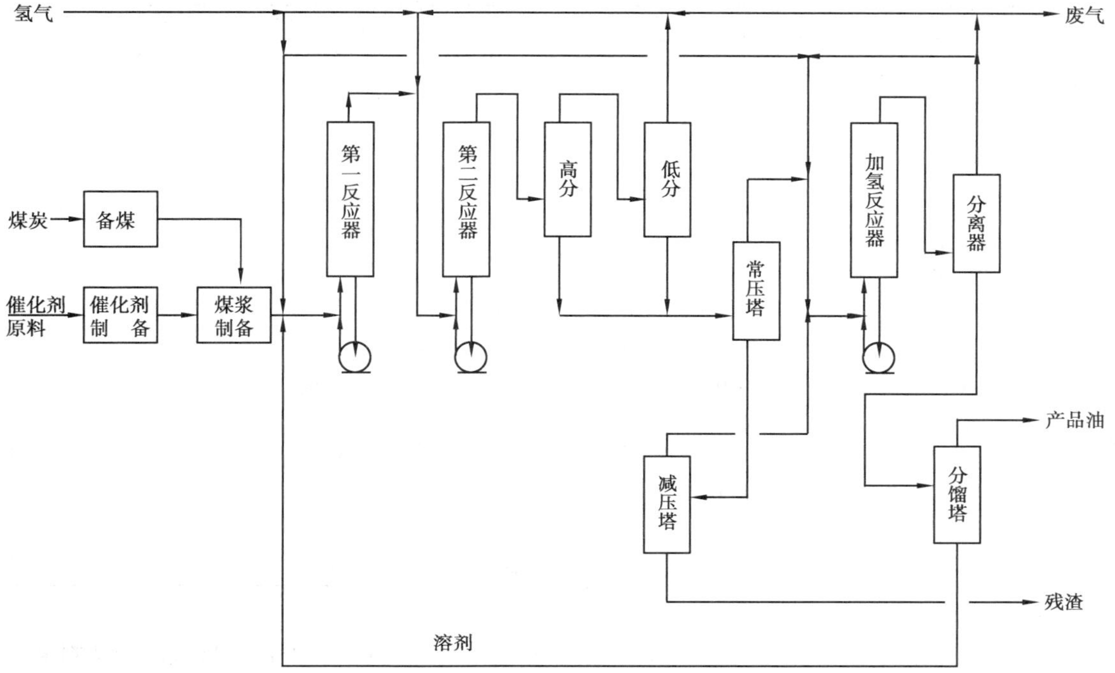

图 8.30　神华煤直接液化工艺流程图

8.3.2.8　煤共处理工艺

煤共处理工艺包括煤/油共处理和煤/废塑料共处理。煤/油共处理工艺是将原料煤与石油重油、油沙沥青或石油渣油等重质油料一起进行加氢液化制油的工艺过程。煤/油共处理工艺实际上是石油炼制工业中重油产品的深加工技术与煤直接液化技术的有机结合与发展。煤/废塑料共处理工艺是将原料煤与废旧塑料(包括废旧橡胶)等有机高分子废料一起进行加氢液化制油的工艺过程。该工艺的实现可明显降低供氢溶剂和氢气的消耗量。所以煤共处理技术的开发和利用,可以充分发挥液化原料间在反应时产生的协同作用,提高液化原料的转化率和液化油产率。煤共处理工艺比煤单独加氢液化具有更大的发展前景。

煤/油和煤/塑料共处理工艺的开发主要是基于重质油或废旧塑料中的富氢组分可以作为液化过程中的活性氢供体,以此来稳定煤热解产生的自由基"碎片"。开发煤共处理技术不仅可以使煤和渣油或废旧塑料同时得到加工,还可以提高液化油产品的质量。煤油共处理工艺过程的确定,同使用的液化煤种、油种、共处理用催化剂和液化反应条件等因素有关。

(1)煤共处理用原料的性质

煤共处理原料主要有重质油、废旧塑料及废旧橡胶等有机废料。

重质油原料主要有两种:一种是天然重质原油和从油沙和油页岩等天然矿物得到的沥青;另一种是从炼油厂得到的常压或减压蒸馏残渣。它与传统煤液化工艺产生的循环溶剂组成不同,上述两类重残渣都是石油基油类。废旧塑料是以石油原料为基础生产的产品,包括聚乙烯(PE)、聚丙烯(PP)、聚苯乙烯(PB)、聚氯乙烯(PVC)和橡胶等有机高分子材料。表 8.11 列出了 HTI 公司使用的几种煤共处理原料的组成。

表 8.11　煤共处理原料的组成

项　目	Black Thunder 煤	Hondo 真空塔底残渣（VTB）	汽车粉碎残料（ASR）	城市固体废塑料（MSW）
工业分析（质量分数）/%				
水分	10.01			
挥发分	43.48			
固定碳	50.52			
矿物质	6.00			
元素分析（质量分数）/%				
C	70.12	83.84	48.87	80.51
H	5.11	10.13	3.83	11.42
N	0.99	0.90	3.60	0.00
S	0.35	4.39	0.72	0.21
O（差值）	17.42	0.59	23.32	6.06
灰	6.19	0.15	19.68	1.64
Cl				0.16
$n(H)/n(C)$	0.87	1.45	0.94	1.70

从表 8.10 可见，同煤相比，渣油和城市废旧塑料中的氢含量较高，特别是城市废塑料和渣油的 $n(H)/n(C)$ 原子比可分别达到 1.70 和 1.45，其氧含量也远远低于原料煤。因此渣油和城市废旧塑料是煤共处理的优选原料。这些原料在液化时，可以替代或部分替代工艺过程中需要的富氢循环溶剂，从而大大降低煤的液化成本。

（2）煤共处理基本原理

重油和废旧塑料在煤共处理工艺过程中具有良好的供氢性能。以重油为例，其相对分子质量为 500～1 000。大分子结构内含有相当数量的芳烃和氢化芳烃组分。在液化时，重油中的氢化芳烃可以释放出活性氢，以此稳定煤热解生成的自由基"碎片"，达到增加液化油的目的。重油中的芳烃和氢化芳烃在液化条件下存在如下化学平衡：

$$芳烃 + H_2 \rightleftharpoons 氢化芳烃$$

为保证反应体系的供氢性能，必须维持较高的氢气压力才可满足失去活性氢的芳烃能在体系内重新再生，成为具有供氢性能的溶剂。

废旧塑料是有机物经聚合过程得到的高分子材料。在大分子结构间氢元素含量较高，分子量依聚合程度有较大的差别。一般聚合度越高的高分子塑料，其液化产物的黏度越大。试验表明，当煤分别与聚丙烯（PP）和聚乙烯（PE）塑料共处理时，煤与 PP 共处理的液化油产率较高。研究者认为 PP^+ 比 PE^+ 具有较高的热态动能，容易进行加成反应，而且 PP^+—C 键较 PE^+—C 键弱。在共处理时容易断裂。同时 PP-煤体系比 PE-煤体系具有较强的协同作用。

（3）COPRO 煤共处理工艺流程

HRI 公司在 1985 年开发了催化两段共处理工艺。先后进行了煤/油共处理和煤/废塑料共处理试验研究，并在 600 kg/d 小型连续试验装置和 3 t/d 的工艺开发装置上进行了煤共处理试验。当 HRI 公司并入 HTI 公司后，HTI 公司在原有共处理试验装置的基础上，开发出 32.66 kg/d 的小型连续试验装置。工艺流程见图 8.31。

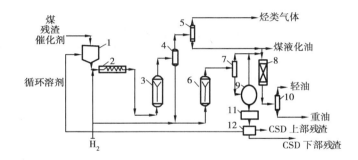

图 8.31　HTI 的 COPRO 煤共处理工艺小型连续试验装置
1—煤浆混合罐;2—煤浆预热器;3——段反应器;4——段高温分离器;
5——段低温分离器;6—二段反应器;7—二段高温分离器;8—固定床加氢反应器;
9—减压蒸馏塔;10—二段低温分离器;11—真空闪蒸器;12—临界溶剂脱灰(CSD)装置

HTI 的小型连续煤/油和煤/废塑料共处理试验装置主要有煤浆制备罐、高温预热器、一段和二段流化床催化反应器、高低温分离器、催化加氢反应器和蒸馏装置。

以煤/油共处理为例,工艺流程如下所述:原料煤、减压石油或常压渣油、循环溶剂和催化剂一同加入煤浆混合罐,混合后将煤浆送入螺旋管预热器中预热到 140 ℃,并与预热器前加入的氢气一起泵入第一段流化床催化反应器。煤浆在反应器内通过循环泵实现返混操作,返混的目的是强化反应器内气、液和固体混合物的质量和热量传递,提高反应器内温度均匀性。从第一段反应器顶部出来的液化产物经过第一段高温分离器,可将气体和轻质馏分与重质产物分离,分离器顶部的轻质产物经进一步分离处理可以得到轻质液化油,并送往固定床加氢反应器。第一高温分离器底部排除的液态浆料送往二段流化床反应器,反应器排出的液化产物经第二段高温分离器处理后可以得到氢气、$C_1 \sim C_3$ 气态烃、杂原子气体和挥发性液体产物。将这些产物再送往加氢反应器,通过加氢处理来进一步减少产物中的杂原子含量并提高轻质馏分油产率。第二段高温分离器底部排出的液体产物可直接送入减压蒸馏塔,塔顶回收的气态产物也直接送入加氢反应器,釜底排出的重质液体经真空闪蒸处理后,将塔底残渣送入临界溶剂脱灰(CSD)装置,从中回收的重质馏分作循环溶剂,可返回到煤浆混合罐中。底流中未转化的煤、残渣和矿物质及催化剂送去气化制氢。

COPRO 煤共处理工艺的特点:

①反应条件比较缓和,反应温度为 440 ~ 450 ℃,反应压力为 13 ~ 14 MPa,停留时间为 15 ~ 45 min;

②采用特殊的液体循环沸腾床(悬浮床)反应器,达到全返混反应器模式;

③催化剂是采用 HTI 专利技术制备的铁系胶状高活性催化剂(GelCdt™),用量少;

④在高温分离器后面串联有在线加氢固定床反应器,对液化油进行加氢精制;

⑤固液分离采用临界溶剂萃取的方法,从液化残渣中最大限度回收重质油,从而大幅度提高了液化油收率。

HTI 工艺有一个明显的缺点,采用的催化剂是 HTI 公司的专利催化剂(GelCdt™),除了必须向该公司付一定的专利使用费以外,所用原料硫酸铁钼酸铵的成本也很高。

(4)HTI 公司 COPRO 煤共处理工艺试验结果

HTI 公司在小型连续试验装置上进行了煤与重质渣油及废旧塑料的共处理试验研究。试验所用原料的性质见表 8.12。

表 8.12　HTI 公司煤共处理工艺的试验条件和液化结果

项　目	试验号					
	1	2	3	4	5	6
原料质量分数/%						
煤	100	100	100	0	50	33.33
废塑料	0	0	0	0	0	33.33
Hondo 渣油	0	0	0	100	50	33.33
反应器空速/(kg·h⁻¹·m⁻³)	694	633	876	1 059	870	976
灰循环类型	无	循环	无	无	无	无
循环比	1.0	1.0	1.0	0.17	0.17	0.17
反应温度:/℃						
第一段	433	433	441	441	442	449
第二段	449	448	450	451	450	459
加氢反应器	379	379	379	379	379	379
回归计算产率(质量分数)/%						
$C_1 \sim C_3$ 气体	11.72	10.37	8.49	4.99	7.15	5.18
$C_4 \sim C_7$ 气体	4.75	4.14	3.19	2.95	2.94	2.82
IBP—177 ℃	15.2	15.83	18.67	13.23	16.28	21.28
177 ~ 260 ℃	11.57	10.62	10.87	13.80	13.65	11.32
260 ~ 343 ℃	14.81	11.98	11.01	13.83	12.69	11.50
343 ~ 454 ℃	9.52	12.31	11.66	21.06	15.87	18.04
454 ~ 524 ℃ >	2.45	3.02	3.04	11.05	6.27	7.08
524 ℃ 残渣	6.18	9.05	9.46	16.50	3.76	12.71
未转化的原料	4.99	6.58	6.80	0.12	2.95	3.17
氢耗/%	5.91	4.90	5.44	1.72	4.09	3.09
液化性能(daf)(质量分数)/%						
原料转化率	97.4	93.0	92.8	99.9	96.1	96.7
$C_4 \sim 524$ ℃馏分产率	61.8	61.4	62.0	76.0	69.7	73.9
>524 ℃残渣转化率	88.0	85.2	82.6	83.3	82.7	83.7

　　由表 8.11 可见,反应器空速对液化油产物的选择性影响较小。在试验条件下,如不加入渣油和废旧塑料(1 和 2 号试验),将反应器空速从 633 kg/(h·m³)增加到 694 kg/(h·m³)时,两种条件的 $C_4 \sim 524$ ℃馏分油的质量产率非常接近,约为 61%,液化油产品的分布也极其相近,只是低空速下得到的 343 ~ 454 ℃的馏分油产率略高于高空速下同类油的产率。但高空速下 260 ~ 343 ℃的馏分油产率略高于低空速下的同类油产率。

　　当原料煤单独液化时(1 和 3 号试验),将第一段反应器的液化温度从 433 ℃增加到 441 ℃时,反应器空速从 694 kg/(h·m³)增加到 876 kg/(h·m³),两种条件生成的 $C_4 \sim$ 524 ℃馏分油质量产率比较接近,约为 62%。但第一段高温反应器小于 177 ℃馏分油质量产率比第一段低温反应的产率高 3.5% ,而 260～343 ℃的馏分油质量产率约低 4% 。所以,增加第一段液化反应器的温度,有利于提高轻质液化油的产率。

当单独对渣油进行液化时(4 号试验),质量转化率可达到 99.9% ,C₄～524 ℃馏分油质量产率达 76.0% ,而且石脑油和中油的质量产率也都很高。表明残渣的液化性能较高。如煤与残渣按相同比例进行共处理时(5 号试验),C₄～524 ℃馏分油质量产率比煤单独液化时约高7.7% 。因此,煤/渣油共处理的液化转化率明显高于煤单独液化时油的质量产率。并且煤共处理时的氢耗可由单独处理煤时的 5.44% 降到 4.09% 。因此,渣油对煤/油共处理工艺起到极其重要的供氢作用。

当煤/油/废塑料按 1∶1∶1 的比例进行共处理时(6 号试验),共处理原料的质量转化率可达到约 97% ;C₄～524 ℃馏分油质量产率约达到 73.9% 。特别是煤/渣油/废塑料 3 种原料共处理时的氢耗比煤/油共处理时更低,达到 3.09% 。因此废旧塑料加入越多,共处理的氢耗就越低。

上述研究表明,煤共处理技术不仅可以充分利用石油渣油和废旧塑料的供氢性能,也可以降低氢气耗量,最终达到降低煤液化成本,提高煤液化油产率的目的。另外,共处理工艺还可以有效调节液化产物分布,制备更多的轻质汽油及中油馏分,减少气体、沥青烯和液化残渣的产率。

煤液化的目的是得到更多的汽油和柴油馏分,但由于煤的芳香性较高,在液化产物中含有较多的芳香烃、环烷烃、少量的链烷烃和许多杂原子化合物及沥青烯等组分。而在共处理工艺中加入的石油渣油和废旧塑料的组成及液化性能与煤的组成和液化性能差异较大,因此选择适宜的共处理条件,对制备的液化产物选择性和提高液化油产率具有重要作用。

(5)重质油和废旧塑料的性质对煤共处理的影响

在煤/油或煤/废塑料共处理工艺中,液化原料的物理化学性质对煤共处理性能具有重要作用。在煤/油共处理中,如不用催化剂时,渣油粘度和康氏残碳值对煤转化率有较大的影响。当采用低粘度和低康氏残碳值的渣油时,煤转化率较高。如共处理时加入催化剂,渣油的性质对煤的液化转化率影响不大,但采用不同类型的重质油进行共处理,其液化产物组成的分布和氢耗均不相同。

煤/废塑料共处理时,由于废塑料中 $n(H)/n(C)$ 比较高,是极好的富氢材料。Huffman 等人通过对煤与聚对苯二甲酸乙二醇酯(PET)和中密度聚乙烯(MDPE)的共液化试验结果表明,塑料的性质对液化油产率有较大的影响。

(6)煤共处理工艺特点

HTI 公司开发的 COPRO 催化两段共处理工艺除具有一般催化两段液化工艺的优点外,煤共处理工艺还具有以下特点:

①反应条件比较缓和;

②轻质油品收率高,气体产率低;

③氢耗较低,氢利用率高,从而降低了生产成本。

8.3.2.9　煤直接液化技术发展趋势

结合最新煤直接液化技术的进展,煤直接液化技术发展趋势概括为以下几个方面:

(1)液化原料煤特性研究　深入研究分析煤的液化特性,针对不同液化煤种选择和开发相应的工艺。开展液化原料煤预处理技术研究,通过脱灰等技术,减少液化操作条件的苛刻度。

（2）液化煤分级转化　通过原料煤预处理、分级转化,使转化得到的液化油及时离开反应体系,防止煤液化油过度转化成气体,达到提高煤液化的油收率和降低氢耗的目的。

（3）液化工艺优化和系统高度集成　解决液化过程和产品进一步加工过程中温度、压力的升降变化问题,通过系统合理配置和优化集成实现能量的合理高效利用。

（4）开发新型催化剂　通过使用新型高活性、高分散型催化剂,达到降低催化剂用量,实现高油收率的目的。

（5）反应器大型化　开发先进大型反应器,提高单系列处理能力和煤液化装置运行经济性。

（6）主、副产品的优化利用　对煤直接液化油产品和液化残渣进行深加工和资源化利用,以实现其高附加值。

8.3.3　甲醇转化制汽油

甲醇转化制汽油可得高产率的优质汽油,热效率高,过程简单,并可用成熟的煤气化、合成甲醇和炼油技术,与煤直接液化技术相比,工业化放大技术风险小。

甲醇转化制汽油的反应机理如下:

$$2CH_3OH \rightleftharpoons CH_3OCH_3 + H_2O$$
$$\downarrow$$
$$轻烯烃类 + H_2O$$
$$\uparrow \downarrow$$
$$C_5烯烃类$$
$$\downarrow$$
$$脂肪烃 + 环烷烃 + 芳烃$$

由于催化剂的作用,反应只生成较重烃类。甲醇转化成烃和水的反应是强放热反应,因此固定床反应器把反应分成两段。第一段脱水生成二甲醚,放热20%,其余反应在第二段,这样便于设计和放大。使用流化床反应器,反应传热好,并可用一个反应器代替二段固定床反应器。目前正在研究开发一种双功能催化剂,以便使用此催化剂进行费托合成时,能一步合成含芳烃较高的汽油。

8.4　煤的焦化

8.4.1　炼焦概述

煤在焦炉内隔绝空气加热到1 000 ℃,可获得焦炭、化学产品和煤气。此过程称为高温干馏或高温炼焦,一般简称炼焦。炼焦所得化学品种类很多,许多芳香族化合物几乎全有,主要成分为硫铵、吡啶碱、苯、甲苯、二甲苯、酚、萘、蒽和沥青等。炼焦化学工业能提供农业需要的化学肥料和农药,合成纤维原料苯、塑料和炸药原料酚以及医药原料吡啶碱等。炼焦主要产品焦炭是炼铁的主要原料。随着钢铁工业的迅速发展,我国焦化工业已成为煤化工领域中举足轻重的部门,并达到了较高的水平。

8.4.2　煤的成焦过程

8.4.2.1　煤成焦过程概述

烟煤是复杂的高分子有机化合物的混合物。它的基本结构单元是聚合芳核,在芳核的周边带有侧链。年轻的烟煤芳核小侧链多,年老的则相反。在炼焦过程中,随温度的升高,连在煤核上的侧链不断脱落分解,芳核则缩合并稠环化,反应最终形成煤气、化学产品和焦炭。在化学反应的同时,伴有煤软化形成胶质体的过程。胶质体固化粘结,可使焦炭产生膨胀、收缩和裂纹等现象。

煤的成焦过程可分为煤的干燥预热阶段(<350 ℃)、胶质体形成阶段($350 \sim 480$ ℃)、半焦形成阶段($480 \sim 650$ ℃)、焦炭形成阶段($650 \sim 950$ ℃)。

8.4.2.2　煤的粘结和成焦

煤经过胶体质状态转变为半焦的过程称为粘结过程,而由煤形成焦炭的过程称为成焦过程。粘结过程是成焦过程的必经步骤。

研究表明颗粒状煤的粘结过程发生于煤粒之间接触的交界面上,煤在热分解过程中形成的胶质体在颗粒的界面上进行扩散,使分散的煤粒间因缩合力作用而粘结在一起,形成半焦。煤粒间的粘结是一个物理的和化学的过程。

将半焦由 550 ℃加热至 1 000 ℃时,半焦继续热分解,由于放出气体而质量继续减轻,在这一阶段形成的挥发分的数量几乎占煤体积挥发分总量的50%,减轻的质量可占原煤质量的20% ~30%,但半焦体积减小引起的收缩不能与质量减轻相适应,从而使得整块半焦碎裂和形成焦炭块。焦炭的质量取决于裂级和气孔的多少、气孔壁的厚度及焦炭的强度。焦炭的强度取决于煤的粘结性和气孔壁的结构强度。

8.4.2.3　焦炭裂纹和气孔的形成

焦炭裂纹的生成,除质量减轻与体积减小不相适应,产生内应力的作用外,在室式炼焦炉中,煤料在炉中的结焦过程是一层一层地进行,收缩速度是渐增的,当达到一最大值后,则收缩速度减小。因此,处在结焦过程不同阶段的相邻各层的收缩速度不同。另外,炭化室中温度分布不均匀产生的温度梯度使层间收缩幅度不同,造成收缩梯度。由于收缩速度不同,在相应各层中产生了内应力,而使焦炭形成裂纹。煤的粘结性和炉内的温度梯度是影响裂纹的主要因素。由于裂纹的形成,在现代室式炼焦炉中可得到块状焦炭。

由各种单煤制得的半焦及焦炭,在进一步加热时收缩动态不同,如图8.32 所示。气煤制得的半焦开始收缩的温度最低,并且在刚开始形成很薄的半焦时(500 ℃)就达到最大收缩速度,加热至1 000 ℃时的最终收缩量也最大。故气煤焦炭的裂纹最多、最宽、最深,焦块细长而易碎。肥煤的半焦裂纹生成情况类似气煤半焦,不同之点在于,当收缩速度最大时,半焦层已较厚,气孔壁也厚些,韧性也大一些,故裂纹较少、较窄、较浅,焦炭的块度和强度也较大。焦煤的半焦在 600 ~700 ℃才达到最大收缩速度,此时半焦层已较厚,其气孔壁也厚、韧性也大,加

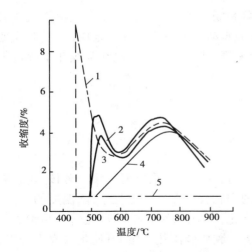

图 8.32　不同煤、焦收缩度—温度曲线
1—挥发分 37%，粘结性煤；
2—挥发分 24%，粘结性煤；3—挥发分 18%，粘结性煤；
4—挥发分 5%，无烟煤；5—挥发分 5%，焦粉

之最大收缩速度和最终收缩量都小，故焦煤焦炭裂纹少、块大、强度高。瘦煤半焦的收缩类似焦煤半焦，焦炭裂纹少、块大。但瘦煤因粘结、熔融不好，造成焦炭耐磨性差。

在成焦过程中，随着液相胶质体的固化，在其中留下了许多气孔。气孔的总体积占焦炭总体积的百分数称为气孔率。因原煤性质和炼焦条件的不同，其值为 35%～55%。气孔的平均直径为 0.12～0.13 mm，气孔壁的平均厚度为 0.05～0.06 mm。气孔率、气孔大小和气孔壁的厚度对焦炭强度有很大影响，一般气孔越多、越大，气孔壁越薄，焦炭强度就越差。另外，气孔率对焦炭的视密度、燃烧性、反应能力和其他性质都有影响。

可见，整个成焦过程是由于煤的有机质热分解而发生的化学过程和物理化学过程及由它们所引起的物理现象的总和。成焦是比粘结更广的概念，同时这个概念仅仅是对能炼成焦炭的烟煤而言。而煤的结焦性是指在工业炼焦条件下，粉碎的单种煤或配合煤形成冶金焦炭的性质。结焦性包括了保证结焦过程能够进行的所有性质，粘结性仅是其中之一，因此结焦性好的煤，其粘结性一定好（如焦煤），但粘结性好的煤，结焦性不一定好（如气肥煤）。

8.4.2.4　焦炉煤料中热流动态

焦炉炭化室炉墙温度在加热前可达 1 100 ℃左右，当加入湿煤进行炼焦时，炉墙温度迅速下降，随着加热时间延长，温度又升高。在推焦前炉墙温度恢复到装煤前温度，如图 8.33 曲线 1 所示。煤料水分含量越高，炉墙温度降低值越大。

炭化室煤料加热是由两侧炉墙供给的，靠近炉墙煤料温度先升高，离炉墙远的煤料温度后升高。由于煤料中水分蒸发，离炉墙远的煤料停留在小于 100 ℃ 的时间较长，一直到水分蒸发完了才升高温度。不同部位煤料温度随加热时间变化关系，如图 8.33 所示。

在炭化室中心面煤料温度变化可从图 8.33 的曲线 5 看出，在加煤后 8 h 才从 100 ℃ 升高。由曲线 4 可以看出，在距离炉墙 130～140 mm 的煤料，停留 100 ℃ 以下的时间有 4 h。沿宽度方向不同部位煤料的温度，随加热时间变化是不同的。

根据图 8.38 数据可以做出煤料等温线图 8.34。图中每两条线间的水平距离代表该部位煤料升高 100 ℃ 所需时间。两曲线间水平距离大的部位，升温速度慢。图 8.34 中两条虚线的温度是 350 ℃ 和 480 ℃，是胶质体软固化点区间。两线间垂直黑线距离代表胶质层厚度，可见不同部位胶质层厚度也是不同的。

由图 8.34 中 480 ℃ 和 700 ℃ 两线间水平距离可以算出靠近炉墙和中心部位的升温速度较大。由于不同部位升温速度不同，因而收缩梯度也不同，所以生成裂纹情况不同，升温速度大的，裂纹多焦块小。

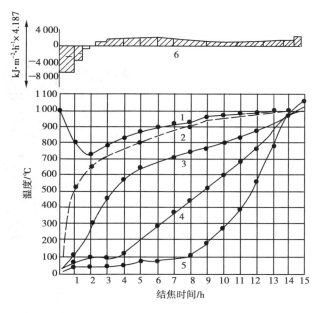

图 8.33 炭化室内煤料温度变化情况

1—炭化室炉墙表面温度;2—靠近炉墙煤料温度;3—距炉墙 50~60 mm 煤料温度;
4—距炉墙 130~140 mm 煤料温度;5—炭化室中心温度;6—炉砖热量损失和积蓄

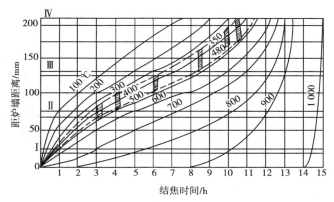

图 8.34 煤料等温线

炭化室内不同部位煤料在同一时间内的温度分布曲线,可由图 8.33 数据做出,如图 8.35 所示。由图 8.35 可以清楚看出同一时间、不同部位煤料分布。当装煤后加热约 8 h,水分蒸发完了,中心面温度上升。当加热时间达到 14~15 h,炭化室内部温度都接近 1 000 ℃,焦炭成熟。

8.4.2.5 炭化室内成焦特征

炭化室是由两面炉墙供热,在同一时间内温度分布如图 8.35 所示。装煤后 8 h 以内,靠近炉墙部位已经形成焦炭,而中心部位还是湿煤,所以炭化室内同时进行着不同成焦阶段。在装煤后约 8 h 期间,炭化室同时存在湿煤层、干煤层、胶质体层、半焦层和焦炭层,是五层共存的。

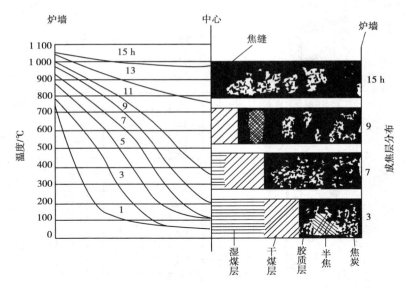

图 8.35　炭化室煤料温度和成焦层分布

由于焦炉是两面加热,炉内两胶质层是逐渐移向中心的,最大膨胀压力出现在两胶质层在中心汇合处。由图 8.35 可以看出,两胶质层是在装煤后 11 h 左右在中心汇合,相当于结焦时间的 2/3 左右。

炭化室内同时进行着成焦的各个阶段,是五层共存,因此半焦收缩时相邻层存在收缩梯度。即相邻层温度高低不等,收缩值的大小不同,所以有收缩应力产生,出现裂纹。

各部位在半焦收缩时加热速度不等,产生的收缩应力也不同,因此产生的焦饼裂纹网多少也不一样。加热速度快,收缩应力大,裂纹网多,焦炭碎。靠近炉墙的焦炭,裂纹很多,形状像菜花,有焦花之称,其原因在于此部位加热速度快,收缩应力较大。

成熟的焦饼,在中心面上有一条缝,如图 8.35 所示,一般称为焦缝。其形成原因是两面加热,当两胶质层在中心汇合时,两侧同时固化收缩,胶质层内又产生气体膨胀,故出现上下直通的焦缝。

8.4.2.6　焦炉物料平衡

在炭化室内,装入煤后不同时间,炼焦产品产率和组成是不相同的。但是一座焦炉中,有很多孔炭化室,在同一时间内处在结焦的不同时期。因此产品产率和组成是接近均衡的。

在现代焦炉中,假如操作条件基本不变,炼焦产品的产率主要取决于原料煤。根据研究结果,产品中的焦油和粗苯的产率是煤挥发分的函数,有经验公式可以计算。煤气中的氨气产率与煤中氮含量有关,其中 12% ~16% 的氮生成氨。煤气中 H_2S 的产率与煤料含硫量有关,其中 23% ~24% 的硫生成 H_2S。煤热解化合水与煤料含氧量有关,其中 55% 的氧生成水。

干煤的全焦产率一般为 65% ~75%,也是煤挥发分的函数,全焦的冶金焦(>25 mm)产率为 94% ~96%。中块焦(10 ~25 mm)占 1.5% ~3.5%,粉焦(<10 mm)占 2.0% ~4.5%。冶金焦中 25 ~40 mm 的占 4% ~5%。

一般每吨干煤产煤气为 300 ~420 m³;焦油为 3% ~5%;180 ℃前粗苯产率为 1.0% ~1.3%;氨产率一般在 0.2% ~0.3%。

根据物料平衡可以计算某次产品的产率,物料平衡数据是焦化厂设计最根本的依据,也是设计各种设备容量和经济衡算的基础。

8.4.3　配煤及焦炭质量

8.4.3.1　我国炼焦煤的特征

我国煤炭资源极为丰富,大、中、小煤矿遍及全国各地,我国大多数地区煤炭资源有下述 3 个特点:

①高挥发分粘结性煤(如气煤和 1/3 焦煤)储量较多、灰分和硫分较低、易洗选,但挥发分高、收缩大。

②肥煤有一定储量、粘结性强,但不少肥煤灰分高、硫高,大部分难洗选。

③焦煤有提高焦炭强度的作用,但储量不大、灰分高、难洗选。

因此,根据我国煤炭资源特点,采用配煤炼焦是合理利用资源,充分利用炼焦煤的一项重要措施。此外,配煤炼焦应该适应冶金、铸造、造气、化工等不同工业的需要。

8.4.3.2　配煤原理

单种煤炼焦是炼焦生产中的一个特例,多数焦化厂都采用多种煤配合炼焦。因此,评价炼焦用煤,重点在于每一种煤在配煤炼焦时的地位和作用,而不在于单种煤的结焦性(指焦炭强度)本身。

我国炼焦配煤指标一般要求配合煤干燥无灰基挥发分在 28% ~ 32% ,胶质层厚度为 16 ~ 20 mm。配合煤的实际指标可按单种煤的指标采用加权平均进行推算,也可直接测定。确定配煤方案后,还必须通过半工业试验(如 200 kg 焦炉试验)和工业性炼焦试验,最后确定工业化实用最佳方案。

近年来对焦炭微观结构的研究表明,不同煤种炼得焦炭的微观结构往往不一。通常由高挥发分弱粘结煤形成的焦炭,具有较大的气孔,气孔壁薄,反应性强,在焦炉内变脆龟裂而生成大量粉末。由强粘结性煤形成的焦炭,其气孔均匀且致密,呈网状或纤维状结构,这种组织相对比较坚固,其反应性适中,反应后仍能保持较好的强度。此外,炼焦煤源中瘦化组分与粘结组分的比例过大,炼焦过程易形成裂纹中心而使焦炭碎裂。因此,要提高焦炭质量,选择合适的炼焦煤源十分重要。

日本将煤分为粘结组分和纤维组分。日本的配煤以强粘结性煤的粘结组分含量和纤维状组分强度为标准,其他的煤种按此标准来配。若粘结组分不足,就加入粘结组分,若纤维强度不足,就加入补强材料(如焦粉),如图 8.36 所示。

8.4.3.3　我国炼焦煤配比的选择及配煤指标

在确定配煤比时,应尽量满足以下几点要求:

①根据本区煤炭资源特点炼出使用部门所要求的焦炭。

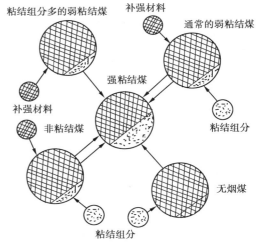

图 8.36　配煤的基本概念

②考虑煤炭的供需平衡和运输条件,充分利用肥煤、1/3 焦煤,适当地配入焦煤、瘦煤,尽可能地扩大气煤的使用量。

③提高煤炭质量,降低灰分和硫分的质量分数。

④选用的配煤在炼焦时不会产生过大的膨胀压力,以防止损坏炉体。

⑤尽量用本地区的煤炼焦,缩短运输距离,降低成本。

为了炼出符合质量要求的冶金焦炭,其主要的配煤指标如下所述。

(1)配煤的灰分

配煤中的灰分在炼焦时几乎全部残留在焦炭中。所以配煤的灰分是生产冶金焦的重要质量指标之一。焦炭质量灰分每增加 1%,高炉冶炼时要多耗石灰石 2.5%,高炉生产能力下降 2% ~2.5%。要求焦炭灰分小于 12.5% 时,则配煤灰分应小于 9.4%(一般配煤成焦率 75% 左右)。此外,大颗粒的灰分易使焦炭产生裂纹,同时使焦炭耐磨性变差,强度下降。生产上一般要求配煤的灰分小于 10%。

(2)配煤的硫分

硫在煤中常以黄铁矿、硫的盐及硫的有机化合物 3 种形式存在,一般通过洗选只能除去黄铁矿硫和硫酸盐硫,煤中的硫大约仍有 80% 残留在焦炭中。为了满足钢铁工业的要求,一般炼焦配煤的硫分应小于 1.0%。

(3)配煤挥发分产率 $w(V^{daf})$

为了满足钢铁工业对冶金焦的要求和其他行业对炼焦化学品的需要,配煤的挥发分产率通常为 28% ~32%,高的可达 34% 左右。

(4)配煤的胶质层最大厚度 Y 值(mm)

在工业生产上,Y 值多选用 10 ~20 mm(大、中型高炉用焦),有的厂选用 Y 值 13 ~14 mm 的配煤,也炼出了质量较好的焦炭。

此外,焦炭的机械强度除了由配煤性质决定外,还与配煤在炭化室中的堆密度、炼焦工艺条件等有关。

8.4.3.4 焦炭质量

焦炭主要用于炼铁,焦炭质量的好坏对高炉生产有重要作用。为了强化高炉生产,要求焦炭可燃性好、发热值高、化学成分稳定、灰分低、硫磷杂质少、粒度均匀、机械强度高、耐磨性好以及有足够的气孔率等。

1)化学成分

高炉对焦炭化学成分要求见表 8.13。

表 8.13　焦炭质量

类　别	灰分 $w(A^d)$	硫分 $w(S^d)$	挥发分 $w(V^{daf})$	水分 $w(M)$	磷分 $w(P)$
高炉	<15%	<1%	<1.2%	<6%	<0.015%
铸造	<12%	<0.8%	<1.5%	<5%	—

(1)灰分

焦炭的灰分越低越好,灰分每降低 1%,炼铁焦比可降低 2%,渣量减少 2.7% ~2.9%,高炉增产 2.0% ~2.5%。

（2）硫分

在冶炼过程中,焦炭中的硫转入生铁中,使生铁呈热脆性,同时加速铁的腐蚀,大大降低铁的质量,一般硫分每增加 0.1%,熔剂和焦炭的用量将分别增加 2%,高炉的生产能力则降低 2%~2.5%。

（3）挥发分

焦炭挥发分是鉴别焦炭成熟度的一个重要指标,成熟焦炭的挥发分为 1% 左右;挥发分高于 1.5%,则为生焦。

（4）水分

焦炭水分一般为 2%~6%。焦炭水分要稳定,否则将引起高炉的炉温波动,并给焦炭转鼓指标带来误差。

（5）碱性成分

焦炭灰分中碱性成分(K_2O,Na_2O)对焦炭在高炉中的形状影响很大,碱性成分在炉腹部位高温区富集,由于其催化和腐蚀作用,能严重降低焦炭强度。因此,应控制焦炭灰中碱性成分含量。

2）机械强度

高炉对焦炭机械性能要求见表 8.14。

表 8.14 高炉用焦炭强度

米库姆转鼓指标	级 别			
	Ⅰ	Ⅱ	Ⅲ$_A$	Ⅲ$_B$
M_{40}	≥76	≥68.0	≥64.0	≥58
M_{10}	≤8.0	≤10.0	≤11.0	≤11.5

焦炭机械强度包括耐磨强度和抗碎强度,通常用转鼓测定。我国采用米库姆转鼓试验方法测定焦炭机械强度,用两个强度指标 M_{40} 和 M_{10} 表示。转鼓焦样大于 60 mm、50 kg、鼓内大于 40 mm 焦块百分数作为抗碎强度 M_{40},鼓外小于 10 mm 焦粉作为耐磨强度 M_{10}。

3）焦炭反应性和气孔率

高炉解体资料表明,炉内焦炭的劣化过程,可大致描述为:强度从炉身下部开始发生变化,反应性逐步增高;到炉腹,粒度明显变小,含粉增多。其原因是,在热的作用下,对焦炭的溶炭反应逐步加剧,再加上富集的碱金属（钾、钠）催化和侵蚀作用,高温的热效应作用,导致焦炭劣化。

焦炭品质明显恶化的主要原因是气化反应:

$$CO_2 + C \longrightarrow 2CO$$

它消耗碳,使焦炭气孔壁变薄,促使焦炭强度下降,粒度减小。因此焦炭反应性与焦炭在高炉中性状的变化有密切关系,能较好地反映焦炭在高炉中的状况,是评价焦炭热性质的重要指标。在高炉冶炼中希望焦炭反应性要小,反应后强度要高。

影响焦炭反应性的因素大致可分为 3 类:一类是原料煤性质,如煤种、煤岩相性质,煤灰成分等;一类是炼焦工艺因素,如焦饼中心温度、结焦时间、炼焦方式等;一类是高炉冶炼条件,如温度、时间、气氛、碳含量等。

焦炭反应性测定方法有多种,现在国内测定冶金焦反应性方法为 CO_2 反应性。用 200 g

尺寸为 (20 ± 3) mm 焦样,在 1 100 ℃的温度下通以 5 L/min 的 CO_2,反应 2 h 后用焦炭失重的百分数作为反应性指标。日本曾提出好的焦炭反应性指标为 36% 左右。

8.4.4 现代焦炉和炼焦新技术

8.4.4.1 焦炉构造

现代焦炉主要由炭化室、燃烧室和蓄热室 3 个部分构成。此外有加煤车、推焦车、拦焦车和熄焦车等,如图 8.37 所示。

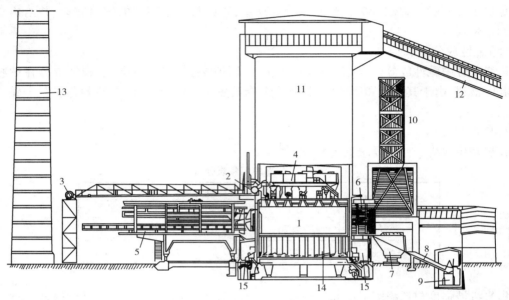

图 8.37　焦炉及附属机械图

1—焦炉;2—荒煤气集气管;3—荒煤气吸气管;4—装煤车;5—推焦车;6—导焦车;7—熄焦车;8—焦台;
9—去筛焦的运输带;10—熄焦塔;11—煤塔;12—煤塔加料;13—烟囱;14—蓄热室;15—废气盘

炭化室的两侧是燃烧室,两者是并列的,下部是蓄热室。燃烧室由火道构成。

焦炉炭化室长度为 10 ~ 17 m,高度为 4 ~ 8 m,宽度为 400 ~ 600 mm,多数为 450 mm。炭化室装煤量为 12 ~ 35 t。为了推焦顺利,炭化室焦侧比机侧宽 40 ~ 80 mm。此值与炉长和煤性质有关,当捣固炼焦时炉墙可以是平行的。

煤由炉顶加煤车加入炭化室,炭化室两端有炉门。一座现代焦炉可达 80 孔炭化室。炼好的焦炭用推焦车推出,焦炭沿拦焦车落入熄焦车中。赤热焦炭用水熄火,然后放到焦台。当用干法熄焦时,赤热焦炭用惰性气体冷却,并回收热能。

8.4.4.2 焦炉的炉型

现代焦炉应保证炼得优质焦炭,获得多的煤气和焦油副产物。要求炭化室加热均匀,炼焦耗热量低,结构合理,坚固耐用。

燃烧室火道温度一般在 1 000 ~ 1 400 ℃,其值应低于硅砖允许加热温度,此温度由炉顶看火孔用光学高温计测得。火道加热用煤气由炉下部煤气道供入,当用贫煤气加热时,贫煤气由蓄热室进入火道。

离开火道的废气温度高于 1 000 ℃,为了回收废气中的热量,焦炉设置了蓄热室。每个燃烧室与两对蓄热室相连。蓄热室中放有格子砖,在废气经过蓄热室时,废气把格子砖加热,热量蓄存在格子砖中。换向后,冷的空气或贫煤气经过格子砖,格子砖中蓄存的热量传给空气或贫煤气。贫煤气可以是高炉煤气、发生炉煤气等。能用焦炉煤气或贫煤气加热的炉子称复热式焦炉。蓄热室的高度等于炭化室的高度。

燃烧室立火道有 22~36 个。由于立火道联结方式不同,形成了不同形式焦炉。有双联火道、两分式以及上跨式等。

现代焦炉火道温度较高,高温区用硅砖砌筑,同时使用以减少焦炉表面散失热量。

炭化室顶部厚度为 1~1.5 m,有 3~5 个加煤孔。捣固焦炉只有 1 个打开的加煤孔,用于导出加煤时冒出的热气,并在此点燃。

炭化室墙表面积较大,为了获得成熟均匀、挥发分含量一致的焦炭,要求火道上下温度均匀。长度方向因炭化室宽度不等,焦侧宽,机侧窄,因此焦侧火道温度高。贫煤气燃烧的火焰长、火道上下方向加热容易达到均匀。当用富气,例如焦炉煤气加热时,其火焰较短,上下加热不均匀,为了达到上下加热均匀,可以采取以下措施:

①火道中灯头高低不等(高低灯头);
②混入废气拉长火焰(废气循环);
③分段供入空气(分段燃烧)。

为了便于控制进入火道煤气量,采用可在焦炉地下室可调节供气的下喷式方法,见图 8.38。通过煤气横管上的每个支管定量地供给火道灯头的煤气量,进入空气量或排出的废气量,可以由分隔蓄热室在废气阀上的调节口加以控制。

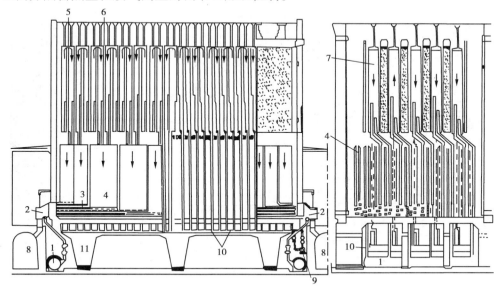

图 8.38　下喷式焦炉(Didier)

1—贫煤气管;2—带调节的废气阀;3—分格小烟道;4—蓄热室单元;5—双联火道;6—四联火道;
7—炭化室;8—烟道;9—焦炉煤气管;10—与灯头联结煤气管;11—钢筋混凝土支柱

图 8.39 是废气循环式焦炉,在双联火道的底部有循环孔使双联火道相通。废气由下降气流火道进入上升火道,废气冲稀了上升燃烧气流,拉长了火焰,使火道上下方向加热均匀。

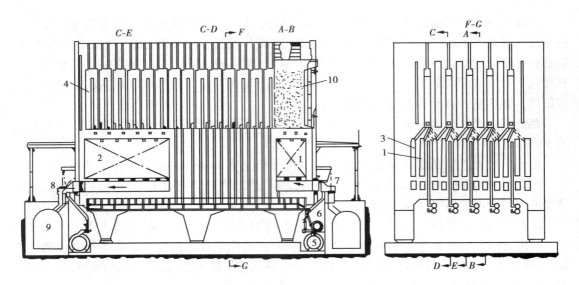

图 8.39　双联下喷式 JN 型焦炉

1—空气蓄热室；2—废气蓄热室；3—贫气蓄热室；4—立火道；5—贫煤气管；6—富煤气管；
7—空气入口；8—废气出口；9—烟道；10—炭化室

图 8.40 是分段燃烧式焦炉。在立火道的隔墙上有不同高度的导出口，使空气或贫煤气分段供给，在立火道中分段燃烧，使火道上下方向加热均匀。即使炭化室高度为 8 m，也可以达到均匀加热。

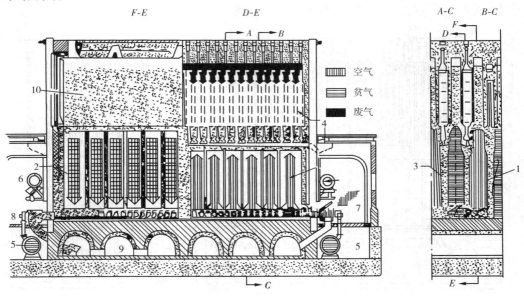

图 8.40　分段燃烧式焦炉（Carl Still）

1—空气蓄热室；2—废气蓄热室；3—贫气蓄热室；4—分段加热；5—贫煤气管；6—富煤气管；
7—空气入口；8—废气出口；9—烟道；10—炭化室

8.4.4.3　大容积焦炉

近年来大容积炭化室的焦炉有了较快的发展。表 8.15 是几种大容积焦炉尺寸。

表 8.15　大容积焦炉尺寸

炉　型	炭化室尺寸/mm					炭化室有效容积/m³	室装干煤量/t	结焦时间/h	火道温度/℃
	高度	长度	平均宽	锥度	中心距				
JN60-82	6 000	15 980	450	60	1 300	38.5	28.5	17	1 300
德国	7 850	18 000	550	50	1 450	70	43.9	22.4	1 340
德国	7 630	18 800	610	50	1 450	78.9	47.8	25.0	1 340
苏联	7 000	16 820	480	50		51			

大容积焦炉能提高装炉煤的堆密度,焦炭收缩性好,热焦功率小。由于堆密度增大,炭化室宽度增至 600 mm 时,对结焦时间影响不大,因此焦炉生产能力只降低 5% 左右。由于结焦时间长,一次出焦产量大,焦炉机械操作次数少,使环境污染减轻。此外,由于炭化室中心距加大,蓄热室可利用间距大。

8.4.4.4　炼焦新技术

为了扩大炼焦煤源,多用弱粘结性煤,节省主焦煤,在现有焦炉生产基础上进行了如下一些新技术新方法研究:①按煤种分别粉碎法;②选择粉碎法;③加油法和添粘结剂法;④配入焦粉等惰性物法;⑤煤预热法;⑥捣固炼焦法;⑦成型煤配煤法。

全新炼焦方法主要有冷成型炼焦和热压焦两种。

(1)捣固炼焦

捣固装炉是行之有效的方法,已广泛用于工业生产。一般散装煤的堆密度为 750 kg/m³,捣固装炉可达 950 ~ 1 150 kg/m³。一般散装煤炼焦气煤用量只能配入 35% 左右,捣固法可配入气煤 55% 左右。捣固法炼焦比一般的结焦时间长 2 h 左右,这是由于煤的堆密度大以及煤饼和墙有缝隙存在的原因。

捣固焦炉炭化室的高度增加到 6 m,高宽比提高到 15∶1。先进的捣固机械强化了捣固过程,使捣固焦炉装煤时间已缩短至 3 ~ 4 min。含水分 10% ~ 11% 的煤,堆密度可达 1.13 t/m³。

(2)型煤配煤法

日本从 1976 年以来,研制压块煤配煤炼焦方法,一直在生产上应用。采用压块配煤可以增加弱粘性煤配比,扩大炼焦煤源,降低炼焦成本。

弱粘结性煤压块,焦炭强度增加,焦炭耐磨性能改善,因此可多用弱粘结煤。

宝钢引进型煤配煤技术,取出粉碎后配煤量的 30% 送到混煤机。添加成型煤料 6.5% 的软沥青和适量水分,成型料水分可为 10% ~ 15%。成型料在混捏机内通蒸汽加热至 100 ℃ 混捏,混捏后用成型机压球后送往煤塔,按型煤与散煤比 3∶7 装入装煤车去炼焦炉。此法装入煤堆密度提高 8% 左右,可多配入弱粘结性煤,提高焦炭质量。

(3)煤干燥预热

煤中水分对炼焦不利,为了脱除水分可以进行煤干燥。将煤加热到 50 ~ 70 ℃,可将水分降至 2% ~ 4%。干燥煤装炉能提高堆密度,缩短结焦时间,提高焦炉生产能力 15% 左右。干燥煤装炉在工业生产上已获得成功。煤干燥可以用立管式流化加热法、沸腾床和转筒加热法。

如果把煤预处理加热温度提高至 150 ~ 200 ℃,称为煤预热。预热煤装炉炼焦能提高装煤量,提高焦炭质量。煤在预热过程中还可以脱除一部分硫。但是,由于煤料温度高,在生产上需要解决热煤的贮存、防氧化、防暴和装炉等技术问题。

煤预热开始于法国和德国,利用结焦性差或高挥发性煤生产焦炭。生产厂研究表明,煤预热炼焦可增产50%,而焦炭质量和化学产品质量都保持不变。当结焦时间与炼湿煤相同时,可增加焦炭强度和提高焦炭块度。煤预热炼焦技术已在世界范围得到高度重视。

德国的普列卡邦(Precarbon)法采用不同的预热和加煤方法,它包括两段气流加热用于热处理,见图8.41。热烟气在燃烧室1与惰性气相混调节温度,并首先进入预热管4,在此预热煤。由预热管出来的热气再去干燥管3。旋风分离器5用于气体与煤的分离。预热煤由计量槽,用刮板运输机通过溜槽管或用装煤车,把煤加到焦炉。此技术是重力加预热煤,因此煤的堆密度大于湿煤装炉。热煤流动性好,加煤比较均匀,不需要添煤。

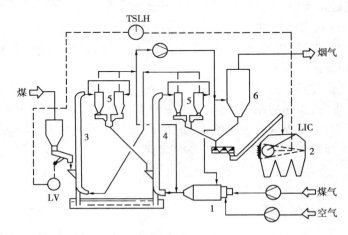

图8.41 普列卡邦法煤预热流程

1—燃烧室;2—加煤槽;3—干燥管;4—预热管;5—旋风分离器;6—湿式除电器

（4）干法熄焦

由焦炉推出的赤热焦炭温度约1 050 ℃,其显热占炼焦耗热量的40%以上。采用洒水湿法熄焦,虽然方法简便,但高温热能损失大,而且耗用大量熄焦用水,污染环境。采用干法熄焦,即利用惰性气体将赤热焦炭冷却,并同时产生蒸汽,既可回收赤热焦炭的显热,又可提高炼焦生产的热效率。每吨1 000～1 100 ℃的焦炭的显热为1 500～1 670 MJ。干熄焦热量回收率可达80%左右,每吨焦可产蒸汽400 kg以上。

1973年日本从经济和环境保护方面考虑,引进了苏联干法熄焦专利。我国宝钢焦化厂也采用了这种干法熄焦装置。德国进一步发展了干熄焦技术,除了采用苏联技术2×70 t/h装置之外,在熄焦槽内增设了水冷壁,采用直接气冷和间接水冷联合方法,使熄焦槽本身发生蒸汽,可减少熄焦用循环气体量,从而减少电耗。

槽式法干熄焦工艺流程见图8.42。

焦炭从炭化室推出,落在焦罐中,焦炭温度可达1 050 ℃。焦罐由提升机提到干熄槽顶部,这时冷却室上部的预存槽打开,焦炭进入槽中。在槽中焦炭放出的气体进入洗涤塔,然后收集,避免了有害气体排入大气。进料槽为锁斗式,进料后上部关闭,下部打开,焦炭下移到冷却室。在冷却室中,赤热的焦炭被气体冷却到200 ℃左右排出。冷却气体由鼓风机送入,在冷却焦炭的同时,气体温度升高,出口气体温度可达800 ℃,进入废热锅炉,发生高压蒸汽

（440 ℃,4.0 MPa）。气体经过两级旋风除尘后,再由鼓风机循环到冷却室中。

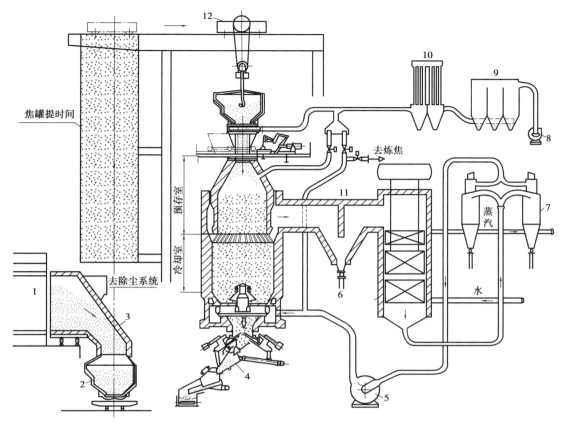

图 8.42　槽式干熄焦工艺流程

1—焦炉;2—焦罐;3—吸尘罩;4—出焦装置;5—风机;6—废热锅炉;7—旋风器;
8—风机;9—滤尘器;10—管式冷却器;11—前分离器;12—吊车

宝钢、日本八幡和西德的干法熄焦性能和规格如表 8.16 所示。

表 8.16　干法熄焦性能和规格

	宝　钢	八　幡	西　德	西德带水冷壁
一台处理能力/(t·h^{-1})	75	150～175	60	60
预存室容积/m^3	200	330	200	130
干熄室容积/m^3	300	610	320	210
循环风机能力/(Gm^3·h^{-1})	125	210	96	60
总压头/kPa	7.85	11.3	7.5	4.5
电机容量/kW		1 450	432	174
锅炉型式		自然循环		
蒸汽压力/MPa	4.5	9.2	4.0	
蒸汽温度/℃	450	500	440	
蒸汽发生量/(t·h^{-1})	39	90	35	
蒸汽用途	发电	发电		

续表

	宝 钢	八 幡	西 德	西德带水冷壁
风料比/(m³·t⁻¹)	1 670	1 370	1 600	1 000
熄焦室比容积/(m³·t⁻¹·h⁻¹)	4.0	3.99	5.3	3.5
熄焦室高径比 H/D	1.2~1.3	0.86		
吨焦耗电量/(kWh·t⁻¹)			2.9	
宝钢干法熄焦技术指标	设计	实际		
吨焦汽化率/(kg·t⁻¹)	420~450	540		
吨焦电耗/(kWh·t⁻¹)	20	26.9		
吨焦氮耗/(m³·t⁻¹)	4	3.0		
纯水/(kg·t⁻¹)	450			
粉焦率/%	2~3	2~3		

干法熄焦与湿法熄焦相比,能回收热量,提高焦炭质量,提高经济效益。由于没有污水和不排出有害气体,防止了环境污染,也改善了焦炉生产操作条件。

干法熄焦装置复杂,技术要求高,基建投资大,操作耗电多。

(5)干法熄焦与煤预热联合

为了利用干法熄焦热量预热煤,兼收煤预热和干熄焦之利,1982 年西德 Peinc Salzgitter 钢厂进行了工业试验,流程见图 8.43。

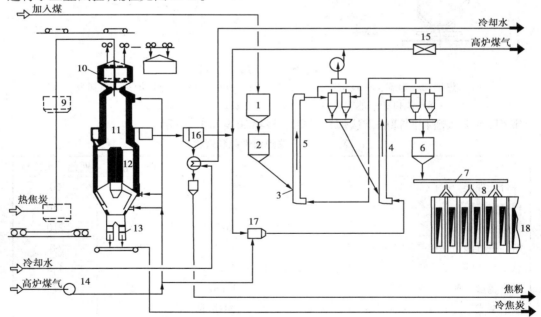

图 8.43　干熄焦与煤预热联合流程

1—湿煤槽;2—湿煤给料槽;3—湿煤给料器;4—煤预热管;5—气流干燥管;6—热煤槽;

7—热煤输送机;8—热煤装料管;9—焦罐;10—焦罐接受室;11—预存室;12—干熄室;

13—卸焦部分;14—冷却气风机;15—气体净化单元;16—焦尘分离器;17—混合室;18—焦炉

日本 1984 年在室兰厂有 1 年时间进行干法熄焦与煤预热并用的生产实践。煤预热采用普列卡邦工艺,预热温度 210 ℃,煤料堆密度为 0.78 ~ 0.79 t/m³。生产焦炭用干法熄焦,所得焦炭平均块度减小,而焦炭强度却提高了。从高炉使用焦炭强度看出,可认为煤预热与干法熄焦两者都有明显效益,而且有相加性。

8.4.5　煤气燃烧和焦炉热平衡

8.4.5.1　煤气燃烧

焦炉加热用燃料,可用焦炉煤气、高炉煤气、发生炉煤气和脱氢焦炉煤气等。焦炉加热煤气的选用,应从煤气综合利用和具体条件出发,少用焦炉煤气,多用贫气。

焦炉煤气主要可燃成分有 H_2 和 CH_4。以体积分数计,H_2 占 50% ~ 60%,CH_4 占 22% ~ 30%。其低热值为 16.73 ~ 19.25 MJ/m³。焦炉煤气可用于焦炉本身加热,但由于其热值较高,是贵重的气体燃料,因此多用于必须使用高热值燃料的其他工业炉加热或为民用燃料。

高炉煤气的主要可燃成分为 CO,其体积分数为 26% ~ 30%。热值为 3.35 ~ 4.18 MJ/m³,炼 1 t 生铁可产生 3 500 ~ 4 000 m³ 高炉煤气。高炉煤气主要用于焦炉、热风炉和冶金炉等加热。因高炉煤气热值较低,欲得高温,必须将空气和煤气都进行预热。由于煤气预热和生成的废气比重大,焦炉烧高炉煤气时阻力大于烧焦炉煤气时的阻力。

煤气和空气在焦炉中是分别进入燃烧室的,在燃烧室中进行混合与燃烧。由于混合过程远比燃烧过程慢,因此燃烧速度和燃烧完全的程度取决于混合过程。煤气和空气混合主要以扩散方式进行,所以此种燃烧称扩散燃烧。扩散燃烧有火焰出现,也称有焰燃烧或火炬燃烧。火焰是煤气燃烧析出的游离碳颗粒的运动轨迹。当一面混合一面燃烧时,煤气流中的碳氢化合物受高温作用热解生成游离碳,炭粒受热发光。所以在燃烧颗粒运动的轨迹上,能看到光亮的火焰。

由于焦炉高低方向加热要求均匀,希望火焰长,即扩散过程进行得越慢越好。所以空气和煤气进入火道应尽量避免气流扰动。也可在燃烧时采用废气循环,增加火焰中的惰性成分,使扩散速度降低,以求拉长火焰。

8.4.5.2　煤气燃烧物料计算

在加热用煤气中,可燃成分为:H_2,CO 与 CH_4 等,燃烧是可燃成分与氧化合的过程。

$$H_2 + 0.5O_2 \Longrightarrow H_2O \qquad \Delta H_1 = -10.78 \text{ MJ/m}^3$$
$$CO + 0.5O_2 \Longrightarrow CO_2 \qquad \Delta H_2 = -12.63 \text{ MJ/m}^3$$
$$CH_4 + 2O_2 \Longrightarrow CO_2 + 2H_2O \quad \Delta H_3 = -35.87 \text{ MJ/m}^3$$

由上述反应方程可以看出,可燃成分燃烧后碳生成 CO_2,氢生成 H_2O($Q_1 \sim Q_3$ 是低热值)。氧则来自空气。此外空气和煤气还带入惰性成分 N_2,CO_2 和 H_2O。根据反应方程可以进行燃烧过程的物料计算,确定出燃烧需要的空气量、生成废气量以及废气组成。

每立方米煤气燃烧需要的理论氧量为:

$$V(O_T) = 0.01[0.5(\varphi(H_2) + \varphi(CO)) + 2\varphi(CH_4) + 3\varphi(C_2H_4) + 7.5\varphi(C_6H_6) - \varphi(O_2)]$$

式中 $\varphi(H_2)$,$\varphi(CO)$ 等符号代表该成分在煤气组成中占有的体积分数,$V(O)_T$ 的单位为 m³。

供应理论氧量为 $V(O)_T$ 的理论空气量为:

$$L_T = \frac{100V(O)_T}{21} = 4.762V(O)_T$$

实际燃烧时空气是过剩的,假定空气过剩系数为 α,则实际空气量为:$L_p = \alpha L_T$

因为有过剩空气存在,因此燃烧产物中除了 CO_2,H_2O 和 N_2 外,还含有 O_2。$1\ m^3$ 煤气燃烧生成废气中各组分的体积可以用以下公式计算:

$$V(CO_2) = 0.01[\varphi(CO_2) + \varphi(CO) + \varphi(CH_4) + 2\varphi(C_2H_4) + 6\varphi(C_6H_6)]$$
$$V(H_2O) = 0.01[\varphi(H_2) + 2(\varphi(CH_4) + \varphi(C_2H_4)) + 3\varphi(C_6H_6) + \varphi(H_2O)]$$
$$V(N_2) = 0.01\varphi(N_2) + 0.79L_P$$
$$V(O_2) = 0.21L_P - O_T$$

上述各式中 $\varphi(CO_2)$,$\varphi(CH_4)$ 等符号的意义同前,$V(CO_2)$ 等单位为 m^3。$1\ m^3$ 煤气燃烧生成废气量为:

$$V_W = V(CO_2) + V(H_2O) + V(H_2) + V(O_2)$$

8.4.5.3 焦炉热量平衡

焦炉消耗热能很大,通过焦炉热量平衡可以了解焦炉热量分布,分析操作条件或提供焦炉设计数据。在进行焦炉热量平衡计算之前,首先要进行焦炉物料平衡和煤气燃烧计算,并已知焦炉尺寸和操作条件。一般取 1 t 湿煤和 0 ℃ 作为计算基准。

物流的相对焓值可用下面的一般表达式求出:

$$H = W(ct + q)$$

式中　W——物料数量;

　　　c——比热;

　　　q——汽化潜热。

工业上习惯上将相对焓值称为热含量,以 Q 表示。下面除 Q_1 表示燃烧过程的反应热之外,其余一律以 Q_i 表示 i 物流的相对焓值。

表 8.17 是焦炉热平衡计算。

表 8.17　焦炉热平衡表

收　入				支　出			
项次	名　称	热量/MJ	比率/%	项次	名　称	热量/MJ	比率/%
Q_1	煤气燃烧热	2 663	97.7	Q_5	焦炭热含量	1 020.9	37.6
Q_2	煤气热含量	10.4	0.7	Q_6	化学产品热含量	101.7	3.6
Q_3	空气热含量	15.1	0.6	Q_7	煤气热含量	384.9	14.8
Q_4	湿煤热含量	26.3	1.0	Q_8	水分热含量	435	16.0
				Q_9	废气热含量	506	18.0
				Q_{10}	散失热量	272	10.0
合　计		2 720	100.0	合　计		2 720	100.0

由表 8.17 可见,赤热焦炭带出热量很多,约占炼焦总耗热量的 38%,而且焦炭温度很高(约 1 000 ℃),是高品位热能。为了回收这部分热能,可采用干法熄焦,利用 200 ℃ 惰性气体冷却热焦炭,使焦炭温度降到 250 ℃,同时惰性气体温度可升至 800~850 ℃,加热锅炉产生蒸汽。我国宝钢焦化厂采用该技术每吨赤热焦炭可产生 0.47~0.50 t,45 MPa 的蒸汽。

利用 Q_6,Q_7,Q_8 中显热部分也可产生蒸汽回收热能,通常可产低压蒸汽 0.1 t/t 焦。

8.4.5.4 焦炉热效率和热工效率

由表 8.17 数据可以求出焦炉热效率和热工效率。热效率和热工效率是评价焦炉的重要

指标。焦炉热效率的定义为

$$\eta = \frac{Q_1 + Q_2 + Q_3 - Q_9}{Q_1 + Q_2 + Q_3} \times 100\%$$

焦炉热工效率是指传入炭化室的炼焦热量占供给总热量的百分数。

$$\eta_T = \frac{Q_1 + Q_2 + Q_3 - Q_9 - Q_{10}}{Q_1 + Q_2 + Q_3} \times 100\%$$

现代焦炉热工效率为 70% ~ 75%。

8.4.6　炼焦化学产品概述

8.4.6.1　化学产品性质和产率

煤炼焦所得化学产品性质和数量,与原料煤性质及炼焦加热条件有关。产品与加热火道温度之间关系见表 8.18。

煤焦油的性质如表 8.19 所示。

焦油进一步过程如下:精馏、结晶、萃取、聚合。用气相色谱分析焦油组分已鉴定出 475 种化合物,估计焦油中化合物总量可能达 10 000 种。

煤气完全脱除焦油,部分脱氨后,进入洗氨、脱硫、收苯过程。回收氨现在采用半直接法和间接法。

煤气进一步净化需要脱除 H_2S。鲁尔煤中含硫在炼焦时,大约有 60% 残留在焦炭中, 3.5% 在焦油中,其余仍留在煤气中,每立方米中含 H_2S 4 ~ 12 g。从煤气中脱除 H_2S 可用干法和湿法脱硫。

8.4.6.2　化学产品回收概述

图 8.44 是荒煤气从焦炉到化学产品的流程简图,包括煤气冷却分离出焦油和酚、脱硫和回收氨,部分焦炉煤气返回到焦炉,作为加热燃料。余下煤气进一步脱硫、回收苯和脱萘等工序,然后进入煤气管线外送。

荒煤气由焦炉炭化室出来,温度为 750 ~ 850 ℃,由上升管进入吸气管,用氨水喷洒冷却到 110 ℃左右,60% ~ 70% 的焦油被冷凝下来。煤气在初冷器进一步被冷却到 20 ~ 30 ℃,大部分焦油和萘以及水被冷凝下来。焦油和氨水在焦油回收器中分离,加压下分离效果更好。残留在未净化煤气中的焦油呈雾状,用电除焦油器脱除后,每 100 m^3 煤气可降至 0.1 ~ 1 g。

焦炉煤气脱硫有干法和湿法两类。干法脱硫工艺除脱除 H_2S 外,还能脱除 HCN、氧化氮和焦油雾等杂质。干法脱硫有氢氧化铁法、活性炭法等多种方法。由于氢氧化铁法脱硫剂来源容易,因此焦化工业多用该法。

目前国内常用的湿法脱硫方法有砷碱法和改良蒽醌二磺酸钠法,原理和工艺见第 1 章。

(1)硫铵和粗轻吡啶的制取

国内除生产浓氨水外,一般采用饱和器法从煤气中直接回收氨制取硫铵,并用氨水中和法从母液中提取粗轻吡啶。

在饱和器中,硫酸和氨进行中和反应,生成中性硫酸铵,其反应式为:

$$2NH_3 + H_2SO_4 \longrightarrow (NH_4)_2SO_4$$

表 8.18　炼焦化学产品数量和组成与过程条件的关系

产物名称	火道温度/℃			产物名称	火道温度/℃		
	1 150	1 250	1 350		1 150	1 250	1 350
煤气:				粗苯:			
产率/($m^3 \cdot t^{-1}$)	342.3	351.7	372.1	煤气中质量浓度/($g \cdot m^{-3}$)	29.8	30.1	27.9
按热值 17.974				按可燃煤计产率/($kg \cdot t^{-1}$)	10.21	1 057	10.37
$MJ \cdot m^{-3}$计产率	432.3	434.7	440.7	密度/(20 ℃)($kg \cdot m^{-3}$)	872	882	885
热值/($MJ \cdot m^{-3}$)	22.72	22.24	21.30	nD^{20}	1.497 0	1.499 9	1.501 7
密度/($kg \cdot m^{-3}$)	0.442	0.435	0.415	溴价/g·$(100 g)^{-1}$	15.0	11.0	9.0
组成(体积分数)/%:				馏分组成:			
CO_2	1.6	1.6	1.5	初馏点/℃	76.5	77.7	79.1
CO	4.7	4.8	5.8	<100 ℃/%	75.0	77.5	85.0
H_2	61.2	61.9	63.4	<150%	91.0	95.0	95.7
CH_4	26.9	26.2	24.8	干点/℃	182.0	188.0	196.0
C_2及以上	3.3	3.1	2.3	组成:			
N_2	2.2	2.3	2.1	(1)在粗苯中体积分数/%			
O_2	0.1	1.1	0.1	苯	65.8	68.2	75.4
焦油:				甲苯	21.0	18.7	15.0
产率(可燃煤)/($kg \cdot t^{-1}$)	36.8	36.9	34.5	乙苯+间、对二甲苯	5.2	4.6	3.3
密度(20 ℃)/($kg \cdot m^{-3}$)	1 150	1 169	1 180	邻二甲苯	0.8	0.8	0.5
馏分组成(质量分数)/%:				苯乙烯	0.7	0.9	0.9
<180 ℃	1.7	1.0	0.6	高沸物	1.1	1.8	1.4
180~230 ℃	10.2	9.6	8.4	萘	0.4	1.2	1.0
230~270 ℃	9.1	11.0	11.1	非芳烃	5.0	3.8	2.5
>270 ℃	25.8	24.1	22.9	(2)产率(可燃煤)/($kg \cdot t^{-1}$)			
沥青含量,软化点 67 ℃	53.2	54.3	57.0	苯	6.718	7.209	7.819
组成(质量分数)/%:				甲苯	2.144	1.977	1.556
(1)占焦油数量				C_8芳烃	0.684	0.666	0.487
萘+硫茚	8.3	9.1	11.2	非芳烃	0.510	0.402	0.269
甲基萘	2.7	1.9	1.6	高沸物(干点 144 ℃)	0.153	0.317	0.249
二甲基萘	1.0	2.3	1.8	粗萘:			
粗酚	1.9	1.7	1.6	煤气中体积分数/($g \cdot m^{-3}$)	0.403	0.475	0.513
(2)占粗酚中数量				按可燃煤计产率/($kg \cdot t^{-1}$)	0.138	0.167	0.191
酚	30.6	26.9	29.8	氨:			
邻甲酚	13.5	12.9	9.3	煤气中含氨/($g \cdot m^{-3}$)	6.60	6.69	5.47
间、对甲酚	35.7	31.1	31.1	煤气和凝液中氨产率:			
二甲酚	18.6	25.9	26.7	按可燃煤计/($kg \cdot t^{-1}$)	3.33	3.16	2.77
高沸点酚	1.6	3.2	3.1	硫铵产率(可燃煤)/%	1.29	1.22	1.08
(3)按可燃质煤计产率/($kg \cdot t^{-1}$):				硫化氢:			
萘	2.963	3.538	3.864	煤气中体积分数/($g \cdot m^{-3}$)	7.90	7.77	7.89
萘同系物	1.321	1.550	1.173	煤气和凝液中硫化氢产率,按可燃煤计/($kg \cdot t^{-1}$)	2.75	2.77	2.98
酚	0.210	1.166	0.169	凝缩物:			
工业酚	0.476	0.450	0.397	产率(可燃煤)/($kg \cdot t^{-1}$)	130	123	129
沥青	18.992	20.037	19.665	组成/%:			
				CO_2	3.66	1.54	1.09
				HSCN	0.55	0.83	0.62
				HCN	0.04	0.04	0.08
				酚类	2.56	1.94	1.36

表 8.19　焦油性质

重度,于 20 ℃/(kg·m^{-3})	1 175	馏分质量分数/% ,180 ℃前:	
w(水分)/%	2.5	水	2.5
甲苯中不溶物(质量分数)/%	5.5	轻油	0.9
喹啉中不溶物(质量分数)/%	2.0	180 ~ 230 ℃	7.5
残炭(质量分数)/%	4.6	230 ~ 270 ℃	9.8
有机质元素分析(质量分数)/%:		270 ~ 300 ℃	4.3
C	91.4	沥青质量分数(软化点 67 ℃)/%	54.4
H	5.3	精馏损失质量分数/%	0.5
N	0.9	粗酚质量分数/%	1.5
O	1.8	酚质量分数/%	0.5
S	0.8	甲酚和二甲酚质量分数/%	1.0
Cl	0.03	低沸点吡啶(轻油中)质量分数/%	0.08
w(灰分)/%	0.2	高沸点吡啶和喹啉:	
w(Zn)/%	0.04	在中油和重油中的质量分数/%	0.65
w(萘)/%	10.0	不饱和化合物(轻油中)的质量分数/%	0.59

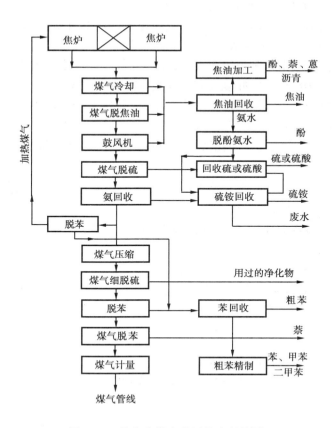

图 8.44　炼焦化学产品回收流程简图

当过量的硫酸和氨作用时,生成硫酸氢铵,反应式为:

$$NH_3 + H_2SO_4 \longrightarrow NH_4HSO_4$$

在饱和器的母液中同时存在上述两种盐,后者比前者易溶于水或酸中,因此当饱和时,硫酸铵结晶首先从母液中析出。

国外近年采用循环洗涤法将 $H_2S + NH_3$ 分出,然后送去焚烧,制得硫酸或硫磺。

（2）油洗萘工艺

目前,油洗萘工艺大致可分为两种:一种是煤气最终冷却与洗涤萘同时进行的终冷油洗涤萘,称为冷法油洗萘;另一种是终冷前油洗萘,称为热法油洗萘。

（3）黄血盐

氨来自蒸氨塔,其中含有 HCN,在 140 ℃左右,进入装有铁刨花的 HCN 吸收塔内,与塔顶喷洒下来的循环母液接触,则氨气内的 HCN 被母液中的碱吸收,并与铁刨花反应生成黄血盐。当母液中黄血盐达到一定浓度时(一般大于 250 kg/m^3),将部分母液从吸收塔底抽出,经热沉降、冷却结晶和离心过滤而得到黄血盐结晶。

（4）粗苯回收和精制

煤气中含有粗苯 $20 \sim 40 \text{ g/m}^3$,可采用溶剂吸收法从煤气中回收粗苯。吸收剂一般用焦化厂自产的焦油洗油,也可以用石油洗油。含有粗苯的煤气在吸收塔内从下向上流过,洗油在塔内从上向下流过,粗苯被洗油吸收成含苯富油。

富油在脱苯塔经水蒸气蒸馏脱出粗苯。脱掉粗苯的洗油称贫油,并再生脱除重质油。热贫油经冷却降温,再循环至苯吸收塔。

在吸收塔内不仅煤气中粗苯被吸收下来,而且残留在煤气中的萘也被吸收下来。在高压下吸收苯是有利的,苯吸收率高,并能较完全地吸收有机硫化物,消耗洗油量也少。

粗苯精制的原料来自煤气回收的粗苯或轻苯,以及焦油中的轻油。粗苯精制主要采用精馏方法,根据沸点不同得精馏产品苯、甲苯、二甲苯和三甲苯等芳烃。

在精馏之前,采用酸洗或加氢净化法,以便脱除不饱和化合物和硫化物,得到纯度高的苯、甲苯和二甲苯产品。

荒煤气中含有酚 $3 \sim 5 \text{ g/m}^3$,其中60%转入焦油中,其余40%在冷却洗涤过程中转入氨水中。氨水脱酚以苯萃取法为好。

焦炉煤气除了供给焦炉加热之外,还过剩约58%,可供焦化厂外应用。经净化的焦炉煤气中还含有如下组成:

成　分	CO_2	N_2	O_2	H_2	CO	CH_4	C_2^+
体积分数/%	$1.5 \sim 2.7$	$6.4 \sim 12.3$	$0.3 \sim 0.8$	$53 \sim 62$	$4.6 \sim 6.3$	$2.6 \sim 25.7$	$1.5 \sim 2.7$

8.4.6.3　化学产品回收率

中国现代炼焦化学产品回收率见表8.20。

表8.20　化学产品回收率

单　位	焦油	粗　苯	氨	硫化氢	氰化氢	吡　啶	萘	化合水
干煤气/($\text{g} \cdot \text{m}^{-1}$)	$80 \sim 120$	$25 \sim 40$	$7 \sim 12$	$3 \sim 15$	$1 \sim 2$	$0.5 \sim 0.7$	$10 \sim 15$	
w(干煤)/%	$2.5 \sim 4.5$	$0.7 \sim 1.4$	$0.25 \sim 0.35$	$0.1 \sim 0.5$	$0.05 \sim 0.07$	$0.015 \sim 0.025$		$2 \sim 4$

思考题

1. 简述煤的形成分哪几个阶段。

2. 哪些气体可以做煤的气化剂？根据组成分类，煤气化气可分几个类型？

3. 煤气化的有效成分主要有 H_2、CO、CH_4，根据以下主要反应：

$$H_2O(g) + C(s) \longrightarrow CO(g) + H_2(g) - Q$$

$$2H_2(g) + C(s) \longrightarrow CH_4(g) + Q$$

$$CO(g) + H_2O(g) \longrightarrow CO_2(g) + H_2(g) + Q$$

试分析：(1) 要得到 CO/H_2 较高的合成气，温度、压力条件宜如何选择？(2) 要得到 $H_2 + CH_4$ 含量较高的燃气，温度、压力条件宜如何选择？

4. 煤的气化炉有哪些类型？比较它们在煤粉碎程度、物流方向、操作温度、操作压力、排渣方式方面的区别？

5. 鲁奇加压气化炉属于何种炉型？操作温度、压力条件如何？可采用哪些排渣方式？试分析液体排渣和变换反应为什么能提高水蒸气利用率？

6. 气流床 K-T 煤气化法的气化剂是什么？其操作温度、压力大约是多少？气化气中的 CH_4 和 CO_2 相对偏高还是偏低？

7. 煤的液化方法有哪些类型？简述它们的主要原理。

8. 简述阿盖（Arge）固定床 F-T 合成液体燃油的温度、压力、转化率，并说明温度、压力、H_2/CO、CO_2 含量对反应产物（碳数、饱和）分布的影响。

9. 美国 CTSL 煤液化工艺在常压下操作，为什么采取温度不同的两段反应会对 H_2 的利用率有利？

10. 相比 CTSL 工艺，日本 NEDOL 煤液化工艺为什么可以采用一段反应？用什么方法改进了中质油品？

11. 煤共处理技术可使用哪些废弃的有机物？共处理技术是否可以减少煤气化过程对 H_2 的消耗？为什么？

12. 煤和木材均可炼焦，什么是炼焦？焦炭的主要用途是什么？

13. 简述煤炼焦过程中干燥、胶质、半焦、焦炭各阶段的特点。焦炭的碎裂和气孔主要在哪个阶段形成？如何形成？

14. 煤的挥发份和粘结性对炼焦有什么影响？炼焦配煤的原则是什么？

15. 煤炼焦完成的热焦，如何利用它所含有的显热？

参考文献

[1] 陈五平. 无机化工工艺学:上——合成氨、尿素、硝酸、硝酸铵[M]. 北京:化学工业出版社,2001.

[2] 崔恩选. 化学工艺学[M]. 北京:高等教育出版社,1985.

[3] 蒋家俊. 化学工艺学[M]. 北京:高等教育出版社,1988.

[4] 赵育祥. 合成氨工艺[M]. 北京:化学工业出版社,1985.

[5] 陈应祥. 工业化学过程及计算[M]. 成都:成都科技大学出版社,1989.

[6] 于遵宏,等. 大型合成氨厂工艺过程分析[M]. 北京:中国石化出版社,1993.

[7] 《化肥工业大全》编委会. 化肥工业大全[M]. 北京:化学工业出版社,1988.

[8] 陈五平. 无机化工工艺学:中——硫酸、磷肥、钾肥[M]. 北京:化学工业出版社,2001.

[9] 中国寰球化学工程公司. 氮肥工艺设计手册[M]. 北京:化学工业出版社,1989.

[10] 王励生,等. 磷复肥及磷酸盐工艺学[M]. 成都:成都科技大学出版社,1993.

[11] 夏定豪. 硫酸工业发展史. 中国大百科全书——化工[M]. 北京:中国大百科全书出版社,1987.

[12] 《化工百科全书》编辑委员会. 化工百科全书:第10卷[M]. 北京:化学工业出版社,1996.

[13] 汤桂华. 化肥工学丛书——硫酸[M]. 北京:化学工业出版社,1999.

[14] 硫酸协会委员会. 硫酸手册[M]. 修订本. 张弦,译. 北京:化学工业出版社,1982.

[15] 时钧,等. 化学工程手册[M]. 2版. 北京:化学工业出版社,1996.

[16] 陈冠荣,陈鉴远,时钧,等. 化工百科全书[M]. 北京:化学工业出版社,1994.

[17] 南化公司设计研究院. 接触法硫酸工艺设计常用参数资料:第三分册. 1976.

[18] 向德辉. 化肥催化剂实用手册[M]. 北京:化学工业出版社,1992.

[19] 韩冬冰,等. 化工工艺学[M]. 北京:中国石化出版社,2003.

[20] 纪震,等. 合成纤维工艺学[M]. 北京:纺织工业出版社,1990.

[21] 赵德仁,等. 高聚物合成工艺学[M]. 北京:化学工业出版社,1997.

[22] 邬国英,杨基和. 石油化工概论[M]. 北京:中国石化出版社,2000.

[23] 蔡世干,王尔菲,等. 石油化工工艺学[M]. 北京:中国石化出版社,1993.

[24] 吴指南. 基本有机化工工艺学[M]. 北京:化学工业出版社,1981.

[25] 华东化工学院,等. 基本有机化工工艺学[M]. 北京:化学工业出版社,1988.

[26] 四川石油管理局. 天然气工程手册[M]. 北京:石油工业出版社,1982.

[27] 化学工业出版社组织编写. 化工生产流程图解:下册[M]. 增订2版. 北京:化学工业出版社,1984.

[28] 王立. 稀有气体的制取原理和方法[M]. 北京:冶金工业出版社,1993.

［29］李宏宽.膜分离过程及设备［M］.重庆:重庆大学出版社,1989.

［30］徐文渊,蒋长安.天然气利用手册［M］.北京:中国石化出版社,2002.

［31］韩崇仁.加氢裂化工艺与工程［M］.北京:中国石化出版社,2001.

［32］刘俊泉,李光松.石油化工应用技术［M］.北京:中国石化出版社,2002.

［33］吴辉.石油炼制工艺与经济［M］.北京:中国石化出版社,2002.

［34］卢春喜,王祝安.催化裂化流态化技术［M］.北京:中国石化出版社,2002.

［35］董浚修.润滑原理及润滑油［M］.北京:中国石化出版社,1998.

［36］侯祥麟.中国炼油技术［M］.北京:中国石化出版社,2001.

［37］侯祥麟.中国炼油技术新进展［M］.北京:中国石化出版社,1998.

［38］赵仁殿.石油化工工学丛书——芳烃工学［M］.北京:化学工业出版社,2001.

［39］陈滨.石油化工工学丛书——乙烯工学［M］.北京:化学工业出版社,1997.

［40］周立芝,王杰.化工百科全书:第3卷［M］.北京:化学工业出版社,1993.

［41］高荣增,顾兴章.化工百科全书:第4卷［M］.北京:化学工业出版社,1993.

［42］陈俊武,曹汉昌.催化裂化工艺与工程［M］.北京:中国石化出版社,1995.

［43］郭晓峰,等.石油化工原料合成工艺学［M］.北京:中国石化出版社,1994.

［44］王松汉,等.乙烯装置技术［M］.北京:中国石化出版社,1994.

［45］廖巧丽,米镇涛.化学工艺学［M］.北京:化学工业出版社,2001.

［46］黄仲九,等.化学工艺学［M］.北京:高等教育出版社,2001.

［47］林世雄.石油炼制工程［M］.北京:石油工业出版社,1988.

［48］郭晓峰,等.石油化工原料合成工艺学［M］.北京:中国石化出版社,1994.

［49］郭树才.煤化工工艺学［M］.北京:冶金工业出版社,1995.

［50］肖瑞华,白金锋.煤化学产品工艺学［M］.北京:冶金工业出版社,2003.

［51］张德祥.煤化工工艺学［M］.北京:煤炭工业出版社,1999.

［52］库咸熙.炼焦化学产品回收与加工［M］.北京:冶金工业出版社,1984.

［53］З.И.巴什莱,等.焦化产品回收与加工车间设备手册［M］.虞继舜,等,译.北京:冶金工业出版社,1996.

［54］炼焦化学卷编辑委员会.中国冶金百科全书——炼焦化工［M］.北京:冶金工业出版社,1992.

［55］张碧江.煤基合成液体燃料［M］.太原:山西科学技术出版社,1993.

［56］肖瑞华.煤焦油化工学［M］.北京:冶金工业出版社,2002.

［57］煤气设计手册编写组.煤气设计手册:中册［M］.北京:中国建筑工业出版社,1986.

［58］谢克昌,李忠.甲醇及其衍生物［M］.北京:化学工业出版社,2002.

［59］李芳芹,等.煤的燃烧与气化手册［M］.北京:化学工业出版社,1993.

［60］陈鹏.中国煤炭性质、分类和利用［M］.北京:化学工业出版社,2001.

［61］陈乐怡.世界乙烯工业的发展趋势［J］.中外能源,2007,1(12):65-70.

［62］周韦慧.世界聚乙烯发展势态的分析和展望［J］.中国石化,2004(8):51-53.

［63］徐兆瑜.线型低密度聚乙烯生产和工艺技术新进展［J］.宁波化工,2005(1):8-16.

［64］唐永良.环氧乙烷生产工艺的改进［J］.化学工程,2006,9(34):76-78.

［65］金栋.世界聚丙烯工业生产现状及技术进展［J］.化工科技市场，2007，5（30）：1-7.

［66］赵燕，马艳萍.丙烯腈生产技术进展及发展态势分析［J］.甘肃化工，2005（3）：12-16，31.

［67］王德义，燕丰.丁二烯的生产技术及国内市场分析［J］.石化技术，2003，10（4）：60-64.

［68］崔小明.苯乙烯生产技术及国内外市场分析［J］.精细化工原料及中间体，2005（5）：3-7.

［69］李涛.PTA生产工艺进展及工艺技术比较［J］.石油化工技术经济，2006，4（22）：22-28.

［70］张倩，段会宗，曹守凯.甲基叔丁基醚生产技术概况［J］.山东化工，2002，4（31）：14-17.